U0258925

「十三五」国家重点出版物出版规划项目

微分几何与拓扑学

国家出版基金项目

NATIONAL PUBLICATION FOUNDATION

徐森林
薛春华
胡自胜
金亚东

著

近代 微分几何

中国科学技术大学出版社

内 容 简 介

本书前 3 章主要介绍了 Riemann 流形、Riemann 联络、Riemann 截曲率、Ricci 曲率和数量曲率,详细论述了全测地、全脐点和极小子流形等重要内容.此外,还应用变分和 Jacobi 场讨论了测地线、极小子流形的长度与体积的极小性.在证明了 Hodge 分解定理之后,论述了 Laplace-Beltrami算子 Δ 的特征值估计以及谱理论.进而,介绍了 Riemann 几何中重要的 Rauch 比较定理、Hessian比较定理、Laplace 比较定理和体积比较定理.作为比较定理的应用,我们有著名的拓扑球面定理.这些内容可视作近代微分几何必备的专业基础知识.在叙述时,我们同时采用了不变观点(映射观点、近代观点)、坐标观点(古典观点)和活动标架法.无疑,这些对阅读文献和增强研究能力会起很大作用.第 4 章、第 5 章是作者关于特征值的估计和等谱问题、曲率与拓扑不变量等方面部分论文的汇集,将引导读者如何去阅读文献,如何去作研究,以及如何取得高水平的成果.

本书可作为理科大学数学系几何拓扑方向硕士生、博士生的参考书,也可作为相关数学研究人员的参考书.

图书在版编目(CIP)数据

近代微分几何/徐森林,薛春华,胡自胜,金亚东著.—合肥:中国科学技术大学出版社,2019.6(2020.4 重印)

(微分几何与拓扑学)

国家出版基金项目

"十三五"国家重点出版物出版规划项目

ISBN 978-7-312-04575-2

Ⅰ.近…　Ⅱ.①徐…　②薛…　③胡…　④金…　Ⅲ.微分几何　Ⅳ.O186.1

中国版本图书馆 CIP 数据核字(2018)第 229957 号

出版	中国科学技术大学出版社
	安徽省合肥市金寨路 96 号,230026
	http://press.ustc.edu.cn
	https://zgkxjsdxcbs.tmall.com
印刷	合肥华苑印刷包装有限公司
发行	中国科学技术大学出版社
经销	全国新华书店
开本	787 mm×1092 mm　1/16
印张	29.25
字数	657 千
版次	2019 年 6 月第 1 版
印次	2020 年 4 月第 2 次印刷
定价	238.00 元

序　言

微分几何学、代数拓扑学和微分拓扑学都是基础数学中的核心学科,三者的结合产生了整体微分几何,而点集拓扑则渗透于众多的数学分支中.

中国科学技术大学出版社出版的这套图书,把微分几何学与拓扑学整合在一起,并且前后呼应,强调了相关学科之间的联系.其目的是让使用这套图书的学生和科研工作者能够更加清晰地把握微分几何学与拓扑学之间的连贯性与统一性.我相信这套图书不仅能够帮助读者理解微分几何学和拓扑学,还能让读者凭借这套图书所搭成的"梯子"进入科研的前沿.

这套图书分为微分几何学与拓扑学两部分,包括《古典微分几何》《近代微分几何》《点集拓扑》《微分拓扑》《代数拓扑:同调论》《代数拓扑:同伦论》六本.这套图书系统地梳理了微分几何学与拓扑学的基本理论和方法,内容囊括了古典的曲线论与曲面论(包括曲线和曲面的局部几何、整体几何)、黎曼几何(包括子流形几何、谱几何、比较几何、曲率与拓扑不变量之间的关系)、拓扑空间理论(包括拓扑空间与拓扑不变量、拓扑空间的构造、基本群)、微分流形理论(包括微分流形、映射空间及其拓扑、微分拓扑三大定理、映射度理论、Morse 理论、de Rham 理论等)、同调论(包括单纯同调、奇异同调的性质、计算以及应用)以及同伦论简介(包括同伦群的概念、同伦正合列以及 Hurewicz 定理).这套图书是对微分几何学与拓扑学的理论及应用的一个全方位的、系统的、清晰的、具体的阐释,具有很强的可读性,笔者相信其对国内高校几何学与拓扑学的教学和科研将产生良好的促进作用.

本套图书的作者徐森林教授是著名的几何与拓扑学家,退休前长期担任中国科学技术大学(以下简称"科大")教授并被华中师范大学聘为特聘教授,多年来一直奋战在教学与科研的第一线.他 1965 年毕业于科大数学系几何拓扑学专业,跟笔者一起师从数学大师吴文俊院士,是科大"吴龙"的杰出代表.和"华龙""关龙"并称为科大"三龙"的"吴龙"的意思是,科大数学系 1960 年入学的同学(共 80 名),从一年级至五年级,由吴文俊老师主持并亲自授课形成的一条龙教学.在一年级和二年级上学期教微积分,在二年级下学期教微分几何.四年级分专业后,吴老师主持几何拓扑专业.该专业共有 9 名学生:徐森林、王启明、邹协绍、王曼莉(后名王炜)、王中良、薛春华、任南衡、刘书麟、李邦河.专业课由吴老师讲代数几何,辅导老师是李乔和邓诗涛;岳景中老师讲代数拓扑,辅导老师是熊金城;李培信老师讲微分拓扑. 笔者有幸与徐森林同学在一入学时就同住一室,在四、五年级时又同住一室,对他的数学才华非常佩服.

徐森林教授曾先后在国内外重要数学杂志上发表数十篇有关几何与拓扑学的科研论文,并多次主持国家自然科学基金项目.而更令人津津乐道的是,他的教学工作成果也非常突出,在教学上有一套行之有效的方法,曾培养出一大批知名数学家,也曾获得过包括宝钢教学奖在内的多个奖项.他所编著的图书均内容严谨、观点新颖、取材前沿,深受读者喜爱.

这套图书是作者多年以来在科大以及华中师范大学教授几何与拓扑学课程的经验总结,内容充实,特点鲜明.除了大量的例题和习题外,书中还收录了作者本人的部分研究工作成果.希望读者通过这套图书,不仅可以知晓前人走过的路,领略前人见过的风景,更可以继续向前,走出自己的路.

是为序!

中国科学院院士

李邦河

2018 年 11 月

前　言

微分几何的始祖是 C. F. Gauss（1777～1855），他引入了曲面第 1 基本形式，建立了曲面论．B. Riemann（1826～1866）在 1854 年著名的演讲中将这个理论推广到 n 维空间，Riemann 几何就此产生，局部微分几何开始了飞速发展，产生了张量分析．许多著名数学家，如 S. S. Chern，J. Milnor，S. T. Yau 等在近代微分几何的研究中都作出了杰出的贡献．

20 世纪 30 年代 Einstein 提出的广义相对论、20 世纪 50 年代杨振宁和米尔斯提出的规范场等就是几何学与物理学相结合的典范．

微分方程理论、拓扑学的迅速发展和积分理论的完善使得微分几何的研究，特别是整体微分几何的研究获得很多极其重要的成果，涌现出了大批著名数学家．

全书共分 5 章．第 1 章是 Riemann 几何的基本知识．介绍了 Riemann 度量 g，Levi-Civita（Riemann）联络 ∇，Riemann 流形基本定理，Riemann 截曲率、Ricci 曲率、数量曲率，常截曲率流形，Laplace 算子 $\triangle$ 以及活动标架法．还介绍了子流形几何，引入了全测地、极小和全脐子流形的概念，举出了 Euclid 空间和单位球面中大量极小曲面的典型实例，特别是 Veronese 极小曲面和 Clifford 极小超曲面．引入了指数映射、Jacobi 场、共轭点，建立长度和体积的第 1、第 2 变分公式，使得我们能够深入研究测地线和极小子流形，深入研究曲线长度与子流形体积的局部极小性和整体极小性．

第 2 章引入星算子 $*$、上微分算子 δ，将 Laplace 算子 $\triangle$ 推广到微分形式上，并建立了 Hodge 分解定理和 Hodge 同构定理．还给出了主特征值 λ_1 的各种估计，并提出了等谱问题．

第 3 章论述了 Riemann 几何中的比较定理，主要有 Rauch 比较定理、Hessian 比较定理、Laplace 比较定理和体积比较定理．作为比较定理的应用，证明了著名的拓扑球面定理．

上面 3 章是近代微分几何中必备的、重要的专业基础知识，为了使读者更好地阅读文献、更好地进入研究状态，我们在介绍一些重要概念和重要定理时，经常采用不变观点（映射观点、近代观点）、坐标观点（古典观点）和活动标架三种方法描述重要概念和重要定理，这是本书的一大特点．不变观点几何直观性强、整体性强；坐标观点接近 Euclid 空间中的笛卡儿坐标，便于计算；外形式公式的微分会带来意想不到的惊喜，但不容易理解.通过对 Riemann 流形基本定理,常截曲率流形,Schur 定理,Cartan 结构方程,Bian-chi 第 1、第 2 恒等式的三种不同观点的描述和论述,可以使读者思路清晰,大大提高阅读文献的水平,增强研究的能力.

通过前 3 章内容和方法的训练,为读者建立了研究的第一个平台,凡与分析、微分方程、近代微分几何有关的课题都可得到深入的研究.第 4 章是 Laplace 算子特征值的估计和等谱问题部分论文的汇集.等谱问题主要有两类:一类是只要两个等谱流形 M 和 $\tilde{M}$(可选取 $\tilde{M}$ 为特殊流形,如球面、Clifford 极小超曲面)附加一定的几何条件,它们就等距;另一类是两个等谱流形 M 和 $\tilde{M}$,只要 M 具有一定的几何条件(如伪脐),而 $\tilde{M}$ 具有更强的条件(如全脐),则 M 也具有这个更强的条件(全脐).

为了作更深入的研究,获得更高水平、更高档次的研究成果.在作上述研究的同时,我们必须建立研究的第二个平台:要求硕士生、博士生做大量的点集拓扑难题,进一步学习微分拓扑的知识和方法,更重要的是打下扎实的同调论和同伦论(特别是基本群)基础;还要求他们阅读名著、名人的论文.读者如果能精通两个方向,那么研究工作就能"连成线",如果能精通三四个方向,那么研究工作就能"充成面""充成体",其前途不可估量.在第二个平台上,我们的研究生们主要探索曲率与拓扑不变量之间相互关联、相互影响的问题.如果对流形附加一定的几何条件,我们就能得到它的某些拓扑信息(如同胚或微分同胚于 $\mathbf{R}^n$、单位球面 $S^n(1)$,同调群、Betti 数信息,基本群、同伦群信息.特别是基本群是有限的,或是有限拓扑型的).往往几何条件加得越强,散发出的拓扑信息越多.第 5 章是曲率与拓扑不变量部分论文的汇集.

感谢中国科学技术大学数学系领导和老师对我们微分几何与拓扑研究小组的大力支持,感谢几何拓扑专门化创始人、著名数学家吴文俊教授的热情鼓励和教导,感谢中国科学技术大学出版社为我们提供了出版这本专著的机会.

徐森林

2018 年 6 月

目　　次

第 3 章
Riemann 几何中的比较定理 251

第 4 章
特征值的估计和等谱问题的研究 282

第 5 章
曲率与拓扑不变量 325

第 1 章

Levi-Civita 联络和 Riemann 截曲率

　　本章引入了线性联络 ∇、向量场的平移和测地线的概念,证明了 C^∞ 向量丛上 Riemann 度量的存在性和 Riemann 流形的基本定理(即 Levi-Civita 联络或 Riemann 联络的存在唯一性定理),介绍了 Riemann 截曲率、Ricci 曲率、数量曲率和常 Riemann 截曲率的流形,还推出了:如何由 Riemann 流形的 Riemann 联络导出正则子流形的 Riemann 联络,Riemann 正则子流形上的第 1、第 2 基本形式,Weingartan 映射,Gauss 曲率方程和 Codazzi-Mainardi 方程.对于 $\mathbf{R}^{2n+1}$ 中的 C^∞ 超曲面,Gauss 曲率只与第 1 基本形式有关而与第 2 基本形式无关的 Gauss 绝妙定理是一个极其深刻的定理.最后,我们用活动标架研究了线性联络、Levi-Civita 联络、曲率和正则子流形的局部几何.继 Cartan 结构方程得到了 Bianchi 第 1、第 2 恒等式的外微分形式的表示.还用活动标架重新证明了 Riemann 流形的基本定理.

　　我们还讨论了 C^∞ 向量场的散度和 C^∞ 函数的 Laplace 及其有关的性质,特别是散度定理、Green 第 1 公式和 Green 第 2 公式.

　　子流形几何是 Riemann 几何中的重要部分.本章还详细介绍了第 2 基本形式长度的平方 $\|h\|^2$,平均曲率向量 $H(x)$,全测地、极小、全脐子流形等概念及其重要性质.

　　C^∞ 等距浸入 $\psi:M^n \to M^{n+1}$ 为极小的充要条件是 $\Delta\psi = 0$,即 ψ 是调和的.因此,不存在紧致 C^∞ Riemann 流形 M^n 使得 $\psi:M^n \to \mathbf{R}^{n+p}$ 是 C^∞ 极小等距浸入.C^∞ 等距 $\psi:M^n \to S^m(r) \subset \mathbf{R}^{m+p}$ 为极小的充要条件是 $\Delta\psi = \dfrac{n}{r^2}\psi$.这是一类既简单又重要的极小子流形.我们还详细讨论了 Veronese 曲面和 Clifford 环面这两个极其特殊的极小子流形.

　　应用测地线定义了指数映射 exp 并论述了各种完备的等价性,证明了完备 C^∞ Riemann 流形中任何两点必有一条最短测地线相连.由此得到 $\exp_p : T_pM \to M$ 为满映射.

　　我们知道,最短曲线必为测地线,而测地线局部为最短线.由长度第 1 变分公式知,γ 为测地线相当于 γ 为长度函数的临界道路;而由长度第 2 变分公式知,如果沿测地线 $\gamma(t)$,$a \leqslant t \leqslant b$ 有共轭点 $\gamma(c)$,$a < c < b$,则 γ 不是连接 $\gamma(a)$ 和 $\gamma(b)$ 的最短线. Bonnet-Myers 定理指出,n 维连通完备 C^∞ Riemann 流形,如果其截曲率 $k \geqslant c > 0$(或更一般地,其 Ricci 张量是正定的,且任一特征值 $\lambda \geqslant (n-1)c > 0$),则 M 是紧致的,它的直

径 $d(M) \leqslant \dfrac{\pi}{\sqrt{c}}$，且基本群 $\pi_1(M)$ 是有限的.

从长度第 2 变分公式自然引入 Jacobi 方程

$$\nabla_{\gamma'}^2 X + R(X, \gamma')\gamma' = 0,$$

而满足此方程的 X 称为 Jacobi 场. 应用 Jacobi 场，我们证明了 Cartan-Hadamard 定理：具有非正截曲率的 n 维 C^∞ Riemann 流形无共轭点. 由此，第 3 章定理 3.1.5 证明了该流形 C^∞ 同胚于 $\mathbf{R}^n$.

类似地，由体积第 1 变分公式知，C^∞ 浸入 $f: M \to \widetilde{M}$ 为临界子流形的充要条件是平均曲率向量场 $H(x) \equiv 0$，即 M 为极小子流形. 为进一步研究子流形体积的极小性，需要了解体积第 2 变分公式.

1.1　向量丛上的线性联络

本节主要介绍 C^∞ 向量丛 ξ 上的线性联络 ∇、向量的平行移动和测地线等重要概念.

定义 1.1.1　设 E, M 为 C^∞ 流形，$\dim M = n$，m 维 Euclid 空间 $\mathbf{R}^m$ 自然是一个 m 维流形，一般线性群 $\mathrm{GL}(m, \mathbf{R}) = \{A \mid A \text{ 为 } m \times m \text{ 非异实矩阵}\}$ 按矩阵的乘法为 C^∞ Lie 群，它 C^∞ 有效作用在 $\mathbf{R}^m$ 上（其作用为矩阵乘法，即 $A: \mathbf{R}^m \to \mathbf{R}^m$，$a \mapsto Aa$）. 所谓有效作用，即对 $\forall a \in \mathbf{R}^m$，$Aa = a$ 蕴涵着 $A = I$（单位矩阵）. $\pi: E \to M$ 为 C^∞ 满映射，且是局部平凡（局部是积空间）的，也就是说，存在 M 的开覆盖 $\{U_\alpha \mid \alpha \in \Gamma\}$ 和相应的 C^∞ 同胚族 $\{\psi_\alpha \mid \alpha \in \Gamma\}$，使得对 $\forall \alpha \in \Gamma$，图表

$$
\begin{array}{ccc}
E \mid_{U_\alpha} = \pi^{-1}(U_\alpha) & \xrightarrow{\psi_\alpha} & U_\alpha \times \mathbf{R}^m \\
& \searrow{\scriptstyle\pi} \quad \swarrow{\scriptstyle\pi_{1\alpha}} & \\
& U_\alpha &
\end{array}
$$

是可交换的，即 $\pi = \pi_{1\alpha} \circ \psi_\alpha$，其中 $\pi_{1\alpha}(p, a) = p$，而 $\psi_{\alpha, p} = \psi_\alpha \mid_p : \pi^{-1}(\{p\}) \to \{p\} \times \mathbf{R}^m$ 为 C^∞ 线性同构. 如果 $U_\alpha \bigcap U_\beta \neq \varnothing$，则 ψ_α 和 ψ_β 诱导出 C^∞ 同胚 $\psi_\beta \circ \psi_\alpha^{-1}$，且图表

$$
\begin{array}{ccc}
(U_\alpha \bigcap U_\beta) \times \mathbf{R}^m & \xrightarrow{\psi_\beta \circ \psi_\alpha^{-1}} & (U_\alpha \bigcap U_\beta) \times \mathbf{R}^m \\
& \searrow{\scriptstyle\pi_{1\alpha}} \quad \swarrow{\scriptstyle\pi_{1\beta}} & \\
& U_\alpha \bigcap U_\beta &
\end{array}
$$

是可交换的，即 $\pi_{1\alpha} = \pi_{1\beta} \circ \psi_\beta \circ \psi_\alpha^{-1}$. 令 $\psi_\beta \circ \psi_\alpha^{-1}(p, a) = (p, g_{\beta\alpha}(p)a)$，这里 $g_{\beta\alpha}(p): \mathbf{R}^m \to \mathbf{R}^m$ 为 C^∞ 线性同构，从 $(\pi^{-1}(U_\alpha), \psi_\alpha)$ 到 $(\pi^{-1}(U_\beta), \psi_\beta)$ 的转换映射 $g_{\beta\alpha}: U_\alpha \bigcap U_\beta \to \mathrm{GL}(m, \mathbf{R})$ 为 C^∞ 映射.

由上述立即可知 $g_{\alpha\alpha}(p) = I$ 和 $g_{\gamma\alpha}(p) = g_{\gamma\beta}(p) \cdot g_{\beta\alpha}(p)$. 事实上，由

$$(p,a) = \mathrm{Id}_{U_\alpha \times \mathbf{R}^m}(p,a) = \psi_\alpha \circ \psi_\alpha^{-1}(p,a) = (p, g_{\alpha\alpha}(p)a)$$

得到

$$g_{\alpha\alpha}(p)a = a, \quad \forall a \in \mathbf{R}^m.$$

又因为 $\mathrm{GL}(m,\mathbf{R}) \ C^\infty$ 有效作用于 $\mathbf{R}^m$,故 $g_{\alpha\alpha}(p) = I$. 由

$$(p, g_{\gamma\alpha}(p)a) = \psi_\gamma \circ \psi_\alpha^{-1}(p,a) = \psi_\gamma \circ \psi_\beta^{-1} \circ \psi_\beta \circ \psi_\alpha^{-1}(p,a)$$
$$= \psi_\gamma \circ \psi_\beta^{-1}(p, g_{\beta\alpha}(p)a) = (p, g_{\gamma\beta}(p) \cdot g_{\beta\alpha}(p)a)$$

得到

$$g_{\gamma\alpha}(p)a = g_{\gamma\beta}(p) \cdot g_{\beta\alpha}(p)a;$$

对任意 $a \in \mathbf{R}^m$,有

$$a = g_{\alpha\alpha}(p)a = g_{\alpha\gamma}(p) \cdot g_{\gamma\alpha}(p)a = g_{\alpha\gamma}(p) \cdot g_{\gamma\beta}(p) \cdot g_{\beta\alpha}(p)a.$$

根据 $\mathrm{GL}(m,\mathbf{R}) \ C^\infty$ 有效作用于 $\mathbf{R}^m$,有

$$g_{\gamma\alpha}(p) \cdot g_{\alpha\gamma}(p) = I$$

及

$$g_{\alpha\gamma}(p) \cdot g_{\gamma\beta}(p) \cdot g_{\beta\alpha}(p) = I.$$

于是

$$g_{\gamma\beta}(p) \cdot g_{\beta\alpha}(p) = g_{\gamma\alpha}(p) \cdot g_{\alpha\gamma}(p) \cdot g_{\gamma\beta}(p) \cdot g_{\beta\alpha}(p) = g_{\gamma\alpha}(p).$$

如果 $(\pi^{-1}(U),\psi)$ 与每个 $(\pi^{-1}(U_\alpha),\psi_\alpha)(\alpha \in \Gamma)$ 满足上述 $(\pi^{-1}(U_\alpha),\psi_\beta)$ 与 $(\pi^{-1}(U_\alpha),\psi_\alpha)$ 相应的条件,则称 $(\pi^{-1}(U),\psi)$ 是与 $\mathscr{E}' = \{(\pi^{-1}(U_\alpha),\psi_\alpha) \mid \alpha \in \Gamma\} \ C^\infty$ 相容的. 类似 C^∞ 流形的定义,它唯一地确定了一个最大局部平凡族

$$\mathscr{E} = \{(\pi^{-1}(U),\psi) \mid (\pi^{-1}(U),\psi) \text{ 与 } \mathscr{E}' \text{ 是 } C^\infty \text{ 相容的}\}$$

(最大性:凡与 $\mathscr{E} \ C^\infty$ 相容的局部平凡化系必属于 $\mathscr{E}$),而 $\mathscr{E}'$ 被称为生成 $\mathscr{E}$ 的一个**基**. 显然,如果 $\mathscr{E}_1'$ 和 $\mathscr{E}_2'$ 都是基,则 $\mathscr{E}_1 = \mathscr{E}_2 \Leftrightarrow \mathscr{E}_1'$ 和 $\mathscr{E}_2'$ 是 C^∞ 相容的. 我们称六元组

$$\xi = \{E, M, \pi, \mathrm{GL}(m,\mathbf{R}), \mathbf{R}^m, \mathscr{E}\}$$

为 M 上的**秩为 m 的 C^∞ 向量丛**,其中 E 为丛(全)**空间**,M 为**底空间**,π 为从 E 到 M 的**投影**,$\mathrm{GL}(m,\mathbf{R})$ 为**构造群**(或**结构群**),$\mathbf{R}^m$ 为**标准纤维**,$E_p = \pi^{-1}(p)$ 为 $p \in M$ 处的**纤维**,$\mathscr{E}$ 为**丛图册**,$(\pi^{-1}(U),\psi) \in \mathscr{E}$ 为**丛图卡**,有时也称 E 为 C^∞ 向量丛.

显然,$\dim E = \dim M + \dim \mathbf{R}^m = n + m$,即 E 为 $n + m$ 维 C^∞ 流形.

如果 $U_\alpha \cap U_\beta \neq \varnothing$,记 $(U_\alpha, \varphi_\alpha)$,$\{x^i\}$ 和 (U_β, φ_β),$\{y^i\}$ 为 M 上的局部坐标系,则有下面的变换图表和公式:

$$
\begin{array}{ccc}
& \pi^{-1}(U_\alpha \cap U_\beta) & \\
{\scriptstyle \psi_\beta} \swarrow & & \searrow {\scriptstyle \psi_\alpha^{-1}} \\
U_\beta \times \mathbf{R}^m & & U_\alpha \times \mathbf{R}^m \\
{\scriptstyle (\varphi_\beta, \mathrm{Id}_{\mathbf{R}^m})} \downarrow & & \uparrow {\scriptstyle (\varphi_\alpha^{-1}, \mathrm{Id}_{\mathbf{R}^m})} \\
\varphi_\beta(U_\beta) \times \mathbf{R}^m & \xleftarrow{(\varphi_\beta \circ \varphi_\alpha^{-1}, g_{\beta\alpha} \circ \varphi_\alpha^{-1})} & \varphi_\alpha(U_\alpha) \times \mathbf{R}^m
\end{array}
$$

$$
(y^1, \cdots, y^n, b^1, \cdots, b^m) = \left[\varphi_\beta \circ \varphi_\alpha^{-1}(x^1, \cdots, x^n), g_{\beta\alpha}(\varphi_\alpha^{-1}(x)) \begin{pmatrix} a^1 \\ \vdots \\ a^m \end{pmatrix} \right],
$$

或简化为

$$
(y, b) = (\varphi_\beta \circ \varphi_\alpha^{-1}(x), g_{\beta\alpha}(\varphi_\alpha^{-1}(x))a).
$$

这就是局部平凡化系之间的**坐标变换公式**.

例 1.1.1 设 $\xi = \{E, M, \pi, \mathrm{GL}(m, \mathbf{R}), \mathbf{R}^m, \mathscr{E}\}$ 为 C^∞ 向量<u>丛</u>,如果存在丛图卡 $(E, \psi) \in \mathscr{E}$,则称 ξ 为 C^∞ **平凡向量<u>丛</u>**. 此时,$\psi: E = \pi^{-1}(M) \to M \times \mathbf{R}^m$ 为 C^∞ 同胚,$\psi_p = \psi|_p: E_p = \pi^{-1}(p) \to \{p\} \times \mathbf{R}^m$ 为 C^∞ 线性同构.

定义 1.1.2 设 $\xi = \{E, M, \pi, \mathrm{GL}(m, \mathbf{R}), \mathbf{R}^m, \mathscr{E}\}$ 为 C^∞ 向量<u>丛</u>,如果对 $0 \leqslant k \leqslant +\infty$,存在 C^k 映射 $\sigma: M \to E$,使 $\sigma(p) \in E_p$,$\forall p \in M$,即 $\pi \circ \sigma = \mathrm{Id}_M$,则称 σ 为 ξ 上的一个 C^k **截面**或 C^k **向量场**.

不难看出,σ 为 ξ 上的一个 C^k 截面 $\Leftrightarrow$ 对任何 $(\pi^{-1}(U), \psi) \in \mathscr{E}$,$(U, \varphi)$,$\{x^i\}$ 为 M 上的局部坐标系,$\sigma(p) = \sum_{i=1}^m \sigma^i(p) \psi_p^{-1}(e_i)$ 和 $\sigma^i: U \to \mathbf{R}$ 为 C^∞ 函数(即 $\sigma^i(\varphi^{-1}(x^1, \cdots, x^n))$ 为 $x^1, \cdots, x^n$ 的 C^k 函数).

如果 $\xi = \{E, M, \pi, \mathrm{GL}(m, \mathbf{R}), \mathbf{R}^m, \mathscr{E}\}$ 为秩为 m 的 C^∞ 向量丛,则它有一个特殊的 0 **截面** $\sigma_0: M \to E$,$\sigma_0(p) = O_p \in E_p$. 于是,$\sigma_0: M \to \sigma_0(M) = \{O_p \mid p \in M, O_p \text{ 为 } E_p \text{ 中的零向量}\}$ 为 C^∞ 同胚. 由此,我们将 M 和 0 截面的像 $\sigma_0(M)$ 视作相同.

记 $C^k(\xi) = C^k(E) = \{\sigma \mid \sigma: M \to E \text{ 为 } C^k \text{ 截面}\}$,对 $\sigma, \eta \in C^k(\xi)$,$\lambda \in \mathbf{R}$,定义加法和数乘如下:

$$
(\sigma + \eta)(p) = \sigma(p) + \eta(p),
$$
$$
(\lambda\sigma)(p) = \lambda \cdot \sigma(p), \quad \forall p \in M.
$$

容易验证 $C^k(\xi)$ 在上述加法和数乘下形成一个 $\mathbf{R}$ 上的向量空间. 如果 $m \geqslant 1$,设 (U, φ),$\{x^i\}$ 为 M 的局部坐标系,使 $C^m(1) = \{x \in \mathbf{R}^m \mid |x^i| \leqslant 1, i = 1, \cdots, m\} \subset \varphi(U)$,$(\pi^{-1}(U), \psi)$ 为 E 的丛图卡. 再选 C^∞ 函数 $f: \mathbf{R}^m \to \mathbf{R}$,使得 $f|_{C^m(\frac{1}{2})} = 1$,$f|_{\mathbf{R}^m - C^m(1)} \equiv 0$. 显然,$\{(x^1)^l f \circ \varphi(p) \psi_p^{-1}(e_1) \mid l = 0, 1, 2, \cdots\}$(自然视作 ξ 上的整体 C^k 截面)是线性无关的(事实上,对任何 l,令 $u = x^1$,可选 $u_1 = x_1^1, \cdots, u_{l+1} = x_{l+1}^1$ 满足

$$
\begin{vmatrix} 1 & u_1 & u_1^2 & \cdots & u_1^l \\ \vdots & \vdots & \vdots & & \vdots \\ 1 & u_{l+1} & u_{l+1}^2 & \cdots & u_{l+1}^l \end{vmatrix} = \prod_{i<j}(u_j - u_i) \neq 0.
$$

因此,上述向量空间是无限维的. 除上述加法外,对 $\lambda \in C^k(M, \mathbf{R})$($M$ 上 C^k 函数的全体),$\sigma, \eta \in C^k(\xi)$. 我们定义:$(\lambda\sigma)(p) = \lambda(p) \cdot \sigma(p)$,$\forall p \in M$,于是,$C^k(\xi)$ 成为 $\mathbf{R}$ 值

函数的代数上的一个模.

例 1.1.2 我们知道, M 上每一点 p 处, 所有的切向量形成了一个 n 维的切空间 T_pM. 自然从沿 M 的一族切空间得到一个秩为 n 的 C^∞ 向量丛, 也称为切丛, 它是 $2n$ 维 C^∞ 流形.

设 $(M, \mathfrak{D})$ 是 n 维 C^∞ 流形, M 的**切丛** $\xi = \{TM, M, \pi, \mathrm{GL}(n, \mathbf{R}), \mathbf{R}^n, \mathscr{E}\}$ 定义如下:

$$TM = \bigcup_{p \in M} T_pM,$$

$\pi: TM \to M, \pi(T_pM) = \{p\}$, 即 $\pi(X_p) = p, X_p \in T_pM$. $\pi^{-1}(p) = T_pM$ 为 p 点处的纤维. 对任何 $(U, \varphi), \{x^i\} \in \mathfrak{D}$, 定义局部平凡化为 $\psi: \pi^{-1}(U) = \bigcup_{p \in U} T_pM \to U \times \mathbf{R}^n$,

$\psi(X_p) = \psi\left(\sum_{i=1}^n a^i \frac{\partial}{\partial x^i}\Big|_p\right) = (p, a^1, \cdots, a^n)$, 而 $\psi_p = \psi|_p: \pi^{-1}(p) = T_pM \to \{p\} \times \mathbf{R}^n$

为线性同构. 由于 ψ 为一一映射, 故由 $U \times \mathbf{R}^n$ 的拓扑自然导出了 $\pi^{-1}(U)$ 的拓扑, 使 ψ 为同胚. 显然, $\tau^* = \{\pi^{-1}(U)$ 中的开集 $\mid (U, \varphi) \in \mathfrak{D}\}$ 为 TM 的拓扑基, 它唯一地确定了 TM 的一个拓扑 τ. 明显地, TM 为 T_2(Hausdorff) 空间, $\pi^{-1}(U)$ 为其开子集, 且

$$(\varphi, \mathrm{Id}_{\mathbf{R}^n}) \circ \psi: \pi^{-1}(U) \to \varphi(U) \times \mathbf{R}^n,$$

$$(\varphi, \mathrm{Id}_{\mathbf{R}^n}) \circ \psi(X_p) = (\varphi(p), a^1, \cdots, a^n) = (x^1, \cdots, x^n, a^1, \cdots, a^n)$$

为同构, 因而 TM 为 $2n$ 维拓扑流形.

令 $\mathscr{E}' = \{(\pi^{-1}(U), \psi) \mid (U, \varphi) \in \mathfrak{D}\}$, 如果 $(U_\alpha, \varphi_\alpha), \{x^i\} \in \mathfrak{D}, (U_\beta, \varphi_\beta), \{y^i\} \in \mathfrak{D}$, 则当 $p \in U_\alpha \cap U_\beta$ 时, 有

$$
\begin{aligned}
(p, b^1, \cdots, b^n) &= (p, g_{\beta\alpha}(p)a) = \psi_\beta \circ \psi_\alpha^{-1}(p, a^1, \cdots, a^n) \\
&= \psi_\beta\left(\sum_{i=1}^n a^i \frac{\partial}{\partial x^i}\Big|_p\right) = \psi_\beta\left[\sum_{j=1}^n \left(\sum_{i=1}^n \frac{\partial y^i}{\partial x^i} a^i\right) \frac{\partial}{\partial y^j}\Big|_p\right] \\
&= \left(p, \sum_{i=1}^n \frac{\partial y^1}{\partial x^i} a^i, \cdots, \sum_{i=1}^n \frac{\partial y^n}{\partial x^i} a^i\right),
\end{aligned}
$$

其中

$$g_{\beta\alpha}(p) = \begin{pmatrix} \dfrac{\partial y^1}{\partial x^1} & \cdots & \dfrac{\partial y^1}{\partial x^n} \\ \vdots & & \vdots \\ \dfrac{\partial y^n}{\partial x^1} & \cdots & \dfrac{\partial y^n}{\partial x^n} \end{pmatrix}_{\varphi_\alpha(p)} \in \mathrm{GL}(n, \mathbf{R}),$$

显然, $g_{\beta\alpha}: U_\alpha \cap U_\beta \to \mathrm{GL}(n, \mathbf{R})$ 为 C^∞ 映射. 又因为

$$(y^1, \cdots, y^n, b^1, \cdots, b^n)$$

$$= ((\varphi_\beta, \mathrm{Id}_{\mathbf{R}^n}) \circ \psi_\beta) \circ ((\varphi_\alpha, \mathrm{Id}_{\mathbf{R}^n}) \circ \psi_\alpha)^{-1}(x^1, \cdots, x^n, a^1, \cdots, a^n)$$

$$= \left(\varphi_\beta \circ \varphi_\alpha^{-1}(x^1, \cdots, x^n), \sum_{i=1}^n \frac{\partial y^1}{\partial x^i} a^i, \cdots, \sum_{i=1}^n \frac{\partial y^n}{\partial x^i} a^i \right)$$

(简记为 $(y,b) = (\varphi_\beta \circ \varphi_\alpha^{-1}(x), g_{\beta\alpha}(\varphi_\alpha^{-1}(x))a)$,故 TM 为 $2n$ 维 C^∞ 流形,而

$$\mathscr{E}' = \{ (\pi^{-1}(U), (\varphi, \mathrm{Id}_{\mathbf{R}^n}) \circ \psi) \mid (U, \varphi) \in \mathfrak{D} \}$$

为其微分构造的基. 由

$$(x^1, \cdots, x^n) = \varphi \circ \pi \circ ((\varphi, \mathrm{Id}_{\mathbf{R}^n}) \circ \psi)^{-1}(x^1, \cdots, x^n, a^1, \cdots, a^n)$$

和

$$(\varphi, \mathrm{Id}_{\mathbf{R}^n}) \circ \psi \circ ((\varphi, \mathrm{Id}_{\mathbf{R}^n}) \circ \psi)^{-1} = \mathrm{Id}_{\varphi(U) \times \mathbf{R}^n}$$

可知,π 和 ψ 分别为 C^∞ 映射和 C^∞ 同胚. 于是,由 $\mathscr{E}'$ 唯一地确定了 TM 的一个丛图册 $\mathscr{E}$,使 ξ 或 TM 成为 M 上的一个秩为 n 的 C^∞ 向量丛,即**切丛**.

M 上 $C^k (0 \leqslant k \leqslant +\infty)$ 截面 $X: M \to TM (\pi \circ X = \mathrm{Id}_M : M \to M$ 或对 $\forall p \in M$,在映射 X 下对应于 $X_p \in T_pM$)称为 M 上的 C^k **切向量场**. 记 M 上的 C^k 切向量场的全体为 $C^k(TM)$.

容易证明:

定理 1.1.1 设 $(M, \mathfrak{D})$ 为 n 维 C^∞ 流形,则:

(1) X 为 M 上的 $C^k (0 \leqslant k \leqslant +\infty)$ 切向量场 $\Leftrightarrow$ 对任何 (U, φ), $\{x^i\} \in \mathfrak{D}$, $X_p = \sum_{i=1}^n a^i(p) \frac{\partial}{\partial x^i}\Big|_p$, $p \in U$,有 $a^i \in C^k(U, \mathbf{R})$;

(2) X 为 M 上的 C^∞ 切向量场 $\Leftrightarrow$ 对任何 $f \in C^\infty(M, \mathbf{R})$,有 $Xf \in C^\infty(M, \mathbf{R})$.

证明 (1) $X: M \to TM$ 为 C^k 截面 $\Leftrightarrow$ 对任何 (U, φ), $\{x^i\} \in \mathfrak{D}$,

$$(\varphi, \mathrm{Id}_{\mathbf{R}^n}) \circ \psi \circ X \circ \varphi^{-1} : \varphi(U) \to \varphi(U) \times \mathbf{R}^n,$$

$$(\varphi, \mathrm{Id}_{\mathbf{R}^n}) \circ \psi \circ X \circ \varphi^{-1}(x) = (x, a^1 \circ \varphi^{-1}(x), \cdots, a^n \circ \varphi^{-1}(x))$$

是 C^k 类的 $\Leftrightarrow$ 对任何 (U, φ), $\{x^i\} \in \mathfrak{D}$, $a^i \in C^k(U, \mathbf{R})$.

(2) ($\Rightarrow$)对任何 (U, φ), $\{x^i\} \in \mathfrak{D}$,在 U 中,

$$Xf = \left(\sum_{i=1}^n a^i \frac{\partial}{\partial x^i} \right) f = \sum_{i=1}^n \frac{a^i \partial (f \circ \varphi^{-1})}{\partial x^i}.$$

由 $f \in C^\infty(M, \mathbf{R})$, X 为 M 上的 C^∞ 切向量场和(1)可知,$a^i, \frac{\partial}{\partial x^i} f \in C^\infty(U, \mathbf{R})$,故 $Xf|_U \in C^\infty(U, \mathbf{R})$,从而 $Xf \in C^\infty(M, \mathbf{R})$.

($\Leftarrow$)对 $\forall p \in M$,取 p 的局部坐标系 (U, φ), $\{x^i\} \in \mathfrak{D}$,使 $p \in U$. 由于 $X = \sum_{i=1}^n (Xx^i) \frac{\partial}{\partial x^i}$,构造 $f_i \in C^\infty(M, \mathbf{R})$,使 $f_i|_V \equiv x^i|_V$,其中 $V \subset U$ 为 p 的更小的开邻域. 于是

$$(Xx^i)\,|_V \equiv (Xf_i)\,|_V$$

是 C^∞ 类的,故 $X|_V$,从而 X 为 C^∞ 类的. $\qquad\qquad\square$

例 1.1.3 设 $(M,\mathfrak{D})$ 为 n 维 C^∞ 流形,$T_p^*M = \{\theta\,|\,\theta: T_pM \to \mathbf{R}$ 为线性函数$\}$,设 $\theta,\eta \in T_p^*M$,定义

$$(\theta + \eta)(X) = \theta(X) + \eta(X),$$
$$(\lambda\theta)(X) = \lambda \cdot \theta(X),$$

则 $\theta + \eta, \lambda\theta \in T_p^*M$. 易证 T_p^*M 为 n 维向量空间,它是切空间 T_pM 的对偶空间,称为 p 点处的**余切空间**,T_p^*M 中的元素称为**余切向量**. 类似于切丛的讨论,可以定义**余切丛** $\xi^* = \bigotimes^{0,1}\xi = (T^*M, M, \pi, \mathrm{GL}(n,\mathbf{R}), \mathbf{R}^n, \mathscr{E})$,其中 $T^*M = \bigcup\limits_{p \in M} T_p^*M$,$\pi: T^*M \to M$,$\pi(T_p^*M) = \{p\}$,即 $\pi^{-1}(p) = T_p^*M$.

容易看出,在两个局部平凡化系中,

$$(p, \bar\theta_1, \cdots, \bar\theta_n)$$

$$= \left(p, g_{\beta\alpha}(p)\begin{pmatrix}\theta_1 \\ \vdots \\ \theta_n\end{pmatrix}\right) = \psi_\beta \circ \psi_\alpha^{-1}(p, \theta_1, \cdots, \theta_n) = \psi_\beta\left(\sum_{i=1}^n \theta_i \mathrm{d}x^i\,|_p\right)$$

$$= \psi_\beta\left(\sum_{j=1}^n \left(\sum_{i=1}^n \frac{\partial x^i}{\partial y^j}\theta_i\right)\mathrm{d}y^i\,\Big|_p\right) = \left(p, \sum_{i=1}^n \frac{\partial x^i}{\partial y^1}\theta_i, \cdots, \sum_{i=1}^n \frac{\partial x^i}{\partial y^n}\theta_i\right),$$

其中

$$g_{\beta\alpha}(p) = \begin{pmatrix} \dfrac{\partial x^1}{\partial y^1} & \cdots & \dfrac{\partial x^n}{\partial y^1} \\ \vdots & & \vdots \\ \dfrac{\partial x^1}{\partial y^n} & \cdots & \dfrac{\partial x^n}{\partial y^n} \end{pmatrix} \in \mathrm{GL}(n,\mathbf{R}).$$

显然,$g_{\beta\alpha}: U_\alpha \bigcap U_\beta \to \mathrm{GL}(n,\mathbf{R})$ 为 C^∞ 映射. 又因为

$$(y^1, \cdots, y^n, \bar\theta_1, \cdots, \bar\theta_n)$$

$$= (\varphi_\beta, \mathrm{Id}_{\mathbf{R}^n}) \circ \psi_\beta \circ ((\varphi_\alpha, \mathrm{Id}_{\mathbf{R}^n}) \circ \psi_\alpha)^{-1}(x^1, \cdots, x^n, \theta_1, \cdots, \theta_n)$$

$$= \left(\varphi_\beta \circ \varphi_\alpha^{-1}(x^1, \cdots, x^n), \sum_{i=1}^n \frac{\partial x^i}{\partial y^1}\theta_i, \cdots, \sum_{i=1}^n \frac{\partial x^i}{\partial y^n}\theta_i\right),$$

所以 T^*M 为 $2n$ 维 C^∞ 流形,而

$$\mathscr{E}' = \{(\pi^{-1}(U), (\varphi, \mathrm{Id}_{\mathbf{R}^n}) \circ \psi)\,|\,(U,\varphi) \in \mathfrak{D}\}$$

为其微分构造的基. 由

$$(x^1, \cdots, x^n) = \varphi \circ \pi \circ ((\varphi, \mathrm{Id}_{\mathbf{R}^n}) \circ \psi)^{-1}(x^1, \cdots, x^n, \theta_1, \cdots, \theta_n)$$

和

$$(\varphi, \mathrm{Id}_{\mathbf{R}^n}) \circ \psi \circ ((\varphi, \mathrm{Id}_{\mathbf{R}^n}) \circ \psi)^{-1} = \mathrm{Id}_{\varphi(U) \times \mathbf{R}^n}$$

可知,π 和 ψ 分别为 C^∞ 映射和 C^∞ 同胚. 于是 $\mathscr{E}'$ 唯一地确定了 T^*M 的一个丛图册 $\mathscr{E}$,使 ξ^* 或 T^*M 成为 M 上的一个秩为 n 的 C^∞ 向量丛,即余切丛. 类似 C^k 切向量场可定义 C^k **余切向量场**.

例 1.1.4 设 $\theta: \underbrace{T_p^*M \times \cdots \times T_p^*M}_{r\uparrow} \times \underbrace{T_pM \times \cdots \times T_pM}_{s\uparrow} \to \mathbf{R}$ 为偏线性函数,即对 $\forall W_i, U_i \in T_p^*M, X_j, Y_j \in T_pM, \lambda, \mu \in \mathbf{R}$,有

$$\theta(W_1, \cdots, W_{i-1}, \lambda W_i + \mu U_i, W_{i+1}, \cdots, W_r; X_1, \cdots, X_s)$$
$$= \lambda \theta(W_1, \cdots, W_{i-1}, W_i, W_{i+1}, \cdots, W_r; X_1, \cdots, X_s)$$
$$+ \mu \theta(W_1, \cdots, W_{i-1}, U_i, W_{i+1}, \cdots, W_r; X_1, \cdots, X_s),$$
$$\theta(W_1, \cdots, W_r; X_1, \cdots, X_{j-1}, \lambda X_j + \mu Y_j, X_{j+1}, \cdots, X_s)$$
$$= \lambda \theta(W_1, \cdots, W_r; X_1, \cdots, X_{j-1}, X_j, X_{j+1}, \cdots, X_s)$$
$$+ \mu \theta(W_1, \cdots, W_r; X_1, \cdots, X_{j-1}, Y_j, X_{j+1}, \cdots, X_s),$$

则称 θ 为 TM 上的 (r, s) 型张量,r 为**逆变阶数**,s 为**协变阶数**,(r, s) 型张量的全体为 $\otimes^{r,s}T_pM$. θ 在 M 的两个局部坐标系 $(U_\alpha, \varphi_\alpha), \{x^i\}$ 和 $(U_\beta, \varphi_\beta), \{y^i\}$ 中的表示分别为

$$\theta = \sum_{\substack{i_1, \cdots, i_r = 1 \\ j_1, \cdots, j_s = 1}}^n \theta_{j_1 \cdots j_s}^{i_1 \cdots i_r} \frac{\partial}{\partial x^{i_1}} \otimes \cdots \otimes \frac{\partial}{\partial x^{i_r}} \otimes \mathrm{d}x^{j_1} \otimes \cdots \otimes \mathrm{d}x^{j_s}$$

和

$$\theta = \sum_{\substack{i_1, \cdots, i_r = 1 \\ j_1, \cdots, j_s = 1}}^n \bar{\theta}_{j_1 \cdots j_s}^{i_1 \cdots i_r} \frac{\partial}{\partial y^{i_1}} \otimes \cdots \otimes \frac{\partial}{\partial y^{i_r}} \otimes \mathrm{d}y^{j_1} \otimes \cdots \otimes \mathrm{d}y^{j_s},$$

其中

$$\theta_{j_1 \cdots j_s}^{i_1 \cdots i_r} = \theta\left(\mathrm{d}x^{i_1}, \cdots, \mathrm{d}x^{i_r}; \frac{\partial}{\partial x^{j_1}}, \cdots, \frac{\partial}{\partial x^{j_s}}\right),$$

$$\bar{\theta}_{j_1 \cdots j_s}^{i_1 \cdots i_r} = \sum_{\substack{k_1, \cdots, k_r = 1 \\ l_1, \cdots, l_s = 1}}^n \frac{\partial y^{i_1}}{\partial x^{k_1}} \cdots \frac{\partial y^{i_r}}{\partial x^{k_r}} \frac{\partial x^{l_1}}{\partial y^{j_1}} \cdots \frac{\partial x^{l_s}}{\partial y^{j_s}} \theta_{l_1 \cdots l_s}^{k_1 \cdots k_r}.$$

由此公式并仿例 1.1.2 立即得到 (r, s) 型的 C^k **张量丛**,其中 $\otimes^{r,s}TM = \bigcup_{p \in M} \otimes^{r,s}T_pM$. 同例 1.1.2 可定义 (r, s) 型 C^k **张量场**.

类似定理 1.1.1,有:

定理 1.1.2 设 $(M, \mathfrak{D})$ 为 n 维 C^∞ 流形,则

(1) θ 为 M 上的 (r, s) 型 $C^k(0 \leqslant k \leqslant +\infty)$ 张量场 $\Leftrightarrow$ 对任何 $(U, \varphi), \{x^i\} \in \mathfrak{D}$, $p \in U$,

$$\theta_p = \sum_{\substack{i_1,\cdots,i_r=1 \\ j_1,\cdots,j_s=1}}^{n} \theta_{j_1\cdots j_s}^{i_1\cdots i_r}(p) \frac{\partial}{\partial x^{i_1}} \otimes \cdots \otimes \frac{\partial}{\partial x^{i_r}} \otimes \mathrm{d}x^{j_1} \otimes \cdots \otimes \mathrm{d}x^{j_s},$$

有 $\theta_{j_1\cdots j_s}^{i_1\cdots i_r} \in C^k(U,\mathbf{R})$.

(2) θ 为 M 上的 (r,s) 型 C^∞ 张量场 $\Leftrightarrow$ 对任何 $W_1,\cdots,W_r \in C^\infty(T^*M)$ 和任何 $X_1,\cdots,X_s \in C^\infty(TM)$, $\theta(W_1,\cdots,W_r,X_1,\cdots,X_s)$ 为 M 上的 C^∞ 函数.

证明 (1) $\theta:M\to\otimes^{r,s}TM$ 为 C^k 映射 $\Leftrightarrow$ 对任何 $(U,\varphi),\{x^i\}\in\mathfrak{D},x\mapsto(x,\theta_{j_1\cdots j_s}^{i_1\cdots i_r}\circ\varphi(x))$ 是 C^k 类的 $\Leftrightarrow$ 对任何 $(U,\varphi),\{x^i\}\in\mathfrak{D},\theta_{j_1\cdots j_s}^{i_1\cdots i_r}\in C^k(U,\mathbf{R})$.

(2) ($\Rightarrow$) 对任何 $(U,\varphi),\{x^i\}\in\mathfrak{D}$, 在 U 中,

$$\theta(W_1,\cdots,W_r,X_1,\cdots,X_s)$$

$$= \left(\sum_{\substack{i_1,\cdots,i_r=1 \\ j_1,\cdots,j_s=1}}^{n} \theta_{j_1\cdots j_s}^{i_1\cdots i_r} \frac{\partial}{\partial x^{i_1}} \otimes \cdots \otimes \frac{\partial}{\partial x^{i_r}} \otimes \mathrm{d}x^{j_1} \otimes \cdots \otimes \mathrm{d}x^{j_s} \right)$$

$$\left(\sum_{k_1=1}^{n} c_{k_1} \mathrm{d}x^{k_1},\cdots,\sum_{k_r=1}^{n} c_{k_r} \mathrm{d}x^{k_r},\sum_{l_1=1}^{n} a^{l_1} \frac{\partial}{\partial x^{l_1}},\cdots,\sum_{l_s=1}^{n} a^{l_s} \frac{\partial}{\partial x^{l_s}} \right)$$

$$= \sum_{\substack{i_1,\cdots,i_r=1 \\ j_1,\cdots,j_s=1}}^{n} \theta_{l_1\cdots l_s}^{k_1\cdots k_r} c_{k_1}\cdots c_{k_r} a^{l_1}\cdots a^{l_s}.$$

由题设和 (1) 知, $\theta_{l_1\cdots l_s}^{k_1\cdots k_r},c_{k_1},\cdots,c_{k_r},a^{l_1},\cdots,a^{l_s}\in C^\infty(U,\mathbf{R})$, 故

$$\theta(W_1,\cdots,W_r,X_1,\cdots,X_s)$$

为 M 上的 C^∞ 函数.

($\Leftarrow$) 对 $\forall p\in M$, 取 $(U,\varphi),\{x^i\}\in\mathfrak{D}$, 使 $p\in U$, 设

$$\theta = \sum_{\substack{i_1,\cdots,i_r=1 \\ j_1,\cdots,j_s=1}}^{n} \theta\left(\mathrm{d}x^{i_1},\cdots,\mathrm{d}x^{i_r},\frac{\partial}{\partial x^{j_1}},\cdots,\frac{\partial}{\partial x^{j_s}} \right)$$

$$\cdot \frac{\partial}{\partial x^{i_1}} \otimes \cdots \otimes \frac{\partial}{\partial x^{i_r}} \otimes \mathrm{d}x^{j_1} \otimes \cdots \otimes \mathrm{d}x^{j_s}.$$

利用定理 1.1.1(2) 中证明充分性部分的方法, 构造 $W_1,\cdots,W_r\in C^\infty(T^*M)$ 和 $X_1,\cdots,X_s\in C^\infty(TM)$, 使得 $W_i|_V=\mathrm{d}x^i,X_i|_V=\dfrac{\partial}{\partial x^i},i=1,\cdots,n$, 其中 $V\subset U$ 为开集. 于是, 在 V 中,

$$\theta_{j_1\cdots j_s}^{i_1\cdots i_r} = \theta\left(\mathrm{d}x^{i_1},\cdots,\mathrm{d}x^{i_r},\frac{\partial}{\partial x^{j_1}},\cdots,\frac{\partial}{\partial x^{j_s}} \right) = \theta(W_{i_1},\cdots,W_{i_r},X_{j_1},\cdots,X_{j_s})$$

是 C^∞ 类的函数, 由 (1) 可知 θ 为 M 上的 (r,s) 型张量场. $\square$

例 1.1.5 设 $\omega\in\otimes^{0,s}T_pM$, 如果对 $\forall X_i\in T_pM,i=1,\cdots,s$ 及 $(1,\cdots,s)$ 的任一置换 π 满足

$$\omega(X_{\pi(1)}, \cdots, X_{\pi(s)}) = (-1)^{\pi}\omega(X_1, \cdots, X_s),$$

其中

$$(-1)^{\pi} = \begin{cases} 1, & \pi \text{ 为偶置换,} \\ -1, & \pi \text{ 为奇置换,} \end{cases}$$

则称 ω 为 s 阶反称协变张量或 s 阶外形式. s 阶反称协变张量的全体为 $\wedge^s T^* M$, 显然它是 $\bigotimes^{0,s} TM$ 的一个子向量空间, 而 ω 是反称的 $\Leftrightarrow$ 对任一局部坐标系 $\{x^i\}$ 和 $(1,\cdots,s)$ 的任一置换 π, 有

$$\omega_{i_{\pi(1)}\cdots i_{\pi(s)}} = (-1)^{\pi}\omega_{i_1\cdots i_s},$$

其中 $\omega_{i_1\cdots i_s} = \omega\left(\dfrac{\partial}{\partial x^{i_1}}, \cdots, \dfrac{\partial}{\partial x^{i_s}}\right)$. s 阶外形式 ω 在 M 的两个局部坐标系 $(U_\alpha, \varphi_\alpha)$, $\{x^i\} \in \mathcal{D}$ 和 (U_β, φ_β), $\{y^i\} \in \mathcal{D}$ 中的表示分别为

$$\omega = \sum_{1 \leqslant i_1 < \cdots < i_s \leqslant n} \omega_{i_1\cdots i_s} \, \mathrm{d}x^{i_1} \wedge \cdots \wedge \mathrm{d}x^{i_s}$$

和

$$\omega = \sum_{1 \leqslant i_1 < \cdots < i_s \leqslant n} \overline{\omega}_{i_1\cdots i_s} \, \mathrm{d}y^{i_1} \wedge \cdots \wedge \mathrm{d}y^{i_s},$$

且

$$\overline{\omega}_{j_1\cdots j_s} = \sum_{1 \leqslant i_1 < \cdots < i_s \leqslant n} \frac{\partial(x^{i_1}, \cdots, x^{i_s})}{\partial(y^{j_1}, \cdots, y^{j_s})} \omega_{i_1\cdots i_s}.$$

由此公式并仿例 1.1.2 可得到 s 阶 C^k **外形式丛**

$$\wedge^s \xi^* = \{\wedge^s T^* M, M, \pi_s, \mathrm{GL}(C_n^s, \mathbf{R}), \mathbf{R}^{C_n^s}, \mathcal{E}_s\}.$$

同例 1.1.2 可定义 s 阶 C^k **外(微分)形式**.

介绍了 C^∞ 向量丛和 C^∞ 向量场后, 就可以引入 ξ 上的线性联络.

定义 1.1.3 C^∞ 向量丛 $\xi = \{E, M, \pi, \mathrm{GL}(n, \mathbf{R}), \mathbf{R}^n, \mathcal{E}\}$ 或 E 上的**线性联络**是截面空间 $C^\infty(\xi) = C^\infty(E)$ 上的一个映射

$$\nabla: C^\infty(TM) \times C^\infty(E) \to C^\infty(E),$$

$$(X, \omega) \mapsto \nabla(X, \omega) = \nabla_X \omega,$$

满足:

(1) $\nabla_{f_1 X_1 + f_2 X_2} \omega = f_1 \nabla_{X_1} \omega + f_2 \nabla_{X_2} \omega, f_1, f_2 \in C^\infty(M, \mathbf{R}), X_1, X_2 \in C^\infty(TM), \omega \in C^\infty(E)$;

(2) $\nabla_X(\lambda_1 \omega_1 + \lambda_2 \omega_2) = \lambda_1 \nabla_X \omega_1 + \lambda_2 \nabla_X \omega_2, \lambda_1, \lambda_2 \in \mathbf{R}, X \in C^\infty(TM), \omega_1, \omega_2 \in C^\infty(E)$; ((1),(2) 为线性.)

(3) $\nabla_X(f\omega) = (\nabla_X f)\omega + f\nabla_X \omega$ (导性), $f \in C^\infty(M, \mathbf{R}), X \in C^\infty(TM), \omega \in C^\infty(E)$, 其中 $\nabla_X f = \mathrm{d}f(X) = Xf$ 为 f 沿 X 方向的方向导数, 称 $\nabla_X \omega$ 为 ω 关于 X 的**协变导数**.

定义 1.1.4 线性联络∇的**曲率张量**($C^{\infty}(E)$值)是

$$R : C^{\infty}(TM) \times C^{\infty}(TM) \times C^{\infty}(E) \to C^{\infty}(E),$$

$$R(X, Y)\omega = \nabla_X \nabla_Y \omega - \nabla_Y \nabla_X \omega - \nabla_{[X,Y]}\omega = -R(Y, X)\omega,$$

即 $R(X, Y) = -R(Y, X)$.

引理 1.1.1 R 关于 X, Y, ω 都是 $C^{\infty}(M, \mathbf{R})$ 线性的.

证明 对 $\forall f \in C^{\infty}(M, \mathbf{R}), X, Y \in C^{\infty}(TM), \omega \in C^{\infty}(E)$, 只需证明

$$R(fX, Y)\omega = \nabla_{fX}\nabla_Y \omega - \nabla_Y \nabla_{fX}\omega - \nabla_{[fX,Y]}\omega$$

$$= f\nabla_X \nabla_Y \omega - \nabla_Y f\nabla_X \omega - \nabla_{-(Yf)X+f[X,Y]}\omega$$

$$= f\nabla_X \nabla_Y \omega - f\nabla_Y \nabla_X \omega - f\nabla_{[X,Y]}\omega - (Yf)\nabla_X \omega + (Yf)\nabla_X \omega$$

$$= fR(X, Y)\omega,$$

$$R(X, Y)(f\omega) = \nabla_X \nabla_Y(f\omega) - \nabla_Y \nabla_X(f\omega) - \nabla_{[X,Y]}(f\omega)$$

$$= \nabla_X((Yf)\omega + f(\nabla_Y \omega)) - \nabla_Y((Xf)\omega + f\nabla_X \omega)$$

$$\quad - ([X, Y]f)\omega - f\nabla_{[X,Y]}\omega$$

$$= f(\nabla_X \nabla_Y \omega - \nabla_Y \nabla_X \omega - \nabla_{[X,Y]}\omega) + (XYf - YXf - [X, Y]f)\omega$$

$$\quad + (Yf)\nabla_X \omega + (Xf)\nabla_Y \omega - (Xf)\nabla_Y \omega - (Yf)\nabla_X \omega$$

$$= fR(X, Y)\omega. \qquad \Box$$

下面将考虑联络∇与局部的联络∇^U之间的关系. 为此, 先证一个引理.

引理 1.1.2 设∇为 C^{∞} 向量丛 $\xi = \{E, M, \pi, \mathrm{GL}(m, \mathbf{R}), \mathbf{R}^m, \mathscr{E}\}$ 上的线性联络, M 为 n 维 C^{∞} 流形, $U \subset M$ 为开子流形, $X \in C^{\infty}(TM), \omega \in C^{\infty}(E)$. 如果 $X|_U \equiv 0$ 或 $\omega|_U \equiv 0$, 则 $\nabla_X \omega \equiv 0$.

证明 (1) 设 $X|_U \equiv 0, p \in U$, 构造 $f \in C^{\infty}(M, \mathbf{R})$, 使得 $f(p) = 0, f|_{M-U} \equiv 1$, 则 $fX = X$, 且

$$(\nabla_X \omega)_p = (\nabla_{fX}\omega)_p = (f\nabla_X \omega)_p = f(p)(\nabla_X \omega)_p = 0.$$

(2) $\omega|_U \equiv 0$, 同理, 由 $f\omega = \omega$ 得到

$$(\nabla_X \omega)_p = (\nabla_X(f\omega))_p = ((Xf)\omega + f\nabla_X \omega)_p$$

$$= (Xf)_p \omega_p + f(p)(\nabla_X \omega)_p = 0 + 0 = 0. \qquad \Box$$

定理 1.1.3 设 M 为 n 维 C^{∞} 流形, $\xi = \{E, M, \pi, \mathrm{GL}(m, \mathbf{R}), \mathbf{R}^m, \mathscr{E}\}$ 为 M 上的 C^{∞} 向量丛.

(1) 如果∇为 ξ 上的线性联络, $\xi_U = \{E_U, U, \pi_U, \mathrm{GL}(m, \mathbf{R}), \mathbf{R}^m, \mathscr{E}_U\}$ 为 ξ 在 U 上的限制(它是 U 上的 C^{∞} 向量丛), 其中 $E_U = E|_U$. 令

$$\nabla^U : C^{\infty}(TU) \times C^{\infty}(E_U) \to C^{\infty}(E^U),$$

$$(\overline{X}, \overline{\omega}) \mapsto \nabla^U_{\overline{X}} \overline{\omega},$$

使得$(\nabla_{\overline{X}}^{U}\overline{\omega})_p = (\nabla_X\omega)_p$,其中 $p\in U, X\in C^\infty(TM), \omega\in C^\infty(E)$,且存在 p 的开邻域 $V\subset U, X|_V = \overline{X}|_V, \omega|_V = \overline{\omega}|_V$,则 ∇^U 为 ξ_U 上的线性联络.

(2) 反之,如果存在 M 上的开覆盖 $\{U_\alpha\,|\,\alpha\in\Gamma\}$,以及对每个 U_α,有 ξ_{U_α} 上的一个线性联络 ∇^{U_α},且$\nabla^{U_\alpha}|_{U_\alpha\cap U_\beta} = \nabla^{U_\beta}|_{U_\alpha\cap U_\beta}$,令

$$\nabla: C^\infty(TM)\times C^\infty(E)\to C^\infty(E),$$

$$(X,\omega)\mapsto\nabla_X\omega,$$

使得$(\nabla_X\omega)_p = (\nabla_{\overline{X}}^{U_\alpha}\overline{\omega})_p$,其中 $p\in U_\alpha, \overline{X}, \overline{\omega}$ 分别为 X, ω 在 U_α 上的限制,则 ∇ 为 ξ 上的线性联络,它在每个 U_α 上如(1)诱导出的线性联络恰为 ∇^{U_α}.

证明 (1) 由引理 1.1.2 知,∇^U 与 X, ω 的选取无关,因此,定义是确切的.下面只证线性联络条件(3),其他证明类似.设 $\overline{f}\in C^\infty(U,\mathbf{R}), \overline{X}\in C^\infty(TU), \overline{\omega}\in C^\infty(E_U), p\in U$. 选 p 的开邻域 $V\subset U$ 和 $f\in C^\infty(M,\mathbf{R}), X\in C^\infty(TM), \omega\in C^\infty(E)$,使得 $f|_V = \overline{f}|_V$, $X|_V = \overline{X}|_V, \omega|_V = \overline{\omega}|_V$,于是

$$(\nabla_{\overline{X}}^{U}(\overline{f}\overline{\omega}))_p = (\nabla_X(f\omega))_p = ((Xf)\omega + f\nabla_X\omega)_p$$

$$= (Xf)_p\omega_p + f(p)(\nabla_X\omega)_p = (\overline{X}\overline{f})_p\overline{\omega}_p + \overline{f}(p)(\nabla_{\overline{X}}^{U}\overline{\omega})_p.$$

(2) 由题设知,∇ 与 U_α 的选取无关.由 ∇^{U_α} 为线性联络立即推出 ∇ 为 ξ 上的线性联络. $\square$

进一步,有比引理 1.1.2 更一般的结果.

引理 1.1.3 设 $\xi = \{E, M, \pi, GL(m,\mathbf{R}), \mathbf{R}^m, \mathscr{E}\}$ 为 n 维 C^∞ 流形 M 上的 C^∞ 向量丛,∇ 为 ξ 上的线性联络.$X\in C^\infty(TM), \omega\in C^\infty(E), p\in M, X_p = 0$,则 $(\nabla_X\omega)_p = 0$.

证明 设 $(U,\varphi), \{x^i\}$ 为 p 的局部坐标系,令

$$X = \sum_{i=1}^n f^i\frac{\partial}{\partial x^i}, \quad f^i\in C^\infty(U,\mathbf{R}), \quad f^i(p) = 0, \quad 1\leqslant i\leqslant n.$$

选取

$$X_i\in C^\infty(TM), \quad g^i\in C^\infty(M,\mathbf{R}),$$

使得

$$X_i|_V = \frac{\partial}{\partial x^i}\Big|_V, \quad g^i|_V = f^i|_V,$$

其中 V 为 p 的开邻域,则由引理 1.1.2 得

$$(\nabla_X\omega)_p = (\nabla_{\sum_{i=1}^n g^i X_i}\omega)_p = \sum_{i=1}^n g^i(p)(\nabla_{X_i}\omega)_p$$

$$= \sum_{i=1}^n f^i(p)(\nabla_{X_i}\omega)_p = \sum_{i=1}^n 0\cdot(\nabla_{X_i}\omega)_p = 0. \quad \square$$

引理 1.1.4 设 $\xi = \{E, M, \pi, GL(m,\mathbf{R}), \mathbf{R}^m, \mathscr{E}\}$ 为 n 维 C^∞ 流形 M 上的 C^∞ 向量

丛,∇ 为 ξ 上的线性联络. $X \in C^\infty(TM), \omega \in C^\infty(E), p \in M, \gamma:[a,b] \to M$ 为 C^∞ 曲线,$\gamma(a) = p, \gamma'(a) = X_p$,则 $(\nabla_X \omega)_p$ 由 X_p 和 $\omega(\gamma(t))$ 完全确定,且它与切于 X_p 的 γ 的选取无关.

证明 取 p 的局部坐标系 $(U, \varphi), \{x^i\}$,相应于 ξ 的丛图卡为 $(\pi^{-1}(U), \psi)$. 设

$$X = \sum_{i=1}^n a^i \frac{\partial}{\partial x^i}, \quad \omega = \sum_{j=1}^m b^j \eta_j,$$

其中 $\eta_j = \psi^{-1}(q, e_j)$,则

$$(\nabla_X \omega)_p = \left(\nabla_{\sum_{i=1}^n a^i \frac{\partial}{\partial x^i}} \sum_{j=1}^m b^j \eta_j\right)_p$$

$$= \sum_{j=1}^m \left((X_p b^j) \eta_{jp} + b^j(p) \sum_{i=1}^n a^i(p)(\nabla_{\frac{\partial}{\partial x^i}} \eta_j)_p\right)$$

$$= \sum_{j=1}^m \left(\frac{\mathrm{d}b^j(\gamma(t))}{\mathrm{d}t}\bigg|_{t=0} \eta_{jp} + b^j(p) \sum_{i=1}^n a^i(p)(\nabla_{\frac{\partial}{\partial x^i}} \eta_j)_p\right)$$

由 X_p 和 $\omega(\gamma(t))$ 完全确定,且它与切于 X_p 的 γ 的选取无关($X_p b^j$ 与切于 X_p 的 γ 的选取无关!). $\quad\square$

定义 1.1.5 设 $\xi = \{E, M, \pi, \mathrm{GL}(m, \mathbf{R}), \mathbf{R}^m, \mathscr{E}\}$ 为 n 维 C^∞ 流形 M 上的 C^∞ 向量丛,∇ 为 ξ 的线性联络,γ 为 M 中的 C^∞ 曲线,$\omega(t) \in E_{\gamma(t)}$,且 $\omega(t)$ 关于 t 是 C^∞ 的. 在局部坐标系 (U, φ),$\{x^i\}$ 和丛图卡 $(\pi^{-1}(U), \psi)$ 中,设 $\gamma'(t) = \sum_{i=1}^n a^i(t)\left(\frac{\partial}{\partial x^i}\right)_{\gamma'(t)}$,$\omega(t) = \sum_{j=1}^m b^j(t) \eta_{j\gamma(t)}$,则定义

$$(\nabla_{\gamma'(t)} \omega)(t) = \sum_{j=1}^m \left(\frac{\mathrm{d}b^j(t)}{\mathrm{d}t} \eta_{j\gamma(t)} + b^j(t) \sum_{i=1}^n a^i(t)(\nabla_{\frac{\partial}{\partial x^i}} \eta_j)_{\gamma(t)}\right).$$

容易验证它与局部坐标系的选取无关,注意其中 $\eta_j = \psi^{-1}(q, e_j)$.

如果 $\nabla_{\gamma'(t)} \omega = 0$,则称 $\omega(t)$ 是**沿 γ 平行**的.

1.2 切丛上的线性联络、向量场的平移和测地线

现在给出线性联络的一个重要的例子.

设 ∇ 为 n 维 C^∞ 流形 M 的切丛 TM 上的线性联络,即 $\nabla: C^\infty(TM) \times C^\infty(TM) \to C^\infty(TM), (X, Y) \mapsto \nabla_X Y$ 满足:

(1) $\nabla_{f_1 X_1 + f_2 X_2} Y = f_1 \nabla_{X_1} Y + f_2 \nabla_{X_2} Y, f_1, f_2 \in C^\infty(M, \mathbf{R}), X_1, X_2, Y \in C^\infty(TM)$;

(2) $\nabla_X(\lambda_1 Y_1 + \lambda_2 Y_2) = \lambda_1 \nabla_X Y_1 + \lambda_2 \nabla_X Y_2, \lambda_1, \lambda_2 \in \mathbf{R}, X, Y_1, Y_2 \in C^\infty(TM)$;

((1),(2)为线性.)

(3) $\nabla_X(fY) = (\nabla_X f)Y + f\nabla_X Y$(导性)，$f \in C^\infty(M,\mathbf{R})$，$X,Y \in C^\infty(TM)$.

曲率张量 $R:C^\infty(TM) \times C^\infty(TM) \times C^\infty(TM) \to C^\infty(TM)$为

$$R(X,Y)Z = \nabla_X \nabla_Y Z - \nabla_Y \nabla_X Z - \nabla_{[X,Y]}Z = -R(Y,X)Z.$$

再定义 ∇ 的**挠张量** $T:C^\infty(TM) \times C^\infty(TM) \to C^\infty(TM)$为

$$T(X,Y) = \nabla_X Y - \nabla_Y X - [X,Y] = -T(Y,X).$$

有时为了计算方便，需要 ∇，R，T 的局部表示.

引理 1.2.1 设 $p \in M$，U 为 p 的开邻域，$X_1,\cdots,X_n$ 为 TU 上的 C^∞ 基向量场，在 U 上由公式

$$\nabla_{X_i} X_j = \sum_{k=1}^{n} \Gamma_{ij}^k X_k,$$

$$T(X_i,X_j) = \sum_{k=1}^{n} T_{ij}^k X_k,$$

$$R(X_i,X_j)X_l = \sum_{k=1}^{n} R_{lij}^k X_k$$

分别定义了 Γ_{ij}^k（**联络系数**），T_{ij}^k，$R_{lij}^k \in C^\infty(U,\mathbf{R})$. 如果令

$$[X_i,X_j] = \sum_{k=1}^{n} c_{ij}^k X_k, \quad c_{ij}^k \in C^\infty(U,\mathbf{R}),$$

则：

(1) $T_{ij}^k = -T_{ji}^k$，$R_{lij}^k = -R_{lji}^k$;

(2) $T_{ij}^k = \Gamma_{ij}^k - \Gamma_{ji}^k - c_{ij}^k$;

(3) $R_{lij}^k = \sum_{s=1}^{n}(\Gamma_{jl}^s \Gamma_{is}^k - \Gamma_{il}^s \Gamma_{js}^k) + X_i \Gamma_{jl}^k - X_j \Gamma_{il}^k - \sum_{s=1}^{n} c_{ij}^s \Gamma_{sl}^k$.

特别地，如果 U 为局部坐标邻域，$X_i = \dfrac{\partial}{\partial x^i}$，$i=1,\cdots,n$ 为坐标基向量场，则 $\left[\dfrac{\partial}{\partial x^i},\dfrac{\partial}{\partial x^j}\right] = 0$，$c_{ij}^k = 0$，且上述公式就成为

$$T_{ij}^k = \Gamma_{ij}^k - \Gamma_{ji}^k,$$

$$R_{lij}^k = \sum_{s=1}^{n}(\Gamma_{jl}^s \Gamma_{is}^k - \Gamma_{il}^s \Gamma_{js}^k) + \frac{\partial}{\partial x^i}\Gamma_{jl}^k - \frac{\partial}{\partial x^j}\Gamma_{il}^k.$$

证明 (1) 由

$$\sum_{k=1}^{n} T_{ij}^k X_k = T(X_i,X_j) = -T(X_j,X_i) = -\sum_{k=1}^{n} T_{ji}^k X_k$$

和

$$\sum_{k=1}^{n} R_{lij}^{k} X_{k} = R(X_{i}, X_{j}) X_{l} = - R(X_{j}, X_{i}) X_{l} = - \sum_{k=1}^{n} R_{lji}^{k} X_{k}$$

推得 $T_{ij}^{k} = - T_{ji}^{k}$ 和 $R_{lij}^{k} = - R_{lji}^{k}$.

（2）由

$$\sum_{k=1}^{n} T_{ij}^{k} X_{k} = T(X_{i}, X_{j}) = \nabla_{X_{i}} X_{j} - \nabla_{X_{j}} X_{i} - [X_{i}, X_{j}]$$

$$= \sum_{k=1}^{n} (\Gamma_{ij}^{k} - \Gamma_{ji}^{k} - c_{ij}^{k}) X_{k}$$

推得 $T_{ij}^{k} = \Gamma_{ij}^{k} - \Gamma_{ji}^{k} - c_{ij}^{k}$.

（3）由

$$\sum_{k=1}^{n} R_{lij}^{k} X_{k} = R(X_{i}, X_{j}) X_{l}$$

$$= \nabla_{X_{i}} \nabla_{X_{j}} X_{l} - \nabla_{X_{j}} \nabla_{X_{i}} X_{l} - \nabla_{[X_{i}, X_{j}]} X_{l}$$

$$= \nabla_{X_{i}} \left(\sum_{s=1}^{n} \Gamma_{jl}^{s} X_{s} \right) - \nabla_{X_{j}} \left(\sum_{s=1}^{n} \Gamma_{il}^{s} X_{s} \right) - \nabla_{\sum_{s=1}^{n} c_{ij}^{s} X_{s}} X_{l}$$

$$= \sum_{s=1}^{n} \Gamma_{jl}^{s} \sum_{k=1}^{n} \Gamma_{is}^{k} X_{k} + \sum_{s=1}^{n} (X_{i} \Gamma_{jl}^{s}) X_{s} - \sum_{s=1}^{n} \Gamma_{il}^{s} \sum_{k=1}^{n} \Gamma_{js}^{k} X_{k}$$

$$- \sum_{k=1}^{n} (X_{j} \Gamma_{il}^{s}) X_{s} - \sum_{s=1}^{n} c_{ij}^{s} \sum_{k=1}^{n} \Gamma_{sl}^{k} X_{k}$$

$$= \sum_{k=1}^{n} \left(\sum_{s=1}^{n} (\Gamma_{jl}^{s} \Gamma_{is}^{k} - \Gamma_{il}^{s} \Gamma_{js}^{k}) + X_{i} \Gamma_{jl}^{k} - X_{j} \Gamma_{il}^{k} - \sum_{s=1}^{n} c_{ij}^{s} \Gamma_{sl}^{k} \right) X_{k}$$

推出所要的公式. □

定理 1.2.1（Cartan 结构方程） 设 $X_{1}, \cdots, X_{n}$ 为 $p \in M$ 的开邻域 U 上的 C^{∞} 基向

量场，$\omega^{i}, \omega_{j}^{i} (1 \leqslant i, j \leqslant n)$ 为 U 上的 $C^{\infty} 1$-形式，它们由 $\omega^{i}(X_{j}) = \delta_{j}^{i} = \begin{cases} 1, i = j, \\ 0, i \neq j, \end{cases}$

$\omega_{j}^{i} = \sum_{k=1}^{n} \Gamma_{kj}^{i} \omega^{k}$ 定义（ω_{j}^{i} 由联络 ∇ 确定）. 更进一步，ω_{j}^{i} 由曲率张量表示：

（1）$d\omega^{i} = \sum_{s=1}^{n} \omega^{s} \wedge \omega_{s}^{i} + \frac{1}{2} \sum_{j,k=1}^{n} T_{jk}^{i} \omega^{j} \wedge \omega^{k}$；

（2）$d\omega_{l}^{i} = \sum_{s=1}^{n} \omega_{l}^{s} \wedge \omega_{s}^{i} + \frac{1}{2} \sum_{j,k=1}^{n} R_{ljk}^{i} \omega^{j} \wedge \omega^{k}$.

证明 （1）由

$$\left(\sum_{s=1}^{n} \omega^{s} \wedge \omega_{s}^{i} + \frac{1}{2} \sum_{j,k=1}^{n} T_{jk}^{i} \omega^{j} \wedge \omega^{k} \right) (X_{l}, X_{h})$$

$$= \sum_{s=1}^{n} \left(\omega^s(X_l)\omega_s^i(X_h) - \omega^s(X_h)\omega_s^i(X_l) \right)$$

$$+ \frac{1}{2}\sum_{j,k=1}^{n} T_{jk}^i(\omega^j(X_l)\omega^k(X_h) - \omega^j(X_h)\omega^k(X_l))$$

$$= \sum_{s,k=1}^{n}(\Gamma_{ks}^i\delta_h^k\delta_l^s - \Gamma_{ks}^i\delta_l^k\delta_h^s) + \frac{1}{2}\sum_{j,k=1}^{n}T_{jk}^i(\delta_l^j\delta_h^k - \delta_h^j\delta_l^k)$$

$$= \Gamma_{hl}^i - \Gamma_{lh}^i + \frac{1}{2}(T_{lh}^i - T_{hl}^i) = \Gamma_{hl}^i - \Gamma_{lh}^i + \Gamma_{lh}^i - \Gamma_{hl}^i - c_{hl}^i = -c_{hl}^i$$

$$= X_l(\omega^i(X_k)) - X_k(\omega^i(X_l)) - \omega^i([X_l,X_h])$$

$$= \mathrm{d}\omega^i(X_l,X_h)$$

推出.

（2）由

$$\left(\sum_{s=1}^{n} \omega_l^s \wedge \omega_s^i + \frac{1}{2}\sum_{j,k=1}^{n} R_{ljk}^i\omega^i \wedge \omega^k \right)(X_r,X_h)$$

$$= \sum_{s=1}^{n}(\omega_l^s(X_r)\omega_s^i(X_h) - \omega_l^s(X_h)\omega_s^i(X_r))$$

$$+ \frac{1}{2}\sum_{j,k=1}^{n} R_{ljk}^i(\omega^j(X_r)\omega^k(X_h) - \omega^j(X_h)\omega^k(X_r))$$

$$= \sum_{s=1}^{n}\left(\sum_{k=1}^{n}\Gamma_{kl}^s\delta_r^k\sum_{t=1}^{n}\Gamma_{ts}^i\delta_h^t - \sum_{k=1}^{n}\Gamma_{kl}^s\delta_h^k\sum_{t=1}^{n}\Gamma_{ts}^i\delta_r^t \right) + \frac{1}{2}(R_{lrh}^i - R_{lhr}^i)$$

$$= \sum_{s=1}^{n}\Gamma_{hs}^i\Gamma_{rl}^s - \sum_{s=1}^{n}\Gamma_{hl}^s\Gamma_{rs}^i + R_{lrh}^i = X_r\Gamma_{hl}^i - X_h\Gamma_{rl}^i - \sum_{s=1}^{n}c_{rh}^s\Gamma_{sl}^i$$

$$= X_r\Gamma_{hl}^i - X_h\Gamma_{rl}^i - \sum_{k,s=1}^{n}\Gamma_{kl}^ic_{rh}^s\delta_s^k$$

$$= X_r\left(\sum_{k=1}^{n}\Gamma_{kl}^i\delta_h^k \right) - X_h\left(\sum_{k=1}^{n}\Gamma_{kl}^i\delta_r^k \right) - \left(\sum_{k=1}^{n}\Gamma_{kl}^i\omega^k \right)\left(\sum_{s=1}^{n}c_{rh}^iX_s \right)$$

$$= X_r(\omega_l^i(X_h)) - X_h(\omega_l^i(X_r)) - \omega_l^i([X_r,X_h])$$

$$= \mathrm{d}\omega_l^i(X_r,X_h)$$

推出. □

设 ∇ 为 n 维 C^∞ 流形 M 上的线性联络，(U,φ)，$\{x^i\}$ 和 (V,ψ)，$\{y^i\}$ 为 M 的局部坐标系，则

$$\nabla_{\frac{\partial}{\partial x^i}}^U \frac{\partial}{\partial x^j} = \sum_{k=1}^{n}\Gamma_{ij}^k\frac{\partial}{\partial x^k} \tag{1.2.1}$$

定义了 U 上的联络系数（Christoffel 函数）Γ_{ij}^k；而

$$\nabla^V_{\frac{\partial}{\partial y^\alpha}} \frac{\partial}{\partial y^\beta} = \sum_{\nu=1}^n \widetilde{\Gamma}^\nu_{\alpha\beta} \frac{\partial}{\partial y^\nu}$$

定义了 V 上的联络系数 $\widetilde{\Gamma}^\nu_{\alpha\beta}$. 应用联络的三个条件. 当 $U \bigcap V \neq \varnothing$ 时，由 (∇^V 和 ∇^U 简记为 ∇)

$$\sum_{\nu=1}^n \widetilde{\Gamma}^\nu_{\alpha\beta} \frac{\partial}{\partial y^\nu} = \nabla_{\frac{\partial}{\partial y^\alpha}} \frac{\partial}{\partial y^\beta} = \nabla_{\sum_{i=1}^n \frac{\partial x^i}{\partial y^\alpha} \frac{\partial}{\partial x^i}} \sum_{j=1}^n \frac{\partial x^j}{\partial y^\beta} \frac{\partial}{\partial x^j}$$

$$= \sum_{i,j=1}^n \frac{\partial x^i}{\partial y^\alpha} \Big(\sum_{r=1}^n \frac{\partial^2 x^j}{\partial y^r \partial y^\beta} \frac{\partial y^r}{\partial x^i} \frac{\partial}{\partial x^j} + \frac{\partial x^j}{\partial y^\beta} \nabla_{\frac{\partial}{\partial x^i}} \frac{\partial}{\partial x^j} \Big)$$

$$= \sum_{\nu=1}^n \Big(\sum_{i,j,r=1}^n \frac{\partial x^i}{\partial y^\alpha} \frac{\partial^2 x^j}{\partial y^r \partial y^\beta} \frac{\partial y^r}{\partial x^i} \frac{\partial y^\nu}{\partial x^j} + \sum_{i,j,k=1}^n \frac{\partial x^i}{\partial y^\alpha} \frac{\partial x^j}{\partial y^\beta} \Gamma^k_{ij} \frac{\partial y^\nu}{\partial x^k} \Big) \frac{\partial}{\partial y^\nu}$$

得到

$$\widetilde{\Gamma}^\nu_{\alpha\beta} = \sum_{i,j,k=1}^n \frac{\partial x^i}{\partial y^\alpha} \frac{\partial x^j}{\partial y^\beta} \frac{\partial y^\nu}{\partial x^k} \Gamma^k_{ij} + \sum_{j=1}^n \frac{\partial^2 x^j}{\partial y^\alpha \partial y^\beta} \frac{\partial y^\nu}{\partial x^j}. \tag{1.2.2}$$

另一方面，如果已给 M 的一个局部坐标邻域的开覆盖和在每个这样的局部坐标邻域 U 中的一组函数 Γ^k_{ij}，使得在任何两个相交的局部坐标邻域的交中，式(1.2.2)成立，则由式 (1.2.1)可定义 $\nabla^U_{\frac{\partial}{\partial x^i}} \frac{\partial}{\partial x^j}$，因而在 U 中得到一个线性联络 ∇^U. 再由式(1.2.2)，在 $U \bigcap V$ 中，$\nabla^U = \nabla^V$，所以它们唯一地确定了 TM 上的一个线性联络.

本节开始的线性联络的定义是用了不变观点或算子观点，也就是近代观点的方法；而用局部坐标邻域的开覆盖，式(1.2.1)和式(1.2.2)定义线性联络是用了坐标观点，也就是古典观点的方法.

现在将切丛 TM 上的线性联络 ∇ 扩张到余切丛 T^*M 和张量丛 $\bigotimes^{r,s} TM$ 上. 为方便，将该联络仍记为 ∇. 令

$$\nabla: C^\infty(TM) \times C^\infty(\bigotimes^{r,s} TM) \to C^\infty(\bigotimes^{r,s} TM),$$
$$(X, \theta) \mapsto \nabla(X, \theta) = \nabla_X \theta.$$

(1) $\nabla_X f = Xf = \mathrm{d}f(X), f \in C^\infty(M, \mathbf{R}) = C^\infty(\bigotimes^{0,0} TM)$；

(2) $\nabla_X Y$ 由 TM 上的线性联络 ∇ 给出，$Y \in C^\infty(TM) = C^\infty(\bigotimes^{1,0} TM)$；

(3) $(\nabla_X \theta)(Y) = Y(\theta(Y)) - \theta(\nabla_X Y), \theta \in C^\infty(T^*M) = C^\infty(\bigotimes^{0,1} TM), Y \in C^\infty(TM)$；

(4) $(\nabla_X \theta)(W_1, \cdots, W_r, Y_1, \cdots, Y_s) = \nabla_X(\theta(W_1, \cdots, W_r, Y_1, \cdots, Y_s)) - \sum_{i=1}^r \theta(W_1, \cdots,$
$W_{i-1}, \nabla_X W_i, W_{i+1}, \cdots, W_r, Y_1, \cdots, Y_s) - \sum_{j=1}^s \theta(W_1, \cdots, W_r, Y_1, \cdots, Y_{j-1}, \nabla_X Y_j, Y_{j+1}, \cdots,$
$Y_s), \theta \in C^\infty(\bigotimes^{r,s} TM), W_i \in C^\infty(T^*M) = C^\infty(\bigotimes^{0,1} TM), Y_j \in C^\infty(TM) =$

$C^{\infty}(\bigotimes^{1,0}TM)$.

下面的引理 1.2.3 中的(1),(2)论证了∇是张量丛$\bigotimes^{r,s}TM$ 上的线性联络.

为得到∇的性质,先定义收缩映射.

定义 1.2.1 设$\{e_k\}$为 n 维实向量空间 V 的基,$\{e^k\}$为其对偶基,V^* 为 V 的对偶空间.映射

$$C_j^i: \bigotimes^{r,s}V \to \bigotimes^{r-1,s-1}V,$$

对$\forall W_i \in V^*$,$i=1,\cdots,r-1$,$\forall Y_j \in V$,$j=1,\cdots,s-1$,有

$$C_j^i(\theta)(W_1,\cdots,W_{r-1},Y_1,\cdots,Y_{s-1})$$

$$= \sum_{k=1}^n \theta(W_1,\cdots,W_{i-1},e^k,W_i,\cdots,W_{r-1},Y_1,\cdots,Y_{j-1},e_k,Y_j,\cdots,Y_{s-1}),$$

称之为**收缩映射**.

引理 1.2.2 C_j^i与$\{e_k\}$,$\{e^k\}$的选取无关.

证明 设$\{\bar{e}_k\}$,$\{\bar{e}^k\}$为另一组对偶基,且$\bar{e}_h = \sum_{t=1}^n \lambda_h^t e_t$,$\bar{e}^h = \sum_{k=1}^n \mu_k^h e^k$,则

$$\sum_{h=1}^n \theta(W_1,\cdots,W_{i-1},\bar{e}^h,W_i,\cdots,W_{r-1},Y_1,\cdots,Y_{j-1},\bar{e}_h,Y_j,\cdots,Y_{s-1})$$

$$= \sum_{h=1}^n \theta(W_1,\cdots,W_{i-1},\sum_{k=1}^n\mu_k^h e^k,W_i,\cdots,W_{r-1},Y_1,\cdots,Y_{j-1},\sum_{t=1}^n\lambda_h^t e_t,Y_j,\cdots,Y_{s-1})$$

$$= \sum_{k,t=1}^n \Big(\sum_{h=1}^n \lambda_h^t\mu_k^h\Big)\theta(W_1,\cdots,W_{i-1},e^k,W_i,\cdots,W_{r-1},Y_1,\cdots,Y_{j-1},e_t,Y_j,\cdots,Y_{s-1})$$

$$= \sum_{k,t=1}^n \delta_k^t\theta(W_1,\cdots,W_{i-1},e^k,W_i,\cdots,W_{r-1},Y_1,\cdots,Y_{j-1},e_k,Y_j,\cdots,Y_{s-1})$$

$$= \sum_{k=1}^n \theta(W_1,\cdots,W_{i-1},e^k,W_i,\cdots,W_{r-1},Y_1,\cdots,Y_{j-1},e_k,Y_j,\cdots,Y_{s-1}). \qquad \square$$

注 1.2.1 可以证明

$$C_j^i(X_1\otimes\cdots\otimes X_r\otimes W_1\otimes\cdots\otimes W_s)$$

$$= W_j(X_i)X_1\otimes\cdots\otimes\hat{X}_i\otimes\cdots\otimes X_r\otimes W_1\otimes\cdots\otimes\hat{W}_j\otimes\cdots\otimes W_s,$$

该公式也可当作收缩映射的定义.

此外,关于$C_j^i\theta$ 的分量,有

$$(C_j^i\theta)_{m_1\cdots m_{s-1}}^{l_1\cdots l_{r-1}} = (C_j^i\theta)(e^{l_1},\cdots,e^{l_{r-1}},e_{m_1},\cdots,e_{m_{s-1}})$$

$$= \sum_{k=1}^n \theta(e^{l_1},\cdots,e^{l_{i-1}},e^k,e^{l_i},\cdots,e^{l_{r-1}},e_{m_1},\cdots,e_{m_{j-1}},e_k,e_{m_j},\cdots,e_{m_{s-1}})$$

$$= \sum_{k=1}^n \theta_{m_1\cdots m_{j-1}km_j\cdots m_{s-1}}^{l_1\cdots l_{i-1}kl_i\cdots l_{r-1}}.$$

引理 1.2.3　(1) $\nabla_X f \in C^\infty(M,\mathbf{R}) = C^\infty(\bigotimes^{0,0} TM)$，$\nabla_X Y \in C^\infty(TM) = C^\infty(\bigotimes^{1,0} TM)$，$\nabla_X \theta \in C^\infty(\bigotimes^{r,s} TM)$，其中 $f \in C^\infty(M,\mathbf{R})$，$X,Y \in C^\infty(TM)$，$\theta \in C^\infty(\bigotimes^{r,s} TM)$；

(2) ∇ 为 $\bigotimes^{r,s} TM$ 上的线性联络；

(3) $\nabla_X : C^\infty(\wedge^r T^*M) \to C^\infty(\wedge^r T^*M)$，其中 $C^\infty(\wedge^r T^*M)$ 为 TM 上的 r 阶 C^∞ 外形式的全体；

(4) $\nabla_X(\theta \bigotimes \eta) = (\nabla_X \theta) \bigotimes \eta + \theta \bigotimes (\nabla_X \eta)$，$\theta \in C^\infty(\bigotimes^{r,s} TM)$，$\eta \in C^\infty(\bigotimes^{h,t} TM)$（导性）；

(5) $\nabla_X(\alpha \wedge \beta) = (\nabla_X \alpha) \wedge \beta + \alpha \wedge (\nabla_X \beta)$，$\alpha \in C^\infty(\wedge^r T^*M)$，$\beta \in C^\infty(\wedge^s T^*M)$；

(6) $\nabla_X \circ C_j^i = C_j^i \circ \nabla_X$．

证明　(1) $\nabla_X f = Xf \in C^\infty(M,\mathbf{R}) = C^\infty(\bigotimes^{0,0} TM)$，$\nabla_X Y \in C^\infty(TM) = C^\infty(\bigotimes^{1,0} TM)$ 是显然的．

因为对 $\forall f \in C^\infty(M,\mathbf{R})$，$\theta \in C^\infty(T^*M) = C^\infty(\bigotimes^{0,1} TM)$，有

$$
\begin{aligned}
\nabla_X \theta(fY) &= X(\theta(fY)) - \theta(\nabla_X(fY))\\
&= X(f\theta(Y)) - \theta((Xf)Y + f\nabla_X Y)\\
&= (Xf)\theta(Y) + fX(\theta(Y)) - (Xf)\theta(Y) - f\theta(\nabla_X Y)\\
&= f(\nabla_X \theta)(Y),
\end{aligned}
$$

$$
\begin{aligned}
&\nabla_X \theta(W_1,\cdots,W_{i-1},fW_i,W_{i+1},\cdots,W_r,Y_1,\cdots,Y_s)\\
&= \nabla_X(\theta(W_1,\cdots,W_{i-1},fW_i,W_{i+1},\cdots,W_r,Y_1,\cdots,Y_s))\\
&\quad - \sum_{l=1}^{i-1} \theta(W_1,\cdots,W_{l-1},\nabla_X W_l,W_{l+1},\cdots,W_{i-1},fW_i,W_{i+1},\cdots,W_r,Y_1,\cdots,Y_s)\\
&\quad - \theta(W_1,\cdots,W_{i-1},\nabla_X(fW_i),W_{i+1},\cdots,W_r,Y_1,\cdots,Y_s)\\
&\quad - \sum_{l=i+1}^{r} \theta(W_1,\cdots,W_{i-1},fW_i,W_{i+1},\cdots,W_{l-1},\nabla_X W_l,W_{l+1},\cdots,W_r,Y_1,\cdots,Y_s)\\
&\quad - \sum_{j=1}^{s} \theta(W_1,\cdots,W_{i-1},fW_i,W_{i+1},\cdots,W_r,Y_1,\cdots,Y_{j-1},\nabla_X Y_j,Y_{j+1},\cdots,Y_s)\\
&= f(\nabla_X \theta)(W_1,\cdots,W_r,Y_1,\cdots,Y_s) + (Xf)\theta(W_1,\cdots,W_r,Y_1,\cdots,Y_s)\\
&\quad - (Xf)\theta(W_1,\cdots,W_r,Y_1,\cdots,Y_s)\\
&= f(\nabla_X \theta)(W_1,\cdots,W_r,Y_1,\cdots,Y_s).
\end{aligned}
$$

类似可得

$$
\begin{aligned}
&(\nabla_X \theta)(W_1,\cdots,W_r,Y_1,\cdots,Y_{j-1},fY_j,Y_{j+1},\cdots,Y_s)\\
&= f(\nabla_X \theta)(W_1,\cdots,W_r,Y_1,\cdots,Y_s).
\end{aligned}
$$

关于加法的线性是显然的，因此 $\nabla_X \theta \in C^\infty(\bigotimes^{r,s} TM)$．

(2) 当 $r = s = 0$ 时，$\nabla : C^\infty(TM) \times C^\infty(\bigotimes^{0,0} TM) \to C^\infty(\bigotimes^{0,0} TM)$ 显然为线性联络．

当 $r=1,s=0$ 时，$C^\infty(\otimes^{1,0}TM)=C^\infty(TM)$，$\nabla:C^\infty(TM)\times C^\infty(TM)\to C^\infty(TM)$ 是已给定的线性联络.

对其他情形，由定义，显然 $\nabla_X\theta$ 是 $C^\infty(M,\mathbf{R})$ 线性的. 此外，对 $\forall f\in C^\infty(M,\mathbf{R})$，有

$$(\nabla_X(f\theta))(W_1,\cdots,W_r,Y_1,\cdots,Y_s)$$

$$=\nabla_X(f\theta(W_1,\cdots,W_r,Y_1,\cdots,Y_s))$$

$$-\sum_{i=1}^r f\theta(W_1,\cdots,W_{i-1},\nabla_XW_i,W_{i+1},\cdots,W_r,Y_1,\cdots,Y_s)$$

$$-\sum_{j=1}^r f\theta(W_1,\cdots,W_r,Y_1,\cdots,Y_{j-1},\nabla_XY_j,Y_{j+1},\cdots,Y_s)$$

$$=((Xf)\theta+f\nabla_X\theta)(W_1,\cdots,W_r,Y_1,\cdots,Y_s),$$

即 $\nabla_X(f\theta)=(Xf)\theta+f\nabla_X\theta$. 因此

$$\nabla:C^\infty(TM)\times C^\infty(\otimes^{r,s}TM)\to C^\infty(\otimes^{r,s}TM),$$

$$(X,\theta)\mapsto\nabla_X\theta$$

是线性联络.

(3) 由 $\theta\in C^\infty(\wedge^rT^*M)$ 的反称性和 $\nabla_X\theta$ 的定义立即有 $\nabla_X\theta\in C^\infty(\wedge^rT^*M)$.

(4) 当 $r=0,s=0$ 或 $h=0,t=0$ 时，公式显然成立. 对于其他情形，有

$$(\nabla_X(\theta\otimes\eta))(W_1,\cdots,W_r,\overline{W}_1,\cdots,\overline{W}_h,Y_1,\cdots,Y_s,\overline{Y}_1,\cdots,\overline{Y}_t)$$

$$=\nabla_X(\theta(W_1,\cdots,W_r,Y_1,\cdots,Y_s)\cdot\eta(\overline{W}_1,\cdots,\overline{W}_h,\overline{Y}_1,\cdots,\overline{Y}_t))$$

$$-\sum_{i=1}^r\theta(W_1,\cdots,W_{i-1},\nabla_XW_i,W_{i+1},\cdots,W_r,Y_1,\cdots,Y_s)$$

$$\cdot\eta(\overline{W}_1,\cdots,\overline{W}_h,\overline{Y}_1,\cdots,\overline{Y}_t)$$

$$-\sum_{j=1}^s\theta(W_1,\cdots,W_r,Y_1,\cdots,Y_{j-1},\nabla_XY_j,Y_{j+1},\cdots,Y_s)$$

$$\cdot\eta(\overline{W}_1,\cdots,\overline{W}_h,\overline{Y}_s,\cdots,\overline{Y}_t)$$

$$-\sum_{k=1}^h\theta(W_1,\cdots,W_r,Y_1,\cdots,Y_s)$$

$$\cdot\eta(\overline{W}_1,\cdots,\overline{W}_{k-1},\nabla_X\overline{W}_k,\overline{W}_{k+1},\cdots,\overline{W}_h,\overline{Y}_1,\cdots,\overline{Y}_t)$$

$$-\sum_{l=1}^t\theta(W_1,\cdots,W_r,Y_1,\cdots,Y_s)$$

$$\cdot\eta(\overline{W}_1,\cdots,\overline{W}_h,\overline{Y}_1,\cdots,\overline{Y}_{l-1},\nabla_X\overline{Y}_l,\overline{Y}_{l+1},\cdots,\overline{Y}_t)$$

$$=(\nabla_X\theta\otimes\eta+\theta\otimes\nabla_X\eta)(W_1,\cdots,W_r,\overline{W}_1,\cdots,\overline{W}_h,Y_1,\cdots,Y_s,\overline{Y}_1,\cdots,\overline{Y}_t),$$

即 $\nabla_X(\theta\otimes\eta)=(\nabla_X\theta)\otimes\eta+\theta\otimes(\nabla_X\eta)$.

(5)

$$\nabla_X(\alpha \wedge \beta) = \nabla_X\left(\frac{(r+s)!}{r!s!}A(\alpha \otimes \beta)\right) = \nabla_X\left(\frac{1}{r!s!}\sum_\pi(-1)^\pi(\alpha \otimes \beta)^\pi\right)$$

$$= \frac{1}{r!s!}\sum_\pi(-1)^\pi\nabla_X(\alpha \otimes \beta)^\pi = \frac{1}{r!s!}\sum_\pi(-1)^\pi(\nabla_X(\alpha \otimes \beta))^\pi$$

$$= \frac{1}{r!s!}\sum_\pi(-1)^\pi((\nabla_X\alpha) \otimes \beta + \alpha \otimes (\nabla_X\beta))^\pi$$

$$= \frac{1}{r!s!}\sum_\pi(-1)^\pi((\nabla_X\alpha) \otimes \beta)^\pi + \frac{1}{r!s!}\sum_\pi(-1)^\pi(\alpha \otimes (\nabla_X\beta))^\pi$$

$$= (\nabla_X\alpha) \wedge \beta + \alpha \wedge (\nabla_X\beta).$$

(6) 设 $\{e_k\}$ 为 TM 的局部 C^∞ 基向量场, $\{e^k\}$ 为其对偶基向量场. 因为

$$(\nabla_X e^k)(e_l) = Xe^k(e_l) - e^k(\nabla_X e_l)$$

$$= X\delta_l^k - e^k\left(\nabla_{\sum_{m=1}^n a^m e_m}e_l\right) = -e^k\left(\sum_{m=1}^n a^m \nabla_{e_m}e_l\right)$$

$$= -e^k\left(\sum_{m,t=1}^n a^m\Gamma_{ml}^t e_t\right) = -\sum_{m,t=1}^n a^m\Gamma_{ml}^t\delta_t^k = -\sum_{m=1}^n a^m\Gamma_{ml}^k,$$

$$\nabla_X e^k = -\sum_{m,l=1}^n a^m\Gamma_{ml}^k e^l,$$

且 $\nabla_X e_k = \nabla_{\sum_{m=1}^n a^m e_m}e_k = \sum_{m,l=1}^n a^m\Gamma_{mk}^l e_l$, 所以

$$\sum_{k=1}^n \theta(W_1,\cdots,W_{i-1},\nabla_X e^k,W_i,\cdots,W_{r-1},Y_1,\cdots,Y_{j-1},e_k,Y_j,\cdots,Y_{s-1})$$

$$= -\sum_{k,m,l=1}^n a^m\Gamma_{ml}^k\theta(W_1,\cdots,W_{i-1},e^l,W_i,\cdots,W_{r-1},Y_1,\cdots,Y_{j-1},e_k,Y_j,\cdots,Y_{s-1}),$$

$$\sum_{k=1}^n \theta(W_1,\cdots,W_{i-1},e^k,W_i,\cdots,W_{r-1},Y_1,\cdots,Y_{j-1},\nabla_X e_k,Y_j,\cdots,Y_{s-1})$$

$$= \sum_{k,m,l=1}^n a^m\Gamma_{mk}^l\theta(W_1,\cdots,W_{i-1},e^k,W_i,\cdots,W_{r-1},Y_1,\cdots,Y_{j-1},e_l,Y_j,\cdots,Y_{s-1}),$$

$$\sum_{k=1}^n (\theta(W_1,\cdots,W_{i-1},\nabla_X e^k,W_i,\cdots,W_{r-1},Y_1,\cdots,Y_{j-1},e_k,Y_j,\cdots,Y_{s-1})$$

$$+ \theta(W_1,\cdots,W_{i-1},e^k,W_i,\cdots,W_{r-1},Y_1,\cdots,Y_{j-1},\nabla_X e_k,Y_j,\cdots,Y_{s-1})) = 0.$$

于是

$$(C_j^i \circ \nabla_X\theta)(W_1,\cdots,W_{r-1},Y_1,\cdots,Y_{s-1})$$

$$= \sum_{k=1}^n (\nabla_X\theta)(W_1,\cdots,W_{i-1},e^k,W_i,\cdots,W_{r-1},Y_1,\cdots,Y_{j-1},e_k,Y_j,\cdots,Y_{s-1})$$

$$= (\nabla_X \circ C_j^i \theta)(W_1, \cdots, W_{r-1}, Y_1, \cdots, Y_{s-1})$$

$$- \sum_{k=1}^{n} (\theta(W_1, \cdots, W_{i-1}, \nabla_X e^k, W_i, \cdots, W_{r-1}, Y_1, \cdots, Y_{j-1}, e_k, Y_j, \cdots, Y_{s-1})$$

$$- \theta(W_1, \cdots, W_{i-1}, e^k, W_i, \cdots, W_{r-1}, Y_1, \cdots, Y_{j-1}, \nabla_X e_k, Y_j, \cdots, Y_{s-1}))$$

$$= (\nabla_X \circ C_j^i \theta)(W_1, \cdots, W_{r-1}, Y_1, \cdots, Y_{s-1}) - 0$$

$$= (\nabla_X \circ C_j^i \theta)(W_1, \cdots, W_{r-1}, Y_1, \cdots, Y_{s-1}),$$

$C_j^i \circ \nabla_X = \nabla_X \circ C_j^i$. $\qquad\qquad\qquad\qquad\qquad\qquad\qquad\qquad\qquad\qquad\qquad\square$

定义 1.2.2 设 $\xi = \{TM, M, \pi, GL(n, \mathbf{R}), \mathbf{R}^n, \mathscr{E}\}$ 为 M 的 C^∞ 切丛，$\gamma : [a, b] \to M$ 为 C^∞ 曲线，如果 $\nabla_{\gamma'} \gamma' = 0$，则称 γ 为**测地线**. 如果一条测地线不是任何测地线的真限制，则称它为**最大的测地线**.

定理 1.2.2 设 ∇ 为 n 维 C^∞ 流形 M 的切丛 TM 上的线性联络，$\gamma : [a, b] \to M$ 为 C^∞ 曲线，则对任何 $Y \in T_{\gamma(a)} M$，存在 γ 上的唯一的 $Y(t) \in T_{\gamma(t)} M$，使得 $Y(a) = Y$，$Y(t)$ 关于 t 是 C^∞ 的且 $Y(t)$ 沿 γ 是平行的.

证明 在 $\gamma(a)$ 的局部坐标系 $(U, \varphi), \{x^i\}$ 中，设

$$\nabla_{\frac{\partial}{\partial x^i}} \frac{\partial}{\partial x^j} = \sum_{k=1}^{n} \Gamma_{ij}^k \frac{\partial}{\partial x^k}, \quad x^i(t) = x^i(\gamma(t)),$$

$$\gamma'(t) = \sum_{i=1}^{n} \frac{\mathrm{d} x^i}{\mathrm{d} t} \frac{\partial}{\partial x^i} \Big|_{\gamma(t)}, \quad Y(t) = \sum_{j=1}^{n} Y^j(t) \frac{\partial}{\partial x^j} \Big|_{\gamma(t)},$$

则

$$Y(t) \text{ 沿 } \gamma \text{ 平行} \Longleftrightarrow 0 = \nabla_{\gamma'(t)} Y(t) = \sum_{j=1}^{n} \left(\frac{\mathrm{d} Y^i}{\mathrm{d} t} \frac{\partial}{\partial x^j} \Big|_{\gamma(t)} + Y^j \sum_{i=1}^{n} \frac{\mathrm{d} x^i}{\mathrm{d} t} \left(\nabla_{\frac{\partial}{\partial x^i}} \frac{\partial}{\partial x^j} \right)_{\gamma(t)} \right)$$

$$= \sum_{k=1}^{n} \left(\frac{\mathrm{d} Y^k}{\mathrm{d} t} + \sum_{i,j=1}^{n} \Gamma_{ij}^k \frac{\mathrm{d} x^i}{\mathrm{d} t} Y^j \right) \frac{\partial}{\partial x^k} \Big|_{\gamma(t)}$$

$$\Longleftrightarrow \frac{\mathrm{d} Y^k}{\mathrm{d} t} + \sum_{i,j=1}^{n} \Gamma_{ij}^k \frac{\mathrm{d} x^i}{\mathrm{d} t} Y^j = 0, \quad k = 1, \cdots, n \text{(向量的平移方程)}.$$

因为初始条件 $Y(a) = Y$ 确定了 n 个初始值 $Y^i(a)$，由线性常微分方程组解的存在性和唯一性定理，并利用延拓的方法，可以得到沿 γ 平行的唯一的 C^∞ 向量场 $Y(t)$. $\qquad\square$

推论 1.2.1 在局部坐标系 $(U, \varphi), \{x^i\}$ 中，

$$\gamma \text{ 为测地线} \Longleftrightarrow 0 = \nabla_{\gamma'(t)} \gamma'(t) = \sum_{k=1}^{n} \left(\frac{\mathrm{d}^2 x^k}{\mathrm{d} t^2} + \sum_{i,j=1}^{n} \Gamma_{ij}^k \frac{\mathrm{d} x^i}{\mathrm{d} t} \frac{\mathrm{d} x^j}{\mathrm{d} t} \right) \frac{\partial}{\partial x^k} \Big|_{\gamma(t)}$$

$$\Longleftrightarrow \frac{\mathrm{d}^2 x^k}{\mathrm{d} t^2} + \sum_{i,j=1}^{n} \Gamma_{ij}^k \frac{\mathrm{d} x^i}{\mathrm{d} t} \frac{\mathrm{d} x^j}{\mathrm{d} t} = 0, \quad k = 1, \cdots, n \text{(测地线方程)}.$$

推论 1.2.2 设 $\gamma(t)$ 关于 t 为测地线，$\gamma'(t) \neq 0, t = t(u)$ 为 C^∞ 函数且对 $\forall u$，

$t'(u) \neq 0$，则 $\gamma(t(u))$ 关于 u 为测地线 $\Leftrightarrow u = \alpha t + \beta, \alpha \neq 0$ 和 β 为常数.

证明 因为 $\gamma(t)$ 关于 t 为测地线，又 $\dfrac{\mathrm{d}t}{\mathrm{d}u} \neq 0, \gamma'(t) \neq 0 \left(\text{即} \dfrac{\mathrm{d}u}{\mathrm{d}t} \neq 0, \dfrac{\mathrm{d}x^i}{\mathrm{d}t} \text{不全为} 0\right)$，且

$$0 = \frac{\mathrm{d}^2 x^k}{\mathrm{d}t^2} + \sum_{i,j=1}^{n} \Gamma_{ij}^k \frac{\mathrm{d}x^i}{\mathrm{d}t} \frac{\mathrm{d}x^j}{\mathrm{d}t} = \left(\frac{\mathrm{d}^2 x^k}{\mathrm{d}u^2} + \sum_{i,j=1}^{n} \Gamma_{ij}^k \frac{\mathrm{d}x^i}{\mathrm{d}u} \frac{\mathrm{d}x^j}{\mathrm{d}u}\right)\left(\frac{\mathrm{d}u}{\mathrm{d}t}\right)^2 + \frac{\mathrm{d}x^k}{\mathrm{d}u} \frac{\mathrm{d}^2 u}{\mathrm{d}t^2},$$

所以

$$\frac{\mathrm{d}^2 x^k}{\mathrm{d}u^2} + \sum_{i,j=1}^{n} \Gamma_{ij}^k \frac{\mathrm{d}x^i}{\mathrm{d}u} \frac{\mathrm{d}x^j}{\mathrm{d}u} = 0 \Leftrightarrow \frac{\mathrm{d}^2 u}{\mathrm{d}t^2} = 0 \Leftrightarrow u = \alpha t + \beta,$$

其中 $\alpha(\neq 0)$ 和 β 均为常数. □

定理 1.2.3 设 ∇ 为 n 维 C^∞ 流形 M 的切丛 TM 上的线性联络，$p \in M, X \in T_p M$，则在 M 中存在唯一的一条最大测地线 $\gamma(t)$，使得 $\gamma(0) = p, \gamma'(0) = X$.

证明 设 $(U, \varphi), \{x^i\}$ 为 p 的局部坐标系，使得

$$\varphi(U) = \{(x^1, \cdots, x^n) \mid |x^i| < c\}$$

和 $\varphi(p) = 0$，则 X 可表示为

$$X = \sum_{i=1}^{n} a^i \frac{\partial}{\partial x^i}\Big|_p, \quad a^i \in \mathbf{R}.$$

考察常微分方程组

$$\begin{cases} \dfrac{\mathrm{d}x^i}{\mathrm{d}t} = z^i \quad (1 \leqslant i \leqslant n), \\[2mm] \dfrac{\mathrm{d}z^k}{\mathrm{d}t} = -\displaystyle\sum_{i,j=1}^{n} \Gamma_{ij}^k(x^1, \cdots, x^n) z^i z^j \quad (1 \leqslant k \leqslant n), \\[2mm] (x^1, \cdots, x^n, z^1, \cdots, z^n)\mid_{t=0} = (0, \cdots, 0, a^1, \cdots, a^n). \end{cases}$$

设 c_1, K 满足 $0 < c_1 < c, 0 < K < +\infty$，使得上述方程组的右边在

$$\{(x^1, \cdots, x^n, z^1, \cdots, z^n) \mid |x| < c_1, |z^i| < K, i = 1, \cdots, n\}$$

中满足 Lipschitz 条件. 由常微分方程组解的存在唯一性定理得到：存在常数 $b_1 > 0$ 及 C^∞ 函数 $x^i(t), z^i(t), 1 \leqslant i \leqslant n, |t| < b_1$，使得

(1) $\dfrac{\mathrm{d}x^i(t)}{\mathrm{d}t} = z^i(t), 1 \leqslant i \leqslant n, |t| < b_1$；

(2) $\dfrac{\mathrm{d}z^k}{\mathrm{d}t} = -\displaystyle\sum_{i,j=1}^{n} \Gamma_{ij}^k(x^1(t), \cdots, x^n(t)) z^i(t) z^j(t), 1 \leqslant k \leqslant n, |t| < b_1$；

(3) $(x^1(0), \cdots, x^n(0), z^1(0), \cdots, z^n(0)) = (0, \cdots, 0, a^1, \cdots, a^n)$；

(4) $|x^i(t)| < c_1, |z^i(t)| < K, 1 \leqslant i \leqslant n, |t| < b_1$；

(5) $x^i(t), z^i(t), 1 \leqslant i \leqslant n$ 为满足条件(1),(2)和(3)的唯一的函数组.

这就证明了存在一条满足条件 $\gamma(0) = p, \gamma'(0) = X$ 的 M 中的测地线 $\gamma(t)$. 此外，任

何两条这样的测地线在 $t=0$ 的某个区间内是重合的. 从(5)可以得到, 如果两条测地线 $\gamma_1(t)(t\in I_1)$ 和 $\gamma_2(t)(t\in I_2)$ 在某个开区间上重合, 则它们在 $I_1 \bigcap I_2$ 上也重合. 于是, 立即得到本定理的结论. □

定理 1.2.4 设 ∇ 为 n 维 C^∞ 流形 M 的切丛 TM 上的线性联络, 则

$$\overline{\nabla} = \nabla + C\ (即 \overline{\nabla}_X Y = \nabla_X Y + C(X,Y))$$

为 TM 上的线性联络 $\Leftrightarrow C = \overline{\nabla} - \nabla$ 为 M 上的 C^∞ 的 2 阶协变向量值张量场(称为 $\overline{\nabla}$ 和 ∇ 的**差张量**).

证明 ($\Rightarrow$)因为 $\overline{\nabla}$ 和 ∇ 为 TM 上的线性联络, 所以

$$C(X, fY) = \overline{\nabla}_X(fY) - \nabla_X(fY) = (Xf)Y + f\overline{\nabla}_X Y - (Xf)Y - f\nabla_X Y$$

$$= f(\overline{\nabla}_X Y - \nabla_X Y) = fC(X,Y),$$

因此 C 关于 Y 是 $C^\infty(M, \mathbf{R})$ 线性的. C 关于 X 为 $C^\infty(M, \mathbf{R})$ 线性是显然的.

($\Leftarrow$)因为 ∇ 为 TM 上的线性联络, C 为 M 上的 C^∞ 的 2 阶协变向量值张量场, 故

$$\overline{\nabla}_X(fY) = \nabla_X(fY) + C(X, fY)$$

$$= (Xf)Y + f\nabla_X Y + fC(X,Y) = (Xf)Y + f\overline{\nabla}_X Y,$$

即 $\overline{\nabla}$ 满足线性联络的条件(3), 而条件(1),(2)是显然满足的. 这就证明了 $\overline{\nabla}$ 也是 TM 的线性联络. □

定理 1.2.5 设 $\overline{\nabla}$ 和 ∇ 为 n 维 C^∞ 流形 M 的切丛 TM 上的线性联络, $C = \overline{\nabla} - \nabla$ 为差张量. 令

$$S(X,Y) = \frac{1}{2}[C(X,Y) + C(Y,X)]\ (对称),$$

$$A(X,Y) = \frac{1}{2}[C(X,Y) - C(Y,X)]\ (反称),$$

则

(1) $2A(X,Y) = \overline{T}(X,Y) - T(X,Y)$, 其中 $\overline{T}$ 和 T 分别是 $\overline{\nabla}$ 和 ∇ 的挠张量;

(2) (a) 联络 $\overline{\nabla}$ 和 ∇ 有相同的测地线(参数相同)$\Leftrightarrow$(b) 对所有的 $X, C(X,X) = 0 \Leftrightarrow$ (c) $S = 0 \Leftrightarrow$(d) $C = A$;

(3) $\overline{\nabla} = \nabla \Leftrightarrow \overline{T} = T$ 且它们有相同的测地线.

证明 (1)

$$\overline{T}(X,Y) - T(X,Y)$$

$$= \overline{\nabla}_X Y - \overline{\nabla}_Y X - [X,Y] - \nabla_X Y + \nabla_Y X + [X,Y]$$

$$= (\overline{\nabla}_X Y - \nabla_X Y) - (\overline{\nabla}_Y X - \nabla_Y X)$$

$$= C(X,Y) - C(Y,X) = 2A(X,Y).$$

(2) (a)$\Rightarrow$(b). 设 γ 为切于 X_p 的测地线, $\gamma'(0) = X_p, X \in C^\infty(TM)$, 且 $X|_\gamma =$

γ',则

$$C(X_p, X_p) = C(\gamma'(0), \gamma'(0)) = C(X, X)_p$$
$$= (\overline{\nabla}_X X - \nabla_X X)_p = (\overline{\nabla}_{\gamma'} \gamma' - \nabla_{\gamma'} \gamma')\mid_{t=0}$$
$$= 0 - 0 = 0.$$

(a)$\Leftarrow$(b). 因为对所有 $X, C(X, X) = 0$,故

$$\overline{\nabla}_{\gamma'} \gamma' - \nabla_{\gamma'} \gamma' = C(\gamma', \gamma') = 0,$$
$$\overline{\nabla}_{\gamma'} \gamma' = \nabla_{\gamma'} \gamma',$$
$$\overline{\nabla}_{\gamma'} \gamma' = 0 \Leftrightarrow \nabla_{\gamma'} \gamma' = 0,$$

即 $\overline{\nabla}$ 和 ∇ 有相同的测地线.

(b)$\Leftrightarrow$(c). 因为

$$S(X, X) = \frac{1}{2}(C(X, X) + C(X, X)) = C(X, X),$$

$$\frac{1}{2}(S(X + Y, X + Y) - S(X, X) - S(Y, Y)) = S(X, Y),$$

所以

$$C(X, X) = 0, \forall X \Leftrightarrow S(X, X) = 0, \forall X \Leftrightarrow S(X, Y) = 0, \forall X, Y.$$

(c)$\Leftrightarrow$(d). 因为 $S(X, Y) = \frac{1}{2}(C(X, Y) + C(Y, X))$,所以 $S = 0$,即 $S(X, Y) = 0 \Leftrightarrow$

$C(X, Y) = -C(Y, X) \Leftrightarrow C(X, Y) = \frac{1}{2}(C(X, Y) - C(Y, X)) = A(X, Y)$,即 $C = A$.

(3) ($\Rightarrow$)显然.

($\Leftarrow$)由

$$\overline{T} = T \Leftrightarrow \overline{\nabla}_X Y - \overline{\nabla}_Y X - [X, Y] = \nabla_X Y - \nabla_Y X - [X, Y]$$
$$\Leftrightarrow C(X, Y) = \overline{\nabla}_X Y - \nabla_X Y = \overline{\nabla}_Y X - \nabla_Y X = C(Y, X)$$

和 $\overline{\nabla}$ 与 ∇ 有相同的测地线 $\Leftrightarrow S = 0 \Leftrightarrow C(X, Y) = -C(Y, X)$ 立知,$\overline{T} = T$ 且有相同的测地线 $\Leftrightarrow C$ 既是对称的又是反称的 $\Leftrightarrow C = \overline{\nabla}_X Y - \nabla_X Y = 0 \Leftrightarrow \overline{\nabla}_X Y = \nabla_X Y$,即 $\overline{\nabla} = \nabla$. $\square$

定理 1.2.6 设 ∇ 为 C^∞ 流形 M 的切丛 TM 上的线性联络,则存在唯一的线性联络 $\overline{\nabla}$ $\left(\overline{\nabla}_X Y = \nabla_X Y - \frac{1}{2} T(X, Y)\right)$ 与 ∇ 有相同的测地线(参数相同),且挠张量 $\overline{T} = 0$.

证明 因为 ∇ 是 TM 上的线性联络,$-\frac{1}{2} T(X, Y)$ 是 M 上的 C^∞ 的 2 阶协变向量值张量

场,根据定理 1.2.4,$\overline{\nabla} = \nabla - \frac{1}{2} T$ 也是 TM 上的线性联络. 由 $C(X, X) = -\frac{1}{2} T(X, X) = 0$

知,$\overline{\nabla}$ 和 ∇ 有相同的测地线(参数相同). 此外,$\overline{T}(X, Y) = \overline{\nabla}_X Y - \overline{\nabla}_Y X - [X, Y] = \nabla_X Y -$

$$\frac{1}{2}T(X,Y) - \nabla_Y X + \frac{1}{2}T(Y,X) - [X,Y] = \nabla_X Y - \nabla_Y X - [X,Y] - T(X,Y) =$$

$$T(X,Y) - T(X,Y) = 0, \text{即}\, \overline{T} = 0.$$

由定理 1.2.5(3) 知,如果 TM 上的两个线性联络 $\overline{\nabla}_1$ 和 $\overline{\nabla}_2$ 都与 ∇ 有相同的测地线(参数相同),且挠张量 $\overline{T}_1 = \overline{T}_2 = 0$,则 $\overline{\nabla}_1 = \overline{\nabla}_2$.唯一性得证. $\qquad\square$

注 1.2.2 定理 1.2.4、定理 1.2.5、定理 1.2.6 给出了由已知线性联络 ∇ 构造所需的新联络.但是必须指出,∇ 不是 2 阶协变向量值张量场.如选 $f \in C^\infty(M, \mathbf{R})$,$X, Y \in C^\infty(TM)$,使 $(Xf)Y \neq 0$,则 $\nabla_X(fY) = (Xf)Y + f\nabla_X Y \neq f\nabla_X Y$.

1.3 Levi-Civita 联络和 Riemann 流形基本定理

本节将证明 C^∞ 向量丛上必存在 Riemann 度量和 Riemann 流形的基本定理.

定义 1.3.1 设 $\xi = \{E, M, \pi, \mathrm{GL}(m, \mathbf{R}), \mathbf{R}^m, \mathscr{E}\}$ 为 C^∞ 向量丛,M 为 n 维 C^∞ 流形.类似例 1.1.4,$\bigotimes^{0,2}\xi = \{\bigotimes^{0,2}E, M, \pi_{0,2}, \mathrm{GL}(m^2, \mathbf{R}), \mathbf{R}^{m^2}, \mathscr{E}_{0,2}\}$ 为 ξ 的 $(0,2)$ 型 C^∞ 张量丛.所谓 C^∞ 向量丛 ξ 上的一个 C^∞ **Riemann 度量**(或**内积**)就是在每个纤维上正定和对称的 C^∞ 截面 $g = \langle,\rangle: M \to \bigotimes^{0,2}E$,即对 $\forall p \in M$,$(0,2)$ 型张量(双线性函数) $g_p = \langle,\rangle_p: E_p \times E_p \to \mathbf{R}, (X, Y) \mapsto g_p(X, Y) = \langle X, Y\rangle_p$,满足:

(1) 对 $\forall X \in E_p, g_p(X, X) \geqslant 0$ 且 $g_p(X, X) = 0 \Leftrightarrow X = 0$(正定性);

(2) 对 $\forall X, Y \in E_p, g_p(X, Y) = g_p(Y, X)$(对称性);

(3) g 是 C^∞ 张量场(C^∞ 性).

设 $(\pi^{-1}(U_\alpha), \psi_\alpha) \in \mathscr{E}$ 为 ξ 的局部平凡化,$X_i(p) = \psi_\alpha^{-1}(p, e_i), i = 1, \cdots, m$ 为 $\pi^{-1}(p)$ 的基,$g_{ij} = g(X_i(p), X_j(p))$ 为 g 关于 $(\pi^{-1}(U_\alpha), \psi_\alpha)$ 的分量.由定义知,显然 (g_{ij}) 和它的逆矩阵 (g^{ij}) 都为正定矩阵.如果 $X = \sum\limits_{i=1}^m a^i X_i, Y = \sum\limits_{j=1}^m b^j X_j$,则

$$g(X, Y) = g\left(\sum_{i=1}^m a^i X_i, \sum_{j=1}^m b^j X_j\right) = \sum_{i,j=1}^m g_{ij} a^i b^j.$$

如果 $(\pi^{-1}(U_\beta), \psi_\beta) \in \mathscr{E}$ 为 ξ 的另一局部平凡化,$\overline{X}_i = \psi_\beta^{-1}(p, e_i), i = 1, \cdots, m$ 为 $\pi^{-1}(p)$ 的另一基,$\overline{g}_{ij} = g(\overline{X}_i(p), \overline{X}_j(p))$ 为 g 关于 $(\pi^{-1}(U_\beta), \psi_\beta)$ 的分量,则

$$\overline{g}_{ij} = g(\overline{X}_i(p), \overline{X}_j(p)) = g\left(\sum_{k=1}^m c_i^k X_k, \sum_{l=1}^m c_j^l X_l\right) = \sum_{k,l=1}^m g_{kl} c_i^k c_j^l,$$

$$\begin{bmatrix} \overline{g}_{11} & \cdots & \overline{g}_{1m} \\ \vdots & & \vdots \\ \overline{g}_{m1} & \cdots & \overline{g}_{mm} \end{bmatrix} = \begin{bmatrix} c_1^1 & \cdots & c_1^m \\ \vdots & & \vdots \\ c_m^1 & \cdots & c_m^m \end{bmatrix} \begin{bmatrix} g_{11} & \cdots & g_{1m} \\ \vdots & & \vdots \\ g_{m1} & \cdots & g_{mm} \end{bmatrix} \begin{bmatrix} c_1^1 & \cdots & c_m^1 \\ \vdots & & \vdots \\ c_1^m & \cdots & c_m^m \end{bmatrix},$$

$$\begin{bmatrix} \bar{g}^{11} & \cdots & \bar{g}^{1m} \\ \vdots & & \vdots \\ \bar{g}^{m1} & \cdots & \bar{g}^{mm} \end{bmatrix} = \begin{bmatrix} d_1^1 & \cdots & d_m^1 \\ \vdots & & \vdots \\ d_1^m & \cdots & d_m^m \end{bmatrix} \begin{bmatrix} g^{11} & \cdots & g^{1m} \\ \vdots & & \vdots \\ g^{m1} & \cdots & g^{mm} \end{bmatrix} \begin{bmatrix} d_1^1 & \cdots & d_1^m \\ \vdots & & \vdots \\ d_m^1 & \cdots & d_m^m \end{bmatrix},$$

其中 (d_j^i) 为 (c_j^i) 的转置矩阵 $(c_j^i)^{\mathrm{T}}$ 的逆矩阵.

C^∞ 向量丛 ξ 上给定一个 Riemann 度量 $g = \langle , \rangle$,直观上就是将每点的纤维赋以内积而 Euclid 化,同时要求从一点到另一点变化时保证 C^∞ 性.因此,它就是 Euclid 空间的推广.

例 1.3.1 设 $(\widetilde{M}, \widetilde{g})$ 是 $\tilde{n}$ 维 C^∞ Riemann 流形,M 是 n 维 C^∞ 流形.$f : M \to \widetilde{M}$ 为 C^∞ 浸入,即 f 为 C^∞ 映射,且 $\mathrm{rank}_p f \equiv n (\forall p \in M)$.易证 $f^* \widetilde{g}$ 为 2 阶 C^∞ 协变对称张量场.又因为

$$f^* \widetilde{g}(X, X) = \widetilde{g}(f_* X, f_* X) \geqslant 0,$$
$$f^* \widetilde{g}(X, X) = \widetilde{g}(f_* X, f_* X) = 0 \Leftrightarrow f_* X = 0 \Leftrightarrow X = 0 (f \text{ 为浸入}),$$
$$f^* \widetilde{g}(X, Y) = \widetilde{g}(f_* X, f_* Y) = \widetilde{g}(f_* Y, f_* X) = f^* \widetilde{g}(Y, X),$$

所以 $f^* \widetilde{g}$ 为 M 上的 C^∞ Riemann 度量.

特别当 $M \subset \widetilde{M}$,f 为包含映射且为嵌入时,就将 $f^* \widetilde{g}(X, Y) = \widetilde{g}(f_* X, f_* Y)$ 简单记为 $\widetilde{g}(X, Y)$.

定理 1.3.1(Riemann 度量的存在性) 设 M 为 n 维 C^∞ 流形(注意 M 具有可数拓扑基),则 C^∞ 向量丛 $\xi = \{E, M, \pi, \mathrm{GL}(m, \mathbf{R}), \mathbf{R}^m, \mathscr{E}\}$ 上存在 Riemann 度量.

证明 取 M 的坐标邻域的局部有限开覆盖 $\{U_\alpha \mid \alpha \in \Gamma\}$ 以及从属于它的 C^∞ 单位分解 $\{\rho_\alpha \mid \alpha \in \Gamma\}$,在 $(\pi^{-1}(U_\alpha), \psi_\alpha) \in \mathscr{E}$ 中,$X_i(p) = \psi_\alpha^{-1}(p, e_i)$,令

$$\langle X_i(p), X_j(p) \rangle_\alpha = \delta_j^i,$$

则

$$\begin{cases} \rho_\alpha(p) \langle , \rangle_{\alpha p}, & p \in U_\alpha, \\ 0, & p \in M - \overline{\{q \in U_\alpha \mid \rho_\alpha(q) > 0\}} \end{cases}$$

在 M 上是 C^∞ 的.为方便,记它为 $\rho_\alpha \langle , \rangle_\alpha$.于是,容易验证 $g = \langle , \rangle = \sum_{\alpha \in \Gamma} \rho_\alpha \langle , \rangle_\alpha$ 为 ξ 或 E 上的一个 C^∞ Riemann 度量. $\square$

推论 1.3.1 n 维 C^∞ 流形 M 上秩为 m 的实向量丛 ξ 或 E 的构造群总可简化为 $\mathrm{O}(m)$(m 阶正交群);它可简化到 $\mathrm{SO}(m) = \{A \in \mathrm{O}(m) \mid \det A = 1\} \Leftrightarrow C^\infty$ 向量丛 ξ 或 E 是可定向的.

证明 根据定理 1.3.1,设 $\{U_\alpha\}$ 为 M 的一个局部有限的坐标邻域的开覆盖,它平凡化 ξ 或 E.$\{\rho_\alpha\}$ 为从属于 $\{U_\alpha\}$ 的 C^∞ 单位分解,$X_i(p) = \psi_\alpha^{-1}(p, e_i)$.根据下面引理 1.3.3 中的 Gram-Schmidt 正交化过程,可由 $\{X_i(p)\}$ 构造关于整体 Riemann 度量 $\langle , \rangle$ 的

规范正交基 $\{\overline{X}_i(p)\}$. 令平凡化映射 $\overline{\psi}_\alpha:\pi^{-1}(U_\alpha)\rightarrow U_\alpha\times\mathbf{R}^n$, $\overline{\psi}_\alpha(\overline{X}_i(p))=(p,e_i)$, 则转换函数 $\overline{g}_{\beta\alpha}(p)$ (注意这不同于定义 1.3.1 中的 $\overline{g}_{ij}$!) 将规范正交基变为规范正交集, 因而它的取值在正交群 $\mathrm{O}(m)$ 中.

因为 $\det\overline{g}_{\beta\alpha}(p)>0\Leftrightarrow\overline{g}_{\beta\alpha}(p)\in\mathrm{SO}(m)$, 故构造群可简化到 $\mathrm{SO}(m)\Leftrightarrow C^\infty$ 向量丛 ξ 或 E 是可定向的(见下面定义 1.3.3). $\qquad\qquad\square$

定义 1.3.2   设 $(M,g)=(M,\langle,\rangle)$ 为 n 维 C^∞ Riemann 流形,
$$\xi=\{TM,M,\pi,\mathrm{GL}(n,\mathbf{R}),\mathbf{R}^n,\mathscr{E}\}$$
为 M 的切丛, $X_i=\dfrac{\partial}{\partial x^i}$, $\overline{X}_i=\dfrac{\partial}{\partial y^i}$, $i=1,\cdots,n$, 则

$$g_{ij}=g\left(\frac{\partial}{\partial x^i},\frac{\partial}{\partial x^j}\right)=g\left(\frac{\partial}{\partial x^j},\frac{\partial}{\partial x^i}\right)=g_{ji},$$

$$g(X,Y)=g\left(\sum_{i=1}^n a^i\frac{\partial}{\partial x^i},\sum_{j=1}^n b^j\frac{\partial}{\partial x^j}\right)$$

$$=\sum_{i,j=1}^n g\left(\frac{\partial}{\partial x^i},\frac{\partial}{\partial x^j}\right)a^ib^j=\sum_{i,j=1}^n g_{ij}a^ib^j,$$

$$\overline{g}_{kl}=g\left(\frac{\partial}{\partial y^k},\frac{\partial}{\partial y^l}\right)=g\left(\sum_{i=1}^n\frac{\partial x^i}{\partial y^k}\frac{\partial}{\partial x^i},\sum_{j=1}^n\frac{\partial x^j}{\partial y^l}\frac{\partial}{\partial x^j}\right)$$

$$=\sum_{i,j=1}^n g\left(\frac{\partial}{\partial x^i},\frac{\partial}{\partial x^j}\right)\frac{\partial x^i}{\partial y^k}\frac{\partial x^j}{\partial y^l}=\sum_{i,j=1}^n g_{ij}\frac{\partial x^i}{\partial y^k}\frac{\partial x^j}{\partial y^l},$$

即

$$\begin{pmatrix}\overline{g}_{11}&\cdots&\overline{g}_{1n}\\\vdots&&\vdots\\\overline{g}_{n1}&\cdots&\overline{g}_{nn}\end{pmatrix}=\begin{pmatrix}\dfrac{\partial x^1}{\partial y^1}&\cdots&\dfrac{\partial x^n}{\partial y^1}\\\vdots&&\vdots\\\dfrac{\partial x^1}{\partial y^n}&\cdots&\dfrac{\partial x^n}{\partial y^n}\end{pmatrix}\begin{pmatrix}g_{11}&\cdots&g_{1n}\\\vdots&&\vdots\\g_{n1}&\cdots&g_{nn}\end{pmatrix}\begin{pmatrix}\dfrac{\partial x^1}{\partial y^1}&\cdots&\dfrac{\partial x^1}{\partial y^n}\\\vdots&&\vdots\\\dfrac{\partial x^n}{\partial y^1}&\cdots&\dfrac{\partial x^n}{\partial y^n}\end{pmatrix}.$$

对 $X,Y\in T_pM$, 称 $\|X\|=\sqrt{\langle X,X\rangle}$ 为 X 的模. 如果 $X\neq0$, $Y\neq0$, 根据 Schwarz 不等式 $|\langle X,Y\rangle|\leqslant\|X\|\|Y\|$ 可以定义 X 和 Y 之间的夹角 θ, $0\leqslant\theta\leqslant\pi$ 为

$$\cos\theta=\frac{\langle X,Y\rangle}{\|X\|\|Y\|}.$$

设 $\gamma:[a,b]\rightarrow M$ 为 C^∞ 曲线, $\gamma'(t)=\gamma_*\left(\dfrac{\mathrm{d}}{\mathrm{d}t}\right)$ 为沿 γ 的切向量场(γ_* 为 γ 的切映射或微分), 我们定义从 a 到 b 的 γ 的长度为($a\leqslant b$)

$$L(\gamma\mid_a^b)=\int_a^b\sqrt{\langle\gamma'(t),\gamma'(t)\rangle}\,\mathrm{d}t=\int_a^b\|\gamma'(t)\|\,\mathrm{d}t$$

(因被积函数连续, 故积分存在有限).

一般地,一条分段 C^∞ 曲线 γ(即 $\gamma:[a,b]\to M$ 连续,且 γ 在 $[t_i,t_{i+1}]$ 上为 C^∞ 曲线,$i=0,1,\cdots,h$,其中 $a=t_0<t_1<\cdots<t_h<t_{h+1}=b$)的长度定义为

$$L(\gamma\mid_a^b)=\sum_{i=0}^h L(\gamma\mid_{t_i}^{t_{i+1}}).$$

引理 1.3.1 $L(\gamma\mid_a^b)$ 的定义不依赖于 $\gamma([a,b])$ 的参数的选取.

证明 不失一般性,只考虑 $\varphi:[c,d]\to[a,b]$ 为 C^∞ 函数,$t=\varphi(u)$,$a=\varphi(c)$,$b=\varphi(d)$,$\varphi'(u)>0$,则 $(\gamma\circ\varphi)'(u)=\varphi'(u)\gamma'(\varphi(u))$. 于是

$$\int_a^b\sqrt{\langle\gamma'(t),\gamma'(t)\rangle}\,\mathrm{d}t=\int_c^d\sqrt{\langle\gamma'(\varphi(u)),\gamma'(\varphi(u))\rangle}\,\varphi'(u)\mathrm{d}u$$
$$=\int_c^d\sqrt{\langle(\gamma\circ\varphi)'(u),(\gamma\circ\varphi)'(u)\rangle}\,\mathrm{d}u.\qquad\square$$

引理 1.3.2 设 $\gamma(t)$ 为 C^∞ 曲线,则弧长 $s=\alpha t+\beta$,$\alpha\neq0$,β 为常数 $\Leftrightarrow\parallel\gamma'(t)\parallel=\alpha$(常数)$\neq0$.

证明 设

$$s(t)=\int_a^t\sqrt{\langle\gamma'(t),\gamma'(t)\rangle}\,\mathrm{d}t+s(a)=\int_a^t\parallel\gamma'(t)\parallel\mathrm{d}t+s(a),$$

则

$$s'(t)=\parallel\gamma'(t)\parallel,$$
$$s=\alpha t+\beta,\alpha(\neq0),\beta\text{ 为常数}\Leftrightarrow\parallel\gamma'(t)\parallel=\alpha\text{(常数)}\neq0.\qquad\square$$

引理 1.3.3 设 $(M,g)=(M,\langle,\rangle)$ 为 n 维 C^∞ Riemann 流形,则在任何局部坐标系 (U,φ),$\{x^i\}$ 中,必存在 C^∞ 规范正交基向量场.

证明 根据 Gram-Schmidt 正交化过程,设

$$\begin{cases}Y_1=\dfrac{\partial}{\partial x^1},\\[2mm]Y_2=\lambda_{21}\dfrac{\partial}{\partial x^1}+\dfrac{\partial}{\partial x^2},\\[2mm]Y_3=\lambda_{31}\dfrac{\partial}{\partial x^1}+\lambda_{32}\dfrac{\partial}{\partial x^2}+\dfrac{\partial}{\partial x^3},\\[2mm]\cdots,\\[2mm]Y_n=\lambda_{n1}\dfrac{\partial}{\partial x^1}+\lambda_{n2}\dfrac{\partial}{\partial x^2}+\cdots+\lambda_{n,n-1}\dfrac{\partial}{\partial x^{n-1}}+\dfrac{\partial}{\partial x^n}.\end{cases}$$

由 $\langle Y_i,Y_j\rangle=0$,$i\neq j$ 可推出 $\left\langle\dfrac{\partial}{\partial x^i},Y_j\right\rangle=0$,$i<j$,即

$$\lambda_{j1}\left\langle\frac{\partial}{\partial x^i},\frac{\partial}{\partial x^1}\right\rangle+\lambda_{j2}\left\langle\frac{\partial}{\partial x^i},\frac{\partial}{\partial x^2}\right\rangle+\cdots+\lambda_{j,j-1}\left\langle\frac{\partial}{\partial x^i},\frac{\partial}{\partial x^{j-1}}\right\rangle$$

$$+ \left\langle \frac{\partial}{\partial x^i}, \frac{\partial}{\partial x^j} \right\rangle = 0, \quad i = 1, \cdots, j - 1.$$

于是,可推出 λ_{ji}, $j = 2, 3, \cdots, n$, $i < j$, 为 $\left\langle \dfrac{\partial}{\partial x^k}, \dfrac{\partial}{\partial x^l} \right\rangle$ 的有理函数,因而 Y_i 在 U 上是 C^∞ 的. 令

$$e_i = \frac{Y_i}{\parallel Y_i \parallel} = \frac{Y_i}{\sqrt{\langle Y_i, Y_i \rangle}},$$

则 $\{e_i \mid i = 1, \cdots, n\}$ 就是 U 上的 C^∞ 规范正交基向量场.   □

引理 1.3.4 设 $(M, g) = (M, \langle , \rangle)$ 为 n 维 C^∞ Riemann 流形,$\{e_i \mid i = 1, \cdots, n\}$ 及 $\{\bar{e}_i \mid i = 1, \cdots, n\}$ 都为 $T_p M$ 的规范正交基,而 $\{e^i \mid i = 1, \cdots, n\}$ 和 $\{\bar{e}^i \mid i = 1, \cdots, n\}$ 分别为它们的对偶基. 如果 $\overrightarrow{[e_1, \cdots, e_n]} = \overrightarrow{[\bar{e}_1, \cdots, \bar{e}_n]}$(定向相同),则

$$e^1 \wedge \cdots \wedge e^n = \bar{e}^1 \wedge \cdots \wedge \bar{e}^n.$$

此外,如果 p 的局部坐标系 (U, φ),$\{x^i\}$ 与 $\overrightarrow{[e_1, \cdots, e_n]}$ 一致,即 $\overrightarrow{[e_1, \cdots, e_n]} = \overrightarrow{\left[\dfrac{\partial}{\partial x^1}, \cdots, \dfrac{\partial}{\partial x^n}\right]}$,则

$$e^1 \wedge \cdots \wedge e^n = \sqrt{\det(g_{ij})} \, \mathrm{d}x^1 \wedge \cdots \wedge \mathrm{d}x^n,$$

其中 $g_{ij} = \left\langle \dfrac{\partial}{\partial x^i}, \dfrac{\partial}{\partial x^j} \right\rangle$.

证明   令

$$\begin{pmatrix} \bar{e}_1 \\ \vdots \\ \bar{e}_n \end{pmatrix} = \begin{pmatrix} c_1^1 & \cdots & c_1^n \\ \vdots & & \vdots \\ c_n^1 & \cdots & c_n^n \end{pmatrix} \begin{pmatrix} e_1 \\ \vdots \\ e_n \end{pmatrix},$$

其中 (c_j^i) 为正交矩阵,且 $\det(c_j^i) = 1$. 如果

$$\begin{pmatrix} \bar{e}^1 \\ \vdots \\ \bar{e}^n \end{pmatrix} = \begin{pmatrix} d_1^1 & \cdots & d_n^1 \\ \vdots & & \vdots \\ d_1^n & \cdots & d_n^n \end{pmatrix} \begin{pmatrix} e^1 \\ \vdots \\ e^n \end{pmatrix},$$

则 (d_i^j) 是 $(c_j^i)^{\mathrm{T}}$(c_j^i 的转置矩阵)的逆矩阵,于是 (d_i^j) 也是正交矩阵,且 $\det(d_i^j) = 1$,这就证明了

$$\bar{e}^1 \wedge \cdots \wedge \bar{e}^n = \left(\sum_{i_1 = 1}^n d_{i_1}^1 e^{i_1} \right) \wedge \cdots \wedge \left(\sum_{i_n = 1}^n d_{i_n}^n e^{i_n} \right)$$

$$= \det(d_i^j) e^1 \wedge \cdots \wedge e^n = e^1 \wedge \cdots \wedge e^n.$$

设 $\dfrac{\partial}{\partial x^i} = \sum\limits_{j=1}^{n} a_{ij}e_j$，则

$$g_{ij} = \left\langle \dfrac{\partial}{\partial x^i}, \dfrac{\partial}{\partial x^j} \right\rangle = \left\langle \sum_{l=1}^{n} a_{il}e_l, \sum_{s=1}^{n} a_{js}e_s \right\rangle = \sum_{l=1}^{n} a_{il}a_{jl},$$

即 $(g_{ij}) = (a_{il})(a_{il})^{\mathrm{T}}$，所以

$$\det(a_{il}) = \sqrt{\det(g_{ij})} > 0.$$

由于 $e^i = \sum\limits_{j=1}^{n} a_{ji}\mathrm{d}x^j$，故

$$e^1 \wedge \cdots \wedge e^n = \left(\sum_{j_1=1}^{n} a_{j_1 1}\mathrm{d}x^{j_1} \right) \wedge \cdots \wedge \left(\sum_{j_n=1}^{n} a_{j_n n}\mathrm{d}x^{j_n} \right)$$

$$= \det(a_{ij})\mathrm{d}x^1 \wedge \cdots \wedge \mathrm{d}x^n = \sqrt{\det(g_{ij})}\mathrm{d}x^1 \wedge \cdots \wedge \mathrm{d}x^n. \qquad \square$$

定义 1.3.3 设 $(M, \mathfrak{D})$ 为 n 维 C^∞ 流形，如果存在 $\mathfrak{D}_1' \subset \mathfrak{D}$，使得

(1) $\{U \mid (U, \varphi) \in \mathfrak{D}_1'\}$ 覆盖 M；

(2) 对 $\forall (U_\alpha, \varphi_\alpha), \{x^i\} \in \mathfrak{D}_1', (U_\beta, \varphi_\beta), \{y^i\} \in \mathfrak{D}_1'$，有

$$\frac{\partial(y^1, \cdots, y^n)}{\partial(x^1, \cdots, x^n)} = \det \begin{vmatrix} \dfrac{\partial y^1}{\partial x^1} & \cdots & \dfrac{\partial y^1}{\partial x^n} \\ \vdots & & \vdots \\ \dfrac{\partial y^n}{\partial x^1} & \cdots & \dfrac{\partial y^n}{\partial x^n} \end{vmatrix} > 0,$$

即

$$\begin{bmatrix} \dfrac{\partial}{\partial y^1} \\ \vdots \\ \dfrac{\partial}{\partial y^n} \end{bmatrix} = \begin{bmatrix} \dfrac{\partial x^1}{\partial y^1} & \cdots & \dfrac{\partial x^n}{\partial y^1} \\ \vdots & & \vdots \\ \dfrac{\partial x^1}{\partial y^n} & \cdots & \dfrac{\partial x^n}{\partial y^n} \end{bmatrix} \begin{bmatrix} \dfrac{\partial}{\partial x^1} \\ \vdots \\ \dfrac{\partial}{\partial x^n} \end{bmatrix},$$

$$\overrightarrow{\left[\dfrac{\partial}{\partial y^1}, \cdots, \dfrac{\partial}{\partial y^n} \right]} = \overrightarrow{\left[\dfrac{\partial}{\partial x^1}, \cdots, \dfrac{\partial}{\partial x^n} \right]},$$

则称 $(M, \mathfrak{D})$ 是**可定向**的.

如果存在 $\mathfrak{D}_1 \subset \mathfrak{D}$，满足 (1), (2) 和 (3) 最大性：若 $(U, \varphi) \in \mathfrak{D}$ 与 $\forall (U_\alpha, \varphi_\alpha) \in \mathfrak{D}_1$，满足 (2)，则 $(U, \varphi) \in \mathfrak{D}_1$. 换句话说，$(U, \varphi) \notin \mathfrak{D}_1$，则至少存在一个 $(U_\alpha, \varphi_\alpha) \in \mathfrak{D}_1$，它与 (U, φ) 不满足 (2)，则称 $\mathfrak{D}_1$ 为 $(M, \mathfrak{D})$ 的一个**定向**.

一个**定向流形**指的是三元组 $(M, \mathfrak{D}, \mathfrak{D}_1)$，其中 $\mathfrak{D}_1$ 为 $(M, \mathfrak{D})$ 的一个定向.

如果 $(M, \mathfrak{D})$ 不是可定向的，则称之为**不可定向**的.

显然,如果 $\mathfrak{D}_1'$ 满足 (1),(2),则

$$\mathfrak{D}_1 = \{(U,\varphi) \mid (U,\varphi) \in \mathfrak{D},\text{且与} \mathfrak{D}_1' \text{中的元素满足}(2)\}$$

为 $(M,\mathfrak{D})$ 的一个定向.

此外,如果 $\mathfrak{D}_1$ 为 $(M,\mathfrak{D})$ 的一个定向,则

$$\mathfrak{D}_1^- = \{(U,\rho_{\text{反}} \circ \varphi) \mid (U,\varphi) \in \mathfrak{D}_1\}$$

为 $(M,\mathfrak{D})$ 的另一个定向,其中

$$\rho_{\text{反}}:\mathbf{R}^n \to \mathbf{R}^n,\rho_{\text{反}}(x^1,\cdots,x^{n-1},x^n) = (x^1,\cdots,x^{n-1}, - x^n).$$

定理 1.3.2 n 维 C^∞ 可定向连通流形 $(M,\mathfrak{D})$ 恰有两个定向.

证明 因为 $(M,\mathfrak{D})$ 是可定向的,设 $\mathfrak{D}_1 = \{(U_\alpha,\varphi_\alpha) \mid \alpha \in \mu\}$ 为其一个定向.由上述论述知 $\mathfrak{D}_1^- = \{(U_\alpha,\rho_{\text{反}} \circ \varphi_\alpha) \mid (U_\alpha,\varphi_\alpha) \in \mathfrak{D}_1\}$ 为其另一个定向,所以 $(M,\mathfrak{D})$ 至少有两个定向.下面证明 $(M,\mathfrak{D})$ 至多有两个定向.

对 $(M,\mathfrak{D})$ 的任一定向 $\mathfrak{D}_2$,$\forall p \in M$,记 $\mu_p = \overrightarrow{\left[\dfrac{\partial}{\partial x^1},\cdots,\dfrac{\partial}{\partial x^n}\right]}$,其中 (U,φ),$\{x^i\} \in \mathfrak{D}_2$,$p \in U$.由定义 1.3.3 中的条件 (2) 知,$\mu_p$ 与局部坐标系的选取无关.同理,分别对应于 $\mathfrak{D}_1$ 和 $\mathfrak{D}_1^-$ 有 ν_p 和 ν_p^-.

记 $S = \{p \in M \mid \mu_p = \nu_p\}$.对 $\forall p \in S$,因为 $\mu_p = \nu_p$,取 (U,φ),$\{x^i\} \in \mathfrak{D}_2$,$(V,\psi)$,$\{y^i\} \in \mathfrak{D}_1$,使 $p \in U \bigcap V$ 和

$$\dfrac{\partial(y^1,\cdots,y^n)}{\partial(x^1,\cdots,x^n)}\bigg|_{U \cap V} > 0.$$

易见,$\mu_q = \nu_q$,$q \in U \bigcap V$,故开集 $U \bigcap V \subset S$,即 S 为 M 中的开集.

由 $M - S = \{p \in M \mid \mu_p \neq \nu_p\} = \{p \in M \mid \mu_p = \nu_p^-\}$ 和 ν^- 是 $(M,\mathfrak{D})$ 的一个定向,即知 $M - S$ 也是 M 中的开集.由 M 连通知 $S = \varnothing(\mu = \nu^-)$,即 $\mathfrak{D}_2 = \mathfrak{D}_1^-$;或者 $M - S = \varnothing(\mu = \nu)$,即 $\mathfrak{D}_2 = \mathfrak{D}_1$. $\qquad\square$

利用 n 次 C^∞ 微分形式可以给出 C^∞ 流形可定向的充要条件.

定理 1.3.3 n 维 C^∞ 流形 $(M,\mathfrak{D})$ 可定向 $\Leftrightarrow M$ 上存在处处非 0 的 n 次 C^∞ 微分形式 ω.

证明 $(\Leftarrow)$ 设 (U,φ),$\{x^i\} \in \mathfrak{D}$,且 U 连通,因而有 C^∞ 函数 $f_\varphi:U \to \mathbf{R}$ 使得 $\omega = f_\varphi \mathrm{d}x^1 \wedge \cdots \wedge \mathrm{d}x^n$.因为 ω 处处非零,故 f_φ 在 U 上也处处非零.根据连续函数的零值定理,$f_\varphi|_U > 0$ 或 $f_\varphi|_U < 0$.令

$$\mathfrak{D}_1 = \{(U,\varphi) \in \mathfrak{D} \mid f_\varphi > 0\}$$

(其中 U 不必连通),则 $\mathfrak{D}_1$ 为 M 上的一个定向.

对 $\forall p \in M$,如果在 p 的连通的局部坐标系中,$f_\varphi|_U < 0$,则在 p 的新坐标系 $(U,\rho_{\text{反}} \circ \varphi)$

中,$f_{\rho_{\bar{Q}}\circ\varphi}\mid_U>0$. 于是,$\mathfrak{D}_1$ 满足定义 1.3.3 中的(1).

如果 $(U,\varphi),\{x^i\}\in\mathfrak{D}_1,(V,\varphi),\{y^i\}\in\mathfrak{D}_1$,且 $U\cap V\neq\varnothing$,则在 $U\cap V$ 上有

$$\frac{\partial(x^1,\cdots,x^n)}{\partial(y^1,\cdots,y^n)}\mathrm{d}y^1\wedge\cdots\wedge\mathrm{d}y^n = \mathrm{d}x^1\wedge\cdots\wedge\mathrm{d}x^n = \frac{f_\psi}{f_\varphi}\mathrm{d}y^1\wedge\cdots\wedge\mathrm{d}y^n,$$

故

$$\frac{\partial(x^1,\cdots,x^n)}{\partial(y^1,\cdots,y^n)} = \frac{f_\psi}{f_\varphi}>0.$$

于是,$\mathfrak{D}_1$ 满足定义 1.3.3 中的(2).

如果 $(V,\varphi),\{y^i\}\in\mathfrak{D}$,且与任何 $(U,\varphi),\{x^i\}\in\mathfrak{D}_1$ 满足定义 1.3.3 中的(2),则

$$\frac{f_\psi}{f_\varphi} = \frac{\partial(x^1,\cdots,x^n)}{\partial(y^1,\cdots,y^n)}>0.$$

因为 $f_\varphi>0$,故 $f_\psi>0$ 且 $(V,\varphi)\in\mathfrak{D}_1$,这就证明了 $\mathfrak{D}_1$ 满足定义 1.3.3 中的(3).

($\Rightarrow$)设 $\mathfrak{D}_1$ 为 $(M,\mathfrak{D})$ 的一个定向,则 $\{U\mid(U,\varphi)\in\mathfrak{D}_1\}$ 为 M 的一个开覆盖. 因为 C^∞ 流形 M 具有可数拓扑基,所以 M 是仿紧的,从而有局部有限的开精致

$$\{U_\alpha\mid(U_\alpha,\varphi_\alpha)\in\mathfrak{D}_1,\alpha\in\Gamma\},\{\rho_\alpha\mid\alpha\in\Gamma\}$$

为从属于它的 C^∞ 单位分解. 设 $\{x_\alpha^i\}$ 为 $(U_\alpha,\varphi_\alpha)$ 的局部坐标,定义

$$\omega = \sum_{\alpha\in\Gamma}\rho_\alpha\mathrm{d}x_\alpha^1\wedge\cdots\wedge\mathrm{d}x_\alpha^n.$$

显然 ω 为 M 上的 n 次 C^∞ 微分形式. 只需证明 ω 处处非 0.

对 $\forall p\in M$,取 p 的局部坐标系 $(U,\varphi),\{y^i\}\in\mathfrak{D}_1$,于是若 $p\in U\cap U_\alpha$ 时,在 $U\cap U_\alpha$ 上有

$$\mathrm{d}x_\alpha^1\wedge\cdots\wedge\mathrm{d}x_\alpha^n = f_\alpha\mathrm{d}y^1\wedge\cdots\wedge\mathrm{d}y^n.$$

因为 $(U,\varphi),(U_\alpha,\varphi_\alpha)\in\mathfrak{D}_1$,故 $f_\alpha\mid_{U\cap U_\alpha}>0,f_\alpha(p)>0,f_\alpha(p)\rho_\alpha(p)\geqslant 0$,再由 $\sum_{\alpha\in\Gamma}\rho_\alpha(p)=1$ 知,必存在 $\rho_{\alpha_0}(p)>0$,且有 $f_{\alpha_0}(p)\rho_{\alpha_0}(p)>0,\sum_{\alpha\in\Gamma}f_\alpha(p)\rho_\alpha(p)>0$ 和

$$\omega_p = \sum_{\alpha\in\Gamma}\rho_\alpha(p)\mathrm{d}x_\alpha^1\wedge\cdots\wedge\mathrm{d}x_\alpha^n = \Big(\sum_{\alpha\in\Gamma}f_\alpha(p)\rho_\alpha(p)\Big)\mathrm{d}y^1\wedge\cdots\wedge\mathrm{d}y^n\neq 0. \qquad\square$$

易证(参阅文献[162]256~263 页、文献[163]183~191 页):

定理 1.3.4 $\mathbf{R}^{n+1}$ 中的 n 维 C^∞ 正则子流形(超曲面)$(M,\mathfrak{D})$ 可定向 $\Leftrightarrow M$ 上存在处处非零的连续法向量场 $\Leftrightarrow M$ 上存在连续的单位法向量场.

此外还容易证明 Euclid 空间 $\mathbf{R}^n$ 中的开集、球面 S^n、圆柱面 $S^{n-1}\times\mathbf{R}$、奇数维实射影空间 $P^{2k-1}(\mathbf{R})$ 和 n 维复解析流形视作 $2n$ 维实解析流形等,都是可定向的;偶数维实射影空间 $P^{2k}(\mathbf{R})$ 和 Möbius 带都是不可定向的.

定义 1.3.4   设 (M,g) 为 n 维 C^∞ 可定向的 Riemann 流形,其定向为 $\mathfrak{D}_1$. 由引理 1.3.3 和引理 1.3.4 知,在 M 上确定了一个处处非 0 的 C^∞ n 形式,它在每个局部坐标系

$(U,\varphi),\{x^i\}\in\mathfrak{D}_1$ 中可表示为

$$e^1\wedge\cdots\wedge e^n = \sqrt{\det(g_{ij})}\mathrm{d}x^1\wedge\cdots\wedge\mathrm{d}x^n,$$

它被称为 (M,g) 上由定向 $\mathfrak{D}_1$ 确定的**体积元**,记作 $\mathrm{d}V$($\mathrm{d}V$ 是闭形式,但下面的例 1.3.4 表明它不必为恰当微分形式). 当 $n=1$ 时,它被称为**弧长元**,记作 $\mathrm{d}s$;当 $n=2$ 时,它被称为**面积元**,记作 $\mathrm{d}A$.

设 $\{U_\alpha|(U_\alpha,\varphi_\alpha),\{x^i\}\in\mathfrak{D}_2\subset\mathfrak{D}_1,\alpha\in\mu\}$ 为 M 的局部开覆盖,$\{\rho_\alpha|\alpha\in\mu\}$ 为从属于它的 C^∞ 单位分解,$f\in C^\infty(M,\mathbf{R})$,$\omega\in C^\infty(\wedge^n T^*M)$,定义积分为

$$\int_{\overrightarrow{M}}f\mathrm{d}V = \sum_{\alpha\in\mu}\int_{\varphi_\alpha(M\cap U_\alpha)}(f\circ\varphi_\alpha^{-1})\cdot(\rho_\alpha\circ\varphi_\alpha^{-1})\sqrt{\det(g_{ij})}\mathrm{d}x_\alpha^1\wedge\cdots\wedge\mathrm{d}x_\alpha^n,$$

$$\int_{\overrightarrow{M}}\omega = \sum_{\alpha\in\mu}\int_{\varphi_\alpha(M\cap U_\alpha)}(\rho_\alpha\cdot a_\alpha)\circ\varphi_\alpha^{-1}(x_\alpha^1,\cdots,x_\alpha^n)\mathrm{d}x_\alpha^1\cdots\mathrm{d}x_\alpha^n,$$

其中 $\rho_\alpha\omega = \rho_\alpha\cdot a_\alpha\mathrm{d}x_\alpha^1\wedge\cdots\wedge\mathrm{d}x_\alpha^n$. 易证上述积分与 M 上的局部有限的局部坐标系 $\{(U_\alpha,\varphi_\alpha),\{x^i\}|\alpha\in\mu\}$ 以及从属于它的 C^∞ 单位分解 $\{\rho_\alpha|\alpha\in\mu\}$ 无关.

例 1.3.2 设 $\xi=\{T\widetilde{M},\widetilde{M},\widetilde{\pi},\mathrm{GL}(\widetilde{n},\mathbf{R}),\mathbf{R}^{\widetilde{n}},\mathscr{E}\}$ 为 $\widetilde{n}$ 维 C^∞ 流形 $\widetilde{M}$ 的切丛,$\widetilde{g}$ 为其 C^∞ Riemann 度量. $M\subset\widetilde{M}$ 为 n 维 C^∞ 正则子流形. 显然,M 的切丛

$$\xi_M = \{TM,M,\pi,\mathrm{GL}(n,\mathbf{R}),\mathbf{R}^n,\mathscr{E}_M\}$$

是 M 上秩为 n 的 C^∞ 向量丛,则

$$TM^\perp = \bigcup_{p\in M}T_pM^\perp = \bigcup_{p\in M}\{u_p\in T_p\widetilde{M}\mid u_p\perp TM\}$$

是秩为 $\widetilde{n}-n$ 的 C^∞ 向量丛,称它为 M 上关于 $\widetilde{M}$ 的**法丛**. 用自然的方法,$\widetilde{g}$ 视作 TM 和 $TM^\perp$ 上的 Riemann 度量. 事实上,设 $(\widetilde{\pi}^{-1}(U),\psi)\in\mathscr{E}$,则 $U=\widetilde{U}\bigcap M$ 为 M 中的开集. 如果 $\{e_i|i=1,\cdots,\widetilde{n}\}$ 为 $\mathbf{R}^{\widetilde{n}}$ 的标准基向量场,$p\in U$,则 $X_i(p)=\psi^{-1}(p,e_i),i=1,\cdots,\widetilde{n}$ 为 $T\widetilde{U}|_U$ 上的 C^∞ 截面,对固定的 $p\in U$,$\{X_i(p)|i=1,\cdots,\widetilde{n}\}$ 为 $\widetilde{\pi}^{-1}(p)$ 的基. 借助于 Gram-Schmidt 正交化过程得到 $T\widetilde{U}|_U$ 的 C^∞ 截面 $\overline{X}_i,i=1,\cdots,\widetilde{n}$,使得对 $\forall p\in\widetilde{U}$,$\{\overline{X}_i(p)|i=1,\cdots,\widetilde{n}\}$ 为 $T_p\widetilde{M}$ 的规范正交基,而 $\{\overline{X}_i(p)|i=1,\cdots,n\}$ 张成了 T_pM,$\{\overline{X}_i(p)|i=n+1,\cdots,\widetilde{n}\}$ 张成了 $T_pM^\perp$. 因此

$$\overline{\varphi}:\widetilde{\pi}^{-1}(U) = T\widetilde{U}|_U\to U\times\mathbf{R}^{\widetilde{n}},$$

$$\sum_{i=1}^{\widetilde{n}}\lambda^i\overline{X}_i(p)\mapsto(p,\lambda^1,\cdots,\lambda^{\widetilde{n}})$$

定义了 $T\widetilde{M}|_M$ 上的丛图卡 $(\widetilde{\pi}^{-1}(U),\overline{\psi})$. 而用自然的方法:

$$\sum_{i=1}^{n}\lambda^i\overline{X}_i(p)\mapsto(p,\lambda^1,\cdots,\lambda^n)$$

和

$$\sum_{i=n+1}^{\widetilde{n}}\lambda^i\overline{X}_i(p)\mapsto(p,\lambda^{n+1},\cdots,\lambda^{\widetilde{n}})$$

可以分别得到 TM 和 $TM^{\perp}$ 的丛图卡.

例 1.3.3 设 $(\widetilde{M}, \widetilde{g}) = (\widetilde{M}, \langle\,,\,\rangle)$ 为 $\widetilde{n}$ 维 C^{∞} Riemann 流形, $\gamma : [a, b] \to \widetilde{M}$ 为 C^{∞} 曲线, 则在 $\widetilde{M}$ 的局部坐标系 $\{x^i\}$ 中, 曲线弧长为

$$s = \int_a^t \sqrt{\widetilde{g}(\gamma'(t), \gamma'(t))}\, \mathrm{d}t = \int_a^t \sqrt{\widetilde{g}\left(\sum_{i=1}^{\widetilde{n}} \frac{\mathrm{d}x^i}{\mathrm{d}t} \frac{\partial}{\partial x^i}, \sum_{j=1}^{\widetilde{n}} \frac{\mathrm{d}x^j}{\mathrm{d}t} \frac{\partial}{\partial x^j}\right)}\, \mathrm{d}t$$

$$= \int_a^t \sqrt{\sum_{i,j=1}^{\widetilde{n}} \widetilde{g}_{ij} \frac{\mathrm{d}x^i}{\mathrm{d}t} \frac{\mathrm{d}x^j}{\mathrm{d}t}}\, \mathrm{d}t$$

$$= \int_a^t \sqrt{\left(\frac{\mathrm{d}x^1}{\mathrm{d}t}, \cdots, \frac{\mathrm{d}x^{\widetilde{n}}}{\mathrm{d}t}\right) \begin{pmatrix} \widetilde{g}_{11} & \cdots & \widetilde{g}_{1\widetilde{n}} \\ \vdots & & \vdots \\ \widetilde{g}_{\widetilde{n}1} & \cdots & \widetilde{g}_{\widetilde{n}\widetilde{n}} \end{pmatrix} \begin{pmatrix} \frac{\mathrm{d}x^1}{\mathrm{d}t} \\ \vdots \\ \frac{\mathrm{d}x^{\widetilde{n}}}{\mathrm{d}t} \end{pmatrix}}\, \mathrm{d}t .$$

于是, 弧长元

$$\mathrm{d}s = \sqrt{\sum_{i,j=1}^{\widetilde{n}} \widetilde{g}_{ij} \frac{\mathrm{d}x^i}{\mathrm{d}t} \frac{\mathrm{d}x^j}{\mathrm{d}t}}\, \mathrm{d}t, \quad \mathrm{d}s^2 = \sum_{i,j=1}^{\widetilde{n}} \widetilde{g}_{ij} \mathrm{d}x^i \mathrm{d}x^j .$$

更一般地, 如果 M 为 $\widetilde{M}$ 的 n 维 C^{∞} 正则定向子流形, $\{u^i \mid i = 1, \cdots, n\}$ 为 M 的顺向局部坐标系, 则 M 上的 n 维体积元为

$$\mathrm{d}V = \sqrt{\det\left(\widetilde{g}\left(\frac{\partial}{\partial u^i}, \frac{\partial}{\partial u^j}\right)\right)}\, \mathrm{d}u^1 \wedge \cdots \wedge \mathrm{d}u^n$$

$$= \sqrt{\det\left(\widetilde{g}\left(\sum_{l=1}^{\widetilde{n}} \frac{\partial x^l}{\partial u^i} \frac{\partial}{\partial x^l}, \sum_{s=1}^{\widetilde{n}} \frac{\partial x^s}{\partial u^j} \frac{\partial}{\partial x^s}\right)\right)}\, \mathrm{d}u^1 \wedge \cdots \wedge \mathrm{d}u^n$$

$$= \sqrt{\det\left(\sum_{l,s=1}^{\widetilde{n}} \widetilde{g}_{ls} \frac{\partial x^l}{\partial u^i} \frac{\partial x^s}{\partial u^j}\right)}\, \mathrm{d}u^1 \wedge \cdots \wedge \mathrm{d}u^n$$

$$= \sqrt{\det \begin{pmatrix} \frac{\partial x^1}{\partial u^1} & \cdots & \frac{\partial x^{\widetilde{n}}}{\partial u^1} \\ \vdots & & \vdots \\ \frac{\partial x^1}{\partial u^n} & \cdots & \frac{\partial x^{\widetilde{n}}}{\partial u^n} \end{pmatrix} \begin{pmatrix} \widetilde{g}_{11} & \cdots & \widetilde{g}_{1\widetilde{n}} \\ \vdots & & \vdots \\ \widetilde{g}_{\widetilde{n}1} & \cdots & \widetilde{g}_{\widetilde{n}\widetilde{n}} \end{pmatrix} \begin{pmatrix} \frac{\partial x^1}{\partial u^1} & \cdots & \frac{\partial x^1}{\partial u^n} \\ \vdots & & \vdots \\ \frac{\partial x^{\widetilde{n}}}{\partial u^1} & \cdots & \frac{\partial x^{\widetilde{n}}}{\partial u^n} \end{pmatrix}}\, \mathrm{d}u^1 \wedge \cdots \wedge \mathrm{d}u^n .$$

例 1.3.4 设 $\{x^i\}$ 为 $\mathbf{R}^m$ 的通常的整体坐标系, 在 $\mathbf{R}^m$ 上定义 C^{∞} Riemann 度量为

$$\left\langle \frac{\partial}{\partial x^i}, \frac{\partial}{\partial x^j} \right\rangle = \delta_{ij},$$

$$\langle X, Y \rangle = \left\langle \sum_{i=1}^m a^i \frac{\partial}{\partial x^i}, \sum_{j=1}^m b^j \frac{\partial}{\partial x^j} \right\rangle = \sum_{i,j=1}^m a^i b^j .$$

显然，$\left\{\dfrac{\partial}{\partial x^i}\right\}$ 为整体的规范正交的 C^∞ 坐标基向量场，而 $\{\mathrm{d}x^i\}$ 为其对偶基，$\mathrm{d}V_0 = \mathrm{d}x^1\wedge\cdots\wedge\mathrm{d}x^m$ 为体积元.

设 M 为 $\mathbf{R}^m$ 中的 $m-1$ 维 C^∞ 定向正则子流形（超曲面），M 上的局部坐标系 $\{u^1,\cdots,u^{m-1}\}$ 与 M 的定向一致，由 $\mathbf{R}^m$ 的上述 Riemann 度量诱导出 M 上的一个 Riemann 度量. 设 $\sum\limits_{i=1}^m h^i\dfrac{\partial}{\partial x^i}$ 为 M 上与 M 的定向一致的 C^∞ 单位法向量场，则

$$\sum_{i=1}^m(-1)^{i-1}h^i\mathrm{d}x^1\wedge\cdots\wedge\mathrm{d}\hat{x}{}^i\wedge\cdots\wedge\mathrm{d}x^m$$

$$=\sum_{i=1}^m(-1)^{i-1}h^i\frac{\partial(x^1,\cdots,\hat{x}^i,\cdots,x^m)}{\partial(u^1,\cdots,u^{m-1})}\mathrm{d}u^1\wedge\cdots\wedge\mathrm{d}u^{m-1}$$

$$=\det\begin{pmatrix} h^1 & \cdots & h^m \\ \dfrac{\partial x^1}{\partial u^1} & \cdots & \dfrac{\partial x^m}{\partial u^1} \\ \vdots & & \vdots \\ \dfrac{\partial x^1}{\partial u^{m-1}} & \cdots & \dfrac{\partial x^m}{\partial u^{m-1}} \end{pmatrix}\mathrm{d}u^1\wedge\cdots\wedge\mathrm{d}u^{m-1}$$

$$=\sqrt{\det\begin{pmatrix} h^1 & \cdots & h^m \\ \dfrac{\partial x^1}{\partial u^1} & \cdots & \dfrac{\partial x^m}{\partial u^1} \\ \vdots & & \vdots \\ \dfrac{\partial x^1}{\partial u^{m-1}} & \cdots & \dfrac{\partial x^m}{\partial u^{m-1}} \end{pmatrix}\begin{pmatrix} h^1 & \dfrac{\partial x^1}{\partial u^1} & \cdots & \dfrac{\partial x^1}{\partial u^{m-1}} \\ \vdots & \vdots & & \vdots \\ h^m & \dfrac{\partial x^m}{\partial u^1} & \cdots & \dfrac{\partial x^m}{\partial u^{m-1}} \end{pmatrix}}\,\mathrm{d}u^1\wedge\cdots\wedge\mathrm{d}u^{m-1}$$

$$=\sqrt{\det\begin{pmatrix} 1 & 0 & \cdots & 0 \\ 0 & \left\langle\dfrac{\partial x}{\partial u^1},\dfrac{\partial x}{\partial u^1}\right\rangle & \cdots & \left\langle\dfrac{\partial x}{\partial u^1},\dfrac{\partial x}{\partial u^{m-1}}\right\rangle \\ \vdots & \vdots & & \vdots \\ 0 & \left\langle\dfrac{\partial x}{\partial u^{m-1}},\dfrac{\partial x}{\partial u^1}\right\rangle & \cdots & \left\langle\dfrac{\partial x}{\partial u^{m-1}},\dfrac{\partial x}{\partial u^{m-1}}\right\rangle \end{pmatrix}}\,\mathrm{d}u^1\wedge\cdots\wedge\mathrm{d}u^{m-1}$$

$$=\sqrt{\det\begin{pmatrix} g_{11} & \cdots & g_{1,m-1} \\ \vdots & & \vdots \\ g_{m-1,1} & \cdots & g_{m-1,m-1} \end{pmatrix}}\,\mathrm{d}u^1\wedge\cdots\wedge\mathrm{d}u^{m-1}=\mathrm{d}V,$$

其中 $g_{ij}=\left\langle\dfrac{\partial x}{\partial u^i},\dfrac{\partial x}{\partial u^j}\right\rangle$.

显然，$\omega = \sum_{i=1}^{m} (-1)^{i-1} \dfrac{x^i}{r^m} \mathrm{d}x^1 \wedge \cdots \wedge \mathrm{d}\hat{x}^i \wedge \cdots \wedge \mathrm{d}x^m$ 为 $\mathbf{R}^m - \{0\}$ 上的 C^∞ 的 $m-1$

形式 $\left(r = \sqrt{\sum_{i=1}^{m} (x^i)^2} \right)$，且

$$\mathrm{d}\omega = \sum_{i=1}^{m} (-1)^{i-1} \left(\frac{1}{r^m} - \frac{mx^i \frac{x^i}{r}}{r^{m+1}} \right) \mathrm{d}x^i \wedge \mathrm{d}x^1 \wedge \cdots \wedge \mathrm{d}\hat{x}^i \wedge \cdots \wedge \mathrm{d}x^m = 0,$$

故 ω 为 $\mathbf{R}^m - \{0\}$ 上的 $m-1$ 闭形式. 因为 M 为 $m-1$ 维 C^∞ 流形，所以 $\omega|_M$ 为 $m-1$ 闭形式是显然的.

由于对 $r_0 > 0$，

$$S^{m-1}(r_0) = \left\{ (x^1, \cdots, x^m) \in \mathbf{R}^m \ \middle|\ \sum_{i=1}^{m} (x^i)^2 = r_0^2 \right\}$$

上的 C^∞ 单位法向量场为 $\sum_{i=1}^{m} \dfrac{x^i}{r_0} \dfrac{\partial}{\partial x^i}$，故

$$\frac{\mathrm{d}V}{r_0^{m-1}} = \frac{1}{r_0^{m-1}} \sum_{i=1}^{m} (-1)^{i-1} \frac{x^i}{r_0} \mathrm{d}x^1 \wedge \cdots \wedge \mathrm{d}\hat{x}^i \wedge \cdots \wedge \mathrm{d}x^m = \omega \mid_{S^{m-1}(r_0)}.$$

如果 $\omega|_{S^{m-1}(r_0)}$ 或 $\mathrm{d}V$ 为 $S^{m-1}(r_0)$ 上的恰当微分形式，则存在 $S^{m-1}(r_0)$ 上的 $C^\infty (m-2)$ 形式 η，使 $\omega|_{S^{m-1}(r_0)} = \mathrm{d}\eta$. 由 Stokes 定理得到

$$\int_{\overrightarrow{S^{m-1}(r_0)}} \omega = \int_{\overrightarrow{S^{m-1}(r_0)}} \mathrm{d}\eta = \int_{\varnothing} \eta = 0,$$

这与

$$\int_{\overrightarrow{S^{m-1}(r_0)}} \omega = \int_{S^{m-1}(r_0)} \frac{\mathrm{d}V}{r_0^{m-1}} = \frac{2\pi^{\frac{m}{2}}}{\Gamma\left(\frac{m}{2}\right)} \neq 0$$

矛盾 $\left(\text{其中} \dfrac{2\pi^{\frac{m}{2}}}{\Gamma\left(\frac{m}{2}\right)} \text{为数学分析中得到的 } m-1 \text{ 维单位球面 } S^{m-1}(1) = S^{m-1} \text{的体积}\right)$.

此外，如果 ω 为 $\mathbf{R}^m - \{0\}$ 上的恰当微分形式，则存在 $\mathbf{R}^m - \{0\}$ 上的 $C^\infty (m-2)$ 形式 η，使得 $\omega = \mathrm{d}\eta$. 设 $I: S^{m-1}(r_0) \to \mathbf{R}^{m-1} - \{0\}$ 为包含映射. 于是

$$\omega \mid_{S^{m-1}(r_0)} = I^*\omega = I^*\mathrm{d}\eta = \mathrm{d}(I^*\eta)$$

为 $S^{m-1}(r_0)$ 上的恰当微分形式，这与上面已证的结果矛盾.

至此就证明了 ω 和 $\mathrm{d}V$ 都不是 $\mathbf{R}^m - \{0\}$ 上的恰当微分形式.

现在考虑特殊情形. 设 $\mathbf{R}^3$ 的通常整体坐标系为 (x, y, z)，M 为 $\mathbf{R}^3$ 中的 2 维 C^∞ 定向正则子流形，M 上的局部坐标系 $\{u, v\}$ 与 M 的定向一致. 由 $\mathbf{R}^3$ 的通常的 Riemann 度量

诱导出 M 上的 Riemann 度量, 则在此局部坐标系中, 与 M 的定向一致的 C^∞ 单位法向量场为

$$\frac{\dfrac{\partial}{\partial u} \times \dfrac{\partial}{\partial v}}{\left\| \dfrac{\partial}{\partial u} \times \dfrac{\partial}{\partial v} \right\|} = h^1 \frac{\partial}{\partial x} + h^2 \frac{\partial}{\partial y} + h^3 \frac{\partial}{\partial z}.$$

于是, M 的面积元为

$$
\begin{aligned}
\mathrm{d}A &= h^1 \mathrm{d}y \wedge \mathrm{d}z - h^2 \mathrm{d}x \wedge \mathrm{d}z + h^3 \mathrm{d}x \wedge \mathrm{d}y \\
&= h^1 \mathrm{d}y \wedge \mathrm{d}z + h^2 \mathrm{d}z \wedge \mathrm{d}x + h^3 \mathrm{d}x \wedge \mathrm{d}y \\
&= \left(h^1 \frac{\partial(y,z)}{\partial(u,v)} + h^2 \frac{\partial(z,x)}{\partial(u,v)} + h^3 \frac{\partial(x,y)}{\partial(u,v)} \right) \mathrm{d}u \wedge \mathrm{d}v \\
&= \det \begin{pmatrix} h^1 & h^2 & h^3 \\ \dfrac{\partial x}{\partial u} & \dfrac{\partial y}{\partial u} & \dfrac{\partial z}{\partial u} \\ \dfrac{\partial x}{\partial v} & \dfrac{\partial y}{\partial v} & \dfrac{\partial z}{\partial v} \end{pmatrix} \mathrm{d}u \wedge \mathrm{d}v \\
&= \left(h^1 \frac{\partial}{\partial x} + h^2 \frac{\partial}{\partial y} + h^3 \frac{\partial}{\partial z} \right) \cdot \left(\frac{\partial}{\partial u} \times \frac{\partial}{\partial v} \right) \mathrm{d}u \wedge \mathrm{d}v \\
&= \left| \frac{\partial}{\partial u} \times \frac{\partial}{\partial v} \right| \mathrm{d}u \wedge \mathrm{d}v \\
&= \sqrt{ \det \begin{pmatrix} h^1 & h^2 & h^3 \\ \dfrac{\partial x}{\partial u} & \dfrac{\partial y}{\partial u} & \dfrac{\partial z}{\partial u} \\ \dfrac{\partial x}{\partial v} & \dfrac{\partial y}{\partial v} & \dfrac{\partial z}{\partial v} \end{pmatrix} \begin{pmatrix} h^1 & \dfrac{\partial x}{\partial u} & \dfrac{\partial x}{\partial v} \\ h^2 & \dfrac{\partial y}{\partial u} & \dfrac{\partial y}{\partial v} \\ h^3 & \dfrac{\partial z}{\partial u} & \dfrac{\partial z}{\partial v} \end{pmatrix} } \, \mathrm{d}u \wedge \mathrm{d}v \\
&= \sqrt{ \det \begin{pmatrix} 1 & 0 & 0 \\ 0 & E & F \\ 0 & F & G \end{pmatrix} } \, \mathrm{d}u \wedge \mathrm{d}v \\
&= \sqrt{EG - F^2} \, \mathrm{d}u \wedge \mathrm{d}v,
\end{aligned}
$$

其中

$$E = \left\langle \frac{\partial}{\partial u}, \frac{\partial}{\partial u} \right\rangle = \left\langle \frac{\partial x}{\partial u}, \frac{\partial x}{\partial u} \right\rangle,$$

$$F = \left\langle \frac{\partial}{\partial u}, \frac{\partial}{\partial v} \right\rangle = \left\langle \frac{\partial x}{\partial u}, \frac{\partial x}{\partial v} \right\rangle,$$

$$G = \left\langle \frac{\partial}{\partial v}, \frac{\partial}{\partial v} \right\rangle = \left\langle \frac{\partial x}{\partial v}, \frac{\partial x}{\partial v} \right\rangle.$$

在 C^∞ 流形 M 上引入 Riemann 度量 $g = \langle , \rangle$ 后,自然要问,能否在 (M,g) 上引入一个特殊的与 $g = \langle , \rangle$ 有密切关系的线性联络? 这种线性联络是否是唯一的? Riemann 流形基本定理回答了这些问题.

定义 1.3.5 设 $(M,g) = (M, \langle , \rangle)$ 为 n 维 C^∞ Riemann 流形,如果 TM 上的线性联络 ∇ 还满足:

(4) 挠张量 $T = 0$,即对 $\forall X, Y \in C^\infty(TM)$,
$$T(X,Y) = \nabla_X Y - \nabla_Y X - [X,Y] = 0;$$

(5) 对 $\forall X, Y, Z \in C^\infty(TM)$,
$$Z\langle X,Y \rangle = \langle \nabla_Z X, Y \rangle + \langle X, \nabla_Z Y \rangle.$$

则称 ∇ 为 $(M,g) = (M, \langle , \rangle)$ 上的 **Riemann 联络** 或 **Levi-Civita 联络**.

满足 (4) 和 (5) 的线性联络是 1917 年第 1 次由 Levi-Civita 发现的(严格地讲,在 Levi-Civita 发现时,(5) 由一个等价的几何性质(平行移动的性质)所代替),后来在 1918 年被 Weyl 澄清并叙述成与上面所列差不多的形式,现在它被称为 Riemann 度量 g 的 Levi-Civita 联络. 不幸在文献中它也被称为 g 的 Riemann 联络,事实上 Riemann 本人连做梦也未想到过它,因为 Riemann 早在 1866 年就去世了.

引理 1.3.5 (1) n 维 C^∞ 流形 M 的切丛 TM 上的线性联络 ∇ 满足 $T = 0 \Leftrightarrow$ 对任何局部坐标系 $\{x^i\}$,有 $\Gamma_{ij}^k = \Gamma_{ji}^k$(**对称联络**);

(2) ∇ 满足:(a) $Z\langle X,Y \rangle = \langle \nabla_Z X, Y \rangle + \langle X, \nabla_Z Y \rangle, \forall X, Y, Z \in C^\infty(TM) \Leftrightarrow$ (b) $\nabla g = 0$ 或 $\nabla_Z g = 0, \forall Z \in C^\infty(TM) \Leftrightarrow$ (c) 对任何局部坐标系 $\{x^i\}$,有

$$\frac{\partial g_{ij}}{\partial x^k} = \sum_{l=1}^n g_{lj} \Gamma_{ki}^l + \sum_{l=1}^n g_{il} \Gamma_{kj}^l, \quad i,j,k = 1,\cdots,n$$

$\Leftrightarrow$ (d) 平行移动下保持内积不变.

证明 (1) 对 $\forall X, Y \in C^\infty(TM)$,
$$T(X,Y) = \nabla_X Y - \nabla_Y X - [X,Y] = 0$$
$\Leftrightarrow$ 对任何局部坐标系 $\{x^i\}$,

$$\nabla_{\frac{\partial}{\partial x^i}} \frac{\partial}{\partial x^j} - \nabla_{\frac{\partial}{\partial x^j}} \frac{\partial}{\partial x^i} - \left[\frac{\partial}{\partial x^i}, \frac{\partial}{\partial x^j} \right] = \sum_{k=1}^n (\Gamma_{ij}^k - \Gamma_{ji}^k) \frac{\partial}{\partial x^k} = 0$$

$\Leftrightarrow \Gamma_{ij}^k = \Gamma_{ji}^k, i,j,k = 1,\cdots,n$.

(2) (a)$\Leftrightarrow$(b).
$$Z\langle X,Y \rangle = \langle \nabla_Z X, Y \rangle + \langle X, \nabla_Z Y \rangle, \quad \forall X, Y, Z \in C^\infty(TM)$$
$$\Leftrightarrow (\nabla_Z g)(X,Y) = \nabla_Z(g(X,Y)) - g(\nabla_Z X, Y) - g(X, \nabla_Z Y) = 0$$

$$\forall\, X,Y,Z \in C^\infty(TM),$$

即 $\nabla_Z g = 0$, $\forall\, Z \in C^\infty(TM)$ 或 $\nabla g = 0$.

(a)$\Leftrightarrow$(c).

$$Z\langle X,Y\rangle = \langle \nabla_Z X,Y\rangle + \langle X,\nabla_Z Y\rangle, \quad \forall\, X,Y,Z \in C^\infty(TM)$$

$\Leftrightarrow$对任何局部坐标系 $\{x^i\}$,有

$$\frac{\partial}{\partial x^k}\left\langle \frac{\partial}{\partial x^i},\frac{\partial}{\partial x^j}\right\rangle = \left\langle \nabla_{\frac{\partial}{\partial x^k}}\frac{\partial}{\partial x^i},\frac{\partial}{\partial x^j}\right\rangle + \left\langle \frac{\partial}{\partial x^i},\nabla_{\frac{\partial}{\partial x^k}}\frac{\partial}{\partial x^j}\right\rangle$$

$$\Leftrightarrow \frac{\partial g_{ij}}{\partial x^k} = \sum_{l=1}^n g_{lj}\Gamma_{ki}^l + \sum_{l=1}^n g_{il}\Gamma_{kj}^l, \quad i,j,k = 1,\cdots,n.$$

(d)$\Leftrightarrow$(c). 设

$$X(t) = \sum_{i=1}^n a^i(t)\frac{\partial}{\partial x^i}, \quad Y(t) = \sum_{i=1}^n b^i(t)\frac{\partial}{\partial x^i}$$

为沿 C^∞ 曲线 $\gamma(t)$ 的关于 t 的 C^∞ 切向量场,$\gamma'(t) = \sum_{i=1}^n \frac{\mathrm{d}x^i}{\mathrm{d}t}\frac{\partial}{\partial x^i}$,其中 $x^i(t)$ 为 $\gamma(t)$ 的坐标. 如果 $X(t)$ 和 $Y(t)$ 沿 $\gamma(t)$ 平行,则

$$\frac{\mathrm{d}a^i}{\mathrm{d}t} + \sum_{j,k=1}^n \Gamma_{jk}^i \frac{\mathrm{d}x^j}{\mathrm{d}t}a^k = 0,$$

$$\frac{\mathrm{d}b^i}{\mathrm{d}t} + \sum_{j,k=1}^n \Gamma_{jk}^i \frac{\mathrm{d}x^j}{\mathrm{d}t}b^k = 0.$$

于是,平行移动保持内积不变,即 $\langle X(t),Y(t)\rangle$ 为常数 $\Leftrightarrow$

$$0 = \frac{\mathrm{d}}{\mathrm{d}t}\langle X(t),Y(t)\rangle = \frac{\mathrm{d}}{\mathrm{d}t}\Big(\sum_{i,j=1}^n g_{ij}a^i b^j\Big)$$

$$= \sum_{i,j=1}^n \frac{\mathrm{d}g_{ij}}{\mathrm{d}t}a^i b^j + \sum_{i,j=1}^n g_{ij}\frac{\mathrm{d}a^i}{\mathrm{d}t}b^j + \sum_{i,j=1}^n g_{ij}a^i \frac{\mathrm{d}b^j}{\mathrm{d}t}$$

$$= \sum_{i,j=1}^n \frac{\mathrm{d}g_{ij}}{\mathrm{d}t}a^i b^j - \sum_{i,j=1}^n g_{ij}\Big(\sum_{k,l=1}^n \Gamma_{kl}^i \frac{\mathrm{d}x^k}{\mathrm{d}t}a^l\Big)b^j - \sum_{i,j=1}^n g_{ij}a^i\Big(\sum_{k,l=1}^n \Gamma_{kl}^i \frac{\mathrm{d}x^k}{\mathrm{d}t}b^l\Big)$$

$$= \sum_{k,i,j=1}^n \Big(\frac{\partial g_{ij}}{\partial x^k} - \sum_{l=1}^n g_{lj}\Gamma_{ki}^l - \sum_{l=1}^n g_{il}\Gamma_{kj}^l\Big)\frac{\mathrm{d}x^k}{\mathrm{d}t}a^i b^j \tag{1.3.1}$$

$$\Leftrightarrow \frac{\partial g_{ij}}{\partial x^k} = \sum_{l=1}^n g_{lj}\Gamma_{ki}^l + \sum_{l=1}^n g_{il}\Gamma_{kj}^l, \quad i,j,k = 1,\cdots,n.$$

在该等价性中,"$\Leftarrow$"是显然的. 下证"$\Rightarrow$".

对任何固定的 $p \in M$,选 γ 使

$$\gamma(0) = p,$$

$$\gamma'(0) = \Big(\frac{\mathrm{d}x^1}{\mathrm{d}t},\cdots,\frac{\mathrm{d}x^n}{\mathrm{d}t}\Big)\Big|_{t=0} = (0,\cdots,0,\underset{k}{1},0,\cdots,0),$$

$$a(0) = (0,\cdots,0,\underset{i}{1},0,\cdots,0),$$

$$b(0) = (0,\cdots,0,\underset{j}{1},0,\cdots,0),$$

并代入式(1.3.1),即得

$$\frac{\partial g_{ij}}{\partial x^k} = \sum_{l=1}^n g_{lj}\Gamma_{ki}^l + \sum_{l=1}^n g_{il}\Gamma_{kj}^l, \quad i,j,k = 1,\cdots,n. \qquad \square$$

引理 1.3.6   设 $(V,\langle,\rangle)$ 为内积空间,$X \in V$,如果对 $\forall\, Y \in V$,有 $\langle X,Y \rangle = 0$,则 $X = 0$.

证明   令 $Y = X$,则 $\langle X,X \rangle = 0$,根据内积的正定性得 $X = 0$. $\square$

定理 1.3.5(Riemann 流形基本定理) n 维 C^∞ Riemann 流形 $(M,g) = (M,\langle,\rangle)$ 上存在唯一的 Riemann 联络.

证明   (证法 1)(不变观点)先证唯一性.设 ∇ 及 $\overline{\nabla}$ 都是 $(M,g) = (M,\langle,\rangle)$ 的 Riemann 联络,则

$$X\langle Y,Z \rangle + Y(Z,X) - Z\langle X,Y \rangle$$

$$= \langle \nabla_X Y,Z \rangle + \langle Y,\nabla_X Z \rangle + \langle \nabla_Y Z,X \rangle + \langle Z,\nabla_Y X \rangle - \langle \nabla_Z X,Y \rangle - \langle X,\nabla_Z Y \rangle$$

$$= \langle \nabla_X Y,Z \rangle + \langle Y,[X,Z] \rangle + \langle [Y,Z],X \rangle + \langle Z,\nabla_X Y \rangle + \langle Z,[Y,X] \rangle,$$

$$2\langle \nabla_X Y,Z \rangle = X\langle Y,Z \rangle + Y\langle Z,X \rangle - Z\langle X,Y \rangle$$

$$- \langle Y,[X,Z] \rangle - \langle X,[Y,Z] \rangle - \langle Z,[Y,X] \rangle. \qquad (1.3.2)$$

同理

$$2\langle \overline{\nabla}_X Y,Z \rangle = X\langle Y,Z \rangle + Y\langle Z,X \rangle - Z\langle X,Y \rangle - \langle Y,[X,Z] \rangle$$

$$- \langle X,[Y,Z] \rangle - \langle Z,[Y,X] \rangle.$$

于是

$$\langle \nabla_X Y,Z \rangle = \langle \overline{\nabla}_X Y,Z \rangle, \quad \langle \nabla_X Y - \overline{\nabla}_X Y,Z \rangle = 0.$$

根据引理 1.3.6,$\nabla_X Y - \overline{\nabla}_X Y = 0$,$\nabla_X Y = \overline{\nabla}_X Y$,$\forall\, X,Y \in C^\infty(TM)$,即 $\nabla = \overline{\nabla}$.

再证存在性.从式(1.3.2)出发定义 $\nabla_X Y$,

$$\nabla_X Y = \sum_{i=1}^n \langle \nabla_X Y,e_i \rangle e_i,$$

其中 $\{e_i\}$ 为局部 C^∞ 规范正交基向量场,而 $\langle \nabla_X Y,e_i \rangle$ 按式(1.3.2)给出,如果 $\{\bar{e}_i\}$ 为另一局部 C^∞ 规范正交基向量场,则

$$\sum_{i=1}^n \langle \nabla_X Y,\bar{e}_i \rangle \bar{e}_i = \sum_{i=1}^n \left\langle \nabla_X Y,\sum_{j=1}^n a_i^j e_j \right\rangle \left(\sum_{l=1}^n a_i^l e_l \right) = \sum_{j,l=1}^n \left(\sum_{i=1}^n a_i^j a_i^l \right) \langle \nabla_X Y,e_j \rangle e_l$$

$$= \sum_{j,l=1}^n \delta_{jl} \langle \nabla_X Y,e_j \rangle e_l = \sum_{j=1}^n \langle \nabla_X Y,e_j \rangle e_j.$$

也就是式(1.3.2)与局部 C^∞ 规范正交基的选取无关,故 $\nabla_X Y$ 确实定义了一个整体 C^∞ 切

向量场. 由 Z 的任意性, 通过式(1.3.2)作简单的运算可知 ∇ 满足线性联络的三个条件. 此外, 由

$$
\begin{aligned}
&2\langle \nabla_X Y - \nabla_Y X - [X,Y], Z\rangle \\
&= (X\langle Y,Z\rangle + Y\langle Z,X\rangle - Z\langle X,Y\rangle - \langle Y,[X,Z]\rangle \\
&\quad - \langle X,[Y,Z]\rangle - \langle Z,[Y,X]\rangle) - (Y\langle X,Z\rangle \\
&\quad + X\langle Z,Y\rangle - Z\langle Y,X\rangle - \langle X,[Y,Z]\rangle \\
&\quad - \langle Y,[X,Z]\rangle - \langle Z,[X,Y]\rangle) - 2\langle[X,Y],Z\rangle \\
&= 0
\end{aligned}
$$

和引理 1.3.6 推出

$$
T(X,Y) = \nabla_X Y - \nabla_Y X - [X,Y] = 0,
$$

即 ∇ 满足线性联络条件(4). 此外,

$$
\begin{aligned}
&2\langle \nabla_Z X, Y\rangle + 2\langle \nabla_Z Y, X\rangle \\
&= (Z\langle X,Y\rangle + X\langle Y,Z\rangle - Y\langle Z,X\rangle - \langle X,[Z,Y]\rangle \\
&\quad - \langle Z,[X,Y]\rangle - \langle Y,[X,Z]\rangle) + (Z\langle Y,X\rangle + Y\langle X,Z\rangle \\
&\quad - X\langle Z,Y\rangle - \langle Y,[Z,X]\rangle - \langle Z,[Y,X]\rangle - \langle X,[Y,Z]\rangle) \\
&= 2Z\langle X,Y\rangle,
\end{aligned}
$$

即 $Z\langle X,Y\rangle = \langle \nabla_Z X, Y\rangle + \langle \nabla_Z Y, X\rangle$, 这就证明了 ∇ 满足线性联络条件(5).

(证法 2)(坐标观点) 设 $\{x^i\}$ 和 $\{y^i\}$ 为 $p \in M$ 的局部坐标系,

$$
g_{ij} = \left\langle \frac{\partial}{\partial x^i}, \frac{\partial}{\partial x^j}\right\rangle, \qquad \sum_{j=1}^n g_{ij} g^{jk} = \delta_i^k,
$$

$$
\widetilde{g}_{ij} = \left\langle \frac{\partial}{\partial y^i}, \frac{\partial}{\partial y^j}\right\rangle = \left\langle \sum_{l=1}^n \frac{\partial x^l}{\partial y^i}\frac{\partial}{\partial x^l}, \sum_{s=1}^n \frac{\partial x^s}{\partial y^j}\frac{\partial}{\partial x^s}\right\rangle = \sum_{l,s=1}^n \frac{\partial x^l}{\partial y^i}\frac{\partial x^s}{\partial y^j} g_{ls},
$$

$$
\sum_{j=1}^n \widetilde{g}_{ij}\,\widetilde{g}^{jk} = \delta_i^k, \qquad \widetilde{g}^{ij} = \sum_{l,s=1}^n \frac{\partial y^i}{\partial x^l}\frac{\partial y^j}{\partial x^s} g^{ls},
$$

$$
\nabla_{\frac{\partial}{\partial x^i}} \frac{\partial}{\partial x^j} = \sum_{k=1}^n \Gamma_{ij}^k \frac{\partial}{\partial x^k}, \qquad \nabla_{\frac{\partial}{\partial y^i}} \frac{\partial}{\partial y^j} = \sum_{k=1}^n \widetilde{\Gamma}_{ij}^k \frac{\partial}{\partial y^k}.
$$

先证唯一性.

$$
\begin{aligned}
&\frac{1}{2}\sum_{r=1}^n g^{kr}\left(\frac{\partial g_{rj}}{\partial x^i} + \frac{\partial g_{ri}}{\partial x^j} - \frac{\partial g_{ij}}{\partial x^r}\right) \\
&= \frac{1}{2}\left(-\sum_{r=1}^n g^{kr}\left(\sum_{l=1}^n g_{lj}\Gamma_{ri}^l + \sum_{l=1}^n g_{il}\Gamma_{rj}^l\right) + \sum_{r=1}^n g^{kr}\left(\sum_{l=1}^n g_{lj}\Gamma_{ri}^l + \sum_{l=1}^n g_{rl}\Gamma_{ij}^l\right)\right. \\
&\quad \left. + \sum_{r=1}^n g^{kr}\left(\sum_{l=1}^n g_{li}\Gamma_{jr}^l + \sum_{l=1}^n g_{rl}\Gamma_{ji}^l\right)\right)
\end{aligned}
$$

$$= \frac{1}{2}(\Gamma_{ij}^k + \Gamma_{ji}^k) = \Gamma_{ij}^k.$$

这就证明了 Γ_{ij}^k,从而 Riemann 联络 ∇ 完全由 g_{ij} 及其偏导数确定,即由 Riemann 度量 g 确定.

再证存在性. 设

$$\Gamma_{ij}^k = \frac{1}{2}\sum_{\gamma=1}^n g^{kr}\left(\frac{\partial g_{rj}}{\partial x^i} + \frac{\partial g_{ri}}{\partial x^j} - \frac{\partial g_{ij}}{\partial x^r}\right),$$

$$\widetilde{\Gamma}_{\alpha\beta}^{\gamma} = \frac{1}{2}\sum_{\delta=1}^n \widetilde{g}^{\gamma\delta}\left(\frac{\partial \widetilde{g}_{\delta\beta}}{\partial y^\alpha} + \frac{\partial \widetilde{g}_{\delta\alpha}}{\partial y^\beta} - \frac{\partial \widetilde{g}_{\alpha\beta}}{\partial y^\delta}\right),$$

则 $\Gamma_{ij}^k = \Gamma_{ji}^k$, $\widetilde{\Gamma}_{\alpha\beta}^{\gamma} = \widetilde{\Gamma}_{\beta\alpha}^{\gamma}$. 作下面的计算:

$$\widetilde{g}_{\delta\beta} = \sum_{i,j=1}^n \frac{\partial x^i}{\partial y^\delta}\frac{\partial x^j}{\partial y^\beta}g_{ij},$$

$$\frac{\partial \widetilde{g}_{\delta\beta}}{\partial y^\alpha} = \sum_{i,j,l=1}^n \frac{\partial x^i}{\partial y^\alpha}\frac{\partial x^j}{\partial y^\beta}\frac{\partial x^l}{\partial y^\delta}\frac{\partial g_{lj}}{\partial x^i} + \sum_{i,j=1}^n\left(\frac{\partial^2 x^i}{\partial y^\delta \partial y^\alpha}\frac{\partial x^j}{\partial y^\beta}g_{ij} + \frac{\partial x^l}{\partial y^\delta}\frac{\partial^2 x^j}{\partial y^\beta \partial y^\alpha}g_{ij}\right),$$

同理

$$\frac{\partial \widetilde{g}_{\delta\alpha}}{\partial y^\beta} = \frac{\partial \widetilde{g}_{\alpha\delta}}{\partial y^\beta} = \sum_{i,j,l=1}^n \frac{\partial x^i}{\partial y^\alpha}\frac{\partial x^j}{\partial y^\beta}\frac{\partial x^l}{\partial y^\delta}\frac{\partial g_{ij}}{\partial x^j} + \sum_{i,j=1}^n\left(\frac{\partial^2 x^i}{\partial y^\alpha \partial y^\beta}\frac{\partial x^j}{\partial y^\delta}g_{ij} + \frac{\partial x^i}{\partial y^\alpha}\frac{\partial^2 x^j}{\partial y^\delta \partial y^\beta}g_{ij}\right),$$

$$\frac{\partial \widetilde{g}_{\alpha\beta}}{\partial y^\delta} = \sum_{i,j,l=1}^n \frac{\partial x^i}{\partial y^\alpha}\frac{\partial x^j}{\partial y^\beta}\frac{\partial x^l}{\partial y^\delta}\frac{\partial g_{ij}}{\partial x^l} + \sum_{i,j=1}^n\left(\frac{\partial^2 x^i}{\partial y^\alpha \partial y^\delta}\frac{\partial x^j}{\partial y^\beta}g_{ij} + \frac{\partial x^i}{\partial y^\alpha}\frac{\partial^2 x^j}{\partial y^\beta \partial y^\delta}g_{ij}\right),$$

$$\widetilde{\Gamma}_{\alpha\beta}^{\gamma} = \frac{1}{2}\sum_{\delta=1}^n \widetilde{g}^{\gamma\delta}\left(\frac{\partial \widetilde{g}_{\delta\beta}}{\partial y^\alpha} + \frac{\partial \widetilde{g}_{\delta\alpha}}{\partial y^\beta} - \frac{\partial \widetilde{g}_{\alpha\beta}}{\partial y^\delta}\right)$$

$$= \frac{1}{2}\sum_{i,j,k,l,s,\delta=1}^n \frac{\partial y^\gamma}{\partial x^k}\frac{\partial y^\delta}{\partial x^s}g^{ks}\cdot\frac{\partial x^i}{\partial y^\alpha}\frac{\partial x^j}{\partial y^\beta}\frac{\partial x^l}{\partial y^\delta}\left(\frac{\partial g_{lj}}{\partial x^i} + \frac{\partial g_{il}}{\partial x^j} - \frac{\partial g_{ij}}{\partial x^l}\right)$$

$$+ \frac{1}{2}\sum_{i,j,k,l,s,\delta=1}^n \frac{\partial y^\gamma}{\partial x^k}\frac{\partial y^\delta}{\partial x^s}g^{ks}\left(\frac{\partial x^i}{\partial y^\delta}\frac{\partial^2 x^j}{\partial y^\beta \partial y^\alpha}g_{ij} + \frac{\partial^2 x^i}{\partial y^\alpha \partial y^\beta}\frac{\partial x^j}{\partial y^\delta}g_{ij}\right)$$

$$= \frac{1}{2}\sum_{i,j,k,l,s=1}^n \frac{\partial y^\gamma}{\partial x^k}\frac{\partial x^i}{\partial y^\alpha}\frac{\partial x^j}{\partial y^\beta}\frac{\partial x^l}{\partial x^s}g^{ks}\left(\frac{\partial g_{lj}}{\partial x^i} + \frac{\partial g_{il}}{\partial x^j} - \frac{\partial g_{ij}}{\partial x^l}\right)$$

$$+ \sum_{i,j,k=1}^n \frac{\partial y^\gamma}{\partial x^k}\frac{\partial x^i}{\partial x^s}\frac{\partial^2 x^j}{\partial y^\beta \partial y^\alpha}g^{ks}g_{ij}$$

$$= \frac{1}{2}\sum_{i,j,k,l=1}^n \frac{\partial x^i}{\partial y^\alpha}\frac{\partial x^j}{\partial y^\beta}\frac{\partial y^\gamma}{\partial x^k}g^{kl}\left(\frac{\partial g_{lj}}{\partial x^i} + \frac{\partial g_{il}}{\partial x^j} - \frac{\partial g_{ij}}{\partial x^l}\right)$$

$$+ \sum_{i,j,k=1}^n \frac{\partial y^\gamma}{\partial x^k}\frac{\partial^2 x^j}{\partial y^\beta \partial y^\alpha}g^{ki}g_{ij}$$

$$= \sum_{i,j,k=1}^n \frac{\partial x^i}{\partial y^\alpha}\frac{\partial x^j}{\partial y^\beta}\frac{\partial y^\gamma}{\partial x^k}\Gamma_{ij}^k + \sum_{j=1}^n \frac{\partial^2 x^j}{\partial y^\alpha \partial y^\beta}\frac{\partial y^\gamma}{\partial x^j},$$

$$\sum_{l=1}^{n} g_{lj} \Gamma_{ki}^{l} + \sum_{l=1}^{n} g_{il} \Gamma_{kj}^{l}$$

$$= \frac{1}{2} \sum_{l=1}^{n} g_{lj} \sum_{s=1}^{n} g^{ls} \left(\frac{\partial g_{si}}{\partial x^{k}} + \frac{\partial g_{sk}}{\partial x^{i}} - \frac{\partial g_{ki}}{\partial x^{s}} \right) + \frac{1}{2} \sum_{l=1}^{n} g_{il} \sum_{s=1}^{n} g^{ls} \left(\frac{\partial g_{sj}}{\partial x^{k}} + \frac{\partial g_{sk}}{\partial x^{j}} - \frac{\partial g_{kj}}{\partial x^{s}} \right)$$

$$= \frac{1}{2} \sum_{s=1}^{n} \delta_{j}^{s} \left(\frac{\partial g_{si}}{\partial x^{k}} + \frac{\partial g_{sk}}{\partial x^{i}} - \frac{\partial g_{ki}}{\partial x^{s}} \right) + \frac{1}{2} \sum_{s=1}^{n} \delta_{i}^{s} \left(\frac{\partial g_{sj}}{\partial x^{k}} + \frac{\partial g_{sk}}{\partial x^{j}} - \frac{\partial g_{kj}}{\partial x^{s}} \right)$$

$$= \frac{1}{2} \left(\frac{\partial g_{ji}}{\partial x^{k}} + \frac{\partial g_{jk}}{\partial x^{i}} - \frac{\partial g_{ki}}{\partial x^{j}} \right) + \frac{1}{2} \left(\frac{\partial g_{ij}}{\partial x^{k}} + \frac{\partial g_{ik}}{\partial x^{j}} - \frac{\partial g_{kj}}{\partial x^{i}} \right)$$

$$= \frac{\partial g_{ij}}{\partial x^{k}}.$$

于是,由 Γ_{ij}^{k} 确定的线性联络满足 Riemann 联络的五个条件.

（证法 3）（应用活动标架和结构方程）参阅定理 1.6.5. □

注 1.3.1 $\nabla_{\frac{\partial}{\partial x^{i}}} \frac{\partial}{\partial x^{j}} = \sum_{k=1}^{n} \Gamma_{ij}^{k} \frac{\partial}{\partial x^{k}}$ 中的 Γ_{ij}^{k} 称为联络系数或 ∇ 相对于 $\{x^{i}\}$ 的分量（不管 ∇ 是否为一个 Riemann 度量的 Levi-Civita 联络）,而 Γ_{ij}^{k} 用 $\{g_{ij}\}$ 的表达式

$$\Gamma_{ij}^{k} = \frac{1}{2} \sum_{\gamma=1}^{n} g^{kr} \left(\frac{\partial g_{rj}}{\partial x^{i}} + \frac{\partial g_{ri}}{\partial x^{j}} - \frac{\partial g_{ij}}{\partial x^{r}} \right)$$

应归功于 Christofell（1869 年）,所以 Levi-Civita 联络的 Γ_{ij}^{k} 称为 **Christofell 记号**.

注 1.3.2 对称联络不一定是 Riemann 联络. 例如,如果 ∇ 为 (M, g) 上的 Riemann 联络,则 $T = 0$. 令 $\overline{\nabla} = \nabla + C$,其中 C 为 TM 上的 C^{∞} 2 阶对称协变向量值张量场,且 $C \neq 0$,故 $\overline{\nabla} \neq \nabla$. 但

$$A(X, Y) = \frac{1}{2} (C(X, Y) - C(Y, X)) = 0$$

和

$$\overline{T}(X, Y) = T(X, Y) + 2A(X, Y) = 0 + 0 = 0.$$

1.4 Riemann 截曲率、Ricci 曲率、数量曲率和常截曲率流形

微分几何主要研究流形的弯曲程度,即各种各样的曲率.这一节着重介绍 Riemann 截曲率、Ricci 曲率和数量曲率,同时给出常曲率空间的判定准则和描述种种常截曲率空间的典型例子.

先证 Bianchi 第 1 和第 2 恒等式.

定理 1.4.1 设 ∇ 为 n 维 C^∞ 流形上的线性联络，$X, Y, Z, W \in C^\infty(TM)$，则

（1）Bianchi 第 1 恒等式

$$\mathop{\mathfrak{S}}_{X,Y,Z}\{R(X,Y)Z\} = \mathop{\mathfrak{S}}_{X,Y,Z}\{(\nabla_X T)(Y,Z)\} + \mathop{\mathfrak{S}}_{X,Y,Z}\{T(T(X,Y),Z)\},$$

其中 $\mathfrak{S}\{R(X,Y),Z\} = R(X,Y)Z + R(Y,Z)X + R(Z,X)Y$ 表示循环和；

（2）Bianchi 第 2 恒等式

$$\mathop{\mathfrak{S}}_{X,Y,Z}\{\nabla_Z R(X,Y,W)\} + \mathop{\mathfrak{S}}_{X,Y,Z}\{R(T(X,Y),Z)W\} = 0.$$

特别地，如果 $T = 0$，则

$(1')$ $\mathop{\mathfrak{S}}_{X,Y,Z}\{R(X,Y)Z\} = 0$；

$(2')$ $\mathop{\mathfrak{S}}_{X,Y,Z}\{(\nabla_Z R)(X,Y,W)\} = 0.$

证明 （1）由 Jacobi 恒等式

$$\mathfrak{S}\{[[X,Y],Z]\} = 0$$

和

$$\begin{aligned}
T(T(X,Y),Z) &= T(\nabla_X Y, Z) - T(\nabla_Y X, Z) - T([X,Y],Z)\\
&= T(\nabla_X Y, Z) + T(Z, \nabla_Y X) - T([X,Y],Z),\\
(\nabla_Z T)(X,Y) &= \nabla_Z(T(X,Y)) - T(\nabla_Z X, Y) - T(X, \nabla_Z Y)
\end{aligned}$$

得到

$$\begin{aligned}
&\mathfrak{S}\{T(T(X,Y),Z)\}\\
&\quad = -\mathfrak{S}\{(\nabla_Z T)(X,Y)\} + \mathfrak{S}\{\nabla_Z(T(X,Y) - T([X,Y],Z))\}.
\end{aligned}$$

从而有

$$\begin{aligned}
\mathfrak{S}\{R(X,Y)Z\} &= \mathfrak{S}\{R(X,Y)Z\} + 0\\
&= \mathfrak{S}\{\nabla_X \nabla_Y Z - \nabla_Y \nabla_X Z - \nabla_{[X,Y]}Z\} + \mathfrak{S}\{[[X,Y],Z]\}\\
&= \mathfrak{S}\{\nabla_Z(T(X,Y)) - T([X,Y],Z)\}\\
&= \mathfrak{S}\{(\nabla_Z T)(X,Y)\} + \mathfrak{S}\{T(T(X,Y),Z)\}\\
&= \mathfrak{S}\{(\nabla_X T)(Y,Z)\} + \mathfrak{S}\{T(T(X,Y),Z)\}.
\end{aligned}$$

（2）显然

$$\begin{aligned}
(\nabla_Z R)(X,Y,W) &= \nabla_Z(R(X,Y)W) - R(X,Y)\nabla_Z W\\
&\quad - R(\nabla_Z X, Y)W - R(X, \nabla_Z Y)W,
\end{aligned}$$

$$\begin{aligned}
&\mathop{\mathfrak{S}}_{X,Y,Z}\{R(T(X,Y),Z)W\}\\
&\quad = \mathop{\mathfrak{S}}_{X,Y,Z}\{R(\nabla_X Y, Z)W + R(Z, \nabla_Y X)W - R([X,Y],Z)W\}\\
&\quad = \mathop{\mathfrak{S}}_{X,Y,Z}\{R(\nabla_Z X, Y)W + R(X, \nabla_Z Y)W - R([X,Y],Z)W\}\\
&\quad = -\mathop{\mathfrak{S}}_{X,Y,Z}\{(\nabla_Z R)(X,Y,W) + \nabla_Z(R(X,Y)W)
\end{aligned}$$

$$- R(X,Y)\nabla_Z W - R([X,Y],Z)W\},$$

因此

$$\mathop{\mathfrak{S}}_{X,Y,Z}\{(\nabla_Z R)(X,Y,W)\} + \mathop{\mathfrak{S}}_{X,Y,Z}\{R(T(X,Y),Z)W\}$$

$$= \mathop{\mathfrak{S}}_{X,Y,Z}\{\nabla_Z(R(X,Y),W) - R(X,Y)\nabla_Z W - R([X,Y],Z)W\}$$

$$= \mathop{\mathfrak{S}}_{X,Y,Z}\{(\nabla_Z\nabla_X\nabla_Y - \nabla_Z\nabla_Y\nabla_X - \nabla_Z\nabla_{[X,Y]} - \nabla_X\nabla_Y\nabla_Z$$

$$+ \nabla_Y\nabla_X\nabla_Z + \nabla_{[X,Y]}\nabla_Z - \nabla_{[X,Y]}\nabla_Z + \nabla_Z\nabla_{[X,Y]} + \nabla_{[[X,Y],Z]})W\}$$

$$= \mathop{\mathfrak{S}}_{X,Y,Z}\{[\nabla_Z,[\nabla_X,\nabla_Y]]W\} + \nabla_{\mathop{\mathfrak{S}}_{X,Y,Z}\{[[X,Y],Z]\}}W$$

$$= 0 + 0 = 0. \qquad \square$$

注 1.4.1 如果选 X,Y,Z 为坐标向量场,且 $T=0$,则 $[X,Y]=0$,$[Y,Z]=0$,$[Z,X]=0$ 和

$$\nabla_X Y = \nabla_Y X, \quad R(X,Y) = \nabla_X\nabla_Y - \nabla_Y\nabla_X.$$

因此,$(1')$ 和 $(2')$ 的证明就简单了.

Bianchi 恒等式的坐标形式为:

定理 1.4.1$'$ (1) Bianchi 第 1 恒等式

$$R^i_{jkl} + R^i_{klj} + R^i_{ljk} = (T^i_{kl;j} + T^i_{lj;k} + T^i_{jk;l}) + \sum_{\mu=1}^n (T^\mu_{jk}T^i_{\mu l} + T^\mu_{kl}T^i_{\mu j} + T^\mu_{lj}T^i_{\mu k});$$

(2) Bianchi 第 2 恒等式

$$R^h_{ijk;l} + R^h_{ikl;j} + R^h_{ilj;k} + \sum_{\mu=1}^n (T^\mu_{jk}R^h_{i\mu l} + T^\mu_{kl}R^h_{i\mu j} + T^\mu_{lj}R^h_{i\mu k}) = 0.$$

特别地,如果 $T=0$,则

$(1')$ $R^i_{jkl} + R^i_{klj} + R^i_{ljk} = 0$;

$(2')$ $R^h_{ijk;l} + R^h_{ikl;j} + R^h_{ilj;k} = 0$.

证明 (证法 1)(1) 设 $\{X_i\}$ 为局部 C^∞ 基向量场,根据定理 1.4.1(1) 得到

$$\sum_{i=1}^n (R^i_{jkl} + R^i_{klj} + R^i_{ljk})X_i = \mathfrak{S}\left\{\sum_{i=1}^n R^i_{ljk}X_i\right\} = \mathfrak{S}\{R(X_j,X_k)X_l\}$$

$$= \mathfrak{S}\{(\nabla_{X_j}T)(X_k,X_l)\} + \mathfrak{S}\{T(T(X_j,X_k),X_i)\}$$

$$= \mathfrak{S}\left\{\sum_{i=1}^n T^i_{kl;j}X_i\right\} + \mathfrak{S}\left\{T\left(\sum_{\mu=1}^n T^\mu_{jk}X_\mu, X_l\right)\right\}$$

$$= \mathfrak{S}\left\{\sum_{i=1}^n T^i_{kl;j}X_i\right\} + \mathfrak{S}\left\{\sum_{\mu=1}^n T^\mu_{jk}\sum_{i=1}^n T^i_{\mu l}X_i\right\}$$

$$= \sum_{i=1}^n (T^i_{kl;j} + T^i_{lj;k} + T^i_{jk;l})X_i + \sum_{i=1}^n \left(\sum_{\mu=1}^n T^\mu_{jk}T^i_{\mu l} + T^\mu_{kl}T^i_{\mu j} + T^\mu_{lj}T^i_{\mu k}\right)X_i,$$

$$R^i_{jkl} + R^i_{klj} + R^i_{ljk}$$

$$= (T^i_{kl;j} + T^i_{lj;k} + T^i_{jk;l}) + \sum_{\mu=1}^n (T^\mu_{jk} T^i_{\mu l} + T^\mu_{kl} T^i_{\mu j} + T^\mu_{lj} T^i_{\mu k}).$$

(2) 根据定理 1.4.1(2) 得到

$$\sum_{h=1}^n \Big((R^h_{ijk;l} + R^h_{ikl;j} + R^h_{ilj;k}) \sum_{\mu=1}^n (T^\mu_{jk} R^h_{i\mu l} + T^\mu_{kl} R^h_{i\mu j} + T^\mu_{lj} R^h_{i\mu k}) \Big) X_h$$

$$= \mathfrak{S}\{ (\nabla_{X_l} R)(X_j, X_k, X_i) \} + \mathfrak{S}\{ R(T(X_j, X_k), X_l) X_i \}$$

$$= 0,$$

$$R^h_{ijk;l} + R^h_{ikl;j} + R^h_{ilj;k} + \sum_{\mu=1}^n (T^\mu_{jk} R^h_{i\mu l} + T^\mu_{kl} R^h_{i\mu j} + T^\mu_{lj} R^h_{i\mu k}) = 0.$$

(证法 2)(1) 根据引理 1.2.1(1),如果 $\{X_i\}$ 为坐标基向量场,则 $[X_j, X_k] = 0$,$c^\mu_{jk} = 0$,$T^i_{\mu l} = -T^i_{l\mu}$,$T^\mu_{jk} = \Gamma^\mu_{jk} - \Gamma^\mu_{kj}$,

$$\sum_{\mu=1}^n T^\mu_{jk} T^i_{\mu l} = \sum_{\mu=1}^n \Gamma^\mu_{jk} T^i_{\mu l} + \sum_{\mu=1}^n \Gamma^\mu_{kj} T^i_{l\mu},$$

$$T^i_{jk;l} = \frac{\partial T^i_{jk}}{\partial x^l} + \sum_{\mu=1}^n \Gamma^i_{l\mu} T^\mu_{jk} - \sum_{\mu=1}^n \Gamma^\mu_{lj} T^i_{\mu k} - \sum_{\mu=1}^n \Gamma^\mu_{lk} T^i_{j\mu}.$$

于是

$$(T^i_{kl;j} + T^i_{lj;k} + T^i_{jk;l}) + \sum_{\mu=1}^n (T^\mu_{jk} T^i_{\mu l} + T^\mu_{kl} T^i_{\mu j} + T^\mu_{lj} T^i_{\mu k})$$

$$= \mathop{\mathfrak{S}}_{k,l,j} \Big\{ T^i_{jk;l} + \sum_{\mu=1}^n T^\mu_{jk} T^i_{\mu l} \Big\} = \mathop{\mathfrak{S}}_{k,l,j} \Big\{ \frac{\partial T^i_{jk}}{\partial x^l} + \sum_{\mu=1}^n \Gamma^i_{l\mu} T^\mu_{jk} \Big\}$$

$$= \mathop{\mathfrak{S}}_{k,l,j} \Big\{ \frac{\partial \Gamma^i_{jk}}{\partial x^l} - \frac{\partial \Gamma^i_{kj}}{\partial x^l} + \sum_{\mu=1}^n \Gamma^i_{l\mu} (\Gamma^\mu_{jk} - \Gamma^\mu_{kj}) \Big\}$$

$$= \mathop{\mathfrak{S}}_{k,l,j} \Big\{ \frac{\partial \Gamma^i_{jk}}{\partial x^l} - \frac{\partial \Gamma^i_{kj}}{\partial x^l} + \sum_{\mu=1}^n (\Gamma^i_{l\mu} \Gamma^\mu_{jk} - \Gamma^i_{l\mu} \Gamma^\mu_{kj}) \Big\}$$

$$= \mathop{\mathfrak{S}}_{k,l,j} \{ R^i_{jkl} \}.$$

(2) 由于 $T^\mu_{jk} = \Gamma^\mu_{jk} - \Gamma^\mu_{kj}$,所以

$$\sum_{\mu=1}^n T^\mu_{jk} R^h_{i\mu l} = \sum_{\mu=1}^n \Gamma^\mu_{jk} R^h_{i\mu l} + \sum_{\mu=1}^n \Gamma^\mu_{kj} R^h_{il\mu}.$$

此外,还有

$$R^h_{ijk;l} = \frac{\partial R^h_{ijk}}{\partial x^l} + \sum_{\mu=1}^n R^\mu_{ijk} \Gamma^h_{l\mu} - \sum_{\mu=1}^n R^h_{\mu jk} \Gamma^\mu_{li} - \sum_{\mu=1}^n R^h_{i\mu k} \Gamma^\mu_{lj} - \sum_{\mu=1}^n R^h_{ij\mu} \Gamma^\mu_{lk}.$$

于是

$$\mathop{\mathfrak{S}}_{j,k,l} \Big\{ R^h_{ijk;l} + \sum_{\mu=1}^n T^\mu_{jk} R^h_{i\mu l} \Big\}$$

$$
= \mathop{\mathfrak{S}}_{j,k,l} \left\{ \frac{\partial R^h_{ijk}}{\partial x^l} + \sum_{\mu=1}^{n} R^\mu_{ijk} \Gamma^h_{l\mu} - \sum_{\mu=1}^{n} R^h_{\mu jk} \Gamma^\mu_{li} - \sum_{\mu=1}^{n} R^h_{i\mu k} \Gamma^\mu_{lj} \right.
$$

$$
\left. - \sum_{\mu=1}^{n} R^h_{ij\mu} \Gamma^\mu_{lk} + \sum_{\mu=1}^{n} \Gamma^\mu_{jk} R^h_{i\mu l} + \sum_{\mu=1}^{n} \Gamma^\mu_{kj} R^h_{il\mu} \right\}
$$

$$
= \mathop{\mathfrak{S}}_{j,k,l} \left\{ \frac{\partial R^h_{ijk}}{\partial x^l} + \sum_{\mu=1}^{n} R^\mu_{ijk} \Gamma^h_{l\mu} - \sum_{\mu=1}^{n} R^h_{\mu jk} \Gamma^\mu_{li} \right\}
$$

$$
= 0
$$

（最后一个等式请读者自证）. □

注 1.4.2 从证法 2 得到定理 $1.4.1'$，然后用定理 $1.4.1'$ 证明定理 1.4.1，这就给出了定理 1.4.1 的第 2 种证法.

在定理 1.6.4 中，将用微分形式来表达 Bianchi 第 1 和第 2 恒等式.

定义 1.4.1 设 ∇ 为 n 维 C^∞ Riemann 流形 $(M,g)=(M,\langle,\rangle)$ 上的 Riemann 联络，则称 TM 上的 $(0,4)$ 型 C^∞ 张量场

$$
K: C^\infty(TM) \times C^\infty(TM) \times C^\infty(TM) \times C^\infty(TM) \to C^\infty(M,\mathbf{R}),
$$

$$
K(X_1,X_2,X_3,X_4) = \langle X_1, R(X_3,X_4)X_2 \rangle = \langle R(X_3,X_4)X_2, X_1 \rangle
$$

为 **Riemann-Christoffel 曲率张量**.

定理 1.4.2 设 $(M,g)=(M,\langle,\rangle)$ 为 n 维 C^∞ Riemann 流形，$X_1,X_2,X_3,X_4 \in C^\infty(TM)$，则：

(1) $\mathop{\mathfrak{S}}_{2,3,4} \{ K(X_1,X_2,X_3,X_4) \} = K(X_1,X_2,X_3,X_4) + K(X_1,X_3,X_4,X_2) + K(X_1,X_4,X_2,X_3) = 0$；

(2) $K(X_1,X_2,X_3,X_4) = -K(X_2,X_1,X_3,X_4)$；

(3) $K(X_1,X_2,X_3,X_4) = -K(X_1,X_2,X_4,X_3)$；

(4) $K(X_1,X_2,X_3,X_4) = K(X_3,X_4,X_1,X_2)$.

证 (1)

$$
\mathop{\mathfrak{S}}_{2,3,4} \{ K(X_1,X_2,X_3,X_4) \} = \mathop{\mathfrak{S}}_{2,3,4} \{ \langle X_1, R(X_3,X_4)X_2 \rangle \}
$$

$$
= \langle X_1, \mathop{\mathfrak{S}}_{2,3,4} \{ R(X_3,X_4)X_2 \} \rangle = \langle X_1, 0 \rangle = 0.
$$

(2)

$$
K(X_1,X_2,X_3,X_4) + K(X_2,X_1,X_3,X_4)
$$

$$
= \langle X_1, R(X_3,X_4)X_2 \rangle + \langle X_2, R(X_3,X_4)X_1 \rangle
$$

$$
= \langle X_1, \nabla_{X_3}\nabla_{X_4}X_2 - \nabla_{X_4}\nabla_{X_3}X_2 - \nabla_{[X_3,X_4]}X_2 \rangle
$$

$$
+ \langle X_2, \nabla_{X_3}\nabla_{X_4}X_1 - \nabla_{X_4}\nabla_{X_3}X_1 - \nabla_{[X_3,X_4]}X_1 \rangle
$$

$$
= (\langle X_1, \nabla_{X_3}\nabla_{X_4}X_2 \rangle + \langle X_2, \nabla_{X_3}\nabla_{X_4}X_1 \rangle)
$$

$$-\langle X_1, \nabla_{X_4} \nabla_{X_3} X_2 \rangle - \langle X_2, \nabla_{X_4} \nabla_{X_3} X_1 \rangle)$$

$$-(\langle X_1, \nabla_{[X_3, X_4]} X_2 \rangle - \langle X_2, \nabla_{[X_3, X_4]} X_1 \rangle)$$

$$= X_3 X_4 \langle X_1, X_2 \rangle - X_4 X_3 \langle X_1, X_2 \rangle - [X_3, X_4] \langle X_1, X_2 \rangle$$

$$= 0.$$

(3) 由 $R(X_3, X_4) = -R(X_4, X_3)$ 可得.

(4) 由 (1)~(3) 可得

$$\begin{aligned}
0 = {} & K(X_1, X_2, X_3, X_4) + K(X_1, X_3, X_4, X_2) \\
& + K(X_1, X_4, X_2, X_3) - K(X_2, X_3, X_4, X_1) \\
& - K(X_2, X_4, X_1, X_3) - K(X_2, X_1, X_3, X_4) \\
& - K(X_3, X_4, X_1, X_2) - K(X_3, X_1, X_2, X_4) \\
& - K(X_3, X_2, X_4, X_1) + K(X_4, X_1, X_2, X_3) \\
& + K(X_4, X_2, X_3, X_1) + K(X_4, X_3, X_1, X_2) \\
= {} & 2K(X_1, X_2, X_3, X_4) - 2K(X_3, X_4, X_1, X_2),
\end{aligned}$$

所以 $K(X_1, X_2, X_3, X_4) = K(X_3, X_4, X_1, X_2)$. □

定理 1.4.2$'$ 设 $\{X_i\}$ 为局部坐标邻域 U 中的 C^∞ 基向量场,

$$K_{ijkl} = K(X_i, X_j, X_k, X_l),$$

则

(1) $K_{ijkl} = \sum_{s=1}^{n} g_{is} R^s_{jkl}$;

(2) $K_{ijkl} = -K_{jikl}, K_{ijkl} = -K_{ijlk}, K_{ijkl} = K_{klij}, K_{ijkl} + K_{iklj} + K_{iljk} = 0$.

证明 (1)

$$K_{ijkl} = K(X_i, X_j, X_k, X_l) = \langle X_i, R(X_k, X_l) X_j \rangle$$

$$= \left\langle X_i, \sum_{s=1}^{n} R^s_{jkl} X_s \right\rangle = \sum_{s=1}^{n} g_{is} R^s_{jkl}.$$

(2) 分别由定理 1.4.2 的 (2)~(4) 和 (1) 得到. □

引理 1.4.1 设 $X, Y \in T_p M, \| X \wedge Y \|^2 = \langle X, X \rangle \langle Y, Y \rangle - \langle X, Y \rangle^2 \neq 0$(即 X, Y 线性无关),它们张成 2 维平面 $X \wedge Y$.

令

$$\overline{K}(X, Y) = \frac{K(X, Y, X, Y)}{\langle X, X \rangle \langle Y, Y \rangle - \langle X, Y \rangle^2} = \frac{K(X, Y, X, Y)}{\| X \wedge Y \|^2},$$

则 $\overline{K}(X, Y) = \overline{K}(aX + bY, cX + dY), ad - bc \neq 0$(即 $\overline{K}$ 与张成 $X \wedge Y$ 的基的选取无关).

证明 由 $aX + bY$ 和 $cX + dY$ 张成的平行四边形面积的平方为

$$\langle aX + bY, aX + bY \rangle \langle cX + dY, cX + dY \rangle - \langle aX + bY, cX + dY \rangle^2$$

$$= \begin{vmatrix} a & b \\ c & d \end{vmatrix}^2 (\langle X,X \rangle \langle Y,Y \rangle - \langle X,Y \rangle^2).$$

而由定理 1.4.2 得

$$K(aX + bY, cX + dY, aX + bY, cX + dY)$$

$$= \langle aX + bY, R(aX + bY, cX + dY)(cX + dY) \rangle$$

$$= \langle aX + bY, (ad - bc)R(X,Y)(cX + dY) \rangle$$

$$= \begin{vmatrix} a & b \\ c & d \end{vmatrix} \langle aX + bY, R(X,Y)(cX + dY) \rangle$$

$$= \begin{vmatrix} a & b \\ c & d \end{vmatrix} \{ ac\langle X, R(X,Y)X \rangle + ad\langle X, R(X,Y)Y \rangle$$

$$+ bc\langle Y, R(X,Y)X \rangle + bd\langle Y, R(X,Y)Y \rangle \}$$

$$= \begin{vmatrix} a & b \\ c & d \end{vmatrix}^2 \langle X, R(X,Y)Y \rangle = \begin{vmatrix} a & b \\ c & d \end{vmatrix}^2 K(X,Y,X,Y).$$

因此

$$\overline{K}(aX + bY, cX + dY)$$

$$= \frac{K(aX + bY, cX + dY, aX + bY, cX + dY)}{\langle aX + bY, aX + bY \rangle \langle cX + dY, cX + dY \rangle - \langle aX + bY, cX + dY \rangle^2}$$

$$= \frac{\begin{vmatrix} a & b \\ c & d \end{vmatrix}^2 K(X,Y,X,Y)}{\begin{vmatrix} a & b \\ c & d \end{vmatrix}^2 (\langle X,X \rangle \langle Y,Y \rangle - \langle X,Y \rangle^2)}$$

$$= \overline{K}(X,Y).$$ $\square$

定义 1.4.2 设 $X,Y \in T_pM, \langle X,X \rangle \langle Y,Y \rangle - \langle X,Y \rangle^2 \neq 0$,称

$$\overline{K}(X,Y) = \frac{K(X,Y,X,Y)}{\langle X,X \rangle \langle Y,Y \rangle - \langle X,Y \rangle^2}$$

为由向量 X,Y 张成的 2 维平面 $X \wedge Y$ 的(**Riemann**)**截曲率**,记作 $R_p(X \wedge Y) = \overline{K}(X,Y)$.它不仅依赖于点 $p \in M$,而且也依赖于平面 $X \wedge Y$,但与张成平面 $X \wedge Y$ 的基的选取无关.

对于常曲率(Riemann 截曲率与点 p、平面 $X \wedge Y$ 无关,它恒为常数)有以下几个等价条件.

定理 1.4.3 设 $(M,g) = (M, \langle , \rangle)$ 为 n 维 C^∞ Riemann 流形,则下列命题等价:

(1) $(M,g) = (M, \langle , \rangle)$ 具有常 Riemann 截曲率 c;

(2) $K = cK_1$,其中

$$K_1(X_1, X_2, X_3, X_4) = \langle X_1, X_3 \rangle \langle X_2, X_4 \rangle - \langle X_2, X_3 \rangle \langle X_4, X_1 \rangle;$$

（显然 K_1 满足定理 1.4.2 中关于 K 的 4 个条件.）

(3) $R(X_1, X_2)X_3 = c\{\langle X_3, X_2 \rangle X_1 - \langle X_3, X_1 \rangle X_2\}, \forall X_1, X_2, X_3 \in C^{\infty}(TM)$;

(4) 在局部坐标系 $\{x^i\}$ 中，K 关于 $\left\{\dfrac{\partial}{\partial x^i}\right\}$ 的分量有

$$K_{ijkl} = c(g_{ik}g_{lj} - g_{kj}g_{il}).$$

证明 (1)$\Rightarrow$(2). 由

$$R_p(X_1 \wedge X_2) = \frac{K(X_1, X_2, X_1, X_2)}{\langle X_1, X_1 \rangle \langle X_2, X_2 \rangle - \langle X_1, X_2 \rangle^2} = c$$

$(\langle X_1, X_1 \rangle \langle X_2, X_2 \rangle - \langle X_1, X_2 \rangle^2 \neq 0)$ 得到

$$K(X_1, X_2, X_1, X_2) = cK_1(X_1, X_2, X_1, X_2).$$

因为 K 和 K_1 都满足定理 1.4.2 中的 4 个性质，所以上式当 $\langle X_1, X_1 \rangle \langle X_2, X_2 \rangle - \langle X_1, X_2 \rangle^2 = 0$（即 $X_1 = \lambda X_2$ 或 $X_2 = \lambda X_1$）时也成立.

为证明 $K = cK_1$，设 $S = K - cK$，则对 $\forall X_1, X_2 \in C^{\infty}(TM)$，

$$S(X_1, X_2, X_1, X_2) = 0.$$

于是对 $\forall X_1, X_2, X_4 \in C^{\infty}(TM)$，有

$$\begin{aligned}
0 &= S(X_1, X_2 + X_4, X_1, X_2 + X_4) \\
&= S(X_1, X_2, X_1, X_4) + S(X_1, X_4, X_1, X_2) \\
&= 2S(X_1, X_2, X_1, X_4)
\end{aligned}$$

（即 $S(X_1, X_2, X_1, X_4) = 0$）. 进一步，对 $\forall X_1, X_2, X_3, X_4 \in C^{\infty}(TM)$，有

$$\begin{aligned}
0 &= S(X_1 + X_3, X_2, X_1 + X_3, X_4) \\
&= S(X_1, X_2, X_3, X_4) + S(X_3, X_2, X_1, X_4) \\
&= S(X_1, X_2, X_3, X_4) - S(X_1, X_4, X_2, X_3).
\end{aligned}$$

于是，$S(X_1, X_2, X_3, X_4) = S(X_1, X_4, X_2, X_3)$，分别用 X_3, X_4, X_2 代替 X_2, X_3, X_4 得

$$S(X_1, X_2, X_3, X_4) = S(X_1, X_3, X_4, X_2).$$

由此又可推得对 $\forall X_1, X_2, X_3, X_4 \in C^{\infty}(TM)$，有

$$\begin{aligned}
&3S(X_1, X_2, X_3, X_4) \\
&= S(X_1, X_2, X_3, X_4) + S(X_1, X_3, X_4, X_2) + S(X_1, X_4, X_2, X_3) \\
&= 0,
\end{aligned}$$

即 $S(X_1, X_2, X_3, X_4) = 0$，$K - cK_1 = 0$，$K = cK_1$.

(2)$\Rightarrow$(3). 因为

$$\begin{aligned}
\langle X_4, R(X_1, X_2)X_3 \rangle &= K(X_4, X_3, X_1, X_2) = cK_1(X_4, X_3, X_1, X_2) \\
&= c\{\langle X_4, X_1 \rangle \langle X_3, X_2 \rangle - \langle X_3, X_1 \rangle \langle X_2, X_4 \rangle\}
\end{aligned}$$

$$= \langle X_4, c\{\langle X_3, X_2 \rangle X_1 - \langle X_3, X_1 \rangle X_2\}\rangle,$$

故由引理 1.3.6 得(注意 X_4 是任取的)

$$R(X_1, X_2)X_3 = c\{\langle X_3, X_2 \rangle X_1 - \langle X_3, X_1 \rangle X_2\}.$$

$(3) \Rightarrow (1)$.

$$R(X \wedge Y) = \frac{K(X, Y, X, Y)}{\langle X, X \rangle \langle Y, Y \rangle - \langle X, Y \rangle^2} = \frac{\langle X, R(X, Y)Y \rangle}{\langle X, X \rangle \langle Y, Y \rangle - \langle X, Y \rangle^2}$$

$$= \frac{c\langle X, \langle Y, Y \rangle X - \langle Y, X \rangle Y \rangle}{\langle X, X \rangle \langle Y, Y \rangle - \langle X, Y \rangle^2} = c.$$

$(2) \Leftrightarrow (4)$. 显然. $\qquad\qquad\qquad\qquad\qquad\qquad\qquad\qquad\qquad\qquad\Box$

更一般地,我们有:

定理 1.4.4(F. Schur) 设 $(M, g) = (M, \langle , \rangle)$ 为连通的 Riemann 流形,∇ 为 Riemann 联络,$\dim M = n \geqslant 3$,如果切空间中平面 $X \wedge Y$ 在 $p \in M$ 的截曲率仅依赖于点 p 而与 $X \wedge Y$ 的选取无关,即 $R_p(X \wedge Y) = c(p)$,则 (M, g) 为常截曲率的流形.

证明 (证法 1)设 $K(W, Z, X, Y) = \langle W, R(X, Y)Z \rangle$,$K_1(W, Z, X, Y) = \langle W, X \rangle \langle Z, Y \rangle - \langle Z, X \rangle \langle W, Y \rangle$,$W, Z, X, Y \in C^\infty(TM)$.类似定理 1.4.3 的证明,有

$$K(W, Z, X, Y) = c(p)K_1(W, Z, X, Y).$$

因此

$$K(\nabla_U W, Z, X, Y) + \langle W, \nabla_U R(X, Y)Z \rangle$$

$$= \langle \nabla_U W, R(X, Y)Z \rangle + \langle W, \nabla_U R(X, Y)Z \rangle$$

$$= \nabla_U \langle W, R(X, Y)Z \rangle = \nabla_U K(W, Z, X, Y) = \nabla_U \{cK_1(W, Z, X, Y)\}$$

$$= \nabla_U c\{\langle W, X \rangle \langle Z, Y \rangle - \langle Z, X \rangle \langle W, Y \rangle\}$$

$$= (Uc)\langle W, \langle Z, Y \rangle X - \langle Z, X \rangle Y \rangle + c\{K_1(\nabla_U W, Z, X, Y)$$

$$+ K_1(W, \nabla_U Z, X, Y) + K_1(W, Z, \nabla_U X, Y) + K_1(W, Z, X, \nabla_U Y)\}$$

$$= (Uc)\langle W, \langle Z, Y \rangle X - \langle Z, X \rangle Y \rangle + K(\nabla_U W, Z, X, Y)$$

$$+ \langle W, R(X, Y)\nabla_U Z + R(\nabla_U X, Y)Z + R(X, \nabla_U Y)Z \rangle,$$

$$\langle W, \nabla_U R(X, Y)Z - R(X, Y)\nabla_U Z - R(\nabla_U X, Y)Z - R(X, \nabla_U Y)Z \rangle$$

$$= \langle W, (Uc)(\langle Z, Y \rangle X - \langle Z, X \rangle Y) \rangle.$$

根据引理 1.3.6 得

$$\nabla_U R(X, Y)Z - R(X, Y)\nabla_U Z - R(\nabla_U X, Y)Z - R(X, \nabla_U Y)Z$$

$$= (Uc)(\langle Z, Y \rangle X - \langle Z, X \rangle Y),$$

再由 Bianchi 第 2 恒等式推得

$$(Uc)(\langle Z, Y \rangle X - \langle Z, X \rangle Y) + (Xc)(\langle Z, U \rangle Y - \langle Z, Y \rangle U)$$

$$+ (Yc)(\langle Z, X \rangle U - \langle Z, U \rangle X)$$

$$= \underset{U,X,Y}{\mathfrak{S}} \{(Uc)(\langle Z,Y \rangle X - \langle Z,X \rangle Y)\}$$

$$= \underset{U,X,Y}{\mathfrak{S}} \{\nabla_U R(X,Y)Z - R(X,Y)\nabla_U Z - R(\nabla_U X,Y)Z - R(X,\nabla_U Y)Z\}$$

$$= \underset{U,X,Y}{\mathfrak{S}} \{(\nabla_U R)(X,Y)Z\} = 0.$$

设 X,Y,Z 是彼此正交的线性无关的 C^∞ 向量场（这里用到 $\dim M = n \geqslant 3$），且 $U = Z, \parallel Z \parallel = 1$，则 $(Xc)Y - (Yc)X = 0$，从而 $Xc = 0, Yc = 0$。

对于任何局部坐标系 $\{x^i\}$，在此坐标邻域中取 C^∞ 规范正交基 $\{X_i\}$，则 $X_i c = 0$。于是

$$\frac{\partial}{\partial x^i} c = \Big(\sum_{j=1}^n a_i^j X_j\Big)c = \sum_{j=1}^n a_i^j (X_j c) = 0, \quad i = 1,\cdots,n.$$

根据数学分析的知识，c 是局部常值函数，再由 M 连通知 c 为常值函数，即 (M,g) 具有常截曲率。

（证法 2）由定理 1.4.3 的证明知，在局部坐标系 $\{x^i\}$ 中，

$$K_{hijk} = c(g_{hj}g_{ik} - g_{hk}g_{ij}),$$

其中 c 为 M 上的 C^∞ 函数，等价地有

$$R_{ijk}^h = c(\delta_j^h g_{ik} - \delta_k^h g_{ij}).$$

根据下面的 Ricci 引理可知 $g_{ij;k} = 0$ 和 $\delta_{j;l}^k = 0$，这表明

$$R_{ijk;l}^h = \frac{\partial c}{\partial x^l}(\delta_j^h g_{ik} - \delta_k^h g_{ij}).$$

由定理 1.4.1′中的 Bianchi 第 2 恒等式，有

$$0 = R_{ijk;l}^h + R_{ilj;k}^h + R_{ikl;j}^h$$

$$= \frac{\partial c}{\partial x^l}(\delta_j^h g_{ik} - \delta_k^h g_{ij}) + \frac{\partial c}{\partial x^k}(\delta_l^h g_{ij} - \delta_j^h g_{il}) + \frac{\partial c}{\partial x^j}(\delta_k^h g_{il} - \delta_l^h g_{ik}).$$

令 $h = k$，并对 k 求和得

$$0 = \sum_{k=1}^n \Big(\frac{\partial c}{\partial x^l}(\delta_j^k g_{ik} - \delta_k^k g_{ij}) + \frac{\partial c}{\partial x^k}(\delta_l^k g_{ij} - \delta_j^k g_{il}) + \frac{\partial c}{\partial x^j}(\delta_k^k g_{il} - \delta_l^k g_{ik})\Big)$$

$$= \frac{\partial c}{\partial x^l}(g_{ij} - n g_{ij}) + \frac{\partial c}{\partial x^l}g_{ij} - \frac{\partial c}{\partial x^j}g_{il} + n\frac{\partial c}{\partial x^j}g_{il} - \frac{\partial c}{\partial x^j}g_{il}$$

$$= (n-2)\Big(\frac{\partial c}{\partial x^j}g_{il} - \frac{\partial c}{\partial x^l}g_{ij}\Big).$$

因为 $\dim M = n \geqslant 3$，所以

$$\frac{\partial c}{\partial x^j}g_{il} = \frac{\partial c}{\partial x^l}g_{ij}.$$

于是

$$\delta_i^m \frac{\partial c}{\partial x^j} = \sum_{i=1}^n g^{mi} g_{il} \frac{\partial c}{\partial x^j} = \sum_{i=1}^n g^{mi} g_{ij} \frac{\partial c}{\partial x^l} = \delta_j^m \frac{\partial c}{\partial x^l}.$$

选择 $m = j \neq l$，得到 $\dfrac{\partial c}{\partial x^l} = 0, \forall\, l = 1, \cdots, n$. 这就意味着 c 是局部常值函数. 由于 M 连通，故 c 在 M 上是常值函数，即 (M, g) 是常截曲率的流形.

（证法 3）（应用活动标架法）参阅定理 1.6.8. □

引理 1.4.2（Ricci） 设 (M, g) 是 n 维 C^∞ Riemann 流形，g_{ij} 为 g 关于局部坐标系 $\{x^i\}$ 的分量，(g^{ij}) 为 (g_{ij}) 的逆矩阵，则 g_{ij} 和 g^{ij} 关于协变导数 ∇ 似乎像常数，即

$$g_{ij;k} = 0, \quad g^{ij}_{;k} = 0.$$

证明 由 Riemann 线性联络条件 (5) 知，

$$
\begin{aligned}
g_{ij;k} &= (\nabla_{\frac{\partial}{\partial x^k}} g)_{ij} = (\nabla_{\frac{\partial}{\partial x^k}} g)\left(\frac{\partial}{\partial x^i}, \frac{\partial}{\partial x^j}\right) \\
&= \nabla_{\frac{\partial}{\partial x^k}}\left(g\left(\frac{\partial}{\partial x^i}, \frac{\partial}{\partial x^j}\right)\right) - g\left(\nabla_{\frac{\partial}{\partial x^k}} \frac{\partial}{\partial x^i}, \frac{\partial}{\partial x^j}\right) - g\left(\frac{\partial}{\partial x^i}, \nabla_{\frac{\partial}{\partial x^k}} \frac{\partial}{\partial x^j}\right) \\
&= 0.
\end{aligned}
$$

由

$$
\begin{aligned}
\nabla_{\frac{\partial}{\partial x^k}}(\mathrm{d}x^i)\left(\frac{\partial}{\partial x^\nu}\right) &= \nabla_{\frac{\partial}{\partial x^k}}\left(\mathrm{d}x^i\left(\frac{\partial}{\partial x^\nu}\right)\right) - \mathrm{d}x^i\left(\nabla_{\frac{\partial}{\partial x^k}} \frac{\partial}{\partial x^\nu}\right) \\
&= \nabla_{\frac{\partial}{\partial x^k}} \delta_\nu^i - \mathrm{d}x^i\left(\sum_{\mu=1}^n \Gamma_{k\nu}^\mu \frac{\partial}{\partial x^\mu}\right) = -\Gamma_{k\nu}^i,
\end{aligned}
$$

$$\nabla_{\frac{\partial}{\partial x^k}}(\mathrm{d}x^i) = -\sum_{\nu=1}^n \Gamma_{k\nu}^i \mathrm{d}x^\nu$$

得到

$$
\begin{aligned}
\delta_{l;k}^i &= (\nabla_{\frac{\partial}{\partial x^k}} \delta)_l^i = (\nabla_{\frac{\partial}{\partial x^k}} \delta)\left(\mathrm{d}x^i, \frac{\partial}{\partial x^l}\right) \\
&= \nabla_{\frac{\partial}{\partial x^k}}\left(\delta\left(\mathrm{d}x^i, \frac{\partial}{\partial x^l}\right)\right) - \delta\left(\nabla_{\frac{\partial}{\partial x^k}}(\mathrm{d}x^i), \frac{\partial}{\partial x^l}\right) - \delta\left(\mathrm{d}x^i, \nabla_{\frac{\partial}{\partial x^k}} \frac{\partial}{\partial x^l}\right) \\
&= \nabla_{\frac{\partial}{\partial x^k}} \delta_l^i - \delta\left(-\sum_{\nu=1}^n \Gamma_{k\nu}^i \mathrm{d}x^\nu, \frac{\partial}{\partial x^l}\right) - \delta\left(\mathrm{d}x^i, \sum_{\nu=1}^n \Gamma_{kl}^\nu \frac{\partial}{\partial x^\nu}\right) \\
&= 0 + \sum_{\nu=1}^n \Gamma_{k\nu}^i \delta_l^\nu - \sum_{\nu=1}^n \Gamma_{kl}^\nu \delta_\nu^i = \Gamma_{kl}^i - \Gamma_{kl}^i = 0.
\end{aligned}
$$

于是

$$0 = \delta_{l;k}^i = \left(\sum_{j=1}^n g^{i\nu} g_{\nu l}\right)_{;k} = \sum_{j=1}^n (g^{i\nu})_{;k} g_{\nu l} + \sum_{j=1}^n g^{i\nu}(g_{\nu l})_{;k} = \sum_{\nu=1}^n (g^{i\nu})_{;k} g_{\nu l},$$

$$g^{ij}_{;k} = \sum_{\nu=1}^n (g^{i\nu})_{;k} \delta_\nu^j = \sum_{\nu,l=1}^n (g^{i\nu})_{;k} g_{\nu l} g^{lj} = \sum_{l=1}^n 0 g^{lj} = 0. \quad \square$$

下面给出几个典型的常 Riemann 截曲率的例子.

例 1.4.1   设 $\{x^i\}$ 为 n 维 Euclid 空间 $\mathbf{R}^n$ 上通常的整体坐标系, $g = \langle , \rangle$ 为 $\mathbf{R}^n$ 上通常的 C^∞ Riemann 度量, 即

$$g_{ij} = \left\langle \frac{\partial}{\partial x^i}, \frac{\partial}{\partial x^j} \right\rangle = \delta_{ij},$$

$$\langle X, Y \rangle = \left\langle \sum_{i=1}^n a^i \frac{\partial}{\partial x^i}, \sum_{j=1}^n b^j \frac{\partial}{\partial x^j} \right\rangle = \sum_{i=1}^n a^i b^i,$$

则由公式 $\Gamma_{ij}^k = \dfrac{1}{2} \sum_{r=1}^n g^{kr} \left(\dfrac{\partial g_{rj}}{\partial x^i} + \dfrac{\partial g_{ri}}{\partial x^j} - \dfrac{\partial g_{ij}}{\partial x^r} \right) = 0$ 得到

$$\nabla_{\frac{\partial}{\partial x^i}} \frac{\partial}{\partial x^j} = \sum_{k=1}^n \Gamma_{ij}^k \frac{\partial}{\partial x^k} = 0,$$

$$\nabla_X Y = \nabla_X \left(\sum_{j=1}^n b^j \frac{\partial}{\partial x^j} \right) = \sum_{j=1}^n (X b^j) \frac{\partial}{\partial x^j}.$$

特别当 γ 为 C^∞ 曲线, $X = \gamma'(t)$ 时

$$\nabla_{\gamma'} Y = \sum_{j=1}^n (\gamma' b^j) \frac{\partial}{\partial x^j} = \sum_{j=1}^n \frac{\mathrm{d} b^j(\gamma(t))}{\mathrm{d} t} \frac{\partial}{\partial x^j}.$$

如果 γ 为坐标曲线 x^i, 则

$$\nabla_{\frac{\partial}{\partial x^i}} Y = \sum_{j=1}^n \frac{\partial b^j}{\partial x^i} \frac{\partial}{\partial x^j}.$$

显然, 向量的平移方程为

$$\frac{\mathrm{d} b^j}{\mathrm{d} t} = 0, \quad j = 1, \cdots, n.$$

$$Y(t) = \sum_{j=1}^n b^j \frac{\partial}{\partial x^i}, \quad b^j \text{ 为常数}, j = 1, \cdots, n.$$

而测地线方程为

$$\frac{\mathrm{d}^2 x^j}{\mathrm{d} t^2} = 0, x^j = \alpha_j t + \beta_j, \quad \alpha_j \text{ 和 } \beta_j \text{ 为常数}, j = 1, \cdots, n.$$

即测地线为 $\mathbf{R}^n$ 中的直线.

此外, $\omega^i = \mathrm{d} x^i, \omega_j^i = \sum_{k=1}^n \Gamma_{kj}^i \omega^k = 0$, 由

$$T_{jk}^i = \Gamma_{jk}^i - \Gamma_{kj}^i = 0$$

及

$$\sum_{k=1}^n R_{lij}^k \frac{\partial}{\partial x^k} = R \left(\frac{\partial}{\partial x^i}, \frac{\partial}{\partial x^j} \right) \frac{\partial}{\partial x^l}$$

$$= \nabla_{\frac{\partial}{\partial x^i}} \nabla_{\frac{\partial}{\partial x^j}} \nabla_{\frac{\partial}{\partial x^l}} - \nabla_{\frac{\partial}{\partial x^j}} \nabla_{\frac{\partial}{\partial x^i}} \nabla_{\frac{\partial}{\partial x^l}} - \nabla_{\left[\frac{\partial}{\partial x^i}, \frac{\partial}{\partial x^j}\right]} \frac{\partial}{\partial x^l} = 0,$$

或由

$$R^k_{lij} = \sum_{s=1}^{n} (\Gamma^s_{jl} \Gamma^k_{is} - \Gamma^s_{il} \Gamma^k_{js}) + \frac{\partial}{\partial x^i} \Gamma^k_{jl} - \frac{\partial}{\partial x^j} \Gamma^k_{il}$$

得到 $R^k_{lij} = 0$. 从而

$$R(X,Y)Z = R\left(\sum_{i=1}^{n} a^i \frac{\partial}{\partial x^i}, \sum_{j=1}^{n} b^j \frac{\partial}{\partial x^j}\right)\left(\sum_{k=1}^{n} c^k \frac{\partial}{\partial x^k}\right)$$

$$= \sum_{i,j,k=1}^{n} a^i b^j c^k R\left(\frac{\partial}{\partial x^i}, \frac{\partial}{\partial x^j}\right) \frac{\partial}{\partial x^k} = 0,$$

$$K(X_1, X_2, X_3, X_4) = \langle X_1, R(X_3, X_4)X_2 \rangle = \langle X_1, 0 \rangle = 0,$$

$$R_p(X \wedge Y) = \frac{K(X,Y,X,Y)}{\langle X,X \rangle \langle Y,Y \rangle - \langle X,Y \rangle^2} = 0.$$

由于 $(\mathbf{R}^n, \langle , \rangle)$ 的 Riemann 截曲率恒为 0, 故称它为**平坦空间**.

例 1.4.2 设 $M = \left\{ x = (x_1, \cdots, x_n) \in \mathbf{R}^n \ \middle|\ \sum_{i=1}^{n} x_i^2 < -\frac{4}{c} \right\}$, 其中 $c < 0$ 为常数, 这里 $\{x_i\}$ 为 $\mathbf{R}^n$ 的通常坐标. 在 M 上定义 Riemann 度量 $g = \langle , \rangle$ 为

$$g_{ij} = \left\langle \frac{\partial}{\partial x^i}, \frac{\partial}{\partial x^j} \right\rangle = \frac{1}{A^2} \delta_{ij},$$

$$A = 1 + \frac{c}{4} \sum_{r=1}^{n} x_r^2 > 1 + \frac{c}{4}\left(-\frac{4}{c}\right) = 0,$$

$$g(X,Y) = g\left(\sum_{i=1}^{n} a^i \frac{\partial}{\partial x^i}, \sum_{j=1}^{n} b^j \frac{\partial}{\partial x^j}\right) = \sum_{i,j=1}^{n} a^i b^j \frac{1}{A^2} \delta^i_j = \frac{1}{A^2} \sum_{i=1}^{n} a^i b^i.$$

称 $(M, g) = (M, \langle , \rangle)$ 为**双曲空间**或 **Poincaré 空间**. 它具有负常 Riemann 截曲率. 下面将证明之.

由 $g_{ij} = \frac{1}{A^2} \delta_{ij}$ 知 $g^{ij} = A^2 \delta^{ij} = \begin{cases} A^2, i=j \\ 0, i \neq j \end{cases}$. 如果 i,j,k 互不相同, 则

$$\Gamma^k_{ij} = \frac{1}{2} \sum_{r=1}^{n} g^{kr}\left(\frac{\partial g_{rj}}{\partial x_i} + \frac{\partial g_{ri}}{\partial x_j} - \frac{\partial g_{ij}}{\partial x_r}\right)$$

$$= \frac{1}{2}\left(g^{kj} \frac{\partial g_{jj}}{\partial x^i} + g^{ki} \frac{\partial g_{ii}}{\partial x^i}\right) = \frac{1}{2}(0+0) = 0.$$

如果 i,j 不相同, 则

$$\Gamma^j_{ij} = \Gamma^j_{ji} = \frac{1}{2} \sum_{r=1}^{n} g^{jr}\left(\frac{\partial g_{rj}}{\partial x_i} + \frac{\partial g_{ri}}{\partial x_j} - \frac{\partial g_{ij}}{\partial x_r}\right) = \frac{1}{2} g^{jj}\left(\frac{\partial g_{jj}}{\partial x_i} + \frac{\partial g_{ji}}{\partial x_j} - \frac{\partial g_{ij}}{\partial x_j}\right)$$

$$= \frac{1}{2}(A^2\delta^{jj})\frac{\partial\left(\frac{1}{A^2}\right)}{\partial x_i} = \frac{1}{2}A^2\left(-2A^{-3}\frac{c}{4}2x_i\right) = -\frac{cx_i}{2A},$$

$$\Gamma_{ii}^{j} = \frac{1}{2}\sum_{r=1}^{n}g^{jr}\left(\frac{\partial g_{ri}}{\partial x_i}+\frac{\partial g_{ri}}{\partial x_i}-\frac{\partial g_{ii}}{\partial x_r}\right) = \frac{1}{2}g^{jj}\left(\frac{\partial g_{ji}}{\partial x_i}+\frac{\partial g_{ji}}{\partial x_i}-\frac{\partial g_{ii}}{\partial x_j}\right)$$

$$= \frac{1}{2}A^2\left[-\frac{\partial\left(\frac{1}{A^2}\right)}{\partial x_j}\right] = \frac{cx_j}{2A},$$

还有

$$\Gamma_{ii}^{i} = \frac{1}{2}\sum_{r=1}^{n}g^{ir}\left(\frac{\partial g_{ri}}{\partial x_i}+\frac{\partial g_{ri}}{\partial x_i}-\frac{\partial g_{ii}}{\partial x_r}\right) = \frac{1}{2}g^{ii}\left(\frac{\partial g_{ii}}{\partial x_i}+\frac{\partial g_{ii}}{\partial x_i}-\frac{\partial g_{ii}}{\partial x_i}\right)$$

$$= \frac{1}{2}A^2\frac{\partial\left(\frac{1}{A^2}\right)}{\partial x_i} = -\frac{cx_i}{2A}.$$

于是

$$R_{jij}^{i} = \sum_{s=1}^{n}(\Gamma_{jj}^{s}\Gamma_{is}^{i}-\Gamma_{ij}^{s}\Gamma_{js}^{i})+\frac{\partial\Gamma_{ij}^{i}}{\partial x_i}-\frac{\partial\Gamma_{ij}^{i}}{\partial x_j}$$

$$= \left(\sum_{s\neq i,j}\Gamma_{jj}^{s}\Gamma_{is}^{i}\right)+\Gamma_{jj}^{i}\Gamma_{ii}^{i}+\Gamma_{jj}^{j}\Gamma_{ij}^{i}-\Gamma_{ij}^{i}\Gamma_{ji}^{i}-\Gamma_{ij}^{j}\Gamma_{jj}^{i}+\frac{\partial\Gamma_{jj}^{i}}{\partial x_i}-\frac{\partial\Gamma_{ij}^{i}}{\partial x_j}$$

$$= \sum_{s\neq i,j}\frac{cx_s}{2A}\left(-\frac{cx_s}{2A}\right)+\frac{cx_i}{2A}\left(-\frac{cx_i}{2A}\right)+\left(-\frac{cx_j}{2A}\right)\left(-\frac{cx_j}{2A}\right)$$

$$-\left(-\frac{cx_j}{2A}\right)\left(-\frac{cx_j}{2A}\right)-\left(-\frac{cx_i}{2A}\right)\frac{cx_i}{2A}+\frac{\partial\left(\frac{cx_i}{2A}\right)}{\partial x_i}-\frac{\partial\left(-\frac{cx_j}{2A}\right)}{\partial x_j}$$

$$= -\sum_{s\neq i,j}\frac{c^2x_s^2}{4A^2}+\left(\frac{c}{2A}-\frac{c^2x_i^2}{4A^2}\right)+\left(\frac{c}{2A}-\frac{c^2x_j^2}{4A^2}\right)$$

$$= \frac{c}{A}-\sum_{s=1}^{n}\frac{c^2x_s^2}{4A^2} = \frac{c}{A}-\frac{c}{A^2}(A-1) = \frac{c}{A^2}\quad(i\neq j),$$

$$R\left(\frac{\partial}{\partial x_i}\wedge\frac{\partial}{\partial x_j}\right) = \frac{\left\langle\frac{\partial}{\partial x_i},R\left(\frac{\partial}{\partial x_i},\frac{\partial}{\partial x_j}\right)\frac{\partial}{\partial x_j}\right\rangle}{\left\langle\frac{\partial}{\partial x_i},\frac{\partial}{\partial x_i}\right\rangle\left\langle\frac{\partial}{\partial x_j},\frac{\partial}{\partial x_j}\right\rangle-\left\langle\frac{\partial}{\partial x_i},\frac{\partial}{\partial x_j}\right\rangle^2}$$

$$= \frac{\left\langle\frac{\partial}{\partial x_i},\sum_{k=1}^{n}R_{jij}^{k}\frac{\partial}{\partial x_k}\right\rangle}{\frac{1}{A^2}\cdot\frac{1}{A^2}-0^2} = A^4R_{jij}^{i}\cdot\frac{1}{A^2} = A^2\cdot\frac{c}{A^2}$$

$$= c \quad (i \neq j).$$

进一步，令 $e_i = A\dfrac{\partial}{\partial x_i}$，则 $\langle e_i, e_j \rangle = \left\langle A\dfrac{\partial}{\partial x_i}, A\dfrac{\partial}{\partial x_j} \right\rangle = A^2 \cdot \dfrac{\delta_{ij}}{A^2} = \delta_{ij}$，即 $\{e_i\}$ 为 TM 的局部 C^∞ 规范正交基向量场. 沿 π 为 $p \in M$ 的任一 2 维平面，$\{f_1, f_2\}$ 为 π 的规范正交基，则存在正交变换 U，使 $f_i = Ue_i$，$i = 1, \cdots, n$. 因为

$$\langle UX, UY \rangle = \frac{1}{A^2} \langle UX, UY \rangle_{通常} = \frac{1}{A^2} \langle X, Y \rangle_{通常} = \langle X, Y \rangle,$$

所以，如果作正交变换 $U: M \to M$，则 $U_{* U^{-1}p} = U: T_{U^{-1}p}M \to T_pM$，它保持切空间的内积不变. 由此得到相应的联络系数. 由于 Riemann 联络（由 g_{ij} 确定）是一致的，故

$$R_p(f_1 \wedge f_2) = R_p(Ue_1 \wedge Ue_2) = R_{U^{-1}p}(e_1 \wedge e_2)$$

$$= R_{U^{-1}p}\left(A\frac{\partial}{\partial x_1} \wedge A\frac{\partial}{\partial x_2} \right) = R_{U^{-1}p}\left(\frac{\partial}{\partial x_1} \wedge \frac{\partial}{\partial x_2} \right) = c.$$

还可利用公式直接进行计算. 由于

$$g = \frac{1}{A^2} \sum_{i=1}^n \mathrm{d}x_i \otimes \mathrm{d}x_i, \quad A = 1 + \frac{c}{4} \sum_{r=1}^n x_r^2, \quad g_{ij} = \frac{\delta_{ij}}{A^2}, \quad g^{ij} = A^2 \delta^{ij},$$

我们有

$$\Gamma_{ij}^k = \frac{1}{2} \sum_{r=1}^n g^{kr} \left(\frac{\partial g_{ri}}{\partial x_j} + \frac{\partial g_{rj}}{\partial x_i} - \frac{\partial g_{ij}}{\partial x_r} \right) = -\frac{c}{2A} \left(\delta_{ki}x_j + \delta_{kj}x_i - \delta_{ij}x_k \right),$$

$$\frac{\partial}{\partial x^k} \Gamma_{lj}^s - \frac{\partial}{\partial x^l} \Gamma_{kj}^s$$

$$= -\frac{c}{2} \frac{\partial}{\partial x^k} \frac{\delta_{sl}x_j + \delta_{sj}x_l - \delta_{lj}x_s}{A} + \frac{c}{2} \frac{\partial}{\partial x^l} \frac{\delta_{sk}x_j + \delta_{sj}x_k - \delta_{kj}x_s}{A}$$

$$= -\frac{c}{2} \frac{\delta_{sl}\delta_{kj} + \delta_{sj}\delta_{kl} - \delta_{lj}\delta_{ks}}{A} + \frac{c}{2} \frac{\delta_{sk}\delta_{lj} + \delta_{sj}\delta_{lk} - \delta_{kj}\delta_{ls}}{A}$$

$$+ \frac{c}{2} \left(\delta_{sl}x_j + \delta_{sj}x_l - \delta_{lj}x_s \right) \frac{\frac{c}{2}x_k}{A^2} - \frac{c}{2} \left(\delta_{sk}x_j + \delta_{sj}x_k - \delta_{kj}x_s \right) \frac{\frac{c}{2}x_l}{A^2}$$

$$= \frac{c}{A} \left(\delta_{lj}\delta_{sk} - \delta_{sl}\delta_{kj} \right) + \frac{c^2}{4A^2} \left(\delta_{sl}x_j + \delta_{sj}x_l - \delta_{lj}x_s \right) x_k$$

$$- \frac{c^2}{4A^2} \left(\delta_{sk}x_j + \delta_{sj}x_k - \delta_{kj}x_s \right) x_l$$

$$= \frac{c^2}{A^2} \left(\frac{1}{c} \left(\delta_{lj}\delta_{sk} - \delta_{sl}\delta_{kj} \right) \left(1 + \frac{c}{4} \sum_{r=1}^n x_r^2 \right) + \frac{1}{4} \left(\delta_{sl}x_k - \delta_{sk}x_l \right) x_j \right.$$

$$\left. + \frac{1}{4} \left(\delta_{kj}x_l - \delta_{lj}x_k \right) x_s \right),$$

$$\sum_{t=1}^{n}(\Gamma_{lj}^{t}\Gamma_{kt}^{s} - \Gamma_{kj}^{t}\Gamma_{lt}^{s})$$

$$= \sum_{t=1}^{n}\frac{c^2}{4A^2}\big((\delta_{tl}x_j + \delta_{tj}x_l - \delta_{lj}x_t)(\delta_{sk}x_t + \delta_{st}x_k - \delta_{kt}x_s)$$

$$- (\delta_{tk}x_j + \delta_{tj}x_k - \delta_{kj}x_t)(\delta_{sl}x_t + \delta_{st}x_l - \delta_{lt}x_s)\big)$$

$$= \frac{c^2}{A^2}\Big(\frac{1}{4}(\delta_{sk}x_l - \delta_{sl}x_k)x_j + \frac{1}{4}(\delta_{lj}x_k - \delta_{kj}x_l)x_s$$

$$+ \frac{1}{4}(\delta_{kj}\delta_{sl} - \delta_{lj}\delta_{sk})\sum_{t=1}^{n}x_t^2\Big),$$

于是

$$R_{jkl}^{s} = \frac{\partial}{\partial x^k}\Gamma_{lj}^{s} - \frac{\partial}{\partial x^l}\Gamma_{kj}^{s} + \sum_{t=1}^{n}(\Gamma_{lj}^{t}\Gamma_{kt}^{s} - \Gamma_{kj}^{t}\Gamma_{lt}^{s})$$

$$= \frac{c}{A^2}(\delta_{lj}\delta_{sk} - \delta_{sl}\delta_{kj}),$$

$$K_{ijkl} = K\Big(\frac{\partial}{\partial x_i}, \frac{\partial}{\partial x_j}, \frac{\partial}{\partial x_k}, \frac{\partial}{\partial x_l}\Big) = \sum_{s=1}^{n}g_{is}R_{jkl}^{s} = \sum_{s=1}^{n}\frac{\delta_{is}}{A^2}\frac{c(\delta_{lj}\delta_{sk} - \delta_{sl}\delta_{kj})}{A^2}$$

$$= \frac{c}{A^4}(\delta_{lj}\delta_{ik} - \delta_{il}\delta_{kj}) = c(g_{ik}g_{lj} - g_{kj}g_{il}).$$

再根据定理 1.4.3(4)可得 M 具有负常 Riemann 截曲率 c.

例 1.4.3 设 $M = \Big\{x = (x_1,\cdots,x_{n+1}) \in \mathbf{R}^{n+1} \Big| \sum_{i=1}^{n+1}x_i^2 = c\Big\}, c > 0, I: M \to \mathbf{R}^{n+1}$ 为包含映射. 为计算 $p \in M$ 的 Riemann 截曲率, 不妨设 p 的第 $n+1$ 个坐标大于 0, 并选取南极投影得到局部坐标系 $\{u_1,\cdots,u_n\}$, 坐标投影 φ_1 使得

$$\varphi_1^{-1}: \mathbf{R}^n \to M - \{(0,\cdots,0,-1)\},$$

$$\varphi^{-1}: u \mapsto x = \Bigg(\frac{2cu_1}{c + \sum_i u_i^2}, \cdots, \frac{2cu_n}{c + \sum_i u_i^2}, \frac{\sqrt{c}(c - \sum_i u_i^2)}{c + \sum_i u_i^2}\Bigg).$$

设 $\mathbf{R}^{n+1}$ 的标准 Riemann 度量为 $\widetilde{g}$, 则 M 的诱导 Riemann 度量 $g = I^*\widetilde{g}$, 且

$$(\varphi_1^{-1})^* \circ I^*\widetilde{g} = (\varphi_1^{-1}) \circ I^*\Big(\sum_{i=1}^{n+1}\mathrm{d}x_i \otimes \mathrm{d}x_i\Big)$$

$$= \sum_{i=1}^{n}\Bigg(\frac{2c\,\mathrm{d}u_i}{c + \sum_{j=1}^{n} u_j^2} - \frac{4cu_i\sum_{j=1}^{n}u_j\mathrm{d}u_j}{(c + \sum_{j=1}^{n} u_j^2)^2}\Bigg) \otimes \Bigg(\frac{2c\,\mathrm{d}u_i}{c + \sum_{j=1}^{n} u_j^2} - \frac{4cu_i\sum_{j=1}^{n}u_j\mathrm{d}u_j}{(c + \sum_{j=1}^{n} u_j^2)^2}\Bigg)$$

$$+ \frac{-4c\sqrt{c} \sum\limits_{i=1}^{n} u_i \mathrm{d}u_i}{\left(c + \sum\limits_{j=1}^{n} u_j^2\right)^2} \otimes \frac{-4c\sqrt{c} \sum\limits_{i=1}^{n} u_i \mathrm{d}u_i}{\left(c + \sum\limits_{j=1}^{n} u_j^2\right)^2}$$

$$= \frac{4c^2}{\left(c + \sum\limits_{j=1}^{n} u_j^2\right)^2} \sum\limits_i \mathrm{d}u_i \otimes \mathrm{d}u_j - \frac{16c^2}{\left(c + \sum\limits_{j=1}^{n} u_j^2\right)^3} \left(\sum\limits_{j=1}^{n} u_j \mathrm{d}u_j\right) \otimes \left(\sum\limits_{i=1}^{n} u_i \mathrm{d}u_i\right)$$

$$+ \frac{16c^2 \sum\limits_{i=1}^{n} u_i^2}{\left(c + \sum\limits_{j=1}^{n} u_j^2\right)^4} \left(\sum\limits_{j=1}^{n} u_j \mathrm{d}u_j\right) \otimes \left(\sum\limits_{j=1}^{n} u_j \mathrm{d}u_j\right)$$

$$+ \frac{16c^3}{\left(c + \sum\limits_{j=1}^{n} u_j^2\right)^4} \left(\sum\limits_{i=1}^{n} u_i \mathrm{d}u_i\right) \otimes \left(\sum\limits_{j=1}^{n} u_j \mathrm{d}u_j\right)$$

$$= \frac{4c^2}{\left(c + \sum\limits_{j=1}^{n} u_j^2\right)^2} \sum\limits_{i=1}^{n} \mathrm{d}u_i \otimes \mathrm{d}u_i = \frac{c^2}{\left(1 + \dfrac{c}{4} \sum\limits_{j=1}^{n} v_j^2\right)^2} \sum\limits_{i=1}^{n} \mathrm{d}v_i \otimes \mathrm{d}v_i,$$

其中 $u_i = \dfrac{c}{2} v_i$.

类似例 1.4.2 中直接计算的方法, 有

$$g_{ij} = \frac{c^2}{A^2} \delta_{ij}, \quad g^{ij} = \frac{A^2}{c^2} \delta^{ij}.$$

Γ_{ij}^k 和 R_{jkl}^s 与例 1.4.2 形式相同,

$$K_{ijkl} = \frac{c^3}{A^4} (\delta_{lj}\delta_{ik} - \delta_{il}\delta_{kj}) = \frac{1}{c} (g_{ik}g_{lj} - g_{kj}g_{il}).$$

因此, M 的 Riemann 截曲率恒为 $\dfrac{1}{c}$.

如果选 $\{x_1, \cdots, x_n\}$ 为 p 的局部坐标系,

$$\varphi^{-1}(x_1, \cdots, x_n) = \left(x_1, \cdots, x_n, \sqrt{c - \sum\limits_{i=1}^{n} x_i^2}\right),$$

则

$$x_{n+1} = \sqrt{c - \sum\limits_{i=1}^{n} x_i^2}, \quad \mathrm{d}x_{n+1} = -\frac{\sum\limits_{i=1}^{n} x_i \mathrm{d}x_i}{x_{n+1}},$$

$$(\varphi^{-1})^* \circ I^* \widetilde{g} = (\varphi^{-1})^* \circ I^* \left(\sum\limits_{i=1}^{n+1} \mathrm{d}x_i \otimes \mathrm{d}x_i\right)$$

$$= \frac{1}{x_{n+1}^2}\Big(-\sum_{i=1}^n x_i \mathrm{d}x_i\Big) \otimes \Big(-\sum_{i=1}^n x_i \mathrm{d}x_i\Big) + \sum_{i=1}^n \mathrm{d}x_i \otimes \mathrm{d}x_i$$

$$= \sum_{i=1}^n \Big(1 + \frac{x_i^2}{x_{n+1}^2}\Big)\mathrm{d}x_i \otimes \mathrm{d}x_i + \sum_{i \neq j} \frac{x_i x_j}{x_{n+1}^2}\mathrm{d}x_i \otimes \mathrm{d}x_j.$$

因为 $\widetilde{g} = \sum_{i=1}^{n+1} \mathrm{d}x_i \otimes \mathrm{d}x_i$ 在 $\mathbf{R}^{n+1}$ 上正定,所以 $(\varphi^{-1})^* \circ I^* \widetilde{g}$ 也正定,且

$$(g_{ij}) = I_n + P^{\mathrm{T}}P,$$

其中 I_n 是 n 阶单位矩阵,P^{T} 是 P 的转置,$P = \dfrac{1}{x_{n+1}}(x_1, \cdots, x_n)$.

设 $(g^{ij}) = I_n + \lambda P^{\mathrm{T}}P$,则

$$(I_n + \lambda P^{\mathrm{T}}P)(I_n + P^{\mathrm{T}}P) = I_n + (\lambda + 1)P^{\mathrm{T}}P + \lambda P^{\mathrm{T}}PP^{\mathrm{T}}P$$

$$= I_n + (\lambda(1 + PP^{\mathrm{T}}) + 1)P^{\mathrm{T}}P = I_n.$$

令 $\lambda(1 + PP^{\mathrm{T}}) + 1 = 0$,即

$$\lambda = \frac{-1}{1 + PP^{\mathrm{T}}} = -\frac{1}{1 + \dfrac{1}{x_{n+1}^2}\sum_{i=1}^n x_i^2} = -\frac{x_{n+1}^2}{\sum_{i=1}^{n+1} x_i^2} = -\frac{1}{c}x_{n+1}^2.$$

于是

$$g^{ij} = \Big(\delta^{ij} - \frac{x_i x_j}{c}\Big),$$

$$\Gamma_{ij}^k = \frac{1}{2}\sum_{r=1}^n g^{kr}\Big(\frac{\partial g_{ri}}{\partial x_j} + \frac{\partial g_{rj}}{\partial x_i} - \frac{\partial g_{ij}}{\partial x_r}\Big)$$

$$= \frac{1}{2}\sum_{r=1}^n g^{kr}\Big(\frac{\partial}{\partial x_j}\Big(\delta_{ri} + \frac{x_i x_r}{x_{n+1}^2}\Big) + \frac{\partial}{\partial x_i}\Big(\delta_{rj} + \frac{x_j x_r}{x_{n+1}^2}\Big) - \frac{\partial}{\partial x_r}\Big(\delta_{ij} + \frac{x_i x_j}{x_n^2}\Big)\Big)$$

$$= \frac{1}{2}\sum_{r=1}^n g^{kr}\Big(\Big(\frac{2x_i x_r x_j}{x_{n+1}^4} + \frac{\delta_{ij}x_r + \delta_{jr}x_i}{x_{n+1}^2}\Big) + \Big(\frac{2x_j x_i x_r}{x_{n+1}^4} + \frac{\delta_{ij}x_r + \delta_{ir}x_j}{x_{n+1}^2}\Big)$$

$$- \Big(\frac{2x_i x_j x_r}{x_{n+1}^4} + \frac{\delta_{ir}x_j + \delta_{jr}x_i}{x_{n+1}^2}\Big)\Big)$$

$$= \sum_{r=1}^n \Big(\delta^{kr} - \frac{x_k x_r}{c}\Big)\Big(\frac{x_i x_j x_r}{x_{n+1}^4} + \frac{\delta_{ij}x_r}{x_{n+1}^2}\Big) = \frac{1}{x_{n+1}^2}\sum_{r=1}^n \Big(\delta^{kr}x_r - \frac{x_k x_r^2}{c}\Big)\Big(\delta_{ij} + \frac{x_i x_j}{x_{n+1}^2}\Big)$$

$$= \frac{1}{x_{n+1}^2}\Big(x_k - \frac{x_k}{c}\sum_{r=1}^n x_r^2\Big)\Big(\delta_{ij} + \frac{x_i x_j}{x_{n+1}^2}\Big) = \frac{x_k}{c}\Big(\delta_{ij} + \frac{x_i x_j}{x_{n+1}^2}\Big),$$

$$\frac{\partial}{\partial x_k}\Gamma_{lj}^s - \frac{\partial}{\partial x_l}\Gamma_{kj}^s = \frac{\partial}{\partial x_k}\Big(\frac{x_s}{c}\Big(\delta_{lj} + \frac{x_l x_j}{x_{n+1}^2}\Big)\Big) - \frac{\partial}{\partial x_l}\Big(\frac{x_s}{c}\Big(\delta_{kj} + \frac{x_k x_j}{x_{n+1}^2}\Big)\Big)$$

$$= \frac{1}{c}(\delta_{ks}\delta_{lj} - \delta_{ls}\delta_{kj}) + \frac{\delta_{ks}x_l x_j + \delta_{kl}x_s x_j + \delta_{kj}x_s x_l}{cx_{n+1}^2}$$

$$-\frac{\delta_{ls}x_kx_j + \delta_{lk}x_sx_j + \delta_{lj}x_sx_k}{cx_{n+1}^2} + \frac{2x_lx_jx_sx_k}{cx_{n+1}^4} - \frac{2x_sx_kx_jx_l}{cx_{n+1}^4}$$

$$= \frac{1}{c}(\delta_{ks}\delta_{lj} - \delta_{ls}\delta_{kj}) + \frac{\delta_{ks}x_lx_j + \delta_{kj}x_sx_l - \delta_{ls}x_kx_j - \delta_{lj}x_sx_k}{cx_{n+1}^2},$$

$$\sum_{t=1}^{n}(\Gamma_{lj}^t\Gamma_{kt}^s - \Gamma_{kj}^t\Gamma_{lt}^s)$$

$$= \frac{1}{c^2}\sum_{t=1}^{n}\left(x_t\left(\delta_{lj} + \frac{x_lx_j}{x_{n+1}^2}\right)x_s\left(\delta_{kt} + \frac{x_kx_t}{x_{n+1}^2}\right) - x_t\left(\delta_{kj} + \frac{x_kx_j}{x_{n+1}^2}\right)x_s\left(\delta_{lt} + \frac{x_lx_t}{x_{n+1}^2}\right)\right)$$

$$= \frac{1}{c^2}\sum_{t=1}^{n}x_tx_s\left((\delta_{lj}\delta_{kt} - \delta_{kj}\delta_{lt}) + \frac{\delta_{kt}x_lx_j + \delta_{lj}x_kx_t - \delta_{kj}x_lx_t - \delta_{lt}x_kx_j}{x_{n+1}^2}\right.$$

$$\left. + \frac{x_lx_jx_kx_t - x_kx_jx_lx_t}{x_{n+1}^4}\right)$$

$$= \frac{1}{c^2}\left((\delta_{lj}x_kx_s - \delta_{kj}x_lx_s)\right.$$

$$\left. + \frac{1}{x_{n+1}^2}\left(x_kx_sx_lx_j + \delta_{lj}x_kx_s\sum_{t=1}^{n}x_t^2 - \delta_{kj}x_sx_l\sum_{t=1}^{n}x_t^2 - x_lx_sx_kx_j\right)\right)$$

$$= \frac{1}{c^2}\left((\delta_{lj}x_kx_s - \delta_{kj}x_lx_s) + \frac{1}{x_{n+1}^2}(\delta_{lj}x_kx_s - \delta_{kj}x_sx_l)(c - x_{n+1}^2)\right)$$

$$= \frac{\delta_{lj}x_kx_s - \delta_{kj}x_sx_l}{cx_{n+1}^2},$$

$$R_{jkl}^s = \frac{\partial}{\partial x_k}\Gamma_{lj}^s - \frac{\partial}{\partial x_l}\Gamma_{kj}^s + \sum_{t=1}^{n}(\Gamma_{lj}^t\Gamma_{kt}^s - \Gamma_{kj}^t\Gamma_{lt}^s)$$

$$= \frac{1}{c}(\delta_{ks}\delta_{lj} - \delta_{ls}\delta_{kj}) + \frac{\delta_{ks}x_lx_j + \delta_{kj}x_sx_l - \delta_{ls}x_kx_j - \delta_{lj}x_sx_k}{cx_{n+1}^2} + \frac{\delta_{lj}x_kx_s - \delta_{kj}x_sx_l}{cx_{n+1}^2}$$

$$= \frac{1}{c}\left(\delta_{ks}\left(\delta_{lj} + \frac{x_lx_j}{x_{n+1}^2}\right) - \delta_{ls}\left(\delta_{kj} + \frac{x_kx_j}{x_{n+1}^2}\right)\right),$$

$$k_{ijkl} = \sum_{s=1}^{n}g_{is}R_{jkl}^s = \frac{1}{c}\sum_{s=1}^{n}g_{is}(\delta_{ks}g_{lj} - \delta_{ls}g_{kj}) = \frac{1}{c}(g_{ik}g_{lj} - g_{kj}g_{il}).$$

这就证明了 $M = \left\{x = (x_1, \cdots, x_{n+1}) \in \mathbf{R}^{n+1} \mid \sum_{i=1}^{n+1} x_i^2 = c\right\}$ 的 Riemann 截曲率为 $\frac{1}{c}$.

另一证法可参阅例 1.5.5.

例 1.4.4 常负曲率的双曲空间的另一例子. 设

$$H^n = \left\{x = (x_1, \cdots, x_{n+1}) \in \mathbf{R}^{n+1} \,\Big|\, \sum_{i=1}^{n} x_i^2 - x_{n+1}^2 = c(c < 0), x_{n+1} > 0\right\}$$

$$= \left\{x \in \mathbf{R}^{n+1} \mid x = \left(x_1, \cdots, x_n, \sqrt{\sum_{i=1}^{n} x_i^2 - c}\right)\right\},$$

$$\varphi^{-1}: \mathbf{R}^n \to H^n,$$

$$(x_1, \cdots, x_n) \mapsto \left(x_1, \cdots, x_n, \sqrt{\sum_{i=1}^n x_i^2 - c} \right),$$

则微分构造的基 $\mathfrak{D}' = \{(H^n, \varphi)\}$ 唯一确定了一个 n 维 C^∞ 流形 $(M, \mathfrak{D})$. 记 $I: H^n \to \mathbf{R}^{n+1}$ 为包含映射, $\widetilde{g} = \sum_{i=1}^n \mathrm{d}x_i \otimes \mathrm{d}x_i - \mathrm{d}x_{n+1} \otimes \mathrm{d}x_{n+1}$ 为 2 阶 C^∞ 对称协变张量场, 令 $g = I^* \widetilde{g}$, 则

$$(\varphi^{-1})^* \circ I^* \widetilde{g} = \sum_{i=1}^n \mathrm{d}x_i \otimes \mathrm{d}x_i - \mathrm{d}x_{n+1} \otimes \mathrm{d}x_{n+1}$$

$$= \sum_{i=1}^n \left(1 - \frac{x_i^2}{x_{n+1}^2} \right) \mathrm{d}x_i \otimes \mathrm{d}x_i - \sum_{i \pm j} \frac{x_i x_j}{x_{n+1}^2} \mathrm{d}x_i \otimes \mathrm{d}x_j,$$

$$(g_{ij}) = I_n - P^{\mathrm{T}} P = \left(\delta_{ij} - \frac{x_i x_j}{x_{n+1}^2} \right),$$

$$\begin{aligned} K_{ijkl} &= \sum_{s=1}^n g_{is} R_{jkl}^s = -\frac{1}{c} \sum_{s=1}^n g_{is} \left(-\left(\delta_{lj} \delta_{ks} - \delta_{jk} \delta_{ls} + \frac{\delta_{ks} x_l x_j - \delta_{ls} x_k x_j}{x_{n+1}^2} \right) \right) \\ &= -\frac{1}{c} \sum_{s=1}^n g_{is} \left(-\delta_{ks} \left(\delta_{lj} - \frac{x_l x_j}{x_{n+1}^2} \right) + \delta_{ls} \left(\delta_{jk} - \frac{x_k x_j}{x_{n+1}^2} \right) \right) \\ &= -\frac{1}{c} \sum_{s=1}^n g_{is} \left(-\delta_{ks} g_{lj} + \delta_{ls} g_{jk} \right) \\ &= \frac{1}{c} \left(g_{ik} g_{lj} - g_{il} g_{jk} \right). \end{aligned}$$

注 1.4.3　应用例 1.4.1、例 1.4.2、例 1.4.3 的结果, 不难看出

$$\mathbf{R}^n(c) = \left\{ (x^1, \cdots, x^{n+1}) \in \mathbf{R}^{n+1} \mid \sqrt{|c|} \left(\sum_{i=1}^n (x^i)^2 + \mathrm{sgn}c \cdot (x^{n+1})^2 \right) - 2x^{n+1} = 0 \right\}$$

为在 Riemann 度量 $g = \sum_{i=1}^n \mathrm{d}x^i \otimes \mathrm{d}x^i + \mathrm{sgn}c \cdot \mathrm{d}x^{n+1} \otimes \mathrm{d}x^{n+1}$ 下的常截曲率 c 的标准空间形式.

例 1.4.5　设 $M = \{x = (x_1, \cdots, x_n) \in \mathbf{R}^n \mid x_n > 0\}$ 为上半空间,

$$g = \frac{1}{cx_n^2} \sum_{i=1}^n \mathrm{d}x_i \otimes \mathrm{d}x_i, \quad g_{ij} = \frac{\delta_{ij}}{cx_n^2}, \quad g^{ij} = cx_n^2 \delta^{ij}, \quad c > 0.$$

则

$$\Gamma_{ij}^{k} = \frac{1}{2} \sum_{r=1}^{n} g^{kr} \left(\frac{\partial g_{ri}}{\partial x_j} + \frac{\partial g_{rj}}{\partial x_i} - \frac{\partial g_{ij}}{\partial x_r} \right)$$

$$= \frac{1}{2} \sum_{r=1}^{n} c x_n^2 \delta^{kr} \frac{-2\delta_{ri}\delta_{jn} - 2\delta_{rj}\delta_{in} + 2\delta_{ij}\delta_{rn}}{c x_n^3}$$

$$= \frac{1}{x_n}(\delta_{ij}\delta_{kn} - \delta_{ki}\delta_{jn} - \delta_{kj}\delta_{in}),$$

$$\frac{\partial}{\partial x_k}\Gamma_{lj}^{s} - \frac{\partial}{\partial x_l}\Gamma_{kj}^{s}$$

$$= \frac{1}{x_n^2}(-(\delta_{lj}\delta_{sn} - \delta_{sj}\delta_{ln} - \delta_{sl}\delta_{jn})\delta_{kn} + (\delta_{kj}\delta_{sn} - \delta_{sj}\delta_{kn} - \delta_{sk}\delta_{jn})\delta_{ln})$$

$$= \frac{1}{x_n^2}(-(\delta_{lj}\delta_{sn} - \delta_{sl}\delta_{jn})\delta_{kn} + (\delta_{kj}\delta_{sn} - \delta_{sk}\delta_{jn})\delta_{ln}),$$

$$\sum_{t=1}^{n}(\Gamma_{lj}^{t}\Gamma_{kt}^{s} - \Gamma_{kj}^{t}\Gamma_{lt}^{s})$$

$$= \frac{1}{x_n^2} \sum_{t=1}^{n}((\delta_{lj}\delta_{tn} - \delta_{tj}\delta_{ln} - \delta_{tl}\delta_{jn})(\delta_{kt}\delta_{sn} - \delta_{st}\delta_{kn} - \delta_{sk}\delta_{tn})$$

$$- (\delta_{kj}\delta_{tn} - \delta_{tj}\delta_{kn} - \delta_{tk}\delta_{jn})(\delta_{lt}\delta_{sn} - \delta_{st}\delta_{ln} - \delta_{sl}\delta_{tn}))$$

$$= \frac{1}{x_n^2}((\delta_{kj}\delta_{sl} - \delta_{lj}\delta_{sk}) + (\delta_{lj}\delta_{sn} - \delta_{sl}\delta_{jn})\delta_{kn}$$

$$+ (\delta_{sk}\delta_{jn} - \delta_{kj}\delta_{sn})\delta_{ln}),$$

$$R_{jkl}^{s} = \frac{\partial}{\partial x_k}\Gamma_{lj}^{s} - \frac{\partial}{\partial x_l}\Gamma_{kj}^{s} + \sum_{t=1}^{n}(\Gamma_{lj}^{t}\Gamma_{kt}^{s} - \Gamma_{kj}^{t}\Gamma_{lt}^{s}) = \frac{1}{x_n^2}(\delta_{kj}\delta_{sl} - \delta_{lj}\delta_{sk}),$$

$$K_{ijkl} = \sum_{s=1}^{n} g_{is} R_{jkl}^{s} = \sum_{s=1}^{n} \frac{1}{c x_n^4} \delta_{is}(\delta_{kj}\delta_{sl} - \delta_{lj}\delta_{sk})$$

$$= \frac{-1}{c x_n^4}(\delta_{ik}\delta_{lj} - \delta_{kj}\delta_{il}) = -c(g_{ik}g_{lj} - g_{kj}g_{il}).$$

这就证明了 M 的 Riemann 截曲率为 $-c$.

文献[157]第 5 章 5.2 节定理 3 指出:

定理 1.4.5 任何两个 C^∞ 单连通(参阅文献[158]定义 3.2.3)、完备的具有相同常 Riemann 截曲率的流形 $(\widetilde{M},\widetilde{g})$ 和 (M,g) 是彼此等距的,即存在 C^∞ 微分同胚 $f:\widetilde{M} \to M$,使得 $\widetilde{g} = f^* g$.

定义 1.4.3 C^∞ 单连通的常 Riemann 截曲率的流形 (M,g) 称为**空间形式**.

例 1.4.1、例 1.4.3、例 1.4.4 都是空间形式的典型例子.这些例子的单连通性是明显的.要证的是完备性.例 1.4.1 的完备性在数学分析中早已知道.例 1.4.3 中的 n 维球面是紧致集,从而是序列紧致集,由此推得它也是完备的.至于例 1.4.4 的完备性,是不明显的,但根据文献[157]第 5 章 5.2 节推论 2,如果可以证明它是 C^{∞} 齐性 Riemann 流形,那么就立即推出它是完备的(注意例 1.4.1、例 1.4.3 也都是 C^{∞} 齐性 Riemann 流形).事实上,Witt 定理(参阅文献[2]121 页)指出,设 Q 为线性空间 V 上的非退化二次型,$U \subset V$ 为线性子空间,$f: U \to V$ 为线性映射,使得 $Q(f(x)) = Q(x), \forall x \in U$,则 f 可以扩张到 V 上的线性同构,且 $Q(f(x)) = Q(x), \forall x \in V$.特别地,如果 $x, y \in V, Q(x) = Q(y)$,则存在线性同构 $f: V \to V$ 使得 Q 不变和 $f(x) = y$.

根据 Witt 定理,考虑 C^{∞} 作用在 $\mathbf{R}^{n+1}$ 上且保持非退化二次型

$$Q(x) = \sum_{i,j=1}^{n+1} \widetilde{g}_{ij} x_i x_j$$

和 C^{∞} Riemann 度量

$$\widetilde{g} = \sum_{i,j=1}^{n+1} \widetilde{g}_{ij} \mathrm{d}x_i \otimes \mathrm{d}x_j$$

都不变的线性等距变换群,它限制到 C^{∞} 流形

$$M = \left\{ x \in \mathbf{R}^{n+1} \mid Q(x) = \sum_{i,j=1}^{n+1} \widetilde{g}_{ij} x_i x_j = c \right\}$$

上是一个可迁 Lie 群,所以 M 是 C^{∞} 齐性 Riemann 流形.

如果一个空间形式的 Riemann 截曲率是正的、负的或零,则称它是**椭圆**的、**双曲**的或**抛物**的.

最后,我们来研究与 Riemann 曲率张量 K 和 Riemann 截曲率密切相关的 Ricci 张量 $Ric(X, Y)$ 和数量曲率 $s(p)$.

定义 1.4.4 设 M 是 n 维 C^{∞} 流形,∇ 为线性联络.对 $\forall X, Y, Z \in T_p M$,由

$$Ric_p(X, Y) = \mathrm{tr}(Z \mapsto R(Z, X)Y)$$

确定了一个 C^{∞} 2 阶协变张量场,称之为 **Ricci 张量场**.

如果 $(M, g) = (M, \langle, \rangle)$ 是 Riemann 流形,$\{e_1, \cdots, e_n\}$ 为 $T_p M$ 的规范正交基,则对 $\forall X, Y \in T_p M$,有

$$Ric_p(X, Y) = \sum_{i=1}^{n} \langle e_i, R(e_i, X)Y \rangle = \sum_{i=1}^{n} K(e_i, Y, e_i, X).$$

易见

$$Ric_p(X, Y) = \sum_{i=1}^{n} K(e_i, Y, e_i, X) = \sum_{i=1}^{n} K(e_i, X, e_i, Y)$$

$$= \sum_{i=1}^{n} \langle e_i, R(e_i, Y)X \rangle = Ric_p(Y, X),$$

即 Ric 是对称的.

称

$$s(p) = \mathrm{tr}Ric(X, Y) = \sum_{j=1}^{n} Ric_p(e_j, e_j)$$

$$= \sum_{i,j=1}^{n} K(e_i, e_j, e_i, e_j) = \sum_{i \neq j} K(e_i, e_j, e_i, e_j)$$

为数量曲率. 自然, 它与规范正交基的选取无关, 且为 M 上的 C^{∞} 函数.

在局部 C^{∞} 规范正交基 $\{e_i\}$ 及其对偶基 $\{e^i\}$ 下,

$$R_{ij} = R(e_i, e_j) = \sum_{l=1}^{n} \langle e_l, R(e_l, e_i)e_j \rangle = \sum_{l=1}^{n} K_{ljli} = R_{ji},$$

$$Ric = \sum_{i,j=1}^{n} R_{ij} e^i \otimes e^j,$$

$$s = \sum_{i=1}^{n} Ric(e_i, e_i) = \sum_{i=1}^{n} R_{ii}(= \mathrm{tr}(R_{ij})) = \sum_{l,i=1}^{n} K_{lili}.$$

如果选局部坐标基向量场 (局部标架场) $\left\{ \dfrac{\partial}{\partial x^i} \right\}$, 则

$$R_{ij} = Ric\left(\frac{\partial}{\partial x^i}, \frac{\partial}{\partial x^j} \right) = \sum_{s=1}^{n} \left\langle e_s, R\left(e_s, \frac{\partial}{\partial x^i}\right) \frac{\partial}{\partial x^j} \right\rangle$$

$$= \sum_{s=1}^{n} \left\langle \sum_{k=1}^{n} a_s^k \frac{\partial}{\partial x^k}, R\left(\sum_{l=1}^{n} a_s^l \frac{\partial}{\partial x^l}, \frac{\partial}{\partial x^i} \right) \frac{\partial}{\partial x^j} \right\rangle = \sum_{k,l=1}^{n} g^{kl} K_{kjli},$$

$$Ric = \sum_{j,k=1}^{n} R_{jk} \, \mathrm{d}x^j \otimes \mathrm{d}x^k,$$

$$s = \sum_{i,j,k=1}^{n} R_{jk} \, \mathrm{d}x^j \otimes \mathrm{d}x^k (e_i, e_i)$$

$$= \sum_{i,j,k=1}^{n} R_{jk} \, \mathrm{d}x^j \otimes \mathrm{d}x^k \left(\sum_{l=1}^{n} a_i^l \frac{\partial}{\partial x^l}, \sum_{s=1}^{n} a_i^s \frac{\partial}{\partial x^s} \right)$$

$$= \sum_{j,k,l,s=1}^{n} R_{jk} g^{ls} \delta_l^j \delta_s^k = \sum_{l,k=1}^{n} g^{lk} R_{lk}.$$

对于常截曲率的 C^{∞} Riemann 流形的数量曲率, 有:

定理 1.4.6 设 $(M, g) = (M, \langle , \rangle)$ 为具有常截曲率 c 的 n 维 C^{∞} Riemann 流形, 则其数量曲率

$$s = cn(n-1).$$

证明 设 $\{e_i\}$ 为 (M, g) 的局部 C^{∞} 规范正交基向量场, 则

$$K_{ijkl} = c(\delta_{ik}\delta_{jl} - \delta_{jk}\delta_{il}),$$

$$K_{lili} = c(\delta_{ll}\delta_{ii} - \delta_{il}\delta_{li}) = c(1 - \delta_{il}\delta_{il}) = \begin{cases} 0, & i = l, \\ 1, & i \neq l. \end{cases}$$

$$s = \sum_{l,i=1}^{n} K_{lili} = \sum_{i \neq l} K_{lili} = \sum_{i \neq l} c = c(n^2 - n) = cn(n-1).$$

类似 Schur 定理,有下面的古典结果.

定理 1. 4. 7 设 (M,g) 为 $n(\geqslant 3)$ 维 C^{∞} 连通 Riemann 流形,如果 $Ric = \lambda g$,λ 为 M 上的 C^{∞} 函数,则 λ 必为常数.

证明 在局部坐标系 $\{x^i\}$ 中,由 Bianchi 第 2 恒等式可得(引理 1.4.3)

$$K_{ijkl;m} + K_{ijlm;k} + K_{ijmk;l} = 0.$$

于是

$$Ric_{;m} = \lambda_{;m}g,$$

$$Ric_{ij;m} = \lambda_{;m}g_{ij} + \lambda g_{ij;m} = \lambda_{;m}g_{ij},$$

$$\lambda_{;m}\delta_i^l = \sum_{j=1}^{n} \lambda_{;m}g_{ij}g^{jl} = \sum_{j=1}^{n} R_{ij;m}g^{jl},$$

$$0 = \sum_{i,j,k,l=1}^{n} g^{il}g^{ik}(K_{ijkl;m} + K_{ijlm;k} + K_{ijmk;l})$$

$$= \sum_{j,l=1}^{n} g^{jl}R_{jl;m} + \sum_{i,k=1}^{n} g^{ik}R_{im;k} + \sum_{j,l=1}^{n} g^{jl}R_{jm;l}$$

$$= \sum_{j=1}^{n} \lambda_{;m}\delta_j^j - \sum_{k=1}^{n} \lambda_{;k}\delta_m^k - \sum_{l=1}^{n} \lambda_{;l}\delta_m^l$$

$$= n\lambda_{;m} - \lambda_{;m} - \lambda_{;m}$$

$$= (n-2)\lambda_{;m}.$$

因此,$\lambda_{;m} = 0$,$m = 1, \cdots, n$,$n \geqslant 3$.从而 λ 为常值.

引理 1. 4. 3 $\underset{X,Y,Z}{\mathfrak{S}}\{(\nabla_Z K)(W,U,X,Y)\} = 0$,即

$$\underset{k,l,m}{\mathfrak{S}} K_{ijkl;m} = K_{ijkl;m} + K_{ijlm;k} + K_{ijmk;l} = 0.$$

证明 因为

$$(\nabla_Z K)(W,U,X,Y) + K(\nabla_Z W,U,X,Y) + K(W,\nabla_Z U,X,Y)$$

$$+ K(W,U,\nabla_Z X,Y) + K(W,U,X,\nabla_Z Y)$$

$$= \nabla_Z(K(W,U,X,Y)) = \nabla_Z \langle W, R(X,Y)U \rangle$$

$$= \langle \nabla_Z W, R(X,Y)U \rangle + \langle W, (\nabla_Z R)(X,Y)U \rangle$$

$$+ \langle W, R(\nabla_Z X,Y)U \rangle + \langle W, R(X,\nabla_Z Y)U \rangle + \langle W, R(X,Y)\nabla_Z U \rangle,$$

所以

$$(\nabla_Z K)(W,U,X,Y) = \langle W, (\nabla_Z R)(X,Y)U \rangle,$$

$$\underset{X,Y,Z}{\mathfrak{S}}\{(\nabla_Z K)(W,U,X,Y)\} = \langle W, \underset{X,Y,Z}{\mathfrak{S}}\{(\nabla_Z R)(X,Y)U\} \rangle = \langle W, 0 \rangle = 0.$$

取坐标基向量 $X = \dfrac{\partial}{\partial x^k}$,$Y = \dfrac{\partial}{\partial x^l}$,$Z = \dfrac{\partial}{\partial x^m}$,$W = \dfrac{\partial}{\partial x^i}$,$U = \dfrac{\partial}{\partial x^j}$,立即得到

$$\mathop{\mathfrak{S}}_{k,l,m}\{K_{ijkl;m}\} = 0.$$

根据张量的偏线性,从引理中坐标形式的第 2 式立即推出第 1 式. □

定义 1.4.5 如果 n 维 C^{∞} Riemann 流形 (M,g) 满足 $Ric = \lambda g$, λ 为常数,则称 (M,g) 为 **Einstein 流形**.

推论 1.4.1 3 维 C^{∞} Einstein 流形 (M,g) 必为常截曲率的 Riemann 流形.

证明 设 π 为 T_pM 的任一平面,e_1,e_2,e_3 为 T_pM 的规范正交基,使得 π 由 e_1,e_2 张成,即 $\pi = e_1 \wedge e_2$,则

$$Ric(e_1,e_1) = R(e_1 \wedge e_2) + R(e_1 \wedge e_3),$$
$$Ric(e_2,e_2) = R(e_2 \wedge e_1) + R(e_2 \wedge e_3),$$
$$Ric(e_3,e_3) = R(e_3 \wedge e_1) + R(e_3 \wedge e_2).$$

因此

$$\begin{aligned}
\lambda &= \lambda(g(e_1,e_1) + g(e_2,e_2) - g(e_3,e_3)) \\
&= Ric(e_1,e_1) + Ric(e_2,e_2) - Ric(e_3,e_3) \\
&= 2R(e_1 \wedge e_2) = 2R(\pi),
\end{aligned}$$

$R(\pi) = \dfrac{\lambda}{2}$,即 (M,g) 为常截曲率 Riemann 流形. □

推论 1.4.2 设 (M,g) 为 3 维 C^{∞} Einstein 流形,且对任何单位向量 $X \in T_pM$,有

$$0 < c < Ric(X,X) < 2c \quad (\text{或 } 2c < Ric(X,X) < c < 0),$$

则 (M,g) 为常正(负)截曲率的 Riemann 流形.

证明 从推论 1.4.1 的证明中可得

$$R(\pi) = \frac{1}{2}(Ric(e_1,e_1) + Ric(e_2,e_2) - Ric(e_3,e_3))$$
$$> \frac{1}{2}(c + c - 2c) = 0.$$ □

1.5 C^{∞} 浸入子流形的 Riemann 联络

设 $(\widetilde{M},\widetilde{g}) = (\widetilde{M},\langle,\rangle)$ 为 $\widetilde{n}$ 维 C^{∞} Riemann 流形,$\widetilde{\nabla}$ 为其 Riemann 联络,$f:M \to \widetilde{M}$ 为 C^{∞} 浸入,则 $(M,f^*\widetilde{g})$ 为 $(\widetilde{M},\widetilde{g})$ 的 n 维 C^{∞} Riemann 浸入子流形,它的 Riemann 联络用 ∇ 表示.如果 f 是 C^{∞} 嵌入,则称 $(M,g) = (M,f^*\widetilde{g})$ 为 $(\widetilde{M},\widetilde{g})$ 的 C^{∞} Riemann 正则子流形.有时 $f(M)$ 与 M 不加区别.显然,C^{∞} Riemann 浸入子流形局部是 C^{∞} Riemann 正则子流形.

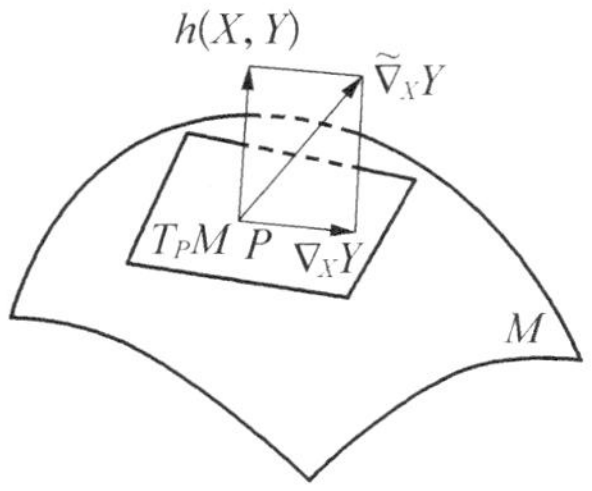

定理 1.5.1 设 $M \subset \widetilde{M}$, (M,g) 为 $(\widetilde{M},\widetilde{g})$ 的 C^∞ 正则子流形($g = I^*\widetilde{g}$, 其中 $I : M \to \widetilde{M}$ 为包含映射, 它是 C^∞ 嵌入), $X, Y \in C^\infty(TM)$, $\nabla_X Y$ 和 $h(X,Y)$ 为 $\widetilde{\nabla}_X Y$ 唯一的切分量和法分量(图 1.5.1):

$$\widetilde{\nabla}_X Y = \nabla_X Y + h(X,Y). \quad \text{(Gauss 公式)}$$

则:

图 1.5.1

(1) ∇ 为 TM 的 Riemann 联络;

(2) h 为 TM 上的对称($T\widetilde{M}$ 上的)向量值协变 C^∞ 张量场;

(3) $\widetilde{R}(X,Y)Z (X,Y,Z \in C^\infty(TM))$ 唯一分解为切分量和法分量:

$$\widetilde{R}(X,Y)Z = (\widetilde{R}(X,Y)Z)^\top + (\widetilde{R}(X,Y)Z)^\perp,$$

$$(\widetilde{R}(X,Y)Z)^\top = R(X,Y)Z + \{\widetilde{\nabla}_X h(Y,Z) - \widetilde{\nabla}_Y h(X,Z)\}^\top,$$

$$\text{(Gauss 曲率方程)}$$

$$(\widetilde{R}(X,Y)Z)^\perp = h(X,\nabla_Y Z) - h(Y,\nabla_X Z) - h([X,Y],Z)$$
$$+ \{(\widetilde{\nabla}_X h(Y,Z) - \widetilde{\nabla}_Y h(X,Z))\}^\perp;$$

$$\text{(Codazzi-Mainardi 方程)}$$

(4) $\nabla^\perp : C^\infty(TM) \times C^\infty(TM^\perp) \to C^\infty(TM^\perp)$,

$$(X,\nu) \mapsto \nabla_X^\perp \nu = (\widetilde{\nabla}_X \nu)^\perp$$

为 $TM^\perp$ 上的线性联络, 称之为**法(丛)联络**, 且

$$X\langle \nu, \mu \rangle = \langle \nabla_X^\perp \nu, \mu \rangle + \langle \nu, \nabla_X^\perp \mu \rangle, \quad X \in C^\infty(TM), \nu, \mu \in C^\infty(TM^\perp).$$

证明 因为 M 为 $\widetilde{M}$ 的 C^∞ 正则子流形, 故对 $\forall X \in C^\infty(TM)$, $p \in M$, 可选取 p 的关于 $\widetilde{M}$ 的特殊局部坐标系 (U,φ), $\{x^i\}$, 使得在 $M \bigcap U$ 中,

$$X = \sum_{i=1}^n a^i \frac{\partial}{\partial x^i},$$

a^i 为 $x^1, \cdots, x^n$ 的 C^∞ 函数. 再选取 p 的开邻域 $U_1 \subset U$ 和 $f \in C^\infty(M, \mathbf{R})$ 使得

$$f|_{U_1} = 1, \quad f|_{\widetilde{M}-U} = 0.$$

于是

$$\widetilde{X} = f \cdot \sum_{i=1}^n a^i \frac{\partial}{\partial x^i}$$

可视作 $\widetilde{M}$ 上的 C^∞ 向量场($\widetilde{X}|_{\widetilde{M}-U} = 0$)且 $\widetilde{X}|_{M \cap U_1} = X$.

为了证明 ∇ 和 h 在 M 上是 C^∞ 的, 我们任取 $p \in M$, 设 (U,φ), $\{x^i\}$ 为 p 的特殊坐标系, $\left\{\frac{\partial}{\partial x^1}, \cdots, \frac{\partial}{\partial x^n}\right\}$ 和 $\left\{\frac{\widetilde{\partial}}{\partial x^1}, \cdots, \frac{\widetilde{\partial}}{\partial x^{\widetilde{n}}}\right\}$ 分别为 M 和 $\widetilde{M}$ 的局部坐标基向量场, 而

$$\frac{\widetilde{\partial}}{\partial x^1}\Big|_{M\cap U} = \frac{\partial}{\partial x^1}, \quad \cdots, \quad \frac{\widetilde{\partial}}{\partial x^n}\Big|_{M\cap U} = \frac{\partial}{\partial x^n}.$$

由引理 1.3.3 可以得到 U 上的局部 C^∞ 规范正交基向量场 $\widetilde{Z}_1,\cdots,\widetilde{Z}_{\tilde{n}}$,使得

$$\widetilde{Z}_1|_{M\cap U} = Z_1, \quad \cdots, \quad \widetilde{Z}_n|_{M\cap U} = Z_n$$

为 $M\cap U$ 上相应的局部 C^∞ 规范正交基向量场,而 $\widetilde{Z}_{n+1}|_{M\cap U},\cdots,\widetilde{Z}_{\tilde{n}}|_{M\cap U}$ 为 $T(M\cap U)^\perp$ 上的局部 C^∞ 规范正交基向量场. 令

$$X = \sum_{i=1}^n \lambda^i Z_i, \quad Y = \sum_{i=1}^n \mu^i Z_i, \quad \widetilde{\nabla}_{Z_i} Z_j = \sum_{k=1}^{\tilde{n}} \eta_{ij}^k Z_k,$$

则

$$\widetilde{\nabla}_X Y = \sum_{j=1}^n (X\mu^j) Z_j + \sum_{i,j=1}^n \sum_{k=1}^{\tilde{n}} \lambda^i \mu^j \eta_{ij}^k Z_k,$$

$$\nabla_X Y = \sum_{k=1}^n \Big(X\mu^k + \sum_{i,j=1}^n \lambda^i \mu^j \eta_{ij}^k \Big) Z_k,$$

$$h(X,Y) = \sum_{k=n+1}^{\tilde{n}} \Big(\sum_{i,j=1}^n \lambda^i \mu^j \eta_{ij}^k \Big) Z_k.$$

从上面的式子可看出 $\nabla_X Y$ 和 $h(X,Y)$ 在 $M\cap U$ 上是 C^∞ 的.

(1),(2) 因为

$$\nabla_{X_1+X_2} Y + h(X_1+X_2,Y) = \widetilde{\nabla}_{X_1+X_2} Y = \widetilde{\nabla}_{X_1} Y + \widetilde{\nabla}_{X_2} Y$$
$$= (\nabla_{X_1} Y + \nabla_{X_2} Y) + \{h(X_1,Y) + h(X_2,Y)\},$$

$$\nabla_{fX} Y + h(fX,Y) = \widetilde{\nabla}_{fX} Y = f\{\nabla_X Y + h(X,Y)\},$$

$$\nabla_X (Y_1+Y_2) + h(X,Y_1+Y_2)$$
$$= \widetilde{\nabla}_X (Y_1+Y_2) = \widetilde{\nabla}_X Y_1 + \widetilde{\nabla}_X Y_2 = (\nabla_X Y_1 + \nabla_X Y_2) + \{h(X,Y_1) + h(X,Y_2)\},$$

$$\nabla_X (fY) + h(X,fY) = \widetilde{\nabla}_X (fY) = (Xf) Y + f \widetilde{\nabla}_X Y$$
$$= \{(Xf) Y + f\nabla_X Y\} + fh(X,Y),$$

所以,∇ 满足线性联络的 3 个条件,且 h 为向量值的 C^∞ 协变张量场. 又因为在 $M\cap U$ 上,有

$$[X,Y] = [\widetilde{X},\widetilde{Y}] = \widetilde{\nabla}_{\widetilde{X}} \widetilde{Y} - \widetilde{\nabla}_{\widetilde{Y}} \widetilde{X}$$
$$= \widetilde{\nabla}_X Y - \widetilde{\nabla}_Y X = (\nabla_X Y - \nabla_Y X) + \{h(X,Y) - h(Y,X)\},$$

故

$$h(X,Y) = h(Y,X) \quad (h \text{ 对称})$$

且

$$T(X,Y) = \nabla_X Y - \nabla_Y X - [X,Y] = 0,$$

$$Z\langle X,Y \rangle = \widetilde{Z}\langle \widetilde{X},\widetilde{Y} \rangle = \langle \widetilde{\nabla}_{\widetilde{Z}} \widetilde{X},\widetilde{Y} \rangle + \langle \widetilde{X},\widetilde{\nabla}_{\widetilde{Z}} \widetilde{Y} \rangle = \langle \widetilde{\nabla}_Z X,Y \rangle + \langle X,\widetilde{\nabla}_Z Y \rangle$$

$$= \langle \nabla_Z X + (\widetilde{\nabla}_Z X)^{\perp}, Y \rangle + \langle X, \nabla_Z Y + (\widetilde{\nabla}_Z Y)^{\perp} \rangle$$

$$= \langle \nabla_Z X, Y \rangle + \langle X, \nabla_Z Y \rangle,$$

即 ∇ 满足 Riemann(Levi-Civita) 联络的条件(4)和(5).由定理 1.3.5 中的唯一性知, ∇ 就是 (M, g) 的 Riemann 联络.

(3) 由

$$\widetilde{R}(X, Y)Z = \widetilde{\nabla}_X \widetilde{\nabla}_Y Z - \widetilde{\nabla}_Y \widetilde{\nabla}_X Z - \widetilde{\nabla}_{[X, Y]} Z$$

$$= \widetilde{\nabla}_X (\nabla_Y Z + h(Y, Z)) - \widetilde{\nabla}_Y (\nabla_X Z + h(X, Z))$$

$$- (\nabla_{[X, Y]} Z + h([X, Y], Z))$$

$$= \{ \nabla_X \nabla_Y Z + h(X, \nabla_Y Z) + \widetilde{\nabla}_X h(Y, Z) \}$$

$$- \{ \nabla_Y \nabla_X Z + h(Y, \nabla_X Z) + \widetilde{\nabla}_Y h(X, Z) \}$$

$$- \{ \nabla_{[X, Y]} Z + h([X, Y], Z) \}$$

$$= R(X, Y)Z + \widetilde{\nabla}_X h(Y, Z) - \widetilde{\nabla}_Y h(X, Z)$$

$$+ h(X, \nabla_Y Z) - h(Y, \nabla_X Z) - h([X, Y], Z)$$

推得

$$(\widetilde{R}(X, Y)Z)^{\top} = R(X, Y)Z + \{ \widetilde{\nabla}_X h(Y, Z) - \widetilde{\nabla}_Y h(X, Z) \}^{\top},$$

$$(\widetilde{R}(X, Y)Z)^{\perp} = h(X, \nabla_Y Z) - h(Y, \nabla_X Z) - h([X, Y], Z)$$

$$+ \{ \widetilde{\nabla}_X h(Y, Z) - \widetilde{\nabla}_Y h(X, Z) \}^{\perp}.$$

(4) $\nabla^{\perp}$ 满足线性联络条件的(1)和(2)是明显的.满足(3)是因为

$$\nabla_X^{\perp}(f\nu) = (\widetilde{\nabla}_X(f\nu))^{\perp} = ((Xf)\nu + f\widetilde{\nabla}_X \nu)^{\perp}$$

$$= (Xf)\nu + f(\widetilde{\nabla}_X \nu)^{\perp} = (Xf)\nu + f\nabla_X^{\perp}\nu.$$

现证最后的等式

$$\langle \nabla_X^{\perp}\nu, \mu \rangle + \langle \nu, \nabla_X^{\perp}\mu \rangle = \langle (\widetilde{\nabla}_X \nu)^{\perp}, \mu \rangle + \langle \nu, (\widetilde{\nabla}_X \mu)^{\perp} \rangle$$

$$= \langle \widetilde{\nabla}_X \nu, \mu \rangle + \langle \nu, \widetilde{\nabla}_X \mu \rangle = X\langle \nu, \mu \rangle. \qquad \square$$

定义 1.5.1 设 $(\widetilde{M}, \widetilde{g}) = (\widetilde{M}, \langle , \rangle)$ 为 $\widetilde{n}$ 维 C^{∞} Riemann 流形,包含映射 $I: M \to \widetilde{M}$ 为 C^{∞} 嵌入,则 $g = I^*\widetilde{g}$ 称为 M 的**第 1 基本形式**, h 称为 M 关于 $\widetilde{M}$ 的**第 2 基本形式**,而 (M, g) 为 $(\widetilde{M}, \widetilde{g})$ 的 C^{∞} Riemann 正则子流形.

例 1.5.1 设 $(M, g) = (M, I^*\widetilde{g})$ 为 $(\widetilde{M}, \widetilde{g})$ 的 $\widetilde{n} - 1$ 维 C^{∞} Riemann 正则子流形(超曲面, $\widetilde{n} \geqslant 3$), N 为 M 上的局部 C^{∞} 单位法向量场.我们定义 **Weingarten 映射**

$$L = -A_N: T_p M \to T_p M,$$

$$LX = -A_N(X) = \widetilde{\nabla}_X N, \quad X \in T_p M.$$

因为

$$0 = X\langle N, N \rangle = 2\langle \widetilde{\nabla}_X N, N \rangle,$$

故 $LX = \widetilde{\nabla}_X N \in T_p M$. 容易看出, $L = -A_N$ 为切空间 $T_p M$ 上的线性变换.

如果 X, Y, N 都是局部 C^∞ 的, 由于

$$\langle h(X, Y), N \rangle = \langle \widetilde{\nabla}_X Y, N \rangle = X \langle Y, N \rangle - \langle Y, \widetilde{\nabla}_X N \rangle$$
$$= 0 - \langle Y, LX \rangle = -\langle LX, Y \rangle,$$

所以

$$h(X, Y) = -\langle LX, Y \rangle N.$$

Gauss 公式就成为

$$\widetilde{\nabla}_X Y = \nabla_X Y - \langle LX, Y \rangle N.$$

同时还可看出

$$h(X, Y) = h(Y, X) \Leftrightarrow \langle LX, Y \rangle = \langle X, LY \rangle,$$

即 L 为自共轭线性变换. 此外, 还有

$$\widetilde{\nabla}_X h(Y, Z) = -\widetilde{\nabla}_X (\langle LY, Z \rangle N) = -(X \langle LY, Z \rangle N + \langle LY, Z \rangle LX),$$
$$-\widetilde{\nabla}_Y h(X, Z) = \widetilde{\nabla}_Y (\langle LX, Z \rangle N) = Y \langle LX, Z \rangle N + \langle LX, Z \rangle LY,$$
$$h(X, \nabla_Y Z) = -\langle LX, \nabla_Y Z \rangle N = \langle \nabla_Y LX, Z \rangle N - Y \langle LX, Z \rangle N,$$
$$-h(Y, \nabla_X Z) = \langle LY, \nabla_X Z \rangle N = -\langle \nabla_X LY, Z \rangle N + X \langle LY, Z \rangle N,$$
$$-h([X, Y], Z) = \langle L[X, Y], Z \rangle N.$$

于是, Gauss 曲率方程为

$$(\widetilde{R}(X, Y)Z)^\top = R(X, Y)Z - \{\langle LY, Z \rangle LX - \langle LX, Z \rangle LY\}.$$

Codazzi-Mainardi 方程为

$$(\widetilde{R}(X, Y)Z)^\perp = -\langle \nabla_X LY - \nabla_Y LX - L[X, Y], Z \rangle N.$$

设 X, Y 为 $T_p M$ 中 2 维平面的规范正交基, $R_p(X \wedge Y)$ 和 $\widetilde{R}_p(X \wedge Y)$ 分别为 $X \wedge Y$ 关于 M 和 $\widetilde{M}$ 的 Riemann 截曲率, 则

$$\widetilde{R}_p(X \wedge Y) = \langle X, \widetilde{R}(X, Y)Y \rangle = \langle X, (\widetilde{R}(X, Y)Y)^\top \rangle$$
$$= \langle X, R(X, Y)Y \rangle - \langle X, \langle LY, Y \rangle LX \rangle + \langle X, \langle LX, Y \rangle LY \rangle$$
$$= R_p(X \wedge Y) - \{\langle LX, X \rangle \langle LY, Y \rangle - \langle LX, Y \rangle^2\},$$

即

$$\widetilde{R}_p(X \wedge Y) = R_p(X \wedge Y) - \{\langle LX, X \rangle \langle LY, Y \rangle - \langle LX, Y \rangle^2\}.$$

例 1.5.2 设 $(M, g) = (M, I^* \widetilde{g})$ 为 $(\widetilde{M}, \widetilde{g})$ 的 $\widetilde{n} - k$ 维 C^∞ Riemann 正则子流形, $N_1, \cdots, N_k$ 为 $TM^\perp$ 上的局部 C^∞ 规范正交基向量场, 我们定义 k 个 Weingarten 映射

$$L_j X = -A_{N_j}(X) = \widetilde{\nabla}_X N_j - \sum_{s=1}^{k} \langle \widetilde{\nabla}_X N_j, N_s \rangle N_s, \quad X \in T_p M, \ j = 1, \cdots, k.$$

类似例 1.5.1 可看出, L_j 为切空间 $T_p M$ 上的线性变换, 且 Gauss 公式变为

$$\widetilde{\nabla}_X Y = \nabla_X Y + h(X, Y) = \nabla_X Y - \sum_{j=1}^{k} \langle L_j X, Y \rangle N_j.$$

同时还可看出

$$h(X, Y) = h(Y, X) \Leftrightarrow \langle L_j X, Y \rangle = \langle X, L_j Y \rangle,$$

即 $L_j, j = 1, \cdots, n$ 为自共轭线性变换. 而 Gauss 曲率方程为

$$(\widetilde{R}(X, Y)Z)^{\top} = R(X, Y)Z - \sum_{j=1}^{k} \{\langle L_j Y, Z \rangle L_j X - \langle L_j X, Z \rangle L_j Y\},$$

Codazzi-Mainardi 方程为

$$(\widetilde{R}(X, Y)Z)^{\perp} = -\sum_{j=1}^{k} \langle \nabla_X L_j Y - \nabla_Y L_j X - L_j[X, Y], Z \rangle N_j$$

$$+ \sum_{s,j=1}^{k} \{\langle L_j X, Z \rangle \langle \widetilde{\nabla}_Y N_j, N_s \rangle - \langle L_j Y, Z \rangle \langle \widetilde{\nabla}_X N_j, N_s \rangle\} N_s.$$

Riemann 截曲率 $R_p(X \wedge Y)$ 与 $\widetilde{R}_p(X \wedge Y)$ 的关系为

$$\widetilde{R}_p(X \wedge Y) = R_p(X \wedge Y) - \sum_{j=1}^{k} \{\langle L_j X, X \rangle \langle L_j Y, Y \rangle - \langle L_j X, Y \rangle^2\},$$

其中 X, Y 为 2 维平面 $X \wedge Y$ 中的规范正交基.

例 1.5.3 在例 1.5.1 中, 设 N 为 $(M, g) = (M, \langle, \rangle)$ 的 C^{∞} 单位法向量场, $\{u^1, \cdots, u^n\}$ 为 M 的局部坐标系, 其中 $n = \tilde{n} - 1, \tilde{n} = \dim \widetilde{M}$. 于是

$$g_{ij} = g\left(\frac{\partial}{\partial u^i}, \frac{\partial}{\partial u^j}\right) = \left\langle \frac{\partial}{\partial u^i}, \frac{\partial}{\partial u^j} \right\rangle,$$

$$L_{ij} = \left\langle L \frac{\partial}{\partial u^i}, \frac{\partial}{\partial u^j} \right\rangle = \left\langle \widetilde{\nabla}_{\frac{\partial}{\partial u^i}} N, \frac{\partial}{\partial u^j} \right\rangle = \frac{\partial}{\partial u^i} \left\langle N, \frac{\partial}{\partial u^j} \right\rangle - \left\langle N, \widetilde{\nabla}_{\frac{\partial}{\partial u^i}} \frac{\partial}{\partial u^j} \right\rangle$$

$$= - \left\langle N, \widetilde{\nabla}_{\frac{\partial}{\partial u^i}} \frac{\partial}{\partial u^j} \right\rangle = - \left\langle N, h\left(\frac{\partial}{\partial u^i}, \frac{\partial}{\partial u^j}\right) \right\rangle.$$

如果记 $\dfrac{\partial}{\partial u^j} = \dfrac{\partial x}{\partial u^j}, \widetilde{\nabla}_{\frac{\partial}{\partial u^i}} \dfrac{\partial}{\partial u^j} = \dfrac{\partial^2 x}{\partial u^i \partial u^j}$, 则

$$L_{ij} = - \left\langle N, \frac{\partial^2 x}{\partial u^i \partial u^j} \right\rangle.$$

此外, 设

$$L \frac{\partial}{\partial u^i} = \widetilde{\nabla}_{\frac{\partial}{\partial u^i}} N = \sum_{k=1}^{n} L_i^k \frac{\partial}{\partial u^k},$$

$$\nabla_{\frac{\partial}{\partial u^i}} \frac{\partial}{\partial u^j} = \sum_{k=1}^{n} \Gamma_{ij}^k \frac{\partial}{\partial u^k},$$

则

(1) $\widetilde{\nabla}_{\frac{\partial}{\partial u^i}} \dfrac{\partial}{\partial u^j} = \nabla_{\frac{\partial}{\partial u^i}} \dfrac{\partial}{\partial u^j} - \left\langle L \dfrac{\partial}{\partial u^i}, \dfrac{\partial}{\partial u^j} \right\rangle N = \displaystyle\sum_{k=1}^{n} \Gamma_{ij}^k \dfrac{\partial}{\partial u^k} - L_{ij} N.$

(2) $L_{ij} = \left\langle L\dfrac{\partial}{\partial u^i}, \dfrac{\partial}{\partial u^j} \right\rangle = \left\langle \sum_{k=1}^{n} L_i^k \dfrac{\partial}{\partial u^k}, \dfrac{\partial}{\partial u^j} \right\rangle = \sum_{k=1}^{n} L_i^k g_{kj}$,

$$\sum_{j=1}^{n} L_{ij} g^{js} = \sum_{j,k=1}^{n} L_i^k g_{kj} g^{js} = \sum_{k=1}^{n} L_i^k \left(\sum_{j=1}^{n} g_{kj} g^{js} \right) = \sum_{k=1}^{n} L_i^k \delta_k^s = L_i^s.$$

(3) $L_{ij} = \left\langle L\dfrac{\partial}{\partial u^i}, \dfrac{\partial}{\partial u^j} \right\rangle = \left\langle \dfrac{\partial}{\partial u^i}, L\dfrac{\partial}{\partial u^j} \right\rangle = L_{ji}$.

(4) 在 $p \in M$ 处,因为 (L_{ij}) 为实对称矩阵,故线性变换

$$L : T_p M \to T_p M$$

的特征值 $K_1, \cdots, K_n$ 都是实数.

(5) 称

$$K_G = K_1 \cdots K_n$$

为 M 在 p 点处的 **Gauss 曲率**;称

$$H = \frac{K_1 + \cdots + K_n}{n}$$

为 M 在 p 点处的**平均曲率**,则

$$K_G = K_1 \cdots K_n = \det(L_i^s) = \det\left(\sum_{j=1}^{n} L_{ij} g^{js} \right)$$

$$= \det(L_{ij}) \cdot \det(g^{js}) = \frac{\det(L_{ij})}{\det(g_{ij})},$$

$$H = \frac{K_1 + \cdots + K_n}{n} = \frac{1}{n}\operatorname{tr}(L_i^s) = \frac{1}{n}\operatorname{tr}\left(\sum_{j=1}^{n} L_{ij} g^{js} \right) = \frac{1}{n}\sum_{i,j=1}^{n} L_{ij} g^{ji}.$$

例 1.5.4 在例 1.5.3 中,设 $\widetilde{M} = \mathbf{R}^{\tilde{n}} = \mathbf{R}^{n+1}$,则 $\widetilde{R} = 0$.

(1) Gauss 曲率方程的坐标形式为

$$0 = R\left(\dfrac{\partial}{\partial u^i}, \dfrac{\partial}{\partial u^j} \right)\dfrac{\partial}{\partial u^l} - \left\{ \left\langle L\dfrac{\partial}{\partial u^j}, \dfrac{\partial}{\partial u^l} \right\rangle L\dfrac{\partial}{\partial u^i} - \left\langle L\dfrac{\partial}{\partial u^i}, \dfrac{\partial}{\partial u^l} \right\rangle L\dfrac{\partial}{\partial u^j} \right\}$$

$$= \sum_{k=1}^{n} R_{lij}^k \dfrac{\partial}{\partial u^k} - \left\{ L_{jl}\sum_{k=1}^{n} L_i^k \dfrac{\partial}{\partial u^k} - L_{il}\sum_{k=1}^{n} L_j^k \dfrac{\partial}{\partial u^k} \right\}$$

$$= \sum_{k=1}^{n} \left\{ R_{lij}^k - (L_{jl} L_i^k - L_{il} L_j^k) \right\}\dfrac{\partial}{\partial u^k},$$

$$R_{lij}^k = L_{jl} L_i^k - L_{il} L_j^k,$$

或

$$\frac{\partial \Gamma_{jl}^k}{\partial u^i} - \frac{\partial \Gamma_{il}^k}{\partial u^j} + \sum_{s=1}^{n} (\Gamma_{jl}^s \Gamma_{is}^k - \Gamma_{il}^s \Gamma_{js}^k) = L_{jl} L_i^k - L_{il} L_j^k, \quad i,j,k,l = 1,\cdots,n.$$

(2) Codazzi-Mainardi 方程的坐标形式为

$$0 = -\left\langle \nabla_{\frac{\partial}{\partial u^i}} L \frac{\partial}{\partial u^j} - \nabla_{\frac{\partial}{\partial u^j}} L \frac{\partial}{\partial u^i} - L\left[\frac{\partial}{\partial u^i}, \frac{\partial}{\partial u^j}\right], \frac{\partial}{\partial u^l} \right\rangle N$$

$$= \left\{ -\frac{\partial}{\partial u^i}\left\langle L \frac{\partial}{\partial u^j}, \frac{\partial}{\partial u^l} \right\rangle + \left\langle L \frac{\partial}{\partial u^j}, \nabla_{\frac{\partial}{\partial u^i}} \frac{\partial}{\partial u^l} \right\rangle \right.$$

$$\left. + \frac{\partial}{\partial u^j}\left\langle L \frac{\partial}{\partial u^i}, \frac{\partial}{\partial u^l} \right\rangle - \left\langle L \frac{\partial}{\partial u^i}, \nabla_{\frac{\partial}{\partial u^j}} \frac{\partial}{\partial u^l} \right\rangle \right\} N$$

$$= \left\{ -\frac{\partial L_{jl}}{\partial u^i} + \frac{\partial L_{il}}{\partial u^j} + \left\langle L \frac{\partial}{\partial u^j}, \sum_{k=1}^n \Gamma_{il}^k \frac{\partial}{\partial u^k} \right\rangle - \left\langle L \frac{\partial}{\partial u^i}, \sum_{k=1}^n \Gamma_{jl}^k \frac{\partial}{\partial u^k} \right\rangle \right\} N$$

$$= \left\{ -\frac{\partial L_{jl}}{\partial u^i} + \frac{\partial L_{il}}{\partial u^j} + \sum_{k=1}^n \Gamma_{il}^k L_{jk} - \sum_{k=1}^n \Gamma_{jl}^k L_{ik} \right\} N,$$

$$\frac{\partial L_{jl}}{\partial u^i} - \frac{\partial L_{il}}{\partial u^j} - \sum_{k=1}^n \Gamma_{il}^k L_{jk} + \sum_{k=1}^n \Gamma_{jl}^k L_{ik} = 0, \quad i, j, l = 1, \cdots, n.$$

(3)

$$\det\begin{pmatrix} L_{ir} & L_{il} \\ L_{jr} & L_{jl} \end{pmatrix} = L_{ir}L_{jl} - L_{il}L_{jr}$$

$$= \sum_{k=1}^n g_{kr}(L_{jl}L_i^k - L_{il}L_j^k) = \sum_{k=1}^n g_{kr}R_{lij}^k$$

$$= \sum_{k=1}^n g_{kr}\left\{ \frac{\partial \Gamma_{jl}^k}{\partial u^i} - \frac{\partial \Gamma_{il}^k}{\partial u^j} + \sum_{s=1}^n (\Gamma_{jl}^s \Gamma_{is}^k - \Gamma_{il}^s \Gamma_{js}^k) \right\}.$$

(4)

$$\det\begin{pmatrix} L_i^l & L_j^l \\ L_i^r & L_j^r \end{pmatrix} = L_i^l L_j^r - L_j^l L_i^r$$

$$= \sum_{k=1}^n g^{kr}(L_{jk}L_i^l - L_{ik}L_j^l) = \sum_{k=1}^n g^{kr}R_{kij}^l$$

$$= \sum_{k=1}^n g^{kr}\left\{ \frac{\partial \Gamma_{jk}^l}{\partial u^i} - \frac{\partial \Gamma_{ik}^l}{\partial u^j} + \sum_{s=1}^n (\Gamma_{jk}^s \Gamma_{is}^l - \Gamma_{ik}^s \Gamma_{js}^l) \right\}.$$

定理 1.5.2(Gauss 绝妙定理) 设 M 为 $\widetilde{M} = \mathbf{R}^{2n+1}$ 中的 $2n$ 维 C^∞ Riemann 正则子流形,则 M 的 Gauss 曲率 K_{G} 由 M 的第 1 基本形式完全确定,而与 M 相对于它的外围空间 $\widetilde{M} = \mathbf{R}^{2n+1}$ 的第 2 基本形式无关.

证明 从表面上看,

$$K_{\mathrm{G}} = \frac{\det(L_{ij})}{\det(g_{ij})}$$

既与 g_{ij}（第 1 基本形式）有关，又与 L_{ij}（第 2 基本形式）有关. 但如果应用行列式的 Laplace 展开就得到

$$\det(L_{ij}) = \sum \pm \begin{vmatrix} L_{ik} & L_{il} \\ L_{jk} & L_{jl} \end{vmatrix} \cdots \begin{vmatrix} L_{su} & L_{sv} \\ L_{tu} & L_{tv} \end{vmatrix}.$$

由例 1.5.4(3)知，

$$\begin{vmatrix} L_{ik} & L_{il} \\ L_{jk} & L_{jl} \end{vmatrix}$$

可用 $\{g_{ij}\}$ 及其导数（注意 Γ_{ij}^k 可用 $\{g_{ij}\}$ 及其导数）表示. 所以，K_G 由 M 的第 1 基本形式完全确定. $\qquad\square$

定理 1.5.3 设 M 为 $\widetilde{M} = \mathbf{R}^{n+1}$ 的 n 维 C^∞ Riemann 正则子流形，N 为 M 的 C^∞ 单位法向量场，即 $N: M \to S^n \subset \mathbf{R}^{n+1}$ 为 C^∞ 映射（称为 M 的 **Gauss 映射**），则

$$K_G = \det N_*,$$

其中 $N_*: TM \to TS^n$，$T_x M$ 和 $T_{N(x)} S^n$ 视作相同的向量空间.

证明 设 $\{u^1, \cdots, u^n\}$ 为 M 的局部坐标系，则

$$\begin{pmatrix} N_* \dfrac{\partial}{\partial u^1} \\ \vdots \\ N_* \dfrac{\partial}{\partial u^n} \end{pmatrix} = \begin{pmatrix} \dfrac{\partial N}{\partial u^1} \\ \vdots \\ \dfrac{\partial N}{\partial u^n} \end{pmatrix} = \begin{pmatrix} L \dfrac{\partial}{\partial u^1} \\ \vdots \\ L \dfrac{\partial}{\partial u^n} \end{pmatrix} = \begin{pmatrix} L_1^1 & \cdots & L_1^n \\ \vdots & & \vdots \\ L_n^1 & \cdots & L_n^n \end{pmatrix} \begin{pmatrix} \dfrac{\partial}{\partial u^1} \\ \vdots \\ \dfrac{\partial}{\partial u^n} \end{pmatrix},$$

$$K_G = \det(L_i^k) = \det N_*. \qquad\square$$

定理 1.5.4 设 M 为 $\mathbf{R}^3$ 中的 2 维 C^∞ 紧致定向 Riemann 正则子流形，则存在点 $P_0 \in M$，使得 $K_G(P_0) > 0$.

证明 （证法 1）设 $r = (x, y, z)$ 为曲面 M 的位置向量，由 M 紧致知，连续函数

$$f(P) = x^2(P) + y^2(P) + z^2(P)$$

在某点 P_0 处达到最大值. 下证 $K_G(P_0) > 0$.

又设 $\{u, v\}$ 为点 P_0 处的局部坐标系，位置向量的参数可表示为

$$r(u, v) = (x(u, v), y(u, v), z(u, v)).$$

M 上过 P_0 点的弧长 s 为参数的曲线记为 $r(u(s), v(s))$，简记为 $r(s)$. 于是，$r(0) = P_0$ 是 $f(s) = f(r(s))$ 的最大值点. 所以

$$0 = \frac{\mathrm{d}f}{\mathrm{d}s}(0) = 2(x'(0)x(0) + y'(0)y(0) + z'(0)z(0)),$$

即

$$r'(0) = (x'(0), y'(0), z'(0)) \perp (x(0), y(0), z(0)) = r(0),$$

这表明 $r(0)$ 为 M 在 P_0 点处的法向量. 显然, 有 $|r(0)|>0$, 则 $r(0)=\mu n(0)$, $\mu>0$ 为固定的实数, $n(0)$ 为与 $r(0)$ 同向的单位法向量.

此外, 还有

$$0 \geqslant \frac{1}{2}\frac{\mathrm{d}^2 f}{\mathrm{d}s^2}(0)$$

$$= (x''(0)x(0)+y''(0)y(0)+z''(0)z(0))+(x'(0)^2+y'(0)^2+z'(0)^2)$$

$$= \langle r''(0), r(0)\rangle + 1 = \mu\langle r''(0), n(0)\rangle + 1,$$

$$-1 \geqslant \mu\langle r''(0), n(0)\rangle, \quad \langle r''(0), n(0)\rangle \leqslant -\frac{1}{\mu}.$$

由于曲线 $r(s)$ 的任意性, 可选 M 在 $P_0 x(0)$ 点附近的两条主曲率线 $r(s), t(s)$, 相应的主曲率分别为 $\lambda_1(s), \lambda_2(s)$. 于是

$$0 = \langle r'(s), n(s)\rangle,$$

$$0 = \langle r''(s), n(s)\rangle + \langle r'(s), n'(s)\rangle,$$

$$\langle r''(s), n(s)\rangle = -\langle r'(s), n'(s)\rangle = -\langle r'(s), L(r'(s))\rangle$$

$$= -\langle r'(s), \lambda_1 r'(s)\rangle = -\lambda_1(s),$$

$$\lambda_1(s) = -\langle r''(s), n(s)\rangle.$$

同理, $\lambda_2(s) = -\langle t''(s), n(s)\rangle$. 由此得到

$$K_G(P_0) = K_G(r(0)) = \lambda_1(0)\lambda_2(0) = (-\langle r''(0), n(0)\rangle)(-\langle t''(0), n(0)\rangle)$$

$$= \langle r''(0), n(0)\rangle\langle t''(0), n(0)\rangle \geqslant \left(-\frac{1}{\mu}\right)\left(-\frac{1}{\mu}\right) = \frac{1}{\mu^2} > 0.$$

(证法 2) 令 $P \in M$, $Q \in \mathbf{R}^3$, 而 $\rho(P)$ 为 P 到定点 Q 的距离. 显然, ρ 为 M 上的连续函数. 由于 M 紧致, 所以必∃$P_0 \in M$, 使得 $\rho(P_0) = \max_{P \in M}\rho(P)$. 于是, 以定点 Q 为中心、$\rho(P_0)$ 为半径的球面 $\widetilde{M} = S^n(Q, \rho(P_0))$ 将 M 完全包含在内, 且恰在 P_0 点处相切. 为简单, 又不失一般性, 取 $P_0 = O$, xOy 平面为 M 与 $\widetilde{M}$ 在原点 O 处的公共切平面, $N = (0,0,1)$ 为单位法向量, 且 M 与 $\widetilde{M}$ 都在其上方(图 1.5.2).

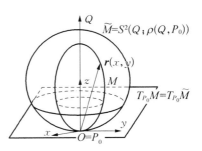

图 1.5.2

设曲面 M 上的动点为

$$r(x, y) = (x, y, z(x, y)),$$

则

$$r'_x = (1, 0, z'_x), \quad r'_y = (0, 1, z'_y).$$

因为 $\rho(P_0) = \max_{P \in M}\rho(P)$, 故 $z(x, y)$ 在 $(0,0)$ 处达到最大值, 根据 Fermat 定理, 有

$$z'_x(0,0) = 0 = z'_y(0,0).$$

于是

$$r'_x(0,0) = (1,0,0), \quad r'_y(0,0) = (0,1,0).$$

$$g_{11} = \langle r'_x(0,0), r'_x(0,0) \rangle = 1, \quad g_{22} = \langle r'_y(0,0), r'_y(0,0) \rangle = 1,$$

$$g_{12} = \langle r'_x(0,0), r'_y(0,0) \rangle = 0 = \langle r'_y(0,0), r'_x(0,0) \rangle = g_{21}.$$

易见,$r(x,y)$ 到 $P_0 = r(0,0) = (0,0,0)$ 点的切平面 $T_{P_0}M = T_{P_0}\widetilde{M}$ 的垂直距离为

$$0 \leqslant z(x,y) = \langle r(x,y) - r(0,0), N \rangle$$

$$= \Big\langle r'_x(0,0)x + r'_y(0,0)y + \frac{1}{2}(r''_{xx}(0,0)x^2 + 2r''_{xy}(0,0)xy + r''_{yy}(0,0)y^2)$$

$$+ o(x^2 + y^2), N \Big\rangle$$

$$= -\frac{1}{2}(L_{11}(0,0)x^2 + 2L_{12}(0,0)xy + L_{22}(0,0)y^2) + o(x^2 + y^2).$$

同样,对 $\widetilde{M}$ 有

$$0 \leqslant \widetilde{z}(x,y) = -\frac{1}{2}(\widetilde{L}_{11}(0,0)x^2 + 2\widetilde{L}_{12}(0,0)xy + \widetilde{L}_{22}(0,0)y^2) + \widetilde{o}(x^2 + y^2).$$

此外,$P_0 = r(0,0)$ 附近还有

$$-\frac{1}{2}(L_{11}(0,0)x^2 + 2L_{12}(0,0)xy + L_{22}(0,0)y^2) + o(x^2 + y^2)$$

$$= z(x,y) \geqslant \widetilde{z}(x,y)$$

$$= -\frac{1}{2}(\widetilde{L}_{11}(0,0)x^2 + 2\widetilde{L}_{12}(0,0)xy + \widetilde{L}_{22}(0,0)y^2) + \widetilde{o}(x^2 + y^2).$$

由上面 3 个不等式,并应用反证法不难证明:在 $(0,0)$ 附近有

$$L_{11}(0,0)x^2 + 2L_{12}(0,0)xy + L_{22}(0,0)y^2 \leqslant 0,$$

$$\widetilde{L}_{11}(0,0)x^2 + 2\widetilde{L}_{12}(0,0)xy + \widetilde{L}_{22}(0,0)y^2 \leqslant 0,$$

$$L_{11}(0,0)x^2 + 2L_{12}(0,0)xy + L_{22}(0,0)y^2$$

$$\leqslant \widetilde{L}_{11}(0,0)x^2 + 2\widetilde{L}_{12}(0,0)xy + \widetilde{L}_{22}(0,0)y^2.$$

显然,由双线性知,对 $\forall (x,y) \in \mathbf{R}^2$,上面不等式仍成立.根据线性代数知识,上面两个双线性型的二次型的最小特征值 $\lambda_{小}, \widetilde{\lambda}_{小}$ 和最大特征值 $\lambda_{大}, \widetilde{\lambda}_{大}$ 有如下关系:

$$\lambda_{小} \leqslant 0, \quad \widetilde{\lambda}_{小} \leqslant 0, \quad \lambda_{大} \leqslant 0, \quad \widetilde{\lambda}_{大} \leqslant 0;$$

且

$$\lambda_{大} = \max_{x^2+y^2=1} \{L_{11}(0,0)x^2 + 2L_{12}(0,0)xy + L_{22}(0,0)y^2\}$$

$$\leqslant \max_{x^2+y^2=1} \{\widetilde{L}_{11}(0,0)x^2 + 2\widetilde{L}_{12}(0,0)xy + \widetilde{L}_{22}(0,0)y^2\} = \widetilde{\lambda}_{\text{大}},$$

$$\lambda_{\text{小}} = \min_{x^2+y^2=1} \{L_{11}(0,0)x^2 + 2L_{12}(0,0)xy + L_{22}(0,0)y^2\}$$

$$\leqslant \min_{x^2+y^2=1} \{\widetilde{L}_{11}(0,0)x^2 + 2\widetilde{L}_{12}(0,0)xy + \widetilde{L}_{22}(0,0)y^2\} = \widetilde{\lambda}_{\text{小}}.$$

因此

$$K_{\text{G}}(P_0) = \frac{\det(L_{ij}(0,0))}{\det(g_{ij}(0,0))} = \det(L_{ij}(0,0)) = \lambda_{\text{小}}\lambda_{\text{大}}$$

$$\geqslant \widetilde{\lambda}_{\text{小}}\widetilde{\lambda}_{\text{大}} = \widetilde{K}_{\text{G}}(P_0) = \frac{1}{[\rho(P_0)]^2} > 0.$$

（证法 3）根据下面的引理 1.8.9，存在 $x_0 \in M$，过 x_0 的局部 C^∞ 单位法向量场 $\xi = N$，使得在 x_0 点处，

$$\langle h(X,Y),N \rangle = \langle (\widetilde{\nabla}_X Y)^\top + h(X,Y),N \rangle$$

$$= \langle \widetilde{\nabla}_X Y, N \rangle = \langle Y, -\widetilde{\nabla}_X N \rangle = -\langle Y, LX \rangle$$

为正定二次型. 因此

$$K_{\text{G}}(x_0) = \frac{\det(L_{ij})}{\det(g_{ij})} > 0. \qquad \square$$

定理 1.5.5 $\widetilde{M} = \mathbf{R}^3$ 中的 2 维 C^∞ 定向 Riemann 正则子流形 M 的 Gauss 曲率 K_{G} 与它的 Riemann 截曲率相等.

证明 设 e_1, e_2 为 TM 的局部 C^∞ 规范正交基向量场，L 为 Weingarten 映射，且

$$\begin{bmatrix} Le_1 \\ Le_2 \end{bmatrix} = \begin{bmatrix} L_1^1 & L_1^2 \\ L_2^1 & L_2^2 \end{bmatrix} \begin{bmatrix} e_1 \\ e_2 \end{bmatrix},$$

$$R(e_1 \wedge e_2) = \widetilde{R}(e_1 \wedge e_2) + \langle Le_1, e_1 \rangle \langle Le_2, e_2 \rangle - \langle Le_1, e_2 \rangle^2$$

$$= 0 + \langle L_1^1 e_1 + L_1^2 e_2, e_1 \rangle \langle L_2^1 e_1 + L_2^2 e_2, e_2 \rangle - \langle L_1^1 e_1 + L_1^2 e_2, e_2 \rangle^2$$

$$= L_1^1 L_2^2 - (L_1^2)^2 = \det \begin{vmatrix} L_1^1 & L_1^2 \\ L_2^1 & L_2^2 \end{vmatrix} = K_{\text{G}},$$

其中 $L_1^2 = L_2^1$，这是因为

$$L_i^i = \langle \sum_{s=1}^2 L_i^s e_s, e_j \rangle = \langle Le_i, e_j \rangle = \langle e_i, Le_j \rangle = \langle e_i, \sum_{s=1}^2 L_j^s e_s \rangle = L_j^i. \qquad \square$$

再给出两个例子.

例 1.5.5 设 $\widetilde{M} = \mathbf{R}^{n+1}, M = S^n\left(\dfrac{1}{\sqrt{c}}\right) = \left\{ x = (x^1, \cdots, x^{n+1}) \in \mathbf{R}^{n+1} \,\Big|\, \sum_{i=1}^{n+1} (x^i)^2 = \dfrac{1}{c} \right\}$

为 n 维球面，则

$$LX = \widetilde{\nabla}_X N = \widetilde{\nabla}_X \left(\sum_{i=1}^{n+1} \sqrt{c}\, x^i \frac{\partial}{\partial x^i} \right)$$

$$= \sqrt{c} \sum_{i=1}^{n+1} (Xx^i) \frac{\partial}{\partial x^i} + \sum_{i=1}^{n+1} \sqrt{c} x^i \widetilde{\nabla}_X \frac{\partial}{\partial x^i} = \sqrt{c} X.$$

取 X, Y 为 $X \wedge Y$ 平面上的规范正交基,则

$$R_p(X \wedge Y) = \widetilde{R}_p(X \wedge Y) + \{\langle LX, X \rangle \langle LY, Y \rangle - \langle LX, Y \rangle^2\}$$

$$= 0 + \{\langle \sqrt{c} X, X \rangle \langle \sqrt{c} Y, Y \rangle - \langle \sqrt{c} X, Y \rangle^2\}$$

$$= c (\text{常 Riemann 截曲率 } c > 0),$$

$$K_G = \det(L_i^s) = \det \begin{pmatrix} \sqrt{c} & & \\ & \ddots & \\ & & \sqrt{c} \end{pmatrix} = (\sqrt{c})^n = c^{\frac{n}{2}},$$

$$H = \frac{\text{tr}(L_i^s)}{n} = \frac{\overbrace{\sqrt{c} + \cdots + \sqrt{c}}^{n\uparrow}}{n} = \sqrt{c}.$$

例 1.5.6　设 $\widetilde{M} = \mathbf{R}^{n+1}, M = \left\{ x = (x^1, \cdots, x^{n+1}) \in \mathbf{R}^{n+1} \,\middle|\, \sum_{i=1}^{n} (x^i)^2 = \frac{1}{c} \right\}$ 为 n 维

圆柱面,则

$$LX = \widetilde{\nabla}_X N = \widetilde{\nabla}_X \left(\sum_{i=1}^{n} \sqrt{c} x^i \frac{\partial}{\partial x^i} \right) = \sqrt{c} \sum_{i=1}^{n} (Xx^i) \frac{\partial}{\partial x^i} + \sum_{i=1}^{n} \sqrt{c} x^i \widetilde{\nabla}_X \frac{\partial}{\partial x^i}$$

$$= \sqrt{c} \sum_{i=1}^{n} a^i \frac{\partial}{\partial x^i},$$

其中 $X = \sum_{i=1}^{n+1} a^i \frac{\partial}{\partial x^i}$.

取 TM 的局部 C^∞ 规范正交基向量场为 $e_1, \cdots, e_{n-1}, \frac{\partial}{\partial x^{n+1}}$,则

$$\begin{pmatrix} Le_1 \\ \vdots \\ Le_{n-1} \\ L \frac{\partial}{\partial x^{n+1}} \end{pmatrix} = \begin{pmatrix} \sqrt{c} & & & \\ & \ddots & & \\ & & \sqrt{c} & \\ & & & 0 \end{pmatrix} \begin{pmatrix} e_1 \\ \vdots \\ e_{n-1} \\ \frac{\partial}{\partial x^{n+1}} \end{pmatrix},$$

$$K_G = \det \begin{pmatrix} \sqrt{c} & & & \\ & \ddots & & \\ & & \sqrt{c} & \\ & & & 0 \end{pmatrix} = 0,$$

$$H = \frac{\overbrace{\sqrt{c} + \cdots + \sqrt{c}}^{n-1\uparrow} + 0}{n} = \frac{n-1}{n} \sqrt{c}.$$

注意,$M(n \geqslant 3)$ 不是常 Riemann 截曲率的 C^∞ 流形. 例如

$$R_p(e_1 \wedge e_2) = \widetilde{R}_p(e_1 \wedge e_2) + \{\langle Le_1, e_1 \rangle \langle Le_2, e_2 \rangle - \langle Le_1, e_2 \rangle^2\}$$
$$= 0 + \{\langle \sqrt{c}\, e_1, e_1 \rangle \langle \sqrt{c}\, e_2, e_2 \rangle - \langle \sqrt{c}\, e_1, e_2 \rangle^2\}$$
$$= c > 0,$$

$$R_p\left(e_1 \wedge \frac{\partial}{\partial x^{n+1}}\right) = \widetilde{R}_p\left(e_1 \wedge \frac{\partial}{\partial x^{n+1}}\right)$$
$$+ \left\{\langle Le_1, e_1 \rangle \left\langle L\frac{\partial}{\partial x^{n+1}}, \frac{\partial}{\partial x^{n+1}} \right\rangle - \left\langle Le_1, \frac{\partial}{\partial x^{n+1}} \right\rangle^2\right\}$$
$$= 0 + \left\{\langle \sqrt{c}\, e_1, e_1 \rangle \left\langle 0, \frac{\partial}{\partial x^{n+1}} \right\rangle - \left\langle \sqrt{c}\, e_1, \frac{\partial}{\partial x^{n+1}} \right\rangle^2\right\}$$
$$= 0 \neq c = R_p(e_1 \wedge e_2).$$

最后,我们给出几个有用的公式.

定理 1.5.6 设 $(M, g) = (M, I^* \widetilde{g})$ 是 $(\widetilde{M}, \widetilde{g})$ 的 C^∞ Riemann 正则子流形,则对 $\forall\, X,\ Y, Z, W \in T_p M$,有
$$K(X, Y, Z, W) = \widetilde{K}(X, Y, Z, W) + \{\langle h(X, Z), h(Y, W) \rangle - \langle h(X, W), h(Y, Z) \rangle\}.$$

如果 X, Y 为平面 $X \wedge Y$ 上的规范正交基,则
$$R(X \wedge Y) = \widetilde{R}(X \wedge Y) + \{\langle h(X, X), h(Y, Y) \rangle - \langle h(X, Y), h(X, Y) \rangle\}.$$

特别当 $(\widetilde{M}, \widetilde{g})$ 具有常截曲率 c 时,得到
$$K(X, Y, Z, W) = c\{\langle X, Z \rangle \langle Y, W \rangle - \langle X, W \rangle \langle Y, Z \rangle\}$$
$$+ \{\langle h(X, Z), h(Y, W) \rangle - \langle h(X, W), h(Y, Z) \rangle\}.$$

如果 X, Y 为平面 $X \wedge Y$ 上的规范正交基,则
$$R(X \wedge Y) = c + \{\langle h(X, X), h(Y, Y) \rangle S - \langle h(X, Y), h(X, Y) \rangle\}.$$

证明 因为

$$\widetilde{K}(X, Y, Z, W)$$
$$= \langle X, \widetilde{R}(Z, W) Y \rangle$$
$$= \langle X, R(Z, W) Y + \widetilde{\nabla}_Z h(W, Y) - \widetilde{\nabla}_W h(Z, Y)$$
$$+ h(Z, \nabla_W Y) - h(W, \nabla_Z Y) - h([Z, W], Y) \rangle$$
$$= K(X, Y, Z, W) - \langle \widetilde{\nabla}_Z X, h(W, Y) \rangle + \langle \widetilde{\nabla}_W X, h(Z, Y) \rangle$$
$$= K(X, Y, Z, W) - \langle h(X, Z), h(Y, W) \rangle + \langle h(X, W), h(Y, Z) \rangle,$$

所以
$$K(X, Y, Z, W) = \widetilde{K}(X, Y, Z, W) + \{\langle h(X, Z), h(Y, W) \rangle - \langle h(X, W), h(Y, Z) \rangle\}.$$

□

注 1.5.1 设 $\{e_1,\cdots,e_n\}$ 为 T_pM 的规范正交基，$\{e_1,\cdots,e_n,e_{n+1},\cdots,e_{\tilde{n}}\}$ 为 $T_p\tilde{M}$ 的规范正交基，则

$$
\begin{aligned}
K_{ijkl} &= K(e_i,e_j,e_k,e_l) \\
&= \tilde{K}(e_i,e_j,e_k,e_l) + \{\langle h(e_i,e_k),h(e_j,e_l)\rangle - \langle h(e_i,e_l),h(e_j,e_k)\rangle\} \\
&= \tilde{K}_{ijkl} + \left\langle \sum_{\alpha=n+1}^{\tilde{n}} h_{ik}^{\alpha}e_{\alpha}, \sum_{\beta=n+1}^{\tilde{n}} h_{jl}^{\beta}e_{\beta} \right\rangle - \left\langle \sum_{\alpha=n+1}^{\tilde{n}} h_{il}^{\alpha}e_{\alpha}, \sum_{\beta=n+1}^{\tilde{n}} h_{jk}^{\beta}e_{\beta} \right\rangle \\
&= \tilde{K}_{ijkl} + \sum_{\alpha=n+1}^{\tilde{n}} (h_{ik}^{\alpha}h_{jl}^{\alpha} - h_{il}^{\alpha}h_{jk}^{\alpha}).
\end{aligned}
$$

如果 $\tilde{M}$ 是常曲率 c 的流形，则

$$
K_{ijkl} = c(\delta_{ik}\delta_{jl} - \delta_{il}\delta_{jk}) + \sum_{\alpha=n+1}^{\tilde{n}} (h_{ik}^{\alpha}h_{jl}^{\alpha} - h_{il}^{\alpha}h_{jk}^{\alpha}).
$$

定理 1.5.7 在定理 1.5.6 中，设 $\{e_1,\cdots,e_n\}$ 为 $(M,g)=(M,I^*\tilde{g})$ 的局部 C^{∞} 规范正交基向量场，$\{e_1,\cdots,e_n,e_{n+1},\cdots,e_{\tilde{n}}\}$ 为 $(\tilde{M},\tilde{g})=(\tilde{M},\langle,\rangle)$ 的局部 C^{∞} 规范正交基向量场. 记

$$
h^{\alpha}(X,Y) = \langle h(X,Y),e_{\alpha}\rangle, \quad \alpha = n+1,\cdots,\tilde{n},
$$

则

$$
h(X,Y) = \sum_{\alpha=n+1}^{\tilde{n}} \langle h(X,Y),e_{\alpha}\rangle e_{\alpha} = \sum_{\alpha=n+1}^{\tilde{n}} h^{\alpha}(X,Y)e_{\alpha}.
$$

(1) $h^{\alpha}(X,Y) = \langle h(X,Y),e_{\alpha}\rangle = \langle A_{e_{\alpha}}(X),Y\rangle$.

(2)

$$
\begin{aligned}
&K(X,Y,Z,W) \\
&= \tilde{K}(X,Y,Z,W) + \sum_{\alpha=n+1}^{\tilde{n}} (h^{\alpha}(X,Z)h^{\alpha}(Y,W) - h^{\alpha}(X,W)h^{\alpha}(Y,Z)) \\
&= \tilde{K}(X,Y,Z,W) + \sum_{\alpha=n+1}^{\tilde{n}} (\langle A_{e_{\alpha}}(X),Z\rangle\langle A_{e_{\alpha}}(Y),W\rangle - \langle A_{e_{\alpha}}(X),W\rangle\langle A_{e_{\alpha}}(Y),Z\rangle).
\end{aligned}
$$

如果 X,Y 为平面 $X \wedge Y$ 上的规范正交基，则

$$
\begin{aligned}
R(X \wedge Y) &= \tilde{R}(X \wedge Y) + \sum_{\alpha=n+1}^{\tilde{n}} (h^{\alpha}(X,X)h^{\alpha}(Y,Y) \\
&\quad - h^{\alpha}(X,Y)h^{\alpha}(X,Y)) \\
&= \tilde{R}(X \wedge Y) + \sum_{\alpha=n+1}^{\tilde{n}} (\langle A_{e_{\alpha}}(X),X\rangle\langle A_{e_{\alpha}}(Y),Y\rangle \\
&\quad - \langle A_{e_{\alpha}}(X),Y\rangle\langle A_{e_{\alpha}}(X),Y\rangle).
\end{aligned}
$$

证明 (1)

$$
\begin{aligned}
\langle A_{e_{\alpha}}(X),Y\rangle &= \langle -\tilde{\nabla}_X e_{\alpha},Y\rangle = -(X\langle e_{\alpha},Y\rangle - \langle e_{\alpha},\tilde{\nabla}_X Y\rangle) \\
&= -(0 - \langle e_{\alpha},\nabla_X Y + h(X,Y)\rangle)
\end{aligned}
$$

$$= \langle e_\alpha, h(X,Y) \rangle = \langle h(X,Y), e_\alpha \rangle.$$

（2）由（1）和定理 1.5.6 得到

$$K(X,Y,Z,W)$$

$$= \widetilde{K}(X,Y,Z,W) + \{\langle h(X,Z), h(Y,W) \rangle - \langle h(X,W), h(Y,Z) \rangle\}$$

$$= \widetilde{K}(X,Y,Z,W) + \left\{ \left\langle \sum_{\alpha=n+1}^{\tilde{n}} h^\alpha(X,Z)e_\alpha, \sum_{\beta=n+1}^{\tilde{n}} h^\beta(Y,W)e_\beta \right\rangle \right.$$

$$\left. - \left\langle \sum_{\alpha=n+1}^{\tilde{n}} h^\alpha(X,W)e_\alpha, \sum_{\beta=n+1}^{\tilde{n}} h^\beta(Y,Z)e_\beta \right\rangle \right\}$$

$$= \widetilde{K}(X,Y,Z,W) + \sum_{\alpha=n+1}^{\tilde{n}} (h^\alpha(X,Z)h^\alpha(Y,W) - h^\alpha(X,W)h^\alpha(Y,Z))$$

$$= \widetilde{K}(X,Y,Z,W) + \sum_{\alpha=n+1}^{\tilde{n}} (\langle A_{e_\alpha}(X), Z \rangle \langle A_{e_\alpha}(Y), W \rangle$$

$$- \langle A_{e_\alpha}(X), W \rangle \langle A_{e_\alpha}(Y), Z \rangle). \qquad \square$$

应用注 1.5.1 立即有：

定理 1.5.8 设 $(\widetilde{M}, \widetilde{g})$ 为 $\tilde{n}$ 维 C^∞ Riemann 截曲率 c 的流形，

$$(M, g) = (M, I^* \widetilde{g})$$

为

$$(\widetilde{M}, \widetilde{g}) = (\widetilde{M}, \langle , \rangle)$$

的 n 维 C^∞ Riemann 正则子流形. $\{e_1, \cdots, e_{\tilde{n}}\}$ 为 $(\widetilde{M}, \widetilde{g})$ 的局部规范正交基，而 $\{e_1, \cdots, e_n\}$ 为 (M, g) 的局部规范正交基，s 为 (M, g) 的数量曲率. 记

$$h_{ij}^\alpha = \langle h(e_i, e_j), e_\alpha \rangle, \quad i, j = 1, \cdots, n; \ \alpha = n+1, \cdots, \tilde{n},$$

$$h = \sum_{\alpha=n+1}^{\tilde{n}} \sum_{i,j=1}^{n} h_{ij}^\alpha \omega^i \otimes \omega^j \otimes e_\alpha \quad （第 2 基本形式），$$

$$H = H(x) = \sum_{\alpha=n+1}^{\tilde{n}} \left(\frac{1}{n} \sum_{j=1}^{n} h_{jj}^\alpha \right) e_\alpha \quad （平均曲率向量），$$

$$\| h \|^2 = \sum_{\alpha=n+1}^{\tilde{n}} \sum_{i,j=1}^{n} (h_{ij}^\alpha)^2, \quad \| H \|^2 = \frac{1}{n^2} \sum_{\alpha=n+1}^{\tilde{n}} \left(\sum_{j=1}^{n} h_{jj}^\alpha \right)^2,$$

则

$$s = n(n-1)c + n^2 \| H \|^2 - \| h \|^2.$$

证明

$$s = \sum_{i=1}^{n} R_{ii} = \sum_{i=1}^{n} Ric(e_i, e_i) = \sum_{i,j=1}^{n} \langle e_j, R(e_j, e_i)e_i \rangle = \sum_{i,j=1}^{n} K(e_j, e_i, e_j, e_i)$$

$$= \sum_{i,j=1}^{n} \Big(\widetilde{K}_{jiji} + \sum_{\alpha=n+1}^{\bar{n}} (h_{jj}^{\alpha} h_{ii}^{\alpha} - h_{ji}^{\alpha} h_{ij}^{\alpha}) \Big)$$

$$= \sum_{i,j=1}^{n} \Big(c(\delta_{jj}\delta_{ii} - \delta_{ji}\delta_{ij}) + \sum_{\alpha=n+1}^{\bar{n}} \Big(\sum_{i=1}^{n} h_{ii}^{\alpha} \Big) \Big(\sum_{j=1}^{n} h_{jj}^{\alpha} \Big) - \sum_{\alpha=n+1}^{\bar{n}} \sum_{i,j=1}^{n} (h_{ij}^{\alpha})^2 \Big)$$

$$= (n^2 - n)c + n^2 \|H\|^2 - \|h\|^2$$

$$= n(n-1)c + n^2 \|H\|^2 - \|h\|^2. \qquad \square$$

1.6 活 动 标 架

本节主要介绍怎样利用活动标架研究线性联络、Levi-Civita 联络、曲率和 C^∞ 正则子流形的局部几何. 首先用另一种方式定义线性联络和协变导数.

定义 1.6.1 设 M 为 n 维 C^∞ 流形,

$$\xi = \{E, M, \pi, \mathrm{GL}(m, \mathbf{R}), \mathbf{R}^m, \mathscr{C}\}$$

为秩 m 的 C^∞ 向量丛. 如果线性算子

$$\nabla : C^\infty(E) \to C^\infty(T^* M \otimes E)$$

满足

$$\nabla(fs) = \mathrm{d}f \otimes s + f \nabla s, \quad s \in C^\infty(E), \ f \in C^\infty(M, \mathbf{R}),$$

则称 ∇ 为 E 或 ξ 上的**线性联络**,称 ∇s 为 s 的**协变导数**.

由上述定义和引理 1.1.2(2) 的证明可知,线性联络 ∇ 为局部算子. 也就是说,如果 $s|_U = 0$,则 $\nabla s|_U = 0$. 于是,∇ 在 M 的开子集 U 上的限制 $\nabla^U = \nabla|_U$ 是有意义的(为方便,有时仍记作 ∇). 如果 $E|_U$ 平凡,则 $E|_U$ 的 C^∞ 标架场 $\{s_1, \cdots, s_m\}$(即 $s_i \in C^\infty(E|_U)$,且 $\{s_1(x), \cdots, s_m(x)\}$ 为 $x \in U$ 处纤维 E_x 的基)称为 U 上的**局部 C^∞ 标架场**.

设 $\{U_\alpha \mid \alpha \in \Gamma\}$ 为 M 的开覆盖,使得 $E|_{U_\alpha}$ 是平凡的,则 E 上的线性联络 ∇ 由 $\{\nabla^{U_\alpha} \mid \alpha \in \Gamma\}$ 唯一决定. 令 $\{s_1, \cdots, s_m\}$ 为 U_α 上的局部 C^∞ 标架场,则存在 U_α 上的 C^∞ 实值 1 形式的 $m \times m$ 矩阵 $\omega = (\omega_i^j)$,称之为**联络 1 形式**,使得

$$\nabla s_i = \sum_{j=1}^{m} \omega_i^j \otimes s_j.$$

如设 $\{\tilde{s}_1, \cdots, \tilde{s}_m\}$ 为 U_α 上另一局部标架场,

$$\nabla \tilde{s}_i = \sum_{j=1}^{m} \tilde{\omega}_i^j \otimes \tilde{s}_j, \quad \tilde{\omega} = (\tilde{\omega}_i^j).$$

记 $\tilde{s}_i = \sum_{j=1}^{m} a_i^j s_j$,$A^{-1} = (b_i^j)$ 为 $A = (a_i^j)$ 的逆矩阵. 因此,$s_l = \sum_{j=1}^{m} b_l^j \tilde{s}_j$. 由

$$\sum_{j=1}^{m} \tilde{\omega}_i^j \otimes \tilde{s}_j = \nabla \tilde{s}_i = \nabla \Big(\sum_{l=1}^{m} a_i^l s_l \Big) = \sum_{l=1}^{m} \big(\mathrm{d}a_i^l \otimes s_l + a_i^l \nabla s_l \big)$$

$$= \sum_{l=1}^{m} \Big(\mathrm{d}a_i^l + \sum_{k=1}^{m} a_i^k \omega_k^l \Big) \otimes s_l = \sum_{j=1}^{m} \Big(\mathrm{d}a_i^l \cdot b_l^j + \sum_{k,l=1}^{m} a_i^k \omega_k^l b_l^j \Big) \otimes \tilde{s}_j$$

得

$$\tilde{\omega}_i^j = \sum_{l=1}^{m} \mathrm{d}a_i^l \cdot b_l^j + \sum_{k,l=1}^{m} a_i^k \omega_k^l b_l^j,$$

即

$$\tilde{\omega} = \mathrm{d}A \cdot A^{-1} + A \cdot \omega \cdot A^{-1}. \qquad \text{(联络方阵的变换公式)}$$

已给 M 的开覆盖 $\{U_\alpha \mid \alpha \in \Gamma\}$, U_α 上的局部 C^∞ 标架场 $\{s_i^\alpha\}$ 和相应的 $\mathrm{gl}(m, \mathbf{R})$ ($m \times m$ 实矩阵加群) 值 1 形式 ω. 如果 $\alpha, \beta \in \Gamma$, $U_\alpha \cap U_\beta \neq \varnothing$,

$$s_i^\alpha = \sum_{j=1}^{n} a_i^j(\alpha, \beta) s_j^\beta, \quad A_{\alpha\beta} = (a_i^j(\alpha, \beta)),$$

则 E 上的线性联络由一族 U_α 上的 $\mathrm{gl}(m, \mathbf{R})$ 值 1 形式 ω_α 定义, 使得在 $U_\alpha \cap U_\beta$ 上满足

$$\omega_\alpha = \mathrm{d}A_{\alpha\beta} \cdot A_{\alpha\beta}^{-1} + A_{\alpha\beta} \cdot \omega_\beta \cdot A_{\alpha\beta}^{-1}.$$

设 $s \in C^\infty(E)$, $X, Y \in C^\infty(TM)$, $f \in C^\infty(M, \mathbf{R})$,

$$\nabla_X s = (\nabla s)(X),$$

$$R(X, Y)s = (\nabla_X \nabla_Y - \nabla_Y \nabla_X - \nabla_{[X,Y]})s.$$

根据定义 1.1.4 和引理 1.1.1, 有

$$R(Y, X) = -R(X, Y),$$

$$R(fX, Y) = R(X, fY) = fR(X, Y),$$

$$R(X, Y)(fs) = fR(X, Y)s.$$

设 $\{s_1, \cdots, s_m\}$ 为 M 的开集 U 上的局部 C^∞ 标架场, 则存在 C^∞ 2 形式 Ω_i^j, 称为**曲率 2 形式**, 使得

$$R(s_i) = \sum_{j=1}^{m} \Omega_i^j \otimes s_j.$$

由

$$\sum_{j=1}^{m} \Omega_i^j(X, Y)s_j = \Big(\sum_{j=1}^{m} \Omega_i^j \otimes s_j \Big)(X, Y) = R(s_i)(X, Y)$$

$$= R(X, Y)s_i = (\nabla_X \nabla_Y - \nabla_Y \nabla_X - \nabla_{[X,Y]})s_i$$

$$= \nabla_X \Big(\sum_{j=1}^{m} \omega_i^j(Y)s_j \Big) - \nabla_Y \Big(\sum_{j=1}^{m} \omega_i^j(X)s_j \Big) - \sum_{j=1}^{m} \omega_i^j([X, Y])s_j$$

$$= \sum_{j=1}^{m} \big(X(\omega_i^j(Y)) - Y(\omega_i^j(X)) - \omega_i^j([X, Y]) \big)s_j$$

$$+ \sum_{j,k=1}^{m} (\omega_i^j(Y)\omega_j^k(X) - \omega_i^j(X)\omega_j^k(Y))s_k$$

$$= \sum_{j=1}^{m} \Big(\mathrm{d}\omega_i^j - \sum_{k=1}^{m} \omega_i^k \wedge \omega_k^j\Big)(X,Y)s_j$$

可得

$$\Omega_i^j = \mathrm{d}\omega_i^j - \sum_{k=1}^{m} \omega_i^k \wedge \omega_k^j.$$

因此,R 局部可由 C^∞ 2 形式的 $m \times m$ 矩阵 $\Omega = (\Omega_i^j)$ 定义,它正如 ∇ 局部可由 C^∞ 1 形式的 $m \times m$ 矩阵 $\omega = (\omega_i^j)$ 定义一样,利用矩阵记号,有

$$\Omega = \mathrm{d}\omega - \omega \wedge \omega,$$

并称它为 ∇ 在 U 上的**曲率方阵**.

定义 1.6.2　如果在 U 上 $\nabla s = 0$,则称 $E|_U$ 的 C^∞ 截面 s 关于 ∇ 是**平行**的.

定义 1.6.3　如果曲率 $R = 0 (\Leftrightarrow$ 在任何局部有 $\Omega = (\Omega_i^j) = 0)$,则称线性联络 ∇ 是**平坦**的.

定理 1.6.1　E 上的线性联络 ∇ 是平坦的 $\Leftrightarrow$ 存在局部平行的 C^∞ 标架场.

证明　$(\Leftarrow)$ 设 $\{s_1, \cdots, s_m\}$ 为开集 U 上的局部平行的 C^∞ 标架场,则

$$\nabla s_i = 0, \quad \nabla_X s_i = (\nabla s_i)(X) = 0, \quad \nabla_Y \nabla_X s_i = 0.$$

如果 $s \in C^\infty(E)$,则局部有

$$s = \sum_{j=1}^{m} f^j s_j, \quad f^j \in C^\infty(U,\mathbf{R}).$$

于是

$$R(X,Y)s = R(X,Y)\Big(\sum_{j=1}^{m} f^j s_j\Big) = \sum_{j=1}^{m} f^j R(X,Y)s_j$$

$$= \sum_{j=1}^{m} f^j (\nabla_X \nabla_Y - \nabla_Y \nabla_X - \nabla_{[X,Y]})s_j = 0,$$

即 $R = 0$. 或者,由

$$0 = \nabla s_i = \sum_{j=1}^{m} \omega_i^j \otimes s_j$$

得到

$$\omega = (\omega_i^j) = 0$$

和

$$\Omega = \mathrm{d}\omega - \omega \wedge \omega = 0,$$

因而 $R = 0$.

$(\Rightarrow) \nabla$ 是平坦的,即 $R = 0$ 或 $\Omega = 0$. 因此,ω 满足 Maurer-Cartan 方程

$$\mathrm{d}\omega = \omega \wedge \omega.$$

由文献 $[25]$ $1.4.7$ Example，局部存在一个 $\mathrm{GL}(m,\mathbf{R})$ 值映射 $B = (b_i^j)$ 使得

$$\mathrm{d}B \cdot B^{-1} = \omega.$$

令 $A = B^{-1} = (a_i^j)$ 及 $\tilde{s}_i = \sum_{j=1}^{m} a_i^j s_j$，则 $\nabla \tilde{s}_i = \sum_{j=1}^{m} \tilde{\omega}_i^j \otimes \tilde{s}_j$，且

$$\tilde{\omega} = \mathrm{d}A \cdot A^{-1} + A \cdot \omega \cdot A^{-1} = \mathrm{d}B^{-1} \cdot B + B^{-1} \cdot \omega \cdot B$$

$$= -B^{-1} \cdot \mathrm{d}B + B^{-1} \cdot \mathrm{d}B \cdot B^{-1} \cdot B = -B^{-1} \cdot \mathrm{d}B + B^{-1} \cdot \mathrm{d}B = 0,$$

即 $\nabla \tilde{s}_i = 0$，其中 $\tilde{s}_i$ 为局部 C^∞ 平行标架场. $\quad\square$

定义 1.6.4 如果 n 维 C^∞ 流形 M 上存在整体的 C^∞ 平行标架场，则相应 E 上的线性联络 ∇ 称为**整体平坦**的.

例 1.6.1 设 $E = M \times \mathbf{R}^m$ 为平凡 C^∞ 向量丛，$s \in C^\infty(E)$，

$$s(x) = (x, f(x)).$$

我们定义

$$(\nabla s)_x = (x, \mathrm{d}f|_x),$$

则

$$\text{截面 } s \text{ 平行} \Longleftrightarrow \mathrm{d}f = 0 \Longleftrightarrow f \text{ 为局部常值映射}.$$

故

$$\{s_i(x) = (x, e_i) \mid e_i = (0, \cdots, 0, \overset{\overset{\text{第 } i \text{ 个}}{\downarrow}}{1}, 0, \cdots, 0), i = 1, \cdots, m\}$$

为整体 C^∞ 平行标架场，即 ∇ 是整体平坦的.

引理 1.6.1 E 具有整体平坦的线性联络 $\Longleftrightarrow E$ 为平凡的 C^∞ 向量丛.

等价地，E 不具有整体 C^∞ 平坦的线性联络 $\Longleftrightarrow E$ 不是平凡的 C^∞ 向量丛.

证明 $(\Rightarrow)$ 因为 E 具有整体 C^∞ 平行标架场，故 E 为平凡 C^∞ 向量丛.

$(\Leftarrow)$ 如果 E 为平凡 C^∞ 向量丛，则 E 同构于积丛 $M \times \mathbf{R}^m$. 由例 1.6.1 知，E 存在整体平坦的线性联络 ∇. $\quad\square$

定理 1.6.2(线性联络的存在性) 任何秩 m 的 C^∞ 向量丛

$$\xi = \{E, M, \pi, \mathrm{GL}(m, \mathbf{R}), \mathbf{R}^m, \mathscr{E}\}$$

上总存在线性联络.

证明 取 M 的局部有限的坐标邻域的开覆盖 $\{U_\alpha \mid \alpha \in \Gamma\}$. 根据单位分解的存在性定理，有从属于 $\{U_\alpha \mid \alpha \in \Gamma\}$ 的 C^∞ 单位分解 $\{\rho_\alpha \mid \alpha \in \Gamma\}$，使得

$$\mathrm{supp}\,\rho_\alpha = \overline{\{x \in M \mid \rho_\alpha(x) \neq 0\}} \subset U_\alpha.$$

在每个 U_α 上选局部 C^∞ 标架场 $\{s_1^\alpha, \cdots, s_m^\alpha\}$ 和 $m \times m$ 的 C^∞ 1 形式的矩阵 φ_α，则存在 $U_\alpha \bigcap U_\beta$ 上的 C^∞ 函数所组成的非退化矩阵 $A_{\alpha\beta}$，使得

$$S^\alpha = A_{\alpha\beta} S^\beta, \quad \det A_{\alpha\beta} \neq 0,$$

其中 $S^\alpha = (s_1^\alpha, \cdots, s_m^\alpha)^T$，即

$$S^\alpha = \begin{pmatrix} s_1^\alpha \\ \vdots \\ s_m^\alpha \end{pmatrix} = \begin{pmatrix} a_1^1 & \cdots & a_1^m \\ \vdots & & \vdots \\ a_m^1 & \cdots & a_m^m \end{pmatrix} \begin{pmatrix} s_1^\beta \\ \vdots \\ s_m^\beta \end{pmatrix}.$$

令

$$\omega_\alpha = \sum_{\beta \in \Gamma} \rho_\beta (\mathrm{d}A_{\alpha\beta} \cdot A_{\alpha\beta}^{-1} + A_{\alpha\beta} \cdot \varphi_\beta \cdot A_{\alpha\beta}^{-1}),$$

其中，当 $U_\alpha \bigcap U_\beta = \varnothing$ 时，和式中对应于 β 的项理解为 0，则 ω_α 是 U_α 上的 $C^\infty 1$ 形式构成的矩阵. 我们只需证明，当 $U_\alpha \bigcap U_\beta \neq \varnothing$ 时，有变换公式

$$\omega_\alpha = \mathrm{d}A_{\alpha\beta} \cdot A_{\alpha\beta}^{-1} + A_{\alpha\beta} \cdot \omega_\beta \cdot A_{\alpha\beta}^{-1}.$$

事实上，当 $U_\alpha \bigcap U_\beta \bigcap U_\gamma \neq \varnothing$ 时，在此交集上有

$$A_{\alpha\beta} \cdot A_{\beta\gamma} = A_{\alpha\gamma},$$

$$\mathrm{d}A_{\alpha\beta} \cdot A_{\beta\gamma} + A_{\alpha\beta} \cdot \mathrm{d}A_{\beta\gamma} = \mathrm{d}A_{\alpha\gamma}.$$

因此，在 $U_\alpha \bigcap U_\beta \neq \varnothing$ 上有

$$A_{\alpha\beta} \cdot \omega_\beta \cdot A_{\alpha\beta}^{-1}$$

$$= \sum_{\substack{\gamma \\ U_\gamma \cap U_\alpha \cap U_\beta \neq \varnothing}} \rho_\gamma A_{\alpha\beta} \cdot (\mathrm{d}A_{\beta\gamma} \cdot A_{\beta\gamma}^{-1} + A_{\beta\gamma} \cdot \varphi_\gamma \cdot A_{\beta\gamma}^{-1}) \cdot A_{\alpha\beta}^{-1}$$

$$= \sum_{\substack{\gamma \\ U_\gamma \cap U_\alpha \cap U_\beta \neq \varnothing}} \rho_\gamma \{(-\mathrm{d}A_{\alpha\beta} \cdot A_{\beta\gamma} + \mathrm{d}A_{\alpha\gamma}) \cdot A_{\beta\gamma}^{-1} \cdot A_{\alpha\beta}^{-1} + A_{\alpha\gamma} \cdot \varphi_\gamma \cdot A_{\alpha\gamma}^{-1}\}$$

$$= \sum_{\substack{\gamma \\ U_\gamma \cap U_\alpha \cap U_\beta \neq \varnothing}} \rho_\gamma \{\mathrm{d}A_{\alpha\gamma} \cdot A_{\alpha\gamma}^{-1} + A_{\alpha\gamma} \cdot \varphi_\gamma \cdot A_{\alpha\gamma}^{-1}\} - \sum_{\substack{\gamma \\ U_\gamma \cap U_\alpha \cap U_\beta \neq \varnothing}} \rho_\gamma \cdot \mathrm{d}A_{\alpha\beta} \cdot A_{\alpha\beta}^{-1}$$

$$= \omega_\alpha - \mathrm{d}A_{\alpha\beta} \cdot A_{\alpha\beta}^{-1},$$

即

$$\omega_\alpha = \mathrm{d}A_{\alpha\beta} \cdot A_{\alpha\beta}^{-1} + A_{\alpha\beta} \cdot \omega_\beta \cdot A_{\alpha\beta}^{-1}.$$

由 φ_β 任取可见，线性联络的确定有相当大的任意性，特别令 $\varphi_\beta = 0$，则得 E 的一个线性联络 ∇，它在 U_α 上的联络方阵为

$$\omega_\alpha = \sum_\beta \rho_\beta \cdot \mathrm{d}A_{\alpha\beta} \cdot A_{\alpha\beta}^{-1}.$$

设 s 为 E 的任一 C^∞ 截面，它在 U_α 上可表示为

$$s = a_\alpha \cdot S^\alpha = (a_\alpha^1, \cdots, a_\alpha^m) \begin{pmatrix} s_1^\alpha \\ \vdots \\ s_m^\alpha \end{pmatrix},$$

则

$$\nabla s\mid_{U_\alpha} = \nabla(a_\alpha \cdot S^\alpha) = (\mathrm{d}a_\alpha + a_\alpha\omega_\alpha)\bigotimes S^\alpha.$$

如果 $U_\alpha\bigcap U_\beta\neq\varnothing$,则在 $U_\alpha\bigcap U_\beta$ 上应有

$$a_\alpha S^\alpha = a_\beta S^\beta = a_\beta A_{\beta_\alpha} S^\alpha,$$

$$a_\alpha = a_\beta A_{\beta_\alpha},$$

$$\mathrm{d}a_\alpha = \mathrm{d}a_\beta \cdot A_{\beta_\alpha} + a_\beta \cdot \mathrm{d}A_{\beta_\alpha},$$

从而

$$(\mathrm{d}a_\alpha + a_\alpha \cdot \omega_\alpha)\bigotimes S^\alpha$$

$$= (\mathrm{d}a_\beta \cdot A_{\beta_\alpha} + a_\beta \cdot \mathrm{d}A_{\beta_\alpha} + a_\beta A_{\beta_\alpha} \cdot \omega_\alpha)\bigotimes (A_{\beta_\alpha}^{-1}S^\beta)$$

$$= (\mathrm{d}a_\beta + a_\beta \cdot \mathrm{d}A_{\beta_\alpha} \cdot A_{\beta_\alpha}^{-1} + a_\beta A_{\beta_\alpha}(A_{\beta_\alpha}^{-1}\cdot\omega_\beta\cdot A_{\beta_\alpha} - A_{\beta_\alpha}^{-1}\cdot\mathrm{d}A_{\beta_\alpha})A_{\beta_\alpha}^{-1})\bigotimes S^\beta$$

$$= (\mathrm{d}a_\beta + a_\beta \cdot \mathrm{d}A_{\beta_\alpha} \cdot A_{\beta_\alpha}^{-1} + a_\beta\omega_\beta - a_\beta \cdot \mathrm{d}A_{\beta_\alpha} \cdot A_{\beta_\alpha}^{-1})\bigotimes S^\beta$$

$$= (\mathrm{d}a_\beta + a_\beta\omega_\beta)\bigotimes S^\beta.$$

由此得到整体映射

$$\nabla: C^\infty(E) \to C^\infty(T^*M\bigotimes E).$$

容易验证,由于

$$\nabla s\mid_U = (\mathrm{d}a_\alpha + a_\alpha \cdot \omega_\alpha)\bigotimes S^\alpha$$

满足定义 1.6.1 的条件,故 ∇ 为 E 上的一个线性联络. 显然,∇ 在 U 上的联络方阵就是 ω_α. $\qquad\square$

由联络方阵的变换公式知,联络方程为 0 不具有不变性,但对于任意一个线性联络总可以找到一个局部 C^∞ 标架场,使其联络方阵在一点处为 0. 这个性质在有关联络的计算中是有用的.

定理 1.6.3 设 ∇ 为秩 m 的 C^∞ 向量丛

$$\xi = \{E, M, \pi, \mathrm{GL}(m,\mathbf{R}), \mathbf{R}^m, \mathscr{E}\}$$

上的一个线性联络,$p\in M$,则在 p 的一个局部坐标邻域上存在局部 C^∞ 标架场 S,使对应的联络方阵 ω 在 p 点为 0.

证明 取 p 的局部坐标系 (U,φ),$\{x^i\}$,使 $x^i(p)=0$,$1\leqslant i\leqslant n$,$n=\dim M$. $\widetilde{S}$ 为 U 上的一个局部 C^∞ 标架场,对应的联络方阵为 $\widetilde\omega = (\widetilde\omega_\alpha^\beta)$,其中

$$\widetilde\omega_\alpha^\beta = \sum_{i=1}^n \widetilde\Gamma_{\alpha i}^\beta \mathrm{d}x^i,$$

$\widetilde\Gamma_{\alpha i}^\beta$ 为 U 上的 C^∞ 函数. 令

$$a_\alpha^\beta = \delta_\alpha^\beta - \sum_{i=1}^n \widetilde\Gamma_{\alpha i}^\beta \cdot x^i,$$

则矩阵 $A=(a_\alpha^\beta)$ 在 $p(x^i(p)=0,1\leqslant i\leqslant n)$ 点为单位矩阵. 因此,存在 p 的一个开邻域 $V\subset U$,使 A 在 V 上是非退化的,所以

$$S = A\widetilde{S}$$

为 V 上的局部标架场. 因为

$$\mathrm{d}A(p) = \mathrm{d}\Big(\delta_\alpha^\beta - \sum_{i=1}^n \widetilde{\Gamma}_{\alpha i}^\beta \cdot x^i\Big)\Big|_p = -\Big(\sum_{i=1}^n \widetilde{\Gamma}_{\alpha i}^\beta \mathrm{d}x^i\Big) = -\widetilde{\omega}(p),$$

所以由联络方阵的变换公式得到

$$\omega(p) = (\mathrm{d}A \cdot A^{-1} + A \cdot \widetilde{\omega} \cdot A^{-1})(p) = -\widetilde{\omega}(p) + \widetilde{\omega}(p) = 0,$$

即 S 为所求的局部 C^∞ 标架场. $\qquad\square$

关于曲率方程还有其变换公式.

引理 1.6.2(曲率方程的变换公式) $\widetilde{\Omega} = A \cdot \Omega \cdot A^{-1}$.

证明 对联络方阵的变换公式

$$\widetilde{\omega} = \mathrm{d}A \cdot A^{-1} + A \cdot \omega \cdot A^{-1},$$

$$\widetilde{\omega} \cdot A = \mathrm{d}A + A \cdot \omega$$

求微分得

$$\mathrm{d}\widetilde{\omega} \cdot A - \widetilde{\omega} \wedge \mathrm{d}A = \mathrm{d}A \wedge \omega + A \cdot \mathrm{d}\omega.$$

再将 $\mathrm{d}A = \widetilde{\omega} \cdot A - A \cdot \omega$ 代入上式就有

$$\begin{aligned}
\mathrm{d}A \wedge \omega + A \cdot \mathrm{d}\omega &= \mathrm{d}\widetilde{\omega} \cdot A - \widetilde{\omega} \wedge (\widetilde{\omega} \cdot A - A \cdot \omega) \\
&= (\mathrm{d}\widetilde{\omega} - \widetilde{\omega} \wedge \widetilde{\omega}) \cdot A + (\mathrm{d}A \cdot A^{-1} + A \cdot \omega \cdot A^{-1}) \wedge A \cdot \omega \\
&= (\mathrm{d}\widetilde{\omega} - \widetilde{\omega} \wedge \widetilde{\omega}) \cdot A + \mathrm{d}A \wedge \omega + A \cdot \omega \wedge \omega.
\end{aligned}$$

因此,由上式得到

$$\widetilde{\Omega} \cdot A = (\mathrm{d}\widetilde{\omega} - \widetilde{\omega} \wedge \widetilde{\omega}) \cdot A = A \cdot (\mathrm{d}\omega - \omega \wedge \omega) = A \cdot \Omega,$$

即

$$\widetilde{\Omega} = A \cdot \Omega \cdot A^{-1}. \qquad\square$$

值得注意的是, Ω 的变换公式是齐次的,而联络方阵 ω 的变换公式不是齐次的. Ω 包含很丰富的信息,特别是借助于 Ω 可以构造 M 上大范围定义的微分形式. 此外,从引理 1.6.2 的证明可得到启发:见了等式就微分,也许微分后会带来意想不到的结果.

定理 1.6.4 在定理 1.2.1 中,设

$$\theta = (\omega^i), \quad \omega = (\omega_i^j),$$

$$\Theta^i = \sum_{j,k=1}^n T_{jk}^i \omega^j \wedge \omega^k, \quad \Omega_i^i = \frac{1}{2} \sum_{j,k=1}^n R_{ljk}^i \omega^j \wedge \omega^k,$$

则:

(1) Bianchi 第 1 恒等式

$$\mathrm{d}\Theta + \Theta \wedge \omega - \theta \wedge \Omega = 0;$$

(2) Bianchi 第 2 恒等式

$$\mathrm{d}\Omega + \Omega \wedge \omega - \omega \wedge \Omega = 0.$$

证明 （1）对定理 1.2.1 中的 Cartan 结构方程

$$\mathrm{d}\theta = \theta \wedge \omega + \Theta, \quad \mathrm{d}\omega = \omega \wedge \omega + \Omega$$

的两边求外微分得到

$$0 = \mathrm{d}(\mathrm{d}\theta) = \mathrm{d}(\theta \wedge \omega + \Theta) = \mathrm{d}\theta \wedge \omega - \theta \wedge \mathrm{d}\omega + \mathrm{d}\Theta$$

$$= (\theta \wedge \omega + \Theta) \wedge \omega - \theta \wedge (\omega \wedge \omega + \Omega) + \mathrm{d}\Theta$$

$$= \Theta \wedge \omega - \theta \wedge \Omega + \mathrm{d}\Theta.$$

（2）类似地

$$0 = \mathrm{d}(\mathrm{d}\omega) = \mathrm{d}(\omega \wedge \omega + \Omega) = \mathrm{d}\omega \wedge \omega - \omega \wedge \mathrm{d}\omega + \mathrm{d}\Omega$$

$$= (\omega \wedge \omega + \Omega) \wedge \omega - \omega \wedge (\omega \wedge \omega + \Omega) + \mathrm{d}\Omega$$

$$= \Omega \wedge \omega - \omega \wedge \Omega + \mathrm{d}\Omega. \qquad \square$$

秩 m 的 C^∞ 向量丛 E 上的线性联络自然诱导了对偶丛 E^* 上的一个线性联络（仍记为 ∇）. 设 $s \in C^\infty(E)$, $s^* \in C^\infty(E^*)$, 为方便, 记

$$\langle s^*, s \rangle = s^*(s).$$

E^* 上的诱导线性联络 ∇ 由下式确定:

$$\mathrm{d}\langle s^*, s \rangle = \langle \nabla s^*, s \rangle + \langle s^*, \nabla s \rangle.$$

下面我们来求 E^* 上的诱导线性联络的方阵. 设 s_i, $1 \leqslant i \leqslant m$ 为 E 上的局部 C^∞ 标架场, s^{*j}, $1 \leqslant j \leqslant m$ 为 E^* 的对偶局部 C^∞ 标架场, 即

$$\langle s^{*j}, s_i \rangle = s^{*j}(s_i) = \delta_i^j.$$

令

$$\nabla s^{*j} = \sum_{k=1}^m \omega_k^{*j} s^{*k},$$

由

$$\omega_i^j = \left\langle s^{*j}, \sum_{k=1}^m \omega_i^k s_k \right\rangle = \langle s^{*j}, \nabla s_i \rangle = \mathrm{d}\langle s^{*j}, s_i \rangle - \langle \nabla s^{*j}, s_i \rangle$$

$$= -\langle \nabla s^{*j}, s_i \rangle = -\left\langle \sum_{k=1}^m \omega_k^{*j} s^{*k}, s_i \right\rangle = -\omega_i^{*j}$$

得到

$$\nabla s^{*j} = -\sum_{i=1}^m \omega_i^j \otimes s^{*i}.$$

如果 $s^* \in C^\infty(E^*)$ 局部表示为 $s^* = \sum_{k=1}^m \alpha_k s^{*k}$, 则

$$\nabla s^* = \nabla \left(\sum_{k=1}^m \alpha_k s^{*k} \right) = \sum_{k=1}^m \mathrm{d}\alpha_k \otimes s^{*k} + \sum_{j,k=1}^m \alpha_k \omega_j^{*k} \otimes s^{*j}$$

$$= \sum_{k=1}^{m} \Big(\mathrm{d}\alpha_k - \sum_{j=1}^{m} \alpha_j \omega_k^j \Big) \otimes s^{*k} = (\mathrm{d}\alpha - \alpha\omega) \otimes s^*,$$

$$\alpha = (\alpha_1, \cdots, \alpha_n).$$

定理 1.6.5（Riemann 流形的基本定理） 在 n 维 C^∞ Riemann 流形 (M,g) 上存在唯一的线性联络 ∇，使得 $T = 0$，∇ 与 g 相容（该联络就是 Riemann 联络或 Levi-Civita 联络）.

设 $\{e_1, \cdots, e_n\}$ 为 TM 的局部 C^∞ 规范正交标架场，$\{\omega^1, \cdots, \omega^n\}$ 是对偶于 $\{e_1, \cdots, e_n\}$ 的局部 C^∞ 1 形式（称为**余标架场**），则 Riemann 联络的存在唯一性定理 $\Leftrightarrow$ g 的联络 1 形式或 Levi-Civita1 形式 $\omega = (\omega_j^i)$ 由结构方程

$$\mathrm{d}\omega^i = \sum_{j=1}^{n} \omega^j \wedge \omega_j^i, \quad \omega_i^j + \omega_j^i = 0$$

唯一确定.

证明 （活动标架法）设

$$\nabla e_i = \sum_{j=1}^{n} \omega_i^j \otimes e_j,$$

则 ∇ 与 g 相容，即

$$X(g(Y,Z)) = g(\nabla_X Y, Z) + g(Y, \nabla_X Z)$$

$$\Leftrightarrow 0 = \mathrm{d}g_{ij}(X) = Xg_{ij} = X(g(e_i,e_j)) = g(\nabla_X e_i, e_j) + g(e_i, \nabla_X e_j)$$

$$= (g(\nabla e_i, e_j) + g(e_i, \nabla e_j))(X)$$

$$= \Big(g\Big(\sum_{l=1}^{n} \omega_i^l \otimes e_l, e_j \Big) + g\Big(e_i, \sum_{t=1}^{n} \omega_j^t \otimes e_t \Big) \Big)(X)$$

$$= (\omega_i^j + \omega_j^i)(X)$$

$$\Leftrightarrow \omega_i^j + \omega_j^i = 0.$$

此外，挠张量为 0，即

$$0 = T(X,Y) = \nabla_X Y - \nabla_Y X - [X,Y]$$

$$\Leftrightarrow [e_i, e_j] = \nabla_{e_i} e_j - \nabla_{e_j} e_i = (\nabla e_j)(e_i) - (\nabla e_i)(e_j)$$

$$= \Big(\sum_{l=1}^{n} \omega_j^l \otimes e_l \Big)(e_i) - \Big(\sum_{l=1}^{n} \omega_i^l \otimes e_l \Big)(e_j)$$

$$= \sum_{l=1}^{n} (\omega_j^l(e_i) - \omega_i^l(e_j)) e_l.$$

于是

$$\mathrm{d}\omega^l = \sum_{k=1}^{n} \omega^k \wedge \omega_k^l$$

$$\Leftrightarrow -\omega^l([e_i,e_j]) = e_i\omega^l(e_j) - e_j\omega^l(e_i) - \omega^l([e_i,e_j])$$

$$= \mathrm{d}\omega^l(e_i, e_j) = \sum_{k=1}^n \omega^k \wedge \omega_k^l(e_i, e_j)$$

$$= \sum_{k=1}^n (\omega_k^l(e_j)\delta_i^k - \omega_k^l(e_i)\delta_j^k) = \omega_i^l(e_j) - \omega_j^l(e_i)$$

$$\Leftrightarrow [e_i, e_j] = \sum_{l=1}^n (\omega_j^l(e_i) - \omega_i^l(e_j))e_l$$

$$\Leftrightarrow T = 0.$$

设

$$[e_i, e_j] = \sum_{l=1}^n c_{ij}^l e_l, \quad \omega_i^j = \sum_{l=1}^n h_{il}^j \omega^l,$$

则

$$\omega_i^j + \omega_j^i = 0 \Leftrightarrow h_{il}^j + h_{jl}^i = 0 \Leftrightarrow h_{il}^j = -h_{jl}^i,$$

$$[e_i, e_j] = \sum_{i=1}^n (\omega_j^l(e_i) - \omega_i^l(e_j))e_l \Leftrightarrow c_{ij}^l = h_{ji}^l - h_{ij}^l.$$

如果 c_{ij}^l 作为已知,则 h_{ij}^l 为上述线性方程组的解.

(唯一性)如果(M, g)上存在 Levi-Civita 联络∇或有 Levi-Civita 联络 1 形式$\omega_i^j = \sum_{l=1}^n h_{il}^j \omega^l$,则它满足 Cartan 结构方程

$$\mathrm{d}\omega^i = \sum_{j=1}^n \omega^j \wedge \omega_j^i, \quad \omega_i^j + \omega_j^i = 0,$$

且 h_{il}^j 满足线性方程组

$$\begin{cases} h_{il}^j = -h_{jl}^i, \\ c_{ij}^l = h_{ji}^l - h_{ij}^l, \quad i, j, l = 1, \cdots, n. \end{cases}$$

从而必有

$$\frac{1}{2}(c_{jl}^i + c_{li}^j - c_{ij}^l) = \frac{1}{2}(h_{lj}^i - h_{jl}^i + h_{il}^j - h_{li}^j - h_{ji}^l + h_{ij}^l)$$

$$= \frac{1}{2}(-h_{ij}^l + h_{il}^j + h_{il}^j + h_{ji}^l - h_{ji}^l + h_{ij}^l) = h_{il}^j,$$

即解是唯一的.

(存在性)容易看出,由 $c_{ij}^l = -c_{ji}^l$ 推出

$$h_{il}^j = \frac{1}{2}(c_{jl}^i + c_{li}^j - c_{ij}^l)$$

满足

$$\begin{cases} h_{il}^j = -h_{jl}^i, \\ h_{ji}^l - h_{ij}^l = \frac{1}{2}(c_{li}^j + c_{ij}^l - c_{jl}^i) - \frac{1}{2}(c_{lj}^i + c_{ji}^l - c_{il}^j) = c_{ij}^l, \end{cases}$$

即由 $\omega_i^j = \sum\limits_{l=1}^{n} h_{il}^j \omega^l$ 和 $\nabla e_i = \sum\limits_{j=1}^{n} \omega_i^j \otimes e_j$ 定义的 ∇ 满足 Levi-Civita 联络的条件. $\square$

注 1.6.1 因为

$$\sum_{j=1}^{n} \Gamma_{li}^j e_j = \nabla_{e_l} e_i = (\nabla e_i)(e_l) = \Big(\sum_{j=1}^{n} \omega_i^j \otimes e_j\Big)(e_l) = \sum_{j=1}^{n} \omega_i^j(e_l) e_j,$$

所以

$$\omega_i^j(e_l) = \Gamma_{li}^j, \quad \omega_i^j = \sum_{l=1}^{n} \Gamma_{li}^j \omega^l, \quad h_{il}^j = \Gamma_{li}^j.$$

设 $\omega = (\omega_i^j)$ 为 g 的 Levi-Civita 联络 1 形式, $\Omega = (\Omega_i^j)$ 为 Riemann 曲率 2 形式,

$$\Omega = \mathrm{d}\omega - \omega \wedge \omega$$

为曲率方程. 记

$$\Omega_j^i = \frac{1}{2} \sum_{k,l=1}^{n} K_{ijkl} \omega^k \wedge \omega^j, \quad K_{ijkl} = -K_{ijlk}.$$

易见

$$K_{ijkl} = \frac{1}{2}(K_{ijkl} - K_{ijlk}) = \frac{1}{2} \sum_{s,t=1}^{n} K_{ijst} \omega^s \wedge \omega^t(e_k, e_l)$$

$$= \Omega_j^i(e_k, e_l) = g\Big(e_i, \Big(\sum_{s=1}^{n} \Omega_j^s \otimes e_s\Big)(e_k, e_l)\Big)$$

$$= g(e_i, R(e_j)(e_k, e_l)) = g(e_i, R(e_k, e_l)e_j)$$

$$= g\Big(e_i, \sum_{h=1}^{n} R_{klj}^h e_h\Big) = \sum_{h=1}^{n} R_{klj}^h \delta_{ih} = R_{klj}^i.$$

因此, 这里的 K_{ijkl} 就是定义 1.4.1 中的 $K(e_i, e_j, e_k, e_l)$.

根据定理 1.6.4 的证明, 对

$$\mathrm{d}\omega^i = \sum_{j=1}^{n} \omega^j \wedge \omega_j^i$$

两边求外微分, 并利用

$$\Omega = \mathrm{d}\omega - \omega \wedge \omega$$

得到

$$0 = \mathrm{d}^2 \omega^i = \sum_{j=1}^{n} (\mathrm{d}\omega^j \wedge \omega_j^i - \omega^j \wedge \mathrm{d}\omega_j^i)$$

$$= \sum_{j=1}^{n} \Big(\mathrm{d}\omega^j \wedge \omega_j^i - \omega^j \wedge \Big(\Omega_j^i + \sum_{k=1}^{n} \omega_j^k \wedge \omega_k^i\Big)\Big)$$

$$= \sum_{j,l=1}^{n} \omega^l \wedge \omega_l^j \wedge \omega_j^i - \sum_{j=1}^{n} \omega^j \wedge \Omega_j^i - \sum_{j,k=1}^{n} \omega^j \wedge \omega_j^k \wedge \omega_k^i$$

$$= -\sum_{j=1}^{n} \omega^j \wedge \Omega_j^i = -\frac{1}{2} \sum_{j,k,l=1}^{n} K_{ijkl} \omega^j \wedge \omega^k \wedge \omega^l.$$

从而,立即推出 Bianchi 第 1 恒等式

$$\underset{j,k,l}{\mathfrak{S}} \{K_{ijkl}\} = K_{ijkl} + K_{iklj} + K_{iljk} = 0.$$

现在,我们再来研究 Bianchi 第 2 恒等式在不变观点和活动标架下的一致性:

$$\underset{X,Y,Z}{\mathfrak{S}} \{(\nabla_Z R)(X,Y,W)\} + \underset{X,Y,Z}{\mathfrak{S}} \{R(T(X,Y),Z)W\} = 0,$$

$$\mathrm{d}\Omega + \Omega \wedge \omega - \omega \wedge \Omega = 0.$$

为证明简单,只考察 $T = 0$ 的情形.

取任一局部标架场 $\left\{ \dfrac{\partial}{\partial x^i} \right\}$,记其对偶标架场为 $\{\omega^i = \mathrm{d}x^i\}$. 因为

$$\frac{1}{2} \sum_{m,l} R^j_{iml} \mathrm{d}(\omega^m \wedge \omega^l)$$

$$= \frac{1}{2} \sum_{m,l} R^j_{iml} \mathrm{d}\omega^m \wedge \omega^l - \frac{1}{2} \sum_{m,l} R^j_{iml} \omega^m \wedge \mathrm{d}\omega^l$$

$$= \frac{1}{2} \sum_{m,l} R^j_{iml} \left(\sum_h \omega^h \wedge \omega^m_h \right) \wedge \omega^l - \frac{1}{2} \sum_{m,l} R^j_{iml} \omega^m \wedge \left(\sum_h \omega^h \wedge \omega^l_h \right)$$

$$= \frac{1}{2} \sum_{m,l,h,k} R^j_{iml} \Gamma^m_{kh} \omega^h \wedge \omega^k \wedge \omega^l - \frac{1}{2} \sum_{m,l,h,k} R^j_{iml} \Gamma^l_{kh} \omega^m \wedge \omega^h \wedge \omega^k$$

$$= \frac{1}{2} \sum_{m,l,h,k} R^j_{ikl} \Gamma^k_{mh} \omega^h \wedge \omega^m \wedge \omega^l - \frac{1}{2} \sum_{m,l,h,k} R^j_{imk} \Gamma^k_{lh} \omega^m \wedge \omega^h \wedge \omega^l$$

$$= \frac{1}{2} \sum_{m,l,h,k} R^j_{ikl} \Gamma^k_{mh} \omega^m \wedge \omega^l \wedge \omega^h + \frac{1}{2} \sum_{m,l,h,k} R^j_{imk} \Gamma^k_{hl} \omega^m \wedge \omega^l \wedge \omega^h,$$

$$0 = (\mathrm{d}\Omega + \Omega \wedge \omega - \omega \wedge \Omega)^j_i$$

$$= \mathrm{d}\Omega^j_i + \sum_k \Omega^k_i \wedge \omega^j_k - \sum_k \omega^k_i \wedge \Omega^j_k$$

$$= \mathrm{d}\left(\frac{1}{2} \sum_{m,l} R^j_{iml} \omega^m \wedge \omega^l \right) + \sum_k \left(\frac{1}{2} \sum_{m,l} R^k_{iml} \omega^m \wedge \omega^l \right) \wedge \left(\sum_h \Gamma^j_{hk} \omega^h \right)$$

$$\quad - \sum_k \left(\sum_h \Gamma^k_{hi} \omega^h \right) \wedge \left(\frac{1}{2} \sum_{m,l} R^j_{kml} \omega^m \wedge \omega^l \right)$$

$$= \frac{1}{2} \sum_{m,l,h} \frac{\partial R^j_{iml}}{\partial x^h} \omega^h \wedge \omega^m \wedge \omega^l + \frac{1}{2} \sum_{m,l} R^j_{iml} \mathrm{d}(\omega^m \wedge \omega^l)$$

$$\quad + \frac{1}{2} \sum_{k,m,l,h} R^k_{iml} \Gamma^j_{hk} \omega^m \wedge \omega^l \wedge \omega^h - \frac{1}{2} \sum_{k,m,l,h} R^j_{kml} \Gamma^k_{hi} \omega^h \wedge \omega^m \wedge \omega^l$$

$$= \frac{1}{2} \sum_{m,l,h} \left[\frac{\partial R^j_{iml}}{\partial x^h} + \sum_k (R^k_{iml} \Gamma^j_{hk} - R^j_{kml} \Gamma^k_{hi} + R^j_{ikl} \Gamma^k_{mh} + R^j_{imk} \Gamma^k_{hl}) \right] \omega^m \wedge \omega^l \wedge \omega^h$$

$$= \frac{1}{2} \sum_{m,l,h} R^j_{iml;h} \omega^m \wedge \omega^l \wedge \omega^h$$

$$= \frac{1}{2} \sum_{m<l<h} (R^j_{iml;h} + R^j_{ilh;m} + R^j_{ihm;l}) \omega^m \wedge \omega^l \wedge \omega^h.$$

由此得到

$$\underset{m,l,h}{\mathfrak{S}} R^j_{iml;h} = R^j_{iml;h} + R^j_{ilh;m} + R^j_{ihm;l} = 0,$$

即

$$\underset{X,Y,Z}{\mathfrak{S}} \{\nabla_Z R(X,Y,W)\} = 0.$$

对于 $T \neq 0$ 的情形,计算会增加关于 T 的项,麻烦一些,但最终会相互抵消.

最后,我们来研究 C^∞ 正则子流形的局部不变量.设 M 为 $\tilde{n} = n + k$ 维 C^∞ Riemann 流形 $(\tilde{M}, \tilde{g}) = (\tilde{M}, \langle , \rangle)$ 的 n 维 C^∞ 正则子流形.$\tilde{\nabla}$ 为 $(\tilde{M}, \tilde{g})$ 的 Livi-Civita 联络,$T_p M^\perp$ 为 $T_p M$ 在 $T_p \tilde{M}$ 中的正交补,$T M^\perp$ 为 M 在 $\tilde{M}$ 中的法丛,即 $T M^\perp|_p = T_p M^\perp$.我们将给出 C^∞ 正则子流形的三个基本不变量:第1、第2基本形式及诱导法联络.还将导出与它们有关的方程.

设 $\nu \in C^\infty(T M^\perp)$,$A_\nu : T_p M \to T_p M$,$A_\nu(X) = -(\tilde{\nabla}_X \nu|_p)^\top$ 表示线性映射,它是 $\tilde{\nabla}_X \nu|_p$ 到 $T_p M$ 的正交投影(与例 1.5.1 相比较,那里的 N 为局部 C^∞ 单位法向量场,而这里的 ν 不必是单位的).因为

$$\tilde{\nabla}_X(f\nu) = (Xf)\nu + f\tilde{\nabla}_X \nu = df(X)\nu + f\tilde{\nabla}_X \nu, \quad f \in C^\infty(M, \mathbf{R}),$$

而 $df(X)\nu$ 为法向量,故

$$A_{f\nu}(X) = -(\tilde{\nabla}_X(f\nu)|_p)^\top = -(df(X)\nu + f\tilde{\nabla}_X \nu)_p^\top = -f(p)(\tilde{\nabla}_X \nu)|_p^\top = f(p)A_\nu(X).$$

特别地,如果 $\nu, \mu \in C^\infty(T M^\perp)$,$\nu(p) = \mu(p)$,则对 $\forall X \in T_p M$,有

$$A_\nu(X) - A_\mu(X) = A_{\nu-\mu}(X) = A_{\sum\limits_{i=1}^{k} a^i e_i}(X)\big|_p$$

$$= \sum_{i=1}^{k} a^i(p) A_{e_i}(X)\big|_p = \sum_{i=1}^{k} 0 \cdot A_{e_i}(X)\big|_p = 0,$$

$$A_\nu(X) = A_\mu(X),$$

其中 $\{e_1, \cdots, e_k\}$ 为 $T M^\perp$ 在 p 的某个开邻域中的局部 C^∞ 基向量场.因此,对每个法向量 $\nu_0 \in T_p M^\perp$,都有 $T_p M$ 上的一个线性算子 A_{ν_0} 与之相对应,A_{ν_0} 称为在法方向 ν_0 上的 M 的**形状算子**.

引理 1.6.3　形状算子 $A_{\nu_0} : T_p M \to T_p M$ 是自共轭的,即对 $\forall u_1, u_2 \in T_p M$,有

$$\tilde{g}(A_{\nu_0}(u_1), u_2) = \tilde{g}(u_1, A_{\nu_0}(u_2)).$$

证明　设 ν 为 M 上定义在 p 的开邻域 U 上的 C^∞ 法向量场,使得 $\nu(p) = \nu_0$,而 X_i 为 U 上的 C^∞ 切向量场,使得 $X_i(p) = u_i (i = 1, 2)$.记 $\tilde{g} = \langle , \rangle$,则

$$\langle A_\nu(X_1), X_2 \rangle = \langle -(\tilde{\nabla}_{X_1} \nu)^\top, X_2 \rangle = \langle -\tilde{\nabla}_{X_1} \nu, X_2 \rangle = -X_1 \langle \nu, X_2 \rangle + \langle \nu, \tilde{\nabla}_{X_1} X_2 \rangle$$

$$= \langle \nu, \tilde{\nabla}_{X_1} X_2 \rangle.$$

类似地,有
$$\langle A_\nu(X_2),X_1\rangle = \langle \nu,\widetilde{\nabla}_{X_2} X_1\rangle.$$
因此
$$\langle A_\nu(X_1),X_2\rangle - \langle A_\nu(X_2),X_1\rangle$$
$$= \langle \nu,\widetilde{\nabla}_{X_1} X_2\rangle - \langle \nu,\widetilde{\nabla}_{X_2} X_1\rangle = \langle \nu,\widetilde{\nabla}_{X_1} X_2 - \widetilde{\nabla}_{X_2} X_1\rangle = \langle \nu,[X_1,X_2]\rangle = 0,$$
即
$$\langle A_\nu(X_1),X_2\rangle = \langle X_1,A_\nu(X_2)\rangle,$$
$$\widetilde{g}(A_{\nu_0}(u),u_2) = \widetilde{g}(u_1,A_{\nu_0}(u_2)). \qquad \square$$

设 $I:M\to\widetilde{M}$ 为包含映射. M 的第 1 基本形式是诱导度量 $g = I^*\widetilde{g}$, 即 T_pM 上的内积 $g_p = \widetilde{g}_p|_{T_pM\times T_pM} = (I^*\widetilde{g})_p$, $g_p(X,Y) = (I^*\widetilde{g})_p(X,Y) = \widetilde{g}_p(I_*X,I_*Y), X,Y\in T_pM$; h 为第 2 基本形式. 由 Gauss 公式
$$\widetilde{\nabla}_X Y = \nabla_X Y + h(X,Y)$$
和
$$h(X,Y) = h(Y,X)$$
得到 M 的第 2 基本形式 h 是 C^∞ 截面:
$$h:M \to \odot^2 T^*M \otimes TM^\perp,$$
$$p \mapsto h_p,$$
其中 $\odot^s T^*M$ 为 s 阶 C^∞ 对称协变张量丛, $h_p(X,Y)\in T_pM^\perp$.

M 的第 3 个不变量是 $TM^\perp$ 上的诱导法联络 $\nabla^\perp$, 由
$$\nabla_X^\perp \nu = (\widetilde{\nabla}_X \nu)^\perp$$
所定义. 它是 $\widetilde{\nabla}_X \nu$ 到 $TM^\perp$ 的正交投影. 于是
$$\widetilde{\nabla}_X \nu = (\widetilde{\nabla}_X \nu)^\top + (\widetilde{\nabla}_X \nu)^\perp = -A_\nu(X) + \nabla_X^\perp \nu.$$

现在, 我们利用活动标架来叙述这三个局部不变量. 选取 $(\widetilde{M},\widetilde{g}) = (\widetilde{M},\langle,\rangle)$ 的一个局部 C^∞ 规范正交标架场 $e_1,\cdots,e_{n+k}$. 如果限制到 M, $e_1,\cdots,e_n$ 切于 M, 即它是 (M,g) $= (M,I^*\widetilde{g})$ 的局部 C^∞ 规范正交标架场 (M 为 C^∞ 正则子流形, 对坐标标架场作 Gram-Schmidt 正交化可得到). 下面我们规定指标变化范围:
$$1 \leqslant A,B,C \leqslant n+k; \quad 1 \leqslant i,j,k \leqslant n;$$
$$n+1 \leqslant \alpha,\beta,\gamma \leqslant n+k.$$
又设 $\{\omega^1,\cdots,\omega^{n+k}\}$ 为 $\widetilde{M}$ 上 $\{e_1,\cdots,e_{n+k}\}$ 的对偶基, 限制到 M 有:

定理 1.6.6 (1) $g = \displaystyle\sum_{i=1}^n \omega^i \otimes \omega^i$;

(2) $\omega_i^\alpha = \displaystyle\sum_{j=1}^n h_{ij}^\alpha \omega^j$;

(3) $A_{e_\alpha}(e_i) = \sum_{j=1}^{n} h_{ij}^\alpha e_j, h(e_i, e_j) = \sum_{\alpha=n+1}^{n+k} h_{ij}^\alpha e_\alpha, h_{ij}^\alpha = \langle h(e_i, e_j), e_\alpha \rangle$;

(4) $h = \sum_{\alpha=n+1}^{n+k} \sum_{i,j=1}^{n} h_{ij}^\alpha \omega^i \otimes \omega^j \otimes e_\alpha = \sum_{\alpha=n+1}^{n+k} \sum_{j=1}^{n} \omega_j^\alpha \otimes \omega^j \otimes e_\alpha$;

(5) $\nabla^\perp e_\alpha = \sum_{\beta=n+1}^{n+k} \omega_\alpha^\beta \otimes e_\beta$.

证明 (1) 因为

$$\sum_{i=1}^{n} \omega^i \otimes \omega^i(X, Y) = \sum_{i=1}^{n} \omega^i(X) \omega^i(Y) = \sum_{i=1}^{n} \omega^i \Big(\sum_{j=1}^{n} a^j e_j \Big) \omega^i \Big(\sum_{k=1}^{n} b^k e_k \Big)$$

$$= \sum_{i,j,k=1}^{n} a^j b^k \delta_j^i \delta_k^i = \sum_{i=1}^{n} a^i b^i = \Big\langle \sum_{i=1}^{n} a^i e_i, \sum_{j=1}^{n} b^j e_j \Big\rangle$$

$$= \langle X, Y \rangle = g(X, Y),$$

所以

$$g = \sum_{i=1}^{n} \omega^i \otimes \omega^i.$$

(2) 在注 1.6.1 中,限制

$$\omega_i^\alpha = \sum_{A=1}^{n+k} \Gamma_{Ai}^\alpha \omega^A$$

到 M,就得到

$$\omega_i^\alpha = \sum_{j=1}^{n} \Gamma_{ji}^\alpha \omega^j = \sum_{j=1}^{n} h_{ij}^\alpha \omega^j.$$

(3)

$$A_{e_\alpha}(e_i) = -(\widetilde{\nabla}_{e_i} e_\alpha)^\top = -(\widetilde{\nabla} e_\alpha)(e_i)^\top = -\Big(\Big(\sum_{B=1}^{n+k} \omega_\alpha^B \otimes e_B \Big)(e_i) \Big)^\top$$

$$= \Big(\sum_{B=1}^{n+k} \omega_B^\alpha(e_i) e_B \Big)^\top = \sum_{j=1}^{n} \omega_j^\alpha(e_i) e_j = \sum_{j=1}^{n} \Big(\sum_{l=1}^{n} h_{jl}^\alpha \omega^l(e_i) \Big) e_j$$

$$= \sum_{j,l=1}^{n} h_{jl}^\alpha \delta_i^l e_j = \sum_{j=1}^{n} h_{ji}^\alpha e_j.$$

再由

$$\langle h(e_i, e_j), e_\alpha \rangle = \langle A_{e_\alpha}(e_i), e_j \rangle = \Big\langle \sum_{k=1}^{n} h_{ik}^\alpha e_k, e_j \Big\rangle = \sum_{k=1}^{n} h_{ik}^\alpha \delta_{kj} = h_{ij}^\alpha$$

立即推出

$$h(e_i, e_j) = \sum_{\alpha=n+1}^{n+k} h_{ij}^\alpha e_\alpha.$$

(4) 由(3)得到

$$h = \sum_{i,j=1}^{n} \omega^i \otimes \omega^j \otimes h(e_i, e_j) = \sum_{i,j=1}^{n} \omega^i \otimes \omega^j \otimes \Big(\sum_{\alpha=n+1}^{n+k} h_{ij}^{\alpha} e_{\alpha} \Big)$$

$$= \sum_{\alpha=n+1}^{n+k} \sum_{i,j=1}^{n} h_{ij}^{\alpha} \omega^i \otimes \omega^j \otimes e_{\alpha} = \sum_{\alpha=n+1}^{n+k} \sum_{j=1}^{n} \Big(\sum_{i=1}^{n} h_{ij}^{\alpha} \omega^i \Big) \otimes \omega^j \otimes e_{\alpha}$$

$$= \sum_{\alpha=n+1}^{n+k} \sum_{j=1}^{n} \omega_j^{\alpha} \otimes \omega^j \otimes e_{\alpha}.$$

(5) 因为

$$\nabla^{\perp} e_{\alpha}(X) = \nabla_X^{\perp} e_{\alpha} = (\widetilde{\nabla}_X e_{\alpha})^{\perp} = ((\widetilde{\nabla} e_{\alpha})(X))^{\perp}$$

$$= \Big(\sum_{B=1}^{n+k} \omega_{\alpha}^{B} \otimes e_B(X) \Big)^{\perp} = \Big(\sum_{\beta=n+1}^{n+k} \omega_{\alpha}^{\beta} \otimes e_{\beta} \Big)(X),$$

所以

$$\nabla^{\perp} e_{\alpha} = \sum_{\beta=n+1}^{n+k} \omega_{\alpha}^{\beta} \otimes e_{\beta}. \qquad \square$$

设 $(\widetilde{M}, \widetilde{g})$ 的结构方程为

$$\mathrm{d}\omega^A = \sum_B \omega^B \wedge \omega_B^A, \qquad \omega_A^B + \omega_B^A = 0,$$

曲率方程为

$$\widetilde{\Omega}_A^B = \mathrm{d}\omega_A^B - \sum_{C=1}^{n+k} \omega_A^C \wedge \omega_C^B = -\frac{1}{2} \sum_{C,D=1}^{n+k} K_{ABCD} \omega^C \wedge \omega^D,$$

$$K_{ABCD} = -K_{ABDC},$$

其中 (ω_A^B) 和 $(\widetilde{\Omega}_A^B)$ 分别为 $(\widetilde{M}, \widetilde{g})$ 的 Levi-Civita 联络 1 形式和 Riemann 曲率 2 形式.

限制 $(\widetilde{M}, \widetilde{g})$ 的结构方程到 $(M, I^* \widetilde{g}) = (M, g)$, 得到 $\{\omega_i^j\}$ 为 (M, g) 上的 Levi-Civita 联络 1 形式, ω_i^j 的结构方程为 (注意, $I^* \omega^{\alpha} = 0$ 或 $\omega^{\alpha}|_M = 0$, 或者简记为 $\omega^{\alpha} = 0$, 但必须记住这是限制在 M 上的!)

$$\mathrm{d}\omega^i = \sum_{j=1}^{n} \omega^j \wedge \omega_j^i, \qquad \omega_i^j + \omega_j^i = 0.$$

相应于法联络, 有

$$0 = \mathrm{d}\omega^{\alpha} = \sum_{i=1}^{n} \omega^i \wedge \omega_i^{\alpha}, \qquad \omega_i^{\alpha} + \omega_{\alpha}^i = 0.$$

限制 $(\widetilde{M}, \widetilde{g})$ 的曲率方程

$$\widetilde{\Omega}_i^j = \mathrm{d}\omega_i^j - \sum_{k=1}^{n} \omega_i^k \wedge \omega_k^j - \sum_{\alpha=n+1}^{n+k} \omega_i^{\alpha} \wedge \omega_{\alpha}^j = \Omega_i^j - \sum_{\alpha=n+1}^{n+k} \omega_i^{\alpha} \wedge \omega_{\alpha}^j, \qquad (1.6.1)$$

$$\widetilde{\Omega}_i^{\alpha} = \mathrm{d}\omega_i^{\alpha} - \sum_{k=1}^{n} \omega_i^k \wedge \omega_k^{\alpha} - \sum_{\beta=n+1}^{n+k} \omega_i^{\beta} \wedge \omega_{\beta}^{\alpha} = -\widetilde{\Omega}_{\alpha}^i, \qquad (1.6.2)$$

$$\widetilde{\Omega}_{\alpha}^{\beta} = \mathrm{d}\omega_{\alpha}^{\beta} - \sum_{\nu=n+1}^{n+k} \omega_{\alpha}^{\nu} \wedge \omega_{\gamma}^{\beta} - \sum_{k=1}^{n} \omega_{\alpha}^k \wedge \omega_k^{\beta} = \Omega_{\alpha}^{\perp\beta} - \sum_{k=1}^{n} \omega_{\alpha}^k \wedge \omega_k^{\beta} \qquad (1.6.3)$$

到 $(M, I^*\widetilde{g}) = (M, g)$，得到 (M, g) 的 Levi-Civita 联络 ∇ 的 **Riemann 曲率 2 形式**和**法联络 $\Omega^\perp$ 的曲率 2 形式**分别为

$$\Omega_i^j = \widetilde{\Omega}_i^j + \sum_{\alpha=n+1}^{n+k} \omega_i^\alpha \wedge \omega_\alpha^j \tag{1.6.4}$$

和

$$\Omega_\alpha^{\perp\beta} = \widetilde{\Omega}_\alpha^\beta + \sum_{k=1}^{n} \omega_\alpha^k \wedge \omega_k^\beta. \tag{1.6.5}$$

方程 (1.6.1)、方程 (1.6.2) 和方程 (1.6.3) 分别称为 C^∞ 正则子流形 (M, g) 的 Gauss、Codazzi 和 Ricci 方程.

注 1.6.2 空间形式（例如，Euclid 空间、球面和双曲空间）的 C^∞ 正则子流形 M 的第 1 和第 2 基本形式以及法联络（满足 Gauss、Codazzi 和 Ricci 方程）在相差一个空间形式的等距映射下，它完全确定了 M（参阅文献 [25] Chapter 2）.

如果外围空间 $(\widetilde{M}, \widetilde{g}) = (\widetilde{M}, \langle,\rangle)$ 为常截曲率 c 的 $\widetilde{n}$ 维 C^∞ Riemann 流形，根据下面的定理 1.6.6 和定理 1.6.7，有

$$\widetilde{\Omega}_A^B = c\omega^B \wedge \omega^A.$$

因此，子流形 M 的 Gauss、Codazzi 和 Ricci 方程 (1.6.1)、(1.6.2)、(1.6.3) 就成为

$$\widetilde{\Omega}_i^j = c\omega^j \wedge \omega^i = d\omega_i^j - \sum_{k=1}^{n} \omega_i^k \wedge \omega_k^j - \sum_{\alpha=n+1}^{n+k} \omega_i^\alpha \wedge \omega_\alpha^j = \Omega_i^j - \sum_{\alpha=n+1}^{n+k} \omega_i^\alpha \wedge \omega_\alpha^j,$$

$$0 = c\omega^\alpha \wedge \omega^i = d\omega_i^\alpha - \sum_{k=1}^{n} \omega_i^k \wedge \omega_k^\alpha - \sum_{\beta=n+1}^{n+k} \omega_i^\beta \wedge \omega_\beta^\alpha,$$

$$0 = c\omega^\beta \wedge \omega^\alpha = d\omega_\alpha^\beta - \sum_{\nu=n+1}^{n+k} \omega_\alpha^\gamma \wedge \omega_\nu^\beta - \sum_{k=1}^{n} \omega_\alpha^k \wedge \omega_k^\beta = \Omega_\alpha^{\perp\beta} - \sum_{k=1}^{n} \omega_\alpha^k \wedge \omega_k^\beta.$$

而式 (1.6.4) 和式 (1.6.5) 分别成为

$$\Omega_i^j = c\omega^j \wedge \omega^i + \sum_{\alpha=n+1}^{n+k} \omega_i^\alpha \wedge \omega_\alpha^j$$

和

$$\Omega_\alpha^{\perp\beta} = \sum_{k=1}^{n} \omega_\alpha^k \wedge \omega_k^\beta.$$

定理 1.6.7 设 (M, g) 为 n 维 C^∞ Riemann 流形，它的 Riemann 截曲率只与 M 上的点有关，而与该点的切空间中的 2 维平面无关，即截曲率 $c(p)$ 为 $p \in M$ 的函数 $\Leftrightarrow$ 对任何局部 C^∞ 规范正交基 $\{e_i\}$ 及其对偶基 $\{\omega^i\}$ 有

$$\Omega_i^j = c\omega^j \wedge \omega^i.$$

证明 （$\Rightarrow$）根据定理 1.4.4 (F. Schur)，有

$$K(W, Z, X, Y) = c(p)K_1(W, Z, X, Y),$$

故

$$\Omega_i^j = -\frac{1}{2}\sum_{k,l=1}^n K_{ijkl}\omega^k \wedge \omega^l = -\frac{1}{2}c(p)\sum_{k,l=1}^n K_1(e_i,e_j,e_k,e_l)\omega^k \wedge \omega^l$$

$$= -\frac{1}{2}c(p)\sum_{k,l=1}^n (\delta_{ik}\delta_{jl} - \delta_{il}\delta_{jk})\omega^k \wedge \omega^l$$

$$= -\frac{1}{2}c(p)(\omega^i \wedge \omega^j - \omega^j \wedge \omega^i) = c(p)\omega^j \wedge \omega^i.$$

（⇐）对 p 点的切空间中的任何 2 维平面 π，它由 e_1,e_2 张成，其中 $\{e_1,e_2\}$ 为规范正交基. 将 $\{e_1,e_2\}$ 扩张为局部 C^∞ 规范正交基 $\{e_1,e_2,\cdots,e_n\}$，则

$$K_{ijij}\omega^j \wedge \omega^i = -\frac{1}{2}K_{ijji}\omega^j \wedge \omega^i - \frac{1}{2}K_{ijij}\omega^i \wedge \omega^j$$

$$= -\frac{1}{2}\sum_{k,l=1}^n K_{ijkl}\omega^k \wedge \omega^l = \Omega_i^j = c\omega^j \wedge \omega^i,$$

且截曲率为

$$R_p(e_1 \wedge e_2) = K_{1212} = c(p).$$

这就证明了截曲率 $c(p)$ 只与 $p(\in M)$ 点有关，而与 p 点处切空间中的 2 维平面无关. □

定理 1.6.8（F. Schur）　设 $(M,g) = (M,\langle,\rangle)$ 为连通的 Riemann 流形，$\dim M = n \geqslant 3$. 如果切空间中平面 $X \wedge Y$ 在 $p \in M$ 上的截曲率仅依赖于 p 点而与 $X \wedge Y$ 的选取无关，即 $R_p(X \wedge Y) = c(p)$，则 (M,g) 为常截曲率的流形.

证明　（证法 1,2）参阅定理 1.4.4 证法 1,2.

（证法 3）（活动标架法）由定理 1.6.7 和定理 1.6.4 得到

$$\Omega_i^j = c\omega^j \wedge \omega^i,$$

$$\mathrm{d}\Omega_i^j = \sum_{k=1}^n \omega_i^k \wedge \Omega_k^j - \sum_{k=1}^n \Omega_i^k \wedge \omega_k^j.$$

两边取外微分，并应用

$$\mathrm{d}\omega^i = \sum_{j=1}^n \omega^j \wedge \omega_j^i,$$

立即推出

$$(\mathrm{d}c) \wedge \omega^j \wedge \omega^i + c\sum_{k=1}^n \omega^k \wedge \omega_k^j \wedge \omega^i - c\sum_{k=1}^n \omega^j \wedge \omega^k \wedge \omega_k^i$$

$$= (\mathrm{d}c) \wedge \omega^j \wedge \omega^i + c\mathrm{d}\omega^j \wedge \omega^i - c\omega^j \wedge \mathrm{d}\omega^i = \mathrm{d}\Omega_i^j$$

$$= \sum_{k=1}^n \omega_i^k \wedge \Omega_k^j - \sum_{k=1}^n \Omega_i^k \wedge \omega_k^j$$

$$= c\sum_{k=1}^n \omega_i^k \wedge \omega^j \wedge \omega^k - c\sum_{k=1}^n \omega^k \wedge \omega^i \wedge \omega_k^j$$

$$= c \sum_{k=1}^{n} \omega^k \wedge \omega_k^j \wedge \omega^i - c \sum_{k=1}^{n} \omega^j \wedge \omega^k \wedge \omega_k^i,$$

两边消去相同的项得到

$$(\mathrm{d}c) \wedge \omega^j \wedge \omega^i = 0, \quad \forall \, i,j = 1,\cdots,n.$$

设 $\mathrm{d}c = \sum_{l=1}^{n} a_l \omega^l$. 因为 $n \geqslant 3$, 故对 $\forall \, k = 1,\cdots,n$, 可取 i,j, 使 i,j,k 互不相同(条件 $\dim M = n \geqslant 3$ 用于此!). 于是

$$a_k \omega^k \wedge \omega^i \wedge \omega^j + \cdots = (\mathrm{d}c) \wedge \omega^i \wedge \omega^j = 0,$$

$$a_k = 0, \quad k = 1,\cdots,n, \quad \mathrm{d}c = 0.$$

因此, c 为 M 上的局部常值函数. 再由 M 连通知, c 为 M 上的常值函数. □

注 1.6.3　当 $\dim M = 2$ 时, 定理 1.6.8 的结论并不成立. 例如, $\mathbf{R}^3$ 中的环面

$$M = \{x(u,v) = ((a + r\cos u)\cos v, (a + r\cos u)\sin v, r\sin u) \mid$$
$$0 \leqslant u < 2\pi, 0 < v < 2\pi\}$$

紧致连通可定向, 它的 Gauss(总)曲率 K_{G}, 也就是 Riemann 截曲率

$$K_{\mathrm{G}} = \frac{\cos u}{r(a + r\cos u)}, \quad 0 < r < a.$$

显然, K_{G} 不为常数.

1.7　C^∞ 函数空间 $C^\infty(M,\mathbf{R}) = C^\infty(\wedge^0 M) = F^0(M)$ 上的 Laplace 算子 Δ

本节主要讨论 C^∞ 向量场的散度和 C^∞ 函数的 Laplace 及其有关的性质.

定义 1.7.1　设 V 为 n 维实向量空间, $\otimes^{0,s} V$ 为 V 上的 $(0,s)$ 型张量的全体. 对 $v \in V, \theta \in \otimes^{0,s} V$, 称

$$i_v : \otimes^{0,s} V \to \otimes^{0,s-1} V,$$
$$i_v \theta(v_1, \cdots, v_{s-1}) = \theta(v, v_1, \cdots, v_{s-1})$$

为由 v 确定的**内导数**. 如果 $\theta \in \otimes^{0,0} V = \mathbf{R}$, 则定义

$$i_v \theta = 0.$$

引理 1.7.1　(1) 设 $v_1, v_2, v \in V, \lambda \in \mathbf{R}, \theta, \eta \in \otimes^{0,s} V$, 则

$$i_v(\theta + \eta) = i_v \theta + i_v \eta, \quad i_v(\lambda \theta) = \lambda i_v \theta,$$
$$i_{v_1 + v_2} = i_{v_1} + i_{v_2}, \quad i_{\lambda v} = \lambda i_v;$$

(2) 设 $v \in V, \theta \in \wedge^r V^*, \eta \in \wedge^s V^*$, 则

$$i_v\theta \in \wedge^{r-1}V^* , \quad i_v\eta \in \wedge^{s-1}V^* ,$$

且

$$i_v(\theta \wedge \eta) = (i_v\theta) \wedge \eta + (-1)^r\theta \wedge (i_v\eta);$$

(3) 设 $v \in V, \theta \in \wedge^rV^*$,则

$$i_v^2\theta = 0.$$

证明 (1) 由 i_v 的定义可得.

(2) 由 θ 的反称性知 $i_v\theta$ 也具有反称性,故 $i_v\theta \in \wedge^{r-1}V^*$, $i_v\eta \in \wedge^{s-1}V^*$.对 r 应用归纳法可证

$$i_v(\theta \wedge \eta) = (i_v\theta) \wedge \eta + (-1)^r\theta \wedge (i_v\eta).$$

事实上,当 $r=0$ 时,令 $\theta=\lambda$,则

$$i_v(\lambda \wedge \eta) = \lambda i_v\eta = (i_v\lambda) \wedge \eta + (-1)^0\lambda \wedge (i_v\eta).$$

假设公式对 $r-1$ 成立,则公式对 r 也成立.由于 i_v 的线性,故只需对 $\theta_1, \cdots, \theta_r \in \wedge^1V^*$ 加以证明:

$$i_v((\theta_1 \wedge \cdots \wedge \theta_r) \wedge \eta)$$
$$= i_v((\theta_1 \wedge \cdots \wedge \theta_{r-1}) \wedge (\theta_r \wedge \eta))$$
$$= i_v(\theta_1 \wedge \cdots \wedge \theta_{r-1}) \wedge \theta_r \wedge \eta + (-1)^{r-1}(\theta_1 \wedge \cdots \wedge \theta_{r-1}) \wedge i_v(\theta_r \wedge \eta)$$
$$= (i_v(\theta_1 \wedge \cdots \wedge \theta_{r-1}) \wedge \theta_r + (-1)^{r-1}(\theta_1 \wedge \cdots \wedge \theta_{r-1}) \wedge i_v\theta_r) \wedge \eta$$
$$\quad + (-1)^r(\theta_1 \wedge \cdots \wedge \theta_r) \wedge i_v\eta$$
$$= i_v(\theta_1 \wedge \cdots \wedge \theta_r) \wedge \eta + (-1)^r(\theta_1 \wedge \cdots \wedge \theta_r) \wedge i_v\eta.$$

(3) 由 θ 的反称性得

$$i_v^2(v_1, \cdots, v_{r-2}) = i_v\theta(v, v_1, \cdots, v_{r-2}) = \theta(v, v, v_1, \cdots, v_{r-2}) = 0. \qquad \square$$

设 M 为 n 维 C^∞ 流形,$X \in C^\infty(TM)$,令

$$i_X: C^\infty(\bigotimes^{0,s}TM) \rightarrow C^\infty(\bigotimes^{0,s-1}TM),$$
$$\theta \mapsto i_X\theta,$$
$$\theta_p \mapsto i_{X_p}\theta_p, \quad p \in M.$$

如果 $\theta \in C^\infty(\wedge^sT^*M), X_1, \cdots, X_{s-1} \in C^\infty(TM)$,由 θ 的反称性和定理 1.1.2(2),以及

$$i_X\theta(X_1, \cdots, X_{s-1}) = \theta(X, X_1, \cdots, X_{s-1}) \in C^\infty(M, \mathbf{R})$$

立即推出

$$i_X\theta \in C^\infty(\wedge^{s-1}T^*M).$$

如果

$$\theta \in C^\infty(\wedge^0T^*M) = C^\infty(M, \mathbf{R}),$$

则 $i_X\theta = 0$.

引理 1.7.2 （1）设

$$X_1, X_2, X \in C^\infty(TM), \quad f \in C^\infty(M, \mathbf{R}), \quad \theta, \eta \in C^\infty(\bigotimes^{0,s} TM),$$

则

$$i_X(\theta + \eta) = i_X\theta + i_X\eta, \quad i_X(f\theta) = f i_X\theta,$$

$$i_{X_1 + X_2} = i_{X_1} + i_{X_2}, \quad i_{fX} = f i_X;$$

（2）设

$$X \in C^\infty(TM), \quad \theta \in C^\infty(\wedge^r T^* M), \quad \eta \in C^\infty(\wedge^s T^* M),$$

则

$$i_X\theta \in C^\infty(\wedge^{r-1} T^* M), \quad i_X\eta \in C^\infty(\wedge^{s-1} T^* M),$$

且

$$i_X(\theta \wedge \eta) = (i_X\theta) \wedge \eta + (-1)^r \theta \wedge (i_X\eta);$$

（3）设 $X \in C^\infty(TM), \theta \in C^\infty(\wedge^s T^* M)$，则 $i_X^2\theta = 0$.

证明　由引理 1.7.1 立即推出. □

定义 1.7.2　设 M 为 n 维 C^∞ 流形，$X \in C^\infty(TM)$. 令

$$L_X : C^\infty(\bigotimes^{r,s} TM) \to C^\infty(\bigotimes^{r,s} TM),$$

$$\theta \mapsto L_X\theta,$$

满足：

（1）$L_X f = Xf, f \in C^\infty(M, \mathbf{R}) = C^\infty(\bigotimes^{0,0} TM)$；

（2）$L_X Y = [X, Y], Y \in C^\infty(TM) = C^\infty(\bigotimes^{1,0} TM)$；

（3）

$$(L_X\theta)(Y) = X(\theta(Y)) - \theta([X, Y]) = L_X(\theta(Y)) - \theta(L_X Y),$$

$$\theta \in C^\infty(T^* M) = C^\infty(\bigotimes^{0,1} TM), \quad Y \in C^\infty(TM);$$

（4）

$$(L_X\theta)(W_1, \cdots, W_r, Y_1, \cdots, Y_s)$$

$$= L_X(\theta(W_1, \cdots, W_r, Y_1, \cdots, Y_s))$$

$$- \sum_{i=1}^r \theta(W_1, \cdots, W_{i-1}, L_X W_i, W_{i+1}, \cdots, W_r, Y_1, \cdots, Y_s)$$

$$- \sum_{j=1}^s \theta(W_1, \cdots, W_r, Y_1, \cdots, Y_{j-1}, L_X Y_j, Y_{j+1}, \cdots, Y_s),$$

$$\theta \in C^\infty(\bigotimes^{r,s} TM), \quad W_i \in C^\infty(T^* M), \quad Y_j \in C^\infty(TM).$$

我们称 $L_X\theta$ 为 θ 关于 X 的 **Lie 导数**，称 L_X 为由 X 确定的 **Lie 导数**.

引理 1.7.3　（1）

$$L_X f \in C^\infty(M, \mathbf{R}) = C^\infty(\bigotimes^{0,0} TM),$$

$$L_X Y \in C^\infty(TM) = C^\infty(\bigotimes^{1,0} TM),$$

$$L_X \theta \in C^\infty(\bigotimes^{r,s} TM),$$

其中 $f \in C^\infty(M,\mathbf{R})$，$X,Y \in C^\infty(TM)$，$\theta \in C^\infty(\bigotimes^{r,s} TM)$；

(2) $L_X : C^\infty(\bigwedge^s T^* M) \to C^\infty(\bigwedge^s T^* M)$；

(3) $L_X(\theta + \eta) = L_X \theta + L_X \eta$，$\theta, \eta \in C^\infty(\bigotimes^{r,s} TM)$；

(4)

$$L_X(\theta \bigotimes \eta) = (L_X \theta) \bigotimes \eta + \theta \bigotimes (L_X \eta),$$

$$\theta \in C^\infty(\bigotimes^{r,s} TM), \quad \eta \in C^\infty(\bigotimes^{k,l} TM)\text{（导性）；}$$

(5)

$$L_X(\alpha \wedge \beta) = (L_X \alpha) \wedge \beta + \alpha \wedge (L_X \beta),$$

$$\alpha \in C^\infty(\bigwedge^r T^* M), \quad \beta \in C^\infty(\bigwedge^s T^* M)；$$

(6) $L_X \circ C_j^i = C_j^i \circ L_X$.

证明　(1)～(5)的证明类似于引理 1.2.3 的证明.

为证明(6)，只需取 $e_k = \dfrac{\partial}{\partial x^k}$，$e^k = \mathrm{d} x^k$. 于是

$$\left(L_X \mathrm{d} x^k\right)\left(\frac{\partial}{\partial x^l}\right) = X\left(\mathrm{d} x^k\left(\frac{\partial}{\partial x^l}\right)\right) - \mathrm{d} x^k\left(L_X \frac{\partial}{\partial x^l}\right)$$

$$= X\delta_l^k - \mathrm{d} x^k\left(\left[\sum_{m=1}^n a^m \frac{\partial}{\partial x^m}, \frac{\partial}{\partial x^l}\right]\right)$$

$$= \mathrm{d} x^k\left(\sum_{m=1}^n \frac{\partial a^m}{\partial x^l} \frac{\partial}{\partial x^m}\right) = \sum_{m=1}^n \frac{\partial a^m}{\partial x^l}\delta_m^k = \frac{\partial a^k}{\partial x^l},$$

$$L_X \mathrm{d} x^k = \sum_{l=1}^n \frac{\partial a^k}{\partial x^l} \mathrm{d} x^l.$$

因为

$$L_X \frac{\partial}{\partial x^k} = \left[\sum_{l=1}^n a^l \frac{\partial}{\partial x^l}, \frac{\partial}{\partial x^k}\right] = -\sum_{l=1}^n \frac{\partial a^l}{\partial x^k} \frac{\partial}{\partial x^l},$$

故

$$\theta\left(W_1, \cdots, W_{i-1}, L_X \mathrm{d} x^k, W_i, \cdots, W_{r-1}, Y_1, \cdots, Y_{j-1}, \frac{\partial}{\partial x^k}, Y_j, Y_{j+1}, \cdots, Y_{s-1}\right)$$

$$= \sum_{l=1}^n \frac{\partial a^k}{\partial x^l}\theta\left(W_1, \cdots, W_{i-1}, \mathrm{d} x^l, W_i, \cdots, W_{r-1}, Y_1, \cdots, Y_{j-1}, \frac{\partial}{\partial x^k}, Y_j, \cdots, Y_{s-1}\right),$$

$$\theta\left(W_1, \cdots, W_{i-1}, \mathrm{d} x^k, W_i, \cdots, W_{r-1}, Y_1, \cdots, Y_{j-1}, L_X \frac{\partial}{\partial x^k}, Y_j, \cdots, Y_{s-1}\right)$$

$$= - \sum_{l=1}^{n} \frac{\partial a^l}{\partial x^k} \theta \left(W_1, \cdots, W_{i-1}, \mathrm{d} x^k, W_i, \cdots, W_{r-1}, Y_1, \cdots, Y_{j-1}, \frac{\partial}{\partial x^l}, Y_j, \cdots, Y_{s-1} \right),$$

$$\sum_{k=1}^{n} \left(\theta \left(W_1, \cdots, W_{i-1}, L_X \mathrm{d} x^k, W_i, \cdots, W_{r-1}, Y_1, \cdots, Y_{j-1}, \frac{\partial}{\partial x^k}, Y_j, \cdots, Y_{s-1} \right) \right.$$

$$\left. + \theta \left(W_1, \cdots, W_{i-1}, \mathrm{d} x^k, W_i, \cdots, W_{r-1}, Y_1, \cdots, Y_{j-1}, L_X \frac{\partial}{\partial x^k}, Y_j, \cdots, Y_{s-1} \right) \right)$$

$$= 0.$$

再类似引理 1.2.3(6) 得到 $L_X \circ C_j^i = C_j^i \circ L_X$. □

注 1.7.1 由文献[14]37 页知,

$$L_X \theta = \frac{\mathrm{d}}{\mathrm{d} t} (\varphi_t^* \theta),$$

故

$$L_X \circ C_j^i \theta = \frac{\mathrm{d}}{\mathrm{d} t} (\varphi_t^* C_j^i \theta) = C_j^i \frac{\mathrm{d}}{\mathrm{d} t} (\varphi_t^* \theta) \Big|_{t=0} = C_j^i \circ L_X \theta.$$

定理 1.7.1 设 M 为 n 维 C^∞ 流形, $X \in C^\infty(TM)$, 则

$$L_X = \mathrm{d} \circ i_X + i_X \circ \mathrm{d},$$

即对任意 $\omega \in C^\infty(\wedge^s T^* M)$, 有

$$L_X \omega = (\mathrm{d} \circ i_X + i_X \circ \mathrm{d}) \omega.$$

证明 如果 $f \in C^\infty(M, \mathbf{R}) = C^\infty(\bigotimes^{0,0} TM)$, 则

$$(\mathrm{d} \circ i_X + i_X \circ \mathrm{d}) f = \mathrm{d}(i_X f) + i_X(\mathrm{d} f) = 0 + \mathrm{d} f(X) = X f = L_X f,$$

$$L_X = \mathrm{d} \circ i_X + i_X \circ \mathrm{d}.$$

如果 $\omega \in C^\infty(\wedge^s T^* M)$, 则

$$(i_X \circ \mathrm{d} \omega)(X_1, \cdots, X_s)$$

$$= i_X(\mathrm{d} \omega)(X_1, \cdots, X_s) = \mathrm{d} \omega(X, X_1, \cdots, X_s)$$

$$= \left(X(\omega(X_1, \cdots, X_s)) + \sum_{j=1}^{s} (-1)^{1+j+1} \omega([X, X_j], \hat{X}, X_1, \cdots, \hat{X}_j, \cdots, X_s) \right)$$

$$+ \left(\sum_{i=1}^{s} (-1)^i X_i(\omega(X, X_1, \cdots, \hat{X}_i, \cdots, X_s)) \right.$$

$$\left. + \sum_{i<j} (-1)^{i+j} \omega([X_i, X_j], X, X_1, \cdots, \hat{X}_i, \cdots, \hat{X}_j, \cdots, X_s) \right)$$

$$= (L_X \omega - \mathrm{d} \circ i_X \omega)(X_1, \cdots, X_s),$$

$$i_X \circ \mathrm{d} = L_X - \mathrm{d} \circ i_X,$$

$$L_X = i_X \circ \mathrm{d} + \mathrm{d} \circ i_X. \qquad □$$

定义 1.7.3   设 M 为 n 维 C^∞ 定向流形,Ω 为 M 上的处处非 0 的 n 阶 C^∞ 微分形式 (根据定理 1.3.3,这样的 Ω 总存在),它也称为 M 的**体积元素**. 对 $X \in C^\infty(TM)$,令

$$L_X\Omega = (\mathrm{div}\, X)\Omega,$$

其中 $\mathrm{div}\, X \in C^\infty(M,\mathbf{R})$ 称为 C^∞ 切向量场 X 关于体积元素 Ω 的**散度**. 特别地,如果 $\Omega =$ $\mathrm{d}V$ 为由 M 的 Riemann 度量 g 确定的体积元素(由 $(e^1 \wedge \cdots \wedge e^n)(e_1,\cdots,e_n) = 1 \neq 0$ 知 $\Omega = \mathrm{d}V = e^1 \wedge \cdots \wedge e^n$ 为 M 上的处处非 0 的 n 阶 C^∞ 微分形式,其中 $\{e^k\}$ 为 (M,g) 上的局部规范正交基向量场 $\{e_k\}$ 的对偶基),则称 $\mathrm{div}\, X$ 为 C^∞ 切向量场 X 关于 Riemann 度量 g 的**散度**.

定理 1.7.2(Green)   设 M 为 n 维 C^∞ 定向流形,Ω 为 M 上的体积元素,$U \subset M$ 为开集,$\overline{U}$ 紧致,且 ∂U 为 M 的 $n-1$ 维 C^∞ 正则子流形或 $\varnothing$,X 为 M 上的 C^∞ 切向量场,则

$$\int_U \mathrm{div}\, X \cdot \Omega = \int_{\partial U} I^*(i_X\Omega),$$

其中 $I:\partial U \to M$ 为包含映射.

如果 $\mathrm{supp}\, X = \overline{\{p \in M \mid X_p \neq 0\}}$ 紧致,特别当 M 紧致时($U = M,\partial U = \varnothing$),有

$$\int_M \mathrm{div}\, X \cdot \Omega = 0.$$

证明   由 Stokes 定理和 $\mathrm{d}\Omega = 0$,有

$$\int_U \mathrm{div}\, X \cdot \Omega = \int_U L_X\Omega = \int_U (\mathrm{d} \circ i_X + i_X \circ \mathrm{d})\Omega$$

$$\xlongequal{\mathrm{d}l = 0} \int_U \mathrm{d} \circ i_X\Omega \xlongequal{\text{Stokes}} \int_{\partial U} I^*(i_X\Omega).$$

如果 $\mathrm{supp}\, X$ 紧致,取开集 U 使得 $\mathrm{supp}\, X \subset U$,故 $I^*(i_X\Omega)|_{\partial U} = 0$. 于是

$$\int_U \mathrm{div}\, X \cdot \Omega = \int_{\partial U} I^*(i_X\Omega) = \int_{\partial U} 0 = 0. \qquad \square$$

定义 1.7.4   设 $(M,g) = (M,\langle\,,\rangle)$ 为 n 维 C^∞ Riemann 流形,$f \in C^\infty(M,\mathbf{R})$,通过

$$\langle \mathrm{grad}\, f, Y\rangle = Yf, \quad \forall\, Y \in C^\infty(TM),$$

在 M 上定义了一个称为 f 的**梯度场**的 C^∞ 向量场 $\mathrm{grad}\, f$. 容易看出,在局部坐标系 $\{x^i\}$ 中,如果记 $\mathrm{grad}\, f = \sum_{i=1}^n a^i \dfrac{\partial}{\partial x^i}$,则

$$\sum_{k=1}^n a^k g_{kj} = \left\langle \sum_{k=1}^n a^k \frac{\partial}{\partial x^k}, \frac{\partial}{\partial x^j}\right\rangle = \left\langle \mathrm{grad}\, f, \frac{\partial}{\partial x^j}\right\rangle = \frac{\partial f}{\partial x^j},$$

$$a^i = \sum_{k=1}^n a^k \delta_k^i = \sum_{j,k=1}^n a^k g_{kj} g^{ij} = \sum_{j=1}^n g^{ij} \frac{\partial f}{\partial x^j},$$

$$\mathrm{grad}\, f = \sum_{i=1}^n \left(\sum_{j=1}^n g^{ij} \frac{\partial f}{\partial x^j}\right) \frac{\partial}{\partial x^i}.$$

定义 1.7.5　设 $(M,g)=(M,\langle,\rangle)$ 为 n 维 C^∞ 定向 Riemann 流形,则称

$$\triangle:C^\infty(M,\mathbf{R})=C^\infty(\wedge^0 T^*M)\to C^\infty(\wedge^0 T^*M)=C^\infty(M,\mathbf{R}),$$

$$f\mapsto \triangle f=-\operatorname{div}\operatorname{grad} f$$

为 (M,g) 的 **Laplace-Beltrami**(或 **Laplace**)**算子**.

如果 $\triangle f=0$,则称 f 为 M 上的**调和函数**.

引理 1.7.4　设 $(M,g)=(M,\langle,\rangle)$ 为 n 维 C^∞ 定向 Riemann 流形,$\{x^i\}$ 为 M 的局部坐标系,$\left[\overrightarrow{\dfrac{\partial}{\partial x^1},\cdots,\dfrac{\partial}{\partial x^n}}\right]$ 与 M 的定向一致,在该局部坐标系中,

$$\operatorname{div}X=\sum_{i=1}^n \frac{\partial a^i}{\partial x^i}+\frac{1}{2}\sum_{i=1}^n a^i\frac{\partial\ln\det(g_{kl})}{\partial x^i}$$

$$=\sum_{i=1}^n \frac{\partial a^i}{\partial x^i}+\sum_{i=1}^n a^i\sum_{m=1}^n \Gamma^m_{mi}\quad\left(\text{其中 }X=\sum_{i=1}^n a^i\frac{\partial}{\partial x^i}\right),$$

$$\triangle f=-\left(\sum_{i,j=1}^n g^{ij}\frac{\partial^2 f}{\partial x^i\partial x^j}+\sum_{i,j=1}^n\left(\frac{\partial g^{ij}}{\partial x^i}+\frac{1}{2}g^{ij}\frac{\partial\ln\det(g_{kl})}{\partial x^i}\right)\frac{\partial f}{\partial x^j}\right)$$

$$=-\frac{1}{\sqrt{\det(g_{kl})}}\sum_{i,j=1}^n \frac{\partial}{\partial x^i}\left(\sqrt{\det(g_{kl})}\,g^{ij}\frac{\partial f}{\partial x^j}\right).$$

证明　因为

$$\left[X,\frac{\partial}{\partial x^i}\right]=\left[\sum_{j=1}^n a^j\frac{\partial}{\partial x^j},\frac{\partial}{\partial x^i}\right]=-\sum_{j=1}^n \frac{\partial a^j}{\partial x^i}\frac{\partial}{\partial x^j},$$

$$\Omega\left(\frac{\partial}{\partial x^1},\cdots,\frac{\partial}{\partial x^n}\right)=\sqrt{\det(g_{ki})}\,\mathrm{d}x^1\wedge\cdots\wedge\mathrm{d}x^n\left(\frac{\partial}{\partial x^1},\cdots,\frac{\partial}{\partial x^n}\right)=\sqrt{\det(g_{kl})},$$

所以

$$(\operatorname{div}X)\sqrt{\det(g_{kl})}$$

$$=(\operatorname{div}X)\Omega\left(\frac{\partial}{\partial x^1},\cdots,\frac{\partial}{\partial x^n}\right)=(L_X\Omega)\left(\frac{\partial}{\partial x^1},\cdots,\frac{\partial}{\partial x^n}\right)$$

$$=X\left(\Omega\left(\frac{\partial}{\partial x^1},\cdots,\frac{\partial}{\partial x^n}\right)\right)-\sum_{i=1}^n\Omega\left(\frac{\partial}{\partial x^1},\cdots,\frac{\partial}{\partial x^{i-1}},\left[X,\frac{\partial}{\partial x^i}\right],\frac{\partial}{\partial x^{i+1}},\cdots,\frac{\partial}{\partial x^n}\right)$$

$$=X\sqrt{\det(g_{kl})}+\sum_{i,j=1}^n \frac{\partial a^j}{\partial x^i}\Omega\left(\frac{\partial}{\partial x^1},\cdots,\frac{\partial}{\partial x^{i-1}},\frac{\partial}{\partial x^j},\frac{\partial}{\partial x^{i+1}},\cdots,\frac{\partial}{\partial x^n}\right)$$

$$=\sum_{i=1}^n a^i\frac{\partial\sqrt{\det(g_{kl})}}{\partial x^i}+\sum_{i=1}^n \frac{\partial a^i}{\partial x^i}\sqrt{\det(g_{kl})},$$

$$\operatorname{div}X=\sum_{i=1}^n \frac{\partial a^i}{\partial x^i}+\frac{1}{2}\sum_{i=1}^n a^i\frac{\partial\ln\det(g_{kl})}{\partial x^i}.$$

进而,有

$$\text{div } X = \sum_{i=1}^{n} \frac{\partial a^i}{\partial x^i} + \sum_{i=1}^{n} a^i \sum_{m=1}^{n} \Gamma_{mi}^{m}.$$

这是因为

$$\frac{\partial \det(g_{kl})}{\partial x^i} = \sum_{m,r=1}^{n} G_{mr} \frac{\partial g_{mr}}{\partial x^i} = \sum_{m,r=1}^{n} G_{mr} \frac{\partial g_{rm}}{\partial x^i}$$

（G_{mr} 为 g_{mr} 的代数余子式），所以

$$\begin{aligned} \sum_{m=1}^{n} \Gamma_{mi}^{m} &= \frac{1}{2} \sum_{m,r=1}^{n} g^{mr} \left(\frac{\partial g_{ri}}{\partial x^m} + \frac{\partial g_{rm}}{\partial x^i} - \frac{\partial g_{mi}}{\partial x^r} \right) \\ &= \frac{1}{2} \sum_{m,r=1}^{n} g^{mr} \frac{\partial g_{rm}}{\partial x^i} = \frac{1}{2} \sum_{m,r=1}^{n} \frac{G_{mr}}{\det(g_{kl})} \frac{\partial g_{rm}}{\partial x^i} \\ &= \frac{1}{2\det(g_{kl})} \frac{\partial \det(g_{kl})}{\partial x^i} = \frac{1}{2} \frac{\partial \ln \det(g_{kl})}{\partial x^i}. \end{aligned}$$

再把 $\text{grad } f = \sum_{i=1}^{n} \left(\sum_{j=1}^{n} g^{ij} \frac{\partial f}{\partial x^j} \right) \frac{\partial}{\partial x^i}$ 代入散度公式，得到

$$\Delta f = -\text{div grad } f = -\left(\sum_{i,j=1}^{n} \frac{\partial^2 f}{\partial x^i \partial x^j} + \sum_{i,j=1}^{n} \left(\frac{\partial g^{ij}}{\partial x^i} + \frac{1}{2} g^{ij} \frac{\partial \ln \det(g_{kl})}{\partial x^i} \right) \frac{\partial f}{\partial x^j} \right). \quad \Box$$

注 1.7.2 如果 $M = \mathbf{R}^n$，$\{x^i\}$ 为 $\mathbf{R}^n$ 中的通常的整体直角坐标系，$g_{ij} = \delta_{ij}$，$g^{ij} = \delta^{ij}$，$\det(g_{ij}) = \det(\delta_{ij}) = 1$，其中

$$\delta_{ij} = \begin{cases} 1, & i = j, \\ 0, & i \neq j, \end{cases} \qquad \delta^{ij} = \begin{cases} 1, & i = j, \\ 0, & i \neq j, \end{cases}$$

则

$$\text{div } X = \sum_{i=1}^{n} \frac{\partial a^i}{\partial x^i}, \quad \Delta f = -\sum_{i=1}^{n} \frac{\partial^2 f}{\partial x^i \partial x^i}.$$

注 1.7.3 当 n 维 C^∞ Riemann 流形 $(M, g) = (M, \langle, \rangle)$ 可定向时，利用体积元素定义了 $\text{div } X$ 和 Δf. 如果 M 不可定向，则可用上述 $\text{div } X$ 和 Δf 的坐标形式分别作为它们的定义，并通过直接计算验证其定义与局部坐标系的选取无关.

还可以用另外的方式引入 div 和 Δ.

定义 1.7.3' 设 M 为 n 维 C^∞ 流形，$X \in C^\infty(TM)$，X 的**散度** $\text{div } X$ 为

$$\text{div } X = \text{tr}(Y \mapsto \nabla_Y X), \quad Y \in T_p M, \quad p \in M.$$

如果 (M, g) 为 C^∞ Riemann 流形，容易验证，上述定义与定义 1.7.3 是一致的. 事实上，对 $\left\{ \frac{\partial}{\partial x^i} \right\}$，有

$$\frac{\partial}{\partial x^j} \mapsto \nabla_{\frac{\partial}{\partial x^j}} X = \nabla_{\frac{\partial}{\partial x^j}} \sum_{i=1}^{n} \frac{\partial}{\partial x^i} = \sum_{i=1}^{n} \frac{\partial a^i}{\partial x^j} \frac{\partial}{\partial x^i} + \sum_{i,m=1}^{n} a^i \Gamma_{ji}^{m} \frac{\partial}{\partial x^m}$$

$$= \sum_{i=1}^{n} \Big(\frac{\partial a^i}{\partial x^j} + \sum_{m=1}^{n} a^m \Gamma^i_{jm} \Big) \frac{\partial}{\partial x^i},$$

$$\mathrm{div}\, X = \sum_{i=1}^{n} \frac{\partial a^i}{\partial x^i} + \sum_{i,m=1}^{n} a^m \Gamma^i_{mi} = \sum_{i=1}^{n} \frac{\partial a^i}{\partial x^i} + \sum_{i=1}^{n} a^i \sum_{m=1}^{n} \Gamma^m_{mi},$$

这与引理 1.7.4 中的表示是相同的. 因此, 定义 1.7.3 与定义 1.7.3′ 中的 div 的定义是一致的.

定义 1.7.6 设 (M,g) 为 n 维 C^∞ Riemann 流形. 令

$$\nabla : C^\infty(\bigotimes^{r,s} TM) \to C^\infty(\bigotimes^{r,s+1} TM),$$

$$\theta \mapsto \nabla \theta,$$

使得

$$(\nabla \theta)(W_1, \cdots, W_r, Y_1, \cdots, Y_{s+1}) = (\nabla_{Y_{s+1}} \theta)(W_1, \cdots, W_r, Y_1, \cdots, Y_s),$$

其中 $W_i \in C^\infty(T^*M)$, $Y_j \in C^\infty(TM)$. 显然, $\nabla \theta \in C^\infty(\bigotimes^{r,s+1} TM)$, 则称 ∇ 为**一般协变导数算子**. 而

$$\mathrm{div} : C^\infty(\bigotimes^{r,s} TM) \to C^\infty(\bigotimes^{r-1,s} TM),$$

$$\mathrm{div} = C^r_{s+1} \circ \nabla$$

称为**散度**, $\triangle = \mathrm{div}\,\mathrm{grad}$ 称为 **Laplace-Beltrami(或 Laplace)算子**.

显然, ∇ 为线性算子, 且由 $\nabla_X \circ C^i_j = C^i_j \circ \nabla_X$ 知 $\nabla \circ C^i_j = C^i_j \circ \nabla$. 于是

$$\mathrm{div}\, X = C^1_1 \circ \nabla X = \sum_{m=1}^{n} \nabla X \Big(\mathrm{d}x^m, \frac{\partial}{\partial x^m} \Big)$$

$$= \sum_{m=1}^{n} (\nabla_{\frac{\partial}{\partial x^m}} X)(\mathrm{d}x^m) = \sum_{m=1}^{n} \mathrm{d}x^m \Big(\nabla_{\frac{\partial}{\partial x^m}} \sum_{i=1}^{n} a^i \frac{\partial}{\partial x^i} \Big)$$

$$= \sum_{m=1}^{n} \mathrm{d}x^m \Big(\sum_{i=1}^{n} \frac{\partial a^i}{\partial x^m} \frac{\partial}{\partial x^i} + \sum_{i=1}^{n} a^i \nabla_{\frac{\partial}{\partial x^m}} \frac{\partial}{\partial x^i} \Big)$$

$$= \sum_{m,i=1}^{n} \frac{\partial a^i}{\partial x^m} \delta^m_i + \sum_{m,i=1}^{n} a^i \mathrm{d}x^m \Big(\sum_{l=1}^{n} \Gamma^l_{mi} \frac{\partial}{\partial x^l} \Big)$$

$$= \sum_{i=1}^{n} \frac{\partial a^i}{\partial x^i} + \sum_{m,i,l=1}^{n} a^i \Gamma^l_{mi} \delta^m_l = \sum_{i=1}^{n} \frac{\partial a^i}{\partial x^i} + \sum_{i=1}^{n} a^i \Big(\sum_{m=1}^{n} \Gamma^m_{mi} \Big)$$

$$= \sum_{i=1}^{n} \frac{\partial a^i}{\partial x^i} + \frac{1}{2} \sum_{i=1}^{n} a^i \frac{\partial \ln \det(g_{kl})}{\partial x^i}.$$

这就得到了与定义 1.7.3 和定义 1.7.3′ 中相同的表示, 所以, 向量场散度的三种定义是一致的.

引理 1.7.5 设 $(M,g) = (M, \langle,\rangle)$ 为 n 维 C^∞ Riemann 流形, $\{e_k\}$ 为局部 C^∞ 规范正交基, $f \in C^\infty(M, \mathbf{R})$, 则

$$\Delta f = - \sum_{k=1}^{n} \nabla^2 f(e_k, e_k) = \sum_{k=1}^{n} (\nabla_{e_k} e_k - e_k e_k) f.$$

证明 （证法 1）设 $\{e^k\}$ 为 $\{e_k\}$ 的对偶基，则由

$$\sum_{l=1}^{n} (e_l f) e^k \nabla_{e_k} e_l = \sum_{l=1}^{n} \mathrm{d} f(e_l) e^k (\nabla_{e_k} e_l) = \sum_{l=1}^{n} \mathrm{d} f(e_l) e^k \Big(\sum_{s=1}^{n} \langle \nabla_{e_k} e_l, e_s \rangle e_s \Big)$$

$$= \sum_{l=1}^{n} \mathrm{d} f(e_l) \langle \nabla_{e_k} e_l, e_k \rangle = - \sum_{l=1}^{n} \mathrm{d} f(e_l) \langle e_l, \nabla_{e_k} e_k \rangle$$

$$= - \mathrm{d} f \Big(\sum_{l=1}^{n} \langle e_l, \nabla_{e_k} e_k \rangle e_l \Big) = - \mathrm{d} f(\nabla_{e_k} e_k) = - (\nabla_{e_k} e_k) f$$

得到

$$\Delta f = - \mathrm{div}\, \mathrm{grad}\, f = - C_1^1 \circ \nabla \mathrm{grad}\, f$$

$$= - \sum_{k=1}^{n} \nabla \mathrm{grad}\, f(e^k, e_k) = - \sum_{k=1}^{n} (\nabla_{e_k} \mathrm{grad}\, f)(e^k)$$

$$= - \sum_{k=1}^{n} e^k (\nabla_{e_k} \mathrm{grad}\, f) = - \sum_{k=1}^{n} e^k \Big(\nabla_{e_k} \sum_{l=1}^{n} (e_l f) e_l \Big)$$

$$= - \sum_{k=1}^{n} e^k \sum_{l=1}^{n} ((e_k e_l f) e_l + (e_l f) \nabla_{e_k} e_l) = - \Big(\sum_{k=1}^{n} e_k e_k f + \sum_{k,l=1}^{n} (e_l f) e^k (\nabla_{e_k} e_l) \Big)$$

$$= \sum_{k=1}^{n} (\nabla_{e_k} e_k - e_k e_k) f.$$

此外，还有

$$\sum_{k=1}^{n} \nabla^2 f(e_k, e_k) = \sum_{k=1}^{n} \nabla \mathrm{d} f(e_k, e_k) = \sum_{k=1}^{n} (\nabla_{e_k} \mathrm{d} f)(e_k)$$

$$= \sum_{k=1}^{n} (\nabla_{e_k} (\mathrm{d} f(e_k)) - \mathrm{d} f(\nabla_{e_k} e_k)) = \sum_{k=1}^{n} (e_k e_k f - (\nabla_{e_k} e_k) f)$$

$$= \sum_{k=1}^{n} (e_k e_k - \nabla_{e_k} e_k) f,$$

$$\Delta f = - \sum_{k=1}^{n} \nabla^2 f(e_k, e_k).$$

（证法 2）设 $X \in C^{\infty}(TM)$，则

$$\nabla f(X) = \nabla_X f = X f = \mathrm{d} f(X),$$

即 $\nabla f = \mathrm{d} f$,

$$\sum_{k=1}^{n} \nabla^2 f(e_k, e_k) = \sum_{k=1}^{n} \nabla \mathrm{d} f(e_k, e_k) = \sum_{k=1}^{n} \nabla \mathrm{d} f \Big(\sum_{i=1}^{n} a_k^i \frac{\partial}{\partial x^i}, \sum_{j=1}^{n} a_k^j \frac{\partial}{\partial x^j} \Big)$$

$$= \sum_{k,i,j=1}^{n} a_k^i a_k^j \nabla \mathrm{d} f \Big(\frac{\partial}{\partial x^i}, \frac{\partial}{\partial x^j} \Big) = \sum_{i,j=1}^{n} g^{ij} (\nabla_{\frac{\partial}{\partial x^j}} \mathrm{d} f) \Big(\frac{\partial}{\partial x^i} \Big)$$

$$= \sum_{i,j=1}^{n} g^{ij} \left(\frac{\partial}{\partial x^j} \mathrm{d}f\left(\frac{\partial}{\partial x^i}\right) - \mathrm{d}f\left(\nabla_{\frac{\partial}{\partial x^j}} \frac{\partial}{\partial x^i}\right) \right)$$

$$= \sum_{i,j=1}^{n} g^{ij} \frac{\partial^2 f}{\partial x^i \partial x^j} - \sum_{i,j,s=1}^{n} g^{ij} \Gamma_{ji}^{s} \frac{\partial f}{\partial x^i}$$

$$= \sum_{i,j=1}^{n} g^{ij} \frac{\partial^2 f}{\partial x^i \partial x^j} - \sum_{s=1}^{n} \left(\sum_{i,j,r=1}^{n} g^{ij} \frac{\partial g_{ir}}{\partial x^j} - \frac{1}{2} \sum_{r=1}^{n} g^{sr} \frac{\partial \ln \det(g_{kl})}{\partial x^r} \right) \frac{\partial f}{\partial x^s}$$

$$= \sum_{i,j=1}^{n} g^{ij} \frac{\partial^2 f}{\partial x^i \partial x^j} + \sum_{j,s=1}^{n} \frac{\partial g^{sj}}{\partial x^j} \frac{\partial f}{\partial x^s} + \frac{1}{2} \sum_{s,r=1}^{n} g^{sr} \frac{\partial \ln \det(g_{kl})}{\partial x^r} \frac{\partial f}{\partial x^s}$$

$$= \sum_{i,j=1}^{n} g^{ij} \frac{\partial^2 f}{\partial x^i \partial x^j} + \sum_{i,j=1}^{n} \left(\frac{\partial g^{ij}}{\partial x^i} + \frac{1}{2} g^{ij} \frac{\partial \ln \det(g_{kl})}{\partial x^i} \right) \frac{\partial f}{\partial x^j},$$

$$\Delta f = - \sum_{k=1}^{n} \nabla^2 f(e_k, e_k),$$

其中

$$\sum_{i,j=1}^{n} a_k^i a_l^j g_{ij} = \left\langle \sum_{i=1}^{n} a_k^i \frac{\partial}{\partial x^i}, \sum_{j=1}^{n} a_l^j \frac{\partial}{\partial x^j} \right\rangle = \langle e_k, e_l \rangle = \delta_{kl},$$

$$(a_k^i)(g_{ij})(a_l^j)^{\mathrm{T}} = I_n,$$

$$((a_l^j)^{\mathrm{T}})^{-1} (g_{ij})^{-1} (a_k^i)^{-1} = I_n,$$

$$(g^{ij}) = (g_{ij})^{-1} = (a_l^j)^{\mathrm{T}} (a_k^i),$$

即

$$g^{ij} = \sum_{k=1}^{n} a_k^i a_k^j,$$

$$\sum_{i,r=1}^{n} g^{ij} g^{sr} \frac{\partial g_{ir}}{\partial x^j} = \sum_{i,r=1}^{n} g^{sr} \left(\frac{\partial (g^{ij} g_{ir})}{\partial x^j} - \frac{\partial g^{ij}}{\partial x^j} g_{ir} \right) = \sum_{r=1}^{n} g^{sr} \frac{\partial \delta_r^j}{\partial x^j} - \sum_{i=1}^{m} \frac{\partial g^{ij}}{\partial x^j} \delta_i^s = - \frac{\partial g^{sj}}{\partial x^j}$$

和

$$\sum_{i,j=1}^{n} g^{ij} \Gamma_{ji}^{s} = \frac{1}{2} \sum_{i,j,r=1}^{n} g^{ij} g^{sr} \left(\frac{\partial g_{ri}}{\partial x^j} + \frac{\partial g_{rj}}{\partial x^i} - \frac{\partial g_{ij}}{\partial x^r} \right)$$

$$= \sum_{i,j,r=1}^{n} g^{ij} g^{sr} \frac{\partial g_{ri}}{\partial x^j} - \frac{1}{2} \sum_{i,j,r=1}^{n} g^{ij} g^{sr} \frac{\partial g_{ij}}{\partial x^r}$$

$$= \sum_{i,j,r=1}^{m} g^{ij} g^{sr} \frac{\partial g_{ri}}{\partial x^j} - \sum_{r=1}^{n} g^{sr} \frac{\partial \ln \det(g_{kl})}{\partial x^r}.$$ □

注 1.7.4　根据引理 1.7.5,我们可以用

$$- \sum_{k=1}^{n} \nabla^2 f(e_k, e_k) \quad \text{或} \quad \sum_{k=1}^{n} (\nabla_{e_k} e_k - e_k e_k) f$$

来定义 Δf. 由证明的过程知道,它与局部 C^∞ 规范正交基向量场 $\{e_k\}$ 的选取无关,都等于

$$- \Big(\sum_{i,j=1}^{n} g^{ij} \frac{\partial^2 f}{\partial x^i \partial x^j} + \sum_{i,j=1}^{n} \Big(\frac{\partial g^{ij}}{\partial x^i} + \frac{1}{2} g^{ij} \frac{\partial \ln \det(g_{kl})}{\partial x^i} \Big) \frac{\partial f}{\partial x^j} \Big),$$

但也可直接从

$$\sum_{k=1}^{n} \nabla^2 f(\tilde{e}_k, \tilde{e}_k) = \sum_{k=1}^{n} \nabla^2 f \Big(\sum_{i=1}^{n} a_k^i e_i, \sum_{j=1}^{n} a_k^j e_j \Big)$$

$$= \sum_{k,i,j=1}^{n} a_k^i a_k^j \nabla^2 f(e_i, e_j) = \sum_{i,j=1}^{n} \delta^{ij} \nabla^2 f(e_i, e_j)$$

$$= \sum_{i=1}^{n} \nabla^2 f(e_i, e_i)$$

看出它与局部 C^∞ 规范正交基的选取无关,其中 $\{\tilde{e}_k\}$ 为另一局部 C^∞ 规范正交基向量场.

引理 1.7.6 设 (M, g) 为 n 维 C^∞ Riemann 流形,$f \in C^\infty(M, \mathbf{R})$,则 $\nabla^2 f \in C^\infty(\odot^2 T^*M)$,其中 $\odot^2 T^*M$ 是 TM 上的对称 2 阶协变张量丛.

证明 因为

$$\nabla^2 f(X, Y) - \nabla^2 f(Y, X)$$

$$= (\nabla \mathrm{d} f)(X, Y) - (\nabla \mathrm{d} f)(Y, X) = (\nabla_Y \mathrm{d} f)(X) - (\nabla_X \mathrm{d} f)(Y)$$

$$= Y(\mathrm{d} f(X)) - \mathrm{d} f(\nabla_Y X) - X(\mathrm{d} f(Y)) + \mathrm{d} f(\nabla_X Y)$$

$$= (YX - XY)f + (\nabla_X Y - \nabla_Y X)f$$

$$= -[X, Y]f + [X, Y]f = 0,$$

故

$$\nabla^2 f(X, Y) = \nabla^2 f(Y, X),$$

即

$$\nabla^2 f \in C^\infty(\odot^2 T^*M). \qquad \Box$$

在局部坐标系 $\{x^i\}$ 中,可以换一种方式来表示 $\mathrm{grad}\, f, \mathrm{div}\, X, \Delta f$. 记

$$X = \sum_{i=1}^{n} a^i \frac{\partial}{\partial x^i}, \quad \mathrm{d} f = \sum_{i=1}^{n} f_i \mathrm{d} x^i, \quad f_i = \frac{\partial f}{\partial x^i},$$

则

$$\mathrm{grad}\, f = \sum_{i=1}^{n} f^i \frac{\partial}{\partial x^i}, \quad f^i = \sum_{j=1}^{n} g^{ij} \frac{\partial f}{\partial x^j} = \sum_{j=1}^{n} g^{ij} f_j,$$

$$\mathrm{div}\, X = C_1^1 \circ \nabla X = C_1^1 \Big(\sum_{j,k=1}^{n} a_{;k}^j \frac{\partial}{\partial x^j} \otimes \mathrm{d} x^k \Big)$$

$$= \sum_{i=1}^{n} \Big(\sum_{j,k=1}^{n} a_{;k}^j \frac{\partial}{\partial x^j} \otimes \mathrm{d} x^k \Big) \Big(\mathrm{d} x^i, \frac{\partial}{\partial x^i} \Big) = \sum_{i=1}^{n} a_{;i}^i,$$

$$\Delta f = -\mathrm{div}\, \mathrm{grad}\, f = -\sum_{i=1}^{n} f_{;i}^i = -\sum_{i,j=1}^{n} g^{ij} f_{j;i} = -\sum_{i,j=1}^{n} g^{ij} f_{i;j}.$$

特别地,如果$\{x^i\}$是以p为原点的正规(法)坐标(参阅下面定义 1.10.2),则在p点有$g_{ij} = \delta_{ij}$,$g^{ij} = \delta^{ij}$和$f_{i,j} = \dfrac{\partial f_i}{\partial x^j}$,从而

$$(\Delta f)_p = -\sum_{i=1}^{n} \frac{\partial^2 f}{\partial x^i \partial x^j}\Big|_p.$$

引理 1.7.7 设$(M, g) = (M, \langle, \rangle)$为$n$维$C^\infty$ Riemann 流形,则

(1) $\operatorname{div}(fX) = Xf + f\operatorname{div} X$;

(2) $\Delta(fh) = f\Delta h + h\Delta f - 2g(\mathrm{d}f, \mathrm{d}h) = f\Delta h + h\Delta f - 2g(\nabla f, \nabla h) = f\Delta h + h\Delta f - 2\langle\operatorname{grad} f, \operatorname{grad} h\rangle$.

特别地

$$\Delta f^2 = 2f\Delta f - 2g(\mathrm{d}f, \mathrm{d}f) = 2f\Delta f - 2\|\operatorname{grad} f\|^2.$$

证明 (1)

$$\begin{aligned}
\operatorname{div}(fX) &= \sum_{i=1}^{n} \frac{\partial(fa^i)}{\partial x^i} + \frac{1}{2}\sum_{i=1}^{n}(fa^i)\frac{\partial\ln\det(g_{kl})}{\partial x^j} \\
&= \sum_{i=1}^{n} a^i\frac{\partial f}{\partial x^i} + f\left(\sum_{i=1}^{n}\frac{\partial a^i}{\partial x^i} + \frac{1}{2}\sum_{i=1}^{n} a^i\frac{\partial\ln\det(g_{kl})}{\partial x^i}\right) \\
&= Xf + f\operatorname{div} X
\end{aligned}$$

(或从 div 的任一种定义出发,都可以证明此公式).

(2) 设$\{e_i\}$为局部C^∞规范正交基向量场,由(1)得到

$$\begin{aligned}
\Delta(fh) &= -\operatorname{div}\operatorname{grad}(fh) = -\operatorname{div}\left(\sum_{i=1}^{n} e_i(fh)e_i\right) \\
&= -\operatorname{div}\left(h\sum_{i=1}^{n}(e_if)e_i + f\sum_{i=1}^{n}(e_ih)e_i\right) \\
&= -\operatorname{div}(h\cdot\operatorname{grad} f + f\cdot\operatorname{grad} h) \\
&= -h\operatorname{div}\operatorname{grad} f - (\operatorname{grad} f)h - f\operatorname{div}\operatorname{grad} h - (\operatorname{grad} h)f \\
&= h\Delta f + f\Delta h - \sum_{i,j=1}^{n} g^{ij}\frac{\partial f}{\partial x^j}\frac{\partial h}{\partial x^i} - \sum_{i,j=1}^{n} g^{ij}\frac{\partial h}{\partial x^j}\frac{\partial f}{\partial x^i} \\
&= h\Delta f + f\Delta h - 2g(\mathrm{d}f, \mathrm{d}h) \\
&= h\Delta f + f\Delta h - 2\langle\operatorname{grad} f, \operatorname{grad} h\rangle,
\end{aligned}$$

其中

$$\begin{aligned}
g(\mathrm{d}f, \mathrm{d}h) &= g\left(\sum_{i=1}^{n}\frac{\partial f}{\partial x^i}\mathrm{d}x^i, \sum_{j=1}^{n}\frac{\partial h}{\partial x^j}\mathrm{d}x^j\right) = \sum_{i,j=1}^{n}\frac{\partial f}{\partial x^i}\frac{\partial h}{\partial x^j}g(\mathrm{d}x^i, \mathrm{d}x^j) \\
&= \sum_{i,j=1}^{n} g^{ij}\frac{\partial f}{\partial x^i}\frac{\partial h}{\partial x^j},
\end{aligned}$$

$$\langle \operatorname{grad} f, \operatorname{grad} h \rangle = \sum_{s,t=1}^{n} g_{st} \left(\sum_{i=1}^{n} g^{si} \frac{\partial f}{\partial x^i} \right) \left(\sum_{j=1}^{n} g^{tj} \frac{\partial h}{\partial x^j} \right)$$

$$= \sum_{i,j,t=1}^{n} \delta_t^i \frac{\partial f}{\partial x^i} g^{tj} \frac{\partial h}{\partial x^j} = \sum_{i,j=1}^{n} g^{ij} \frac{\partial f}{\partial x^i} \frac{\partial h}{\partial x^j} = g(\mathrm{d}f, \mathrm{d}h). \qquad \Box$$

定理 1.7.3（散度定理） 设 $(M,g)=(M,\langle,\rangle)$ 为 n 维 C^∞ 定向 Riemann 流形, $U\subset M$ 为开集, $\bar{U}$ 紧致且 ∂U 为 $n-1$ 维 C^∞ 正则子流形或 $\varnothing$, N 为 ∂U 上指向开集 U 外部的 C^∞ 单位法向量场. $I:\partial U\to M$ 为包含映射, $\Omega=\mathrm{d}V_n$ 为由 g 确定的 M（及 U）上的体积元素, $\mathrm{d}V_{n-1}$ 为 ∂U 上的体积元素.

（1）如果 $X\in C^\infty(TM)$, 则

$$\int_U \operatorname{div} X \mathrm{d}V_n = \int_{\partial U} I^*(i_X \mathrm{d}V_n) = \int_{\partial U} \langle X, N \rangle \mathrm{d}V_{n-1}.$$

（2）如果 $f\in C^\infty(M,\mathbf{R})$, 则

$$\int_U \Delta f \mathrm{d}V_n = -\int_U \operatorname{div} \operatorname{grad} f \mathrm{d}V_n = -\int_{\partial U} I^*(i_{\operatorname{grad} f} \mathrm{d}V_n)$$

$$= -\int_{\partial U} \langle \operatorname{grad} f, N \rangle \mathrm{d}V_{n-1}.$$

当 supp grad f 紧致, 特别当 M 紧致时, 有

$$\int_M \Delta f \mathrm{d}V_n = 0.$$

证明 （1）由定理 1.7.2 知, 只需证

$$i_X \mathrm{d}V_n |_{\partial U} = \langle X, N \rangle \mathrm{d}V_{n-1}.$$

事实上, 选取 $\{e_1,\cdots,e_{n-1},e_n=-N\}$ 和 $\{e_1,\cdots,e_{n-1}\}$ 分别为 M 和 ∂U 上的局部 C^∞ 规范正交基向量场, $\{e^1,\cdots,e^{n-1},e^n\}$ 和 $\{e^1,\cdots,e^{n-1}\}$ 分别为相应的对偶基向量场, 则对 ∂U 上的局部 C^∞ 切向量场 $X_1,\cdots,X_{n-1}$, 有

$$i_X \mathrm{d}V_n(X_1,\cdots,X_{n-1}) = \mathrm{d}V_n(X,X_1,\cdots,X_{n-1})$$

$$= (e^1 \wedge \cdots \wedge e^n)(X,X_1,\cdots,X_{n-1})$$

$$= -e^n(X)((-1)^n e^1 \wedge \cdots \wedge e^{n-1})(X_1,\cdots,X_{n-1})$$

$$= \langle X, N \rangle \mathrm{d}V_{n-1}(X_1,\cdots,X_{n-1}),$$

$$i_X \mathrm{d}V_n |_{\partial U} = \langle X, N \rangle \mathrm{d}V_{n-1}.$$

（2）在（1）中令 $X=\operatorname{grad} f$, 以及由 Green 定理 1.7.2 立即推得（2）中的结论. $\Box$

引理 1.7.8 设 $(M,g)=(M,\langle,\rangle)$ 为 n 维 C^∞ 定向 Riemann 流形, $U\subset M$ 为开集, $\bar{U}$ 紧致且 ∂U 为 M 的 $n-1$ 维 C^∞ 正则子流形, N 为 ∂U 上的指向开集 U 外部的 C^∞ 单位法向量场, $\Omega=\mathrm{d}V_n$ 为由 g 确定的 (M,g) 体积元素, $\mathrm{d}V_{n-1}$ 为 ∂U 上的体积元素, $f\in C^\infty(M,\mathbf{R})$, 则

$$\int_U \Delta f^2 = 2 \int_U [f \Delta f - \| \operatorname{grad} f \|^2] \mathrm{d}V_n = -2 \int_{\partial U} \langle f \cdot \operatorname{grad} f, N \rangle \mathrm{d}V_{n-1}.$$

特别地,如果 $f|_{\partial U} = 0$ 或者 $\partial U = \varnothing$,则

$$\int_U f \Delta f \mathrm{d}V_n = \int_U \| \operatorname{grad} f \|^2 \mathrm{d}V_n.$$

证明 根据定理 1.7.3,有

$$2 \int_U (f \Delta f - \| \operatorname{grad} f \|^2) \mathrm{d}V_n$$

$$\xlongequal{\text{引理 1.7.7(2)}} \int_U \Delta f^2 \mathrm{d}V_n = -\int_U \operatorname{div}(\operatorname{grad} f^2) \mathrm{d}V_n$$

$$\xlongequal{\text{散度定理 1.7.3}} -\int_{\partial U} \langle \operatorname{grad} f^2, N \rangle \mathrm{d}V_{n-1} = -2 \int_{\partial U} \langle f \cdot \operatorname{grad} f, N \rangle \mathrm{d}V_{n-1}. \qquad \square$$

定理 1.7.4 n 维 C^∞ 紧致连通定向 Riemann 流形 $(M, g) = (M, \langle, \rangle)$ 上的调和函数 f(即 $\Delta f = 0$) 为常值函数.

证明 由 $\Delta f = 0$ 和引理 1.7.8,得到

$$\int_M \| \operatorname{grad} f \|^2 \mathrm{d}V_n = \int_M f \Delta f \mathrm{d}V_n = 0,$$

故 $\| \operatorname{grad} f \| \equiv 0, \operatorname{grad} f \equiv 0$. 因此,在局部坐标系 $\{x^i\}$ 中,

$$\sum_{i=1}^n \left(\sum_{j=1}^n g^{ij} \frac{\partial f}{\partial x^j} \right) \frac{\partial}{\partial x^i} \equiv 0 \Leftrightarrow \sum_{j=1}^n g^{ij} \frac{\partial f}{\partial x^j} \equiv 0, \quad \forall i = 1, \cdots, n$$

$$\Leftrightarrow \frac{\partial f}{\partial x^j} \equiv 0, \quad \forall j = 1, \cdots, n$$

$$\Leftrightarrow f \text{ 是局部为常数的函数}.$$

再由 M 连通推出 f 为 M 上的常值函数. $\qquad \square$

注 1.7.5 Δf 的定义实质上并不需要 M 可定向,而 C^∞ 外形式的积分需要 M 是定向流形. 为统一解决这个问题,考虑 M 的 2 层定向覆叠空间(参阅文献 [158] 定义 3.4.1)

$$\widetilde{M} = \{\mu_p \mid \mu_p \text{ 为 } p \in M \text{ 处的一个定向}\},$$

相应的投影为 $\pi: \widetilde{M} \to M, \pi(\mu_p) = p$. 显然,$\pi^{-1}(p) = \{\mu_p, \mu_p^-\}$ 可以自然给出 $\widetilde{M}$ 的一个 C^∞ 流形构造,使得 $\widetilde{M}$ 与 M 是局部 C^∞ 同胚的(其中 μ_p, μ_p^- 为 p 点处的两个相反的定向). 不难证明 $\widetilde{M}$ 是可定向的,并且 M 连通蕴涵着 $\widetilde{M}$ 也连通;M 紧致蕴涵着 $\widetilde{M}$ 也紧致. 显然,定理 1.7.4 中的 C^∞ 函数 $f: M \to \mathbf{R}$ 自然定义了 $\widetilde{M}$ 上的 C^∞ 函数,仍记为 $f: \widetilde{M} \to \mathbf{R}$, 使得 $f(\mu_p) = f(\mu_p^-) = f(p)$. 于是,将定理 1.7.4 应用于定向流形 $\widetilde{M}$,推出 f 在 $\widetilde{M}$ 上为常值函数,从而 f 在 M 上也为常值函数.

更进一步,还有:

定理 1.7.5（Hopf-Bochner 定理）　设 $(M,g)=(M,\langle,\rangle)$ 为 n 维 C^∞ 紧致连通 Riemann 流形（无边界），$f\in C^\infty(M,\mathbf{R})$ 为下（次）或上（超）调和函数，即在 M 上处处有 $\Delta f\geqslant 0$ 或 $\Delta f\leqslant 0$，则 f 为常值函数.

证明　根据注 1.7.5，不失一般性，可以假定 M 是定向流形. 根据定理 1.7.3，有

$$\int_M \Delta f\,\mathrm{d}V_n = -\int_M \mathrm{div}\,\mathrm{grad}\,f\,\mathrm{d}V_n = -\int_{\partial M}\langle \mathrm{grad}\,f,N\rangle\,\mathrm{d}V_{n-1} = 0.$$

它蕴涵着 $\Delta f\equiv 0\Big($ 否则由 $\Delta f\geqslant 0$，必有 $p\in M$，使 $\Delta f|_p>0$，且 $\exists\,p$ 的开邻域 U，使得 $\Delta f|_U\geqslant\dfrac{\Delta f|_p}{2}$，从而 $\displaystyle\int_M \Delta f\,\mathrm{d}V_n\geqslant\int_U \Delta f\,\mathrm{d}V_n\geqslant\dfrac{\Delta f|_p}{2}\int_U\mathrm{d}V_n>0$，这与 $\displaystyle\int_M\Delta f\,\mathrm{d}V_n=0$ 矛盾$\Big)$，即 f 为调和函数. 再由定理 1.7.4 知 f 为 M 上的常值函数.　□

Hopf-Bochner 定理成功地用于 Bochner，Lichnerowicz，Yano（参阅文献[36]）的研究工作中.

最后，证明 Green 第 1 和第 2 公式.

定理 1.7.6　设 $(M,g)=(M,\langle,\rangle)$ 为 n 维 C^∞ 定向 Riemann 流形，$M,\partial M$ 满足 Stokes 定理的条件，$f,h\in C^\infty(M\bigcup\partial M,\mathbf{R})$，$N$ 为沿 ∂M 的 C^∞ 单位法向量场，则：

(1) Green 第 1 公式

$$\int_M\langle\nabla f,\nabla h\rangle\mathrm{d}V - \int_M f\Delta h\,\mathrm{d}V = \int_{\partial M}f\cdot i_{\mathrm{grad}\,h}\mathrm{d}V = \int_{\partial M}f\,\frac{\partial h}{\partial N}i_N\mathrm{d}V,$$

其中 $\nabla f=\mathrm{d}f$，$\langle\nabla f,\nabla h\rangle=\langle\mathrm{d}f,\mathrm{d}h\rangle=\langle\mathrm{grad}\,f,\mathrm{grad}\,g\rangle$；

(2) Green 第 2 公式

$$\int_M(f\Delta h - h\Delta f)\mathrm{d}V = \int_{\partial M}(f\cdot i_{\mathrm{grad}\,h} - h\cdot i_{\mathrm{grad}\,f})\mathrm{d}V = \int_{\partial M}\Big(f\,\frac{\partial h}{\partial N} - h\,\frac{\partial f}{\partial N}\Big)i_N\mathrm{d}V,$$

其中 $\dfrac{\partial f}{\partial N}=Nf$.

特别地，如果 (1) 和 (2) 中 $\partial M=\varnothing$，则

$$\int_M\langle\nabla f,\nabla h\rangle\mathrm{d}V - \int_M f\Delta h\,\mathrm{d}V = 0,$$

$$\int_M\|\nabla f\|^2\mathrm{d}V - \int_M f\Delta f\,\mathrm{d}V = 0.$$

证明　不难看出

$$\mathrm{d}f(\mathrm{grad}\,h) = (\mathrm{grad}\,h)f = \Big(\sum_{i,j=1}^n g^{ij}\,\frac{\partial h}{\partial x^j}\,\frac{\partial}{\partial x^i}\Big)f = \sum_{i,j=1}^n g^{ij}\,\frac{\partial f}{\partial x^i}\,\frac{\partial h}{\partial x^j}$$

$$= \Big\langle\sum_{i=1}^n\frac{\partial f}{\partial x^i}\mathrm{d}x^i, \sum_{j=1}^n\frac{\partial h}{\partial x^j}\mathrm{d}x^j\Big\rangle = \langle\mathrm{d}f,\mathrm{d}h\rangle = \langle\nabla f,\nabla h\rangle,$$

$$(\mathrm{d} \circ i_{\mathrm{grad}\,h})\mathrm{d}V = (\mathrm{d}\,i_{\mathrm{grad}\,h} + i_{\mathrm{grad}\,h})\mathrm{d}V = L_{\mathrm{grad}\,h}\mathrm{d}V = \mathrm{div}\,\mathrm{grad}\,h \cdot \mathrm{d}V.$$

设 $\{e_1, \cdots, e_n\}$ 为 $(M, g) = (M, \langle, \rangle)$ 的规范正交基，$\{e^1, \cdots, e^n\}$ 为其对偶基. 因为

$$\mathrm{d}f(\mathrm{grad}\,h) = \sum_{i=1}^{n}(e^i f)e^i\Big(\sum_{j=1}^{n}(e_j h)e_j\Big) = \sum_{i=1}^{n}(e^i f)(e_i h),$$

$$\mathrm{d}f \wedge i_{\mathrm{grad}\,h}\mathrm{d}V(e_1, \cdots, e_n)$$

$$= \sum_{i=1}^{n}(e^i f)e^i \wedge i_{\mathrm{grad}\,h}\mathrm{d}V(e_1, \cdots, e_n)$$

$$= \sum_{i=1}^{n}(e^i f)(e^i \wedge i_{\mathrm{grad}\,h}\mathrm{d}V)(e_1, \cdots, e_n)$$

$$= \sum_{i=1}^{n}(e^i f)(-1)^{i-1}e^i(e_i)\cdot i_{\mathrm{grad}\,h}\mathrm{d}V(e_1, \cdots, \hat{e}_i, \cdots, e_n)$$

$$= \sum_{i=1}^{n}(e^i f)(-1)^{i-1}\mathrm{d}V(\mathrm{grad}\,h, e_1, \cdots, \hat{e}_i, \cdots, e_n)$$

$$= \sum_{i=1}^{n}(e^i f)(-1)^{i-1}\mathrm{d}V\Big(\sum_{j=1}^{n}(e_j h)e_j, e_1, \cdots, \hat{e}_i, \cdots, e_n\Big)$$

$$= \sum_{i=1}^{n}(e^i f)(e_i h)\mathrm{d}V(e_1, \cdots, e_n) = \sum_{i=1}^{n}(e^i f)(e_i h)\mathrm{d}V(e_1, \cdots, e_n),$$

所以

$$\mathrm{d}f \wedge i_{\mathrm{grad}\,h}\mathrm{d}V = \sum_{i=1}^{n}(e^i f)(e_i h)\mathrm{d}V = \mathrm{d}f(\mathrm{grad}\,h)\mathrm{d}V.$$

于是

$$\mathrm{d}(f \cdot i_{\mathrm{grad}\,h}\mathrm{d}V) = f \cdot \mathrm{d}(i_{\mathrm{grad}\,h}\mathrm{d}V) + \mathrm{d}f \wedge i_{\mathrm{grad}\,h}\mathrm{d}V = f(\mathrm{d}\circ i_{\mathrm{grad}\,h})\mathrm{d}V + \mathrm{d}f(\mathrm{grad}\,h)\mathrm{d}V$$

$$= f\,\mathrm{div}\,\mathrm{grad}\,h \cdot \mathrm{d}V + \langle \mathrm{d}f, \mathrm{d}h \rangle \mathrm{d}V = -f\Delta h \cdot \mathrm{d}V + \langle \nabla f, \nabla h \rangle \mathrm{d}V.$$

所以，由 Stokes 定理得到：

(1)

$$\int_M \langle \nabla f, \nabla h \rangle \mathrm{d}V - \int_M f\Delta h\,\mathrm{d}V = \int_M \mathrm{d}(f \cdot i_{\mathrm{grad}\,h}\mathrm{d}V) \xlongequal{\text{Stokes}} \int_{\partial M} f \cdot i_{\mathrm{grad}\,h}\mathrm{d}V$$

$$= \int_{\partial M} f\frac{\partial h}{\partial N}i_N\mathrm{d}V.$$

(2)

$$\int_M (f\Delta h - h\Delta f)\mathrm{d}V$$

$$= \Big(\int_M \langle \nabla h, \nabla f \rangle \mathrm{d}V - \int_M h\Delta f\,\mathrm{d}V\Big) - \Big(\int_M \langle \nabla f, \nabla h \rangle \mathrm{d}V - \int_M f\Delta h\,\mathrm{d}V\Big)$$

$$= \int_{\partial M}(h \cdot i_{\mathrm{grad}\,f} - f \cdot i_{\mathrm{grad}\,h})\mathrm{d}V = \int_{\partial M}\Big(h\frac{\partial f}{\partial N} - f\frac{\partial h}{\partial N}\Big)i_N\mathrm{d}V,$$

其中

$$i_{\mathrm{grad}\,h}\mathrm{d}V(e_1,\cdots,e_{n-1}) = \mathrm{d}V(\mathrm{grad}\,h,e_1,\cdots,e_{n-1})$$

$$= \mathrm{d}V\Big(\frac{\partial h}{\partial N}N,e_1,\cdots,e_{n-1}\Big) = \frac{\partial h}{\partial N}i_N\mathrm{d}V(e_1,\cdots,e_{n-1}),$$

$$i_{\mathrm{grad}\,h}\mathrm{d}V = \frac{\partial h}{\partial N}i_N\mathrm{d}V$$

$$\Big(\text{注意},\mathrm{grad}\,h = \sum_{i=1}^{n}\langle \mathrm{grad}\,h,e_i\rangle e_i = \sum_{i=1}^{n}(e_ih)e_i = \frac{\partial h}{\partial N}N + \sum_{i=1}^{n-1}\frac{\partial h}{\partial e_i}e_i\Big),\text{而}$$

$$\{N,e_1,\cdots,e_{n-1}\}$$

和

$$\{e_1,\cdots,e_{n-1}\}$$

分别为 M 和 ∂M 上的局部 C^∞ 规范正交基向量场. $\qquad\square$

值得指出的是,可以将对 C^∞ 函数 f 上定义的 Laplace-Beltrami 算子 $\triangle$ 推广到对 C^∞ 微分形式上定义的 Laplace-Beltrami 算子 $\triangle:C^\infty(\wedge^s T^*M)\to C^\infty(\wedge^s T^*M)$. 而满足 $\triangle\omega=0$ 的 ω 称为调和形式. 关于调和形式和 de Rham 上同调群的关系有著名的 Hodge 理论. 我们将在第 2 章中详细讨论.

1.8 全测地、极小和全脐子流形

设 (M^n,g) 和 $(\widetilde{M}^{n+p},\widetilde{g})=(\widetilde{M}^{n+p},\langle,\rangle)$ 分别为 n 维和 $n+p$ 维 C^∞ Riemann 流形, ∇ 和 $\widetilde{\nabla}$ 分别为 (M^n,g) 和 $(\widetilde{M}^{n+p},\widetilde{g})$ 相应的 Levi-Civita 联络. $f:M^n\to\widetilde{M}^{n+p}$ 为 C^∞ 等距浸入, $g=f^*\widetilde{g}$. 对于已给的 C^∞ 向量场 $X,Y\in C^\infty(TM)$, 有 Gauss 公式

$$\widetilde{\nabla}_X Y = (\widetilde{\nabla}_X Y)^\top + (\widetilde{\nabla}_X Y)^\perp = \nabla_X Y + h(X,Y),$$

其中 $h:TM\times TM\to TM^\perp$ 为 f 的第 2 基本形式. 设 $e_1,\cdots,e_n,e_{n+1},\cdots,e_{n+p}\in T_x\widetilde{M}$ 为规范正交基, 其对偶基为 $\omega^1,\cdots,\omega^n,\omega^{n+1},\cdots,\omega^{n+p}$. 而 $e_1,\cdots,e_n\in T_xM,e_{n+1},\cdots,e_{n+p}\in T_xM^\perp$. 于是

$$h = \sum_{\alpha=n+1}^{n+p}\sum_{i,j=1}^{n}h_{ij}^\alpha\omega^i\otimes\omega^j\otimes e_\alpha,$$

其中

$$h_{ij}^\alpha = \langle h(e_i,e_j),e_\alpha\rangle, \quad h(e_i,e_j) = \sum_{\alpha=n+1}^{n+p}h_{ij}^\alpha e_\alpha.$$

定义 1.8.1 如果 $h=0$ 或 $h_{ij}^\alpha=0,i,j=1,\cdots,n;\alpha=n+1,\cdots,n+p$, 则称 f 在点 $x\in M^n$ 处是**全测地**的; 如果 f 在每个点 $x\in M^n$ 处均是全测地的, 则称 f 为**全测地浸入**,

M^n 为 $\widetilde{M}^{n+p}$ 的**全测地子流形**.

显然,

$$h = 0 \Leftrightarrow h(X, Y) = 0, \quad \forall X, Y \in C^{\infty}(TM)$$

$$\Leftrightarrow h(X, X) = 0, \quad \forall X \in C^{\infty}(TM)$$

$$\Leftrightarrow \widetilde{\nabla}_X X = \nabla_X X + h(X, X) = \nabla_X X, \quad \forall X \in C^{\infty}(TM)$$

$\Leftrightarrow$ 任何包含在 M^n 中的测地线必为 $\widetilde{M}^{n+p}$ 中的测地线.

下面引理 1.8.1 表明 $\sum\limits_{\alpha, i, j} (h_{ij}^{\alpha})^2 = \sum\limits_{\alpha=n+1}^{n+p} \sum\limits_{i,j=1}^{n} (h_{ij}^{\alpha})^2$ 不依赖于规范正交基 $e_1, \cdots, e_n$, $e_{n+1}, \cdots, e_{n+p}$ 的选取,我们称它为**第 2 基本形式 h 的长度的平方**,记作

$$S = \| h \| = \sum\limits_{\alpha, i, j} (h_{ij}^{\alpha})^2 = \sum\limits_{\alpha=n+1}^{n+p} \sum\limits_{i,j=1}^{n} (h_{ij}^{\alpha})^2.$$

于是,

$$h = 0 \Leftrightarrow S = \| h \| = \sum\limits_{\alpha=n+1}^{n+p} \sum\limits_{i,j=1}^{n} (h_{ij}^{\alpha})^2 = 0$$

$$\Leftrightarrow h_{ij}^{\alpha} = 0, \quad \forall i, j = 1, \cdots, n; \alpha = n+1, \cdots, n+p.$$

引理 1.8.1 $\sum\limits_{\alpha, i, j} (h_{ij}^{\alpha})^2 = \sum\limits_{\alpha=n+1}^{n+p} \sum\limits_{i,j=1}^{n} (h_{ij}^{\alpha})^2$ 不依赖于规范正交基 $e_1, \cdots, e_n, e_{n+1}, \cdots,$ e_{n+p} 的选取.

证明 设 $\tilde{e}_1, \cdots, \tilde{e}_n, \tilde{e}_{n+1}, \cdots, \tilde{e}_{n+p}$ 为另一规范正交基,$\tilde{\omega}^1, \cdots, \tilde{\omega}^n, \tilde{\omega}^{n+1}, \cdots, \tilde{\omega}^{n+p}$ 为其对偶基. 而

$$e_{\alpha} = \sum\limits_{\beta} a_{\alpha}^{\beta} \tilde{e}_{\beta}, \quad \omega^i = \sum\limits_{k} b_k^i \tilde{\omega}^k,$$

其中 (a_{α}^{β}) 和 (b_k^i) 都为正交矩阵. 易见

$$\sum\limits_{\beta, k, l} \tilde{h}_{kl}^{\beta} \tilde{\omega}^k \otimes \tilde{\omega}^l \otimes \tilde{e}_{\beta} = h = \sum\limits_{\alpha, i, j} h_{ij}^{\alpha} \omega^i \otimes \omega^j \otimes e_{\alpha}$$

$$= \sum\limits_{\alpha, i, j} h_{ij}^{\alpha} \Big(\sum\limits_{k} b_k^i \tilde{\omega}^k \Big) \otimes \Big(\sum\limits_{l} b_l^j \tilde{\omega}^l \Big) \otimes \Big(\sum\limits_{\beta} a_{\alpha}^{\beta} \tilde{e}_{\beta} \Big)$$

$$= \sum\limits_{\beta, \alpha, k, l, i, j} h_{ij}^{\alpha} b_k^i b_l^j a_{\alpha}^{\beta} \tilde{\omega}^k \otimes \tilde{\omega}^l \otimes \tilde{e}_{\beta},$$

由此推得

$$\tilde{h}_{kl}^{\beta} = \sum\limits_{\alpha, i, j} h_{ij}^{\alpha} b_k^i b_l^j a_{\alpha}^{\beta} \quad (h \text{ 的分量变换公式}).$$

于是

$$\sum\limits_{\beta, k, l} (\tilde{h}_{kl}^{\beta})^2 = \sum\limits_{\beta, k, l} \Big(\sum\limits_{\alpha, i, j} h_{ij}^{\alpha} b_k^i b_l^j a_{\alpha}^{\beta} \Big)^2$$

$$= \sum\limits_{\beta, k, l} \Big(\sum\limits_{\alpha, i, j} h_{ij}^{\alpha} b_k^i b_l^j a_{\alpha}^{\beta} \Big) \Big(\sum\limits_{r, s, t} h_{st}^{\gamma} b_k^s b_l^t a_{\gamma}^{\beta} \Big)$$

$$= \sum_{\alpha,i,j} \Big(\sum_k b_k^i b_k^s \Big) \Big(\sum_l b_l^j b_l^t \Big) \Big(\sum_\beta a_\alpha^\beta a_\gamma^\beta \Big) h_{ij}^\alpha h_{st}^\gamma$$

$$= \sum_{\alpha,i,j} \delta^{is} \delta^{jt} \delta_{\alpha\gamma} h_{ij}^\alpha h_{st}^\gamma = \sum_{\alpha,i,j} h_{ij}^\alpha h_{ij}^\alpha = \sum_{\alpha,i,j} (h_{ij}^\alpha)^2. \qquad \square$$

定义 1.8.2 我们称

$$H(x) = \frac{1}{n} \sum_{j=1}^n (\widetilde{\nabla}_{e_j} e_j)^\perp = \frac{1}{n} \sum_{j=1}^n h(e_j, e_j) = \frac{1}{n} \sum_{j=1}^n \sum_{\alpha=n+1}^{n+p} h_{jj}^\alpha e_\alpha$$

$$= \sum_{\alpha=n+1}^{n+p} \Big(\frac{1}{n} \sum_{j=1}^n h_{jj}^\alpha \Big) e_\alpha = \sum_{\alpha=n+1}^{n+p} \frac{1}{n} \operatorname{tr} H_\alpha \cdot e_\alpha = \frac{1}{n} \sum_{\alpha=n+1}^{n+p} (\operatorname{tr} A_{e_\alpha}) \cdot e_\alpha$$

为点 $x \in M^n$ 处的**平均曲率向量**,其中 $H_\alpha = (h_{ij}^\alpha)$. 在超曲面的特殊情形下,

$$H(x) = \frac{1}{n} \operatorname{tr} H_{n+1} e_{n+1} = \frac{1}{n} \sum_{j=1}^n h_{jj}^{n+1} e_{n+1}.$$

容易验证 $H(x)$ 与规范正交基的选取无关(引理 1.8.2).

如果 $H(x) = 0$,则称等距浸入 f 在 $x \in M^n$ 处是**极小的**;如果 f 在每个点 $x \in M^n$ 处均是极小的(即 $H(x) \equiv 0$),则称 f 为**极小浸入**,而 M^n (或 $f(M^n)$)称为 $\widetilde{M}^{n+p}$ 的**极小子流形**. 显然

$$H(x) = 0 \Longleftrightarrow \frac{1}{n} \sum_{j=1}^n h_{jj}^\alpha = 0, \quad \alpha = n+1, \cdots, n+p$$

$$\Longleftrightarrow \operatorname{tr} H_\alpha = 0, \quad \alpha = n+1, \cdots, n+p.$$

如果 $\nabla^\perp H(x) = (\widetilde{\nabla} H(x))^\perp = 0 (\Longleftrightarrow \nabla_X^\perp H(x) = 0, \forall X \in C^\infty(TM))$,则称 M^n 具有**平行平均曲率向量**. 此即 $H(x)$ 在法丛 $TM^\perp$ 中(关于法联络 $\nabla^\perp$)是平行的.

$$\| H(x) \| = \sqrt{\frac{1}{n^2} \sum_\alpha (\operatorname{tr} H_\alpha)^2} = \frac{1}{n} \sqrt{\sum_\alpha (\operatorname{tr} H_\alpha)^2} = \frac{1}{n} \sqrt{\sum_\alpha \Big(\sum_j h_{jj}^\alpha \Big)^2}$$

为平均曲率向量 $H(x)$ 的长度,它与规范正交基的选取无关(引理 1.8.2),称之为**平均曲率**(注意,它与超曲面中定义的 $\frac{1}{n} \sum_j h_{jj}^{n+1}$ 可能相差一个符号). 因此,

$$M^n \text{ 为极小子流形}(H(x) = 0) \Longleftrightarrow \| H(x) \| = 0.$$

引理 1.8.2 $\displaystyle\sum_{\alpha=n+1}^{n+p} \Big(\frac{1}{n} \sum_{j=1}^n h_{jj}^\alpha \Big) e_\alpha$ 和 $\displaystyle\frac{1}{n} \sqrt{\sum_\alpha \Big(\sum_j h_{jj}^\alpha \Big)^2}$ 与规范正交基 $e_1, \cdots, e_n,$ $e_{n+1}, \cdots, e_{n+p}$ 的选取无关.

证明 (1)

$$\sum_\beta \Big(\sum_k \widetilde{h}_{kk}^\beta \Big) \widetilde{e}_\beta = \sum_\beta \Big(\sum_k \Big(\sum_{\alpha,i,j} h_{ij}^\alpha b_k^i b_k^j a_\alpha^\beta \Big) \Big) \Big(\sum_\gamma a_\gamma^\beta e_\gamma \Big)$$

$$= \sum_{\gamma,i,j} \Big(\sum_k b_k^i b_k^j \Big) \Big(\sum_\beta a_\alpha^\beta a_\gamma^\beta \Big) h_{ij}^\alpha e_\gamma = \sum_{\gamma,i,j} \delta^{ij} \delta_{\alpha\gamma} h_{ij}^\alpha e_\gamma = \sum_\alpha \Big(\sum_j h_{jj}^\alpha \Big) e_\alpha.$$

(2)

$$\sum_{\beta}\left(\sum_{k}\tilde{h}_{kk}^{\beta}\right)^2 = \sum_{\beta}\left(\sum_{\alpha,k,i,j}h_{ij}^{\alpha}b_k^i b_k^j a_{\alpha}^{\beta}\right)\left(\sum_{\gamma,l,s,t}h_{st}^r b_l^s b_l^t a_r^{\beta}\right)$$

$$= \sum_{\alpha,\gamma,i,j,s,t}\left(\sum_k b_k^i b_k^j\right)\left(\sum_l b_l^s b_l^t\right)\left(\sum_{\beta}a_{\alpha}^{\beta}a_r^{\beta}\right)h_{ij}^{\alpha}h_{st}^r$$

$$= \sum_{\alpha,\gamma,i,j,s,t}\delta^{ij}\delta^{st}\delta^{\alpha r}h_{ij}^{\alpha}h_{st}^r = \sum_{\alpha,j,s}h_{jj}^{\alpha}h_{ss}^{\alpha} = \sum_{\alpha}\left(\sum_j h_{jj}^{\alpha}\right)\left(\sum_s h_{ss}^{\alpha}\right)$$

$$= \sum_{\alpha}\left(\sum_j h_{jj}^{\alpha}\right)^2. \qquad\qquad \square$$

引理 1.8.3 (1) $H(x)=0(\Leftrightarrow\|H(x)\|=0)\Rightarrow\nabla^{\perp}H(x)=0$,即极小子流形必具有平行平均曲率向量;

(2) $\nabla^{\perp}H(x)=0\Rightarrow\|H(x)\|$ 为局部常值;

(3) 设 M^m 连通,且 $\nabla^{\perp}H(x)=0$,则 $\|H(x)\|=$ 常值.

证明 (1) 因为 $H(x)=0$,所以

$$\nabla^{\perp}H(x) = (\tilde{\nabla}H(x))^{\perp} = (\tilde{\nabla}0)^{\perp} = 0^{\perp} = 0.$$

(2) $\forall X\in C^{\infty}(TM)$,有

$$X\|H(x)\|^2 = \tilde{\nabla}_X\langle H(x),H(x)\rangle = 2\langle\tilde{\nabla}_X H(x),H(x)\rangle$$

$$= 2\langle\nabla_X^{\perp}H(x),H(x)\rangle = 2\langle 0,H(x)\rangle = 0,$$

故 $\dfrac{\partial}{\partial x^i}\|H(x)\|^2=0$,$\|H(x)\|$ 为局部常值.

(3) 任取定一点 $x_0\in M^n$,令

$$U = \{x\mid\|H(x)\| = \|H(x_0)\|\},$$

$$V = \{x\mid\|H(x)\| \neq \|H(x_0)\|\}.$$

因为 $\|H(x)\|$ 为局部常值,故 U,V 均为开集(由 $\|H(x)\|$ 为 x 的连续函数知,V 为开集).再从 $x_0\in U,U\neq\varnothing$ 和 M^n 连通推得 $V=\varnothing$,$U=M^n$.这就证明了 $\|H(x)\|=$ 常值.

$\square$

定义 1.8.3 设 ξ 为 M^n 上的 C^{∞} 法向量场,如果

$$\langle h(X,Y),\xi(x)\rangle = \lambda(x)\langle X,Y\rangle, \qquad \forall X,Y\in C^{\infty}(TM),$$

其中 λ(依赖于 ξ)为 M^n 上的 C^{∞} 函数,则称 M^n 关于 ξ 是**脐点**的.

容易看出,$\langle h(X,Y),\xi\rangle=\lambda\langle X,Y\rangle$ 在点 x 处的值只与 $X(x),Y(x),\xi(x)$ 有关.此时,仅考虑一点,就称 x 为关于 $\xi(x)$ 的脐点.

如果 M^n 关于任何局部 C^{∞} 法向量场是脐点的(下面引理 1.8.5 指出,它等价于关于任何 C^{∞} 法向量场是脐点的),则称 M^n 是**全脐(点)子流形**.

如果 M^n 关于平均曲率向量场 $H(x)$ 是脐点的,即

$$\langle h(X,Y), H(x) \rangle = \lambda(x) \langle X, Y \rangle, \quad \forall\, X, Y \in T_x M,$$

则称 M^n 是**伪脐（点）子流形**.

如果 $\| h(X,X) \| = \lambda(x), \forall X \in C^\infty(TM), \| X \| = 1$，则称 M^n 是 **λ 迷向**的（简称**迷向**的）.

引理 1.8.4 如果 M^n 关于 C^∞ 法向量场 $\xi = \xi(x)$ 是脐点的，则

$$\lambda(x) = \langle H(x), \xi(x) \rangle.$$

特别地，当 M^n 是伪脐点时，$\lambda(x) = \langle H(x), H(x) \rangle = \| H(x) \|^2$.

证明 由 $\langle h(X,Y), \xi(x) \rangle = \lambda(x) \langle X, Y \rangle$ 得到

$$\langle H(x), \xi(x) \rangle = \left\langle \frac{1}{n} \sum_{j=1}^{n} h(e_j, e_j), \xi(x) \right\rangle = \frac{1}{n} \sum_{j=1}^{n} \langle h(e_j, e_j), \xi(x) \rangle$$

$$= \frac{1}{n} \sum_{j=1}^{n} \lambda(x) \langle e_j, e_j \rangle = \lambda(x). \qquad \square$$

引理 1.8.5 下列命题等价：

(1) M^n 是全脐的；

(2) M^n 关于任何（整体）C^∞ 法向量场是脐点的；

(3) $h(X,Y) = H(x) \langle X, Y \rangle, \forall X, Y \in C^\infty(TM)$；

(4) $h_{ij}^\alpha = H^\alpha \delta_{ij}, i, j = 1, \cdots, n, \alpha = n+1, \cdots, n+p$，其中 H^α 为 $H(x)$ 关于 e_α 的分量；

(5) $h(u,u) = H(x)$，其中 u 为 M^n 上的局部 C^∞ 单位向量场；

(6) $f(x) \equiv 0$，其中

$$f(x) = \max_{u, v \in T_{1x} M} \| h(u,u) - h(v,v) \|^2,$$

而

$$T_{1x} M = \{ u \in T_x M \mid \| u \| = 1 \}.$$

证明 $(1) \Rightarrow (2)$. 因为（整体）C^∞ 法向量场 ξ 必是局部 C^∞ 法向量场，由 (1) 知 M^n 是全脐的，根据定义 1.8.3，M^n 关于 C^∞ 法向量场是脐点的.

$(1) \Leftarrow (2)$. 对于任何局部 C^∞ 法向量场 ξ 及其定义域中的点 x_0，取 C^∞ 鼓包函数 φ，使在 x_0 的某开邻域 U 中，$\varphi|_U \equiv 1, \varphi|_{M^n - V} \equiv 0$，其中开集 $V \supset U$. 于是，$\varphi \xi$ 自然扩张为 M^n 上的一个 C^∞ 向量场，且 $\varphi \xi|_U = \xi$. 由此，根据引理 1.8.4，对 $\forall X, Y \in C^\infty(TM)$，有

$$\langle h(X,Y), \xi|_U \rangle = \langle h(X,Y), \varphi \xi|_U \rangle = \langle h(X,Y), \varphi \xi \rangle|_U$$

$$= \langle H(x), \varphi \xi \rangle|_U \langle X, Y \rangle = \langle H(x), \xi|_U \rangle \langle X, Y \rangle.$$

因此，$\langle h(X,Y), \xi \rangle = \langle H(x), \xi \rangle \langle X, Y \rangle$，即 M^n 关于 ξ 是脐点的，从而 M^n 是全脐的.

$(1) \Leftarrow (3)$. 对任何局部 C^∞ 法向量场 ξ，有

$$\langle h(X,Y),\xi\rangle = \langle H(x)\langle X,Y\rangle,\xi(x)\rangle = \langle H(x),\xi(x)\rangle\langle X,Y\rangle = \lambda(x)\langle X,Y\rangle,$$

$$\lambda(x) = \langle H(x),\xi(x)\rangle.$$

因此，M^n 关于局部 C^∞ 法向量场 ξ 是脐点的. 从而，M^n 是全脐的.

(1)$\Rightarrow$(3). 对于局部 C^∞ 规范正交标架场 $\{e_\alpha|_{\alpha=n+1,\cdots,n+p}\}$ 和 $\forall X,Y\in C^\infty(TM)$，根据引理 1.8.4，有

$$\langle h(X,Y),e_\alpha\rangle = \langle H(x),e_\alpha\rangle\langle X,Y\rangle.$$

因此

$$h(X,Y) = \sum_\alpha \langle h(X,Y),e_\alpha\rangle e_\alpha = \sum_\alpha \langle H(x),e_\alpha\rangle\langle X,Y\rangle e_\alpha$$

$$= \left(\sum_\alpha \langle H(x),e_\alpha\rangle e_\alpha\right)\langle X,Y\rangle = H(x)\langle X,Y\rangle.$$

(3)$\Leftrightarrow$(4). 显然.

(3)$\Rightarrow$(5). 对 M^n 上的局部 C^∞ 单位切向量场 u，有

$$h(u,u) = H(x)\langle u,u\rangle = H(x).$$

(3)$\Leftarrow$(5). 对 $\forall X,Y\in C^\infty(TM)$，有

$$h(X,X) = \begin{cases} h\left(\dfrac{X}{\|X\|},\dfrac{X}{\|X\|}\right)\|X\|^2 = H(x)\|X\|^2, & X\neq 0, \\ 0, & X=0, \end{cases}$$

$$= H(x)\|X\|^2.$$

因此

$$h(X,Y) = \frac{1}{2}(h(X+Y,X+Y) - h(X,X) - h(Y,Y))$$

$$= \frac{H(x)}{2}(\|X+Y\|^2 - \|X\|^2 - \|Y\|^2)$$

$$= H(x)\langle X,Y\rangle.$$

(5)$\Rightarrow$(6). 由(5)可得到

$$f(x) = \max_{u,v\in T_{1x}M} \|h(u,u) - h(v,v)\|^2$$

$$= \max_{u,v\in T_{1x}M} \|H(x) - H(x)\| = \max_{u,v\in T_{1x}M} 0 = 0.$$

(5)$\Leftarrow$(6).

$$0 \equiv f(x) = \max_{u,v\in T_{1x}M} \|h(u,u) - h(v,v)\|^2$$

$$\Leftrightarrow h(u,u) = 常数(只与 x 有关).$$

于是，对 M^n 上的任何局部 C^∞ 单位切向量场 u，有

$$h(u,u) = \frac{1}{n}\sum_{j=1}^n h(e_j,e_j) = H(x). \qquad \square$$

引理 1.8.6 (1) 全测地子流形 $\Leftrightarrow$ 全脐和极小子流形.

(2) 全脐子流形必为 $\|H(x)\|$ 迷向和伪脐子流形.

证明 (1) M^n 为全测地子流形,即

$$h = 0 \Leftrightarrow h_{ij}^{\alpha} = 0, \quad i,j = 1,\cdots,n; \quad \alpha = n+1,\cdots,n+p$$

$$\Leftrightarrow \begin{cases} H(x) = \sum_{\alpha}\left(\dfrac{1}{n}\sum_{j=1}^{n}h_{jj}^{\alpha}\right)e_{\alpha} = 0, \\ h(X,Y) = H(x)\langle X,Y\rangle, \quad \forall X,Y \in C^{\infty}(TM) \end{cases}$$

$$\Leftrightarrow M^n \text{ 是全脐和极小子流形}.$$

(2) 因为 M^n 是全脐的,故对任何 C^{∞} 法向量场 ξ,特别对 $\xi = H(x)$ 是脐点的,即对 $\forall X,Y \in C^{\infty}(TM)$,

$$\langle h(X,Y),H(x)\rangle \xrightarrow{\text{引理 1.8.4}} \langle H(x),H(x)\rangle\langle X,Y\rangle$$

$$= \|H(x)\|^2\langle X,Y\rangle,$$

故 M^n 是伪脐子流形.

因为 M^n 是全脐的,根据引理 1.8.5(3),有

$$h(X,Y) = H(x)\langle X,Y\rangle.$$

于是,由

$$\|h(X,X)\| = \|H(x)\langle X,X\rangle\| = \|H(x)\|\langle X,X\rangle$$

$$= \|H(x)\|, \quad \forall X \in C^{\infty}(TM), \quad \|X\| = 1$$

可知,M^n 是 $\lambda(x) = \|H(x)\|$ 迷向的. $\qquad\square$

引理 1.8.7 设 $\widetilde{M}^{n+p}$ 为常截曲率 c 的流形,$M^n \subset \widetilde{M}^{n+p}$,$n \geqslant 2$ 为连通全脐点子流形,则 $\nabla^{\perp}H(x) = 0$(从引理 1.8.3(3)知,$\|H(x)\| = $ 常数)和 $R^{\perp} = 0$.

证明 (证法 1)如果 $\|H(x)\| \equiv 0$,则 $H(x) \equiv 0$ 和 $\nabla^{\perp}H(x) = 0$.

如果 $\|H(x)\| \not\equiv 0$,对 $\forall x_0 \in M^n$,$H(x_0) \neq 0$,存在 x_0 的开邻域 U_{x_0},使得 $H(x) \neq 0, \forall x \in U_{x_0}$.取

$$e_{n+1} = \frac{H(x)}{\|H(x)\|},$$

则

$$H^{\alpha} = \begin{cases} \|H(x)\|, & \alpha = n+1, \\ 0, & \alpha > n+1. \end{cases}$$

根据引理 1.8.5(4),有

$$M^n \text{ 是全脐子流形} \Leftrightarrow h_{ij}^{\alpha} = H^{\alpha}\delta_{ij}, \quad i,j = 1,\cdots,n; \quad \alpha = n+1,\cdots,n+p.$$

再根据定理 1.6.6(2),有

$$\omega_i^\alpha = \sum_i h_{ij}^\alpha \omega^j = \begin{cases} \| H(x) \| \omega^i, & \alpha = n+1, \\ 0, & \alpha > n+1. \end{cases}$$

所以

$$\mathrm{d} \| H(x) \| \wedge \omega^i + \| H(x) \| \sum_j \omega^j \wedge \omega_j^i$$

$$= \mathrm{d} \| H(x) \| \wedge \omega^i + \| H(x) \| \mathrm{d} \omega^i = \mathrm{d}(\| H(x) \| \omega^i)$$

$$= \mathrm{d} \omega_i^{n+1} \xlongequal{\text{1.6 节式(1.6.2)}} \widetilde{\Omega}_i^{n+1} + \sum_A \omega_i^A \wedge \omega_A^{n+1}$$

$$= \sum_j \omega_i^j \wedge \omega_j^{n+1} = \sum_j \| H(x) \| \sum_j \omega_i^j \wedge \omega^j$$

$$= \| H(x) \| \sum_j \omega^j \wedge \omega_j^i$$

$\Big($ 因为 $\widetilde{M}^{n+p}$ 是常曲率流形,故

$$K_{\alpha ist} = \langle \widetilde{R}(e_s, e_t) e_i, e_\alpha \rangle = \langle c(\langle e_i, e_t \rangle e_s - \langle e_i, e_s \rangle e_t), e_\alpha \rangle = 0,$$

而 $\widetilde{\Omega}_i^\alpha = \dfrac{1}{2} \sum_{s,t} K_{\alpha ist} \omega^s \wedge \omega^t = 0 \Big)$,

$$\mathrm{d} \| H(x) \| \wedge \omega^i = 0, \quad i = 1, \cdots, n.$$

由于 $n \geqslant 2$,它等价于 $\mathrm{d} \| H(x) \| = 0$,即

$$\| H(x) \| = 常数 \quad (因为 M^n 连通).$$

如果 $\alpha \neq n+1$,则由 $\omega_i^\alpha = 0, \alpha > n+1$ 可知

$$0 = \mathrm{d} \omega_i^\alpha = \sum_{A=1}^{n+p} \omega_i^A \wedge \omega_A^\alpha = \omega_i^{n+1} \wedge \omega_{n+1}^\alpha$$

$$= \| H(x) \| \omega^i \wedge \omega_{n+1}^\alpha, \quad i = 1, \cdots, n.$$

再由 $H(x) \neq 0$ 得到

$$\omega_\alpha^{n+1} = -\omega_{n+1}^\alpha = 0$$

及

$$\nabla^\perp H(x) = \nabla^\perp (\| H(x) \| e_{n+1}) = (\widetilde{\nabla}(\| H(x) \| e_{n+1}))^\perp$$

$$= (\mathrm{d} \| H(x) \|) e_{n+1} + \| H(x) \| \nabla^\perp e_{n+1}$$

$$= 0 + \| H(x) \| \sum_{\alpha=n+1}^{n+p} \omega_\alpha^{n+1} e_\alpha = 0 + 0 = 0,$$

其中

$$\omega_{n+1}^{n+1} = \left\langle \sum_{A=1}^{n+p} \omega_A^{n+1} e_A, e_{n+1} \right\rangle = \langle \widetilde{\nabla} e_{n+1}, e_{n+1} \rangle = \frac{1}{2} \widetilde{\nabla} \langle e_{n+1}, e_{n+1} \rangle = \frac{1}{2} \widetilde{\nabla}(1) = 0$$

(注意 M^n 连通,由 $H(x_0) \neq 0$ 和 $\| H(x) \| = 常值知道 H(x)$ 处处不为 0).

记

$$R^\perp(X, Y)\xi = \nabla^\perp_X \nabla^\perp_Y \xi - \nabla^\perp_Y \nabla^\perp_X \xi - \nabla^\perp_{[X, Y]}\xi$$

为法联络 $\nabla^\perp$ 的曲率张量. 不难证明

$$(\widetilde{R}(X, Y)\xi)^\perp = R^\perp(X, Y)\xi + h(A_\xi(X), Y) - h(X, A_\xi(Y)).$$

由此得到

$$\begin{aligned}
0 &= (c(\langle Y, \xi\rangle X - \langle X, \xi\rangle Y))^\perp = (\widetilde{R}(X, Y)\xi)^\perp \\
&= R^\perp(X, Y)\xi + h(A_\xi(X), Y) - h(X, A_\xi(Y)) \\
&= R^\perp(X, Y)\xi + \langle A_\xi(X), Y\rangle H - \langle X, A_\xi(Y)\rangle H \\
&= R^\perp(X, Y)\xi + \langle h(X, Y), \xi\rangle H - \langle h(Y, X), \xi\rangle H \\
&= R^\perp(X, Y)\xi, \quad \forall X, Y \in C^\infty(TM), \forall \xi \in C^\infty(TM^\perp).
\end{aligned}$$

于是

$$R^\perp = 0.$$

(证法 2) 根据定理 1.5.1(3), 有

$$\begin{aligned}
\widetilde{R}(X, Y)Z &= R(X, Y)Z + h(X, \nabla_Y Z) - h(Y, \nabla_X Z) \\
&\quad - h([X, Y], Z) + \widetilde{\nabla}_X(h(Y, Z)) - \widetilde{\nabla}_Y(h(X, Z)) \\
&= R(X, Y)Z + H(x)\langle X, \nabla_Y Z\rangle - H(x)\langle Y, \nabla_X Z\rangle \\
&\quad - H(x)\langle [X, Y], Z\rangle + \widetilde{\nabla}_X(H(x)\langle Y, Z\rangle) - \widetilde{\nabla}_Y(H(x)\langle X, Z\rangle) \\
&= R(X, Y)Z + H(x)(\langle X, \nabla_Y Z\rangle - \langle Y, \nabla_X Z\rangle \\
&\quad - \langle [X, Y], Z\rangle + X\langle Y, Z\rangle - Y\langle X, Z\rangle) \\
&\quad + (\widetilde{\nabla}_X H(x))\langle Y, Z\rangle - (\widetilde{\nabla}_Y H(x))\langle X, Z\rangle \\
&= R(X, Y)Z + H(x)(-\langle \nabla_Y X, Z\rangle + \langle \nabla_X Y, Z\rangle \\
&\quad - \langle [X, Y], Z\rangle) + (\widetilde{\nabla}_X H(x))\langle Y, Z\rangle - (\widetilde{\nabla}_Y H(x))\langle X, Z\rangle \\
&= R(X, Y)Z + (\widetilde{\nabla}_X H(x))\langle Y, Z\rangle - (\widetilde{\nabla}_Y H(x))\langle X, Z\rangle.
\end{aligned}$$

再由

$$\widetilde{R}(X, Y)Z = c(\langle Z, Y\rangle X - \langle Z, X\rangle Y)$$

得到

$$0 = (\widetilde{R}(X, Y)Z)^\perp = (\nabla^\perp_X H(x))\langle Y, Z\rangle - (\nabla^\perp_Y H(x))\langle X, Z\rangle.$$

于是, 取 $X \perp Z, Y = Z, \|X\| = \|Y\| = \|Z\| = 1$, 有

$$\nabla^\perp_X H(x) = 0. \qquad \square$$

引理 1.8.8 设 A_ξ 为关于 $\xi \in T_x M^\perp$ 的形状算子, 则 $x \in M^n$ 为关于 ξ 的脐点 $\Leftrightarrow$ 在点 x 处, 有

$$A_\xi = \rho \, \mathrm{Id}_{T_x M},$$

其中 $\rho = \langle H(x), \xi \rangle$.

证明 （⟸）设 $A_\xi = \rho \operatorname{Id}_{T_xM}$，则由 Gauss 公式

$$\widetilde{\nabla}_X \xi = \nabla_X^\top \xi + \nabla_X^\perp \xi = - A_\xi(X) + \nabla_X^\perp \xi$$

得到

$$\langle h(X, Y), \xi \rangle = \langle \nabla_X Y + h(X, Y), \xi \rangle = \langle \widetilde{\nabla}_X Y, \xi \rangle = X\langle Y, \xi \rangle = \langle Y, -\widetilde{\nabla}_X \xi \rangle$$

$$= \langle Y, -\nabla_X^\top \xi \rangle = \langle Y, A_\xi(X) \rangle = \langle Y, \rho \operatorname{Id}_{T_xM}(X) \rangle = \rho(X, Y),$$

即 $x \in M^n$ 为关于 ξ 的脐点. 再根据引理 1.7.4，有 $\rho = \langle H(x), \xi \rangle$.

（⟹）如果 $x \in M^n$ 为关于 ξ 的脐点，则

$$\langle A_\xi(X), Y \rangle \overset{\text{上式}}{=\!=\!=} \langle h(X, Y), \xi \rangle$$

$$\overset{\text{引理 1.8.5(3)}}{=\!=\!=\!=\!=\!=} \langle H(x)\langle X, Y \rangle, \xi \rangle = \langle H(x), \xi \rangle \langle X, Y \rangle,$$

所以

$$\langle (A_\xi - \langle H(x), \xi \rangle \operatorname{Id}_{T_xM})(X), Y \rangle = 0, \quad \forall\, X, Y \in T_xM.$$

若在上式中取

$$Y = (A_\xi - \langle H(x), \xi \rangle \operatorname{Id}_{T_xM})(X),$$

则立即得到

$$(A_\xi - \langle H(x), \xi \rangle \operatorname{Id}_{T_xM})(X) = 0.$$

再由 X 的任意性知

$$A_\xi = \langle H(x), \xi \rangle \operatorname{Id}_{T_xM}. \qquad \square$$

定理 1.8.1 常截曲率 c 的 Riemann 流形 $(\widetilde{M}^{n+p}, \widetilde{g}) = (\widetilde{M}^{n+p}, \langle, \rangle)$ 的连通全脐子流形 $M^n, n \geq 2$ 也是常截曲率 $c + \|H(x)\|^2$ 的（其中 $\|H(x)\|$ 为常值）.

证明 （证法 1）因为 M^n 为 $\widetilde{M}^{n+p}$ 的全脐子流形，故由引理 1.8.5(3)知

$$h(X, Y) = H(x)\langle X, Y \rangle.$$

再由 $\widetilde{M}^{n+p}$ 为常截曲率 c 的 C^∞ Riemann 流形得到

$$K(X, Y, Z, W) = \widetilde{K}(X, Y, Z, W) + (\langle h(X, Z), h(Y, W) \rangle - \langle h(X, W), h(Y, Z) \rangle)$$

$$= c(\langle X, Z \rangle \langle Y, W \rangle - \langle X, W \rangle \langle Y, Z \rangle) + \langle h(X, Z), h(Y, W) \rangle$$

$$- \langle h(X, W), h(Y, Z) \rangle$$

$$= (c + \|H(x)\|^2)(\langle X, Z \rangle \langle Y, W \rangle - \langle X, W \rangle \langle Y, Z \rangle).$$

由引理 1.8.7 和 1.8.3(3)可知，$\|H(x)\|^2$ 为常数. 再由定理 1.4.3 可知，M^n 为常截曲率 $c + \|H(x)\|^2$ 的 n 维 C^∞ Riemann 流形.

（证法 2）（$n > 2$）根据证法 1，有

$$K(X, Y, Z, W) = (c + \|H(x)\|^2)(\langle X, Z \rangle \langle Y, W \rangle - \langle X, W \rangle \langle Y, Z \rangle).$$

由定理 1.4.4 可知，$c + \|H(x)\|^2$ 为常值，从而 M^n 为常截曲率 $c + \|H(x)\|^2$ 的 n 维

C^∞ Riemann 流形.

引理 1.8.9 设 $f: M^n \to \mathbf{R}^{n+p}$ 为 n 维 C^∞ Riemann 流形 M^n 到 $n+p$ 维 Euclid 空间 $\mathbf{R}^{n+p}$ 中的 C^∞ 等距浸入,则必存在 $x_0 \in M^n$ 和法向量 $\xi \in T_{x_0} M^\perp$, s.t. 关于 ξ 的第 2 基本形式 h 或形状算子 A_ξ 是正定的.

证明 设 $\varphi: M^n \to \mathbf{R}, \varphi(x) = \frac{1}{2} \| f(x) \|^2 = \frac{1}{2} \langle f(x), f(x) \rangle$,则 φ 是 C^∞ 的. 因为 M^n 紧致,故必有 $x_0 \in M^n$,使 φ 在 x_0 处达到最大值. 由于

$$0 = (X\varphi)(x_0) = X\left(\frac{1}{2}\langle f, f \rangle\right)(x_0)$$

$$= \langle \nabla_X f, f \rangle(x_0) = \langle X, f(x_0) \rangle, \quad \forall X \in T_{x_0} M,$$

故 $f(x_0) \perp T_{x_0} M$. 更进一步,从 $\varphi(x_0)$ 达到最大值可推得

$$0 \geqslant (XX\varphi)(x_0) = X\langle X, f \rangle(x_0) = \langle \widetilde{\nabla}_X X, f(x_0) \rangle + \langle X, \widetilde{\nabla}_X f \rangle(x_0)$$

$$= \langle h(X, X), f(x_0) \rangle + \langle X, X \rangle(x_0) = \langle h(X, X), f(x_0) \rangle + \| X \|^2 (x_0),$$

其中 X 可理解为延拓后的 C^∞ 局部切向量场. 取 $\xi = -f(x_0)$,就有

$$0 \geqslant \langle h(X, X), -\xi \rangle + \| X \|^2 = -\langle A_\xi(X), X \rangle + \| X \|^2,$$

$$\langle h(X, X), \xi \rangle = \langle A_\xi(X), X \rangle \geqslant \| X \|^2.$$

上式表明关于 ξ 的第 2 基本形式 h 或形状算子 A_ξ 是正定的.

定理 1.8.2 $n+p$ 维 Euclid 空间 $\mathbf{R}^{n+p}$ 中不存在极小紧致 C^∞ Riemann 子流形 M^n.

证明 (反证)假设 $\mathbf{R}^{n+p}$ 中存在极小紧致 C^∞ Riemann 子流形 M^n,根据引理 1.8.9,$\exists x_0 \in M^n$ 和法向量 $\xi \in T_{x_0} M^\perp$,使得关于 ξ 的第 2 基本形式 h 或形状算子 A_ξ 是正定的. 选取 $e_1, \cdots, e_n$ 为 $T_{x_0} M$ 的规范正交基. 因为 M^n 是极小的,故 $H(x_0) = 0$. 于是

$$0 = \langle 0, \xi \rangle = \langle H(x_0), \xi \rangle = \left\langle \frac{1}{n} \sum_{i=1}^{n} h(e_i, e_i), \xi \right\rangle$$

$$= \frac{1}{n} \sum_{i=1}^{n} \langle h(e_i, e_i), \xi \rangle = \frac{1}{n} \sum_{i=1}^{n} \langle A_\xi(e_i), e_i \rangle > 0,$$

矛盾.

推论 1.8.1 3 维 Euclid 空间 $\mathbf{R}^3$ 中不存在极小紧致 C^∞ Riemann 超曲面 M^2.

证明 (证法 1)在定理 1.8.2 中,取 $n = 2, p = 1$.

(证法 2)(反证)假设存在极小紧致 C^∞ Riemann 超曲面 M^2,则

$$0 = \| 0 \| = \| H \| = \left| \frac{K_1 + K_2}{2} \right|,$$

其中 K_1, K_2 为两个主曲率. 于是

$$K_1 = - K_2.$$

又因该极小曲面紧致,根据定理 1.5.4,$\exists\, x_0 \in M$,s.t.

$$0 < K_G(x_0) = K_1(x_0) \cdot K_2(x_0) = (- K_2(x_0)) \cdot K_2(x_0) = - K_2(x_2)^2 \leqslant 0,$$

矛盾. □

回顾 C^∞ Riemann 流形 M^n 的 Ricci 张量是由

$$Ric_p(X, Y) = \mathrm{tr}(Z \mapsto R(Z, X)Y), \quad \forall\, X, Y \in T_pM$$

所定义的;而在单位向量 $X \in T_pM$ 方向的 Ricci 曲率是

$$Ric_p(X) = \frac{1}{n-1} Ric_p(X, X).$$

关于它有下面的定理.

定理 1.8.3 设 $\widetilde{M}_c^{n+p}$ 为 $n + p$ 维 C^∞ 常截曲率 c 的 Riemann 流形,$f: M^n \to \widetilde{M}_c^{n+p}$ 在 $x_0 \in M^n$ 处是等距极小浸入的,则对每个单位向量 $X \in T_{x_0}M^n$,

$$Ric_{x_0}(X) \leqslant c,$$

且对 $\forall\, X \in T_{x_0}M$,等号均成立 $\Leftrightarrow f$ 在 x_0 处是全测地的.

证明 令 $X_1 = X, X_2, \cdots, X_n \in T_{x_0}M^n$ 为规范正交基. 由定理 1.5.6 和 $H(x_0) = 0$ (f 在 $x_0 \in M^n$ 处是极小浸入的)得到,在 $x_0 \in M^n$ 处有

$$Ric(X) = \frac{1}{n-1} Ric(X, X) = \frac{1}{n-1} \sum_{j=1}^n \langle R(X_j, X)X, X_j \rangle$$

$$= \frac{1}{n-1} \sum_{j=2}^n \langle R(X_j, X)X, X_j \rangle$$

$$= \frac{1}{n-1} \sum_{j=2}^n (c + \langle h(X_j, X_j)h(X, X) \rangle - \| h(X, X_j) \|^2)$$

$$= c + \frac{1}{n-1} \sum_{j=2}^n \langle h(X_j, X_j), h(X, X) \rangle - \frac{1}{n-1} \sum_{j=2}^n \| h(X, X_j) \|^2$$

$$= c + \frac{n}{n-1} \left\langle \frac{1}{n} \sum_{j=1}^n h(X_j, X_j), h(X, X) \right\rangle - \frac{1}{n-1} \sum_{j=1}^n \| h(X, X_j) \|^2$$

$$= c + \frac{n}{n-1} \langle H, h(X, X) \rangle - \frac{1}{n-1} \sum_{j=1}^n \| h(X, X_j) \|^2$$

$$= c - \frac{1}{n-1} \sum_{j=1}^n \| h(X, X_j) \|^2 \leqslant c.$$

此外,对任何单位向量 $X \in T_{x_0}M^n$,上面等号成立 $\Leftrightarrow h(X, X_j) = 0, j = 1, \cdots, n$;$\forall\, X \in T_{x_0}M^n \Leftrightarrow h = 0$,即 f 在 x_0 处是全测地的. □

定理 1.8.4 设 $f: M_c^n \to M_c^{n+p}$ 在 $x_0 \in M_c^n$ 处是等距极小的,其中 M_c^n 和 M_c^{n+k} 分别

为 n 维常截曲率 c 和 $n+p$ 维常截曲率 $\tilde{c}$ 的 Riemann 流形,则:

(1) $c \leqslant \tilde{c}$;

(2) $c = \tilde{c} \Longleftrightarrow f$ 在 x_0 处是全测地的.

证明　(1) 由定理 1.8.3 得到

$$c = \frac{1}{n-1} \sum_{j=1}^{n} \langle R(X_j, X)X, X_j \rangle = Ric(X) \leqslant \tilde{c}.$$

(2) 根据定理 1.8.3 后半部分的结论,有

$$c = \tilde{c} \Longleftrightarrow f \text{ 在 } x_0 \text{ 处是全测地的}. \qquad \square$$

1.9　Euclid 空间和 Euclid 球面中的极小子流形

设 $\mathbf{R}^{n+p}$ 为 $n+p$ 维实 Euclid 空间,$\{x^1, \cdots, x^{n+p}\}$ 为通常的整体直角坐标系,

$$\tilde{g} = (dx^1)^2 + \cdots + (dx^{n+p})^2$$

为其 Riemann 度量.

定理 1.9.1　设 $\psi = (\psi_1, \cdots, \psi_{n+p}): M^n \rightarrow \mathbf{R}^{n+p}$ 为 C^∞ 等距浸入,$H(x)$ 为 M^n 上的平均曲率向量场,$\triangle$ 为 M^n 的 Laplace-Beltrami 算子,则

$$\triangle \psi = -nH,$$

其中 $\triangle \psi = (\triangle \psi_1, \cdots, \triangle \psi_{n+p})$.

证明　设 $e_1, \cdots, e_n$ 为 M^n 的 C^∞ 局部规范正交基向量场,则

$$e_i \psi = (e_i \psi_1, \cdots, e_i \psi_{n+p}) = e_i(\text{严格地}, = d\psi(e_i) = \psi_*(e_i)),$$
$$e_i e_i \psi = \tilde{\nabla}_{e_i} e_i, \quad i = 1, \cdots, n,$$

其中 $\tilde{\nabla}$ 为 Euclid 空间 $\mathbf{R}^{n+p}$ 中关于 $\mathbf{R}^{n+p}$ 的 C^∞ Riemann 度量 $\tilde{g} = \langle , \rangle$ 的 Riemann 联络. 因此

$$\triangle \psi = -\sum_{i=1}^{n} (e_i e_i \psi - (\nabla_{e_i} e_i)\psi) = -\sum_{i=1}^{n} (\tilde{\nabla}_{e_i} e_i - \nabla_{e_i} e_i)\psi = -\sum_{i=1}^{n} (\tilde{\nabla}_{e_i} e_i)^{\perp} \psi$$

$$= -\sum_{i=1}^{n} (\tilde{\nabla}_{e_i} e_i)^{\perp} = -\sum_{i=1}^{n} h(e_i, e_i) = -nH. \qquad \square$$

根据定理 1.9.1 立即有(参阅文献[30]):

定理 1.9.2(Takahashi,1966)　设 $\psi: M^n \rightarrow \mathbf{R}^{n+p}$ 为等距浸入,则

$$\psi \text{ 是极小的} \Longleftrightarrow \triangle \psi = 0, \text{即 } \psi \text{ 是调和的}.$$

证明　由定理 1.9.1 可得

$$\psi \text{ 是极小的,即 } H = 0 \Longleftrightarrow \triangle \psi = -nH = 0. \qquad \square$$

定理1.9.3 在紧致 C^∞ Riemann 流形 M^n 上,不存在 C^∞ 极小等距浸入

$$\psi = (\psi_1, \cdots, \psi_{n+p}): M^n \to \mathbf{R}^{n+p}.$$

证明 (证法1)(反证)假设存在 C^∞ 极小等距浸入 $\psi: M^n \to \mathbf{R}^{n+p}$,由定理 1.9.2 知,$\Delta\psi = 0 \Leftrightarrow \Delta\psi_j = 0$,即 ψ_j 为 M^n 上的调和函数,$j = 1, \cdots, n+p$. 再根据定理 1.7.4 和注 1.7.5,在 M^n 的每个连通分支上,ψ_j 为常值函数. 从而 ψ 为常值映射,这与 ψ 为浸入矛盾.

(证法2)参阅定理 1.8.2.   □

现在来讨论 Euclid 球面中的极小浸入子流形. 设 $\widetilde{M} \subset \mathbf{R}^{m+1}$ 为 C^∞ 嵌入子流形,对于 $q \in \widetilde{M}$ 和 $X \in T_q\mathbf{R}^{m+1}$,$X^\top$ 表示 X 到 $T_q\widetilde{M}$ 上的正交投影.

又设 $\psi: M^n \to \widetilde{M}$ 为 C^∞ 浸入,H 和 H^* 分别为 M^n 关于 $\widetilde{M}$ 和 $\mathbf{R}^{m+1}$ 的平均曲率向量场;而 $\widetilde{\nabla}$ 和 ∇^* 分别为 $\widetilde{M}$ 和 $\mathbf{R}^{m+1}$ 上的 Riemann 联络,则

$$H = \frac{1}{n}\sum_{k=1}^{n}(\widetilde{\nabla}_{e_k}e_k)^{\perp M^n} = \frac{1}{n}\Big(\sum_{k=1}^{n}(\nabla^*_{e_k}e_k)^{T_{\widetilde{M}}}\Big)^{\perp M^n} = \Big(\Big(\frac{1}{n}\sum_{k=1}^{n}\nabla^*_{e_k}e_k\Big)^{\perp M^n}\Big)^{T_{\widetilde{M}}}$$

$$= (H^*)^{T_{\widetilde{M}}} = \Big(-\frac{1}{n}\Delta\psi\Big)^{T_{\widetilde{M}}}. \tag{1.9.1}$$

对 $r > 0$,令

$$\widetilde{M} = S^m(r) = \{x \in \mathbf{R}^{m+1} \mid \|x\| = r\},$$

则有:

定理1.9.4 设 M^n 为 n 维 C^∞ Riemann 流形,

$$\psi: M^n \to \widetilde{M} = S^m(r) \subset \mathbf{R}^{m+1}$$

为 C^∞ 等距浸入,则

$$\psi \text{ 是极小的} \Leftrightarrow \Delta\psi = \frac{n}{r^2}\psi.$$

证明 由式(1.9.1)可以看到

$$\psi \text{ 是极小的} \Leftrightarrow 0 = H = (H^*)^{T_{\widetilde{M}}} = \Big(-\frac{1}{n}\Delta\psi\Big)^{T_{\widetilde{M}}},$$

即 $\Delta\psi$ 平行于 $\widetilde{M} = S^m(r)$ 的法向量场 $\psi \Leftrightarrow \Delta\psi = \lambda\psi$,其中 $\lambda \in C^\infty(M^n)$. 此外,由

$$\|\psi\|^2 = r^2$$

和引理 1.7.7(2)知,如果 $\Delta\psi = \lambda\psi$,则

$$0 = \frac{1}{2}\Delta(r^2) = \frac{1}{2}\Delta(\|\psi\|^2) \xupleftarrow[\text{并求和}]{\text{考虑分量公式}} \langle\psi, \Delta\psi\rangle - \|\nabla\psi\|^2$$

$$= \langle\psi, \lambda\psi\rangle - \|\nabla\psi\|^2 = \lambda r^2 - \|\nabla\psi\|^2.$$

因此

$$\lambda r^2 = \| \nabla \psi \|^2 = \sum_{k=1}^{n} \langle e_k \psi, e_k \psi \rangle = \sum_{k=1}^{n} \| \psi_*(e_k) \|^2 \xlongequal{\text{等距}} \sum_{k=1}^{n} 1 = n,$$

其中 $\{e_k\}$ 为 M^n 上的 C^∞ 局部规范正交基. 这就证明了

$$\Delta \psi = \frac{n}{r^2} \psi.$$ $\qquad\qquad\square$

进一步, 我们有:

定理 1.9.5(Takahashi, 1966)   设 M^n 为 n 维 C^∞ Riemann 流形,

$$\psi: M^n \to \mathbf{R}^{m+1}$$

为 C^∞ 等距浸入, 使得

$$\Delta \psi = \lambda \psi,$$

其中 $\lambda \neq 0$ 为常数, 则:

(1) $\lambda > 0$;

(2) $\psi(M^n) \subset S^m(r)$, 这里 $r^2 = \dfrac{n}{\lambda}$;

(3) 浸入 $\psi: M^n \to S^m(r)$ 是极小的.

证明   根据定理 1.9.1, 有

$$-nH^* = \Delta \psi = \lambda \psi,$$

故

$$\psi = -\frac{n}{\lambda} H^*.$$

因此, 对 M^n 上的 C^∞ 切向量场 X, 有

$$X\langle \psi, \psi \rangle = 2\langle X(\psi), \psi \rangle = 2\langle \psi_*(X), \psi \rangle (= 2\langle X, \psi \rangle) = 0,$$

由此得到

$$\| \psi \|^2 = r^2 \quad (\text{常数 } r \geqslant 0),$$

即 $\psi(M^n) \subset S^m(r)$. 再由 ψ 为浸入知 $r > 0$.

由于 ψ 为 C^∞ 等距浸入, 故对 M^n 的规范正交基 $e_k, k = 1, \cdots, n$, 有

$$\| \psi_*(e_k) \| = \| e_k \| = 1,$$

从而

$$0 = \frac{1}{2} \Delta(r^2) = \frac{1}{2} \Delta(\| \psi \|^2) = \langle \psi, \Delta \psi \rangle - \| \nabla \psi \|^2$$

$$= \langle \psi, \lambda \psi \rangle - \sum_{k=1}^{n} \| \psi_*(e_k) \|^2 = \lambda r^2 - \sum_{k=1}^{n} 1 = \lambda r^2 - n.$$

由 $\lambda \neq 0$ 知, $r^2 = \dfrac{n}{\lambda}$ 且 $\lambda = \dfrac{n}{r^2} > 0$.

类似定理 1.9.4 的证明,有

$$H = (H^*)^{T_{\bar{M}}} = \left(-\frac{1}{n}\Delta\psi\right)^{T_{\bar{M}}} = -\left(\frac{\lambda}{n}\psi\right)^{T_{\bar{M}}} = 0,$$

即 $\psi: M^n \to S^m(r)$ 是极小的. $\qquad\qquad\qquad\qquad\qquad\qquad\qquad\qquad\qquad$ □

例 1.9.1 设 M^n 为 $\mathbf{R}^{n+1}$ 中的 C^∞ 超曲面,$\{u^1,\cdots,u^n\}$ 为 M^n 上的局部坐标系.记 M^n 关于原点的位置向量为 $x(u^1,\cdots,u^n)$,则局部坐标基向量场为 $\dfrac{\partial}{\partial u^i} = x'_{u^i}$ 和 $\widetilde{\nabla}_{\frac{\partial}{\partial u^i}}\dfrac{\partial}{\partial u^j} = x''_{u^i u^j}$,$i,j = 1,\cdots,n$,其中 $\widetilde{\nabla}$ 为 $\mathbf{R}^{n+1}$ 中的 Riemann 联络.再设 $\{e_i \mid i = 1,\cdots,n\}$ 为 M^n 上的局部 C^∞ 规范正交基向量场,$e_i = \sum\limits_{j=1}^n a_i^j \dfrac{\partial}{\partial u^j}$,则

$$\delta_{ij} = \langle e_i, e_j \rangle = \left\langle \sum_{l=1}^n a_i^l \frac{\partial}{\partial u^l}, \sum_{s=1}^n a_j^s \frac{\partial}{\partial u^s} \right\rangle$$

$$= \sum_{l,s=1}^n a_i^l a_j^s \left\langle \frac{\partial}{\partial u^l}, \frac{\partial}{\partial u^s} \right\rangle = \sum_{l,s=1}^n a_i^l a_j^s g_{ls},$$

$$AGA^{\mathrm{T}} = I,$$

$$G^{-1} = A^{\mathrm{T}}A,$$

即 $g^{ls} = \sum\limits_{i=1}^n a_i^l a_i^s$.于是,$M^n$ 的平均曲率向量场

$$H(x) = \frac{1}{n}\sum_{i=1}^n h_{ii} = \frac{1}{n}\sum_{i=1}^n h(e_i, e_i) = \frac{1}{n}\sum_{i=1}^n h\left(\sum_{l=1}^n a_i^l \frac{\partial}{\partial u^l}, \sum_{s=1}^n a_i^s \frac{\partial}{\partial u^s}\right)$$

$$= \frac{1}{n}\sum_{i=1}^n \sum_{l,s=1}^n a_i^l a_i^s h\left(\frac{\partial}{\partial u^l}, \frac{\partial}{\partial u^s}\right) = -\frac{1}{n}\sum_{l,s=1}^n \left(\sum_{i=1}^n a_i^l a_i^s\right)L_{ls}e_{n+1}$$

$$= -\left(\frac{1}{n}\sum_{l,s=1}^n g^{ls}L_{ls}\right)e_{n+1},$$

其中 e_{n+1} 为局部 C^∞ 单位法向量场,而

$$L_{ls} = -\left\langle h\left(\frac{\partial}{\partial u^l}, \frac{\partial}{\partial u^s}\right), e_{n+1} \right\rangle = \left\langle \widetilde{\nabla}_{\frac{\partial}{\partial u^l}}\frac{\partial}{\partial u^s}, e_{n+1} \right\rangle = -\langle x''_{u^l u^s}, e_{n+1} \rangle.$$

例 1.9.2 设 M^2 为 $\mathbf{R}^3$ 中的旋转曲面,则

$$M^2 \text{ 为极小曲面} \Leftrightarrow M^2 \text{ 为悬链面}.$$

证明 ($\Leftarrow$)设旋转曲面 M^2 的方程为

$$(x^1, x^2, x^3) = x(u,v) = (f(v)\cos u, f(v)\sin u, v),$$

其中 $-\infty < v < +\infty$,$0 \leqslant u < 2\pi$,$f \in C^\infty(M^2, \mathbf{R})$,且 $f > 0$.通过简单计算,有

$$\frac{\partial}{\partial u} = x_u' = (-f(v)\sin u, f(v)\cos u, 0),$$

$$\frac{\partial}{\partial v} = x_v' = (f'(v)\cos u, f'(v)\sin u, 1),$$

$$g_{11} = g\left(\frac{\partial}{\partial u}, \frac{\partial}{\partial u}\right) = f^2(v), \quad g_{22} = g\left(\frac{\partial}{\partial v}, \frac{\partial}{\partial v}\right) = 1 + (f'(v))^2,$$

$$g_{21} = g_{12} = g\left(\frac{\partial}{\partial u}, \frac{\partial}{\partial v}\right) = 0.$$

选 C^∞ 单位法向量场

$$
\begin{aligned}
e_3 &= \frac{\dfrac{\partial}{\partial u} \times \dfrac{\partial}{\partial v}}{\left\| \dfrac{\partial}{\partial u} \times \dfrac{\partial}{\partial v} \right\|} = \frac{(f(v)\cos u, f(v)\sin u, -f(v)f'(v))}{f(v)\sqrt{1 + (f'(v))^2}} \\
&= \frac{1}{\sqrt{1 + (f'(v))^2}}(\cos u, \sin u, -f'(v)),
\end{aligned}
$$

则

$$\widetilde{\nabla}_{\frac{\partial}{\partial u}}\frac{\partial}{\partial u} = x_{uu}'' = (-f(v)\cos u, -f(v)\sin u, 0),$$

$$\widetilde{\nabla}_{\frac{\partial}{\partial v}}\frac{\partial}{\partial u} = \widetilde{\nabla}_{\frac{\partial}{\partial u}}\frac{\partial}{\partial v} = x_{uv}'' = (-f'(v)\sin u, f'(v)\cos u, 0),$$

$$\widetilde{\nabla}_{\frac{\partial}{\partial v}}\frac{\partial}{\partial v} = x_{vv}'' = (f''(v)\cos u, f'(v)\sin u, 0),$$

$$L_{11} = \left\langle -h\left(\frac{\partial}{\partial u}, \frac{\partial}{\partial u}\right), e_3 \right\rangle = \left\langle -\widetilde{\nabla}_{\frac{\partial}{\partial u}}\frac{\partial}{\partial u}, e_3 \right\rangle$$

$$= \langle -x_{uu}'', e_3 \rangle = \frac{f(v)}{\sqrt{1 + (f'(v))^2}},$$

$$L_{21} = L_{12} = \left\langle -h\left(\frac{\partial}{\partial u}, \frac{\partial}{\partial v}\right), e_3 \right\rangle = \left\langle -\widetilde{\nabla}_{\frac{\partial}{\partial u}}\frac{\partial}{\partial v}, e_3 \right\rangle = \langle -x_{uv}'', e_3 \rangle = 0,$$

$$L_{22} = \left\langle -h\left(\frac{\partial}{\partial v}, \frac{\partial}{\partial v}\right), e_3 \right\rangle = \left\langle -\widetilde{\nabla}_{\frac{\partial}{\partial v}}\frac{\partial}{\partial v}, e_3 \right\rangle = \langle -x_{vv}'', e_3 \rangle$$

$$= -\frac{f''(v)}{\sqrt{1 + (f'(v))^2}}.$$

显然,M^2 为极小曲面,即

$$H(x) = \left(\frac{1}{2}\sum_{l,s}^{2}g^{ls}L_{ls}\right)e_3 = \frac{1}{2}\frac{g_{22}L_{11} - 2g_{12}L_{12} + g_{11}L_{22}}{g_{11}g_{22} - g_{12}^2}e_3 = 0$$

$$\Leftrightarrow g_{22}L_{11} - 2g_{12}L_{12} + g_{11}L_{22} = 0,$$

亦即

$$(1 + (f')^2)\left[\frac{f}{\sqrt{1 + (f')^2}}\right] - 0 + f^2 \frac{-f''}{\sqrt{1 + (f')^2}} = 0$$

$$\Leftrightarrow 1 + (f')^2 = ff''.$$

于是

$$\frac{f'}{f} = \frac{ff''}{1 + (f')^2},$$

$$\ln f = \frac{1}{2}\ln(1 + (f')^2) + \ln a, \quad a > 0 \text{ 为常数},$$

$$f = a\sqrt{1 + (f')^2},$$

$$\frac{\mathrm{d}f}{\mathrm{d}v} = f' = \pm\sqrt{\left(\frac{f}{a}\right)^2 - 1},$$

$$\pm \frac{\mathrm{d}\left(\frac{f}{a}\right)}{\sqrt{\left(\frac{f}{a}\right)^2 - 1}} = \mathrm{d}\left(\frac{v}{a}\right).$$

两边积分后得到

$$\pm \operatorname{ch}^{-1}\frac{f}{a} = \frac{v}{a} + b, \quad b \text{ 为常数},$$

即

$$f(v) = a\operatorname{ch}\left(\frac{v}{a} + b\right).$$

从而,该旋转面

$$x(u, v) = \left(a\operatorname{ch}\left(\frac{v}{a} + b\right)\cos u, a\operatorname{ch}\left(\frac{v}{a} + b\right)\sin u, v\right)$$

为悬链面.

($\Rightarrow$)由于 $f(v) = a\operatorname{ch}\left(\frac{v}{a} + b\right)$ 为方程

$$1 + (f')^2 = ff''$$

的解,从而可看出悬链面必为极小曲面. □

例 1.9.3 正螺旋面

$$x(u, v) = (u\cos v, u\sin v, bv)$$

为 $\mathbf{R}^3$ 中的极小曲面.

证明 显然

$$\frac{\partial}{\partial u} = x'_u = (\cos v, \sin v, 0),$$

$$\frac{\partial}{\partial v} = x'_v = (-u\sin v, u\cos v, b),$$

$$g_{11} = g\left(\frac{\partial}{\partial u}, \frac{\partial}{\partial u}\right) = 1, \quad g_{22} = g\left(\frac{\partial}{\partial v}, \frac{\partial}{\partial v}\right) = b^2 + u^2,$$

$$g_{21} = g_{12} = g\left(\frac{\partial}{\partial u}, \frac{\partial}{\partial v}\right) = 0.$$

选 C^∞ 单位法向量场

$$e_3 = \frac{\frac{\partial}{\partial u} \times \frac{\partial}{\partial v}}{\left\|\frac{\partial}{\partial u} \times \frac{\partial}{\partial v}\right\|} = \frac{(b\sin v, -b\cos v, u)}{\sqrt{b^2 + u^2}},$$

则

$$\widetilde{\nabla}_{\frac{\partial}{\partial u}} \frac{\partial}{\partial u} = x''_{uu} = (0, 0, 0),$$

$$\widetilde{\nabla}_{\frac{\partial}{\partial v}} \frac{\partial}{\partial u} = \widetilde{\nabla}_{\frac{\partial}{\partial u}} \frac{\partial}{\partial v} = x''_{uv} = (-\sin v, \cos v, 0),$$

$$\widetilde{\nabla}_{\frac{\partial}{\partial v}} \frac{\partial}{\partial v} = x''_{vv} = (-u\cos v, -u\sin v, 0),$$

$$L_{11} = -\left\langle \widetilde{\nabla}_{\frac{\partial}{\partial u}} \frac{\partial}{\partial u}, e_3 \right\rangle = -\langle x''_{uu}, e_3 \rangle = 0,$$

$$L_{21} = L_{12} = -\left\langle \widetilde{\nabla}_{\frac{\partial}{\partial u}} \frac{\partial}{\partial v}, e_3 \right\rangle = -\langle x''_{vv}, e_3 \rangle = \frac{b}{\sqrt{b^2 + u^2}},$$

$$L_{22} = -\left\langle \widetilde{\nabla}_{\frac{\partial}{\partial v}} \frac{\partial}{\partial v}, e_3 \right\rangle = -\langle x''_{vv}, e_3 \rangle = 0.$$

因此

$$g_{22}L_{11} - 2g_{12}L_{12} + g_{11}L_{22} = (b^2 + u^2) \cdot 0 - 2 \cdot 0 \cdot \frac{b}{\sqrt{b^2 + u^2}} + 1 \cdot 0 = 0.$$

这就证明了正螺旋面为 $\mathbf{R}^3$ 中的极小曲面. $\qquad\square$

例 1.9.4 Veronese 曲面. 设

$$S^2(\sqrt{3}) = \{(x, y, z) \in \mathbf{R}^3 \mid x^2 + y^2 + z^2 = 3\},$$

$$\psi: S^2(\sqrt{3}) \to S^4(1) \subset \mathbf{R}^5,$$

$$u = (u^1, u^2, u^3, u^4, u^5) = \psi(x, y, z)$$

$$= \left(\frac{1}{\sqrt{3}} xy, \frac{1}{\sqrt{3}} xz, \frac{1}{\sqrt{3}} yz, \frac{1}{2\sqrt{3}} (x^2 - y^2), \frac{1}{6} (x^2 + y^2 - 2z^2) \right).$$

这是一个 C^∞ 极小浸入. 事实上, 因为

$$\sum_{i=1}^{5} (u^i)^2 = \frac{1}{3} x^2 y^2 + \frac{1}{3} x^2 z^2 + \frac{1}{3} y^2 z^2 + \frac{1}{12} (x^2 - y^2)^2 + \frac{1}{36} (x^2 + y^2 - 2z^2)^2$$

$$= \frac{1}{9} (x^2 + y^2 + z^2)^2 = \frac{1}{9} \cdot 3^2 = 1,$$

所以 $\psi(S^2(\sqrt{3})) \subset S^4(1)$. 再由

$$\mathrm{rank}\, \psi = \mathrm{rank} \begin{pmatrix} \frac{1}{\sqrt{3}} y & \frac{1}{\sqrt{3}} x & 0 \\[2mm] \frac{1}{\sqrt{3}} z & 0 & \frac{1}{\sqrt{3}} x \\[2mm] 0 & \frac{1}{\sqrt{3}} z & \frac{1}{\sqrt{3}} y \\[2mm] \frac{1}{\sqrt{3}} x & -\frac{1}{\sqrt{3}} y & 0 \\[2mm] \frac{1}{3} x & \frac{1}{3} y & -\frac{2}{3} z \end{pmatrix} \cdot \begin{pmatrix} 1 & 0 \\[2mm] 0 & 1 \\[2mm] -\dfrac{x}{z} & -\dfrac{y}{z} \end{pmatrix} = 2$$

可知, ψ 为 C^∞ 浸入.

再来证明 ψ 是极小的. 在下面的计算中, 不失一般性, 取 x, y 为 $S^2(\sqrt{3})$ 的 C^∞ 局部坐标 (此时, $z \neq 0$), 而 $S^2(\sqrt{3})$ 的位置向量为 $r = (x, y, z)$, 则

$$u'_x = \left(\frac{1}{\sqrt{3}} y, \frac{z^2 - x^2}{\sqrt{3} z}, -\frac{xy}{\sqrt{3} z}, \frac{1}{\sqrt{3}} x, x \right),$$

$$u'_y = \left(\frac{1}{\sqrt{3}} x, -\frac{xy}{\sqrt{3} z}, \frac{z^2 - y^2}{\sqrt{3} z}, -\frac{1}{\sqrt{3}} y, y \right),$$

$$r'_x = (1, 0, z'_x) = \left(1, 0, -\frac{x}{z} \right),$$

$$r'_y = (0, 1, z'_y) = \left(0, 1, -\frac{y}{z} \right),$$

$$\widetilde{g}_{11} = \widetilde{g}(u'_x, u'_x) = \frac{1}{3} y^2 + \frac{1}{3} \frac{(z^2 - x^2)^2}{z^2} + \frac{x^2 y^2}{3z^2} + \frac{x^2}{3} + x^2$$

$$= \frac{y^2 (z^2 + x^2)}{3z^2} + \frac{(z^2 + x^2)^2}{3z^2} = \frac{(y^2 + z^2 + x^2)(z^2 + x^2)}{3z^2}$$

$$= \frac{z^2 + x^2}{z^2} = 1 + \left(\frac{x}{z}\right)^2 = g(r_x', r_x') = g_{11},$$

$$\widetilde{g}_{21} = \widetilde{g}_{12} = \widetilde{g}(u_x', u_y')$$

$$= \frac{1}{3}xy - \frac{xy(z^2 - x^2)}{3z^2} - \frac{xy(z^2 - y^2)}{3z^2} - \frac{1}{3}xy + xy$$

$$= \frac{xy(x^2 + y^2 - 2z^2 + 3z^2)}{3z^2} = \frac{xy}{z^2} = g(r_x', r_y') = g_{12} = g_{21},$$

$$\widetilde{g}_{22} = \widetilde{g}(u_y', u_y') = \frac{1}{3}x^2 + \frac{x^2 y^2}{3z^2} + \frac{(z^2 - y^2)^2}{3z^2} + \frac{1}{3}y^2 + y^2$$

$$= \frac{x^2(y^2 + z^2)}{3z^2} + \frac{(z^2 + y^2)^2}{3z^2} = \frac{(x^2 + y^2 + z^2)(y^2 + z^2)}{3z^2}$$

$$= 1 + \frac{y^2}{z^2} = g(r_y', r_y') = g_{22}.$$

这说明 ψ 是等距的. 另一证法如下:

$$\sum_{i=1}^{5} (\mathrm{d}u^i)^2 = \frac{1}{3}(y\mathrm{d}x + x\mathrm{d}y)^2 + \frac{1}{3}(z\mathrm{d}x + x\mathrm{d}z)^2 + \frac{1}{3}(z\mathrm{d}y + y\mathrm{d}z)^2$$

$$+ \frac{1}{12}(2x\mathrm{d}x - 2y\mathrm{d}y)^2 + \frac{1}{36}(2x\mathrm{d}x + 2y\mathrm{d}y - 4z\mathrm{d}z)^2$$

$$= \frac{1}{3}(y^2(\mathrm{d}x)^2 + x^2(\mathrm{d}y)^2 + 2xy\mathrm{d}x\mathrm{d}y) + \frac{1}{3}(z^2(\mathrm{d}x)^2 + x^2(\mathrm{d}z)^2 + 2xz\mathrm{d}x\mathrm{d}z)$$

$$+ \frac{1}{3}(z^2(\mathrm{d}y)^2 + y^2(\mathrm{d}z)^2 + 2yz\mathrm{d}y\mathrm{d}z) + \frac{1}{3}(x^2(\mathrm{d}x)^2 + y^2(\mathrm{d}y)^2 - 2xy\mathrm{d}x\mathrm{d}y)$$

$$+ \frac{1}{9}(x^2(\mathrm{d}x)^2 + y^2(\mathrm{d}y)^2 + 4z^2(\mathrm{d}z)^2 + 2xy\mathrm{d}x\mathrm{d}y - 4xz\mathrm{d}x\mathrm{d}z - 4yz\mathrm{d}y\mathrm{d}z)$$

$$= \frac{1}{3}(x^2 + y^2 + z^2)(\mathrm{d}x)^2 + \frac{1}{3}(x^2 + y^2 + z^2)(\mathrm{d}y)^2$$

$$+ \frac{1}{3}(x^2 + y^2 + z^2)(\mathrm{d}z)^2 + \frac{1}{9}(x^2(\mathrm{d}x)^2 + y^2(\mathrm{d}y)^2 + z^2(\mathrm{d}z)^2)$$

$$+ \frac{2}{9}(xy\mathrm{d}x\mathrm{d}y + xz\mathrm{d}x\mathrm{d}z + yz\mathrm{d}y\mathrm{d}z)$$

$$= (\mathrm{d}x)^2 + (\mathrm{d}y)^2 + (\mathrm{d}z)^2 - \frac{2}{9}(xy\mathrm{d}x\mathrm{d}y + xz\mathrm{d}x\mathrm{d}z + yz\mathrm{d}y\mathrm{d}z)$$

$$+ \frac{2}{9}(xy\mathrm{d}x\mathrm{d}y + xz\mathrm{d}x\mathrm{d}z + yz\mathrm{d}y\mathrm{d}z)$$

$$= (\mathrm{d}x)^2 + (\mathrm{d}y)^2 + (\mathrm{d}z)^2$$

(最后第 2 个等号用到了 $z^2(\mathrm{d}z)^2 = z\mathrm{d}z(-x\mathrm{d}x - y\mathrm{d}y) = -xz\mathrm{d}x\mathrm{d}z - yz\mathrm{d}y\mathrm{d}z$). 这就证

明了 ψ 是等距的.

在 $M^2 = S^2(\sqrt{3})$ 上,易见

$$
\begin{pmatrix} g_{11} & g_{12} \\ g_{21} & g_{22} \end{pmatrix} = \begin{pmatrix} 1 + \dfrac{x^2}{z^2} & \dfrac{xy}{z^2} \\[2mm] \dfrac{xy}{z^2} & 1 + \dfrac{y^2}{z^2} \end{pmatrix},
$$

$$
\det(g_{ij}) = \left(1 + \frac{x^2}{z^2}\right)\left(1 + \frac{y^2}{z^2}\right) - \frac{x^2 y^2}{z^4} = 1 + \frac{x^2}{z^2} + \frac{y^2}{z^2} = \frac{x^2 + y^2 + z^2}{z^2} = \frac{3}{z^2},
$$

$$
\begin{pmatrix} g^{11} & g^{12} \\ g^{21} & g^{22} \end{pmatrix} = \frac{1}{\dfrac{3}{z^2}} \begin{pmatrix} 1 + \dfrac{y^2}{z^2} & -\dfrac{xy}{z^2} \\[2mm] -\dfrac{xy}{z^2} & 1 + \dfrac{x^2}{z^2} \end{pmatrix} = \frac{1}{3}\begin{pmatrix} y^2 + z^2 & -xy \\ -xy & x^2 + z^2 \end{pmatrix},
$$

$$
\frac{\partial g^{11}}{\partial x} = \frac{1}{3} \cdot 2z \cdot \frac{-x}{z} = -\frac{2}{3}x, \quad \frac{\partial g^{12}}{\partial y} = \frac{\partial g^{21}}{\partial y} = -\frac{x}{3},
$$

$$
\frac{\partial g^{12}}{\partial x} = \frac{\partial g^{21}}{\partial x} = -\frac{y}{3}, \quad \frac{\partial g^{22}}{\partial y} = \frac{1}{3} \cdot 2z \cdot \frac{-y}{z} = -\frac{2}{3}y,
$$

$$
\frac{\partial(\det(g_{ij}))}{\partial x} = \frac{6x}{z^4}, \quad \frac{\partial(\det(g_{ij}))}{\partial y} = \frac{6y}{z^4}.
$$

根据引理 1.7.4 中的公式,

$$
\Delta f = -\frac{1}{\sqrt{\det(g_{kl})}} \sum_{i,j=1}^{2} \frac{\partial}{\partial x^i}\left(\sqrt{\det(g_{kl})}\, g^{ij}\, \frac{\partial f}{\partial x^j}\right)
$$

$$
= -\left(\sum_{i,j=1}^{2} g^{ij}\, \frac{\partial^2 f}{\partial x^i \partial x^j} + \sum_{i,j=1}^{2}\left(\frac{\partial g^{ij}}{\partial x^i} + \frac{1}{2} g^{ij}\, \frac{\partial \ln \det(g_{kl})}{\partial x^i}\right)\frac{\partial f}{\partial x^j}\right),
$$

就可以得到

$$
\Delta f = -\frac{1}{3}\left((y^2 + z^2)\frac{\partial^2 f}{\partial x^2} - 2xy\frac{\partial^2 f}{\partial x \partial y} + (x^2 + z^2)\frac{\partial^2 f}{\partial y^2} - 2x\frac{\partial f}{\partial x} - 2y\frac{\partial f}{\partial y}\right).
$$

最后,将 C^∞ 函数

$$
\psi_1 = \frac{1}{\sqrt{3}}xy, \quad \psi_2 = \frac{1}{\sqrt{3}}xz, \quad \psi_3 = \frac{1}{\sqrt{3}}yz, \quad \psi_4 = \frac{1}{2\sqrt{3}}(x^2 - y^2),
$$

$$
\psi_5 = \frac{1}{6}(x^2 + y^2 - 2z^2)
$$

分别代入上式,立即有

$$
\Delta \psi_j = 2\psi_j, \quad j = 1, \cdots, 5,
$$

从而

$$
\Delta \psi = 2\psi.
$$

这就证明了 C^∞ 浸入

$$\psi : S^2(\sqrt{3}) \to S^4(1)$$

是极小的.

容易验证:$\psi(x,y,z) = \psi(\widetilde{x},\widetilde{y},\widetilde{z}) \Leftrightarrow (\widetilde{x},\widetilde{y},\widetilde{z}) = (x,y,z)$ 或 $-(x,y,z)$. 因此,ψ 自然诱导了一个截曲率为 $\dfrac{1}{3}$ 的实射影平面到 $S^4(1)$ 中的 C^∞ 等距极小嵌入,并称它为 **Veronese 曲面**.

是否用这种方式给出的 C^∞ 嵌入 $S^n(r) \to S^N(1)$ 是仅有的 C^∞ 等距极小浸入?这个有趣的问题已由 M. P. do Carmo 和 N. R. Wallach 在他们的论文 *Minimal immersions of sphers into spheres*(Ann. of Math.,1971(93):43 – 62)中作了深入的研究.

例 1.9.5 设 $S^q(r)$ 为 $q+1$ 维 Euclid 空间 $\mathbf{R}^{q+1}$ 中以原点为中心、r 为半径的 q 维球面. 对自然数 n 和 p,$p < n$,定义 n 维 C^∞ Riemann 流形

$$M_{p,n-p} = S^p\left(\sqrt{\frac{p}{n}}\right) \times S^{n-p}\left(\sqrt{\frac{n-p}{n}}\right).$$

设 $x = (x_1, x_2) \in M_{p,n-p}$,则

$$\|x\|^2 = \|x_1\|^2 + \|x_2\|^2 = \left(\sqrt{\frac{p}{n}}\right)^2 + \left(\sqrt{\frac{n-p}{n}}\right)^2 = 1$$

及

$$M_{p,n-p} \subset S^{n+1} \subset \mathbf{R}^{n+2} = \mathbf{R}^{p+1} \times \mathbf{R}^{n-p+1}.$$

下面将证明 $M_{p,n-p}$ 为 $S^{n+1}(1)$ 中的 C^∞ 极小超曲面,称其为 **Clifford 极小超曲面**. 特别地,如果 $n=2$,$p=1$,则 $M_{1,1}$ 是 $S^3(1)$ 中的平坦极小曲面,称其为 **Clifford 环面**.

分别记 $\widetilde{\nabla}$ 和 ∇^* 为 $S^{n+1}(1)$ 和 $\mathbf{R}^{n+2}$ 上的 C^∞ Riemann 联络. $e_1, \cdots, e_p$ 为 $S^p\left(\sqrt{\dfrac{p}{n}}\right)$ 上的 C^∞ 局部规范正交基,$e_{p+1}, \cdots, e_n$ 为 $S^{n-p}\left(\sqrt{\dfrac{n-p}{n}}\right)$ 上的 C^∞ 局部规范正交基,而 h 和 $H(x)$ 分别为 $M_{p,n-p}$ 关于 $S^{n+1}(1)$ 的第 2 基本形式和平均曲率向量场. 不难看出,对 $1 \leqslant i \leqslant p$,有

$$\langle \nabla^*_{e_i} e_i, x_1 \rangle = -\langle e_i, \nabla^*_{e_i} x_1 \rangle = -\langle e_i, e_i \rangle = -1,$$

$$\langle h(e_i, e_i), x_1 \rangle = \langle \widetilde{\nabla}_{e_i} e_i, x_1 \rangle = \langle \nabla^*_{e_i} e_i - \langle \nabla^*_{e_i} e_i, x \rangle x, x_1 \rangle$$

$$= \langle \nabla^*_{e_i} e_i, x_1 \rangle - \langle \nabla^*_{e_i} e_i, x_1 \rangle \langle x_1, x_1 \rangle = -1 + \frac{p}{n} = -\frac{n-p}{n},$$

$$\langle h(e_i, e_i), x_2 \rangle = \langle \widetilde{\nabla}_{e_i} e_i, x_2 \rangle = \langle \nabla^*_{e_i} e_i - \langle \nabla^*_{e_i} e_i, x \rangle x, x_2 \rangle$$

$$= - \left\langle \langle \nabla_{e_i}^* e_i, x_1 \rangle x_2, x_2 \right\rangle = - \langle \nabla_{e_i}^* e_i, x_1 \rangle \langle x_2, x_2 \rangle = \frac{n-p}{n}.$$

同理,当 $p+1 \leqslant i \leqslant n$ 时,有

$$\langle \nabla_{e_i}^* e_i, x_2 \rangle = -1, \quad \langle h(e_i, e_i), x_1 \rangle = \frac{p}{n}, \quad \langle h(e_i, e_i), x_2 \rangle = -\frac{p}{n}.$$

由上述结果可得 $\left[$ 注意, $\left\{ \dfrac{x_1}{\sqrt{p/n}}, \dfrac{x_2}{\sqrt{(n-p)/n}} \right\}$ 为法空间中的规范正交基 $\right]$

$$H(x) = \frac{1}{n} \sum_{i=1}^n h(e_i, e_i) = \frac{1}{n} \sum_{i=1}^n \left[\left\langle h(e_i, e_i), \frac{x_1}{\sqrt{p/n}} \right\rangle \frac{x_1}{\sqrt{p/n}} \right.$$

$$\left. + \left\langle h(e_i, e_i), \frac{x_2}{\sqrt{(n-p)/n}} \right\rangle \frac{x_2}{\sqrt{(n-p)/n}} \right]$$

$$= \frac{1}{n} \sum_{i=1}^n \left(\frac{n}{p} \langle h(e_i, e_i), x_1 \rangle x_1 + \frac{n}{n-p} \langle h(e_i, e_i), x_2 \rangle x_2 \right)$$

$$= \frac{1}{n} \left(\sum_{i=1}^p \left(\frac{n}{p} \left(-\frac{n-p}{n} \right) x_1 + \frac{n}{n-p} \cdot \frac{n-p}{n} x_2 \right) \right.$$

$$\left. + \sum_{i=p+1}^n \left(\frac{n}{p} \cdot \frac{p}{n} x_1 + \frac{n}{n-p} \cdot \left(-\frac{p}{n} \right) x_2 \right) \right)$$

$$= \frac{1}{n} ((-(n-p) x_1 + p x_2) + ((n-1) x_1 - p x_2)) = 0,$$

即 $M_{p,n-p} = S^p \left[\sqrt{\dfrac{p}{n}} \right] \times S^{n-p} \left[\sqrt{\dfrac{n-p}{n}} \right]$ 为 $S^{n+1}(1)$ 中的 C^∞ 极小超曲面.

特别地,当 $n=2, p=1$ 时,设

$$x = (x_1, x_2) \in M_{1,1} = S^1 \left[\sqrt{\frac{1}{2}} \right] \times S^1 \left[\sqrt{\frac{1}{2}} \right] \subset S^3(1).$$

显然, $N = x_1 - x_2$ 是 $M_{1,1}$ 在 $S^3(1)$ 中的单位法向量场,当然 $N = x_1 - x_2$ 与 $x = x_1 + x_2$ 正交.根据 Weingarten 公式,有

$$A_N(X) = -\widetilde{\nabla}_X N = -\nabla_X^* N + \langle \nabla_X^* N, x \rangle x.$$

对 C^∞ 规范正交基 X_1, X_2,若 X_i 切于第 i 个 $S^1 \left[\sqrt{\dfrac{1}{2}} \right], i=1,2$,则

$$A_N(X_1) = -\nabla_{X_1}^* (x_1 - x_2) + \langle \nabla_{X_1}^* (x_1 - x_2), x_1 + x_2 \rangle (x_1 + x_2)$$

$$= -\nabla_{X_1}^* x_1 + \langle \nabla_{X_1}^* x_1, x_1 + x_2 \rangle (x_1 + x_2) = -\nabla_{X_1}^* x_1 = -X_1,$$

$$A_N(X_2) = -\nabla_{X_2}^* (x_1 - x_2) + \langle \nabla_{X_2}^* (x_1 - x_2), x_1 + x_2 \rangle (x_1 + x_2)$$

$$= \nabla_{X_2}^* x_2 + \langle -\nabla_{X_2}^* x_2, x_1 + x_2 \rangle (x_1 + x_2) = \nabla_{X_2}^* x_2 = X_2.$$

于是,由例 1.5.1 立即得到:由 X_1 和 X_2 张成的平面的 Riemann 截曲率为($A_N(X_i) = -L(X_i)$)

$$R(X_1 \wedge X_2)$$
$$= \widetilde{R}(X_1 \wedge X_2) + (\langle LX_1, X_1 \rangle \langle LX_2, X_2 \rangle - \langle LX_1, X_2 \rangle^2)$$
$$= \widetilde{R}(X_1 \wedge X_2) + (\langle A_N(X_1), X_1 \rangle \langle A_N(X_2), X_2 \rangle - \langle A_N(X_1), X_2 \rangle^2)$$
$$= 1 + (\langle -X_1, X_1 \rangle \langle X_2, X_2 \rangle - \langle -X_1, X_2 \rangle^2)$$
$$= 1 + ((-1) \cdot 1 - 0^2) = 0,$$

即 $M_{1,1}$ 的 Riemann 截曲率恒为零.这就证明了 $M_{1,1}$ 在 $S^3(1)$ 中是平坦的.

最后来计算 $M_{p,n-p}$ 在 $S^{n+1}(1)$ 中第 2 基本形式 h 的模的平方

$$\| h \|^2 = n.$$

证明 (证法 1)首先,当 $1 \leqslant i, j \leqslant p$ 时,有

$$\langle \nabla_{e_i}^* e_j, x_1 \rangle = -\langle e_j, \nabla_{e_i}^* x_1 \rangle = -\langle e_j, e_i \rangle = -\delta_{ij},$$
$$\langle \nabla_{e_i}^* e_j, x_2 \rangle = -\langle e_j, \nabla_{e_i}^* x_2 \rangle = -\langle e_j, 0 \rangle = 0,$$
$$\langle h(e_i, e_j), x_1 \rangle = \langle \widetilde{\nabla}_{e_i} e_j, x_1 \rangle = \langle \nabla_{e_i}^* e_j - \langle \nabla_{e_i}^* e_j, x \rangle x, x_1 \rangle$$
$$= \langle \nabla_{e_i}^* e_j, x_1 \rangle - \langle \nabla_{e_i}^* e_j, x_1 \rangle \langle x_1, x_1 \rangle$$
$$= -\delta_{ij} + \delta_{ij} \frac{p}{n} = -\delta_{ij} \frac{n-p}{n},$$
$$\langle h(e_i, e_j), x_2 \rangle = \langle \widetilde{\nabla}_{e_i} e_j, x_2 \rangle = \langle \nabla_{e_i}^* e_j - \langle \nabla_{e_i}^* e_j, x \rangle x, x_2 \rangle$$
$$= \langle \nabla_{e_i}^* e_j, x_2 \rangle - \langle \nabla_{e_i}^* e_j, x_1 \rangle \langle x_2, x_2 \rangle = \delta_{ij} \frac{n-p}{n}.$$

同理,当 $p+1 \leqslant i, j \leqslant n$ 时,有

$$\langle \nabla_{e_i}^* e_j, x_1 \rangle = 0, \quad \langle \nabla_{e_i}^* e_j, x_2 \rangle = -\delta_{ij},$$
$$\langle h(e_i, e_j), x_1 \rangle = \delta_{ij} \frac{p}{n}, \quad \langle h(e_i, e_j), x_2 \rangle = -\delta_{ij} \frac{p}{n}.$$

其次,当 $1 \leqslant i \leqslant p, p+1 \leqslant \alpha \leqslant n$ 时,有

$$\langle \nabla_{e_i}^* e_\alpha, x_1 \rangle = e_i \langle e_\alpha, x_1 \rangle - \langle e_\alpha, \nabla_{e_i}^* x_1 \rangle = 0 - \langle e_\alpha, e_i \rangle = 0,$$
$$\langle \nabla_{e_i}^* e_\alpha, x_2 \rangle = e_i \langle e_\alpha, x_2 \rangle - \langle e_\alpha, \nabla_{e_i}^* x_2 \rangle = 0 - \langle e_\alpha, 0 \rangle = 0,$$
$$\langle h(e_i, e_\alpha), x_1 \rangle = \langle \widetilde{\nabla}_{e_i} e_\alpha, x_1 \rangle = \langle \nabla_{e_i}^* e_\alpha - \langle \nabla_{e_i}^* e_\alpha, x \rangle x, x_1 \rangle$$
$$= \langle \nabla_{e_i}^* e_\alpha, x_1 \rangle - \langle \nabla_{e_i}^* e_\alpha, x_1 + x_2 \rangle \langle x_1, x_1 \rangle$$
$$= 0 - 0 = 0,$$

$$\langle h(e_i, e_\alpha), x_2 \rangle = \langle \widetilde{\nabla}_{e_i} e_\alpha, x_2 \rangle = \langle \nabla^*_{e_i} e_\alpha - \langle \nabla^*_{e_i} e_\alpha, x \rangle x, x_2 \rangle$$

$$= \langle \nabla^*_{e_i} e_\alpha, x_2 \rangle - \langle \nabla^*_{e_i} e_\alpha, x_1 + x_2 \rangle \langle x_2, x_2 \rangle$$

$$= 0 - 0 = 0.$$

同理(或由 $h(e_\alpha, e_i) = h(e_i, e_\alpha)$)

$$\langle h(e_\alpha, e_i), x_1 \rangle = 0 = \langle h(e_\alpha, e_i), x_2 \rangle.$$

取 $M_{p, n-p}$ 在 $S^{n+1}(1)$ 中的单位法向量场为

$$N = -\sqrt{\frac{n-p}{p}} x_1 + \sqrt{\frac{p}{n-p}} x_2,$$

则

$$h_{ij} = \langle h(e_i, e_j), N \rangle = \left\langle h(e_i, e_j), -\sqrt{\frac{n-p}{p}} x_1 + \sqrt{\frac{p}{n-p}} x_2 \right\rangle$$

$$= -\sqrt{\frac{n-p}{p}} \langle h(e_i, e_j), x_1 \rangle + \sqrt{\frac{p}{n-p}} \langle h(e_i, e_j), x_2 \rangle$$

$$= \begin{cases} \left[-\sqrt{\dfrac{n-p}{p}} \left(-\dfrac{n-p}{n} \right) + \sqrt{\dfrac{p}{n-p}} \dfrac{n-p}{n} \right] \delta_{ij}, & 1 \leqslant i, j \leqslant p, \\[3mm] \left[-\sqrt{\dfrac{n-p}{p}} \dfrac{p}{n} + \sqrt{\dfrac{p}{n-p}} \left(-\dfrac{p}{n} \right) \right] \delta_{ij}, & p+1 \leqslant i, j \leqslant n, \\[3mm] 0, & \text{其他}. \end{cases}$$

于是

$$\| h \|^2 = \sum_{i,j=1}^n h_{ij}^2 = \sum_{i=1}^p \left(\frac{n-p}{n} \right)^2 \left[\sqrt{\frac{n-p}{p}} + \sqrt{\frac{p}{n-p}} \right]^2$$

$$+ \sum_{i=p+1}^n \left(\frac{p}{n} \right)^2 \left[\sqrt{\frac{n-p}{p}} + \sqrt{\frac{p}{n-p}} \right]^2$$

$$= \left(p \left(\frac{n-p}{n} \right)^2 + (n-p) \left(\frac{p}{n} \right)^2 \right) \left[\frac{n-p+p}{\sqrt{p(n-p)}} \right]^2$$

$$= \frac{p(n-p)}{n^2} (n-p+p) \frac{n^2}{p(n-p)} = n.$$

(证法 2)因为当 $1 \leqslant i, j \leqslant p$ 时

$$h(e_i, e_j) = \left\langle h(e_i, e_j), \sqrt{\frac{n}{p}} x_1 \right\rangle \left(\sqrt{\frac{n}{p}} x_1 \right) + \left\langle h(e_i, e_j), \sqrt{\frac{n}{n-p}} x_2 \right\rangle \left(\sqrt{\frac{n}{n-p}} x_2 \right)$$

$$= \left(\frac{n}{p} \left(-\frac{n-p}{n} \right) x_1 + \frac{n}{n-p} \cdot \frac{n-p}{n} x_2 \right) \delta_{ij} = \left(-\frac{n-p}{p} x_1 + x_2 \right) \delta_{ij},$$

当 $p+1 \leqslant i, j \leqslant n$ 时

$$h(e_i, e_j) = \left\langle h(e_i, e_j), \sqrt{\frac{n}{p}} x_1 \right\rangle \left(\sqrt{\frac{n}{p}} x_1 \right) + \left\langle h(e_i, e_j), \sqrt{\frac{n}{n-p}} x_2 \right\rangle \left(\sqrt{\frac{n}{n-p}} x_2 \right)$$

$$= \left(\frac{n}{p} \cdot \frac{p}{n} x_1 + \frac{n}{n-p} \left(-\frac{p}{n} \right) x_2 \right) \delta_{ij} = \left(x_1 - \frac{p}{n-p} x_2 \right) \delta_{ij},$$

所以

$$\| h \|^2 = \sum_{i,j}^{n} h_{ij}^2 = \sum_{i=1}^{n} h_{ii}^2 = \sum_{i=1}^{n} \| h(e_i, e_i) \|^2$$

$$= \sum_{i=1}^{p} \left\| -\frac{n-p}{p} x_1 + x_2 \right\|^2 + \sum_{i=n+p}^{n} \left\| x_1 - \frac{p}{n-p} x_2 \right\|^2$$

$$= p \left(\left(\frac{n-p}{p} \right)^2 \cdot \frac{p}{n} + \frac{n-p}{n} \right) + (n-p) \left(\frac{p}{n} + \left(\frac{p}{n-p} \right)^2 \cdot \frac{n-p}{n} \right)$$

$$= \frac{p(n-p)}{n} \left(\frac{n-p}{p} + 1 + 1 + \frac{p}{n-p} \right)$$

$$= \frac{1}{n} ((n-p)^2 + 2p(n-p) + p^2)$$

$$= \frac{1}{n} (n-p+p)^2 = n. \qquad \square$$

1.10 指数映射、Jacobi 场、共轭点和割迹

设 $(M, \langle , \rangle)$ 为 n 维 C^∞ Riemann 流形，$\gamma : [a, b] \to M$ 为测地线，即 $\nabla_{\gamma'} \gamma' = 0$，则

$$\frac{\mathrm{d}}{\mathrm{d}t} \langle \gamma', \gamma' \rangle = 2 \langle \nabla_{\gamma'} \gamma', \gamma' \rangle = 2 \langle 0, \gamma' \rangle = 0$$

及"速度向量"的长度 $\| \gamma' \| = \langle \gamma', \gamma' \rangle^{\frac{1}{2}}$ 沿 γ 是常值. 引入弧长函数

$$s(t) = \int_a^t \| \gamma'(t) \| \, \mathrm{d}t = \| \gamma' \| (t - a),$$

它为 t 的线性函数，或 $t = \dfrac{s}{\| \gamma' \|} + a$. 显然，$t = s$（弧长）$\Longleftrightarrow a = 0$ 和 $\| \gamma' \| = 1$.

设 $\{x^1, \cdots, x^n\}$ 为局部坐标系，$\gamma(t)$ 的局部坐标为 $\{x^1(t), \cdots, x^n(t)\}$. 由推论 1.2.1 知，$\gamma$ 的测地线方程为 2 阶常微分方程组：

$$\frac{\mathrm{d}^2 x^k}{\mathrm{d}t^2} + \sum_{i,j=1}^{n} \Gamma_{ij}^k (x^1, \cdots, x^n) \frac{\mathrm{d}x^i}{\mathrm{d}t} \frac{\mathrm{d}x^j}{\mathrm{d}t} = 0, \quad k = 1, \cdots, n.$$

引理 1.10.1 对 $\forall p \in M$，存在 p 的开邻域 U 和 $\varepsilon > 0$，使得对 $\forall q \in U$ 及 $\forall X \in T_q M$，$\| X \| < \varepsilon$，有唯一的测地线

$$\gamma_X : (-2,2) \to M$$

满足: $\gamma_X(0) = q$, $\dfrac{\mathrm{d}\gamma_X}{\mathrm{d}t}(0) = \gamma'_X(0) = X$.

证明 由 2 阶常微分方程组解的存在唯一性定理知, 存在 p 的开邻域 U 和数 $\varepsilon_1, \varepsilon_2 > 0$, 使得对 $\forall q \in U$ 及 $\forall X \in T_q M$, $\| X \| < \varepsilon_1$, 有唯一的测地线

$$\widetilde{\gamma}_X : (-2\varepsilon_2, 2\varepsilon_2) \to M$$

满足: $\widetilde{\gamma}_X(0) = q$, $\dfrac{\mathrm{d}\widetilde{\gamma}_X}{\mathrm{d}t}(0) = \widetilde{\gamma}'_X(0) = X$.

设 c 为任意常数, 显然, 如果 $t \mapsto \widetilde{\gamma}(t)$ 为测地线, 则 $t \mapsto \widetilde{\gamma}(ct)$ 也为测地线.

取 $0 < \varepsilon < \varepsilon_1 \varepsilon_2$, 则当 $\| X \| < \varepsilon$ 和 $|t| < 2$ 时, $\left\| \dfrac{1}{\varepsilon_2} X \right\| < \varepsilon_1$, $|\varepsilon_2 t| < 2\varepsilon_2$. 因此, 可以定义

$$\gamma_X(t) = \widetilde{\gamma}_{\frac{1}{\varepsilon_2} X}(\varepsilon_2 t). \qquad \square$$

定义 1.10.1 设 $X \in T_p M$, $\gamma : [0,1] \to M$ 为测地线, $\gamma(0) = p$, $\dfrac{\mathrm{d}\gamma}{\mathrm{d}t}(0) = \gamma'(0) = X$, 则点 $\gamma(1) \in M$, 用 $\exp_p X$ 表示, 并称它为切向量 X 的指数. 引理 1.10.1 指出, 当 $\| X \|$ 足够小时, $\exp_p X$ 是定义好的, 但对较大的 $\| X \|$, $\exp_p X$ 未必定义好. 然而, $\exp_p X$ 只要定义好了, 则总是唯一确定的.

由微分方程解的存在唯一性定理知, $\gamma_X(t) = \gamma_{aX}\left(\dfrac{t}{a}\right)$, 所以

$$\gamma_X(a) = \gamma_{aX}\left(\dfrac{a}{a}\right) = \gamma_{aX}(1) = \exp_p aX$$

或

$$\gamma_X(t) = \exp_p tX.$$

如果对 $\forall p \in M$, $\forall X \in T_p M$, $\exp_p X$ 已经定义好, 则称 $(M, \langle , \rangle)$ 是**测地完备**的. 它等价于每条测地线段 $\gamma : [a, b] \to M$ 可以延拓到无穷测地线

$$\gamma : \mathbf{R} \to M.$$

关于**指数映射** $\exp$, 有:

引理 1.10.2 对 $\forall p \in M$, 映射

$$(q, X) \mapsto \exp_q X$$

在 $(p, 0) \in TM$ 的某个开邻域 $V \subset TM$ 中定义, 且是 C^∞ 的.

证明 设 $p \in M$, $U \subset M$ 为 p 的局部坐标邻域, $\{x^1, \cdots, x^n\}$ 为其局部坐标系. $\{x^1, \cdots, x^n, a^1, \cdots, a^n\}$ 为 $X = \sum\limits_{i=1}^{n} a^i \dfrac{\partial}{\partial x^i}\Big|_q \in T_q U = T_q M$ 关于 $TU \subset TM$ 的局部坐标.

设 $\gamma_X(t,q)=\exp_q tX$ 为过点 q 沿 X 方向的测地线,它是测地线方程(2 阶常微分方程组)的解,C^{∞} 依赖于初始点 q 和初始方向 X,因此

$$(q,X)\mapsto\exp_q X$$

是 C^{∞} 映射. □

引理 1.10.3　对每个 $p\in M$,存在 p 的开邻域 W 和数 $\varepsilon>0$,使得:

(1) 任何两点 $q_1,q_2\in W$,可用 M 中的长度小于 ε 的唯一测地线相连接;

(2) 该测地线 C^{∞} 依赖于两个点,即如果 $t_1\mapsto\exp_{q_1}(tX)$,$0\le t\le 1$ 是连接 q_1 和 q_2 的测地线,则 $(q_1,X)\in TM C^{\infty}$ 依赖于 (q_1,q_2);

(3) 对每个 $q\in W$,映射 $\exp_q$ 将 T_qM 中的 ε 开球 C^{∞} 同胚地映到开集 $U_q\supset W$ 上.

证明　考察 C^{∞} 映射

$$F:V\to M\times M,\quad F(q,X)=(q,\exp_q X),$$

其中 V 如引理 1.10.2 中所述.记 $\{x_1^1,\cdots,x_1^n,x_2^1,\cdots,x_2^n\}$ 为 $U\times U\subset M\times M$ 上的局部坐标,则 F 在 $(p,0)$ 处的 Jacobi 矩阵为

$$\begin{bmatrix} I & 0 \\ I & I \end{bmatrix},$$

即

$$\mathrm{d}F\left(\frac{\partial}{\partial x^i}\right)=\frac{\partial}{\partial x_1^i},\quad \mathrm{d}F\left(\frac{\partial}{\partial a^j}\right)=\frac{\partial}{\partial x_1^j}+\frac{\partial}{\partial x_2^j}.$$

因此,F 在 $(p,0)$ 处是非异的.

由反函数定理知,$F C^{\infty}$ 同胚地将 $(p,0)\in TM$ 的某个开邻域

$$\widetilde{V}=\{(q,X)\mid q\in\widetilde{U},\|X\|<\varepsilon\}\subset V$$

映到 $(p,p)\in M\times M$ 的某个开邻域 $F(\widetilde{V})$ 上,选择 p 的较小的开邻域 W,使得

$$F(\widetilde{V})\supset W\times W.$$

由此,立即得到(1),(2)和(3). □

引理 1.10.4　引理 1.10.3 的 U_q 中,过 q 的测地线是超曲面

$$S_q(c)=\{\exp_q X\mid X\in T_qM,\|X\|=c(常数)\}$$

的正交轨线.

证明　设 $t\mapsto X(t)$ 为 T_pM 中的 C^{∞} 曲线,其中 $\|X(t)\|=1$.令

$$f(\gamma,t)=\exp_q(\gamma X(t)),\quad 0\le\gamma<\varepsilon.$$

显然,当 t 固定时,$\gamma\mapsto f(\gamma,t)$ 为测地线,即 $\nabla_{\frac{\partial f}{\partial\gamma}}\frac{\partial f}{\partial\gamma}=0$.又因为

$$\left\|\frac{\partial f}{\partial\gamma}\right\|=\|X(t)\|=1,$$

所以

$$\left\langle \frac{\partial f}{\partial \gamma}, \nabla_{\frac{\partial f}{\partial \gamma}} \frac{\partial f}{\partial t} \right\rangle = \left\langle \frac{\partial f}{\partial \gamma}, \nabla_{\frac{\partial f}{\partial t}} \frac{\partial f}{\partial \gamma} \right\rangle = \frac{1}{2} \frac{\mathrm{d}}{\mathrm{d} t} \left\langle \frac{\partial f}{\partial \gamma}, \frac{\partial f}{\partial \gamma} \right\rangle = 0.$$

于是

$$\frac{\partial}{\partial \gamma} \left\langle \frac{\partial f}{\partial \gamma}, \frac{\partial f}{\partial t} \right\rangle = \left\langle \nabla_{\frac{\partial f}{\partial \gamma}} \frac{\partial f}{\partial \gamma}, \frac{\partial f}{\partial t} \right\rangle + \left\langle \frac{\partial f}{\partial \gamma}, \nabla_{\frac{\partial f}{\partial \gamma}} \frac{\partial f}{\partial t} \right\rangle = \left\langle 0, \frac{\partial f}{\partial t} \right\rangle + 0 = 0,$$

$\left\langle \dfrac{\partial f}{\partial \gamma}, \dfrac{\partial f}{\partial t} \right\rangle$ 与 t 无关,即

$$\left\langle \frac{\partial f}{\partial \gamma}, \frac{\partial f}{\partial t} \right\rangle \equiv \left\langle \frac{\partial f}{\partial \gamma}, \frac{\partial f}{\partial t} \right\rangle \Bigg|_{(0, t)} = 0,$$

其中 $f(0, t) = \exp_q 0 = q, \dfrac{\partial f}{\partial t}(0, t) = 0$. 这就证明了过 q 的测地线是超曲面 $S_q(c)$ 的正交轨线. $\square$

引理 1.10.5   设 $\omega : [0, 1] \to U_q - \{q\}$ 分段 $C^\infty, \omega(t)$ 可唯一表示成

$$\exp_q \gamma(t) X(t), \quad 0 < \gamma(t) < \varepsilon, \quad \| X(t) \| = 1, \quad X(t) \in T_q M,$$

则

$$\int_a^b \left\| \frac{\mathrm{d} \omega}{\mathrm{d} t} \right\| \mathrm{d} t \geqslant | \gamma(b) - \gamma(a) |,$$

且等号成立 $\Leftrightarrow \gamma(t)$ 是单调的和 $X(t)$ 为常向量.

因此,连接以 q 为中心的同心球面的最短道路是径向测地线.

证明   设

$$f(\gamma, t) = \exp_q (\gamma X(t)), \quad \omega(t) = f(\gamma(t), t) = \exp_q (\gamma(t) X(t)),$$
$$\| X(t) \| = 1,$$

则

$$\frac{\mathrm{d} \omega}{\mathrm{d} t} = \frac{\partial f}{\partial \gamma} \gamma'(t) + \frac{\partial f}{\partial t}.$$

根据引理 1.10.4,由 $\left\langle \dfrac{\partial f}{\partial \gamma}, \dfrac{\partial f}{\partial t} \right\rangle = 0$ 和 $\left\| \dfrac{\partial f}{\partial \gamma} \right\| = 1$ 得到

$$\left\| \frac{\mathrm{d} \omega}{\mathrm{d} t} \right\|^2 = | \gamma'(t) |^2 + \left\| \frac{\partial f}{\partial t} \right\|^2 \geqslant | \gamma'(t) |^2,$$

且等号成立 $\Leftrightarrow \mathrm{d} \exp_q (\gamma X'(t)) = \dfrac{\partial f}{\partial t} = 0 \Leftrightarrow X'(t) = 0$. 于是

$$\int_a^b \left\| \frac{\mathrm{d} \omega}{\mathrm{d} t} \right\| \mathrm{d} t \geqslant \int_a^b | \gamma'(t) | \mathrm{d} t \geqslant \left| \int_a^b \gamma'(t) \mathrm{d} t \right| = | \gamma(b) - \gamma(a) |,$$

且等号成立 $\Leftrightarrow \gamma'(t)$ 不变号和 $X'(t)=0 \Leftrightarrow \gamma(t)$ 单调和 $X(t)$ 为常向量. $\quad\square$

定理 1.10.1 设 W 和 ε 如引理 1.10.3 中所述,$q,q_1 \in W,\gamma:[0,1] \to M$ 是连接 q 和 q_1 的长度小于 ε 的测地线,$\omega:[0,1] \to M$ 是连接 q 和 q_1 的任何分段 C^∞ 道路,$L(\gamma)$ 和 $L(\omega)$ 分别为 γ 和 ω 的长度,则

$$L(\gamma) = \int_0^1 \left\| \frac{\mathrm{d}\gamma}{\mathrm{d}t} \right\| \mathrm{d}t \leqslant \int_0^1 \left\| \frac{\mathrm{d}\omega}{\mathrm{d}t} \right\| \mathrm{d}t = L(\omega),$$

且等号成立 $\Leftrightarrow \omega = \exp_q(\gamma(t)X(t))$ 中 $\gamma(t)$ 单调和 $X(t)$ 为常向量. 此时,$\omega([0,1]) = \gamma([0,1])$,而 γ 为最短线.

证明 设 $q_1 = \exp_q(\gamma X) \in U_q, 0 < \gamma < \varepsilon, \| X \| = 1$,则对 $\forall \delta > 0$,根据引理 1.10.5,有

$$L(\omega \mid_a^1) = \int_a^1 \left\| \frac{\mathrm{d}\omega}{\mathrm{d}t} \right\| \mathrm{d}t \geqslant | \gamma(1) - \gamma(a) | = \gamma(1) - \delta.$$

令 $\delta \to 0^+$,则 $a \to 0^+$,故

$$L(\omega) = \int_0^1 \left\| \frac{\mathrm{d}\omega}{\mathrm{d}t} \right\| \mathrm{d}t \geqslant \gamma(1) = L(\gamma),$$

且等号成立 $\Leftrightarrow \gamma(t)$ 单调和 X 为常向量. $\quad\square$

定义 1.10.2 设 $\{X_1,\cdots,X_n\}$ 为 $p \in M$ 的线性标架(即为 T_pM 的基). $\exp_p:U_p \to V_p$ 为 C^∞ 微分同胚,$X = \sum_{i=1}^n x^i X_i$,用 $\{x^1,\cdots,x^n\}$ 表示 $\exp_p X = \exp_p \sum_{i=1}^n x^i X_i$ 的局部坐标,称 $\{x^1,\cdots,x^n\}$ 为**正规(或法)坐标系**.

如果 $X = \sum_{i=1}^n a^i \frac{\partial}{\partial x^i} \in T_pM$ 为固定向量,则 $\gamma(t) = \exp_p tX$ 为沿 X 方向的测地线,它在正规坐标系中表示为 $x^i = a^i t, i = 1,\cdots,n$.

引理 1.10.6 设 ∇ 为 n 维 C^∞ Riemann 流形 $(M,\langle,\rangle)$ 的 Riemann 联络,它在 $p \in M$ 的正规坐标系 $\{x^1,\cdots,x^n\}$ 中的分量为 Γ_{ij}^k,则

$$\Gamma_{ij}^k + \Gamma_{ji}^k = 0.$$

因此,在 p 点处,$\Gamma_{ij}^k = 0$.

证明 在正规坐标系 $\{x^1,\cdots,x^n\}$ 中,由 $x^i = a^i t, i = 1,\cdots,n$ 表示的曲线为测地线. 因此,$\frac{\mathrm{d}^2 x^i}{\mathrm{d}t^2} = 0$. 根据测地线方程,有

$$\sum_{i,j=1}^n \Gamma_{ij}^k(p) a^i a^j = \frac{\mathrm{d}^2 x^i}{\mathrm{d}t^2} + \sum_{i,j=1}^n \Gamma_{ij}^k(p) \frac{\mathrm{d}x^i}{\mathrm{d}t} \frac{\mathrm{d}x^j}{\mathrm{d}t} = 0.$$

因为上式对每个 $(a^1,\cdots,a^n)$ 成立,特别取 $a^i = a^j = 1, a^l = 0, l \neq i, j$,代入上式得到在 p 点处 $\Gamma_{ij}^k + \Gamma_{ji}^k = 0$. 再由 Riemann 联络 Γ_{ij}^k 是对称联络,即 $\Gamma_{ij}^k = \Gamma_{ji}^k$. 于是

$$\Gamma_{ij}^k = \Gamma_{ji}^k = -\Gamma_{ij}^k, \quad 2\Gamma_{ij}^k = 0, \quad \Gamma_{ij}^k = 0. \qquad \square$$

注 1.10.1 设 $X_1, \cdots, X_n$ 为 T_pM 的规范正交基,$\{x^1, \cdots, x^n\}$ 为 p 点处的正规坐标系,使 $\left. \dfrac{\partial}{\partial x^i} \right|_p = X_i(p)$,$i = 1, \cdots, n$. 但是,在其他点处,$\left\{ \dfrac{\partial}{\partial x^1}, \cdots, \dfrac{\partial}{\partial x^n} \right\}$ 可以不是规范正交基. 通常,在 C^∞ Riemann 流形上,总采用这种正规坐标系.

定义 1.10.3 设

$$\rho(p,q) = \inf\{ L(\tau) \mid \tau \text{ 为连接 } p, q \text{ 的分段 } C^\infty \text{ 曲线} \}.$$

显然,$\rho(p,q) \geqslant 0$,$\rho(p,q) = \rho(q,p)$. 对 $\forall \varepsilon > 0$,取分段 C^∞ 曲线 τ_1 连接 p 和 r,分段 C^∞ 曲线 τ_2 连接 r 和 q,使得

$$L(\tau_1) < \rho(p,r) + \frac{\varepsilon}{2}, \quad L(\tau_2) < \rho(r,q) + \frac{\varepsilon}{2}.$$

则

$$\begin{aligned}
\rho(p,q) &= \inf\{ L(\tau) \mid \tau \text{ 为连接 } p \text{ 和 } q \text{ 的分段 } C^\infty \text{ 曲线} \} \\
&\leqslant L(\tau_1 \bigcup \tau_2) = L(\tau_1) + L(\tau_2) \\
&< \left(\rho(p,r) + \frac{\varepsilon}{2} \right) + \left(\rho(r,q) + \frac{\varepsilon}{2} \right) \\
&= \rho(p,r) + \rho(r,q) + \varepsilon,
\end{aligned}$$

令 $\varepsilon \to 0^+$,得到

$$\rho(p,q) \leqslant \rho(p,r) + \rho(r,q).$$

如果 $p \neq q$,根据引理 1.10.3 知 $\rho(p,q) > 0$. 因此,ρ 确为 $(M, \langle, \rangle)$ 的一个距离函数. 再根据引理 1.10.3,不难验证由距离 ρ 诱导的拓扑与 C^∞ 流形 M 上给定的拓扑相同.

如果连接 p 和 q 的测地线 γ 满足 $L(\gamma) = \rho(p,q)$,则称 γ 为**最短测地线**.

引理 1.10.7 设 $\{x^1, \cdots, x^n\}$ 为 p 点处的正规坐标系,

$$S_p(\varepsilon) = \{ \exp_p X \mid \|X\| = \varepsilon \} = \left\{ \exp_p X \mid \|X\|^2 = \sum_{i=1}^n (x^i)^2 = \varepsilon^2 \right\}$$

为球面,则 $\exists c > 0$,s.t. 当 $0 < \varepsilon < c$ 时,在点 $q \in S_p(\varepsilon)$ 处切于 $S_p(\varepsilon)$ 的非退化测地线必在 $S_p(\varepsilon)$ 的外部.

证明 设 $x^k = x^k(t)$ ($k = 1, \cdots, n$) 为点 $q = (x^1(0), \cdots, x^n(0))$ 处切于 $S_p(\varepsilon)$(ε 将被限制)的测地线. 令

$$\varphi(t) = \sum_{k=1}^n (x^k(t))^2,$$

则

$$\varphi(0) = \sum_{k=1}^n (x^k(0))^2 = \varepsilon^2,$$

$$\varphi'(0) = 2\Big(\sum_{k=1}^{n} x^k(t)\,\frac{\mathrm{d}x^k}{\mathrm{d}t}\Big)\Big|_{t=0} = 2\sum_{i=1}^{n} x^k(0)\,\frac{\mathrm{d}x^k}{\mathrm{d}t}\Big|_{t=0} = 0$$

（因为 $x(t)$ 在 $q = x(0)$ 处切于 $S_p(\varepsilon)$，而 $x(0)$ 为 $S_p(\varepsilon)$ 在 $q = x(0)$ 处的法向量!），

$$\varphi''(0) = 2\sum_{k=1}^{n}\Big(\Big(\frac{\mathrm{d}x^k}{\mathrm{d}t}\Big)^2 + x^k(t)\,\frac{\mathrm{d}^2 x^k}{\mathrm{d}t^2}\Big)\Big|_{t=0} = 2\sum_{i,j=1}^{n}\Big(\delta_{ij} - \sum_{k=1}^{n}\Gamma_{ij}^k x^k\Big)\frac{\mathrm{d}x^i}{\mathrm{d}t}\frac{\mathrm{d}x^j}{\mathrm{d}t}\Big|_{t=0}.$$

根据引理 1.10.6，$\Gamma_{ij}^k(q) = 0$. 因此，$\exists c > 0$，使得二次型 $\delta_{ij} - \sum\limits_{k=1}^{n}\Gamma_{ij}^k x^k$ 在 $B_p(c) = \{\exp_p X \mid \|X\| < c\}$ 中是正定的. 如果 $0 < \varepsilon < c$，因为测地线非退化，故

$$\Big\|\frac{\mathrm{d}x}{\mathrm{d}t}\Big\| = 常数 \neq 0,$$

$\varphi''(0)|_{t=0} > 0$. 于是，$\exists \delta > 0$，当 $t \in (-\delta, \delta) - \{0\}$ 时，应用 Taylor 公式得到

$$\varphi(t) = \varphi(0) + \varphi'(0)t + \Big(\frac{1}{2!}\varphi''(0) + \frac{o(t^2)}{t^2}\Big)t^2$$

$$= \varepsilon^2 + \Big(\sum_{i,j=1}^{n}\Big(\delta_{ij} - \sum_{k=1}^{n}\Gamma_{ij}^k x^k\Big)\frac{\mathrm{d}x^i}{\mathrm{d}t}\frac{\mathrm{d}x^j}{\mathrm{d}t}\Big|_{t=0} + \frac{o(t^2)}{t^2}\Big)t^2 > \varepsilon^2,$$

即在点 $q \in S_p(\varepsilon)$ 切于 $S_p(\varepsilon)$ 的测地线 $x(t)$ 在 $S_p(\varepsilon)$ 的外部. □

引理 1.10.8 设 c 如引理 1.10.7 中所述，则存在正数 $a < c$，使得：

(1) 测地球 $B(p;a)$ 中任何两点可以由一条含于 $B(p;c)$ 中的测地线相连接；

(2) $B(p;a)$ 的每一点有正规坐标邻域包含 $B(p;a)$.

证明 用自然的方式将 M 视作 TM 的正则子流形，$q \in M$ 视作 T_pM 的 0 向量. 设 V 如引理 1.10.2 和引理 1.10.3 所述，它是 M 在 TM 中的一个开邻域. 令

$$F: V \to M \times M,$$

$$(q, X) \mapsto F(q, X) = (q, \exp_q X), \quad X \in T_qM.$$

因为 F 在 $(p, 0)$ 的 Jacobi 映射 $\mathrm{d}F$ 是非异的，故存在 $(p, 0)$ 在 TM 中的一个开邻域 $\widetilde{V} \subset V$ 和正数 $a < c$，使得

$$F: \widetilde{V} \to B(p, a) \times B(p, a)$$

为 C^∞ 同胚. 取 $\widetilde{V}$ 和 a 充分小，使得 $\exp_q tX \in B(p;c)$，对 $\forall X \in \widetilde{V}$ 和 $|t| \leqslant 1$ 成立.

(1) 设 $q, r \in B(p;a)$，则 $X = F^{-1}(q, r) \in \widetilde{V}$. 于是，初始条件为 (q, X) 的测地线 $\exp_q X, 0 \leqslant t \leqslant 1$ 连接 q 和 r 且含于 $B(p;c)$ 中.

(2) 对 $\forall q \in B(p;a)$，设

$$\widetilde{V}_q = \widetilde{V} \cap T_qM = B_0(a) = \{X \in T_qM \mid \|X\| < a\}.$$

因为

$$\exp_q: \widetilde{V}_q \to B(p;a)$$

是 C^∞ 同胚，它给出了正规坐标邻域. 从而，证明了 (2). □

定理 1.10.2(凸坐标邻域的存在性) 设 $\{x^1,\cdots,x^n\}$ 是以 p 为原点的正规坐标系,则存在正数 a,使得当 $0<\varepsilon<a$ 时,有:

(1) $B(p;\varepsilon)=\{\exp_p X \mid \parallel X\parallel <\varepsilon\}=\{\exp_p X \mid X=\sum\limits_{i=1}^n x^i X_i\}$, $\parallel X\parallel^2=$ $\sum\limits_{i=1}^n (x^i)^2<\varepsilon^2$ 是凸坐标邻域,即 $B(p;\varepsilon)$ 中任何两点可以由一条含在 $B(p;\varepsilon)$ 中的唯一的最短测地线相连接;

(2) $B(p;\varepsilon)$ 的每个点有一个正规坐标邻域包含 $B(p;\varepsilon)$.

证明 (1) 设 a 如引理 1.10.8 所述,$0<\varepsilon<a$,$q,r\in B(p;\varepsilon)$,
$$x^i=x^i(t),\quad i=1,\cdots,n,\quad 0\leqslant t\leqslant 1$$
为 $B(p;c)$ 中连接 q 到 r 的测地线.下面将证明该测地线含在 $B(p;\varepsilon)$ 中.令
$$F(t)=\sum_{i=1}^n (x^i(t))^2,\quad 0\leqslant t\leqslant 1.$$
(反证)假设对某个 t_0,$F(t_0)\geqslant \varepsilon^2$(即 $x(t_0)$ 属于 $B(p;\varepsilon)$ 的外边).设 $0\leqslant t_1\leqslant 1$,
$$F(t_1)=\max_{t\in[0,1]} F(t),$$
则
$$0=\frac{\mathrm{d}F}{\mathrm{d}t}\Big|_{t=t_1}=2\sum_{i=1}^n x^i(t_1)\frac{\mathrm{d}x^i}{\mathrm{d}t}\Big|_{t=t_1}.$$
这就意味着测地线 $x(t)$,$0\leqslant t\leqslant 1$ 在 $x(t_1)$ 处切于球面 $B(p;\varepsilon_1)$,其中 $\varepsilon_1^2=F(t_1)$.根据引理 1.10.7,$\exists\, \delta>0$,当 $t\in(-\delta,\delta)-\{0\}$ 时,有
$$F(t)>\varepsilon_1^2=F(t_1)\geqslant F(t),$$
矛盾.因此,对任何 $0\leqslant t\leqslant 1$,$F(t)<\varepsilon^2$,即测地线 $x(t)$,$0\leqslant t\leqslant 1$ 含在 $B(p;\varepsilon)$ 中.

由引理 1.10.8 的证明知 $\exp_q:\tilde{V}\to B(p;a)$ 为 C^∞ 同胚,并应用反证法立即可推出连接 $B(p;a)$ 中两点的测地线是唯一的.根据定理 1.10.1,只需取 a 足够小,$B(p;a)$ 中的测地线是最短测地线.

(2) 由引理 1.10.8(2)可得. □

定理 1.10.3(Hopf-Rinow,各种完备的等价性) 设 (M,g) 为 n 维连通 C^∞ Riemann 流形.下面的条件是彼此等价的:

(1) (M,g) 是测地完备的 Riemann 流形;

(2) (M,ρ) 是完备的距离空间,其中 ρ 是定义 1.10.3 中由 g 诱导的距离函数;

(3) (M,ρ) 的每个有界闭集是紧致的.

证明 参阅文献[157]264 页定理 7. □

定理 1.10.4(最短测地线存在性定理) 设 (M,g) 是连通完备的 C^∞ Riemann 流形,则 M 中任何两点 p,q 可由一条最短测地线相连接.由此立即得到 $\exp_p:T_pM\to M$ 为满

映射.

证明 参阅文献[157] 264 页定理 6. □

定义 1.10.4 设 $(M, \langle, \rangle)$ 为 n 维 C^∞ Riemann 流形, ∇ 为相应的 Riemann 联络. 如果沿 M 的测地线 $\gamma = \gamma(t), t \in [a, b]$ 的一个 C^∞ 向量场 $X = X(t)$ 满足 2 阶线性常微分方程:

$$\nabla_{\gamma'}^2 X + R(X, \gamma') \gamma' = 0,$$

则称 X 为 **Jacobi 场**, 称上述方程为 **Jacobi 方程**, 其中 $\gamma'(t)$ 为 γ 在 $\gamma(t)$ 处的切向量. 用 J_γ 记沿 γ 的 Jacobi 场的全体, 它形成了一个实向量空间.

Jacobi 方程可以写成更加熟悉的形式. 为此, 令 $e_1, \cdots, e_n$ 为沿 γ 的规范正交的平行基向量场, 则

$$X(t) = \sum_{i=1}^n f^i(t) e_i(t),$$

$$\frac{\mathrm{d}^2 f^i}{\mathrm{d} t^2} + \sum_{j=1}^n \langle R(e_j, \gamma') \gamma', e_i \rangle f^j(t) = 0, \quad i = 1, \cdots, n.$$

引理 1.10.9 沿 $(M, \langle, \rangle)$ 的测地线 γ 的 Jacobi 场 X 由 X 和 $\nabla_{\gamma'} X$ 在点 $\gamma(a)$ 处的值唯一确定. 特别地, 有 $\dim J_\gamma = 2n$, 其中 $n = \dim M$.

证明 由 Jacobi 方程是 2 阶线性常微分方程立即可得. □

下面给出 Jacobi 场的几何解释.

定义 1.10.5 测地线 $\gamma = \gamma(t), t \in [a, b]$ 的**测地线变分**是测地线的单参数族 $\tilde{\tau}(u), u \in (-\varepsilon, \varepsilon)$, 使得 $\tilde{\tau}(0) = \gamma$. 更确切地说, 它是一个 C^∞ 映射

$$\tau : (-\varepsilon, \varepsilon) \times [a, b] \to M,$$

$$(u, t) \mapsto \tau(u, t), \quad \tilde{\tau}(u)(t) = \tau(u, t),$$

使得:

(1) 对任何固定的 $u \in (-\varepsilon, \varepsilon), \tilde{\tau}(u)$ 为测地线;

(2) $\tilde{\tau}(0) = \gamma$, 即 $\tilde{\tau}(0)(t) = \gamma(t), \forall t \in [a, b]$.

如果沿测地线 γ 的 C^∞ 向量场 X 由 γ 的某个变分 τ 所诱导, 即

$$X(t) = \frac{\partial}{\partial u} \tau(u, t) \Big|_{u=0} = \frac{\partial \tau}{\partial u}(0, t), \quad t \in [a, b],$$

则称 X 为测地线 γ 的**无穷小变换**.

定理 1.10.5 设 $\gamma = \gamma(t), t \in [a, b]$ 为测地线, 则

$$X \text{ 为沿 } \gamma \text{ 的 Jacobi 场} \Longleftrightarrow X \text{ 为 } \gamma \text{ 的一个无穷小变换}.$$

证明 $(\Leftarrow)$ 设 τ 为 γ 的测地线变分, 则 $\nabla_{\frac{\partial \tau}{\partial t}} \frac{\partial \tau}{\partial t} = 0$. 因此, 由 $\left[\frac{\partial \tau}{\partial u}, \frac{\partial \tau}{\partial t} \right] = 0$ 和 $\nabla_{\frac{\partial \tau}{\partial t}} \frac{\partial \tau}{\partial u}$

$=\nabla_{\frac{\partial \tau}{\partial u}}\dfrac{\partial \tau}{\partial t}$ 得到

$$0 = \nabla_{\frac{\partial \tau}{\partial u}}\nabla_{\frac{\partial \tau}{\partial t}}\dfrac{\partial \tau}{\partial t} = \nabla_{\frac{\partial \tau}{\partial t}}\nabla_{\frac{\partial \tau}{\partial u}}\dfrac{\partial \tau}{\partial t} + \nabla_{\left[\frac{\partial \tau}{\partial u},\frac{\partial \tau}{\partial t}\right]}\dfrac{\partial \tau}{\partial t} + R\left(\dfrac{\partial \tau}{\partial u},\dfrac{\partial \tau}{\partial t}\right)\dfrac{\partial \tau}{\partial t}$$

$$= \nabla_{\frac{\partial \tau}{\partial t}}\nabla_{\frac{\partial \tau}{\partial t}}\dfrac{\partial \tau}{\partial u} + R\left(\dfrac{\partial \tau}{\partial u},\dfrac{\partial \tau}{\partial t}\right)\dfrac{\partial \tau}{\partial t},$$

$$\nabla_{\gamma'}^2\dfrac{\partial \tau}{\partial u} + R\left(\dfrac{\partial \tau}{\partial u},\gamma'\right)\gamma' = 0,$$

即 $X(t)=\dfrac{\partial \tau}{\partial u}(0,t)$ 为沿 γ 的 Jacobi 场.

($\Rightarrow$)选 $\gamma(a)$ 的开邻域 U,使得 U 中任何两点可唯一地用一条最小测地线相连接(它 C^∞ 依赖于端点). 假定 $\gamma(t)\in U, t\in[a,a+\delta]$. 我们先构造一个沿 $\gamma|_{[a,a+\delta]}$ 的 Jacobi 场 W 以 $t=a$ 和 $t=a+\delta$ 处任意预先给定的值. 取 C^∞ 曲线 $\alpha:(-\varepsilon,\varepsilon)\to U$ 使得 $\alpha(0)=\gamma(a),\dfrac{\mathrm{d}\alpha}{\mathrm{d}u}(0)$ 为 $T_{\gamma(a)}M$ 中预先给定的向量. 类似取 $\beta:(-\varepsilon,\varepsilon)\to U,\beta(0)=\gamma(a+\delta),\dfrac{\mathrm{d}\beta}{\mathrm{d}u}(0)$ 为 $T_{\gamma(a+\delta)}M$ 中预先给定的向量. 通过对每个固定的 u,令 $\tilde\tau(u)$ 为从 $\alpha(u)$ 到 $\beta(u)$ 的唯一的最短测地线,我们定义一个变分

$$\tau:(-\varepsilon_1,\varepsilon_1)\times[a,a+\delta]\to M.$$

根据充分性, $t\mapsto\dfrac{\partial \tau}{\partial u}(0,t)$ 确定了一个已给条件的 Jacobi 场. 沿 $\gamma|_{[a,a+\delta]}$ 的任何 Jacobi 场可由这种方式得到. 如果 J_γ 表示沿 γ 的所有 Jacobi 场的向量空间,则

$$l:J_\gamma \to T_{\gamma(a)}M\times T_{\gamma(a+\delta)}M,$$
$$W\mapsto(W(a),W(a+\delta))$$

为线性映射. 上面已证 l 为满射. 因为 J_γ 和 $T_{\gamma(a)}M\times T_{\gamma(a+\delta)}M$ 都是 $2n$ 维的实向量空间,故 l 为同构. 也就是 Jacobi 场由它在 $\gamma(a)$ 和 $\gamma(a+\delta)$ 处的值完全确定. 所以,上面的构造产生了沿 $\gamma|_{[a,a+\delta]}$ 的所有 Jacobi 向量场. 从而, $X|_{[a,a+\delta]}$ 由 $(X(a),X(b))$ 完全确定. 而相应的变分为 $\tilde\tau(u)$(或 τ). 由于 $[a,b]$ 紧致, $\tilde\tau(u)$ 可以延拓到整个

$$\gamma = \gamma|_{[a,b]}.$$

这就产生了测地线变分(仍记为 $\tilde\tau$ 或 τ),

$$\tau:(-\varepsilon,\varepsilon)\times[a,b]\to M,$$

以已给的 Jacobi 场 X 作为它的变分向量场,即 X 为沿 γ 的一个无穷小变换. □

定义 1.10.6 设 γ 为 M 中的测地线, p 和 q 为 γ 上的两个点,如果存在沿 γ 的非零 Jacobi 场 X,它在 p 和 q 处为 0,则称点 p 和 q 是**共轭**的.

下面将用指数映射 $\exp_p : T_p M \to M$ 来解释共轭点.

定理 1.10.6 设 $(M, \langle , \rangle)$ 为 n 维 C^∞ 完备 Riemann 流形, $p \in M$, $Z \in T_p M$, 则

映射 $(\exp_p)_{*Z} = (\mathrm{d} \exp_p)_Z$ 在 Z 处是奇异的 $\Leftrightarrow q = \exp_p Z$ 为 p 的共轭点.

证明 $(\Rightarrow)$ 如果 $\exp_p$ 在 Z 处的微分或切映射

$$(\exp_p)_{*Z} = (\mathrm{d} \exp_p)_Z : T_Z(T_p M) \to T_q M = T_{\exp_p Z} M$$

是奇异的, 则在 $T_p M$ 中, 存在通过点 Z 的直线, 它在 Z 处的切向量在映射 $(\exp_p)_{*Z}$ 下的像为 0. 设此直线为 $Z(u)$, 其中 $Z(0) = Z$. 于是

$$\tau(u, t) = \exp_p(t Z(u)), \quad (u, t) \in (-\varepsilon, \varepsilon) \times [0, 1]$$

是 $\gamma(t) = \exp_p(t Z(0)) = \exp_p(t Z)$ 的测地线变分. 清楚地, 由 $\tau(u, t)$ 或 $\tilde{\tau}(u)$ 诱导的 Jacobi 场 $\dfrac{\partial \tau}{\partial u}(0, t)$ 在 p 和 $q = \exp_p Z$ 处为 0. 此外, 由于 $\exp_p$ 在 0 附近为 C^∞ 微分同胚, 故 $\dfrac{\partial \tau}{\partial u}(0, t) \not\equiv 0, t \in [0, 1]$. 这就证明了 $q = \exp_p Z$ 与 p 是共轭的.

$(\Leftarrow)$ 设 $q = \exp_p Z$ 为 p 的共轭点, 则存在沿测地线 $\gamma(t) = \exp_p(t Z), t \in [0, 1]$ 的 Jacobi 场 $Y(t) \not\equiv 0$, 且 $Y(0) = 0, Y(1) = 0$. 记

$$\tau : (-\varepsilon, \varepsilon) \times [0, 1] \to M$$

为 $\tau(0, t) = \gamma(t) = \exp_p(t Z)$ 的测地线变分, 而 Y 为其变分向量场. 于是, 根据定理 1.10.5, 在 $T_p M$ 中通过 Z 有一条 C^∞ 曲线 $Z(u)$ 使得 $Z(0) = Z$, 而 $Z'(0) \neq 0$, 且必有

$$\tau(u, t) = \exp_p(t Z(u))$$

(假设 $Z'(0) = 0$, 则 $Y'(t) = \dfrac{\partial \tau}{\partial u}(0, t) = (\exp_p)_{*tZ}(t Z'(0)) = (\exp_p)_{*tZ}(0) = 0, \forall t \in [0, 1]$, 这与 $Y(t) \not\equiv 0$ 矛盾). 因此, $Z'(0) \neq 0$ 而

$$(\exp_p)_{*Z}(Z'(0)) = (\exp)_{*Z(0)}(Z'(0)) = \frac{\partial \tau}{\partial u}(0, 1) = Y(1) = 0,$$

$(\exp_p)_{*Z}$ 奇异. $\qquad \square$

注 1.10.2 设 $\gamma(t) = \exp_p(t Z), t \in [0, +\infty)$ 为测地线, 其中 $Z \in T_p M$. 因为 $\exp_p$ 在点 $0 \in T_p M$ 处是非奇异的, 所以 $\exists a > 0$ 使得在 $\gamma(t), t \in [0, a]$ 上无 p 的共轭点. 如果在 γ 上存在 p 的共轭点, 令 $S = \{ u > 0 \mid \gamma(u)$ 是 p 沿 $\gamma(t), t \in [0, u]$ 的共轭点 $\}$ 及 $b = \inf S$. 显然, 由 $(\exp_p)_*$ 的连续性、下确界的定义及定理 1.10.6 知 $(\exp_p)_*$ 在 $b Z$ 处是奇异的. 再根据定理 1.10.6 就可得到 $\gamma(b)$ 为 $p = \gamma(0)$ 的共轭点, 称它为 p 沿 γ 的**第 1 个共轭点**.

设 $\gamma(t), t \in [0, b]$ 为 $(M, \langle , \rangle)$ 上的测地线, t 为其弧长. X 为沿 γ 的 C^∞ 切向量场. 记 $X' = \nabla_{\gamma'} X, X'' = \nabla_{\gamma'}^2 X = \nabla_{\gamma'} \nabla_{\gamma'} X$. 因为

$$\nabla_{\gamma'}^2 \gamma' + R(\gamma', \gamma')\gamma' = 0$$

和

$$\nabla_{\gamma'}^2 (t\gamma') + R(t\gamma', \gamma')\gamma' = \nabla_{\gamma'}(\gamma' + t\nabla_{\gamma'}\gamma') + tR(\gamma', \gamma')\gamma'$$

$$= \nabla_{\gamma'}\gamma' + t(\nabla_{\gamma'}^2 \gamma' + R(\gamma', \gamma')\gamma') = 0 + t \cdot 0 = 0,$$

所以 $\gamma'(t)$ 和 $t\gamma'(t)$ 都是沿 γ 的 Jacobi 场. 关于沿 γ 的 Jacobi 场有如下的分解定理.

定理 1.10.7   沿 C^∞ Riemann 流形 $(M, \langle,\rangle)$ 上的测地线 $\gamma(t), t \in [0, b]$ 的每个 Jacobi 场 $X(t)$ 可以分解成下列形式:

$$X = \lambda\gamma' + \mu t\gamma' + Y.$$

其中 $\lambda, \mu \in \mathbf{R}$, Y 为沿 γ 的 Jacobi 场, 且对 $\forall t \in [0, b]$, $Y(t) \perp \gamma'(t)$, t 为弧长. 更进一步, 上面形式的分解是唯一的.

证明   令

$$\lambda = \langle \gamma'(0), X(0) \rangle, \quad \mu = \langle \gamma'(0), X'(0) \rangle, \quad Y = X - \lambda\gamma' - \mu t\gamma'.$$

因为 $X, \gamma', t\gamma'$ 都是沿 γ 的 Jacobi 场, 所以 Y 也是, 并且

$$\langle Y'', \gamma' \rangle = \langle Y'', \gamma' \rangle + 0 = \langle Y'', \gamma' \rangle + K(\gamma', \gamma', Y, \gamma')$$

$$= \langle Y'', \gamma' \rangle + \langle R(Y, \gamma')\gamma', \gamma' \rangle = \langle Y'' + R(Y, \gamma')\gamma', \gamma' \rangle$$

$$= \langle 0, \gamma' \rangle = 0.$$

再由 $\nabla_{\gamma'}\gamma' = 0$ 和 Riemann 联络的性质可得

$$\frac{\mathrm{d}^2}{\mathrm{d}t^2}\langle Y, \gamma' \rangle = \frac{\mathrm{d}}{\mathrm{d}t}\{\langle Y', \gamma' \rangle + \langle Y, \nabla_{\gamma'}\gamma' \rangle\}$$

$$= \frac{\mathrm{d}}{\mathrm{d}t}\langle Y', \gamma' \rangle = \langle Y'', \gamma' \rangle + \langle Y', \nabla_{\gamma'}\gamma' \rangle$$

$$= 0 + \langle Y', 0 \rangle = 0.$$

因此, $\langle Y, \gamma' \rangle = At + B$, 其中 A, B 为常数. 因为 $t\gamma'(t)|_{t=0} = 0$, 故

$$B = \langle Y(0), \gamma'(0) \rangle = \langle X(0) - \lambda\gamma'(0), \gamma'(0) \rangle$$

$$= \langle X(0), \gamma'(0) \rangle - \lambda\langle \gamma'(0), \gamma'(0) \rangle$$

$$= \lambda - \lambda = 0.$$

由于 γ 是测地线, 所以 $Y' = X' - \lambda\nabla_{\gamma'}\gamma' - \mu\gamma' - \mu t\nabla_{\gamma'}\gamma' = X' - \mu\gamma'$, 从而

$$A = \frac{\mathrm{d}}{\mathrm{d}t}\langle Y, \gamma' \rangle\Big|_{t=0} = \langle Y', \gamma' \rangle|_{t=0} = \langle X' - \mu\gamma', \gamma' \rangle|_{t=0} = \mu - \mu = 0.$$

于是, $\langle Y, \gamma' \rangle = 0$, 即 $Y \perp \gamma'$.

更进一步来证明其唯一性. 假设 X 有另一分解使得 $\widetilde{Y} \perp \gamma'$, 则对每个 t, 有

$$(\lambda + \mu t)\gamma'(t) + Y(t) = X(t) = (\widetilde{\lambda} + \widetilde{\mu}t)\gamma'(t) + \widetilde{Y}(t).$$

因为 $Y(t) \perp \gamma'(t), \widetilde{Y}(t) \perp \gamma'(t)$, 所以

$$\begin{cases} \lambda + \mu t = \widetilde{\lambda} + \widetilde{\mu} t, \\ Y(t) = \widetilde{Y}(t). \end{cases}$$

从而,$\lambda = \widetilde{\lambda}$,$\mu = \widetilde{\mu}$,$Y = \widetilde{Y}$,即分解是唯一的. □

由此,可以导出下面几个有用的结果.

定理 1.10.8　如果 X 为沿测地线 γ 的 Jacobi 场,且

$$X(t_0) \perp \gamma'(t_0), \quad X(t_1) \perp \gamma'(t_1), \quad t_0, t_1 \in [0, b], \quad t_0 \neq t_1,$$

则对 $\forall\, t \in [0, b]$,$X(t) \perp \gamma'(t)$.

证明　根据定理 1.10.7,X 可分解为

$$X = \lambda \gamma' + \mu t \gamma' + Y,$$

则

$$\begin{cases} (\lambda + \mu t_0) \gamma'(t_0) = 0, \\ (\lambda + \mu t_1) \gamma'(t_1) = 0. \end{cases}$$

因为 $\gamma'(t_0) \neq 0$,$\gamma'(t_1) \neq 0$,所以

$$\begin{cases} \lambda + \mu t_0 = 0, \\ \lambda + \mu t_1 = 0, \end{cases}$$

$\lambda = \mu = 0$.于是,$X(t) = Y(t) \perp \gamma'(t)$,$t \in [0, b]$. □

定理 1.10.9　设 X 为沿测地线 γ 的 Jacobi 场,Y 为沿测地线 γ 的 C^∞ 向量场,则对于 t 的任意两个参数值 a 和 b,有

$$\langle X', Y \rangle |_a^b - \int_a^b [\langle X', Y' \rangle - \langle R(X, \gamma') \gamma', Y \rangle] \mathrm{d}t = 0.$$

证明　由于 X 为 Jacobi 场,故

$$\frac{\mathrm{d}}{\mathrm{d}t} \langle X', Y \rangle = \langle X', Y' \rangle + \langle X'', Y \rangle = \langle X', Y' \rangle - \langle R(X, \gamma') \gamma', Y \rangle.$$

两边积分就有

$$\langle X', Y \rangle |_a^b = \int_a^b \frac{\mathrm{d}}{\mathrm{d}t} \langle X', Y \rangle \mathrm{d}t = \int_a^b (\langle X', Y' \rangle - \langle R(X, \gamma') \gamma', Y \rangle) \mathrm{d}t,$$

移项得到

$$\langle X', Y \rangle |_a^b - \int_a^b (\langle X', Y' \rangle - \langle R(X, \gamma') \gamma', Y \rangle) \mathrm{d}t = 0. \quad □$$

定理 1.10.10　设 X 和 Y 为沿连通的测地线 γ 的 Jacobi 场,则

$$\langle X, Y' \rangle - \langle X', Y \rangle = 常数.$$

特别地,如果对参数 t 的某个值 t_0 有 $X(t_0) = 0$,$Y(t_0) = 0$,则

$$\langle X, Y' \rangle - \langle X', Y \rangle \equiv 0.$$

证明　由定理 1.10.9 的证明可得

$$\frac{\mathrm{d}}{\mathrm{d}t}\langle X',Y\rangle = \langle X',Y'\rangle - \langle R(X,\gamma')\gamma',Y\rangle,$$

$$\frac{\mathrm{d}}{\mathrm{d}t}\langle X,Y'\rangle = \langle X',Y'\rangle - \langle R(Y,\gamma')\gamma',X\rangle.$$

但

$$\langle R(X,\gamma')\gamma',Y\rangle = K\langle Y,\gamma',X,\gamma'\rangle = K\langle X,\gamma',Y,\gamma'\rangle$$
$$= \langle R(Y,\gamma')\gamma',X\rangle,$$

故

$$\frac{\mathrm{d}}{\mathrm{d}t}(\langle X,Y'\rangle - \langle X',Y\rangle) = 0,$$

即 $\langle X,Y'\rangle - \langle X',Y\rangle =$ 常数. $\qquad\square$

我们将给出有关 Riemann 截曲率和 Ricci 曲率对相邻共轭点之间距离的上界有影响的几个重要定理. 为此, 先介绍两个引理.

设 X 为沿测地线 γ 的分段 C^∞ 向量场, 即 $X(t),t\in[a,b]$ 是连续的, 且存在 $[a,b]$ 的一个分割: $a=t_0<t_1<\cdots<t_h<t_{h+1}=b$, 使得 X 在每个 $[t_i,t_{i+1}]$ 上是 C^∞ 的, $i=0$, $1,\cdots,h$. 令

$$I_a^b(X) = \int_a^b (\langle X',X'\rangle - \langle R(X,\gamma')\gamma',X\rangle)\mathrm{d}t.$$

引理 1.10.10　设 $\gamma(t),a\leqslant t\leqslant b$ 为 n 维 C^∞ Riemann 流形 $(M,\langle,\rangle)$ 中的测地线, 沿 $\gamma(t),a\leqslant t\leqslant b,\gamma(a)$ 无共轭点, X 和 Y 分别为沿 γ 的分段 C^∞ 向量场和 Jacobi 场, 且 $X\perp\gamma',Y\perp\gamma',X(a)=0,Y(a)=0$. 如果 $X(b)=Y(b)$, 则

$$I_a^b(Y)\leqslant I_a^b(X),$$

且等号成立 $\Leftrightarrow X=Y$.

特别地, 如果 $X(b)=0$, 则 $I_a^b(X)\geqslant 0$, 且 $I_a^b(X)=0\Leftrightarrow X=0$.

如果沿 $\gamma(t),a\leqslant t\leqslant b$ 仅含共轭点 $\gamma(b)$, 则上述结论仍成立 (只需在 $I_a^t(X)\leqslant I_a^t(X)$ 中令 $t\to b^-$).

证明　根据引理 1.10.9,

$$\dim\{Z\mid Z\text{ 为沿 }\gamma\text{ 的 Jacobi 场},Z(a)=0\} = n,$$

又根据定理 1.10.7,

$$\dim J_{\gamma,a} = n-1,$$

其中

$$J_{\gamma,a} = \{Z\mid Z\text{ 为沿 }\gamma\text{ 的 Jacobi 场},Z(a)=0,Z\perp\gamma'\}.$$

设 $Y_1,\cdots,Y_{n-1}$ 为 $J_{\gamma,a}$ 的一个基, 则对 $\forall Y\in J_{\gamma,a}$, 有

$$Y = \sum_{i=1}^{n-1} \lambda_i Y_i,$$

其中 $\lambda_1, \cdots, \lambda_{n-1}$ 为常数. 因为 $\gamma(t), a \leqslant t \leqslant b$ 上无 $\gamma(a)$ 的共轭点, 故 $Y_1(t), \cdots,$
$Y_{n-1}(t)$ 都是线性无关的, $a < t \leqslant b$. 因此, 存在分段 C^∞ 函数 $f_1(t), \cdots, f_{n-1}(t)$, 使得

$$X = \sum_{i=1}^{n-1} f_i Y_i.$$

容易看出

$$-\langle R(X, \gamma')\gamma', X \rangle = -\sum_{i=1}^{n-1} f_i \langle R(Y_i, \gamma')\gamma', X \rangle$$

$$= \sum_{i=1}^{n-1} f_i \langle Y_i'', X \rangle = \left\langle \sum_{i=1}^{n-1} f_i Y_i'', \sum_{i=1}^{n-1} f_i Y_i \right\rangle,$$

$$\langle X', X' \rangle - \langle R(X, \gamma')\gamma', X \rangle$$

$$= \left\langle \sum_{i=1}^{n-1} f_i' Y_i, \sum_{i=1}^{n-1} f_i' Y_i \right\rangle + 2 \left\langle \sum_{i=1}^{n-1} f_i' Y_i, \sum_{i=1}^{n-1} f_i Y_i' \right\rangle$$

$$\quad + \left\langle \sum_{i=1}^{n-1} f_i Y_i', \sum_{i=1}^{n-1} f_i Y_i' \right\rangle + \left\langle \sum_{i=1}^{n-1} f_i Y_i'', \sum_{i=1}^{n-1} f_i Y_i \right\rangle$$

$$= \left\langle \sum_{i=1}^{n-1} f_i' Y_i, \sum_{i=1}^{n-1} f_i' Y_i \right\rangle + \left[\left\langle \sum_{i=1}^{n-1} f_i' Y_i, \sum_{i=1}^{n-1} f_i Y_i' \right\rangle + \left\langle \sum_{i=1}^{n-1} f_i Y_i', \sum_{i=1}^{n-1} f_i Y_i' \right\rangle \right.$$

$$\quad \left. + \left\langle \sum_{i=1}^{n-1} f_i Y_i'', \sum_{i=1}^{n-1} f_i Y_i \right\rangle + \left\langle \sum_{i=1}^{n-1} f_i Y_i, \sum_{i=1}^{n-1} f_i' Y_i' \right\rangle \right]$$

$$\quad + \left[\left\langle \sum_{i=1}^{n-1} f_i' Y_i, \sum_{i=1}^{n-1} f_i Y_i' \right\rangle - \left\langle \sum_{i=1}^{n-1} f_i Y_i, \sum_{i=1}^{n-1} f_i' Y_i' \right\rangle \right]$$

$$= \left\langle \sum_{i=1}^{n-1} f_i' Y_i, \sum_{i=1}^{n-1} f_i' Y_i \right\rangle + \frac{\mathrm{d}}{\mathrm{d}t} \left\langle \sum_{i=1}^{n-1} f_i Y_i, \sum_{i=1}^{n-1} f_i Y_i' \right\rangle$$

$$\quad + \sum_{i,j=1}^{n-1} f_i' f_j (\langle Y_i, Y_j' \rangle - \langle Y_j, Y_i' \rangle)$$

$$= \left\langle \sum_{i=1}^{n-1} f_i' Y_i, \sum_{i=1}^{n-1} f_i' Y_i \right\rangle + \frac{\mathrm{d}}{\mathrm{d}t} \left\langle \sum_{i=1}^{n-1} f_i Y_i, \sum_{i=1}^{n-1} f_i Y_i' \right\rangle,$$

其中

$$\langle Y_i, Y_j' \rangle - \langle Y_j, Y_i' \rangle = \langle Y_i(a), Y_j'(a) \rangle - \langle Y_i(a), Y_i'(a) \rangle = 0$$

是从定理 1.10.10 中得到的. 于是

$$I_a^b(X) = \int_a^b (\langle X', X' \rangle - \langle R(X, \gamma')\gamma', X \rangle)\mathrm{d}t$$

$$= \int_a^b \left[\left\langle \sum_{i=1}^{n-1} f_i' Y_i, \sum_{i=1}^{n-1} f_i' Y_i \right\rangle + \frac{\mathrm{d}}{\mathrm{d}t} \left\langle \sum_{i=1}^{n-1} f_i Y_i, \sum_{i=1}^{n-1} f_i Y_i' \right\rangle \right] \mathrm{d}t$$

$$= \int_a^b \left\langle \sum_{i=1}^{n-1} f_i' Y_i, \sum_{i=1}^{n-1} f_i' Y_i \right\rangle \mathrm{d}t + \left\langle \sum_{i=1}^{n-1} f_i Y_i, \sum_{i=1}^{n-1} f_i Y_i' \right\rangle \Big|_{t=b}.$$

类似地,有

$$I_a^b(Y) = \int_a^b \left\langle \sum_{i=1}^{n-1} \lambda_i' Y_i, \sum_{i=1}^{n-1} \lambda_i' Y_i \right\rangle \mathrm{d}t + \left\langle \sum_{i=1}^{n-1} \lambda_i Y_i, \sum_{i=1}^{n-1} \lambda_i Y_i' \right\rangle \Big|_{t=b}$$

$$= \left\langle \sum_{i=1}^{n-1} \lambda_i Y_i, \sum_{i=1}^{n-1} \lambda_i Y_i' \right\rangle \Big|_{t=b}$$

(注意,λ_i 为常数,故 $\lambda_i' = 0$).

由题设 $X(b) = Y(b)$,有 $\lambda_i = f_i(b)$,$i = 1, \cdots, n-1$.因此

$$I_a^b(X) - I_a^b(Y) = \int_a^b \left\langle \sum_{i=1}^{n-1} f_i' Y_i, \sum_{i=1}^{n-1} f_i' Y_i \right\rangle \mathrm{d}t \geqslant 0,$$

即

$$I_a^b(Y) \leqslant I_a^b(X),$$

且

等号成立 $\Leftrightarrow I_a^b(X) - I_a^b(Y) = 0$

$$\Leftrightarrow \left\langle \sum_{i=1}^{n-1} f_i' Y_i, \sum_{i=1}^{n-1} f_i' Y_i \right\rangle = 0$$

$$\Leftrightarrow \sum_{i=1}^{n-1} f_i' Y_i = 0, \quad \text{即 } f_i'(t) = 0, \quad a < t \leqslant b, \ i = 1, \cdots, n-1$$

$$\Leftrightarrow f_i(t) = f_i(b) = \lambda_i (\text{常数}), \quad a < t \leqslant b, \ i = 1, \cdots, n-1.$$

于是,在 $(a, b]$ 上,$X = Y$.再根据连续性,在 $[a, b]$ 上,$X = Y$.特别地,取 $Y = 0$,有

$$0 = I_a^b(0) = I_a^b(Y) \leqslant I_a^b(X)$$

且 $I_a^b(X) = I_a^b(Y) = 0 \Leftrightarrow X = Y = 0$. □

引理 1.10.11　设 $(M, \langle , \rangle)$ 为 n 维 C^∞ Riemann 流形,$\gamma(t)$,$a \leqslant t \leqslant b$ 为 M 中的测地线,则沿 γ 存在 $\gamma(a)$ 的一个共轭点 $\gamma(c)$,$a < c \leqslant b \Leftrightarrow$ 沿 γ 存在分段 C^∞ 向量场 X 满足:

(1) $X \perp \gamma'$;

(2) $X(a) = X(b) = 0$；

(3) $I_a^b(X) < 0$.

证明　(⇐)设存在分段 C^∞ 向量场 X 满足(1),(2),(3).(反证)如果 $\gamma(t)$,
$a < t \leqslant b$ 不存在 $\gamma(a)$ 的共轭点,根据引理 1.10.10,就有 $I_a^b(X) \geqslant 0$,与条件(3):
$I_a^b(X) < 0$ 矛盾.因此,沿 γ 必存在 $\gamma(a)$ 的共轭点 $\gamma(c), a < c \leqslant b$.

(⇒)设 $\gamma(c), a < c \leqslant b$ 为 $\gamma(a)$ 沿 γ 的一个共轭点,则存在非零的 Jacobi 场 Y,
$Y(a) = 0 = Y(c)$.根据定理 1.10.8, $Y \perp \gamma'$.取 $\gamma(c)$ 的凸开邻域 U,使得 U 中每个点都
有一个正规(或法)坐标邻域包含 U(参阅引理 1.10.3(3)),且设 $\delta > 0$,使得

$$\gamma(c - \delta), \gamma(c + \delta) \in U.$$

因为沿 γ 从 $\gamma(c - \delta)$ 到 $\gamma(c + \delta)$ 的一段 $\tilde{\gamma}, \gamma(c + \delta)$ 不是 $\gamma(c - \delta)$ 的共轭点,所以
线性映射

$$J_{\tilde{\gamma}} \to T_{\gamma(c-\delta)}M \oplus T_{\gamma(c+\delta)}M,$$
$$Z \mapsto (Z(c - \delta), Z(c + \delta))$$

一一对应(注意,两个向量空间都是 $2n$ 维的).于是,存在 Jacobi 场在两个端点 $\gamma(c - \delta)$
和 $\gamma(c + \delta)$ 具有预先指定的值.现在 $\tilde{\gamma}$ 上选定 Jacobi 场 Z,使得

$$Z(c - \delta) = Y(c - \delta), \quad Z(c + \delta) = 0.$$

沿 γ 定义分段 C^∞ 向量场 X 如下:

$$X = \begin{cases} Y, & \text{从 } \gamma(a) \text{ 到 } \gamma(c - \delta), \\ Z, & \text{从 } \gamma(c - \delta) \text{ 到 } \gamma(c + \delta), \\ 0, & \text{从 } \gamma(c + \delta) \text{ 到 } \gamma(b). \end{cases}$$

根据定理 1.10.9,有

$$I_a^{c-\delta}(Y) + I_{c-\delta}^c(Y) = I_a^c(Y) = \int_a^c (\langle Y', Y' \rangle - \langle R(Y, \gamma')\gamma', Y \rangle) \mathrm{d}t$$

$$= \int_a^c (\langle Y', Y' \rangle - \langle R(Y, \gamma')\gamma', Y \rangle) \mathrm{d}t - \langle Y', Y \rangle \big|_a^c$$

$$= 0.$$

再由引理 1.10.10 得

$$I_a^b(X) = I_a^b(X) - I_a^c(Y) = I_a^{c-\delta}(Y) + I_{c-\delta}^{c+\delta}(Z) - I_a^{c-\delta}(Y) - I_{c-\delta}^c(Y)$$

$$= I_{c-\delta}^{c+\delta}(Z) - I_{c-\delta}^c(Y) = I_{c-\delta}^{c+\delta}(Z) - I_{c-\delta}^{c+\delta}(\tilde{Y}) < 0,$$

其中

$$\tilde{Y} = \begin{cases} Y, & \text{从 } \gamma(c - \delta) \text{ 到 } \gamma(c), \\ 0, & \text{从 } \gamma(c) \text{ 到 } \gamma(c + \delta) \end{cases}$$

为沿 $\tilde{\gamma}$ 的分段 C^∞ 向量场. □

定理 1.10.11(Cartan-Hadamard)　设$(M,\langle,\rangle)$为 n 维 C^∞ Riemann 流形,如果对沿测地线 γ 的任一向量场 Y,截曲率

$$\langle R(Y,\gamma')\gamma',Y\rangle \leqslant 0,$$

则沿 γ 无两点是共轭的.

特别地,具有非正截曲率的 C^∞ Riemann 流形无共轭点.

证明　(证法 1)设 X 为沿测地线 γ 的 Jacobi 场,且 $X(a)=0$,$X(b)=0$,其中 a 和 b 为 γ 的两个参数值.在定理 1.10.9 中,令 $Y=X$ 就得到

$$0 = \langle X',X\rangle \mid_a^b - \int_a^b (\langle X',X'\rangle - \langle R(X,\gamma')\gamma',X\rangle)\mathrm{d}t$$

$$= \int_a^b \langle R(X,\gamma')\gamma',X\rangle\mathrm{d}t - \int_a^b \langle X',X'\rangle\mathrm{d}t.$$

再将题设$\langle R(X,\gamma')\gamma',X\rangle \leqslant 0$ 代入得

$$0 \leqslant \int_a^b \langle X',X'\rangle\mathrm{d}t = \int_a^b \langle R(X,\gamma')\gamma',X\rangle\mathrm{d}t \leqslant 0,$$

于是

$$\int_a^b \langle X',X'\rangle\mathrm{d}t = 0,$$

从而,有$\langle X',X'\rangle = 0$,进一步得到 $X'=0$,即 X 为沿 γ 的平行向量场,且

$$\langle X,X\rangle' = 2\langle X',X\rangle = 2\langle 0,X\rangle = 0,$$
$$\langle X,X\rangle = \langle X(a),X(a)\rangle = \langle 0,0\rangle = 0,$$

故

$$X = 0.$$

这就蕴涵着沿测地线 γ 无两点是共轭的.

(证法 2)因为

$$\langle X',X\rangle' = \langle X'',X\rangle + \langle X',X'\rangle = -\langle R(X,\gamma')\gamma',X\rangle + \langle X',X'\rangle \geqslant 0,$$

所以$\langle X',X\rangle$ 是关于 t 的单调增函数.如果 $X(a)=0$,$X(b)=0$,$a<b$,则

$$\langle X'(a),X(a)\rangle = 0 = \langle X'(b),X(b)\rangle,$$

从而

$$\langle X'(t),X(t)\rangle \equiv 0, \quad t \in [a,b],$$

这就蕴涵着

$$\langle X(t),X(t)\rangle' = 2\langle X'(t),X(t)\rangle \equiv 0,$$
$$\langle X(t),X(t)\rangle \equiv \langle X(a),X(a)\rangle = \langle 0,0\rangle = 0,$$

故

$$X(t) \equiv 0, \quad t \in [a,b],$$

即沿测地线 γ 无两点是共轭的. □

定理 1.10.12 设 $(M,\langle,\rangle)$ 为 n 维 C^∞ Riemann 流形,其截曲率 $k \geqslant c > 0$,则对 M 的每条测地线 γ,沿 γ 的两个相邻共轭点的距离 $\leqslant \dfrac{\pi}{\sqrt{c}}$.

证明 设 $\gamma(t),a \leqslant t \leqslant b_0$ 为测地线,$\gamma(b_0)$ 为 $\gamma(a)$ 的第 1 个共轭点. 设 $a < b < b_0$,Y 为沿 γ 的平行单位向量场,$Y \perp \gamma'$. 取

$$f(t) = \sin \frac{t-a}{b-a}\pi,$$

显然,$f(a) = 0 = f(b)$. 于是(t 为弧长,$\|\gamma'\| = 1$)

$$0 \leqslant I_a^b(fY) = \int_a^b (\langle (fY)',(fY)' \rangle - \langle R(fY,\gamma')\gamma',fY \rangle)\mathrm{d}t$$

$$= \int_a^b (\langle f'Y,f'Y \rangle - f^2 \langle R(Y,\gamma')\gamma',Y \rangle)\mathrm{d}t$$

$$\leqslant \int_a^b (f'^2 - cf^2)\mathrm{d}t = \int_a^b \left(\left(\frac{\pi}{b-a}\cos\frac{t-a}{b-a} \right)^2 - c\left(\sin\frac{t-a}{b-a}\pi \right)^2 \right)\mathrm{d}t$$

$$= \frac{b-a}{\pi} \int_0^\pi \left(\left(\frac{\pi}{b-a} \right)^2 \cos^2\theta - c\sin^2\theta \right)\mathrm{d}\theta$$

$$= \left(\frac{\pi}{b-a} - \frac{b-a}{\pi}c \right)\frac{\pi}{2},$$

即 $b - a \leqslant \dfrac{\pi}{\sqrt{c}}$. 令 $b \to b_0^-$ 得到 $b_0 - a \leqslant \dfrac{\pi}{\sqrt{c}}$. 由于 $\gamma(t)$ 以弧长为参数,故 $\gamma(a)$ 与 $\gamma(b)$ 之间的距离为

$$\rho(\gamma(a),\gamma(b)) \leqslant b_0 - a \leqslant \frac{\pi}{\sqrt{c}}. \qquad \square$$

类似可证下面更强的结果.

定理 1.10.13 设 $(M,\langle,\rangle)$ 为 n 维 C^∞ Riemann 流形,其 Ricci 张量是正定的,且任一特征值 $\lambda \geqslant (n-1)c > 0$,则 M 中每条测地线 γ 上的任何两个相邻共轭点间的距离 $\leqslant \dfrac{\pi}{\sqrt{c}}$.

证明 设 $\gamma(t),a \leqslant t \leqslant b_0$ 为测地线,$\gamma(b_0)$ 为 $\gamma(a)$ 的第 1 个共轭点,$a < b < b_0$. 选 $Y_1,\cdots,Y_{n-1}$ 为沿 γ 的平行向量场,使得 $\gamma'(t),Y_1(t),\cdots,Y_{n-1}(t)$ 为 $T_{\gamma(t)}M$ 的规范正交基. 令

$$f(t) = \sin \frac{t-a}{b-a}\pi,$$

显然 $f(a) = f(b) = 0$. 于是(t 为弧长,$\|\gamma'\| = 1$)

$$0 \leqslant \sum_{i=1}^{n-1} I_a^b(fY_i)$$

$$= \int_a^b \Big(\sum_{i=1}^{n-1} \langle f'Y_i, f'Y_i \rangle - f^2 \sum_{i=1}^{n-1} \langle R(Y_i, \gamma')\gamma', Y_i \rangle \Big) \mathrm{d}t$$

$$= \int_a^b \Big(\sum_{i=1}^{n-1} \langle f'Y_i, f'Y_i \rangle - f^2 Ric(\gamma', \gamma') \Big) \mathrm{d}t$$

$$\leqslant \int_a^b (n-1)(f'^2 - cf^2)\mathrm{d}t = (n-1)\Big(\frac{\pi}{b-a} - \frac{b-a}{\pi}c \Big)\frac{\pi}{2},$$

即 $b - a \leqslant \dfrac{\pi}{\sqrt{c}}$. 令 $b \to b_0^-$ 得 $b_0 - a \leqslant \dfrac{\pi}{\sqrt{c}}$. 从而

$$\rho(\gamma(a), \gamma(b_0)) \leqslant b_0 - a \leqslant \frac{\pi}{\sqrt{c}}. \qquad \square$$

注 1.10.3　定理 1.10.13 是定理 1.10.12 的推广.

证明　设截曲率 $k \geqslant c > 0$, 则对任何单位切向量 X, 选规范正交基 $Y_1 = X, Y_2, \cdots, Y_n$, 有

$$Ric(X, X) = \sum_{i=1}^n \langle R(Y_i, X)X, Y_i \rangle$$

$$= \sum_{i=2}^n \langle R(Y_i, Y_1)Y_1, Y_i \rangle \geqslant \sum_{i=2}^n c = (n-1)c,$$

因此, 定理 1.10.13 是定理 1.10.12 的推广. $\qquad \square$

下面我们总假定 $(M, \langle, \rangle)$ 为 n 维 C^∞ 完备 Riemann 流形.

定义 1.10.7　设 $p \in M$ 为一定点, 测地线 $\gamma(t), 0 \leqslant t < +\infty$ 从 $\gamma(0) = p$ 出发(t 是弧长参数). 令

$$A = \{s > 0 \mid \text{从 } \gamma(0) \text{ 到 } \gamma(s) \text{ 沿 } \gamma \text{ 的曲线段 } \gamma|_{[0,s]} \text{ 是最短的, 即}$$
$$L(\gamma|_{[0,s]}) = \rho(\gamma(0), \gamma(s))\},$$

则 A 具有性质:

(1) 如果 $s \in A, t < s$, 则 $t \in A$(用反证法);

(2) 如果 $c > 0$, 使得对 $\forall s \in (0, c)$, 必有 $s \in A$, 则

$$\rho(\gamma(0), \gamma(c)) = \lim_{s \to c^-} \rho(\gamma(0), \gamma(s)) = \lim_{s \to c^-} s = c,$$

即 $c \in A$. 这两个性质蕴涵着 $A = (0, +\infty)$ 或 $A = (0, c]$, 其中 c 为某个正数(由定理 1.10.3 可得). 如果 $A = (0, c]$, 则点 $\gamma(c)$ 称为 $\gamma(0)$ 沿 γ 的**割点**(或**最小点**); 如果 $A = (0, +\infty)$, 则称 $\gamma(0)$ 沿 γ **无割点**.

定理 1.10.14　设 $\gamma(c)$ 为 $\gamma(0)$ 沿测地线 $\gamma(t), 0 \leqslant t < +\infty$ 的割点, 则下面两个结论中至少有一个(可能两者都)成立:

(1) $\gamma(c)$ 为 $\gamma(0)$ 沿 γ 的第 1 个共轭点;

(2) 至少存在两条从 $\gamma(0)$ 到 $\gamma(c)$ 的最短测地线.

证明 设 $t_1,\cdots,t_k,\cdots$ 为实数的单调减序列,且 $\lim\limits_{k\to+\infty} t_k = c$. 对每个自然数 k,设 $\exp tX_k,0\leqslant t\leqslant c_k$ 为从 $\gamma(0)$ 到 $\gamma(t_k)$ 的最短测地线,其中 X_k 是 $\gamma(0)$ 处的单位切向量,而 $c_k = \rho(\gamma(0),\gamma(t_k))$. 设 X 为 $\gamma(0)$ 处的单位切向量,$\gamma(t) = \exp_{\gamma(0)} tX$,$t\in(0,+\infty)$. 因为 $\gamma(c)$ 为 $\gamma(0)$ 沿 γ 的割点及 $t_k>c$,故 $X\neq X_k$,$t_k>c_k$. 由于 $c_k = \rho(\gamma(0),\gamma(t_k))$,所以 $c = \lim\limits_{k\to+\infty} c_k$. 因此,$\{c_k X_k \mid k=1,2,\cdots\}$ 包含在 $T_{\gamma(0)}M$ 的某个紧致子集中. 不失一般性(必要时选子序列),假定序列 $c_1 X, c_2 X_2,\cdots$ 收敛于某个长度为 c 的向量,记为 cY,其中 Y 是单位向量. 因为

$$\exp_{\gamma(0)} cY = \lim_{k\to+\infty} \exp_{\gamma(0)} c_k X_k = \lim_{k\to+\infty} \gamma(t_k) = \gamma(c),$$

故 $\exp_{\gamma(0)} tY,0\leqslant t\leqslant c$ 是从 $\gamma(0)$ 到 $\gamma(c)$ 的测地线. 它的长度为 c,因此是最短的. 假设 $X\neq Y$,则 $\exp_{\gamma(0)} tX$ 和 $\exp_{\gamma(0)} tY,0\leqslant t\leqslant c$ 是两条连接 $\gamma(0)$ 到 $\gamma(c)$ 不同的最短测地线,即(2)成立;假设 $X = Y$ 和 $\gamma(c)$ 沿 γ 不共轭于 $\gamma(0)$,则 $\exp_{\gamma(0)} : T_{\gamma(0)}M\to M$ 的微分 $\exp_{\gamma(0)*}$ 在 cX 是非异的. $\exp_{\gamma(0)}$ 将 cX 在 $T_{\gamma(0)}M$ 中的一个开邻域 U C^∞ 同胚地映到 $\gamma(c)$ 在 M 中的一个开邻域上. 设 k 为充分大的自然数,使得 $t_k X$ 和 $c_k X_k$ 两者都在 U 中. 因为 $\exp_{\gamma(0)} t_k X = \gamma(t_k) = \exp_{\gamma(0)} c_k X_k$,所以 $t_k X = c_k X_k$,$X = X_k$,这与 $X\neq X_k$ 相矛盾. 因此,当 $X = Y$ 时,$\gamma(c)$ 沿 γ 是共轭于 $\gamma(0)$ 的. 另一方面,沿 γ 在 $\gamma(0)$ 与 $\gamma(c)$ 之间无 $\gamma(0)$ 的共轭点. 的确,如果 $\gamma(s),0\leqslant s<c$ 沿 γ 共轭于 $\gamma(0)$,根据下面的定理1.11.10,γ 不是 $\gamma(0)$ 与 $\gamma(c)$ 的最短测地线,这与 c 的定义矛盾. 所以 $\gamma(c)$ 是 $\gamma(0)$ 沿 γ 的第 1 个共轭点,即(1)成立. □

定理 1.10.15 设 $\gamma(c)$ 为 $\gamma(0)$ 沿测地线 $\gamma(t),0\leqslant t<+\infty$ 的割点,则 $\gamma(0)$ 是 $\gamma(c)$ 沿 γ 的相反方向测地线 γ^- 的割点.

证明 在相反方向延拓测地线 γ,可以假定 $\gamma(t)$ 对 $-\infty<t<+\infty$ 有定义.

设 $a>0$,可以证明 $\gamma_{[-a,c]}$ 不是最短的. 事实上,因为 $\gamma(c)$ 为 $\gamma(0)$ 沿 γ 的割点,根据定理 1.10.14,可能有两种情形. 情形 1:$\gamma(c)$ 为 $\gamma(0)$ 的第 1 个共轭点. 共轭点的定义表明 $\gamma(0)$ 也是 $\gamma(c)$ 沿 γ^- 的第 1 个共轭点. 再由下面的定理 1.11.10 知,$\gamma|_{[-a,c]}$ 不是最短. 情形 2:τ 为连接 $\gamma(0)$ 和 $\gamma(c)$ 的异于 $\gamma|_{[0,c]}$ 的最短测地线,当然 $\gamma'(0)\neq\tau'(0)$. 于是,$\gamma|_{[-a,0)}\bigcup\tau$ 不是测地线(因为在 $t=0$ 处不是 C^1 的!). 这蕴涵着

$$L(\gamma|_{[-a,c]}) = c + a = L(\gamma|_{[-a,0]}\bigcup\tau) \neq \rho(\gamma(-a),\gamma(c)),$$

即 $\gamma|_{[-a,c]}$ 不是最短的.

综上所述,$\gamma(c)$ 沿 γ^- 的割点 $\gamma(b)$ 满足 $0\leqslant b<c$. 再证 $b=0$.(反证)如果 $0<b<c$,再应用定理 1.10.14,$\gamma(b)$ 沿 γ^- 共轭于 $\gamma(c)$,或者存在从 $\gamma(c)$ 到 $\gamma(b)$ 的另一条最短

测地线.类似上面证法,对任何 $a<b$,$\gamma\mid_{[a,c]}$ 不是最短线.特别地,$\gamma\mid_{[0,c]}$ 不是最短线,这与 c 的定义矛盾.因此,$b=0$. ☐

定义 1.10.8 设 $S_p=\{X\in T_pM\mid\parallel X\parallel=1\}$,$\mathbf{R}^+=\{x\mid x>0\}\subset\mathbf{R}$.令

$$\mu:S_p\to\mathbf{R}^+\bigcup\{+\infty\},$$

$$X\mapsto\mu(X),$$

$$\mu(X)=\begin{cases}c, & \text{如果 }\exp_{\gamma(0)}cX=\exp_pcX\text{ 为沿 }\gamma\text{ 的割点,}\\ +\infty, & \text{如果 }\gamma(0)=p\text{ 沿 }\gamma\text{ 无割点,}\end{cases}$$

其中 $\gamma(t)=\exp_{\gamma(0)}tX=\exp_ptX$,$0\leq t<+\infty$.

在 $\mathbf{R}^+\bigcup\{+\infty\}$ 中,拓扑 τ 由拓扑基

$$\tau^*=\{(a,b)\text{ 和}(a,+\infty]\mid a,b\in\mathbf{R}\}$$

所诱导.设

$$\widetilde{C}(p)=\{\mu(X)X\mid X\in T_pM,\parallel X\parallel=1,0<\mu(X)<+\infty\},$$

则

$$C(p)=\exp_p\widetilde{C}(p)$$

是沿 p 出发的所有测地线的一切割点组成的集合,称 $C(p)$ 为 p 的**割迹**;而称 $\widetilde{C}(p)$ 为 p 在 T_pM 中的割迹.

关于函数 μ 和割迹,有:

定理 1.10.16 函数 $\mu:S_p\to\mathbf{R}^+\bigcup\{+\infty\}$ 是连续的.

证明 参阅文献[157]284 页定理 12. ☐

定理 1.10.17 设 $E=\{tX\mid X\in S_p,0\leq t<\mu(X)\}$,则

(1) E 为 T_pM 中的开胞腔;

(2) $\exp_p:E\to\exp_pE\subset M$ 为 C^∞ 同胚,这里 $\exp_pE$ 为 M 中的开子集,它是 p 点附近可定义正规(法)坐标系的 M 的最大开子集;

(3) $M=\exp_pE\coprod C(p)$,$\coprod$ 表示不交并.

证明 参阅文献[157]285 页定理 13. ☐

定理 1.10.18 设 $(M,\langle,\rangle)$ 为 n 维 C^∞ 完备 Riemann 流形,$p\in M$,则下列命题等价:

(1) M 紧致;

(2) 对 $\forall X\in S_p,\mu(X)<+\infty$;

(3) $\widetilde{C}(p)$ 同胚于 $S^{n-1}(1)$.

证明 参阅文献[157]286 页推论 1. ☐

例 1.10.1 设 $(M,\langle,\rangle)$ 为 n 维 C^∞ Riemann 流形,它具有正 Riemann 常截曲率 c,

γ 为测地线, $\gamma'(0)$, $Y_1, \cdots, Y_{n-1}$ 为 $T_{\gamma(0)}M$ 中的规范正交基. 通过沿 γ 的平移, 延拓 $Y_1, \cdots, Y_{n-1}$ 到沿 γ 的平行向量场 $Y_1(t), \cdots, Y_{n-1}(t)$, 使得在每个点 $\gamma(t)$, $\gamma'(t)$, $Y_1(t), \cdots, Y_{n-1}(t)$ 为 $T_{\gamma(t)}M$ 的规范正交基. 由于 M 具有常截曲率 c, 故

$$R(X, Y)Z = c\{\langle Z, Y \rangle X - \langle Z, X \rangle Y\}.$$

应用该公式可验证

$$U_i(t) = \sin(\sqrt{c}\,t)\,Y_i(t),$$

$$V_i(t) = \cos(\sqrt{c}\,t)\,Y_i(t), \quad i = 1, \cdots, n-1$$

为沿 γ 的 Jacobi 场. 事实上

$$
\begin{aligned}
&U_i''(t) + R(U_i(t), \gamma'(t))\gamma'(t) \\
&\quad = U_i''(t) + c\{\langle \gamma'(t), \gamma'(t) \rangle U_i(t) - \langle \gamma'(t), U_i(t) \rangle \gamma'(t)\} \\
&\quad = U_i''(t) + cU_i(t) = (\sqrt{c}\cos(\sqrt{c}\,t)\,Y_i(t))' + cU_i(t) \\
&\quad = -c\sin(\sqrt{c}\,t)\,Y_i(t) + c\sin(\sqrt{c}\,t)\,Y_i(t) = 0, \\
&V_i''(t) + R(V_i(t), \gamma'(t))\gamma'(t) \\
&\quad = V_i''(t) + c\{\langle \gamma'(t), \gamma'(t) \rangle V_i(t) - \langle \gamma'(t), V_i(t) \rangle \gamma'(t)\} \\
&\quad = V_i''(t) + cV_i(t) = -c\cos(\sqrt{c}\,t)\,Y_i(t) + c\cos(\sqrt{c}\,t)\,Y_i(t) = 0.
\end{aligned}
$$

应用引理 1.10.9, 容易验证 γ', $t\gamma'$, $U_1, \cdots, U_{n-1}$, $V_1, \cdots, V_{n-1}$ 恰好形成沿 γ 的 Jacobi 场的空间的一个基. 此外, 由于非零 Jacobi 场 U_i 满足

$$U_i\left(\frac{j\pi}{\sqrt{c}}\right) = 0, \quad j = \pm 1, \pm 2, \cdots,$$

故 $\gamma\left(\dfrac{j\pi}{\sqrt{c}}\right)$, $j = \pm 1, \pm 2, \cdots$ 为 $\gamma(0)$ 沿 γ 的共轭点. 同理, 由于非零 Jacobi 场 V_i 满足

$$V_i\left(\frac{j\pi + \dfrac{\pi}{2}}{\sqrt{c}}\right) = 0, \quad j = 0, \pm 1, \pm 2, \cdots,$$

故 $\gamma\left(\dfrac{j\pi + \dfrac{\pi}{2}}{\sqrt{c}}\right)$, $j = 0, \pm 1, \pm 2, \cdots$ 也为 $\gamma(0)$ 沿 γ 的共轭点.

例 1.10.2　$S^n\left(\dfrac{1}{\sqrt{c}}\right)$, $c > 0$ 中的测地线是大圆, 也就是 $S^n\left(\dfrac{1}{\sqrt{c}}\right)$ 与过其中心 (原点) 的 2 维平面的交.

球面 $S^n\left(\dfrac{1}{\sqrt{c}}\right)$ 上对径点之间最短测地线有无穷多条, 所有连接这两个对径点的半大

圆都是最短测地线.而非对径点之间的最短测地线只有唯一的一条(不计参数的线性变换),就是劣弧.

如果沿大圆弧越过南极 q,就不再是最短测地线了,它只是一条测地线.根据定义 1.10.8,南极 q 为一个割点.显然,定理 1.10.14 中的情形 2 出现,即至少有两条过 p,q 的最短测地线.实际上有无穷多条过 p,q 的最短测地线(半个大圆).显然

$$\mu(X) = \frac{\pi}{\sqrt{c}} \quad (\text{半个大圆的长}),$$

$$\widetilde{C}(p) = \left\{ \mu(X)X = \frac{\pi}{\sqrt{c}} X \middle| X \in T_p M, \|X\| = 1 \right\},$$

割迹为

$$C(p) = \exp_p \widetilde{C}(p) = \{q\}.$$

因为过 p,q 的半大圆弧为最短测地线,根据下面的定理 1.11.10,过 p,q 的半大圆弧内肯定不含 p 沿测地线(大圆弧)的共轭点(图 1.10.1).

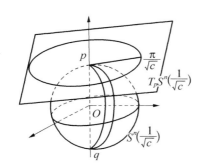

图 1.10.1

问题是 q 是否为共轭点,要是的话一定是第 1 共轭点.根据例 1.10.1 中的方法,对北极 $p = \left[0,\cdots,0,\frac{1}{\sqrt{c}} \right]$ 和南极 $q = \left[0,\cdots,0,-\frac{1}{\sqrt{c}} \right]$ 可构造 Jacobi 场

$$U_i(t) = \sin(\sqrt{c}t) Y_i(t) \not\equiv 0,$$

且有 $U_i\left(\frac{j\pi}{\sqrt{c}} \right) = 0, j = 0,1$. 因此,$q$ 为 p 的共轭点,当然也是第 1 共轭点.于是,定理 1.10.14 中的情形 1 也出现.

$S^n\left[\frac{1}{\sqrt{c}} \right]$ 是紧致的,当然是完备距离空间;$S^n\left[\frac{1}{\sqrt{c}} \right]$ 中有界闭集 $A \Leftrightarrow A$ 紧致;$S^n\left[\frac{1}{\sqrt{c}} \right]$ 是测地完备的.

例 1.10.3 设 $\mathbf{R}^n$ 为通常的 Euclid 空间,$\{x^1,\cdots,x^n\}$ 为通常的整体直角坐标系,

$$g = \sum_{i=1}^{n} \mathrm{d}x^i \otimes \mathrm{d}x^i$$

为其 C^∞ Riemann 度量,$\Gamma_{ij}^k = 0$.测地线 $\gamma: t \mapsto (x^1(t),\cdots,x^n(t))$ 满足测地线方程

$$\begin{cases} \dfrac{\mathrm{d}^2 x^i}{\mathrm{d} t^2} = 0, \\ x^i = \alpha^i t + \beta^i, \quad -\infty < t < +\infty, \ \alpha^i, \beta^i \in \mathbf{R}, \ i = 1, \cdots, n, \\ x = \alpha t + \beta, \end{cases}$$

且为直线,其中 $\alpha = (\alpha^1, \cdots, \alpha^n), \beta = (\beta^1, \cdots, \beta^n)$.

弧长公式为

$$s(t) = \int_a^t \left(\sum_{i=1}^n \left(\frac{\mathrm{d} x^i}{\mathrm{d} t} \right)^2 \right)^{\frac{1}{2}} \mathrm{d} t,$$

它是曲线 γ 的内接折线的长度之上确界. 显然,直线是具有最短长度的测地线. 因此,$\mu(X) = +\infty$,无任何割点,割迹 $C(p) = \varnothing$.

但是否有共轭点呢? 因为 $\mathbf{R}^n$ 的截曲率恒为 0,根据定理 1.10.11,它无任何共轭点. 事实上,由 $\mathbf{R}^n$ 的 $R(X, Y)Z = 0$ 知,Jacobi 场 X 满足

$$X'' = \nabla_{\gamma'}^2 X = \nabla_{\gamma'}^2 X + R(X, \gamma')\gamma' = 0,$$
$$X = X(t) = \alpha t + \beta.$$

如果 $X(0) = 0, X(a) = 0 (a \neq 0)$,则

$$\begin{cases} 0 = \alpha \cdot 0 + \beta, \\ 0 = \alpha \cdot a + \beta, \end{cases}$$

故

$$\begin{cases} \beta = 0, \\ \alpha = 0, \end{cases}$$

从而 $X = X(t) \equiv 0$. 因此,$\mathbf{R}^n$ 上无共轭点.

无共轭点的事实也可由 $\mathbf{R}^n$ 的测地线都是直线,因而为最短线,再根据下面的定理 1.11.10 立即推得.

众所周知,$\mathbf{R}^n$ 是测地完备的,也是完备距离空间,并且 $\mathbf{R}^n$ 中的有界闭集 $A \Leftrightarrow A$ 紧致.

值得注意的是,$\mathbf{R}^n - \{0\}$ 不是测地完备的(测地线 $(s-1, 0, \cdots, 0), 0 \leqslant s < 1$ 不能无限延拓),也不是完备距离空间 $\left(\left\{ \left(\frac{1}{n}, 0, \cdots, 0 \right) \bigm| n = 1, 2, \cdots \right\} \right.$ 为 Cauchy 序列,但不收敛$\Big)$. 此外,有界闭集 $\left\{ (x^1, \cdots, x^n) \in \mathbf{R}^n - \{0\} \bigm| \sum_{i=1}^n (x^i)^2 \leqslant 1 \right\}$ 不是紧致的.

例 1.10.4 正圆柱面 $M = S^1 \times \mathbf{R}$ 上的测地线是平行于 z 轴的母线,由垂直于母线的 2 维平面切割得到的圆以及 M 上的螺旋线.

如果 p, q 在同一母线上,则该母线上介于 p 和 q 之间的直线段就是最短测地线,因此在其上无割点;如果 p, q 未处在同一母线上,则连接它们的测地线应该是一条螺旋线;

如果沿过 p 点的母线 L 切开正圆柱面 M,再通过它到 $\mathbf{R}^2$ 上的滚动建立一个等距变换 f, 则 $\mathbf{R}^2$ 上连接 $f(p)$ 和 $f(q)$ 的直线在 f^{-1} 下的像正好是连接 p 和 q 的测地线. 由此不难看出,每条螺旋线上的割点就是 r' 在 f^{-1} 下的像 r,这些割点 r 组成的割迹为过 $-p$ 的母线 L'(图 1.10.2). 由图 1.10.2 可看到,连接 p 与割点 r 的最短测地线恰有两条.

因为 $M = S^1 \times \mathbf{R}$ 的 Gauss 曲率为 0,即 Riemann 的截曲率为 0,根据定理 1.10.11, 它无共轭点.

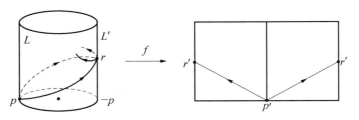

图 1.10.2

易见,$M = S^1 \times \mathbf{R}$ 是测地完备的,也是完备距离空间,且 M 中的有界闭集 $A \Leftrightarrow A$ 是紧致的.

1.11　长度和体积的第 1、第 2 变分公式

设 $(M,g) = (M, \langle\,,\,\rangle)$ 为 n 维 C^∞ Riemann 流形. 给定一条曲线
$$\gamma : [a,b] \to M$$
后,如何去确定在连接 $\gamma(a)$,$\gamma(b)$ 的所有曲线之中,γ 是否具有最短长度. 一般情形下, 这个整体问题未必有解. 但限于 γ 邻近的那些曲线,则微积分提供了下面的回答:

将 γ 嵌入一个单参数曲线族 $\{\tilde{\tau}(u) \mid u \in (-\varepsilon, \varepsilon)\}$,使 $\tilde{\tau}(0) = \gamma$,且对 $\forall u \in (-\varepsilon, \varepsilon)$,
$$\tilde{\tau}(u)(a) = \gamma(a), \quad \tilde{\tau}(u)(b) = \gamma(b),$$
并考察由 $\tilde{\tau}(u)$ 的长度 $L(u)$ 定义的函数 $L : (-\varepsilon, \varepsilon) \to \mathbf{R}$ 在 0 处是否局部极小.

例 1.11.1　(1) 设 L 在 $u = 0$ 处可导,且达局部极小,则 $L'(0) = 0$(即 0 为 L 的驻点或临界点);

(2) 设 $L'(0) = 0$,$L''(0) > 0$,则 0 为 L 的局部极小点,且为严格局部极小点;

(3) 设 $L(u)$ 在 0 点处 2 阶可导,且 L 在 0 点处达局部极小,则 $L'(0) = 0$,$L''(0) \geqslant 0$.

证明　(1) 由 Fermat 定理知,$L'(0) = 0$.

(2) 因为当 u 充分小时,$\dfrac{1}{2} L''(0) + \dfrac{o(u^2)}{u^2} > 0$ 和

$$L(u) = L(0) + L'(0)u + \left(\frac{1}{2}L''(0) + \frac{o(u^2)}{u^2}\right)u^2$$

$$= L(0) + \left(\frac{1}{2}L''(0) + \frac{o(u^2)}{u^2}\right)u^2 \geqslant 0,$$

故 L 在 $u = 0$ 处达局部极小. 当 u 充分小且 $u \neq 0$ 时

$$L(u) = L(0) + \left(\frac{1}{2}L''(0) + \frac{o(u^2)}{u^2}\right)u^2 > 0,$$

故 L 在 $u = 0$ 处达严格局部极小.

(3)（反证）假设 $L''(0) < 0$，根据（2）的证明，L 在 $u = 0$ 处达严格局部极大. 因此，当 u 充分小且 $u \neq 0$ 时，有

$$L(0) > L(u).$$

又由题设知 L 在 0 点处达局部极小，故当 u 充分小时，有

$$L(0) \leqslant L(u).$$

因此，当 u 充分小且 $u \neq 0$ 时，有

$$L(0) > L(u) \geqslant L(0),$$

矛盾. $\qquad\qquad\qquad\qquad\qquad\qquad\qquad\qquad\qquad\qquad\qquad\square$

设 p, q 为 M 中的两个（不必不同）点，从 p 到 q 的分段 C^∞ 道路（曲线）是一个连续映射

$$\gamma : [a, b] \to M,$$

使得：

(1) $\gamma(a) = p, \gamma(b) = q$；

(2) 存在 $[a, b]$ 的分割 $a = t_0 < t_1 < \cdots < t_{h+1} = b$，使每个 $\gamma|_{[t_i, t_{i+1}]}$ 是 C^∞ 的.

记

$$\Omega(M; p, q) = \{\gamma \mid \gamma \text{ 为 } M \text{ 中连接 } p, q \text{ 的分段 } C^\infty \text{ 道路}\},$$

有时为简单起见，将它记为 $\Omega(M)$ 或 Ω.

如果将 Ω 视作"无限维流形"，类似流形，可以定义 $\gamma \in \Omega$ 处的**切空间**

$$T_\gamma \Omega = \{X \mid X \text{ 为沿 } \gamma \text{ 的分段 } C^\infty \text{ 切向量场，且 } X(a) = 0, X(b) = 0\}.$$

因此，$T_\gamma \Omega$ 中的元素就视作 γ 处的切向量. 这样做，是为了采用通常流形中有用的一些思想方法.

定义 1.11.1 曲线 γ 的（单参数）**正常变分**是单参数曲线族 $\tilde{\tau}(u), u \in (-\varepsilon, \varepsilon)$，

$$\tilde{\tau} : (-\varepsilon, \varepsilon) \to \Omega$$

满足：

(1) $\tilde{\tau}(u) \in \Omega = \Omega(M; p, q), u \in (-\varepsilon, \varepsilon)$；

(2) $\tilde{\tau}(0) = \gamma$;

(3) 存在$[a,b]$的一个分割:$a = t_0 < t_1 < \cdots < t_{h+1} = b$,使得

$$\tau : (-\varepsilon, \varepsilon) \times [a, b] \to M, \quad (u, t) \mapsto \tau(u, t) = \tilde{\tau}(u)(t)$$

在矩形$(-\varepsilon, \varepsilon) \times [a, b]$上是连续的,而在每个小矩形$(-\varepsilon, \varepsilon) \times [t_i, t_{i+1}]$上是$C^\infty$的.

显然,$\dfrac{\partial \tau}{\partial u}(0, a) = 0, \dfrac{\partial \tau}{\partial u}(0, b) = 0$,故$\dfrac{\partial \tau}{\partial u}(0, t) \in T_\gamma \Omega$.

设$X \in T_\gamma \Omega$,如果对每个固定的$t \in [a, b]$,以u为参数的曲线的切向量$\dfrac{\partial \tau}{\partial u}$在$\gamma(t)$

$= \tilde{\tau}(0)(t) = \tau(0, t)$处与$X(t)$一致,即$X(t) = \dfrac{\partial \tau}{\partial u}(0, t)$,则称$X$为联系于正常变分$\tau$

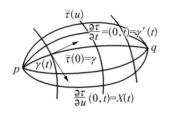

图 1.11.1

或$\tilde{\tau}$的一个**正常变分向量场**.γ被称为此正常变分的**基曲线**,X也称为此正常变分的**横截向量场**.如果只满足条件(2),(3),就称$\tilde{\tau}$或τ为γ的**变分**(图 1.11.1).

引理 1.11.1 $X \in T_\gamma \Omega$为正常变分向量场.

证明 设$\tilde{\tau}(u)(t) = \exp_{\gamma(t)}(uX(t))$,则$X$为联系于正常变分$\tilde{\tau}$的正常变分向量场.$\qquad \square$

定义 1.11.2 设$F: \Omega \to \mathbf{R}$为实值函数,对$\gamma \in \Omega$,定义F的"微分"或"切映射"为

$$\mathrm{d}F = F_* : T_\gamma \Omega \to T_{F(\gamma)} \mathbf{R},$$

$$X \mapsto F_*(X) = \mathrm{d}F(X) = \frac{\mathrm{d}(F(\tilde{\tau}(u)))}{\mathrm{d}u}\bigg|_{u=0} \left(\frac{\mathrm{d}}{\mathrm{d}t}\right)_{F(\gamma)},$$

其中$\tilde{\tau}(u)$为联系于X的变分,而$\tilde{\tau}(0) = \gamma, \dfrac{\mathrm{d}\tilde{\tau}}{\mathrm{d}u}(0) = X$.这里我们不去研究导数

$\dfrac{\mathrm{d}(F(\tilde{\tau}(u)))}{\mathrm{d}u}\left(\text{简写为}\dfrac{\mathrm{d}F(\tilde{\tau}(u))}{\mathrm{d}u}\right)$的存在性及导数是否与$\tilde{\tau}$的选取无关.但有下面的定义.

定义 1.11.3 设$F: \Omega \to \mathbf{R}$为实函数,如果对$\gamma \in \Omega$的每个正常变分$\tilde{\tau}$,都有

$$\frac{\mathrm{d}F(\tilde{\tau}(u))}{\mathrm{d}u}\bigg|_{u=0} = 0,$$

则称γ为F的**临界道路**.

例 1.11.2 如果F在$\gamma \in \Omega$达到最小值,且导数

$$\frac{\mathrm{d}F(\tilde{\tau}(u))}{\mathrm{d}u}$$

在$u = 0$总是存在的,则γ必为临界道路.

证明 由例 1.11.1(1)立即推得.$\qquad \square$

引理 1.11.2 设 M 为 n 维 C^∞ 流形，$\tau:(a,b)\times(c,d)\to M$ 为 C^∞ 映射，则

$$\nabla_{\frac{\partial\tau}{\partial t}}\frac{\partial\tau}{\partial u}=\nabla_{\frac{\partial\tau}{\partial u}}\frac{\partial\tau}{\partial t}.$$

证明 设 $\{x^i(u,t)\}$ 为 $\tau(u,t)$ 的局部坐标，则

$$\frac{\partial\tau}{\partial t}=\sum_{i=1}^n\frac{\partial x^i}{\partial t}\frac{\partial}{\partial x^i},\qquad \frac{\partial\tau}{\partial u}=\sum_{j=1}^n\frac{\partial x^j}{\partial u}\frac{\partial}{\partial x^j}.$$

再由 $\dfrac{\partial^2 x^j}{\partial u\partial t}=\dfrac{\partial^2 x^j}{\partial t\partial u}$ 和 $\nabla_{\frac{\partial}{\partial x^i}}\dfrac{\partial}{\partial x^j}=\nabla_{\frac{\partial}{\partial x^j}}\dfrac{\partial}{\partial x^i}+\left[\dfrac{\partial}{\partial x^i},\dfrac{\partial}{\partial x^j}\right]=\nabla_{\frac{\partial}{\partial x^j}}\dfrac{\partial}{\partial x^i}$ 得

$$\nabla_{\frac{\partial\tau}{\partial t}}\frac{\partial\tau}{\partial u}=\sum_{j=1}^n\left(\frac{\partial^2 x^j}{\partial u\partial t}\frac{\partial}{\partial x^j}+\sum_{i=1}^n\frac{\partial x^j}{\partial u}\frac{\partial x^i}{\partial t}\nabla_{\frac{\partial}{\partial x^i}}\frac{\partial}{\partial x^j}\right)$$

$$=\sum_{i=1}^n\left(\frac{\partial^2 x^i}{\partial u\partial t}\frac{\partial}{\partial x^i}+\sum_{j=1}^n\frac{\partial x^i}{\partial t}\frac{\partial x^j}{\partial u}\nabla_{\frac{\partial}{\partial x^j}}\frac{\partial}{\partial x^i}\right)=\nabla_{\frac{\partial}{\partial u}}\frac{\partial}{\partial t}. \qquad\square$$

定理 1.11.1（长度第 1 变分公式） 设 $\gamma\in\Omega$，$\tau:(-\varepsilon,\varepsilon)\times[a,b]\to M$，$\tilde\tau(u)(t)=\tau(u,t)$ 为 γ 的 C^∞ 变分，$\gamma(t)$ 的参数 t 正比于弧长，即 $\|\gamma'(t)\|=R$ 为常数，且 $X(t)=\dfrac{\partial}{\partial u}\tau(u,t)\Big|_{u=0}$，则

$$\frac{\mathrm{d}L(\tilde\tau(u))}{\mathrm{d}u}\Big|_{u=0}=\frac{1}{R}\left(\langle\gamma',X\rangle\Big|_a^b-\int_a^b\langle\nabla_{\gamma'}\gamma',X\rangle\mathrm{d}t\right),$$

其中 $L(\tilde\tau(u))=\displaystyle\int_a^b\sqrt{\left\langle\frac{\partial\tau}{\partial t},\frac{\partial\tau}{\partial t}\right\rangle}\,\mathrm{d}t$ 为 $\tilde\tau(u)$ 的长度.

证明

$$\frac{\mathrm{d}L(\tilde\tau(u))}{\mathrm{d}u}=\frac{\mathrm{d}}{\mathrm{d}u}\int_a^b\sqrt{\left\langle\frac{\partial\tau}{\partial t},\frac{\partial\tau}{\partial t}\right\rangle}\,\mathrm{d}t=\int_a^b\frac{\mathrm{d}}{\mathrm{d}u}\sqrt{\left\langle\frac{\partial\tau}{\partial t},\frac{\partial\tau}{\partial t}\right\rangle}\,\mathrm{d}t$$

$$=\int_a^b\frac{1}{\left\|\frac{\partial\tau}{\partial t}\right\|}\left\langle\frac{\partial\tau}{\partial t},\nabla_{\frac{\partial\tau}{\partial u}}\frac{\partial\tau}{\partial t}\right\rangle\mathrm{d}t=\int_a^b\frac{1}{\left\|\frac{\partial\tau}{\partial t}\right\|}\left\langle\frac{\partial\tau}{\partial t},\nabla_{\frac{\partial\tau}{\partial t}}\frac{\partial\tau}{\partial u}\right\rangle\mathrm{d}t.$$

特别当 $u=0$ 时，有

$$\frac{\mathrm{d}L(\tilde\tau(u))}{\mathrm{d}u}\Big|_{u=0}=\int_a^b\frac{1}{\|\gamma'\|}\langle\gamma',\nabla_{\gamma'}X\rangle\mathrm{d}t=\int_a^b\frac{1}{\|\gamma'\|}(\gamma'\langle\gamma',X\rangle-\langle\nabla_{\gamma'}\gamma',X\rangle)\mathrm{d}t$$

$$=\frac{1}{R}\int_a^b\left(\frac{\mathrm{d}}{\mathrm{d}t}\langle\gamma',X\rangle-\langle\nabla_{\gamma'}\gamma',X\rangle\right)\mathrm{d}t$$

$$=\frac{1}{R}\left(\langle\gamma',X\rangle\Big|_a^b-\int_a^b\langle\nabla_{\gamma'}\gamma',X\rangle\mathrm{d}t\right). \qquad\square$$

定理 1.11.2（一般的长度第 1 变分公式） 设 $\gamma\in\Omega$，

$$\tau:(-\varepsilon,\varepsilon)\times[a,b]\to M,\quad \tilde{\tau}(u)(t)=\tau(u,t)$$

为 $\tilde{\tau}(0)=\gamma$ 的连续变分,且 τ 在每个 $(-\varepsilon,\varepsilon)\times[t_j,t_{j+1}]$ 上是 C^∞ 的,其中 $a=t_0<t_1<\cdots<t_{h+1}=b$ 为 $[a,b]$ 的一个分割,$\gamma(t)$ 的参数 t 正比于弧长,即 $\|\gamma'(t)\|=R$ 为常数,$X(t)=\dfrac{\partial}{\partial u}\tau(u,t)\Big|_{u=0}$,则

$$\frac{\mathrm{d}L(\tilde{\tau}(u))}{\mathrm{d}u}=\frac{1}{R}\Big(\langle\gamma'(b),X(b)\rangle-\langle\gamma'(a),X(a)\rangle$$
$$+\sum_{j=1}^{h}\langle\gamma'(t_j^-)-\gamma'(t_j^+),X(t_j)\rangle-\int_a^b\langle\nabla_{\gamma'}\gamma',X\rangle\mathrm{d}t\Big).$$

证明　在每个 $(-\varepsilon,\varepsilon)\times[t_j,t_{j+1}]$ 上应用定理 1.11.1 得到

$$\frac{\mathrm{d}L(\tilde{\tau}(u))}{\mathrm{d}u}\Big|_{u=0}=\frac{\mathrm{d}}{\mathrm{d}u}L\Big(\sum_{j=0}^{h}\tilde{\tau}_{[t_j,t_{j+1}]}(u)\Big)\Big|_{u=0}=\sum_{j=0}^{h}\frac{\mathrm{d}}{\mathrm{d}u}L(\tilde{\tau}_{[t_j,t_{j+1}]}(u))\Big|_{u=0}$$

$$=\sum_{j=0}^{h}\frac{1}{R}\Big(\langle\gamma',X\rangle\,\Big|_{t_j^+}^{t_{j+1}^-}-\int_{t_j}^{t_{j+1}}\langle\nabla_{\gamma'}\gamma',X\rangle\mathrm{d}t\Big)$$

$$=\frac{1}{R}\Big(\langle\gamma'(b),\gamma'(b)\rangle-\langle\gamma'(a),\gamma'(a)\rangle$$

$$+\sum_{j=1}^{h}\langle\gamma'(t_j^-)-\gamma'(t_j^+),X(t_j)\rangle-\int_a^b\langle\nabla_{\gamma'}\gamma',X\rangle\mathrm{d}t\Big).\qquad\square$$

注 1.11.1　定理 1.11.1 和定理 1.11.2 中不要求 $X(a)=0$ 和 $X(b)=0$. 此外,从公式看出 $\dfrac{\mathrm{d}L(\tilde{\tau}(u))}{\mathrm{d}u}$ 与所选的变分 $\tilde{\tau}$ 无关. 所以,可写作

$$\mathrm{d}L(X)=L_*(X)=\frac{\mathrm{d}L(\tilde{\tau}(u))}{\mathrm{d}u}\Big|_{u=0}\Big(\frac{\mathrm{d}}{\mathrm{d}t}\Big)_{L(\gamma)}.$$

从公式还可看到 $\nabla_{\gamma'}\gamma'$,这说明长度第 1 变分公式与测地线有关.

定理 1.11.3　曲线 $\gamma\in\Omega$ 为测地线 $\Leftrightarrow$ 对 $\forall X\in T_\gamma\Omega$,$\mathrm{d}L(X)=0$,即 γ 为 Ω 上的临界道路.

证明　($\Rightarrow$)如果 $\gamma\in\Omega$ 为测地线,则 γ' 是 C^∞ 的,当然是连续的. 此时,γ 的参数必正比于弧长. 根据引理 1.11.1,对 $\forall X\in T_\gamma\Omega$,可以构造与 X 相联系的正常变分 $\tilde{\tau}$. 再由定理 1.11.2,并注意到

$$X(b)=0,\quad X(a)=0,\quad \gamma'(t_j^-)-\gamma'(t_j^+)=0,\quad \nabla_{\gamma'(t)}\gamma'(t)=0,$$

就有

$$\mathrm{d}L(X)=\frac{\mathrm{d}L(\tilde{\tau}(u))}{\mathrm{d}u}\Big|_{u=0}\Big(\frac{\mathrm{d}}{\mathrm{d}t}\Big)_{L(\gamma)}=0.$$

($\Leftarrow$)设 $\gamma\in\Omega$ 在每个区间 $[t_j,t_{j+1}]$,$j=0,1,\cdots,h$ 上是 C^∞ 的,其中 $a=t_0<t_1<\cdots<t_{h+1}=b$. 令 f 为沿 γ 的连续函数,它在 $[t_j,t_{j+1}]$ 中是 C^∞ 的,

$$f(t_0) = f(t_1) = \cdots = f(t_{h+1}) = 0,$$

且 f 在 $[a,b] - \{t_0, t_1, \cdots, t_{h+1}\}$ 上是正的,则

$$X = f \nabla_{\gamma'} \gamma' \in T_\gamma \Omega.$$

代入定理 1.11.2 的公式中得到

$$0 = \frac{\mathrm{d}L(\tilde{\tau}(u))}{\mathrm{d}u}\bigg|_{u=0} = -\frac{1}{R} \int_a^b f \langle \nabla_{\gamma'} \gamma', \nabla_{\gamma'} \gamma' \rangle \mathrm{d}t \leqslant 0,$$

这就蕴涵着在 $\nabla_{\gamma'} \gamma'$ 存在之处(即 $(t_j, t_{j+1}), j = 0, 1, \cdots, h$ 上),有 $\nabla_{\gamma'} \gamma' = 0$. 换句话说,$\gamma$ 是折测地线. 为了证明 γ 在 $[a,b]$ 上是 C^1 的,对每个固定的 $j(=1, \cdots, h)$,选择一个向量场 $X \in T_\gamma \Omega$,使得 $X(t_j) = \gamma'(t_j^-) - \gamma'(t_j^+), X(t_k) = 0, k \neq j$. 将它们代入定理 1.11.2 中的公式,就得到

$$0 = \frac{\mathrm{d}L(\tilde{\tau}(u))}{\mathrm{d}u}\bigg|_{u=0} = \frac{1}{R} \langle \gamma'(t_j^-) - \gamma'(t_j^+), \gamma'(t_j^-) - \gamma'(t_j^+) \rangle,$$

$$\gamma'(t_j^-) - \gamma'(t_j^+) = 0, \quad \gamma'(t_j^-) = \gamma'(t_j^+).$$

于是,$\gamma'(t)$ 在 $[a,b]$ 上连续,即 γ 是 C^1 的. 再由测地线的存在唯一性定理知 γ 在 $[a,b]$ 上是 C^∞ 的. $\square$

定理 1.11.4 设 N 为 $(M, \langle , \rangle)$ 的闭 C^∞ Riemann 正则子流形,$p \notin N, \rho$ 为由 $\langle , \rangle$ 诱导的距离函数. 显然,$\exists q \in N$,使得

$$\rho(p, q) = \rho(p, N) = \inf\{\rho(p, x) \mid x \in N\}.$$

设 $\gamma : [a,b] \to N$ 为连接 p 到 q 的一条以弧长为参数的最短测地线,则

$$\gamma'(b) \perp T_q N.$$

证明 设 $Y \in T_q N, \xi : [0, \varepsilon] \to N$,使得 $\xi'(0) = Y, \tilde{\tau}(u)$ 为 $\tilde{\tau}(0) = \gamma$ 的任一单参数变分(这样的变分必存在). 对每个 $u \in [0, \varepsilon], \tilde{\tau}(u)$ 连接 p 到 $\xi(u)$. 因为 $\tilde{\tau}(u)(a) = p$,所以

$$\frac{\partial}{\partial u} \tau(0, a) = 0.$$

进而,由于 γ 是测地线,故 $\nabla_{\gamma'} \gamma' = 0$(图 1.11.2、图 1.11.3). 根据一般的长度第 1 变分公式得到

$$0 = \frac{\mathrm{d}L(\tilde{\tau}(u))}{\mathrm{d}u}\bigg|_{u=0} = \left\langle \gamma'(b), \frac{\partial}{\partial u} \tau(0, b) \right\rangle - \int_a^b \left\langle \nabla_{\gamma'} \gamma', \frac{\partial}{\partial u} \tau \right\rangle$$

$$= \left\langle \gamma'(b), \frac{\partial}{\partial u} \tau(0, b) \right\rangle = \left\langle \gamma'(b), \frac{\mathrm{d}\xi}{\mathrm{d}u}(0) \right\rangle = \langle \gamma'(b), Y \rangle,$$

即 $\gamma'(b) \perp T_q N$. $\square$

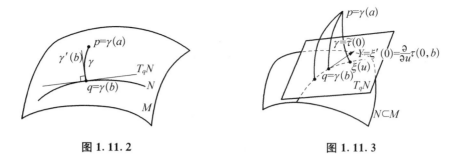

图 1.11.2　　　　　　　　图 1.11.3

定理 1.11.5（长度第 2 变分公式）　如果 $\gamma(t)$，$t\in[a,b]$（弧长）为测地线，$\tilde{\tau}(u)$，$-\varepsilon<u<\varepsilon$ 为 $\tilde{\tau}(0)=\gamma$ 的 C^{∞} 变分，

$$X(t)=\frac{\partial}{\partial u}\tau(0,t),\quad \gamma'(t)=\frac{\partial}{\partial t}\tau(0,t),$$

其中

$$\tau(u,t)=\tilde{\tau}(u)(t),$$

则

$$\frac{\mathrm{d}^2}{\mathrm{d}u^2}L(\tilde{\tau}(u))\Big|_{u=0}$$

$$=\langle\nabla_X X,\gamma'\rangle\,|_a^b+\int_a^b(\|X'\|^2-\langle R(X,\gamma')\gamma',X\rangle-(\langle\gamma',X\rangle')^2)\mathrm{d}t.$$

证明　由 γ 为测地线及定理 1.11.3 得到 $\dfrac{\mathrm{d}}{\mathrm{d}u}L(\tilde{\tau}(u))\Big|_{u=0}=0$. 进一步计算并应用定理 1.11.1，有

$$\frac{\mathrm{d}}{\mathrm{d}u}\left(\frac{1}{\left\|\frac{\partial\tau}{\partial t}\right\|}\left\langle\frac{\partial\tau}{\partial t},\nabla_{\frac{\partial\tau}{\partial t}}\frac{\partial\tau}{\partial u}\right\rangle\right)$$

$$=-\frac{1}{\left\|\frac{\partial\tau}{\partial t}\right\|^3}\left\langle\frac{\partial\tau}{\partial t},\nabla_{\frac{\partial\tau}{\partial t}}\frac{\partial\tau}{\partial u}\right\rangle^2+\frac{1}{\left\|\frac{\partial\tau}{\partial t}\right\|}\left\langle\nabla_{\frac{\partial\tau}{\partial t}}\frac{\partial\tau}{\partial u},\nabla_{\frac{\partial\tau}{\partial t}}\frac{\partial\tau}{\partial u}\right\rangle+\frac{1}{\left\|\frac{\partial\tau}{\partial t}\right\|}\left\langle\nabla_{\frac{\partial\tau}{\partial u}}\nabla_{\frac{\partial\tau}{\partial t}}\frac{\partial\tau}{\partial u},\frac{\partial\tau}{\partial t}\right\rangle$$

$$=-\frac{1}{\left\|\frac{\partial\tau}{\partial t}\right\|^3}\left(\frac{\partial\tau}{\partial t}\left\langle\frac{\partial\tau}{\partial t},\frac{\partial\tau}{\partial u}\right\rangle-\left\langle\nabla_{\frac{\partial\tau}{\partial t}}\frac{\partial\tau}{\partial t},\frac{\partial\tau}{\partial u}\right\rangle\right)^2+\frac{1}{\left\|\frac{\partial\tau}{\partial t}\right\|}\left\|\nabla_{\frac{\partial\tau}{\partial t}}\frac{\partial\tau}{\partial u}\right\|^2$$

$$+\frac{1}{\left\|\frac{\partial\tau}{\partial t}\right\|}\left(\left\langle R\left(\frac{\partial\tau}{\partial t},\frac{\partial\tau}{\partial t}\right)\frac{\partial\tau}{\partial u},\frac{\partial\tau}{\partial t}\right\rangle+\left\langle\nabla_{\frac{\partial\tau}{\partial t}}\nabla_{\frac{\partial\tau}{\partial u}}\frac{\partial\tau}{\partial u},\frac{\partial\tau}{\partial t}\right\rangle\right)$$

$\Big($ 这里用到 $\Big[\dfrac{\partial \tau}{\partial u},\dfrac{\partial \tau}{\partial t}\Big]=0\Big)$. 注意到 $u=0$ 时

$$\nabla_{\frac{\partial \tau}{\partial t}}\frac{\partial \tau}{\partial t}=\nabla_{\gamma'}\gamma'=0, \quad \Big\|\frac{\partial \tau}{\partial t}\Big\|=\|\gamma'\|=1$$

及

$$\Big\langle\nabla_{\frac{\partial \tau}{\partial t}}\nabla_{\frac{\partial \tau}{\partial t}}\frac{\partial \tau}{\partial u},\frac{\partial \tau}{\partial t}\Big\rangle=\langle\nabla_{\gamma'}\nabla_X X,\gamma'\rangle=\langle\nabla_X X,\gamma'\rangle',$$

就有

$$\frac{\mathrm{d}^2}{\mathrm{d}u^2}L(\tilde{\tau}(u))\Big|_{u=0}$$

$$=\int_a^b\frac{\mathrm{d}}{\mathrm{d}u}\left(\frac{1}{\Big\|\dfrac{\partial \tau}{\partial t}\Big\|}\Big\langle\frac{\partial \tau}{\partial t},\nabla_{\frac{\partial \tau}{\partial t}}\frac{\partial \tau}{\partial u}\Big\rangle\right)\mathrm{d}t$$

$$=\int_a^b(\|X'(t)\|^2+\langle R(X(t),\gamma'(t))X(t),\gamma'(t)\rangle$$

$$-(\langle\gamma'(t),X(t)\rangle')^2+\langle\nabla_X X,\gamma'\rangle'(t))\mathrm{d}t$$

$$=\langle\nabla_X X,\gamma'\rangle\Big|_a^b+\int_a^b(\|X'(t)\|^2-\langle R(X,\gamma')\gamma',X\rangle-(\langle\gamma',X\rangle')^2)\mathrm{d}t. \qquad \square$$

定理 1.11.6(长度第 2 变分公式的另两种形式)

$$\frac{\mathrm{d}^2}{\mathrm{d}u^2}L(\tilde{\tau}(u))\Big|_{u=0}$$

$$=\langle\nabla_X X,\gamma'\rangle\Big|_a^b+\int_a^b(\|X^{\perp'}\|^2-\langle R(X^\perp,\gamma')\gamma',X^\perp\rangle)\mathrm{d}t$$

$$=\langle\nabla_X X,\gamma'\rangle\Big|_a^b+\langle X^{\perp'},X^\perp\rangle\Big|_a^b-\int_a^b\langle X^{\perp''}+R(X^\perp,\gamma')\gamma',X^\perp\rangle\mathrm{d}t.$$

证明 由于 $X(t)=X^\perp(t)+f(t)\gamma'(t)$(其中$\langle X^\perp(t),\gamma'(t)\rangle=0$),故

$$f(t)=\langle X(t),\gamma'(t)\rangle$$

为 $[a,b]$ 上的 C^∞ 函数. 于是

$$\|X'(t)\|^2-(\langle\gamma'(t),X(t)\rangle')^2$$

$$=\|X^{\perp'}(t)+f'(t)\gamma'(t)\|^2-(\langle\gamma'(t),X(t)\rangle')^2$$

$$=\|X^{\perp'}(t)\|^2+f'^2(t)-f'^2(t)=\|X^{\perp'}(t)\|^2.$$

由曲率张量 R 的反称性得到

$$\langle R(X^\perp,\gamma')\gamma',\gamma'\rangle=\langle R(\gamma',\gamma')\gamma',X^\perp\rangle=0,$$

$$\langle R(X,\gamma')\gamma',X\rangle=\langle R(X^\perp+f\gamma',\gamma')\gamma',X^\perp+f\gamma'\rangle$$

$$
\begin{aligned}
&= \langle R(X^{\perp}, \gamma')\gamma', X^{\perp} \rangle + f \langle R(X^{\perp}, \gamma')\gamma', \gamma' \rangle \\
&\quad + \langle fR(\gamma', \gamma')\gamma', X^{\perp} + f\gamma' \rangle \\
&= \langle R(X^{\perp}, \gamma')\gamma', X^{\perp} \rangle.
\end{aligned}
$$

根据上式和 $\langle X^{\perp'}, X^{\perp'} \rangle = \langle X^{\perp}, X^{\perp} \rangle' - \langle X^{\perp''}, X^{\perp} \rangle$ 以及定理 1.11.5 得到

$$
\frac{\mathrm{d}^2}{\mathrm{d}u^2} L(\tilde{\tau}(u)) \Big|_{u=0}
$$

$$
= \langle \nabla_X X, \gamma' \rangle \big|_a^b + \int_a^b (\| X^{\perp'} \|^2 - \langle R(X^{\perp}, \gamma')\gamma', X^{\perp} \rangle) \mathrm{d}t
$$

$$
= \langle \nabla_X X, \gamma' \rangle \big|_a^b + \langle X^{\perp'}, X^{\perp} \rangle \big|_a^b - \int_a^b \langle X^{\perp''} + R(X^{\perp}, \gamma')\gamma', X^{\perp} \rangle \mathrm{d}t. \qquad \square
$$

定理 1.11.7(一般的长度第 2 变分公式)　设 $\gamma \in \Omega(M; p, q)$ 是以弧长 t 为参数的测地线，$\gamma:[a, b] \to M$，$\gamma(a) = p$，$\gamma(b) = q$，$X \in T_{\gamma}\Omega$，$\tilde{\tau}(u)(t) = \tau(u, t)$，$(u, t) \in (-\varepsilon, \varepsilon) \times [a, b]$ 为 X 的分段 C^{∞} 单参数正常变分，即 $a = t_0 < t_1 < \cdots < t_h < t_{h+1} = b$ 为 $[a, b]$ 的分割，使得 X 在每个 $[t_j, t_{j+1}]$，$j = 0, 1, \cdots, h$ 上都是 C^{∞} 的，则

$$
\begin{aligned}
\frac{\mathrm{d}^2 L(\tilde{\tau}(u))}{\mathrm{d}u^2} \Big|_{u=0} &= \int_a^b (\| X^{\perp'} \|^2 - \langle R(X^{\perp}, \gamma')\gamma', X^{\perp} \rangle) \mathrm{d}t \\
&= \sum_{j=1}^h \langle X^{\perp'-} - X^{\perp'+}, X^{\perp} \rangle \big|_{t_j} - \int_a^b \langle X^{\perp''} + R(X^{\perp}, \gamma')\gamma', X^{\perp} \rangle \mathrm{d}t.
\end{aligned}
$$

证明　由题设知

$$
X(a) = 0, \quad X(b) = 0, \quad \tau(u, a) = \gamma(a) = p, \quad \tau(u, b) = \gamma(b) = q.
$$

于是

$$
\frac{\partial}{\partial u}\tau(u, a) = 0, \quad \frac{\partial}{\partial u}\tau(u, b) = 0,
$$

$$
\nabla_X X \big|_a = \nabla_{\frac{\partial \tau}{\partial u}(u, a)} \frac{\partial \tau}{\partial u}(u, a) = 0,
$$

$$
\nabla_X X \big|_b = \nabla_{\frac{\partial \tau}{\partial u}(u, b)} \frac{\partial \tau}{\partial u}(u, b) = 0,
$$

且 $\nabla_X X |_{t_j^+} = \nabla_X X |_{t_j^-}$. 根据定理 1.11.6，立即推出定理的结论. $\qquad \square$

定义 1.11.4　设 $\gamma \in \Omega = \Omega(M; p, q)$ 是以弧长为参数的测地线($\Leftrightarrow \mathrm{d}L(X) = 0$，$\forall X \in T_{\gamma}\Omega$). 记

$$
I(X, X) = \frac{\mathrm{d}^2}{\mathrm{d}u^2} L(\tilde{\tau}(u)) \Big|_{u=0}
$$

(由定理 1.11.7，它与 X 的分段 C^{∞} 正常变分 $\tilde{\tau}(u)(t) = \tau(u, t)$ 的选择无关)，则称

$$
I: T_{\gamma}\Omega \times T_{\gamma}\Omega \to \mathbf{R},
$$

$$
(X, Y) \mapsto I(X, Y)
$$

为长度函数 L 在 $\gamma \in \Omega$ 处的 **Hesse 泛涵**或**指数形式**,其中

$$I(X,Y) = \frac{1}{2}(I(X + Y, X + Y) - I(X,X) - I(Y,Y)).$$

显然,$I(X,Y) = I(Y,X)$,即 I 为对称形式.

由 $I(X,Y)$ 的定义和定理 1.11.5、定理 1.11.6、定理 1.11.7 立即得到:

定理 1.11.8 设 γ,X,Y 如定义 1.11.4 所述,$\tilde{\tau}(u)(t) = \tau(u,t)$ 为 X 的分段 C^∞ 正常变分,它在每个 $[t_j, t_{j+1}]$ 上都是 C^∞ 的,其中 $a = t_0 < t_1 < \cdots < t_h < t_{h+1} = b$ 是 $[a,b]$ 的分割,则

$$I(X,Y) = \int_a^b (\langle X', Y' \rangle - \langle R(X, \gamma')\gamma', Y \rangle - \langle \gamma', X \rangle' \langle \gamma', Y \rangle')\mathrm{d}t$$

$$= \int_a^b (\langle X^{\perp'}, Y^{\perp'} \rangle - \langle R(X^\perp, \gamma')\gamma', Y^\perp \rangle)\mathrm{d}t$$

$$= \sum_{j=1}^h \langle X^{\perp'-} - X^{\perp'+}, Y^\perp \rangle \mid_{t_j} - \int_a^b \langle X^{\perp''} + R(X^\perp, \gamma')\gamma', Y^\perp \rangle \mathrm{d}t.$$

证明 由定理 1.11.5 知

$$I(X,Y) = \frac{1}{2}(I(X + Y, X + Y) - I(X,X) - I(Y,Y))$$

$$= \frac{1}{2}\int_a^b (\langle (X + Y)', (X + Y)' \rangle - \langle R(X + Y, \gamma')\gamma', X + Y \rangle$$

$$- (\langle \gamma', X + Y \rangle')^2 - \langle X', X' \rangle$$

$$+ \langle R(X, \gamma')\gamma', X \rangle + (\langle \gamma', X \rangle')^2 - \langle Y', Y' \rangle$$

$$+ \langle R(Y, \gamma')\gamma', Y \rangle + (\langle \gamma', Y \rangle')^2)\mathrm{d}t$$

$$= \int_a^b (\langle X', Y' \rangle - \langle R(X, \gamma')\gamma', Y \rangle - \langle \gamma', X \rangle' \langle \gamma', Y \rangle')\mathrm{d}t.$$

再由定理 1.11.6 和定理 1.11.7 得到

$$I(X,Y) = \frac{1}{2}(I(X + Y, X + Y) - I(X,X) - I(Y,Y))$$

$$= \frac{1}{2}\int_a^b (\langle (X + Y)^{\perp'}, (X + Y)^{\perp'} \rangle - \langle R((X + Y)^\perp, \gamma')\gamma', (X + Y)^\perp \rangle$$

$$- \langle X^{\perp'}, X^{\perp'} \rangle + \langle R(X^\perp, \gamma')\gamma', X^\perp \rangle - \langle Y^{\perp'}, Y^{\perp'} \rangle$$

$$+ \langle R(Y^\perp, \gamma')\gamma', Y^\perp \rangle)\mathrm{d}t$$

$$= \int_a^b (\langle X^{\perp'}, Y^{\perp'} \rangle - \langle R(X^\perp, \gamma')\gamma', Y^\perp \rangle)\mathrm{d}t$$

$$= \int_a^b (\langle X^{\perp'}, Y^\perp \rangle' - \langle X^{\perp''}, Y^\perp \rangle - \langle R(X^\perp, \gamma')\gamma', Y^\perp \rangle)\mathrm{d}t$$

$$= \sum_{j=0}^{h} \langle X^{\perp'}, Y^{\perp} \rangle \mid_{t_j}^{t_{j+1}} - \int_a^b \langle X^{\perp''} + R(X^{\perp}, \gamma')\gamma', Y^{\perp} \rangle \mathrm{d}t$$

$$= \sum_{j=1}^{h} \langle X^{\perp'-} - X^{\perp'+}, Y^{\perp} \rangle \mid_{t_j} - \int_a^b \langle X^{\perp''} + R(X^{\perp}, \gamma')\gamma', Y^{\perp} \rangle \mathrm{d}t. \qquad \square$$

上式中见到 $X^{\perp''} + R(X^{\perp}, \gamma')\gamma'$ 就联想到 Jacobi 方程 $X^{\perp''} + R(X^{\perp}, \gamma')\gamma' = 0$.

定理 1.11.9 设 $\gamma \in \Omega = \Omega(M; p, q)$ 是以弧长为参数的测地线,$\gamma: [a, b] \to M$,$\gamma(a) = p$,$\gamma(b) = q$,$X \in T_\gamma \Omega$,则

$$X^{\perp} \text{ 为 Jacobi 场} \Leftrightarrow \text{对} \forall Y \in T_\gamma \Omega, I(X, Y) = 0.$$

证明 $(\Rightarrow)$ 设 $X^{\perp}$ 为 Jacobi 场,故 $X^{\perp}$ 是 C^∞ 的,且满足 Jacobi 方程

$$X^{\perp''} + R(X^{\perp}, \gamma')\gamma' = 0.$$

因此,根据定理 1.11.8,对 $\forall Y \in T_\gamma \Omega$,有

$$I(X, Y) = -\int_a^b \langle X^{\perp''} + R(X^{\perp}, \gamma')\gamma', Y^{\perp} \rangle \mathrm{d}t = -\int_a^b \langle 0, Y^{\perp} \rangle \mathrm{d}t = 0.$$

$(\Leftarrow)$ 由条件知,对 $\forall Y \in T_\gamma \Omega, I(X, Y) = 0$. 在定理 1.11.8 中,选沿 γ 的分段 C^∞ 函数 f,使得

$$f(t_0) = f(t_1) = \cdots = f(t_h) = f(t_{h+1}) = 0$$

(其中 $a = t_0 < t_1 < \cdots < t_h < t_{h+1} = b$ 为 $[a, b]$ 的分割),而对其他点 $t, f(t) > 0$. 令

$$Y = f(X^{\perp''} + R(X^{\perp}, \gamma')\gamma'),$$

于是

$$0 = I(X, Y) = -\int_a^b f \langle X^{\perp''} + R(X^{\perp}, \gamma')\gamma', X^{\perp''} + R(X^{\perp}, \gamma')\gamma' \rangle \mathrm{d}t$$

$\Leftrightarrow$ 在每个 $[t_j, t_{j+1}], j = 0, 1, \cdots, h$ 上,$X^{\perp}$ 满足 Jacobi 方程

$$X^{\perp''} + R(X^{\perp}, \gamma')\gamma' = 0.$$

为了证明 $X^{\perp}$ 在整个 $[a, b]$ 上是 Jacobi 场,根据定理 1.11.3 充分性的证明,只需证明 $X^{\perp}$ 在每个 $t_j, j = 1, \cdots, h$ 处是 C^1 的. 为此,对每个固定的 j,选择分段 C^∞ 向量场 $Y \in T_\gamma \Omega$,使得在 t_j 处,$Y = X^{\perp'-} - X^{\perp'+}$,而在 $t_k, k \neq j$ 处,$Y = 0$. 于是,定理 1.11.8 中的公式成为

$$0 = I(X, Y) = \langle X^{\perp'-} - X^{\perp'+}, Y^{\perp} \rangle \mid_{t_j} = \langle X^{\perp'-} - X^{\perp'+}, X^{\perp'-} - X^{\perp'+} \rangle \mid_{t_j},$$

即在 t_j 处,$X^{\perp'-} = X^{\perp'+}$,也就是 $X^{\perp'}$ 在 t_j 处是连续的或 $X^{\perp}$ 是 C^1 的. $\qquad \square$

注 1.11.2 定理 1.11.7 中得到的积分公式是众所周知的 Synge 公式(参阅文献 [28]),而这一节的公式主要基于文献 [1].

定理 1.11.10 设 $\gamma(t), a \leqslant t \leqslant b$ 为测地线. 如果沿 γ 存在 $\gamma(a)$ 的共轭点 $\gamma(c)$,$a < c < b$,则 γ 不是连接 $\gamma(a)$ 和 $\gamma(b)$ 的最短测地线,即 γ 的长度大于 $\gamma(a)$ 和 $\gamma(b)$ 之间的距离.

证明   由引理 1.10.11 知,存在沿 γ 的分段 C^∞ 向量场 X 具有下列性质:

(1) $X \perp \gamma'$;

(2) $X(a) = 0, X(b) = 0$;

(3) $I(X,X) < 0$.

设 $\tilde{\tau}(u), -\varepsilon < u < \varepsilon$ 是从 $\gamma(a)$ 到 $\gamma(b)$ 的分段 C^∞ 的单参数变分. 因为 $\tilde{\tau}(0) = \gamma$ 为测地线,所以

$$\frac{\mathrm{d}L(\tilde{\tau}(u))}{\mathrm{d}u}\bigg|_{u=0} = 0, \quad \frac{\mathrm{d}^2 L(\tilde{\tau}(u))}{\mathrm{d}u^2}\bigg|_{u=0} = I(X,X) < 0.$$

这就证明了对充分小的 $u \neq 0$,$\gamma(a), \gamma(b)$ 之间的距离为

$$\rho(\gamma(a), \gamma(b)) \leqslant L(\tilde{\tau}(u)) = L(\tilde{\tau}(0)) + \frac{\mathrm{d}L(\tilde{\tau}(0))}{\mathrm{d}u}u + \left(\frac{1}{2}\frac{\mathrm{d}^2 L(\tilde{\tau}(0))}{\mathrm{d}u^2} + \frac{o(u^2)}{u^2}\right)u^2$$

$$= L(\tilde{\tau}(0)) + \left(\frac{1}{2}\frac{\mathrm{d}^2 L(\tilde{\tau}(0))}{\mathrm{d}u^2} + \frac{o(u^2)}{u^2}\right)u^2 < L(\tilde{\tau}(0)). \qquad \square$$

注 1.11.3   定理 1.11.10 中,若 $\gamma(b)$ 为 $\gamma(a)$ 沿测地线 $\gamma(t), a \leqslant t \leqslant b$ 的仅有的共轭点,γ 有可能为连接 $\gamma(a)$ 和 $\gamma(b)$ 的最短测地线. 例如:$\gamma(t), 0 \leqslant t \leqslant \pi$ 为单位球面 $S^n(1)$ 的测地大圆.

定理 1.11.11(Bonnet-Myers)   设 (M, g) 为 n 维连通完备 C^∞ Riemann 流形,其截曲率 $k \geqslant c > 0$(或更一般地,其 Ricci 张量是正定的,且任一特征值 $\geqslant (n-1)c > 0$),则:

(1) M 的直径 $\sup\{\rho(p,q) \mid p, q \in M\} \leqslant \dfrac{\pi}{\sqrt{c}}$,其中 ρ 为由 g 诱导的距离函数;

(2) M 是紧致的;

(3) 基本群 $\pi_1(M)$ 是有限的.

证明   (1) 设 $p, q \in M$,γ 为连接 p 和 q 的最短测地线. 由定理 1.11.10、定理 1.10.12 和定理 1.10.13 知,γ 的长度 $L(\gamma) \leqslant \dfrac{\pi}{\sqrt{c}}$. 因此

$$\rho(p,q) \leqslant L(\gamma) \leqslant \frac{\pi}{\sqrt{c}}, \quad \sup\{\rho(p,q) \mid p, q \in M\} \leqslant \frac{\pi}{\sqrt{c}}.$$

(2) 因为 M 是有界和完备的,根据文献[157]263 页引理 11 知,M 是紧致的.

(3) 在 M 的万有覆叠空间 $(\widetilde{M}, p)$ 上 $(p: \widetilde{M} \to M$ 为其投影映射(参阅文献[158]定义 3.4.1),自然诱导了 Riemann 度量 $\tilde{g} = p^* g$,它也满足本定理的条件,故 $\widetilde{M}$ 也是紧致的. 因此,$(\widetilde{M}, p)$ 的层数是有限的.(反证)若不然,对 $x \in M$,$p^{-1}(x)$ 是无限的,则 $p^{-1}(x)$ 将有一个聚点 $\tilde{x}$. 这样在 $\tilde{x}$ 的任何开邻域中至少有不同的两点 $\tilde{x}_1, \tilde{x}_2 \in p^{-1}(x)$,即 $p(\tilde{x}_1) = p(\tilde{x}_2)$. 从而,在 $\tilde{x}$ 处 p 就不是一个局部 C^∞ 微分同胚,矛盾. 根据文献[158]定理 3.5.1(或

定理 3.6.3 与定理 3.6.4.也可参阅文献[27]73 页 Theorem 9),$\pi_1(M)$ 是有限的. □

我们将引理 1.10.10 和引理 1.10.11 用 $T_\gamma^\perp \Omega$ 的指数形式重新表述出来,并给出一些几何解释.

推论 1.11.1 如果正规测地线(即弧长为参数)$\gamma:[a,b] \to M$ 无共轭点(即不含 $\gamma(a)$ 的共轭点),则指数形式 $I|_{T_\gamma^\perp \Omega}$ 是正定的.

证明 (证法 1)由引理 1.10.10 知,对 $\forall X \in T_\gamma^\perp \Omega$,有

$$I(X,X) = I_a^b(X) \geqslant 0$$

且

$$I_a^b(X) = I(X,X) = 0 \Leftrightarrow X = 0,$$

即 $I|_{T_\gamma^\perp \Omega}$ 是正定的.

(证法 2)参阅文献[157]302 页推论 1 的证法 2. □

注 1.11.4 推论 1.11.1 指出,如果 γ 不含共轭点,则对 $X \neq 0$,有

$$L''(0) = I(X,X) > 0,$$

所以,当 $u(\neq 0)$ 充分小时

$$L(u) = L(0) + L'(0)u + \left(\frac{L''(0)}{2} + \frac{o(u^2)}{u^2}\right)u^2$$

$$= L(0) + \left(\frac{L''(0)}{2} + \frac{o(u^2)}{u^2}\right)u^2 > L(0),$$

即 γ 在附近曲线中是最短的.

推论 1.11.2(Jacobi 场的极小性) 设 $\gamma:[a,b] \to M$ 为正规测地线,它无共轭点.设 X,Y 为沿 γ 的分段 C^∞ 向量场,$X \perp \gamma'$,$Y \perp \gamma'$,$X(a) = Y(a)$,$X(b) = Y(b)$,且 Y 为 Jacobi 场,则

$$I(Y,Y) \leqslant I(X,X),$$

等号成立 $\Leftrightarrow X = Y$.

证明 由引理 1.10.10,有

$$I(Y,Y) = I_a^b(Y) \leqslant I_a^b(X) = I(X,X).$$

等号成立 $\Leftrightarrow X = Y$. □

推论 1.11.3 设 $\gamma(b)$ 共轭于 $\gamma(a)$,但 $\forall t \in (a,b)$,$\gamma(t)$ 不共轭于 $\gamma(a)$,则指数形式 I 在 $T_\gamma^\perp \Omega$ 上是半正定的,但不是正定的.

证明 设正规测地线 γ 定义在 $[a,b]$ 上.由题设,$\gamma(b)$ 是 $\gamma(a)$ 沿 γ 的唯一的共轭点.下证 $I(X,X) \geqslant 0$,$\forall X \in T_\gamma^\perp \Omega$.为此,沿 γ 先取定一个平行标架场

$$\{X_1(t), \cdots, X_n(t)\},$$

使得 $X_1(t) = \gamma'(t)$.记

$$X(t) = \sum_{i=2}^{n} f_i(t) X_i(t).$$

对 $a < \beta < b$, 令

$$\tau_\beta(X)(t) = \sum_{i=2}^{n} f_i\left(\frac{b}{\beta}t\right) X_i\left(\frac{b}{\beta}t\right),$$

则 $\tau_\beta(X) \in T_{\bar{\gamma}}^{\perp}\Omega$. 于是得到一个映射

$$\tau_\beta : T_{\bar{\gamma}|_{[a,b]}}^{\perp}\Omega \to T_{\bar{\gamma}|_{[a,\beta]}}^{\perp}\Omega,$$

$$X \mapsto \tau_\beta(X).$$

由推论 1.11.1 知 $I_\beta(\tau_\beta(X), \tau_\beta(X)) \geqslant 0$, 所以

$$I(X, X) = \lim_{\beta \to b^-} I_\beta(\tau_\beta(X), \tau_\beta(X)) \geqslant 0.$$

由 $I(X, Y) = I(X^{\perp}, Y^{\perp})$ 和定理 1.11.9, $\gamma(b)$ 共轭于 $\gamma(a)$ 蕴涵着存在非零 Jacobi 场 $X \in T_{\bar{\gamma}}^{\perp}\Omega$, 使得 $I(X, X) = 0$, 从而 $I|_{T_{\bar{\gamma}}^{\perp}\Omega}$ 不是正定的.

综上可知, I 在 $T_{\bar{\gamma}}^{\perp}\Omega$ 上是半正定的, 但不是正定的. □

推论 1.11.4 $\gamma(c)$ 沿 γ 共轭于 $\gamma(a)$, $a < c < b \Leftrightarrow \exists X \in T_{\bar{\gamma}}^{\perp}\Omega$, s.t. $I(X, X) < 0$.

证明 由引理 1.10.11, $\exists X \in T_{\bar{\gamma}}^{\perp}\Omega$, s.t.

$$I(X, X) = I_a^b(X) < 0.$$ □

注 1.11.5 推论 1.11.4 指出, 由 $I(X, X) < 0$, 根据定理 1.11.10, 存在 γ 的变分, 使得当 u 充分小时, 有

$$L(u) = L(0) + L'(0)u + \left(\frac{L''(0)}{2} + \frac{o(u^2)}{u^2}\right)u^2$$

$$= L(0) + \left(\frac{L''(0)}{2} + \frac{o(u^2)}{u^2}\right)u^2 < L(0),$$

即超过共轭点后, γ 即使在邻近曲线中也不是最短的.

由推论 1.11.1 至推论 1.11.4, $I|_{T_{\bar{\gamma}}^{\perp}\Omega}$ 正定、恰为半正定、非半正定分别刻画了 $\gamma|_{[a,b]}$ 中无共轭点、恰有一个共轭点 $\gamma(b)$、$\gamma|_{(a,b)}$ 中有共轭点.

以下, 我们将测地线作高维推广. 把寻找曲线长度函数的临界点(临界道路, 即测地线)换成寻找 k 维子流形体积函数的临界点(k 维极小子流形).

定义 1.11.5 设 (M, g) 和 $(\widetilde{M}, \widetilde{g})$ 分别为 n 维和 $\tilde{n}$ 维 C^{∞} Riemann 流形, ∇ 和 $\widetilde{\nabla}$ 分别为它们的 Riemann 联络, $f : M \to \widetilde{M}$ 为 C^{∞} 浸入, $g = f^*\widetilde{g}$, M 是可定向的紧致带边流形, 边界为 ∂M(可能 $\partial M = \varnothing$).

f 的 C^{∞} **正常变分**是一个 C^{∞} 映射:

$$F : (-\varepsilon, \varepsilon) \times M \to \widetilde{M}, \quad \varepsilon > 0$$

满足:

(1) 对每个固定的 $t \in (-\varepsilon, \varepsilon)$, $f_t = F(t, \cdot): M \to \widetilde{M}$ 为 C^∞ 浸入;

(2) $f_0 = f$;

(3) 对 $\forall t \in (-\varepsilon, \varepsilon)$, $f_t \mid_{\partial M} = f \mid_{\partial M}$.

设 $\dfrac{\partial}{\partial t}$ 为 $(-\varepsilon, \varepsilon)$ 上的典型 C^∞ 向量场,

$$W = F_* \left(\frac{\partial}{\partial t} \right) \Big|_{t=0} = \frac{\partial F(t, x)}{\partial t} \Big|_{t=0}$$

称为正常变分 F 诱导的**变分向量场**, 它是 $M \to TM \oplus T^\perp M = T\widetilde{M}$ 的 C^∞ 截面.

设 $\mathrm{d}V_t$ 为浸入 f 诱导的 Riemann 度量 $f_t^* \widetilde{g}$ 相应的体积元素. 而 M 在 t 处的体积为

$$V_t = V(t) = \int_M \mathrm{d}V_t.$$

为了导出体积的第 1 变分公式, 先证下面两个引理.

引理 1.11.3　设 $A(t) = (a_{ij}(t))$, $t \in (-\varepsilon, \varepsilon)$ 为 $n \times n$ 矩阵的 C^∞ 族, $A(0) = I$ ($n \times n$ 单位矩阵), 则

$$\frac{\mathrm{d}}{\mathrm{d}t} \det A(t) \Big|_{t=0} = \operatorname{tr} A'(0).$$

证明

$$\frac{\mathrm{d}}{\mathrm{d}t} \det A(t) \Big|_{t=0} = \frac{\mathrm{d}}{\mathrm{d}t} \Big(\sum_{(i_1, \cdots, i_n)} a_{1i_1} \cdots a_{ni_n} \Big) \Big|_{t=0}$$

$$= \sum_{(i_1, \cdots, i_n)} \sum_{k=1}^n a_{1i_1} \cdots a'_{ki_k} \cdots a_{ni_n} \Big|_{t=0}$$

$$= \sum_{k=1}^n \begin{vmatrix} 1 & & & & & & \\ & \ddots & & & & & \\ & & 1 & & & & \\ a'_{k1}(0) & \cdots & a'_{kk}(0) & \cdots & a'_{kn}(0) \\ & & & & 1 & & \\ & & & & & \ddots & \\ & & & & & & 1 \end{vmatrix}$$

$$= \sum_{k=1}^n a'_{kk}(0) = \operatorname{tr} A'(0). \qquad \square$$

引理 1.11.4　$\dfrac{\mathrm{d}}{\mathrm{d}t} V_t \Big|_{t=0} = -\langle H, W \rangle \mathrm{d}V_0 + \mathrm{d}\Omega$, 其中 Ω 为 M 上的 C^∞ $n-1$ 形式, 且 $\Omega \mid_{\partial M} = 0$, H 为 M 在 $\widetilde{M}$ 中的平均曲率向量场.

证明　设 ω 为 M 上的 C^∞ 1 形式, 它由

$$\omega(X) = \langle W, X \rangle$$

给出,这里 X 为 M 上的 C^∞ 切向量场,则应用 $*$ 算子定义(参阅定义 2.1.1)

$$\Omega = *\omega.$$

因为 $W|_{\partial M} = \left.\dfrac{\partial F(t,x)}{\partial t}\right|_{\substack{\partial M \\ t=0}} = \left.\dfrac{\partial f(x)}{\partial t}\right|_{\substack{\partial M \\ t=0}} = 0$,故 $\omega|_{\partial M} = 0$,$\Omega|_{\partial M} = 0$.

设 $p \in M$,$C^\infty(TU)$ 为 p 的某个开邻域 U 中的 C^∞ 切向量场的全体,取 $e_1, \cdots, e_n \in C^\infty(TU)$,使得:

(1) $e_1, \cdots, e_n$ 在 $f^*\widetilde{g}$ 下是点式规范正交的;

(2) $(\nabla_{e_i}e_j)_p = (\widetilde{\nabla}_{f_{0*}e_i}f_{0*}e_j)^\top_{f_0(p)} = 0$,$\forall\, i,j = 1, \cdots, n$(例如,从 T_pM 中的一个规范正交基沿 p 点出发的某个开邻域 U 中的测地线平行移动得到 $e_1, \cdots, e_n$).$\omega^1, \cdots, \omega^n$ 为对偶于 $e_1, \cdots, e_n$ 的 C^∞ 1 形式. 于是,相应于 $f_t^*\widetilde{g}$ 的第 1 基本形式为

$$f_t^*\widetilde{g} = \sum_{i,j=1}^n g_{ij}(t)\,\omega^i \otimes \omega^j,$$

其中 $g_{ij}(t) = f_t^*\widetilde{g}(e_i, e_j) = \widetilde{g}(f_{t*}(e_i), f_{t*}(e_j))$.因此

$$\mathrm{d}V_t = \sqrt{\det(g_{ij}(t))}\,\omega^1 \wedge \cdots \wedge \omega^n = \sqrt{\det(g_{ij}(t))}\,\mathrm{d}V_0.$$

用自然方式将 $e_1, \cdots, e_n$ 延拓到 $(-\varepsilon, \varepsilon) \times U \subset (-\varepsilon, \varepsilon) \times M$ 上,注意 $\left[\dfrac{\partial}{\partial t}, e_k\right] = 0$,$k = 1, \cdots, n$.记 $\widetilde{W} = f_{t*}\left(\dfrac{\partial}{\partial t}\right)$,$\widetilde{e}_k = f_{t*}(e_k)$,$\widetilde{g} = \langle\,,\,\rangle$,则

$$g_{kk}(t) = \langle f_{t*}(e_k), f_{t*}(e_k)\rangle = \langle \widetilde{e}_k, \widetilde{e}_k\rangle,$$

$$\frac{\mathrm{d}g_{kk}}{\mathrm{d}t}(t) = \widetilde{W}\langle \widetilde{e}_k, \widetilde{e}_k\rangle = 2\langle \widetilde{e}_k, \widetilde{\nabla}_{\widetilde{W}}\widetilde{e}_k\rangle = 2\langle \widetilde{e}_k, \widetilde{\nabla}_{\widetilde{e}_k}\widetilde{W}\rangle$$

$$= 2(\widetilde{e}_k\langle \widetilde{e}_k, \widetilde{W}\rangle - \langle \widetilde{\nabla}_{\widetilde{e}_k}\widetilde{e}_k, \widetilde{W}\rangle).$$

令 $t = 0$ 得到

$$\frac{1}{2}\sum_{k=1}^n \frac{\mathrm{d}g_{kk}}{\mathrm{d}t}(0) = -\left\langle \sum_{k=1}^n \widetilde{\nabla}_{e_k}e_k, W \right\rangle + \sum_{k=1}^n e_k\langle e_k, W\rangle$$

$$= -\left\langle \sum_{k=1}^n (\widetilde{\nabla}_{e_k}e_k)^\perp, W \right\rangle + \sum_{k=1}^n e_k\langle e_k, W\rangle$$

$$= -\left\langle \sum_{k=1}^n h(e_k, e_k), W \right\rangle + \sum_{k=1}^n e_k\langle e_k, W\rangle$$

$$= -n\langle H, W\rangle + \sum_{k=1}^n e_k\langle e_k, W\rangle.$$

因为 $\omega = \sum\limits_{l=1}^{n} \langle W, e_l \rangle \omega^l$ 和 $[e_i, e_j]_p = (\nabla_{e_i} e_j)_p - (\nabla_{e_j} e_i)_p = 0$,所以

$$\Omega = *\omega = \sum_{l=1}^{n} (-1)^{l+1} \langle W, e_l \rangle \omega^1 \wedge \cdots \wedge \hat{\omega}^l \wedge \cdots \wedge \omega^n,$$

$$\begin{aligned} \mathrm{d}\Omega(e_1, \cdots, e_n) &= \sum_{k=1}^{n} (-1)^{k+1} e_k \Omega(e_1, \cdots, \hat{e}_k, \cdots, e_n) \\ &\quad + \sum_{i<j} (-1)^{i+j} \Omega([e_i, e_j], e_1, \cdots, \hat{e}_i, \cdots, \hat{e}_j, \cdots, e_n) \\ &= \sum_{k=1}^{n} (-1)^{k+1} e_k \sum_{l=1}^{n} (-1)^{l+1} \langle W, e_l \rangle \omega^1 \wedge \cdots \wedge \hat{\omega}^l \wedge \cdots \\ &\quad \wedge \omega^n (e_1, \cdots, \hat{e}_k, \cdots, e_n) \\ &= \sum_{k=1}^{n} e_k \langle W, e_k \rangle, \end{aligned}$$

$$\mathrm{d}\Omega = \sum_{k=1}^{n} e_k \langle W, e_k \rangle \mathrm{d}V_0.$$

应用引理 1.11.3 得到

$$\begin{aligned} \frac{\mathrm{d}}{\mathrm{d}t} \mathrm{d}V_t \Big|_{t=0} &= \frac{\mathrm{d}}{\mathrm{d}t} \sqrt{\det(g_{ij}(t))} \Big|_{t=0} \mathrm{d}V_0 \\ &= \frac{1}{2\sqrt{\det(g_{ij}(0))}} \frac{\mathrm{d}(\det(g_{ij}(t)))}{\mathrm{d}t} \Big|_{t=0} \mathrm{d}V_0 \\ &= \frac{1}{2} \sum_{k=1}^{n} \frac{\mathrm{d}g_{kk}}{\mathrm{d}t}(0) \mathrm{d}V_0 = \left(-n \langle H, W \rangle + \sum_{k=1}^{n} e_k \langle e_k, W \rangle \right) \mathrm{d}V_0 \\ &= -n \langle H, W \rangle \mathrm{d}V_0 + \mathrm{d}\Omega. \end{aligned}$$

$\qquad\qquad\qquad\qquad\qquad\qquad\qquad\qquad\qquad\qquad\qquad\qquad\quad$ □

定理 1.11.12(体积第 1 变分公式)

$$\frac{\mathrm{d}V_t}{\mathrm{d}t} \Big|_{t=0} = -n \int_M \langle H, W \rangle \mathrm{d}V_0,$$

其中 H 为 M 在 $\tilde{M}$ 中的平均曲率向量场.

证明 （证法 1）

$$\begin{aligned} \frac{\mathrm{d}V_t}{\mathrm{d}t} \Big|_{t=0} &= \frac{\mathrm{d}}{\mathrm{d}t} \int_M \mathrm{d}V_t \Big|_{t=0} = \int_M \frac{\mathrm{d}}{\mathrm{d}t} \mathrm{d}V_t \Big|_{t=0} \\ &\xlongequal{\text{引理 1.11.4}} \int_M (-n \langle H, W \rangle \mathrm{d}V_0 + \mathrm{d}\Omega) \\ &\xlongequal{\text{Stokes}} -n \int_M \langle H, W \rangle \mathrm{d}V_0 + \int_{\partial M} \Omega \\ &\xlongequal{\Omega|_{\partial M} = 0} -n \int_M \langle H, W \rangle \mathrm{d}V_0, \end{aligned}$$

其中第 2 个等式是利用了通常微积分中含参变量积分的求导公式以及 C^∞ 单位分解将 M 上的积分化为坐标邻域中的积分的事实.

（证法 2）设 $\{x^i\}$ 为 $p \in M$ 点处的局部坐标系，则

$$g_{ij}(t) = f_t^* \widetilde{g}\left(\frac{\partial}{\partial x^i}, \frac{\partial}{\partial x^j}\right) = \widetilde{g}\left(f_{t*}\left(\frac{\partial}{\partial x^i}\right), f_{t*}\left(\frac{\partial}{\partial x^j}\right)\right),$$

$$f_t^* \widetilde{g} = \sum_{i,j=1}^n g_{ij}(t)\mathrm{d}x^i \bigotimes \mathrm{d}x^j,$$

$$\mathrm{d}V_t = \sqrt{\det(g_{ij}(t))}\,\mathrm{d}x^1 \wedge \cdots \wedge \mathrm{d}x^n.$$

记

$$\langle X_1 \wedge \cdots \wedge X_n, Y_1 \wedge \cdots \wedge Y_n \rangle = \begin{vmatrix} \langle X_1, Y_1 \rangle & \cdots & \langle X_1, Y_n \rangle \\ \vdots & & \vdots \\ \langle X_n, Y_1 \rangle & \cdots & \langle X_n, Y_n \rangle \end{vmatrix},$$

则

$$\det(g_{ij}(t)) = \left\langle \frac{\partial}{\partial x^1} \wedge \cdots \wedge \frac{\partial}{\partial x^n}, \frac{\partial}{\partial x^1} \wedge \cdots \wedge \frac{\partial}{\partial x^n} \right\rangle_t.$$

因为 $f: M \to \widetilde{M}$ 为 C^∞ 浸入，它在 $p \in M$ 的一个开邻域 U 中是一个 C^∞ 嵌入，可将 U 与 $f_t(U)$ 等同. 于是，$\langle , \rangle_t$ 恰好是 $f_t(U)$ 上诱导的度量. 所以，$\left.\dfrac{\partial}{\partial t}\right|_{t=0}$ 等同于 $F_*\left(\left.\dfrac{\partial}{\partial t}\right|_{t=0}\right) \equiv W$. 设 $W = W^\top + W^\perp$，$W^\top = \tau$ 和 $W^\perp = \nu$ 分别是关于 $f_t(M)$ 的切分量和法分量，则

$$\widetilde{\nabla}_W \left(\frac{\partial}{\partial x^1} \wedge \cdots \wedge \frac{\partial}{\partial x^n}\right)$$

$$= \sum_{i=1}^n \frac{\partial}{\partial x^1} \wedge \cdots \wedge \widetilde{\nabla}_W \frac{\partial}{\partial x^i} \wedge \cdots \wedge \frac{\partial}{\partial x^n}$$

$$= \sum_{i=1}^n \frac{\partial}{\partial x^1} \wedge \cdots \wedge \widetilde{\nabla}_{\frac{\partial}{\partial x^i}} W \wedge \cdots \wedge \frac{\partial}{\partial x^n}$$

$$= \sum_{i=1}^n \frac{\partial}{\partial x^1} \wedge \cdots \wedge \widetilde{\nabla}_{\frac{\partial}{\partial x^i}} \tau \wedge \cdots \wedge \frac{\partial}{\partial x^n} + \sum_{i=1}^n \frac{\partial}{\partial x^1} \wedge \cdots \wedge \widetilde{\nabla}_{\frac{\partial}{\partial x^i}} \nu \wedge \cdots \wedge \frac{\partial}{\partial x^n}$$

$$= \left(\mathrm{tr}(X \mapsto \widetilde{\nabla}_X \tau) + \mathrm{tr}(X \mapsto \widetilde{\nabla}_X \nu)\right) \frac{\partial}{\partial x^1} \wedge \cdots \wedge \frac{\partial}{\partial x^n}$$

$$= \left(\mathrm{div}\,\tau + \mathrm{tr}\,A_\nu\right) \frac{\partial}{\partial x^1} \wedge \cdots \wedge \frac{\partial}{\partial x^n}.$$

于是，立即有

$$\frac{\mathrm{d}}{\mathrm{d}t}\mathrm{d}V_t\Big|_{t=0} = \frac{\mathrm{d}}{\mathrm{d}t}\sqrt{\det(g_{ij}(t))}\Big|_{t=0}\mathrm{d}x^1\wedge\cdots\wedge\mathrm{d}x^n$$

$$= \frac{1}{\sqrt{\det(g_{ij}(0))}}\Big\langle\widetilde{\nabla}_W\Big(\frac{\partial}{\partial x^1}\wedge\cdots\wedge\frac{\partial}{\partial x^n}\Big),$$

$$\frac{\partial}{\partial x^1}\wedge\cdots\wedge\frac{\partial}{\partial x^n}\Big\rangle\Big|_{t=0}\mathrm{d}x^1\wedge\cdots\wedge\mathrm{d}x^n$$

$$= \frac{1}{\sqrt{\det(g_{ij}(0))}}(\operatorname{div}\tau+\operatorname{tr}A_\nu)\Big\langle\frac{\partial}{\partial x^1}\wedge\cdots\wedge\frac{\partial}{\partial x^n},$$

$$\frac{\partial}{\partial x^1}\wedge\cdots\wedge\frac{\partial}{\partial x^n}\Big\rangle\Big|_{t=0}\mathrm{d}x^1\wedge\cdots\wedge\mathrm{d}x^n$$

$$= (\operatorname{div}\tau+\operatorname{tr}A_\nu)\sqrt{\det(g_{ij}(0))}\mathrm{d}x^1\wedge\cdots\wedge\mathrm{d}x^n$$

$$= (\operatorname{div}\tau-n\langle H,\nu\rangle)\mathrm{d}V_0 = \operatorname{div}W^\top\mathrm{d}V_0 - n\langle H,W\rangle\mathrm{d}V_0.$$

两边对 t 积分得到

$$\frac{\mathrm{d}V}{\mathrm{d}t}\Big|_{t=0} = \frac{\mathrm{d}}{\mathrm{d}t}\int_M\mathrm{d}V_t = \int_M\frac{\mathrm{d}}{\mathrm{d}t}\mathrm{d}V_t = \int_M\operatorname{div}W^\top\mathrm{d}V_0 - n\int_M\langle H,W\rangle\mathrm{d}V_0$$

$$\xlongequal{\text{定理}1.7.3}\int_{\partial M}\langle W^\top,N\rangle\mathrm{d}V_{\partial M} - n\int_M\langle H,W\rangle\mathrm{d}V_0$$

$$= -n\int_M\langle H,W\rangle\mathrm{d}V_0,$$

其中 N 为沿 ∂M 关于 $\widetilde{M}$ 的 C^∞ 单位法向量场. $\qquad\Box$

注 1.11.6 如果 W 沿 $f_0(M)$ 为法向量场,则

$$\omega(X) = \langle W,X\rangle = 0,\quad \Omega = 0.$$

所以,在 ∂M 上不必加条件 $f_t|_{\partial M} = f|_{\partial M}$,体积第 1 变分公式仍成立.

定义 1.11.6 当 $\dfrac{\mathrm{d}V_t}{\mathrm{d}t}(0) = 0$ 时,称 M 关于 $f_t(M)$ 是**稳态**的,精确地,称 C^∞ 浸入 $f = f_0:M\to\widetilde{M}$ 是**稳态**的.

设 M 是 $\widetilde{M}$ 的任意 n 维 C^∞ 浸入子流形,如果对 M 中每一个具有 C^∞ 边界 ∂D 的定向紧致子区域 $D\cup\partial D$,它关于每一个正常变分都是稳态的,则称 M 或 f 为 n 维**临界子流形**.

定理 1.11.13 $M,\widetilde{M}$ 如定义 1.11.5 中所述,则 C^∞ 浸入 $f:M\to\widetilde{M}$ 为临界子流形 $\Leftrightarrow$ 平均曲率向量场 $H\equiv 0$,即 M 为极小子流形.

证明 ($\Leftarrow$)设 $H\equiv 0$,由体积第 1 变分公式(定理 1.11.12)得

$$\frac{\mathrm{d}V_t}{\mathrm{d}t}(0) = -n\int_M\langle H,W\rangle\mathrm{d}V_0 = -n\int_M\langle 0,W\rangle\mathrm{d}V_0 = 0.$$

（$\Rightarrow$）设 C^∞ 浸入 $f: M \to \widetilde{M}$ 为 n 维临界子流形. 对 $\forall x_0 \in \overset{\circ}{M}$（$M$ 的内点集），取 M 上的非负 C^∞ 函数 φ，使 φ 在 x_0 的一个开邻域中为 1，而在 ∂M 上为 0. 令

$$F(t, x) = \exp_{f(x)} t\varphi H.$$

因为 M 紧致，所以 $\exists \varepsilon > 0$，当 $0 \leqslant t < \varepsilon$ 时，F 为 $F(0, x) = \exp_{f(x)} 0 = f(x)$ 的正常变分，

$$W = \left.\frac{\partial F}{\partial t}\right|_{t=0} = \varphi H,$$

$$0 = \frac{\mathrm{d} V_t}{\mathrm{d} t}(0) = -n \int_M \langle H, \varphi H \rangle \mathrm{d} V_0 \leqslant 0,$$

$$\langle H, \varphi H \rangle = \varphi \langle H, H \rangle = 0, \quad H(x_0) = 0.$$

由于 $x_0 \in \overset{\circ}{M}$ 是任取的，故 $H|_{\overset{\circ}{M}} \equiv 0$. 再由 H 连续知 $H|_M \equiv 0$. $\qquad\square$

注 1.11.7 定理 1.11.13 中，如果 $\dim M = 1$，则（γ 以弧长为参数，取 $e_1 = \gamma'$）

$$\nabla_{\gamma'} \gamma' = \sum_{A=1}^{\tilde{n}} \langle \widetilde{\nabla}_{e_1} e_1, e_A \rangle e_A = \sum_{\alpha=2}^{\tilde{n}} \langle \widetilde{\nabla}_{e_1} e_1, e_\alpha \rangle e_\alpha = \sum_{\alpha=2}^{\tilde{n}} \langle \nabla_{e_1} e_1 + h(e_1, e_1), e_\alpha \rangle e_\alpha$$

$$= \sum_{\alpha=2}^{\tilde{n}} \langle h(e_1, e_1), e_\alpha \rangle e_\alpha = H$$

和

$$H \equiv 0 \Longleftrightarrow \nabla_{\gamma'} \gamma' = 0,$$

即 γ 为测地线.

注 1.11.8 如果 C^∞ 浸入 $f: M \to \widetilde{M}$ 为临界子流形，即 $\dfrac{\mathrm{d} V_t}{\mathrm{d} t}(0) = 0$ 或 $H \equiv 0$. 仅此，还不能断定 $V_0 = V(0) \leqslant V(t) V_t$，更不能确定体积 $\mathrm{vol}(f) \leqslant \mathrm{vol}(\widetilde{f})$，其中 $\widetilde{f}: M \to \widetilde{M}$ 是任一 C^∞ 浸入，且 $\widetilde{f}|_{\partial M} = f|_{\partial M}$. 为解决这一问题，类似于长度的变分，像测地线那样，只要 $\dfrac{\mathrm{d} V_t}{\mathrm{d} t}(0) = 0$，就可进一步计算 $\dfrac{\mathrm{d}^2 V_t}{\mathrm{d} t^2}(0)$. 考虑到定理 1.11.12 中 W 的切分量 $W^\top$ 对体积第 1 变分公式无贡献，应该将计算简化. 于是，可假定 $\{f_t(M)\}$ 是从法向正常变分得到的，即 $W \perp f(M)$. 进一步的讨论可参阅文献 [157] 314～330 页. 特别是下面的体积第 2 变分公式.

定理 1.11.14（体积第 2 变分公式） 设 $F: (-\varepsilon, \varepsilon) \times M \to \widetilde{M}$ 为 C^∞ 极小浸入 $f: M \to \widetilde{M}$ 的 C^∞ 正常变分. 由 F 诱导的变分向量场 $W = F_*\left(\dfrac{\partial}{\partial t}\right)\Big|_{t=0}$ 是具有紧致支集的法向量场，即 $W \in C_{0c}^\infty(TM^\perp)$，则

$$\left.\frac{\mathrm{d}^2 V_t}{\mathrm{d} t^2}\right|_{t=0} = \int_M \langle -\bar{\Delta} W + \overline{Ric}(W) - h \circ h^\top(W), W \rangle \mathrm{d} V_0.$$

考虑一个重要的特殊情形，即 M 为 $\widetilde{M}$ 的极小超曲面.

定理 1.11.15 设 $f: M \to \widetilde{M}$ 为 C^∞ 浸入,且 $n = \dim M, \tilde{n} = \dim \widetilde{M}, n = \tilde{n} - 1, M$ 是可定向的,N 为 M 在 $\widetilde{M}$ 中的 C^∞ 单位法向量场,则

$$\frac{\mathrm{d}^2 V_t}{\mathrm{d}t^2}\bigg|_{t=0} = \int_M (-u\Delta u - u^2 \widetilde{Ric}(N, N) - u^2 \|A_N\|^2)\mathrm{d}V_0,$$

其中 $W = F_* \left(\frac{\partial}{\partial t}\right)\bigg|_{t=0} = uN(u: M \to \mathbf{R}$ 为 C^∞ 函数,$u|_{\partial M} = 0)$ 为变分向量场(具有紧致支集的 C^∞ 法向量场),$\widetilde{Ric}$ 为 $\widetilde{M}$ 上的 Ricci 张量. A_N 为 M 关于 N 的形状算子,Δ 为 M 对函数的通常的 Laplace 算子.

第 2 章

Laplace 算子 Δ 的特征值、Hodge 分解定理、谱理论和等谱问题

对 n 维 C^∞ 定向 Riemann 流形 (M,g) 的 s 次外微分形式,依次引入星算子 $*$,上微分算子 $\delta = (-1)^{n(s+1)+1} * \mathrm{d} *$ 和 Laplace-Beltrami 算子 $\Delta = \mathrm{d}\delta + \delta\mathrm{d}$.

如果 M 是紧致的,我们在 $F^s(M) = C^\infty(\wedge^s M)$ 上定义内积

$$(\omega, \eta) = \int_M \langle \omega, \eta \rangle \mathrm{d}V = \int_M \langle \omega, \eta \rangle * 1 = \int_M \omega \wedge * \eta.$$

易证,δ 和 d 互为伴随算子,即 $(\mathrm{d}\omega, \eta) = (\omega, \delta\eta)$;$\Delta$ 为自伴算子,即 $(\Delta\omega, \eta) = (\omega, \Delta\eta)$;$(\Delta\omega, \omega) \geqslant 0$ 且 $(\Delta\omega, \omega) = 0 \Leftrightarrow \mathrm{d}\omega = 0$($\omega$ 为闭形式)和 $\delta\omega = 0$(ω 为上闭形式)$\Leftrightarrow \Delta\omega = 0$($\omega$ 为调和形式).

设 $H^s = H(M)$ 为 M 上 s 次调和形式组成的线性空间,则在上述引入的内积下有著名的 Hodge 分解定理:H^s 是有限维的,且有唯一的正交直和分解

$$F^s(M) = \Delta(F^s(M)) \bigoplus H^s(M) = \mathrm{d}(F^s(M)) \bigoplus \delta(F^{s+1}(M)) \bigoplus H^s(M).$$

由 Hodge 分解定理立即推出,每个 de Rham 上同调类包含一个唯一的调和代表.因而,对每个整数 s,有 de Rham 上同调群

$$H_{\mathfrak{D}}^s(M) \cong H^s(M),$$

这还蕴涵着 $H_{\mathfrak{D}}^s(M)$ 也是有限维的.

如果 (M,g) 是不可定向的 C^∞ 紧致 Riemann 流形.考虑 M 的定向 2 层覆叠流形 $\widetilde{M}$(它的覆叠投影为 $\pi : \widetilde{M} \to M$).由于 $(\widetilde{M}, \pi^* g)$ 与 (M, g) 局部等距,不难从 $(\widetilde{M}, \pi^* g)$ 的 Hodge 分解定理得到 (M, g) 的 Hodge 分解定理.

我们还研究了 $F^s(M)$ 上的 Laplace-Beltrami 算子 Δ 的特征值的性质:Δ 在 $F^s(M)$ 上的全部特征值 $\lambda_1, \lambda_2, \cdots, \lambda_m, \cdots$ 满足

$$0 \leqslant \lambda_1 \leqslant \lambda_2 \leqslant \cdots \leqslant \lambda_m \leqslant \cdots, \qquad \lim_{m \to +\infty} \lambda_m = +\infty.$$

并且相应于 λ 的特征空间 $E_\lambda^s(M)$ 的维数 $\dim E_\lambda^s(M)$ 为 $\lambda_m = \lambda$ 的个数.更进一步,关于内积 $(,)$ 的 L_2 空间是完全的,即对 $\forall \alpha \in F^s(M)$,有

$$\lim_{m \to +\infty} \left\| \alpha - \sum_{i=1}^m (\alpha, \omega_i) \omega_i \right\| = 0,$$

其中 ω_i 为 $F^s(M)$ 中对应于特征值 λ_i 的规范正交的特征形式.

我们知道,Laplace 方程在数学物理中起着十分重要的作用.在求解热传导或薄膜振动问题时,就要求解 Laplace 方程的特征值问题.在薄膜的情况下,特征值对应薄膜振动的固有频率(如一只鼓所发出的声音的频率).

Laplace-Beltrami 算子推广到 Riemann 流形上后,就成为现代微分几何中的一个极其重要的微分算子.Laplace 算子的谱与流形的几何性质和拓扑性质有密切的联系.自 20 世纪 60 年代开创 Riemann 流形上 Laplace 算子谱的研究以来,人们已获得了很丰富的结果.谱几何也因而成为大范围几何分析的一个重要分支.

本章我们还给出了特征值问题的一些基本理论,并主要介绍两个前沿方向的内容.其一是谱的计算和主特征值的估计.现在,只有很少的流形,其谱已被计算出来,鉴于大部分流形的谱目前尚无法计算,而主特征值 λ_1 是谱的主项,故近几十年有很多人在研究主特征值的尽量精确的估计.研究方法主要有三类:一是 Cheeger 引入的等周常数方法(参阅文献[8]);二是 Li-Yau 发展的梯度估计方法(参阅文献[155]);三是概率中的耦合方法(参阅文献[152]).

另一个方向是等谱问题.一个 Riemann 流形的全体特征值能够反映出该流形的多少几何或拓扑信息?众所周知,等距的流形必然等谱,但反之不然.1964 年著名数学家 Milnor 曾构造出等谱而不等距的 16 维平坦环面.1966 年 Kac 提出了一个问题:"你能听出鼓的形状吗?"化为数学问题,即两个平面等谱区域是否一定等距同构.其答案也是否定的.目前等谱问题主要是谱几何的反问题,即由谱值确定流形的几何性质,以及加上何种条件后,等谱可导出等距.主要方法则为利用热核的迹的渐进展开式等.此外,也有许多人从事构造简单的等谱而不等距流形,以及等谱形变问题等.

2.1　星算子 $*$、上微分算子 δ、微分形式 $F^s(M) = C^\infty(\wedge^s M)$ 上的 Laplace 算子 $\triangle$

设 $(V, \langle , \rangle)$ 为 n 维定向内积空间,$F^s(V)$ 为 V 上的 s 次外形式(V 上 s 次反称多重偏线性函数)的全体组成的空间,$F^1(V) = V^*$ 为 V 的对偶空间.如果 $\{e_1, \cdots, e_n\}$ 为 $(V, \langle , \rangle)$ 上的定向规范正交基,$\{e^1, \cdots, e^n\}$ 为其对偶基.在 $F^s(V)$ 上定义一个内积,使得

$$\langle e^{i_1} \wedge \cdots \wedge e^{i_s}, e^{j_1} \wedge \cdots \wedge e^{j_s} \rangle = \begin{cases} 0, & \{i_1, \cdots, i_s\} \neq \{j_1, \cdots, j_s\}, \\ (-1)^\pi, & j_\alpha = \pi(i_\alpha), \alpha = 1, \cdots, s, \end{cases}$$

其中 π 为 $\{i_1, \cdots, i_s\}$ 的一个置换,而

$$(-1)^\pi = \begin{cases} 1, & \pi \text{ 为偶置换}, \\ -1, & \pi \text{ 为奇置换}. \end{cases}$$

因此,$\{e^{i_1} \wedge \cdots \wedge e^{i_s} \mid i_1 < \cdots < i_s\}$ 为 $F^s(V)$ 的一个规范正交基.显然,如果 $\varphi_i, \psi_i \in V^*$,$i = 1, \cdots, s$,则

$$\langle \varphi_1 \wedge \cdots \wedge \varphi_s, \psi_1 \wedge \cdots \wedge \psi_s \rangle = \det(\langle \varphi_i, \psi_j \rangle) = \begin{vmatrix} \langle \varphi_1, \psi_1 \rangle & \cdots & \langle \varphi_1, \psi_s \rangle \\ \vdots & & \vdots \\ \langle \varphi_s, \psi_1 \rangle & \cdots & \langle \varphi_s, \psi_s \rangle \end{vmatrix}.$$

应用 V 上的内积可自然给出一个线性映射

$$V \to V^*,$$
$$v \mapsto v^*,$$
$$v^*(u) = \langle v, u \rangle, \quad v, u \in V.$$

此时

$$v = \sum_{i=1}^{n} \lambda_i e_i \mapsto \left(\sum_{i=1}^{n} \lambda_i e_i \right)^* = \sum_{i=1}^{n} \lambda_i e_i^*.$$

另一方面,因为

$$e_i^*(e_j) = \langle e_i, e_j \rangle = \delta_{ij},$$
$$\sum_{i=1}^{n} \lambda_i e_i^* = 0 \Longleftrightarrow 0 = \left(\sum_{i=1}^{n} \lambda_i e_i^* \right)(e_j) = \sum_{i=1}^{n} \lambda_i \delta_{ij} = \lambda_j, \quad j = 1, \cdots, n.$$

所以,$\{e_1^*, \cdots, e_n^*\}$ 线性无关.而对 $\forall \omega \in V^*$,有

$$\omega(e_j) = \left(\sum_{i=1}^{n} \omega(e_i) e_i^* \right)(e_j), \quad j = 1, \cdots, n,$$
$$\omega = \sum_{i=1}^{n} \omega(e_i) e_i^*.$$

这就证明了 $\{e_1^*, \cdots, e_n^*\}$ 为 V^* 的一个基.记 $e_i^* = e^i$,它是 $\{e_1, \cdots, e_n\}$ 的对偶基,且

$$V \to V^*, \quad v \mapsto v^*$$

为同构.由此导出同构

$$h: F^{n-s}(V) \to (F^{n-s}(V))^*.$$

定义线性映射

$$*: F^s(V) \to F^{n-s}(V),$$

使得

$$e^{i_1} \wedge \cdots \wedge e^{i_s} \mapsto *(e^{i_1} \wedge \cdots \wedge e^{i_s}) = e^{j_1} \wedge \cdots \wedge e^{j_{n-s}},$$

其中

$$(e^{i_1} \wedge \cdots \wedge e^{i_s}) \wedge *(e^{i_1} \wedge \cdots \wedge e^{i_s})$$
$$= e^{i_1} \wedge \cdots \wedge e^{i_s} \wedge e^{j_1} \wedge \cdots \wedge e^{j_{n-s}}$$
$$= e^1 \wedge \cdots \wedge e^n (\text{与} (V, \langle, \rangle) \text{的定向一致的体积元素}).$$

对于特殊情形,令

$$*1 = e^1 \wedge \cdots \wedge e^n,$$

$$*(e^1 \wedge \cdots \wedge e^n) = 1.$$

一般地,如果 $\varphi_i \in V^*$, $i = 1, \cdots, n$,则

$$(\varphi_{i_1} \wedge \cdots \wedge \varphi_{i_s}) \wedge *(\varphi_{j_1} \wedge \cdots \wedge \varphi_{j_s})$$

$$= \begin{cases} 0, & \{i_1, \cdots, i_s\} \neq \{j_1, \cdots, j_s\}, \\ \det(\langle \varphi_{i_l}, \varphi_{j_t} \rangle) \cdot *1, & j_\alpha = \pi(i_\alpha), \end{cases}$$

其中 π 为 $\{i_1, \cdots, i_s\}$ 的一个置换.

进一步,有:

引理 2.1.1 (1) 设 $\omega, \eta \in F^s(V)$,则

$$\langle \omega, \eta \rangle = *(\omega \wedge *\eta) = *(\eta \wedge *\omega)$$

或

$$\omega \wedge *\eta = *\langle \omega, \eta \rangle = \langle \omega, \eta \rangle *1 = \langle \eta, \omega \rangle *1 = \eta \wedge *\omega;$$

(2) $**= (-1)^{s(n-s)} \mathrm{Id}_{F^s(V)}$;

(3) $*\omega \wedge *\eta = \omega \wedge \eta, \omega \in F^s(V), \eta \in F^{n-s}(V)$.

证明 (1) 从

$$*((e^{i_1} \wedge \cdots \wedge e^{i_s}) \wedge *(e^{j_1} \wedge \cdots \wedge e^{j_s}))$$

$$= *\begin{cases} \begin{cases} 0, & \{i_1, \cdots, i_s\} \neq \{j_1, \cdots, j_s\}, \\ (-1)^\pi \cdot *1, & j_\alpha = \pi(i_\alpha) \end{cases} \end{cases}$$

$$= \begin{cases} 0, & \{i_1, \cdots, i_s\} \neq \{j_1, \cdots, j_s\}, \\ (-1)^\pi, & j_\alpha = \pi(i_\alpha) \end{cases}$$

$$= \langle e^{i_1} \wedge \cdots \wedge e^{i_s}, e^{j_1} \wedge \cdots \wedge e^{j_s} \rangle$$

和线性性立即得到

$$\langle \omega, \eta \rangle = *(\omega \wedge *\eta).$$

(2) 如果

$$(e^{i_1} \wedge \cdots \wedge e^{i_s}) \wedge (e^{j_1} \wedge \cdots \wedge e^{j_{n-s}}) = e^1 \wedge \cdots \wedge e^n,$$

则

$$(e^{j_1} \wedge \cdots \wedge e^{j_{n-s}}) \wedge (e^{i_1} \wedge \cdots \wedge e^{i_s})$$

$$= (-1)^{s(n-s)} (e^{i_1} \wedge \cdots \wedge e^{i_s}) \wedge (e^{j_1} \wedge \cdots \wedge e^{j_{n-s}}).$$

于是

$$* *(e^{i_1} \wedge \cdots \wedge e^{i_s}) = *(e^{j_1} \wedge \cdots \wedge e^{j_{n-s}}) = (-1)^{s(n-s)} e^{i_1} \wedge \cdots \wedge e^{i_s}$$

$$= (-1)^{s(n-s)} \mathrm{Id}_{F^s(V)}(e^{i_1} \wedge \cdots \wedge e^{i_s}),$$

即

$$* \ * \ = \ (-1)^{s(n-s)} \operatorname{Id}_{F^s(V)}.$$

(3) 由(1)和(2),有

$$* \omega \wedge * \eta = \eta \wedge (* * \omega) = (-1)^{s(n-s)} \eta \wedge \omega = \omega \wedge \eta. \qquad \square$$

注 2.1.1　由引理 2.1.1(1)第 2 式可看出,$*$ 与定向规范正交基 $\{e_i\}$ 的选取无关.但如果取相反定向的规范正交基,则 $* \omega$ 差一个符号.

下面我们用不变观点(不用基)来描述星算子.有一个自然的映射

$$\wedge : F^s(V) \times F^{n-s}(V) \to F^n(V),$$

$$(\omega, \eta) \mapsto \omega \wedge \eta.$$

此外,V 上取定的定向和内积给出了一个同构

$$* : F^n(V) \xrightarrow{\cong} \mathbf{R},$$

$$\xi = \lambda e^1 \wedge \cdots \wedge e^n \mapsto * \xi = \lambda.$$

于是,有双线性映射

$$\{ , \} : F^s(V) \times F^{n-s}(V) \to \mathbf{R},$$

$$(\omega, \eta) \mapsto \{\omega, \eta\} = * (\omega \wedge \eta).$$

由此可定义

$$\mathscr{A} : F^s(V) \to (F^{n-s}(V))^* \quad (F^{n-s}(V) \text{ 的对偶空间}),$$

$$\omega \mapsto \mathscr{A}(\omega),$$

$$\mathscr{A}(\omega)(\eta) = \{\omega, \eta\}, \quad \omega \in F^s(V), \ \eta \in F^{n-s}(V).$$

可以证明复合映射

$$F^s(V) \xrightarrow{\mathscr{A}} (F^{n-s}(V))^* \xrightarrow{h^{-1}} F^{n-s}(V)$$

恰为星算子 $*$,即 $* = h^{-1} \circ \mathscr{A}$.事实上

$$\mathscr{A}(\omega)(\eta) = \{\omega, \eta\} = * (\omega \wedge \eta) = * (\eta \wedge (* * \omega)) = \langle * \omega, \eta \rangle$$
$$= (* \omega)^*(\eta) = h(* \omega)(\eta),$$

$$\mathscr{A}(\omega) = h(* \omega),$$

$$* \omega = 2 h^{-1} \circ \mathscr{A}(\omega),$$

$$* = h^{-1} \circ \mathscr{A}.$$

定义 2.1.1　对于 n 维 C^∞ 定向 Riemann 流形 $(M, g) = (M, \langle , \rangle)$ 上的 s 次 C^∞ 形式的空间 $F^s(M) = C^\infty(\wedge^s M)$,我们自然可定义一个整体的 **Hodge 星算子**(它是线性算子)

$$* : F^s(M) \to F^{n-s}(M),$$

$$\omega \mapsto * \omega,$$

使得

$$* (e^{i_1} \wedge \cdots \wedge e^{i_s}) = e^{j_1} \wedge \cdots \wedge e^{j_{n-s}},$$

$$(e^{i_1} \wedge \cdots \wedge e^{i_s}) \wedge (e^{j_1} \wedge \cdots \wedge e^{j_{n-s}}) = e^1 \wedge \cdots \wedge e^n,$$

其中 $\{e_1, \cdots, e_n\}$ 为 $(M, g) = (M, \langle, \rangle)$ 上的局部 C^∞ 定向规范正交基, 而 $\{e^1, \cdots, e^n\}$ 为其对偶基. 设 $1 \in F^0(M)$ 为 M 上的常值 1 的函数, $\mathrm{d}V_g \in F^n(M)$ 为 $(M, \langle, \rangle)$ 上的定向体积元素, 则

$$* 1 = e^1 \wedge \cdots \wedge e^n = \mathrm{d}V_g,$$

$$* (\mathrm{d}V_g) = 1.$$

显然, $*$ 可线性扩张到 $F(M) = \bigoplus_{s=0}^{n} F^s(M)$ 上, 且仍有

$$*_{n-s} \circ *_s = (-1)^{s(n-s)} \mathrm{Id}_{F^s}(M),$$

$$\omega \wedge * \eta = \langle \omega, \eta \rangle \mathrm{d}V_g, \quad \omega, \eta \in F^s(M).$$

定义 2.1.2 我们称

$$\delta = (-1)^{n(s+1)+1} * \mathrm{d} * : F^s(M) \to F^{s-1}(M),$$

$$\omega \mapsto \delta\omega = (-1)^{n(s+1)+1} * \mathrm{d} * \omega$$

为 $(M, g) = (M, \langle, \rangle)$ 上的**上微分算子**. 而当 $s = 0$ 时,

$$\delta : F^0(M) \to F^{-1}(M) = \{0\},$$

$$\omega \mapsto \delta\omega = 0,$$

即 $\delta = 0$. 将

$$\Delta = \mathrm{d}\delta + \delta\mathrm{d} : F^s(M) \to F^s(M)$$

称为 s 次外形式 $F^s(M)$ 上的 **Laplace-Beltrami 算子**. 如果 $\Delta\omega = 0$, 则称 ω 为 s 次**调和形式**.

有时, 为强调 s 次就记 Δ 为 Δ_s. s 次调和形式的全体记为

$$H^s = H^s(M) = \{\omega \in F^s(M) \mid \Delta\omega = 0\}.$$

从 $\delta = (-1)^{n(s+1)+1} * \mathrm{d} *$ 两次用 $*$ 算子可看出, δ 与规范正交基 $\{e_1, \cdots, e_n\}$ 的定向选取无关. 因此, δ 和 Δ 对不可定向的流形也可定义. 不难验证, 在 0 次形式 $F^0(M) = C^\infty(M, \mathbf{R})$ 上此定义与上节中的定义仅差一个符号. 事实上, 在局部坐标系 $\{x^i\}$ 中,

$$(-1)^{j-1} a_j \mathrm{d}x^1 \wedge \cdots \wedge \mathrm{d}x^n$$

$$= \mathrm{d}x^j \wedge \left(\sum_{l=1}^{n} a_l \mathrm{d}x^1 \wedge \cdots \wedge \mathrm{d}\hat{x}^l \wedge \cdots \wedge \mathrm{d}x^n \right)$$

$$= \mathrm{d}x^j \wedge * (\mathrm{d}x^i) = \langle \mathrm{d}x^j, \mathrm{d}x^i \rangle \mathrm{d}V_g = g^{ji} \mathrm{d}V_g$$

$$= g^{ji} \sqrt{\det(g_{ks})} \, \mathrm{d}x^1 \wedge \cdots \wedge \mathrm{d}x^n,$$

$$* (\mathrm{d}x^i) = \sum_{j=1}^{n} (-1)^{j-1} g^{ji} \sqrt{\det(g_{ks})} \, \mathrm{d}x^1 \wedge \cdots \wedge \mathrm{d}\hat{x}^j \wedge \cdots \wedge \mathrm{d}x^n.$$

于是，对 $\delta: F^1(M) \to F^0(M)$，通过简单计算得到

$$\delta\omega = (-1)^{n(1+1)+1} * \mathrm{d} * \left(\sum_{i=1}^{n} a_i \mathrm{d}x^i\right)$$

$$= - * \mathrm{d} \sum_{i=1}^{n} a_i \sum_{j=1}^{n} (-1)^{j-1} g^{ji} \sqrt{\det(g_{ks})} \, \mathrm{d}x^1 \wedge \cdots \wedge \mathrm{d}\hat{x}^j \wedge \cdots \wedge \mathrm{d}x^n$$

$$= - * \sum_{i,j=1}^{n} (-1)^{j-1} \Big(\sum_{l=1}^{n} \frac{\partial a_i}{\partial x^l} \mathrm{d}x^l \wedge g^{ji} \sqrt{\det(g_{ks})} \, \mathrm{d}x^1 \wedge \cdots$$

$$\wedge \mathrm{d}\hat{x}^j \wedge \cdots \wedge \mathrm{d}x^n + \sum_{l=1}^{n} \frac{\partial g^{ji}}{\partial x^l} \mathrm{d}x^l \wedge \sqrt{\det(g_{ks})} \mathrm{d}x^1 \wedge \cdots$$

$$\wedge \mathrm{d}\hat{x}^j \wedge \cdots \wedge \mathrm{d}x^n + \frac{1}{2} \sum_{l=1}^{n} a_i g^{ji} \frac{\partial \ln \det(g_{ks})}{\partial x^l} \sqrt{\det(g_{ks})} \, \mathrm{d}x^l$$

$$\wedge \mathrm{d}x^1 \wedge \cdots \wedge \mathrm{d}\hat{x}^j \wedge \cdots \wedge \mathrm{d}x^n \Big)$$

$$= - \sum_{i,j=1}^{n} \left(g^{ji} \frac{\partial a_i}{\partial x^j} + a_i \frac{\partial g^{ji}}{\partial x^j} + \frac{1}{2} a_i g^{ji} \frac{\partial \ln \det(g_{ks})}{\partial x^j} \right),$$

$$\Delta f = (\mathrm{d}\delta + \delta\mathrm{d}) f = \delta\mathrm{d}f = \delta\left(\sum_{i=1}^{n} \frac{\partial f}{\partial x^i} \mathrm{d}x^i \right)$$

$$= - \sum_{i,j=1}^{n} \left(g^{ij} \frac{\partial^2 f}{\partial x^i \partial x^j} + \frac{\partial g^{ij}}{\partial x^j} \frac{\partial f}{\partial x^i} + \frac{1}{2} g^{ij} \frac{\partial f}{\partial x^i} \frac{\partial \ln \det(g_{ks})}{\partial x^j} \right).$$

由 $\delta = (-1)^{n(s+1)+1} * \mathrm{d} *$ 和 $* * = (-1)^{s(n-s)} \mathrm{Id}_{F^s(M)}$ 立即推出关于 $*$，d，δ 和 Δ 的简单性质：

引理 2.1.2 $\delta^2 = 0$，$* \delta \mathrm{d} = \mathrm{d}\delta *$，$\delta * \mathrm{d} = 0$，$\mathrm{d} * \delta = 0$，$* \delta = (-1)^s \mathrm{d} *$，$\delta * = (-1)^{s+1} * \mathrm{d}$，$\mathrm{d}\Delta = \Delta\mathrm{d} = \mathrm{d}\delta\mathrm{d}$，$\delta\Delta = \Delta\delta = \delta\mathrm{d}\delta$，$* \Delta = \Delta *$.

2.2　Hodge 分解定理

在 n 维 C^∞ 紧致定向 Riemann 流形 $(M, g) = (M, \langle, \rangle)$ 的 s 次 C^∞ 外微分形式的空间 $F^s = C^\infty(\wedge^s M)$ 上，我们定义内积

$$(,): C^\infty(\wedge^s M) \times C^\infty(\wedge^s M) \to \mathbf{R},$$

$$(\omega, \eta) = \int_M \langle \omega, \eta \rangle \mathrm{d}V = \int_M \langle \omega, \eta \rangle * 1 = \int_M \omega \wedge * \eta.$$

因为 M 紧致，故上述积分总有意义，且内积 $(,)$ 是对称和正定的双线性型，即

(1) $(\omega, \omega) = \int_M \langle \omega, \omega \rangle \mathrm{d}V \geqslant 0$，且 $(\omega, \omega) = 0 \Leftrightarrow \langle \omega, \omega \rangle |_p = 0, \forall p \in M \Leftrightarrow \omega(p)$

$= 0, \forall p \in M$, 即 $\omega = 0$(正定性);

(2) $(\omega, \eta) = \int_M \langle \omega, \eta \rangle \mathrm{d}V = \int_M \langle \eta, \omega \rangle \mathrm{d}V = (\eta, \omega)$(对称性);

(3) $(\omega_1 + \omega_2, \eta) = \int_M \langle \omega_1 + \omega_2, \eta \rangle \mathrm{d}V = \int_M \langle \omega_1, \eta \rangle \mathrm{d}V + \int_M \langle \omega_2, \eta \rangle \mathrm{d}V = (\omega_1, \eta)$

$+ (\omega_2, \eta)$.

类似地(或由上述及(2)),有

$$(\omega, \eta_1 + \eta_2) = (\omega, \eta_1) + (\omega, \eta_2),$$

$$(\lambda\omega, \eta) = (\omega, \lambda\eta) = \lambda(\omega, \eta)(\text{双线性}),$$

其中 $\lambda \in \mathbf{R}, \omega, \omega_1, \omega_2, \eta, \eta_1, \eta_2 \in C^\infty(\wedge^s M)$.此外,还有

$$(*\omega, *\eta) = \int_M *\omega \wedge *(*\eta) = (-1)^{s(n-s)} \int_M *\omega \wedge \eta$$

$$= \int_M \eta \wedge *\omega = (\eta, \omega) = (\omega, \eta),$$

这说明 $*$ 为酉算子.

关于 $\mathrm{d}, \delta, \triangle$ 算子,有下面的引理.

引理 2.2.1 设 $(M, g) = (M, \langle , \rangle)$ 为 n 维 C^∞ 定向紧致(无边)流形,则在直和

$$C^\infty(\wedge M) = \bigoplus_{s=0}^n C^\infty(\wedge^s M)$$

上,上微分算子 δ 和微分算子 d 互为伴随算子,即

$$(\mathrm{d}\omega, \eta) = (\omega, \delta\eta).$$

证明 因为当 $\deg \xi \neq \deg \theta$($\deg \xi$ 为 C^∞ 微分形式 ξ 的次数)时,$(\xi, \theta) = 0$.所以由线性知,只需对 $\omega \in C^\infty(\wedge^s M), \eta \in C^\infty(\wedge^{s+1} M)$ 加以证明.此时,由 $\partial M = \varnothing$ 和

$$\mathrm{d}(\omega \wedge *\eta) = \mathrm{d}\omega \wedge *\eta + (-1)^s \omega \wedge \mathrm{d}*\eta$$

$$= \mathrm{d}\omega \wedge *\eta + (-1)^s(-1)^{s+1}\omega \wedge *\delta\eta$$

$$= \mathrm{d}\omega \wedge *\eta - \omega \wedge *\delta\eta$$

得到

$$(\mathrm{d}\omega, \eta) = \int_M \mathrm{d}\omega \wedge *\eta = \int_M (\mathrm{d}(\omega \wedge *\eta) + \omega \wedge (*\delta\eta))$$

$$= \int_{\partial M} \omega \wedge *\eta + \int_M \omega \wedge (*\delta\eta) = \int_M \omega \wedge (*\delta\eta) = (\omega, \delta\eta). \qquad \square$$

引理 2.2.2 设 (M, g) 为 n 维 C^∞ 定向紧致 Riemann 流形,则对 $\omega, \eta \in C^\infty(\wedge^s M)$,有:

JP(1) $(\triangle\omega, \eta) = (\omega, \triangle\eta)$,即 $\triangle$ 为自伴算子;

(2) $(\triangle\omega, \omega) \geqslant 0$;

(3) $(\triangle\omega, \omega) = 0 \Leftrightarrow \mathrm{d}\omega = 0$ 和 $\delta\omega = 0$(即 ω 既为闭形式,又为上闭形式)$\Leftrightarrow \triangle\omega = 0$.

证明　(1) $(\Delta\omega, \eta) = ((\mathrm{d}\delta + \delta\mathrm{d})\omega, \eta) = (\delta\omega, \delta\eta) + (\mathrm{d}\omega, \mathrm{d}\eta) = (\omega, (\mathrm{d}\delta + \delta\mathrm{d})\eta) = (\omega, \Delta\eta)$.

(2) $(\Delta\omega, \omega) = (\delta\omega, \delta\omega) + (\mathrm{d}\omega, \mathrm{d}\omega) \geqslant 0$.

(3) $(\delta\omega, \delta\omega) + (\mathrm{d}\omega, \mathrm{d}\omega) = (\Delta\omega, \omega) = 0 \Leftrightarrow (\delta\omega, \delta\omega) = 0$ 和 $(\mathrm{d}\omega, \mathrm{d}\omega) = 0 \Leftrightarrow \delta\omega = 0$ 和 $\mathrm{d}\omega = 0 \Rightarrow \Delta\omega = (\mathrm{d}\delta + \delta\mathrm{d})\omega = 0 \Rightarrow (\Delta\omega, \omega) = (0, \omega) = 0$. □

引理 2.2.3　$\operatorname{Im}\mathrm{d} \perp \operatorname{Im}\delta; \operatorname{Im}\mathrm{d} \perp \operatorname{Ker}\Delta; \operatorname{Im}\delta \perp \operatorname{Ker}\Delta; \operatorname{Im}\Delta \perp \operatorname{Ker}\Delta.$

证明　因为 $(\mathrm{d}\omega, \delta\eta) = (\mathrm{d}^2\omega, \eta) = (0, \eta) = 0$, 故 $\operatorname{Im}\mathrm{d} \perp \operatorname{Im}\delta$.

设 $\eta \in \operatorname{Ker}\Delta$, 则

$$(\mathrm{d}\omega, \eta) = (\omega, \delta\eta) \xlongequal{\Delta\eta = 0} (\omega, 0) = 0, \quad \operatorname{Im}\mathrm{d} \perp \operatorname{Ker}\Delta,$$

$$(\delta\omega, \eta) = (\omega, \mathrm{d}\eta) \xlongequal{\Delta\eta = 0} (\omega, 0) = 0, \quad \operatorname{Im}\delta \perp \operatorname{Ker}\Delta,$$

$$(\Delta\omega, \eta) = (\omega, \Delta\eta) = (\omega, 0) = 0, \quad \operatorname{Im}\Delta \perp \operatorname{Ker}\Delta.$$ □

引理 2.2.4　设 $(M, g) = (M, \langle, \rangle)$ 为 n 维 C^∞ 紧致定向 Riemann 流形. 记

$$F^s = F^s(M) = C^\infty(\wedge^s M),$$

$$H^s = H^s(M) = \{\omega \in F^s(M) \mid \Delta\omega = 0\},$$

则:

(1) $\omega \perp \mathrm{d}F^{s-1}(M) \Leftrightarrow \delta\omega = 0$;

(2) $\omega \perp \delta F^{s+1}(M) \Leftrightarrow \mathrm{d}\omega = 0$;

(3) $\omega \in H^s(M) \Leftrightarrow \omega \perp \mathrm{d}F^{s-1}(M)$ 和 $\omega \perp \delta F^{s+1}(M)$;

(4) $\omega = 0 \Leftrightarrow \omega \perp \mathrm{d}F^{s-1}(M), \omega \perp \delta F^{s+1}(M)$ 和 $\omega \perp H^s(M)$.

证明　(1) ($\Leftarrow$) 设 $\delta\omega = 0$, 则对 $\forall \theta \in F^{s-1}(M)$, 有

$$(\omega, \mathrm{d}\theta) = (\delta\omega, \theta) = (0, \theta) = 0, \quad \omega \perp \mathrm{d}F^{s-1}(M).$$

($\Rightarrow$) 设 $\omega \perp \mathrm{d}F^{s-1}(M)$, 则

$$0 = (\omega, \mathrm{d}\delta\omega) = (\delta\omega, \delta\omega),$$

故 $\delta\omega = 0$.

(2) ($\Leftarrow$) 设 $\mathrm{d}\omega = 0$, 则对 $\forall \eta \in F^{s+1}(M)$, 有

$$(\omega, \delta\eta) = (\mathrm{d}\omega, \eta) = (0, \eta) = 0, \quad \omega \perp \delta F^{s+1}(M).$$

($\Rightarrow$) 设 $\omega \perp F^{s-1}(M)$, 则

$$0 = (\omega, \delta\mathrm{d}\omega) = (\mathrm{d}\omega, \mathrm{d}\omega), \quad \mathrm{d}\omega = 0.$$

(3) $\omega \in H^s(M)$, 即 $\Delta\omega = 0 \Leftrightarrow \delta\omega = 0$ 和 $\mathrm{d}\omega = 0 \Leftrightarrow \omega \perp \mathrm{d}F^{s-1}(M)$ 和 $\omega \perp \delta F^{s+1}(M)$.

(4) ($\Rightarrow$) 显然.

($\Leftarrow$) 由 (3) 知, $\omega \perp \mathrm{d}F^{s-1}(M), \omega \perp \delta F^{s+1}(M) \Leftrightarrow \omega \in H^s(M)$. 又因 $\omega \in H^s(M)$, 故

$$(\omega, \omega) = 0,$$

从而 $\omega = 0$. □

定义 2.2.1 设 Δ^* 为在 n 维 C^∞ 紧致定向 Riemann 流形 $(M,g) = (M,\langle,\rangle)$ 上的 s 次 C^∞ 外微分形式空间 $F^s(M) = C^\infty(\wedge^s M)$ 上的 Laplace 算子 Δ 的伴随算子. 由于 Δ 为 $F^s(M)$ 上的自伴算子, 故 $\Delta^* = \Delta$, 通常在 Δ 与 Δ^* 之间, 我们不作区别. 但是, 这个区别对于下面的弱解的定义是重要的.

我们对寻找方程 $\Delta\omega = \alpha$ 有解的充要条件有兴趣. 假设 ω 是 $\Delta\omega = \alpha$ 的解, 则:

(1) 对 $\forall \varphi \in F^s(M)$, 有 $(\Delta\omega, \varphi) = (\alpha, \varphi)$;

(2) 对 $\forall \varphi \in F^s(M)$, 有 $(\omega, \Delta^*\varphi) = (\alpha, \varphi)$.

(2) 提醒我们可以将 $\Delta\omega = \alpha$ 的解 ω 视作 $F^s(M)$ 上某种类型的线性泛函, 那就是 ω 在 $F^s(M)$ 上由

(3) $l(\varphi) = (\omega, \varphi)$

确定了一个有界线性泛函 l, 它满足:

(4) $l(\Delta^*\varphi) = (\omega, \Delta^*\varphi) = (\alpha, \varphi)$.

这个解的观点是极其重要的, 它将带来各种各样泛函分析的技巧, 并对通常解 $\Delta\omega = \alpha$ 有很大影响. 我们称这样的线性泛函 l 为 $\Delta\omega = \alpha$ 的**弱解**, 即 $\Delta\omega = \alpha$ 的一个弱解是有界线性泛函 $l: F^s(M) \to \mathbf{R}$, 使得对 $\forall \varphi \in F^s(M)$, 有

$$l(\Delta^*\varphi) = (\alpha, \varphi).$$

我们已经看到 $\Delta\omega = \alpha$ 的每个普通解, 由 (3) 确定了一个弱解. 相反地, 其逆命题也是正确的, 即:

定理 2.2.1(正则性定理) 设 $\alpha \in F^s(M)$, l 为 $\Delta\omega = \alpha$ 的一个弱解. 则 $\exists \omega \in F^s(M)$, s.t. 对 $\forall \varphi \in F^s(M)$, 有

$$l(\varphi) = (\omega, \varphi).$$

因此, $\Delta\omega = \alpha$, 即 ω 为 $\Delta\omega = \alpha$ 的普通解.

证明 存在性参阅文献 [34] 245~246 页. 现证后半部分结论. 由于对 $\forall \varphi \in F^s(M)$, 有

$$(\Delta\omega, \varphi) = (\omega, \Delta^*\varphi) = l(\Delta^*\varphi) = (\alpha, \varphi), \quad (\Delta\omega - \alpha, \varphi) = 0,$$

故特别取 $\varphi = \Delta\omega - \alpha$ 就有

$$(\Delta\omega - \alpha, \Delta\omega - \alpha) = 0.$$

根据内积的正定性得到 $\Delta\omega - \alpha = 0$, 即 $\Delta\omega = \alpha$. □

定理 2.2.2(Rellich) 设 $\{\alpha_n\}$ 为 $F^s(M)$ 中的一个序列 $\left(\text{其中} \|\alpha_n\|^2 = (\alpha_n, \alpha_n) = \int_M \langle \alpha_n, \alpha_n \rangle \mathrm{d}V_g\right)$, 且对所有 n 和某个常数 $c > 0$ 满足

$$\| \alpha_n \| \leqslant c, \quad \| \Delta \alpha_n \| \leqslant c,$$

则 $\{\alpha_n\}$ 必有一个子序列为 $F^s(M)$ 中的 Cauchy 序列.

证明 参阅文献[34]248～249 页. $\square$

为证 Hodge 分解定理,需先证下面的引理.

引理 2.2.5 存在常数 $c>0$,使得对 $\forall \psi \in (H^s)^{\perp}$,有

$$\| \psi \| \leqslant c \| \Delta \psi \|.$$

证明 (反证)假设命题不成立,即引理中的 c 不存在.因此,存在序列 $\psi_j \in (H^s)^{\perp}$,使 $\psi_j \neq 0$,且

$$\| \psi_j \| > j \| \Delta \psi_j \|.$$

不妨取 $\| \psi_j \| = 1$. 于是,$\| \Delta \psi_j \| < \dfrac{1}{j} \| \psi_j \| = \dfrac{1}{j} \to 0 (j \to +\infty)$. 根据定理 2.2.2,$\{\psi_j\}$ 有子序列,且子序列为 Cauchy 序列.为方便,假设就是 $\{\psi_j\}$.由 Cauchy-Schwarz 不等式导出

$$| (\psi_{j+1}, \varphi) - (\psi_j, \varphi) |^2 = | (\psi_{j+1} - \psi_j, \varphi) |^2$$
$$\leqslant \| \psi_{j+1} - \psi_j \| \| \varphi \|, \quad \forall \varphi \in F^s(M).$$

于是推出 $\{(\psi_j, \varphi)\}$ 也是 Cauchy 序列.因此

$$\lim_{j \to +\infty} \langle \psi_j, \varphi \rangle$$

是存在有限的.通过令

$$l(\varphi) = \lim_{j \to +\infty} (\psi_j, \varphi), \quad \forall \varphi \in F^s(M),$$

定义了线性泛函 $l: F^s(M) \to \mathbf{R}$. 故 l 是有界的.事实上,

$$| l(\varphi) | = \left| \lim_{j \to +\infty} (\psi_j, \varphi) \right| \leqslant \lim_{j \to +\infty} \| \psi_j \| \| \varphi \| = 1 \cdot \| \varphi \| = \| \varphi \|.$$

此外,对 $\forall \varphi \in F^s(M)$,有

$$l(\Delta^* \varphi) = l(\Delta \varphi) = \lim_{j \to +\infty} (\psi_j, \Delta \varphi) = \lim_{j \to +\infty} (\Delta \psi_j, \varphi) = 0 = (0, \varphi)$$

(倒数第 2 个等式是由于

$$| (\Delta \psi_j, \varphi) | \leqslant \| \Delta \psi_j \| \| \varphi \| \to 0).$$

所以,l 为 $\Delta \omega = 0$ 的弱解.由定理 2.2.1 知,$\exists \omega \in F^s(M)$,s.t.

$$\lim_{j \to +\infty} (\psi_j, \varphi) = l(\varphi) = (\omega, \varphi), \quad \forall \varphi \in F^s(M).$$

由此不难证明 $\psi_j \to \omega$.因为 $\| \psi_j \| = 1$ 和 $\psi_j \in (H^s)^{\perp}$,所以 $\| \omega \| = 1$ 和 $\omega \in (H^s)^{\perp}$.但由定理 2.2.1 知,$\Delta \omega = 0$,故 $\omega \in H^s$,$(\omega, \omega) = 0$,$\omega = 0$,这与 $\| \omega \| = 1$ 矛盾. $\square$

设 M 上 s 次调和形式组成的线性空间为

$$H^s = H^s(M) = \{ \omega \in F^s(M) \mid \Delta \omega = 0 \},$$

则有著名的 Hodge 分解定理.

定理 2.2.3（Hodge 分解定理） 在 n 维 C^∞ 紧致定向 Riemann 流形 $(M,g) = (M,\langle,\rangle)$ 上，对于每个整数 s，$0 \leqslant s \leqslant n$，$H^s$ 是有限维的，且线性空间 $F^s(M)$ 有下面的正交直和分解：

$$F^s(M) = \Delta(F^s) \oplus H^s = \mathrm{d}\delta(F^s) \oplus \delta\mathrm{d}(F^s) \oplus H^s = \mathrm{d}(F^{s-1}) \oplus \delta(F^{s+1}) \oplus H^s.$$

由正交直和分解得到：对 $\forall \omega \in F^s(M)$，$\exists \alpha \in F^{s-1}(M)$，$\beta \in F^{s+1}(M)$，$\gamma \in H^s(M)$ 满足

$$\omega = \mathrm{d}\alpha + \delta\beta + \gamma,$$

且 $\mathrm{d}\alpha, \delta\beta, \gamma$ 分解是唯一的．

证明 （反证）假设 H^s 不是有限维的，则 H^s 包含一个可数规范正交序列 $\{\alpha_m\}$．根据定理 2.2.2，$\{\alpha_m\}$ 必包含一个 Cauchy 子序列 $\{\alpha_{m_k}\}$，但

$$\begin{aligned}
\| \alpha_{m_k} - \alpha_{m_{k+l}} \|^2 &= (\alpha_{m_k} - \alpha_{m_{k+l}}, \alpha_{m_k} - \alpha_{m_{k+l}}) \\
&= \| \alpha_{m_k} \|^2 + \| \alpha_{m_{k+l}} \|^2 - 2(\alpha_{m_k}, \alpha_{m_{k+l}}) = 1 + 1 - 0 = 2,
\end{aligned}$$

即距离 $\rho(\alpha_{m_k}, \alpha_{m_{k+l}}) = \| \alpha_{m_k} - \alpha_{m_{k+l}} \| = \sqrt{2}$．由此知 $\{\alpha_{m_k}\}$ 不为 Cauchy 序列，矛盾．因此 H^s 是有限维的．显然，只需证明 Hodge 分解定理中的第 1 式．而第 2 式和第 3 式由第 1 式和 $\Delta = \mathrm{d}\delta + \delta\mathrm{d}$ 以及引理 2.2.3 可推出．

因为 H^s 是有限维的，设 $\omega_1, \cdots, \omega_t$ 为 H^s 的规范正交基，则任意 $\alpha \in F^s(M)$ 可唯一表示为

$$\alpha = \beta + \sum_{i=1}^{t} (\alpha, \omega_i) \omega_i,$$

其中

$$\beta \in (H^s)^\perp = \{\theta \in F^s(M) \mid \theta \perp H^s\}.$$

因此，有正交直和分解

$$F^s(M) = (H^s)^\perp \oplus H^s.$$

于是

$$F^s(M) = \Delta(F^s(M)) \oplus H^s \Leftrightarrow (H^s)^\perp = \Delta(F^s(M)).$$

设 $F^s(M)$ 到 H^s 上的正交投影算子为

$$H : F^s(M) \to H^s,$$

$$\alpha \mapsto H(\alpha) = \sum_{i=1}^{t} (\alpha, \omega_i) \omega_i,$$

即 $H(\alpha)$ 为 α 的调和部分．

如果 $\omega \in F^s(M)$，$\eta \in H^s$，则

$$(\Delta\omega, \eta) = (\omega, \Delta\eta) = (\omega, 0) = 0,$$

即 $\Delta\omega \perp \eta$，$\Delta\omega \perp H^s$，$\Delta\omega \in (H^s)^\perp$．这就证明了 $\Delta(F^s(M)) \subset (H^s)^\perp$．

相反地，设 $\alpha \in (H^s)^\perp$．我们定义一个线性泛函

$$l : \Delta(F^s(M)) \to \mathbf{R},$$

$$l(\Delta\varphi) = (\alpha, \varphi), \quad \forall \varphi \in F^s(M).$$

这个 l 的定义是确切的.事实上,如果 $\Delta\varphi_1 = \Delta\varphi_2$,则

$$\Delta(\varphi_1 - \varphi_2) = 0, \quad \varphi_1 - \varphi_2 \in H^s,$$

$$0 = (\alpha, \varphi_1 - \varphi_2) = (\alpha, \varphi_1) - (\alpha, \varphi_2),$$

$$(\alpha, \varphi_1) = (\alpha, \varphi_2).$$

对 $\varphi \in F^s(M)$,令 $\psi = \varphi - H(\varphi) \in (H^s)^\perp$.应用 Cauchy-Schwarz 不等式和引理 2.2.5 得到

$$|l(\Delta\varphi)| = |l(\Delta\psi)| = |(\alpha, \psi)| \leqslant \|\alpha\| \|\psi\|$$

$$\leqslant \|\alpha\| \cdot c\|\Delta\psi\| = c\|\alpha\| \|\Delta\varphi\|.$$

这表明 l 为 $\Delta(F^s(M))$ 上的有界线性泛函.根据 Hahn-Banach 定理(文献[156]159~166 页),l 可扩张为 $F^s(M)$ 上的有界线性泛函.因此,l 是 $\Delta\omega = \alpha$ 的一个弱解.由定理 2.2.1,$\exists \omega \in F^s(M)$ 使得 $\Delta\omega = \alpha$.因此,$\alpha \in \Delta(F^s(M))$,从而

$$(H^s)^\perp \subset \Delta(F^s(M)).$$

综上所述得到

$$(H^s)^\perp = \Delta(F^s(M)).$$

再由引理 2.2.3,有

$$(H^s)^\perp = \Delta(F^s) = (\mathrm{d}\delta + \delta\mathrm{d})(F^s) \subset \mathrm{d}\delta(F^s) + \delta\mathrm{d}(F^s)$$

$$\subset \mathrm{d}(F^{s-1}) + \delta(F^{s+1}) \subset (H^s)^\perp,$$

$$\Delta(F^s) = \mathrm{d}\delta(F^s) \bigoplus \delta\mathrm{d}(F^s) = \mathrm{d}(F^{s-1}) \bigoplus \delta(F^{s+1}) = (H^s)^\perp. \qquad \square$$

定理 2.2.4 设 (M, g) 为 n 维紧致定向 C^∞ Riemann 流形,则对 $\alpha \in F^s(M)$,有

$$\Delta\omega = \alpha \text{ 有解} \Leftrightarrow \alpha \in (H^s)^\perp.$$

此时,$\omega - H(\omega) \in (H^s)^\perp$ 且 $\Delta(\omega - H(\omega)) = \Delta\omega - 0 = \alpha - 0 = \alpha$.

证明 ($\Rightarrow$)设 $\Delta\omega = \alpha$,则对 $\forall \gamma \in H^s$,有

$$(\alpha, \gamma) = (\Delta\omega, \gamma) = (\omega, \Delta\gamma) = (\omega, 0) = 0, \quad \alpha \perp \gamma, \quad \alpha \perp H^s,$$

即 $\alpha \in (H^s)^\perp$.

($\Leftarrow$)根据 Hodge 分解定理,有

$$\alpha = \Delta\beta + \gamma.$$

如果 $\alpha \in (H^s)^\perp$,则

$$(\gamma, \gamma) = (\alpha - \Delta\beta, \gamma) = (\alpha, \gamma) - (\Delta\beta, \gamma)$$

$$= (\alpha, \gamma) - (\beta, \Delta\gamma) = 0 - (\beta, 0) = 0 - 0 = 0,$$

于是

$$\gamma = 0,$$

所以 $\Delta\beta = \alpha$，即 $\Delta\omega = \alpha$ 有解 $\omega = \beta$. □

注 2.2.1 如果在定理 2.2.4 中 Hodge 分解的形式为

$$\alpha = \mathrm{d}\alpha_1 + \delta\beta_1,$$

$$\alpha_1 = \mathrm{d}\alpha_2 + \delta\beta_2 + \gamma_2, \quad \beta_2 = \mathrm{d}\alpha_4 + \delta\beta_4 + \gamma_4,$$

$$\beta_1 = \mathrm{d}\alpha_3 + \delta\beta_3 + \gamma_3, \quad \alpha_3 = \mathrm{d}\alpha_5 + \delta\beta_5 + \gamma_5,$$

读者自证 $\Delta\omega = \alpha$ 有解

$$\omega = \mathrm{d}\alpha_4 + \delta\beta_5.$$

定义 2.2.2 设

$$G : F^s(M) \to (H^s)^{\perp},$$

$$\alpha \mapsto G(\alpha) = \omega,$$

其中 ω 满足 $\Delta\omega = \alpha - H(\alpha)$, $\omega \in (H^s)^{\perp}$, G 称为 **Green 算子**. 事实上，根据 Hodge 分解定理，有

$$\alpha = \Delta\beta + H(\alpha) = \Delta(\beta - H(\beta)) + H(\alpha),$$

则

$$\omega = \beta - H(\beta) \in (H^s)^{\perp}$$

且

$$\Delta\omega = \Delta\beta = \alpha - H(\alpha).$$

再证满足上述条件的 ω 是唯一的. 如果 ω_1 和 ω_2 满足

$$\Delta\omega_i = \alpha - H(\alpha), \quad \omega_i \in (H^s)^{\perp}, \ i = 1, 2,$$

则 $\omega_1 - \omega_2 \in (H^s)^{\perp}$ 和 $\Delta(\omega_1 - \omega_2) = (\alpha - H(\alpha)) - (\alpha - H(\alpha)) = 0, \omega_1 - \omega_2 \in H^s$. 由于 $H^s \cap (H^s)^{\perp} = \{0\}$, 故

$$\omega_1 - \omega_2 = 0,$$

即 $\omega_1 = \omega_2$. 因为

$$(G(\alpha), \varphi) = (G(\alpha), \Delta G(\varphi) + H(\varphi))$$

$$= (G(\alpha), \Delta G(\varphi)) = (\Delta G(\alpha), G(\varphi))$$

$$= (\Delta G(\alpha) + H(\alpha), G(\varphi)) = (\alpha, G(\varphi)),$$

再根据定理 2.2.4, $\exists \beta \in (H^s)^{\perp}$, s.t. $\Delta\beta = G(\alpha) \in (H^s)^{\perp}$, 并应用引理 2.2.5 得到

$$\| G(\alpha) \|^2 = (G(\alpha), G(\alpha)) = (\Delta\beta, G(\alpha))$$

$$= (\beta, \Delta G(\alpha)) = (\beta, \alpha - H(\alpha))$$

$$= (\beta, \alpha) \leqslant \| \alpha \| \, \| \beta \| \leqslant \| \alpha \| \cdot c \| \Delta\beta \|$$

$$= c \| \alpha \| \cdot \| G(\alpha) \|,$$

即

$$\| G(\alpha) \| \leqslant c \| \alpha \|.$$

所以, G 为有界自伴算子.

Green 算子 G 有下面的性质.

引理 2.2.6　设 $T : F^s(M) \to F^l(M)$ 为线性算子, 且 $T\Delta = \Delta T$ (例如: T 为 $\mathrm{d}, \delta, \Delta$),
则 $GT = TG$.

证明　设 $\pi_{(H^s)^\perp} : F^s(M) \to (H^s)^\perp$ 为投影映射, 显然它是一个满映射.

易见

$$\Delta \mid_{(H^s)^\perp} : (H^s)^\perp = \Delta F^s(M) \to (H^s)^\perp = \Delta F^s(M)$$

为满映射. 此外, 如果 $\omega_1, \omega_2 \in (H^s)^\perp, \Delta\omega_1 = \Delta\omega_2$, 则

$$\omega_1 - \omega_2 \in (H^s)^\perp$$

和

$$\Delta(\omega_1 - \omega_2) = 0, \quad \omega_1 - \omega_2 \in H^s.$$

于是, $\omega_1 - \omega_2 = 0$, 即 $\omega_1 = \omega_2$, 故 $\Delta_{(H^s)^\perp}$ 为单射, 所以 $\Delta_{(H^s)^\perp}$ 为一一映射. 记

$$(\Delta \mid_{(H^s)^\perp})^{-1} \text{ 为 } \Delta \mid_{(H^s)^\perp} \text{ 的逆映射.}$$

由定义 2.2.2 知

$$G = (\Delta \mid_{(H^s)^\perp})^{-1} \circ \pi_{(H^s)^\perp}.$$

现在, $T\Delta = \Delta T$ 蕴涵着 $T(H^s) \subset H^l$, 而 $(H^s)^\perp = \Delta(F^s(M))$ 也蕴涵着

$$T((H^s)^\perp) = T(\Delta F^s(M)) = \Delta T(F^s(M)) \subset \Delta(F^l(M)) = (H^l)^\perp.$$

由此及 Hodge 分解定理, 对 $\forall \alpha \in F^s(M)$, 有 $\alpha = \Delta\beta + \gamma$. 于是

$$T \circ \pi_{(H^s)^\perp}(\alpha) = T(\Delta\beta) = T_{(H^l)^\perp}(T(\Delta\beta) + T(\gamma))$$

$$= \pi_{(H^l)^\perp} \circ T(\Delta\beta + \gamma) = \pi_{(H^l)^\perp} \circ T(\alpha),$$

$$T \circ \pi_{(H^s)^\perp} = \pi_{(H^l)^\perp} \circ T.$$

另外, 对 $\forall \alpha \in (H^s)^\perp$, 有 $\alpha = \Delta\beta$,

$$T \circ (\Delta \mid_{(H^s)^\perp})(\alpha) = T \circ \Delta \circ \Delta(\beta) = \Delta \mid_{(H^l)^\perp} \circ T(\Delta\beta) = (\Delta \mid_{(H^l)^\perp}) \circ T(\alpha),$$

$$T \circ (\Delta \mid_{(H^s)^\perp}) = (\Delta \mid_{(H^l)^\perp}) \circ T.$$

因此

$$G \circ T = (\Delta \mid_{(H^l)^\perp})^{-1} \circ \pi_{(H^l)^\perp} \circ T = (\Delta \mid_{(H^l)^\perp})^{-1} \circ T \circ \pi_{(H^s)^\perp}$$

$$= T \circ (\Delta \mid_{(H^s)^\perp})^{-1} \circ \pi_{(H^s)^\perp} = T \circ G. \qquad \square$$

定义 2.2.3　设 M 为 n 维 C^∞ 流形, $\omega \in F^s(M)$. 如果 $\mathrm{d}\omega = 0$, 则称 ω 为 s 次 C^∞ **闭形
式**; 如果 $\exists \eta \in F^{s-1}(M)$, s.t. $\omega = \mathrm{d}\eta$, 则称 ω 为 s 次 C^∞ **恰当微分形式**.

因 $\mathrm{d}^2 = 0$, 故恰当微分形式必为闭形式. 但反之不一定成立. 例如

$$M = \mathbf{R}^2 - \{(0,0)\},$$

$$\omega = \frac{-y}{x^2 + y^2}\mathrm{d}x + \frac{x}{x^2 + y^2}\mathrm{d}y,$$

$$\mathrm{d}\omega = -\frac{x^2 + y^2 - 2y^2}{(x^2 + y^2)^2}\mathrm{d}y \wedge \mathrm{d}x + \frac{x^2 + y^2 - 2x^2}{(x^2 + y^2)^2}\mathrm{d}x \wedge \mathrm{d}y$$

$$= \left(\frac{x^2 - y^2}{(x^2 + y^2)^2} + \frac{y^2 - x^2}{(x^2 + y^2)^2}\right)\mathrm{d}x \wedge \mathrm{d}y = 0,$$

故 ω 为 1 次 C^∞ 闭形式. 但 ω 不是 C^∞ 恰当微分形式.（反证）假设 $\omega = \mathrm{d}\eta, \eta \in F^0(M)$，则

$$\int_{\vec{C}} \omega = \int_{\vec{C}} \mathrm{d}\eta = \eta(\theta) \big|_0^{2\pi} = \eta(2\pi) - \eta(0) = 0.$$

这与

$$\int_{\vec{C}} \omega = \int_{\vec{C}} \frac{-y}{x^2 + y^2}\mathrm{d}x + \frac{x}{x^2 + y^2}\mathrm{d}y$$

$$= \int_0^{2\pi} \left(\frac{-\sin\theta}{\cos^2\theta + \sin^2\theta}(-\sin\theta) + \frac{\cos\theta}{\cos^2\theta + \sin^2\theta}\cos\theta\right)\mathrm{d}\theta$$

$$= \int_0^{2\pi} \mathrm{d}\theta = 2\pi \neq 0$$

矛盾，其中 $\vec{C}$ 为逆时针方向的单位圆.

定义 2.2.4 设 $\mathcal{D}$ 为 M 的 C^∞ 微分构造，称

$$Z_{\mathcal{D}}^s(M) = \{\omega \in F^s(M) \mid \mathrm{d}\omega = 0\}$$

为 s 次 C^∞ **闭形式**加群；

$$B_{\mathcal{D}}^s(M) = \{\omega \in F^s(M) \mid \exists \eta \in F^{s-1}(M), \mathrm{s.t.}\ \omega = \mathrm{d}\eta\}$$

为 s 次 C^∞ **恰当微分形式**加群. 显然，由 $\mathrm{d}^2 = \mathrm{d} \circ \mathrm{d} = 0$ 知 $B_{\mathcal{D}}^s(M) \subset Z_{\mathcal{D}}^s(M)$. 因而，称商群

$$H_{\mathcal{D}}^s(M) = Z_{\mathcal{D}}^s(M)/B_{\mathcal{D}}^s(M)$$

为 M 的第 s 个 **de Rham 上同调群**. $H_{\mathcal{D}}^s(M)$ 中的元素称为 s 次 C^∞ 闭形式的**同调类**. ω 的同调类记为

$$\{\omega\} = \{\omega_1 \in Z_{\mathcal{D}}^s(M) \mid \omega_1 - \omega \in B_{\mathcal{D}}^s(M)\} = \{\omega + \mathrm{d}\eta \mid \eta \in F^{s-1}(M)\}.$$

显然

$$H_{\mathcal{D}}^s(M) = 0 \Leftrightarrow Z_{\mathcal{D}}^s(M) = B_{\mathcal{D}}^s(M),$$

即 s 次 C^∞ 闭形式 $\Leftrightarrow$ s 次 C^∞ 恰当微分形式. 换句话说，此时 s 次 C^∞ 闭形式与 s 次恰当微分形式无差别. 因此，de Rham 上同调群是刻画闭形式和恰当微分形式差别的重要的量.

定理 2.2.5（Hodge 同构定理） 紧致定向 C^∞ Riemann 流形 (M, g) 上的每个 de Rham 上同调类包含一个唯一的调和代表. 因此，对每个整数 s，有

$$H_{\mathcal{D}}^s(M) \cong H^s(M).$$

证明 (证法 1)对 $\forall\, \omega \in F^s(M)$,由 Hodge 分解定理和 Green 算子 G 的定义,有

$$\omega = \mathrm{d}\delta G(\omega) + \delta\mathrm{d}G(\omega) + H(\omega).$$

因为 $G \circ \mathrm{d} = \mathrm{d} \circ G$(由引理 2.2.6 可得),故

$$\omega = \mathrm{d}\delta G(\omega) + \delta G \mathrm{d}(\omega) + H(\omega).$$

如果 ω 为 C^∞ 闭形式,即 $\mathrm{d}\omega = 0$,就有

$$\omega = \mathrm{d}\delta G(\omega) + H(\omega), \quad H(\omega) = \omega + \mathrm{d}(-\delta G(\omega)).$$

由此立即得到 $H(\omega)$ 为 ω 的 de Rham 上同调类中的调和 s 形式.

另一方面,如果

$$\omega_1, \omega_2 \in H^s(M), \quad \omega_2 = \omega_1 + \mathrm{d}\eta,$$

则

$$\Delta(\omega_2 - \omega_1) = 0 \Longleftrightarrow \mathrm{d}(\omega_2 - \omega_1) = 0$$

和

$$\delta(\omega_2 - \omega_1) = 0,$$
$$(\omega_2 - \omega_1, \omega_2 - \omega_1) = (\mathrm{d}\eta, \omega_2 - \omega_1) = (\eta, \delta(\omega_1 - \omega_2)) = (\eta, 0) = 0,$$

于是

$$\omega_2 - \omega_1 = 0,$$

所以

$$\omega_2 = \omega_1.$$

因此,在每个 de Rham 上同调类中有唯一的调和代表.

设

$$f: H^s_{\widetilde{\Delta}}(M) \to H^s(M),$$
$$\{\omega\} \mapsto f(\{\omega\}) = H(\omega).$$

根据 Hodge 分解定理,有

$$H(\omega + \mathrm{d}\eta) = H(\omega).$$

因此,f 的定义是确切的.由定理的前半部分的结论知,f 为一一映射.此外,易知 f 为同态,所以 f 为同构.

(证法 2)设 ω 为 s 次 C^∞ 闭形式,由 Hodge 分解定理知

$$\omega = \mathrm{d}\alpha + \delta\beta + \gamma,$$

则

$$0 = \mathrm{d}\omega = \mathrm{d}(\mathrm{d}\alpha + \delta\beta + \gamma) = \mathrm{d}\delta\beta,$$
$$0 = (0, \beta) = (\mathrm{d}\delta\beta, \beta) = (\delta\beta, \delta\beta),$$
$$\delta\beta = 0,$$

$$\omega = \mathrm{d}\alpha + \gamma,$$

$$\{\omega\} = \{\gamma\},$$

即 $\gamma = H(\omega)$ 为 $\{\omega\}$ 的调和代表. 其他与证法 1 相同. $\qquad\square$

定理 2.2.6 紧致定向 C^∞ 流形 M 上的 de Rham 上同调群都是有限维的.

证明 根据定理 1.3.1, M 上存在 Riemann 度量 g, 对 (M,g) 应用定理 2.2.5, 有

$$H_{\mathfrak{D}}^s(M) \cong H^s(M).$$

再由定理 2.2.3 知, $H^s(M)$ 是有限维的. 从而, $H_{\mathfrak{D}}^s(M)$ 也是有限维的. $\qquad\square$

引理 2.2.7 设 M 为 n 维 C^∞ 连通流形, 则

$$H_{\mathfrak{D}}^0(M) \cong \mathbf{R}.$$

证明 因为

$$B_{\mathfrak{D}}^0(M) = \mathrm{d}F^{-1}(M) = \mathrm{d}(\{0\}) = \{0\},$$

所以

$$H_{\mathfrak{D}}^0(M) = Z_{\mathfrak{D}}^0(M)/B_{\mathfrak{D}}^0(M) = Z_{\mathfrak{D}}^0(M)/\{0\} = Z_{\mathfrak{D}}^0(M).$$

如果 $\mathrm{d}f = 0, f \in F^0(M)$, 则对 $\forall p \in M$, 存在 p 的局部坐标系 $(U, \varphi), \{x^i\}$ 使得

$$\varphi(U) = \left\{ x = (x^1, \cdots, x^n) \in \mathbf{R}^n \,\Big|\, \sum_{i=1}^n (x^i)^2 < 1 \right\}.$$

由

$$0 = \mathrm{d}f\,|_U = \sum_{i=1}^n \frac{\partial(f \circ \varphi^{-1})}{\partial x^i} \mathrm{d}x^i$$

得到 $\dfrac{\partial(f \circ \varphi^{-1})}{\partial x^i} = 0, i = 1, \cdots, n$. 这就蕴涵着 $f|_U \equiv$ 常值. 由此可知, 对固定点 $p_0 \in M$,

$$M_1 = \{p \in M \mid f(p) = f(p_0)\}$$

和

$$M_2 = \{p \in M \mid f(p) \neq f(p_0)\}$$

均为开集. 因为 $p_0 \in M_1$ 且 M 连通, 故 $M_2 = \varnothing, M_1 = M$, 即

$$f\,|_M \equiv f(p_0) = 常值.$$

于是

$$H_{\mathfrak{D}}^0(M) = Z_{\mathfrak{D}}^0(M) = \{f \mid f: M \to \mathbf{R} \ 为常值函数\} \cong \mathbf{R}. \qquad\square$$

定义 2.2.5 设 V 和 W 都是实的有限维向量空间. V 和 W 的配对是双线性函数

$$(\ ,\ ): V \times W \to \mathbf{R}.$$

如果当 W 中的每个 $w \neq 0$ 必存在一个元素 $v \in V$, 使得 $(v, w) \neq 0$ 和 V 中的每个 $v \neq 0$ 必存在一个元素 $w \in W$, 使得 $(v, w) \neq 0$, 则称配对 $(\ ,\ )$ 是**非异**的.

引理 2.2.8 设 $(\ ,\ )$ 为 V 和 W 的非异配对. 令

$$\varphi : V \to W^* \quad (W \text{ 的对偶空间}),$$

$$v \longmapsto \varphi(v),$$

$$\varphi(v)(w) = (v, w), \quad v \in V, \ w \in W,$$

则 φ 为线性映射且为单射. 类似有单射 $\psi : W \to V^*$. 更进一步, $\dim V = \dim W$ 和 φ, ψ 都为同构.

证明 φ 为线性映射是显然的. 如果 $\varphi(v_1) = \varphi(v_2)$, 则

$$(v_1, w) = \varphi(v_1)(w) = \varphi(v_2)(w) = (v_2, w),$$

$$(v_1 - v_2, w) = 0, \quad \forall w \in W.$$

若 $v_1 - v_2 \neq 0$, 由题设知, $(,)$ 是非异配对, 故必存在 $w \in W$, 使得

$$(v_1 - v_2, w) \neq 0,$$

矛盾. 所以 $v_1 - v_2 = 0, v_1 = v_2, \varphi$ 是单射.

φ 为单射蕴涵着 $\dim V \subset \dim W^* = \dim W$; 而 ψ 为单射蕴涵着 $\dim V \geq \dim W$. 因此, $\dim V = \dim W$. 由此还得到 φ, ψ 都为同构. □

定理 2.2.7 (de Rham 上同调群的 Poincaré 对偶) 设 M 为 n 维紧致定向 C^∞ 流形, 则双线性函数

$$(,) : H^s_{\mathfrak{D}}(M) \times H^{n-s}_{\mathfrak{D}}(M) \to \mathbf{R},$$

$$(\{\varphi\}, \{\psi\}) = \int_{\overrightarrow{M}} \varphi \wedge \psi$$

是非异配对, 从而它确定了一个同构

$$H^s_{\mathfrak{D}}(M) \cong (H^{n-s}_{\mathfrak{D}}(M))^*,$$

其中 $(H^{n-s}_{\mathfrak{D}}(M))^*$ 为 $H^{n-s}_{\mathfrak{D}}(M)$ 的对偶空间. 由此还可得到

$$H^s_{\mathfrak{D}}(M) \cong H^{n-s}_{\mathfrak{D}}(M).$$

证明 首先验证上述函数 $(,)$ 与上同调类 $\{\varphi\}$ 和 $\{\psi\}$ 的代表元的选取无关. 事实上, 由 Stokes 定理, $\partial M = \varnothing$ 和 $\mathrm{d}\varphi = 0, \mathrm{d}\psi = 0, \mathrm{d}^2 = 0$ 得到

$$\int_{\overrightarrow{M}} (\varphi + \mathrm{d}\xi) \wedge (\psi + \mathrm{d}\eta)$$

$$= \int_{\overrightarrow{M}} \varphi \wedge \psi + \int_{\overrightarrow{M}} \varphi \wedge \mathrm{d}\eta + \int_{\overrightarrow{M}} \mathrm{d}\xi \wedge \psi + \int_{\overrightarrow{M}} \mathrm{d}\xi \wedge \mathrm{d}\eta$$

$$= \int_{\overrightarrow{M}} \varphi \wedge \psi + (-1)^s \left(\int_{\overrightarrow{M}} \mathrm{d}(\varphi \wedge \eta) - \int_{\overrightarrow{M}} \mathrm{d}\varphi \wedge \eta \right)$$

$$+ \left(\int_{\overrightarrow{M}} \mathrm{d}(\xi \wedge \psi) - (-1)^{s-1} \int_{\overrightarrow{M}} \xi \wedge \mathrm{d}\psi \right)$$

$$+ \left(\int_{\overrightarrow{M}} \mathrm{d}(\xi \wedge \mathrm{d}\eta) - (-1)^{s-1} \int_{\overrightarrow{M}} \xi \wedge \mathrm{d}^2 \eta \right)$$

$$= \int_{\overrightarrow{M}} \varphi \wedge \psi + (-1)^s \int_{\overrightarrow{\partial M}} \varphi \wedge \eta + \int_{\overrightarrow{\partial M}} \xi \wedge \psi + \int_{\overrightarrow{\partial M}} \xi \wedge \mathrm{d}\eta$$

$$= \int_{\vec{M}} \varphi \wedge \psi.$$

另一方面, 容易看出 $(,)$ 是双线性的. 下证 $(,)$ 是非奇异的. 已给非零上同调类 $\{\varphi\} \in H^s_{\mathfrak{D}}(M)$, 我们必须找到一个非零上同调类 $\{\psi\} \in H^{n-s}_{\mathfrak{D}}(M)$. 根据定理 1.3.1, 在 M 上可以选一个 C^∞ Riemann 度量 g, 从而由定理 2.2.5 可以假定 φ 是调和代表. 因为上同调类 $\{\varphi\}$ 是非零的, 故 φ 不恒等于 0. 从 $*\Delta = \Delta *$ 可见 $*\varphi$ 也是调和的. 由引理 2.2.2 知它是闭的, 所以 $*\varphi$ 为 de Rham 上同调类 $\{*\varphi\} \in H^{n-s}_a$ 的调和代表. 于是

$$(\{\varphi\}, \{*\varphi\}) = \int_{\vec{M}} \varphi \wedge *\varphi = \int_{\vec{M}} \langle \varphi, \varphi \rangle \mathrm{d}V_g = \|\varphi\|^2 \neq 0.$$

因此, 配对 $(,)$ 是非异的, 故由引理 2.2.8 推出它确定了一个同构

$$H^s_{\mathfrak{D}}(M) \cong (H^{n-s}_{\mathfrak{D}}(M))^*. \qquad \square$$

推论 2.2.1 如果 M 为 n 维紧致定向连通的 C^∞ 流形, 则

$$H^n_{\mathfrak{D}}(M) \cong \mathbf{R}.$$

证明 由 Poincaré 对偶定理和 $H^0_{\mathfrak{D}}(M) = \mathbf{R}$ (见引理 2.2.7) 立即知道

$$H^n_{\mathfrak{D}}(M) \cong (H^0_{\mathfrak{D}}(M))^* \cong \mathbf{R}. \qquad \square$$

2.3 不可定向紧致 C^∞ Riemann 流形的 Hodge 分解定理

我们先引入定向覆叠流形的概念, 然后证明不可定向紧致 C^∞ Riemann 流形的 Hodge 分解定理.

设 M 为 n 维 C^∞ 流形 (称为**底空间**), M 的一个**覆叠**由一个 C^∞ 流形 $\widetilde{M}$ (称为**覆叠空间**) 和一个映射 (称为**投影映射**) $\pi: \widetilde{M} \to M$ 组成, 使得存在 M 的一个开覆盖 $\{U_\alpha \mid \alpha \in \Gamma\}$, 对 $\pi^{-1}(U_\alpha)$ 中的每个点都有一个开邻域 $\widetilde{U}_\alpha$, $\pi|_{\widetilde{U}_\alpha}: \widetilde{U}_\alpha \to U_\alpha$ 为 C^∞ 微分同胚.

如果对 $\forall p \in M$, $\pi^{-1}(p)$ 的基数 (或势, 或 "数目") 为定数 n, 则称 n 为此覆叠的**层数**.

定义 2.3.1 设 T^*M 为 n 维 C^∞ 流形的余切丛, $\wedge^n T^* M$ 为 n 次 C^∞ 外形式丛 (秩 1 的 C^∞ 向量丛). 如果在 $\wedge^n T^* M - \{0$ 截面$\}$ 中引入等价关系:

$$\alpha(p) \sim \beta(p) \Leftrightarrow \beta(p) = \lambda \alpha(p), \quad \lambda > 0,$$

且在等价类集合 $\widetilde{M}$ 中引入商拓扑, 则 $\widetilde{M}$ 和典型投影

$$\pi: \widetilde{M} \to M,$$
$$\{\alpha(p)\} \mapsto \pi(\{\alpha(p)\}) = p$$

为 M 的 2 层覆叠,称为 M 的**定向覆叠**.在几何上也可描述如下:给

$$\widetilde{M} = \{\mu_p \mid \mu_p \text{ 为 } T_pM \text{ 的一个定向}, p \in M\}$$

一个 C^∞ 微分构造.由 M 的局部坐标系 (U_p, φ_p), $\{x^1, \cdots, x^n\}$ 自然给出 $\widetilde{M}$ 的局部坐标系 (U_p^+, φ_p^+), $\{x^1, \cdots, x^n\}$; (U_p^-, φ_p^-), $\{x^2, x^1, x^3, \cdots, x^n\}$,使得 $\pi: \widetilde{M} \to M$, $\pi(\mu_p) = p$ 为局部 C^∞ 微分同胚.于是 $(\widetilde{M}, M, \pi)$ 为 M 的 2 层定向覆叠(参阅文献[160]120~121 页).

设 $\gamma: [0,1] \to M$ 为一条连续曲线,一族定向 $\{\mu_{\gamma(t)} \mid \mu_{\gamma(t)}$ 为 $T_{\gamma(t)}M$ 的一个定向$\}$ 称为沿 $\gamma(t)$ 是**连续**的,如果存在 $\widetilde{M}$ 中的连续曲线 $\widetilde{\gamma}: [0,1] \to \widetilde{M}$ 使 $\widetilde{\gamma}(t) = \mu_{\gamma(t)}$ 和 $\pi \circ \widetilde{\gamma} = \gamma$.

引理 2.3.1 设 M 为 n 维连通 C^∞ 流形,则

$$M \text{ 可定向} \Leftrightarrow \widetilde{M} \cong M \times \mathbf{Z}_2 \text{ (恰有两个道路连通分支)};$$

$$M \text{ 不可定向} \Leftrightarrow \widetilde{M} \text{ 是道路连通的}.$$

证明 设 M 可定向,则存在 $\mathcal{D}_1 \subset \mathcal{D}$($M$ 的微分构造),使得

$$\mathcal{D}_1 = \{(U_\alpha, \varphi_\alpha), \{x_\alpha^1, \cdots, x_\alpha^n\} \mid \alpha \in \Gamma\}$$

为 M 的一个定向.$\forall p \in M$,令 μ_p 为与 $\mathcal{D}_1$ 一致的 p 点处的定向.$\forall q \in M$, μ_q 为与 $\mathcal{D}_1$ 一致的 q 点处的定向.由 M 连通知,存在连接 p 与 q 的道路 $\gamma(t)$,使 $\gamma(0) = p$, $\gamma(1) = q$.令

$$\widetilde{\gamma}(t) = \mu_{\gamma(t)}(\gamma(t) \text{ 点处与 } \mathcal{D}_1 \text{ 一致的定向}).$$

显然,$\gamma = \pi \circ \widetilde{\gamma}$,且 $\widetilde{\gamma}$ 是连续的,它是 $\widetilde{M}$ 中连接 $\widetilde{\gamma}(0) = \mu_{\gamma(0)} = \mu_p$ 与 $\widetilde{\gamma}(1) = \mu_{\gamma(1)} = \mu_q$ 的一条道路.于是

$$\widetilde{M}_1 = \{\mu_p \mid p \in M, \mu_p \text{ 与 } \mathcal{D}_1 \text{ 一致的 } p \text{ 点处的定向}\} \cong M$$

是道路连通的.类似可知

$$\widetilde{M}_2 = \{\mu_p^- \mid p \in M, \mu_p^- \text{ 与 } \mathcal{D}_1 \text{ 相反的 } p \text{ 点处的定向}\} \cong M$$

也是道路连通的.由 $\mathcal{D}_1$ 的性质可看出,$\widetilde{M}_1 \cap \widetilde{M}_2 = \varnothing$.因此

$$\widetilde{M} = \widetilde{M}_1 \cup \widetilde{M}_2 \cong M \times \mathbf{Z}_2.$$

设 M 不可定向,由文献[163]80 页定理 6 知,存在 M 中的闭曲线 $\sigma: [0,1] \to M$, $\sigma(0) = \sigma(1) = p$ 和 $\widetilde{M}$ 中的连续曲线 $\widetilde{\sigma}: [0,1] \to \widetilde{M}$, $\pi \circ \widetilde{\sigma} = \sigma$,且 $\widetilde{\sigma}(0) \neq \widetilde{\sigma}(1)$,即 $\widetilde{\sigma}(0) = \widetilde{\sigma}(1)^-$.于是,对 $\forall \mu_p, \mu_q$,由 M 道路连通知,有连接 p 与 q 的道路 $\gamma: [0,1] \to M$,使得 $\gamma(0) = p$, $\gamma(1) = q$.取连续道路 $\widetilde{\gamma}: [0,1] \to \widetilde{M}$,使 $\widetilde{\gamma}(0) = \mu_p$,则 $\widetilde{\gamma}(1) = \mu_q$(或 μ_q^-,则用 $\widetilde{\sigma} * \widetilde{\gamma}$ 代替 $\widetilde{\gamma}$).由此推得 $\widetilde{M}$ 道路连通.

综上得到:

$$M \text{ 可定向} \Leftrightarrow \widetilde{M} \cong M \times \mathbf{Z}_2; \quad M \text{ 不可定向} \Leftrightarrow \widetilde{M} \text{ 道路连通}. \qquad \square$$

引理 2.3.2 (1) $\widetilde{M}$ 可定向.

(2) 当 M 紧致时,$\widetilde{M}$ 也紧致.

证明　(反证)假设 $\widetilde{M}$ 不可定向,则存在一条封闭曲线 $\widetilde{\gamma}:[0,1]\to\widetilde{M}$,而 $\widetilde{\mu}_{\widetilde{\gamma}(t)}$ 为沿 $\widetilde{\gamma}$ 的关于 $\widetilde{M}$ 的一族连续的定向,且 $\widetilde{\mu}_{\widetilde{\gamma}(0)}\neq\widetilde{\mu}_{\widetilde{\gamma}(1)}$. 从而,$\{\mu_{\gamma(t)}=\pi_*\widetilde{\mu}_{\widetilde{\gamma}(t)}\}$ 为沿 $\gamma=\pi\circ\widetilde{\gamma}$ 的关于 M 的一族连续定向,且 $\mu_{\gamma(0)}\neq\mu_{\gamma(1)}$. 因为 π 为局部 C^∞ 微分同胚,故提升是唯一的. 于是,$\widetilde{\gamma}(t)=\mu_{\gamma(t)}$. 从而

$$\mu_{\gamma(1)}\neq\mu_{\gamma(0)}=\widetilde{\gamma}(0)=\widetilde{\gamma}(1)=\mu_{\gamma(1)},$$

矛盾. 这就证明了 $\widetilde{M}$ 是可定向的.

设 $\{\widetilde{U}_\alpha\,|\,\alpha\in\Gamma\}$ 为 $\widetilde{M}$ 的任一开覆盖. 取 $\widetilde{M}$ 的另一开覆盖 $\{\widetilde{V}_\beta^1,\widetilde{V}_\beta^2\,|\,\beta\in\Lambda\}$,使得

$$\widetilde{V}_\beta^i\subset\widetilde{U}_{\alpha_i(\beta)},\quad i=1,2(\text{某个 }\alpha_i(\beta)),$$

且

$$\widetilde{V}_\beta^1\bigcup\widetilde{V}_\beta^2=\pi^{-1}(\pi(\widetilde{V}_\beta^1)),$$

$$\pi:\widetilde{V}_\beta^i\to\pi(\widetilde{V}_\beta^i)\text{ 为 }C^\infty\text{ 微分同胚},\quad i=1,2.$$

如果 M 紧致,则存在 $\{\pi(\widetilde{V}_\beta^i)\,|\,\beta\in\Lambda\}$ 的有限子覆盖 $\{\pi(\widetilde{V}_{\beta_j}^i)\,|\,j=1,\cdots,k\}$. 于是

$$\{\widetilde{V}_{\beta_j}^i\,|\,i=1,2;j=1,\cdots,k\}$$

为 $\widetilde{M}$ 的开覆盖和 $\{\widetilde{U}_{\alpha_i(\beta_j)}\,|\,i=1,2;j=1,\cdots,k\}$ 为 $\{\widetilde{U}_\alpha\,|\,\alpha\in\Gamma\}$ 的有限子覆盖. 这就证明了 $\widetilde{M}$ 也是紧致的. □

如果 μ_p^- 表示 μ_p 的反定向,令

$$\tau:\widetilde{M}\to\widetilde{M},\quad\tau(\mu_p)=\mu_p^-,$$

则 τ 是无不动点的对合映射,即 τ 无不动点,且 $\tau\circ\tau=\mathrm{Id}_{\widetilde{M}}$. 记

$$F^s(\widetilde{M})^\pm=\{\widetilde{\omega}\in F^s(\widetilde{M})\,|\,\tau^*\widetilde{\omega}=\pm\widetilde{\omega}\},$$

$$F(\widetilde{M})^\pm=\bigoplus_{s=0}^n F^s(\widetilde{M})^\pm.$$

引理 2.3.3　$F^s(\widetilde{M})=F^s(\widetilde{M})^+\bigoplus F^s(\widetilde{M})^-$,$F(\widetilde{M})=F(\widetilde{M})^+\bigoplus F(\widetilde{M})^-$,且 $F(\widetilde{M})^+$ 和 $F(\widetilde{M})^-$ 都是 $\widetilde{\mathrm{d}}$ 的不变子空间,其中 $\widetilde{\mathrm{d}}$ 为 $\widetilde{M}$ 上的外微分算子.

证明　对 $\forall\widetilde{\omega}\in F^s(\widetilde{M})$,$\widetilde{\omega}=\frac{1}{2}(\widetilde{\omega}+\tau^*\widetilde{\omega})+\frac{1}{2}(\widetilde{\omega}-\tau^*\widetilde{\omega})$,由

$$\tau\circ\tau=\mathrm{Id}_{\widetilde{M}},\quad\tau^*\circ\tau^*=\mathrm{Id}_{F^s(\widetilde{M})}$$

得到

$$\frac{1}{2}(\widetilde{\omega}\pm\tau^*\widetilde{\omega})\in F^s(\widetilde{M})^\pm,\quad F^s(\widetilde{M})=F^s(\widetilde{M})^++F^s(\widetilde{M})^-.$$

若 $\widetilde{\omega}\in F^s(\widetilde{M})^+\bigcap F^s(\widetilde{M})^-$,则

$$\widetilde{\omega}=\tau^*\widetilde{\omega}=-\widetilde{\omega},$$

于是

$$\widetilde{\omega}=0,$$

故有直和：$F^s(\widetilde{M}) = F^s(\widetilde{M})^+ \oplus F^s(\widetilde{M})^-$.

因为 $\widetilde{d} \circ \tau^* = \tau^* \circ \widetilde{d}$, 故对 $\forall \widetilde{\omega} \in F(\widetilde{M})^\pm$, 有

$$\tau^*(\widetilde{d}\,\widetilde{\omega}) = \widetilde{d}(\tau^*\widetilde{\omega}) = \widetilde{d}(\pm\widetilde{\omega}) = \pm\,\widetilde{d}(\widetilde{\omega}), \quad \widetilde{d}\,\widetilde{\omega} \in F(\widetilde{M})^\pm,$$

即 $F(\widetilde{M})^\pm$ 为 $\widetilde{d}$ 的不变子空间. □

引理 2.3.4 记 $\widetilde{d}_s = \widetilde{d}_s^\pm : F^s(\widetilde{M})^\pm \to F^{s+1}(\widetilde{M})^\pm$, 则有

$$H_{\widetilde{D}}^s(\widetilde{M}) \cong H_{\widetilde{D}}^s(\widetilde{M})^+ \oplus H_{\widetilde{D}}^s(\widetilde{M})^-.$$

证明 根据引理 2.3.3, 有

$$\mathrm{Ker}\,\widetilde{d}_s = \mathrm{Ker}\,\widetilde{d}_s^+ \oplus \mathrm{Ker}\,\widetilde{d}_s^-, \quad \mathrm{Im}\,\widetilde{d}_{s-1} = \mathrm{Im}\,\widetilde{d}_{s-1}^+ \oplus \mathrm{Im}\,\widetilde{d}_{s-1}^-,$$

$$H_{\widetilde{D}}^s(\widetilde{M}) = \mathrm{Ker}\,\widetilde{d}_s / \mathrm{Im}\,\widetilde{d}_{s-1} \cong \mathrm{Ker}\,\widetilde{d}_s^+ / \mathrm{Im}\,\widetilde{d}_{s-1}^+ \oplus \mathrm{Ker}\,\widetilde{d}_s^- / \mathrm{Im}\,\widetilde{d}_{s-1}^-$$

$$= H_{\widetilde{D}}^s(\widetilde{M})^+ \oplus H_{\widetilde{D}}^s(\widetilde{M})^-.$$ □

引理 2.3.5 $\pi^* = \pi_s^* : F^s(M) \to F^s(\widetilde{M})$ 为单同态, 且

$$\mathrm{Im}\,\pi_s^* = F^s(\widetilde{M})^+$$

和

$$\pi_s^* : F^s(M) \to F^s(\widetilde{M})^+$$

为同构.

证明 设 $\pi_s^*\omega = 0$, 由 π 为局部 C^∞ 同胚知 $\omega = 0$, 故 π_s^* 为单同态.

对 $\forall \omega \in F^s(M)$, 由 $\pi \circ \tau = \pi$ 得到

$$\tau^*(\pi_s^*\omega) = (\pi \circ \tau)_s^*\omega = \pi^*\omega,$$

故 $\pi_s^*\omega \in F^s(\widetilde{M})^+$.

反之, 对 $\forall \widetilde{\omega} \in F^s(\widetilde{M})^+$, 由 π 局部 C^∞ 微分同胚和 $\tau^*\widetilde{\omega} = \widetilde{\omega}$ 可推出 $\exists \omega \in F^s(M)$, s.t. $\pi_s^*\omega = \widetilde{\omega}$. 因此

$$\mathrm{Im}\,\pi_s^* = F^s(\widetilde{M})^+$$

和

$$\pi_s^* : F^s(M) \to F^s(\widetilde{M})^+$$

为同构. □

因为 $\widetilde{d} \circ \pi^* = \pi^* \circ d$, 故 π^* 诱导了 de Rham 上同调群的同态, 仍记为 π^*, 则有:

定理 2.3.1 $\pi_s^* : H_{\widetilde{D}}^s(M) \to H_{\widetilde{D}}^s(\widetilde{M})$ 为单同态, 且

$$\pi_s^*(H_{\widetilde{D}}^s(M)) = H_{\widetilde{D}}^s(\widetilde{M})^+$$

和

$$\pi_s^* : H_{\widetilde{D}}^s(M) \to H_{\widetilde{D}}^s(\widetilde{M})^+$$

为同构.

由此及引理 2.3.4 有

$$H^s_{\mathfrak{D}}(\widetilde{M}) \cong H^s_{\mathfrak{D}}(M) \oplus H^s_{\mathfrak{D}}(\widetilde{M})^-.$$

证明 若 $\pi^*_s(\{\omega_1\}) = \pi^*_s(\{\omega_2\})$,则

$$\pi^*_s(\{\omega_1 - \omega_2\}) = \{0\},$$

$$\widetilde{d}_{s-1}\widetilde{\eta}^+ \oplus \widetilde{d}_{s-1}\widetilde{\eta}^- = \widetilde{d}_{s-1}(\widetilde{\eta}^+ + \widetilde{\eta}^-) = \widetilde{d}_{s-1}\widetilde{\eta} = \pi^*_s(\omega_1 - \omega_2) \in F^s(\widetilde{M})^+,$$

其中 $\widetilde{\eta}^{\pm} \in F^{s-1}(\widetilde{M})^{\pm}$,从而 $\widetilde{d}_{s-1}\widetilde{\eta}^- = 0$,

$$\pi^*_s\omega_1 - \pi^*_s\omega_2 = \widetilde{d}_{s-1}\widetilde{\eta}^+ = \widetilde{d}_{s-1}\pi^*_{s-1}\eta = \pi^*_s\widetilde{d}_{s-1}\eta.$$

再由 π^*_s 为同构得到

$$\omega_1 - \omega_2 = \widetilde{d}_{s-1}\eta, \quad \{\omega_1\} = \{\omega_2\},$$

即 $\pi^*_s : H^s_{\mathfrak{D}}(M) \to H^s_{\mathfrak{D}}(\widetilde{M})$ 为单同态.

另一方面,设 $\{\xi\} \in H^s_{\mathfrak{D}}(\widetilde{M})^+, \xi \in F^s(\widetilde{M})^+, \widetilde{d}_s\xi = 0$. 因为 $\pi^*_s : F^s(M) \to F^s(\widetilde{M})^+$ 为同构,所以 $\exists \omega \in F^s(M), \mathrm{s.t.} \pi^*_s\omega = \xi$. 由于 ξ 为闭形式,故

$$\pi^*_{s+1}\mathrm{d}\omega = \mathrm{d}_s\pi^*_s\omega = \mathrm{d}_s\xi = 0.$$

π^*_{s+1} 为单同态导致 $\mathrm{d}\omega = 0$,从而

$$\pi^*_s(\{\omega\}) = \{\pi^*_s\omega\} = \{\xi\}.$$

这就证明了 π^*_s 为满同态.

综上所述,$\pi^*_s : H^s_{\mathfrak{D}}(M) \to H^s_{\mathfrak{D}}(\widetilde{M})^+$ 为同构. $\qquad\qquad \square$

对于不可定向的 n 维 C^∞ Riemann 流形 (M, g) 上的上微分算子 δ 和 Laplace 算子 $\triangle$,可以从另一角度来研究它们. 令 $\widetilde{g} = \pi^*g$,则由引理 2.3.2 和 $\widetilde{g}$ 的定义知,$(\widetilde{M}, \widetilde{g})$ 为 n 维定向 C^∞ Riemann 流形,且 π 为局部等距变换. 在 $(\widetilde{M}, \widetilde{g})$ 上有 Hodge 星算子 $\widetilde{*}$、上微分算子 $\widetilde{\delta}$ 和 Laplace 算子 $\widetilde{\triangle}$,则:

引理 2.3.6 $F^s(\widetilde{M})^{\pm}$ 为 $\widetilde{\delta}$ 和 $\widetilde{\triangle}$ 的不变子空间.

证明 由于 $\pi \circ \tau = \pi$,故

$$\tau^*\widetilde{g} = \tau^*\pi^*g = (\pi \circ \tau)^*g = \pi^*g = \widetilde{g}.$$

另一方面,不难看出 $\tau : \widetilde{M} \to \widetilde{M}$ 反转定向. 因此

$$\tau^*\widetilde{*} = -\widetilde{*}\tau^*, \quad \tau^*\widetilde{\delta} = \widetilde{\delta}\tau^*, \quad \tau^*\widetilde{\triangle} = \widetilde{\triangle}\tau^*.$$

类似引理 2.3.3 中 $F^s(\widetilde{M})^{\pm}$ 为 $\widetilde{d}$ 的不变子空间的证明立即得到 $F^s(\widetilde{M})^{\pm}$ 为 $\widetilde{\delta}$ 和 $\widetilde{\triangle}$ 的不变子空间. $\qquad\qquad \square$

令 $\widetilde{\delta}^{\pm} = \widetilde{\delta} : F^s(\widetilde{M})^{\pm} \to F^{s-1}(\widetilde{M})^{\pm}, \widetilde{\triangle}^{\pm} = \widetilde{\triangle} : F^s(\widetilde{M})^{\pm} \to F^s(\widetilde{M})^{\pm}$. 由 π 为局部 C^∞ 等距变换明显地得到:

引理 2.3.7 $\widetilde{d}^{\pm}\pi^* = \pi^*\mathrm{d}, \widetilde{\delta}^+\pi^* = \pi^*\delta, \widetilde{\triangle}^+\pi^* = \pi^*\triangle$.

由引理 2.3.3、引理 2.3.6、引理 2.3.7 和定理 2.3.1 知,要考虑 $F^s(M)$ 上的 Laplace 算子 $\triangle$,只需考虑 $F^s(\widetilde{M})^+$ 上的 Laplace 算子 $\widetilde{\triangle}^+$.

设 $(M,g)=(M,\langle,\rangle)$ 为 n 维不可定向的紧致 C^∞ Riemann 流形,则由引理 2.3.2 知,$(\widetilde{M},\widetilde{g})=(\widetilde{M},\pi^*g)$ 为 n 维定向紧致 C^∞ Riemann 流形. 我们可定义内积

$$(\widetilde{\omega},\widetilde{\eta})=\int_{\widetilde{M}}\widetilde{\omega}\widetilde{*}\widetilde{\eta}=\int_{\widetilde{M}}\langle\widetilde{\omega},\widetilde{\eta}\rangle\widetilde{*}1=\int_{\widetilde{M}}\langle\widetilde{\omega},\widetilde{\eta}\rangle\mathrm{d}V_{\widetilde{g}}.$$

它自然可延拓为 $F(\widetilde{M})=\bigoplus_{s=0}^{n}F^s(\widetilde{M})$ 上的内积. π 为局部 C^∞ 等距变换,利用 $F^s(\widetilde{M})^+$ 和 $F(\widetilde{M})^+$ 上的内积可定义 $F^s(M)$ 和 $F(M)$ 上的内积如下:

$$(\omega,\eta)=(\pi^*\omega,\pi^*\eta)=\int_{\widetilde{M}}\pi^*\omega\wedge\widetilde{*}(\pi^*\eta)=\int_{\widetilde{M}}\langle\pi^*\omega,\pi^*\eta\rangle\mathrm{d}V_{\widetilde{g}}.$$

引理 2.3.8　$F^s(\widetilde{M})^+\perp F^s(\widetilde{M})^-$,因而

$$F^s(\widetilde{M})=F^s(\widetilde{M})^+\bigoplus F^s(\widetilde{M})^-$$

为正交直和分解.

证明　由于 $\tau:\widetilde{M}\to\widetilde{M}$ 反转定向,故对 $\widetilde{\omega}\in F^s(\widetilde{M})^+$,$\widetilde{\eta}\in F^s(\widetilde{M})^-$,有

$$(\widetilde{\omega},\widetilde{\eta})=\int_{\widetilde{M}}\widetilde{\omega}\wedge\widetilde{*}\widetilde{\eta}=\int_{\tau_*\widetilde{M}}\tau^*(\widetilde{\omega}\wedge\widetilde{*}\widetilde{\eta})=\int_{\widetilde{M}^-}\tau^*\widetilde{\omega}\wedge\tau^*(\widetilde{*}\widetilde{\eta})$$

$$=\int_{\widetilde{M}^-}\widetilde{\omega}\wedge(-\widetilde{*}\tau^*\widetilde{\eta})=-\int_{\widetilde{M}}\widetilde{\omega}\wedge(\widetilde{*}\widetilde{\eta})=-(\widetilde{\omega},\widetilde{\eta}),$$

于是

$$2(\widetilde{\omega},\widetilde{\eta})=0,$$

故

$$(\widetilde{\omega},\widetilde{\eta})=0,$$

即

$$\widetilde{\omega}\perp\widetilde{\eta}.\qquad\qquad\square$$

引理 2.3.9　设 $(M,g)=(M,\langle,\rangle)$ 为 n 维不可定向的紧致 C^∞ Riemann 流形,则:

(1) $(\mathrm{d}\omega,\eta)=(\omega,\delta\eta)$,$\omega\in F^{s-1}(M)$,$\eta\in F^s(M)$,即 d 和 δ 互为伴随算子;

(2) $(\Delta\omega,\eta)=(\omega,\Delta\eta)$,$\omega,\eta\in F^s(M)$,即 Δ 为自伴线性算子;

(3) $(\Delta\omega,\omega)\geqslant0$,且 $\Delta\omega=0$(即 ω 为 s 次调和形式)$\Leftrightarrow(\Delta\omega,\omega)=0\Leftrightarrow\mathrm{d}\omega=0$ 和 $\delta\omega=0$.

证明　(1)

$$(\mathrm{d}\omega,\eta)=(\pi^*\mathrm{d}\omega,\pi^*\eta)=(\widetilde{\mathrm{d}}\pi^*\omega,\pi^*\eta)=(\pi^*\omega,\widetilde{\delta}\pi^*\eta)$$

$$=(\pi^*\omega,\pi^*\delta\eta)=(\omega,\delta\eta).$$

(2),(3)的证明参阅引理 2.2.2.　　　　　　　　　　　　　　　　　　　　　　　　$\square$

定理 2.3.2(Hodge 分解定理)　对于任何 $s=0,1,\cdots,n$,

$$H^s(\widetilde{M})^\pm=\mathrm{Ker}\,\widetilde{\Delta}_s^\pm$$

是有限维的,且有下面的正交直和分解:

$$\begin{aligned}
F^s(\widetilde{M})^{\pm} &= \widetilde{\Delta}_s^{\pm} F^s(\widetilde{M}) \oplus H^s(\widetilde{M})^{\pm} \\
&= \widetilde{d}^{\pm}\,\widetilde{\delta}^{\pm}(F^s(\widetilde{M})^{\pm}) \oplus \widetilde{\delta}^{\pm}\,\widetilde{d}^{\pm}(F^s(\widetilde{M})^{\pm}) \oplus H^s(\widetilde{M})^{\pm} \\
&= \widetilde{d}^{\pm}(F^{s-1}(\widetilde{M})^{\pm}) \oplus \widetilde{\delta}(F^{s+1}(\widetilde{M})^{\pm}) \oplus H^s(\widetilde{M})^{\pm}.
\end{aligned}$$

换句话说,若 $\widetilde{\omega} \in F^s(\widetilde{M})^{\pm}$,则 $\exists\, \widetilde{\alpha} \in F^{s-1}(\widetilde{M})^{\pm}, \widetilde{\beta} \in F^{s+1}(\widetilde{M})^{\pm}, \widetilde{\gamma} \in H^s(\widetilde{M})^{\pm}$, s.t.

$$\widetilde{\omega} = \widetilde{d}^{\pm}\,\widetilde{\alpha} + \widetilde{\delta}^{\pm}\,\widetilde{\beta} + \widetilde{\gamma},$$

且 $\widetilde{d}^{\pm}\,\widetilde{\alpha}, \widetilde{\delta}^{\pm}\,\widetilde{\beta}, \widetilde{\gamma}$ 是唯一的.

证明 因为 $F^s(\widetilde{M})^{\pm}$ 是 $\widetilde{d}, \widetilde{\delta}, \widetilde{\Delta}$ 的不变子空间,故

$$\begin{aligned}
\widetilde{d}_{s-1}(F^{s-1}(\widetilde{M})) &= \widetilde{d}_{s-1}^+(F^{s-1}(\widetilde{M})^+) \oplus \widetilde{d}_{s-1}^-(F^{s-1}(\widetilde{M})^-), \\
\widetilde{\delta}_{s+1}(F^{s+1}(\widetilde{M})) &= \widetilde{\delta}_{s+1}^+(F^{s+1}(\widetilde{M})^+) \oplus \widetilde{\delta}_{s+1}^-(F^{s+1}(\widetilde{M})^-), \\
\widetilde{\Delta}_s(F^s(\widetilde{M})) &= \widetilde{\Delta}_s^+(F^s(\widetilde{M})^+) \oplus \widetilde{\Delta}_s^-(F^s(\widetilde{M})^-), \\
H^s(\widetilde{M}) &= H^s(\widetilde{M})^+ \oplus H^s(\widetilde{M})^-.
\end{aligned}$$

再由

$$F^s(\widetilde{M}) = \widetilde{\Delta}_s(F^s(\widetilde{M})) \oplus H^s(\widetilde{M}) = \widetilde{d}_{s-1}(F^{s-1}(\widetilde{M})) \oplus \widetilde{\delta}_{s+1}(F^{s+1}(\widetilde{M})) \oplus H^s(\widetilde{M})$$

和正交直和分解

$$F^s(\widetilde{M}) = F^s(\widetilde{M})^+ \oplus F^s(\widetilde{M})^-,$$

立即推出正交直和分解

$$\begin{aligned}
F^s(\widetilde{M})^{\pm} &= \widetilde{\Delta}_s^{\pm}(F^s(\widetilde{M})) \oplus H^s(\widetilde{M})^{\pm} \\
&= \widetilde{d}^{\pm}\,\widetilde{\delta}^{\pm}(F^s(\widetilde{M})^{\pm}) \oplus \widetilde{\delta}^{\pm}\,\widetilde{d}^{\pm}(F(\widetilde{M})^{\pm}) \oplus H^s(\widetilde{M})^{\pm} \\
&= \widetilde{d}^{\pm}(F^{s-1}(\widetilde{M})^{\pm}) \oplus \widetilde{\delta}^{\pm}(F^{s+1}(\widetilde{M})^{\pm}) \oplus H^s(\widetilde{M})^{\pm}.
\end{aligned}$$

此外,由 $H^s(\widetilde{M})^{\pm} \subset H^s(\widetilde{M})$ 和 $H^s(\widetilde{M})$ 是有限维的立即推出 $H^s(\widetilde{M})^{\pm}$ 是有限维的. □

定理 2.3.3(Hodge 分解定理) 设 $(M,g) = (M, \langle, \rangle)$ 为 n 维 C^{∞} 不可定向的紧致 Riemann 流形. 对于任何 $s = 0, 1, \cdots, n$,

$$H^s(M) = \mathrm{Ker}\,\Delta_s = \{\omega \in F^s(M) \mid \Delta_s\omega = 0\}$$

是有限维的,且有以下正交直和分解:

$$\begin{aligned}
F^s(M) &= \Delta_s(F^s(M)) \oplus H^s(M) \\
&= \mathrm{d}\delta(F^s(M)) \oplus \delta\mathrm{d}(F^s(M)) \oplus H^s(M) \\
&= \mathrm{d}(F^{s-1}(M)) \oplus \delta(F^{s+1}(M)) \oplus H^s(M).
\end{aligned}$$

换句话说,若 $\omega \in F^s(M)$,则 $\exists\, \alpha \in F^{s-1}(M), \beta \in F^{s+1}(M), \gamma \in H^s(M)$, s.t.

$$\omega = \mathrm{d}\alpha + \delta\beta + \gamma,$$

且 $\mathrm{d}\alpha, \delta\beta, \gamma$ 是唯一的.

证明 应用定理 2.3.2、引理 2.3.5 和引理 2.3.7 证明. □

上面给出了不可定向 n 维 C^∞ 紧致 Riemann 流形上的 Hodge 分解定理,这使我们可以将定向 n 维 C^∞ 紧致 Riemann 流形中应用 Hodge 分解定理得到的一些结果推广到不可定向的情形.

定理 2.3.4(Hodge 同构定理)　设 $(M,g)=(M,\langle,\rangle)$ 为 n 维 C^∞ 紧致 Riemann 流形,则

$$f:H^s_{\tilde{\Delta}}(M)\to H^s(M),$$

$$\{\omega\}\mapsto f(\{\omega\})=H(\omega)$$

为同构,或

$$g:H^s(M)\to H^s_{\tilde{\Delta}}(M),$$

$$\omega\mapsto g(\omega)=\{\omega\}$$

为同构,并记 $g=f^{-1}$.

证明　由定理 2.3.3 和定理 2.2.5 可得到.

我们重新讨论如下:

若 $\omega_1,\omega_2\in H^s(M)$,且 $\{\omega_1\}=g(\omega_1)=g(\omega_2)=\{\omega_2\}$,则

$$\delta\omega_1=\delta\omega_2=0,\quad \omega_1-\omega_2=\mathrm{d}\eta.$$

于是

$$(\omega_1-\omega_2,\omega_1-\omega_2)=(\omega_1-\omega_2,\mathrm{d}\eta)=(\delta\omega_1-\delta\omega_2,\eta)=(0,\eta)=0,$$

所以

$$\omega_1-\omega_2=0,$$

即

$$\omega_1=\omega_2,$$

故 g 为单射.

对 $\forall\{\omega\}\in H^s_{\tilde{\Delta}}(M)$,则 $\mathrm{d}\omega=0$. 由 Hodge 分解定理,令 $\omega=\mathrm{d}\alpha+\delta\beta+\gamma,\gamma\in H^s(M)$,则

$$0=\mathrm{d}\omega=\mathrm{d}\delta\beta+\mathrm{d}\gamma=\mathrm{d}\delta\beta,$$

$$0=(0,\beta)=(\mathrm{d}\delta\beta,\beta)=(\delta\beta,\delta\beta),$$

$$\delta\beta=0,\quad \omega=\mathrm{d}\alpha+\gamma$$

和

$$g(\gamma)=\{\gamma\}=\{\mathrm{d}\alpha+\gamma\}=\{\omega\}.$$

这就证明了 g 为满射.因而,g 为同构,并记 $g=f^{-1}$. □

类似定理 2.3.4,有:

推论 2.3.1　设 $(M,g)=(M,\langle,\rangle)$ 为 n 维不可定向的 C^∞ 紧致 Riemann 流形,

$(\widetilde{M},\widetilde{g})$ 如上所述,则

$$\widetilde{f}_{\pm}^{-1}: H^s(\widetilde{M})^{\pm} \to H_{\mathfrak{D}}^s(\widetilde{M})^{\pm},$$

$$\widetilde{\omega} \mapsto \widetilde{f}_{\pm}^{-1}(\widetilde{\omega}) = \{\widetilde{\omega}\}$$

为同构,且对每个 de Rham 上同调类 $\{\widetilde{\omega}^{\pm}\} \in H_{\mathfrak{D}}^s(\widetilde{M})^{\pm}$ 必存在唯一的调和代表 $\widetilde{\gamma}^{\pm} \in H^s(\widetilde{M})^{\pm}$.

定理 2.3.5 设 $(M,g) = (M,\langle,\rangle)$ 为 n 维 C^{∞} 紧致 Riemann 流形,对 $\forall \alpha \in F^s(M)$,$\Delta \omega = \alpha$ 有解 $\omega \in F^s(M) \Leftrightarrow$ 对 $\forall \gamma \in H^s(M)$,有 $\gamma \perp \alpha$,即 $(\gamma,\alpha) = 0$ 或 $\alpha \in (H^s(M))^{\perp}$.

证明 参阅定理 2.2.4 的证明. □

类似定理 2.3.5,有:

推论 2.3.2 设 $(M,g) = (M,\langle,\rangle)$ 为 n 维不可定向的紧致 C^{∞} Riemann 流形,$(\widetilde{M},\widetilde{g})$ 如上所述. 如果 $\widetilde{\alpha} \in F^s(\widetilde{M})^{\pm}$,则 $\Delta \widetilde{\omega} = \widetilde{\alpha}$ 有解 $\widetilde{\omega} \in F^s(\widetilde{M})^{\pm} \Leftrightarrow$ 对 $\forall \widetilde{\gamma} \in H^s(\widetilde{M})^{\pm}$,有 $\widetilde{\alpha} \perp \widetilde{\gamma}$,即 $(\widetilde{\gamma},\widetilde{\alpha}) = 0$ 或 $\widetilde{\alpha} \in (H^s(\widetilde{M})^{\pm})^{\perp}$.

最后,从变分观点来研究 $\Delta \omega = 0$. 为此,称

$$e(\alpha) = (\alpha,\alpha)$$

为 $\alpha \in F^s(M)$ 的**能量函数**,则有:

定理 2.3.6 设 $(M,g) = (M,\langle,\rangle)$ 为 n 维紧致 C^{∞} Riemann 流形,则

$\Delta \omega = 0$,即 ω 为调和形式 $\Leftrightarrow$ ω 为闭形式,且对 $\forall \alpha \in \{\omega\}$,有 $e(\omega) \leqslant e(\alpha)$.

证明 (证法 1)($\Rightarrow$)若 $\Delta \omega = 0$,则 $\mathrm{d}\omega = 0$ 和 $\delta \omega = 0$,且对 $\forall \alpha \in \{\omega\}$,$\alpha = \omega + \mathrm{d}\eta$,有

$$(\omega,\mathrm{d}\eta) = (\delta \omega, \eta) = (0,\eta) = 0$$

和

$$e(\alpha) = e(\omega + \mathrm{d}\eta) = (\omega + \mathrm{d}\eta, \omega + \mathrm{d}\eta) = (\omega,\omega) + (\mathrm{d}\eta,\mathrm{d}\eta) + 2(\omega,\mathrm{d}\eta)$$

$$= e(\omega) + e(\mathrm{d}\eta) + 2 \cdot 0 = e(\omega) + e(\mathrm{d}\eta) \geqslant e(\omega).$$

显然,等号成立 $\Leftrightarrow e(\mathrm{d}\eta) = (\mathrm{d}\eta,\mathrm{d}\eta) = 0 \Leftrightarrow \mathrm{d}\eta = 0$,即 $\alpha = \omega$.

($\Leftarrow$)作一变分 $\omega + t\mathrm{d}\eta$,则由

$$e(\omega) \leqslant e(\omega + t\mathrm{d}\eta)$$

得到

$$0 = \frac{\mathrm{d}}{\mathrm{d}t}e(\omega + t\mathrm{d}\eta)\Big|_{t=0} = \frac{\mathrm{d}}{\mathrm{d}t}(t^2 e(\mathrm{d}\eta) + 2t(\omega,\mathrm{d}\eta) + e(\omega))\Big|_{t=0}$$

$$= (2te(\mathrm{d}\eta) + 2(\omega,\mathrm{d}\eta))|_{t=0} = 2(\omega,\mathrm{d}\eta) = 2(\delta\omega,\eta).$$

特别取 $\eta = \delta\omega$,则 $(\delta\omega,\delta\omega) = 0 \Leftrightarrow \delta\omega = 0$. 于是,再由 $\mathrm{d}\omega = 0$ 就可得

$$\Delta \omega = (\mathrm{d}\delta + \delta\mathrm{d})\omega = \mathrm{d}0 + \delta0 = 0,$$

即 ω 为调和形式.

（证法 2）根据定理 2.3.4,de Rham 上同调类 $\{\omega\}$ 中有唯一的调和代表 α,则 $\Delta\alpha = 0$, $\alpha = \omega + \mathrm{d}\eta$.再根据上述必要性有

$$e(\alpha) \leqslant e(\omega).$$

由充分性题设知,$e(\omega)\leqslant e(\alpha)$.因此

$$
\begin{aligned}
e(\omega) &= e(\alpha) = e(\omega + \mathrm{d}\eta) = (\omega,\omega) + (\mathrm{d}\eta,\mathrm{d}\eta) + 2(\omega,\mathrm{d}\eta) \\
&= e(\omega) + (\mathrm{d}\eta,\mathrm{d}\eta) + 2(\alpha - \mathrm{d}\eta,\mathrm{d}\eta) = e(\omega) + 2(\delta\alpha,\eta) - (\mathrm{d}\eta,\mathrm{d}\eta) \\
&= e(\omega) + 2(0,\eta) - (\mathrm{d}\eta,\mathrm{d}\eta) = e(\omega) - (\mathrm{d}\eta,\mathrm{d}\eta),
\end{aligned}
$$

所以

$$(\mathrm{d}\eta,\mathrm{d}\eta) = 0, \quad \mathrm{d}\eta = 0, \quad \alpha = \omega.$$

故 $\omega = \alpha$ 为调和形式. $\qquad\qquad\square$

2.4 Laplace 算子 Δ 的特征值

设 $(M,g) = (M,\langle,\rangle)$ 为 C^∞ Riemann 流形,在局部坐标系 $\{x^1,\cdots,x^n\}$ 下表示为

$$g = \sum_{i,j=1}^{n} g_{ij}\mathrm{d}x^i \otimes \mathrm{d}x^j$$

或

$$\mathrm{d}s^2 = \sum_{i,j=1}^{n} g_{ij}\mathrm{d}x^i\mathrm{d}x^j.$$

C^∞ 函数 f 的 Laplace 为

$$
\begin{aligned}
\Delta f &= -\operatorname{div}\operatorname{grad} f \\
&= -\sum_{i,j=1}^{n} g^{ij}\frac{\partial^2 f}{\partial x^i \partial x^j} - \sum_{i,j=1}^{n}\left(\frac{\partial g^{ij}}{\partial x^i} + \frac{1}{2}g^{ij}\frac{\partial\ln\det(g_{kl})}{\partial x^i}\right)\frac{\partial f}{\partial x^j} \\
&= -\frac{1}{\sqrt{\det(g_{kl})}}\sum_{i,j=1}^{n}\frac{\partial}{\partial x^i}\left(g^{ij}\sqrt{\det(g_{kl})}\frac{\partial}{\partial x^j}\right),
\end{aligned}
$$

其中 $(g^{ij}) = (g_{ij})^{-1}$ 为 (g_{ij}) 的逆矩阵.

算子 Δ 已推广到 s 形式上.在 M 的 s 次形式的空间 $F^p(M) = C^\infty(\wedge^p M)$ 上依次定义了 Hodge 星算子 $*$、上微分算子 δ 及 Laplace-Beltrami 算子 Δ 如下:

$$* : F^s(M) \to F^s(M), \quad \omega \mapsto *\omega$$

为线性映射,使得

$$*(e^{i_1} \wedge \cdots \wedge e^{i_s}) = e^{j_1} \wedge \cdots \wedge e^{j_{n-s}},$$

$$(e^{i_1} \wedge \cdots \wedge e^{i_s}) \wedge (e^{j_1} \wedge \cdots \wedge e^{j_{n-s}}) = e^1 \wedge \cdots \wedge e^n,$$

$$\delta: F^s(M) \to F^{s-1}(M), \quad \delta = (-1)^{n(s+1)+1} * \mathrm{d} *,$$

$$\triangle: F^s(M) \to F^s(M), \quad \triangle = \mathrm{d}\delta + \delta\mathrm{d}.$$

视函数为 0 形式时, 两种形式的 Laplace 算子是一致的.

对于 C^∞ 紧致定向 Riemann 流形 $(M, g) = (M, \langle, \rangle)$ 上的 C^∞ s 形式 ω_1, ω_2, 可以整体定义内积如下:

$$(\omega_1, \omega_2) = \int_M \langle \omega_1, \omega_2 \rangle \mathrm{d}V_g = \int_M \langle \omega_1, \omega_2 \rangle * 1.$$

以下事实是众所周知的:

(1) 微分算子 d 和上微分算子 δ 是共轭的, 即 $(\mathrm{d}\omega, \eta) = (\omega, \delta\eta)$;

(2) 算子 $\triangle$ 为自伴算子, 即 $(\triangle\omega, \eta) = (\omega, \triangle\eta)$;

(3) 算子 $\triangle$ 是正定的, 即 $(\triangle\omega, \omega) \geqslant 0$, 且 $(\triangle\omega, \omega) = 0 \Leftrightarrow \omega = 0$.

下面引入特征值、特征形式、特征空间和谱的概念.

定义 2.4.1 如果对 $\lambda \in \mathbf{R}$, 存在不恒为 0 的 C^∞ s 形式 ω, 使得

$$\triangle\omega = \lambda\omega,$$

则称 λ 为对应于 s 形式的 $\triangle$ 的**特征值**, 相应的 ω 称为对应于特征值 λ 的**特征形式**(当 $s = 0$ 时, $\omega = f$ 也称为**特征函数**). 称 $F^s(M)$ 的线性子空间

$$E_\lambda^s(M) = \{\omega \in F^s(M) \mid \triangle\omega = \lambda\omega\}$$

为特征值 λ 的**特征空间**. 特征值的全体(含重数)称为**谱**, 记为 $\mathrm{Spec}(M, g)$. 相应于 s 的特征值全体记为 $\mathrm{Spec}^s(M, g)$.

我们仅讨论如下两类特征值问题:

(1) 闭特征值问题: 设 M 为 C^∞ 紧致连通无边流形, 求所有 $\lambda \in \mathbf{R}$, 使方程

$$\triangle\varphi = \lambda\varphi$$

有非平凡解 $\varphi \in C^\infty(M, \mathbf{R})$.

(2) Dirichlet 特征值问题: 对 $\partial M \neq \varnothing$, $\overline{M}$ 紧致连通, 求所有 $\lambda \in \mathbf{R}$, 使方程

$$\begin{cases} \triangle\varphi = \lambda\varphi, \\ \varphi \mid_{\partial M} = 0 \end{cases}$$

有非平凡解 $\varphi \in C^\infty(\overline{M}, \mathbf{R})$.

现在来研究特征值的性质和谱理论.

引理 2.4.1 $\triangle$ 的特征值具有如下性质:

(1) $\triangle$ 的特征值是非负的;

(2) 对应于不同特征值的特征形式是正交的;

(3) $\triangle$ 的特征空间 $E_\lambda^s(M)$ 是有限维的;

(4) 特征值无有限的聚点.

证明 （1）取 ω 使 $\Delta\omega = \lambda\omega$，且 $\|\omega\| = \sqrt{(\omega,\omega)} = 1$，则 Δ 的特征值

$$\lambda = (\lambda\omega,\omega) = (\Delta\omega,\omega) \geqslant 0 \text{（引理 2.2.2(2)）}.$$

（2）设 $\lambda \neq \mu$ 都为 Δ 的特征值，且 $\Delta u = \lambda u, \Delta v = \mu v$，则

$$\lambda(u,v) = (\lambda u,v) = (\Delta u,v) = (u,\Delta v) = (u,\mu v) = \mu(u,v),$$
$$(\lambda - \mu)(u,v) = 0.$$

因 $\lambda - \mu \neq 0$，故 $(u,v) = 0$，即 u,v 正交.

（3）（反证）假设 $E_\lambda^s(M)$ 不是有限维的，则存在 C^∞ 规范正交的形式 $\{\omega_m\}$，使得

$$\Delta\omega_m = \lambda\omega_m, \quad m = 1,2,\cdots.$$

由于

$$\|\omega_m\| = 1 \leqslant \max\{1,\lambda\}, \quad \|\Delta\omega_m\| = \|\lambda\omega_m\| = \lambda \leqslant \max\{1,\lambda\},$$

故由定理 2.2.2 知，$\{\omega_m\}$ 的子列 $\{\omega_{m_k}\}$ 为 $F^s(M)$ 中的 Cauchy 序列. 但是，由（2）知

$$\rho(\omega_{m_k},\omega_{m_{k+1}}) = \|\omega_{m_k} - \omega_{m_{k+1}}\| = \sqrt{2},$$

显然，$\{\omega_{m_k}\}$ 不是一个 Cauchy 序列，矛盾. 因此，$E_\lambda^s(M)$ 是有限维的.

（4）（反证）假设 $\lambda_m \to \lambda \in [0,+\infty)$，不妨设 $\lambda_i \neq \lambda_j, 0 \leqslant \lambda_m \leqslant \lambda + 1$. 取 ω_m 使得

$$\Delta\omega_m = \lambda_m\omega_m$$

且

$$\|\omega_m\| = 1.$$

于是

$$\|\omega_m\| = 1 \leqslant \lambda + 1, \quad \|\Delta\omega_m\| = \|\lambda_m\omega_m\| = \lambda_m \leqslant \lambda + 1.$$

再一次应用定理 2.2.2，$\{\omega_m\}$ 的子列 $\{\omega_{m_k}\}$ 为 $F^s(M)$ 中的 Cauchy 序列. 但由（2）知

$$\rho(\omega_{m_k},\omega_{m_{k+1}}) = \|\omega_{m_k} - \omega_{m_{k+1}}\| = \sqrt{2},$$

显然，$\{\omega_{m_k}\}$ 不是一个 Cauchy 序列，矛盾. 因此，特征值无有限的聚点. □

应用著名的 Hodge 分解定理引入了 Green 算子. 再利用上述引理可以证明下面的定理 2.4.2（$F^s(M)$ 的完全性）和定理 2.4.3.

引理 2.4.2 （1）如果 Δ 和 Green 算子 G 限制到 $(H^s)^\perp$，则

$$\Delta : (H^s)^\perp \to (H^s)^\perp,$$
$$G : (H^s)^\perp \to (H^s)^\perp.$$

此外，对 $\forall \alpha \in (H^s)^\perp$，有

$$\Delta G\alpha = \alpha, \quad G\Delta\alpha = \alpha;$$

（2）η 为 $G|_{(H^s)^\perp}$ 的特征值 $\Leftrightarrow \lambda = \dfrac{1}{\eta}$ 为 $\Delta|_{(H^s)^\perp}$ 的特征值.

注意，0 不是 $G|_{(H^s)^\perp}$ 的特征值.

证明 (1) 由 Green 算子的定义知, $G(\alpha) \in (H^s)^\perp$. 因为对 $\forall \gamma \in H^s = H^s(M)$, 有

$$(\Delta\alpha, \gamma) = (\alpha, \Delta\gamma) = (\alpha, 0) = 0,$$

所以 $\Delta\alpha \perp \gamma, \Delta\alpha \in (H^s)^\perp$. 因此, 确有

$$\Delta: (H^s)^\perp \to (H^s)^\perp$$

和

$$G: (H^s)^\perp \to (H^s)^\perp.$$

此外, 对 $\forall \alpha \in (H^s)^\perp$, 有

$$\Delta G\alpha = \alpha - H(\alpha) = \alpha$$

和 $\Delta\alpha \in (H^s)^\perp$,

$$\Delta G\Delta\alpha = \Delta\alpha.$$

再由 $G\Delta\alpha \in (H^s)^\perp, \alpha \in (H^s)^\perp$ 推得 $G\Delta\alpha = \alpha$ (因 $G\Delta\alpha - \alpha \in (H^s)^\perp, \Delta(G\Delta\alpha - \alpha) = 0$, $G\Delta\alpha - \alpha \in H^s$. 由 $(H^s)^\perp \bigcap H^s = \{0\}$ 可知, $G\Delta\alpha - \alpha = 0$).

(2) 如果 $\alpha \in (H^s)^\perp$ 且 $G(\alpha) = 0 \cdot \alpha = 0$, 则由(1)有

$$\alpha = \Delta G\alpha = \Delta 0 = 0,$$

从而 0 不是 $G|_{(H^s)^\perp}$ 的特征值.

另一方面, 由 $\Delta G\alpha = \alpha$ 和 $G\Delta\alpha = \alpha$ 可推出: $\eta \neq 0$ 为 $G|_{(H^s)^\perp}$ 的特征值, 即存在不恒为 0 的 $\alpha \in (H^s)^\perp, G\alpha = \eta\alpha \Leftrightarrow$ 存在不恒为 0 的 $\alpha \in (H^s)^\perp, \alpha = \Delta G\alpha = \eta\Delta\alpha \Leftrightarrow$ 存在不恒为 0 的 $\alpha \in (H^s)^\perp, \Delta\alpha = \frac{1}{\eta}\alpha$, 即 $\lambda = \frac{1}{\eta}$ 为 $\Delta|_{(H^s)^\perp}$ 的特征值. $\qquad\square$

易见, 0 为 Δ 的特征值 $\Leftrightarrow$ 存在非平凡(不恒为 0)的 s 次 C^∞ 调和形式, 即 $H^s \neq 0$. 由于常值函数 $c \neq 0, c \in H^0 = H^0(M)$, 故 0 为 $\Delta = \Delta_0$ 的特征值.

定理 2.4.1 令

$$\eta = \sup_{\substack{\|\varphi\|=1 \\ \varphi \in (H^s)^\perp}} \{\|G(\varphi)\|\},$$

则对 $\forall \varphi \in (H^s)^\perp$, 有

$$\|G(\varphi)\| \leqslant \eta \|\varphi\|.$$

更进一步, $\frac{1}{\eta}$ 为 Δ 的特征值, η 为 G 的特征值.

证明 由于 G 为有界线性算子, 故 $0 \leqslant \eta < +\infty$. 根据 η 的定义立即可得

$$\|G(\varphi)\| \leqslant \eta \|\varphi\|.$$

因为 $F^s(M)$ 是无限维的, 而 $H^s = H^s(M)$ 是有限维的, 所以 $(H^s)^\perp \neq \{0\}$. 于是, $\exists \varphi \in (H^s)^\perp, \|\varphi\| = 1$. 由此得到

$$\Delta G(\varphi) = \varphi \neq 0, \quad G(\varphi) \neq 0, \quad \|G(\varphi)\| > 0$$

和

$$\eta = \sup_{\substack{\|\varphi\|=1 \\ \varphi \in (H^s)^\perp}} \{ \| G(\varphi) \| \} > 0.$$

为了证明 $\dfrac{1}{\eta}$ 为 Δ 的特征值,令 $\{\varphi_j\} \in (H^s)^\perp$ 为 η 的极大化序列,即

$$\| \varphi_j \| = 1, \quad \| G(\varphi_j) \| \to \eta, \quad j \to +\infty.$$

因为 $G(\varphi_j) \in (H^s)^\perp$,

$$
\begin{aligned}
\| G^2(\varphi_j) - \eta^2 \varphi_j \|^2 &= \| G^2(\varphi_j) \|^2 - 2\eta^2 (G^2(\varphi_j), \varphi_j) + \eta^4 \\
&\leqslant \eta^2 \| G(\varphi_j) \|^2 - 2\eta^2 \| G(\varphi_j) \|^2 + \eta^4 \\
&\to \eta^2 \cdot \eta^2 - 2\eta^2 \cdot \eta^2 + \eta^4 = 0, \quad j \to +\infty,
\end{aligned}
$$

所以

$$\| G^2(\varphi_j) - \eta^2 \varphi_j \|^2 \to 0, \quad j \to +\infty.$$

进一步,我们证明 $\| G(\varphi_j) - \eta \varphi_j \| \to 0, j \to +\infty$. 为此,令 $\psi_j = G(\varphi_j) - \eta \varphi_j$,则

$$(\psi_j, G(\psi_j)) = (\Delta G(\psi_j), G(\psi_j)) \geqslant 0,$$

$$
\begin{aligned}
0 \leftarrow (\psi_j, G^2(\varphi_j) - \eta^2 \varphi_j) \\
&= (\psi_j, G(G(\varphi_j) - \eta \varphi_j) + \eta(G(\varphi_j) - \eta \varphi_j)) \\
&= (\psi_j, G(\psi_j) + \eta \psi_j) \\
&= (\psi_j, G(\psi_j)) + \eta \| \psi_j \|^2 \geqslant \eta \| \psi_j \|^2, \quad j \to +\infty.
\end{aligned}
$$

因此

$$\| G(\varphi_j) - \eta \varphi_j \| = \| \psi_j \| \leqslant \frac{1}{\eta}(\psi_j, G^2(\varphi_j) - \eta^2 \varphi_j) \to 0, \quad j \to +\infty.$$

因为

$$\| G(\varphi_j) \| \leqslant \eta \| \varphi_j \| = \eta \leqslant \max\{1, \eta\} = c,$$

$$\| \Delta G(\varphi_j) \| = \| \varphi_j \| = 1 \leqslant \max\{1, \eta\} = c,$$

根据定理 2.2.2,存在 $\{\varphi_j\}$ 的子序列,不失一般性,仍记为 φ_j,使得 $\{G(\varphi_j)\}$ 为 Cauchy 序列. 在 $F^s(M)$ 上,由

$$l(\beta) = \lim_{j \to +\infty} \eta(G(\varphi_j), \beta), \quad \forall \beta \in F^s(M)$$

定义有界线性泛函 l(因为 $\eta(G(\varphi_j), \beta)$ 为 Cauchy 序列,所以它收敛). 由于 $\Delta G(\varphi_j) = \varphi_j$ 和

$$|(G(\varphi_j) - \eta \varphi_j, \varphi)| \leqslant \| G(\varphi_j) - \eta \varphi_j \| \| \varphi \| \to 0, \quad j \to +\infty,$$

可得

$$l\left(\left(\Delta - \frac{1}{\eta}\right)^* \varphi\right) = \lim_{j \to +\infty} \eta\left(G(\varphi_j), \left(\Delta - \frac{1}{\eta}\right)^* \varphi\right)$$

$$= \lim_{j \to +\infty} \eta \left(\left(\Delta - \frac{1}{\eta} \right) G(\varphi_j), \varphi \right) = \lim_{j \to +\infty} (\eta \varphi_j - G(\varphi_j), \varphi)$$

$$= - \lim_{j \to +\infty} (G(\varphi_j) - \eta \varphi_j, \varphi) = 0.$$

从而, l 为

$$\left(\Delta - \frac{1}{\eta} \right) \omega = 0$$

的一个非平凡的弱解. 由此和 $\Delta - \dfrac{1}{\eta}$ 为椭圆型得到: 存在非 0 的 $\omega \in F^s(M)$, 使得

$$\left(\Delta - \frac{1}{\eta} \right) \omega = 0, \quad \Delta \omega = \frac{1}{\eta} \omega,$$

即 $\lambda = \dfrac{1}{\eta}$ 为 Δ 的特征值(参阅文献[34] $222 \sim 258$ 页 The Hodge Theorem).

又因

$$\omega = G \Delta \omega = G \left(\frac{1}{\eta} \omega \right) = \frac{1}{\eta} G(\omega),$$

$$G(\omega) = \eta \omega,$$

故 η 为 G 的特征值.　　　　　　　　　　　　　　　　　　□

引理 2.4.3　如果已归纳定义

$$\eta_1 = \eta = \sup_{\substack{\| \varphi \| = 1 \\ \varphi \in (H^s)^{\perp}}} \{ \| G(\varphi) \| \},$$

$$\eta_i = \sup_{\substack{\| \varphi \| = 1 \\ \varphi \in (H^s \oplus R_{i-1})^{\perp}}} \{ \| G(\varphi) \| \},$$

其中 $\lambda_i = \dfrac{1}{\eta_i}, i = 1, \cdots, m$ 为 $\Delta |_{H^s \perp}$ 的特征值, 且

$$0 < \lambda_1 \leqslant \lambda_2 \leqslant \cdots \leqslant \lambda_m,$$

则 G 和 Δ 将 $(H^s \oplus R_m)^{\perp}$ 映到 $(H^s \oplus R_m)^{\perp}$, 这里 R_m 为由 $\{ \omega_1, \cdots, \omega_m \}$ 张成的 $F^s(M)$ 的线性子空间, ω_i 为对应于 λ_i 的 C^{∞} 特征形式. 如果定义

$$\eta_{m+1} = \sup_{\substack{\| \varphi \| = 1 \\ \varphi \in (H^s \oplus R_m)^{\perp}}} \{ \| G(\varphi) \| \},$$

则 $0 < \eta_{m+1} < +\infty$ 且 $\lambda_{m+1} = \dfrac{1}{\eta_{m+1}}$ 为 Δ 的一个特征值及 $\lambda_m \leqslant \lambda_{m+1}$.

证明　因为对 $\forall \varphi \in (H^s \oplus R_m)^{\perp}, \gamma \in H^s$, 有

$$(\Delta \varphi, \gamma) = (\varphi, \Delta \gamma) = (\varphi, 0) = 0,$$

$$(\Delta \varphi, \omega_i) = (\varphi, \Delta \omega_i) = (\varphi, \lambda_i \omega_i) = 0,$$

所以 $\triangle$ 将 $(H^s \oplus R_m)^\perp$ 映到 $(H^s \oplus R_m)^\perp$.

类似地,因为

$$(G(\varphi), \gamma) = (\varphi, G(\gamma)) = (\varphi, 0) = 0,$$

$$(G(\varphi), \omega_i) = (\varphi, G(\omega_i)) = \left(\varphi, \frac{1}{\lambda_i} \omega_i\right) = \frac{1}{\lambda_i} (\varphi, \omega_i) = 0, \quad i = 1, \cdots, m,$$

所以 G 也将 $(H^s \oplus R_m)^\perp$ 映到 $(H^s \oplus R_m)^\perp$. 于是,由 $F^s(M)$ 是无限维的线性空间知

$$(H^s \oplus R_m)^\perp \neq \{0\}.$$

因此仿照定理 2.4.1 的证明得到 $\lambda_{m+1} = \dfrac{1}{\eta_{m+1}}$ 为 $\triangle$ 的一个特征值,其中

$$\eta_{m+1} = \sup_{\substack{\|\varphi\| = 1 \\ \varphi \in (H^s \oplus R_m)^\perp}} \{\|G(\varphi)\|\} \leqslant \sup_{\substack{\|\varphi\| = 1 \\ \varphi \in (H^s \oplus R_{m-1})^\perp}} \{\|G(\varphi)\|\} = \eta_m,$$

$$\lambda_{m+1} = \frac{1}{\eta_{m+1}} \geqslant \frac{1}{\eta_m} = \lambda_m. \qquad \qquad \square$$

定理 2.4.2($F^s(M)$ 的完全性)   可以选取 $\triangle$ 在 $F^s(M)$ 上的特征值 $\lambda_1, \lambda_2, \cdots,$ $\lambda_m, \cdots$,使得

$$0 \leqslant \lambda_1 \leqslant \lambda_2 \leqslant \cdots \leqslant \lambda_m \leqslant \cdots, \quad \lambda_m \to +\infty, m \to +\infty.$$

而每个 $\triangle$ 的特征值 λ 都包含在序列 $\{\lambda_m\}$ 中,并且相应于 λ 的特征空间的维数 $\dim E_\lambda^s(M)$ 为 $\lambda_m = \lambda$ 的个数.设 ω_m 为 $F^s(M)$ 中对应于特征值 λ_m 的特征形式,且 $\{\omega_m\}$ 为规范正交的特征形式.更进一步,关于内积 $(,)$,空间 $F^s(M)$ 是完全的,即对 $\forall \alpha \in F^s(M)$,有

$$\lim_{m \to +\infty} \left\| \alpha - \sum_{i=1}^m (\alpha, \omega_i) \omega_i \right\| = 0.$$

证明   根据引理 2.4.1(4),$\triangle_s$ 在 $F^s(M)$ 上的特征值的集合为至多可数集,并且可以按从小到大排列为

$$0 \leqslant \lambda_1 \leqslant \lambda_2 \leqslant \cdots \leqslant \lambda_m \leqslant \cdots, \quad \lambda_m \to +\infty, \quad m \to +\infty.$$

由于 $F^s(M)$ 是无限维的,故引理 2.4.3 中的

$$(H^s \oplus R_m)^\perp \neq \{0\},$$

从而,有可数个 η_i 和 λ_i.

如果 $k = \dim H^s > 0$,则 $\lambda_1 = 0$ 为 $\triangle$ 的特征值(否则 $k = \dim H^s = 0, \lambda_1 > 0$).令

$$\beta = \triangle\left(\alpha - \sum_{i=1}^k (\alpha, \omega_i) \omega_i\right) \in (H^s)^\perp,$$

则

$$G(\beta) = G\triangle\left(\alpha - \sum_{i=1}^k (\alpha, \omega_i) \omega_i\right) = \alpha - \sum_{i=1}^k (\alpha, \omega_i) \omega_i.$$

由此得到

$$\beta = \Delta G(\beta) = \Delta\left(\alpha - \sum_{i=1}^{k}(\alpha,\omega_i)\omega_i\right) = \Delta\alpha,$$

$$(\beta,\omega_i) = (\Delta\alpha,\omega_i) = (\alpha,\Delta\omega_i) = (\alpha,\lambda_i\omega_i) = \lambda_i(\alpha,\omega_i), \quad i > k,$$

$$G\left(\beta - \sum_{i=k+1}^{m}(\beta,\omega_i)\omega_i\right) = \alpha - \sum_{i=1}^{k}(\alpha,\omega_i)\omega_i - \sum_{i=k+1}^{m}(\beta,\omega_i)G(\omega_i)$$

$$= \alpha - \sum_{i=1}^{k}(\alpha,\omega_i)\omega_i - \sum_{i=k+1}^{m}\lambda_i(\alpha,\omega_i)\cdot\frac{1}{\lambda_i}\omega_i$$

$$= \alpha - \sum_{i=1}^{m}(\alpha,\omega_i)\omega_i.$$

再由 $\eta_{m+1}, \lambda_{m+1}$ 的定义和 $\lambda_{m+1} \rightarrow +\infty$ 得到

$$\left\|\alpha - \sum_{i=1}^{m}(\alpha,\omega_i)\omega_i\right\|$$

$$= \left\|G\left(\beta - \sum_{i=1}^{m}(\beta,\omega_i)\omega_i\right)\right\| \leqslant \frac{1}{\lambda_{m+1}}\left\|\beta - \sum_{i=k+1}^{m}(\beta,\omega_i)\omega_i\right\|$$

$$= \frac{1}{\lambda_{m+1}}\left(\|\beta\|^2 - 2\sum_{i=k+1}^{m}(\beta,\omega_i)(\beta,\omega_i) + \sum_{i,j=k+1}^{m}(\beta,\omega_i)(\beta,\omega_j)(\omega_i,\omega_j)\right)^{\frac{1}{2}}$$

$$= \frac{1}{\lambda_{m+1}}\left(\|\beta\|^2 - 2\sum_{i=k+1}^{m}(\beta,\omega_i)^2 + \sum_{i=k+1}^{m}(\beta,\omega_i)^2\right)^{\frac{1}{2}}$$

$$= \frac{1}{\lambda_{m+1}}\left(\|\beta\|^2 - \sum_{i=k+1}^{m}(\beta,\omega_i)^2\right)^{\frac{1}{2}}$$

$$\leqslant \frac{1}{\lambda_{m+1}}\|\beta\| \rightarrow 0, \quad m \rightarrow +\infty,$$

所以

$$\lim_{m\to+\infty}\left\|\alpha - \sum_{i=1}^{m}(\alpha,\omega_i)\omega_i\right\| = 0.$$

最后,证明 Δ 的任一特征值 $\lambda \in \{\lambda_n \mid n \in \mathbf{N}\}$. 显然,只需对 $\lambda > 0$ 加以证明(因为只要 0 为特征值总排在最前面).

设 $\omega \in F^s(M)$ 为对应于特征值 λ 的特征形式,即 $\Delta\omega = \lambda\omega$ 或 $G\omega = \eta\omega, \eta = \dfrac{1}{\lambda}$,其中 $\omega \neq 0$. 令

$$\omega = \omega^H + \omega^\perp, \quad \omega^H \in H^s, \omega^\perp \in (H^s)^\perp.$$

(反证)假设 $\Delta\omega = \lambda\omega, \omega \neq 0$ 且 $\lambda \notin \{\lambda_m \mid m \in \mathbf{N}\}$,则 $\dfrac{\lambda_m}{\lambda} \neq 1, m \in \mathbf{N}$.

$$\Delta\omega^\perp = \Delta\omega^H + \Delta\omega^\perp = \Delta\omega = \lambda\omega = \lambda\omega^H + \lambda\omega^\perp,$$

其中

$$\omega^H \in H^s, \quad \omega^\perp \in (H^s)^\perp.$$

又

$$(\omega, \omega_m) = \left(\frac{1}{\lambda} \Delta\omega, \omega_m \right) = \frac{1}{\lambda}(\omega, \Delta\omega_m) = \frac{\lambda_m}{\lambda}(\omega, \omega_m),$$

所以

$$\left(1 - \frac{\lambda_m}{\lambda} \right)(\omega, \omega_m) = 0,$$

故

$$(\omega, \omega_m) = 0, \quad m \in \mathbf{N}.$$

注意到 $H^s = E_0^s(M)$ 由有限个最前面的 k 个 $\{\omega_1, \cdots, \omega_k\}$ 张成,故 $\omega \in (H^s)^\perp$. 于是

$$\Delta\omega^\perp = \lambda\omega^\perp, \quad \omega = \omega^H + \omega^\perp = \omega^\perp \in (H^s)^\perp.$$

根据定理中已证的结论,

$$\| \omega \| = \lim_{m \to +\infty} \| \omega \| = \lim_{m \to +\infty} \left\| \omega - \sum_{i=1}^m (\omega, \omega_i)\omega_i \right\| = 0, \quad \omega = 0,$$

这与已知 $\omega \neq 0$ 矛盾. 所以,$\lambda \in \{\lambda_m \mid m \in \mathbf{N}\}$. $\qquad\square$

注 2.4.1 对于 $F^0(M)$,由于任意非 0 的常值函数 c,必有 $\Delta c = 0 = 0 \cdot c$,故 0 为 Δ 的特征值,$c \neq 0$ 为对应于特征值 0 的 0 次特征形式,也称为特征函数. 此时,我们常将定理 2.4.2 中依次排列的特征值记为

$$0 = \lambda_0 < \lambda_1 \leqslant \lambda_2 \leqslant \cdots \leqslant \lambda_m \leqslant \cdots, \quad \lambda_m \to +\infty, \quad m \to +\infty.$$

而 λ_1 称为 Δ 在 $F^0(M) = C^\infty(\wedge^0 M) = C^\infty(M, \mathbf{R})$ 上的**第 1 特征值**. 它是人们最常关注的一个特征值,有许多数学家为估计 λ_1 作出了大量的努力,获得了许多成果.

为区分不同 $F^s(M)$ 的特征值,记

$$\mathrm{Spec}^0(M, g) = \mathrm{Spec}^0(M) = \{0 = \lambda_0^0 < \lambda_1^0 \leqslant \lambda_2^0 \leqslant \cdots \leqslant \lambda_m^0 \leqslant \cdots\},$$

$$\mathrm{Spec}^s(M, g) = \mathrm{Spec}^s(M) = \{0 \leqslant \lambda_1^s \leqslant \lambda_2^s \leqslant \cdots \leqslant \lambda_m^s \leqslant \cdots\}.$$

上面已研究了 n 维 C^∞ 紧致定向 Riemann 流形 $(M, g) = (M, \langle, \rangle)$ 上的 Laplace 算子 Δ 的重要性质. 对于不可定向的流形,由于不能定义积分,故直接讨论特征值的性质是不合适的. 但是,我们已有经验,引入 $(M, g) = (M, \langle, \rangle)$ 的定向 2 层覆盖流形 $(\widetilde{M}, M, \pi)$;它诱导的 n 维 C^∞ 定向的紧致 Riemann 流形为 $(\widetilde{M}, \widetilde{g}) = (\widetilde{M}, \pi^* g)$,$F^s(\widetilde{M})$ 上的内积 $(\widetilde{\omega}, \widetilde{\eta})$ 导致了 $F^s(M)$ 上的内积 $(\omega, \eta) = (\pi^*\omega, \pi^*\eta)$. 关于 Δ 和 $\widetilde{\Delta}$ 的特征值有下面的关系.

引理 2.4.4 设 $(M, g) = (M, \langle, \rangle)$ 为 n 维不可定向的紧致 C^∞ Riemann 流形,$(\widetilde{M}, \widetilde{g}) = (\widetilde{M}, \pi \widetilde{g})$ 为 (M, g) 的定向覆叠 C^∞ Riemann 流形. 记

$$E_\lambda^s(\widetilde{M})^\pm = E_\lambda^s(\widetilde{M}) \bigcap F^s(M)^\pm,$$

则

$$E_\lambda^s(\widetilde{M}) = E_\lambda^s(\widetilde{M})^+ \bigoplus E_\lambda^s(\widetilde{M})^-$$

为正交直和分解,且

$$\lambda \in \mathbf{R} \text{ 为 } \Delta \text{ 的特征值} \Leftrightarrow \lambda \in \mathbf{R} \text{ 为 } \widetilde{\Delta} \text{ 的特征值,且 } E_\lambda^s(\widetilde{M})^+ \neq \{0\}.$$

由此得到 Δ 的特征值集为 $\widetilde{\Delta}$ 的特征值集的子集.

证明 因为 $F^s(\widetilde{M})^\pm$ 为 $\widetilde{\Delta}$ 的不变子空间,所以对 $\forall \widetilde{\omega} = \widetilde{\omega}^+ + \widetilde{\omega}^- \in E_\lambda^s(\widetilde{M})$,$\omega^\pm \in F^s(\widetilde{M})^\pm$,有

$$\widetilde{\Delta} \widetilde{\omega}^+ + \widetilde{\Delta} \widetilde{\omega}^- = \widetilde{\Delta} \widetilde{\omega} = \lambda \widetilde{\omega} = \lambda \widetilde{\omega}^+ + \lambda \widetilde{\omega}^-,$$

$$\Delta \widetilde{\omega}^\pm = \lambda \widetilde{\omega}^\pm,$$

$$\widetilde{\omega}^\pm \in E_\lambda^s(\widetilde{M}) \bigcap F^s(\widetilde{M})^\pm = E_\lambda^s(\widetilde{M})^\pm.$$

从而得到

$$E_\lambda^s(\widetilde{M}) = E_\lambda^s(\widetilde{M})^+ \bigoplus E_\lambda^s(\widetilde{M})^-$$

为正交直和分解.

再证第 2 部分.

($\Rightarrow$)设 $\Delta \omega = \lambda \omega$,$\omega \neq 0$,则

$$\widetilde{\Delta} \pi^* \omega = \pi^* \Delta \omega = \pi^*(\lambda \omega) = \lambda \pi^* \omega.$$

又因为 $\pi^*: F^s(M) \to F^s(\widetilde{M})^+$ 为同构,故 $\pi^* \omega \neq 0$. 因而,λ 也为 $\widetilde{\Delta}$ 的特征值,$\pi^* \omega$ 为 $\widetilde{\Delta}$ 对应于特征值 λ 的 s 次特征形式,且

$$E_\lambda^s(\widetilde{M})^+ = E_\lambda^s(\widetilde{M}) \bigcap F^s(\widetilde{M})^+ \neq \{0\}.$$

($\Leftarrow$)设 $\widetilde{\omega} \in E_\lambda^s(\widetilde{M})^+$,$\widetilde{\Delta} \widetilde{\omega} = \lambda \widetilde{\omega}$,$\widetilde{\omega} \neq 0$,则由 π 为局部 C^∞ 微分同胚知,存在 $\omega \neq 0$,使 $\widetilde{\omega} = \pi^* \omega$,且

$$\pi^* \Delta \omega = \widetilde{\Delta} \pi^* \omega = \widetilde{\Delta} \widetilde{\omega} = \lambda \widetilde{\omega} = \pi^*(\lambda \omega).$$

再由 $\pi^*: F^s(M) \to F^s(\widetilde{M})^+$ 为同构推出 $\Delta \omega = \lambda \omega$,$\omega \neq 0$,即 λ 为 Δ 的特征值. $\square$

引理 2.4.5 设 $\widetilde{\omega} = \widetilde{\omega}^+ + \widetilde{\omega}^- \in \mathrm{Span}_{m \in \mathbf{N}}\{E_{\lambda_m}^s(\widetilde{M})\}$(表示由 $\{E_{\lambda_m}^s(\widetilde{M}) \mid m \in \mathbf{N}\}$ 张成的线性空间),则 $\widetilde{\omega}^\pm \in \mathrm{Span}_{m \in \mathbf{N}}\{E_{\lambda_m}^s(\widetilde{M})^\pm\}$.

证明 设 $\{u_j^m \mid j = 1, \cdots, k_m\}$ 为 $E_{\lambda_m}^s(\widetilde{M})$ 的一个基,记

$$\widetilde{\omega}^+ + \widetilde{\omega}^- = \widetilde{\omega} = \sum_{m=1}^l \sum_{j=1}^{k_m} \mu_j^m u_j^m = \sum_{m=1}^l \sum_{j=1}^{k_m} \mu_j^m u_j^{m+} + \sum_{m=1}^l \sum_{j=1}^{k_m} \mu_j^m u_j^{m-},$$

则由引理 2.4.4 得到

$$\widetilde{\omega}^\pm = \sum_{m=1}^l \sum_{j=1}^{k_m} \mu_j^s u_j^{m\pm} \in \mathrm{Span}\{E_{\lambda_m}^s(\widetilde{M})^\pm\}. \qquad \square$$

引理 2.4.6 $F^s(\widetilde{M})$ 在内积 $(,)$ 诱导的拓扑下,如果 $\widetilde{\omega}_m \to \widetilde{\omega}$,$m \to +\infty$,则 $\widetilde{\omega}_m^\pm \to \widetilde{\omega}^\pm$,$m \to +\infty$.

证明 由

$$\| \widetilde{\omega}_m^+ - \widetilde{\omega}_m^- \| \leqslant (\| \widetilde{\omega}_m^+ - \widetilde{\omega}^+ \|^2 + \| \widetilde{\omega}_m^- - \widetilde{\omega} \|^2)^{\frac{1}{2}} = \| \widetilde{\omega}_m - \omega \|$$

立即推出：如果 $\widetilde{\omega}_m \to \widetilde{\omega}, m \to + \infty$，则 $\widetilde{\omega}_m^\pm \to \widetilde{\omega}^\pm, m \to + \infty$. $\qquad\qquad\square$

定理 2.4.3 设 $(M, g) = (M, \langle, \rangle)$ 为 n 维紧致（不必可定向）C^∞ Riemann 流形，则

(1) $\Delta : F^s(M) \to F^s(M)$ 的特征值 $\{\lambda_m \mid m \in \mathbf{N}\}$ 满足

$$0 \leqslant \lambda_1 \leqslant \lambda_2 \leqslant \cdots \leqslant \lambda_m \leqslant \cdots,$$

且 $\lim\limits_{m \to + \infty} \lambda_m = + \infty$；

(2) 对 Δ 的每个特征值 λ_m，它的特征空间

$$E_{\lambda_m}^s(M) = \{\omega \in F^s(M) \mid \Delta\omega = \lambda_m\omega\}$$

是有限维的，且当 $\lambda_i \neq \lambda_j$ 时，有

$$E_{\lambda_i}^s(M) \perp E_{\lambda_j}^s(M);$$

(3) $F^s(M)$ 在内积 $(,)$ 诱导的拓扑下，有

$$F^s(M) = \overline{\underset{m \in \mathbf{N}}{\mathrm{Span}}\{E_{\lambda_m}^s(M)\}}.$$

证明 如果 M 可定向，则引理 2.4.1 和定理 2.4.2 就是定理的 (1), (2) 和 (3).

如果 M 不可定向，则 (M, g) 的定向覆叠流形 $(\widetilde{M}, \widetilde{g}) = (\widetilde{M}, \pi^* g)$ 为 n 维定向紧致 C^∞ Riemann 流形.

(1) 因 $\widetilde{\Delta} : F^s(\widetilde{M}) \to F^s(\widetilde{M})$ 的特征值 $\{\widetilde{\lambda}_m \mid m \in \mathbf{N}\}$ 满足

$$0 \leqslant \widetilde{\lambda}_1 \leqslant \widetilde{\lambda}_2 \leqslant \cdots \leqslant \widetilde{\lambda}_m \leqslant \cdots,$$

且 $\lim\limits_{m \to + \infty} \widetilde{\lambda}_m = + \infty$.

对于 M，为证结论 (1)，由引理 2.4.4，只需证明存在无限个 $\widetilde{\lambda}_m$，使得 $E_{\widetilde{\lambda}_m}^{\widetilde{s}}(\widetilde{M})^+ \neq \{0\}$. 因为 $F^s(\widetilde{M})^+ \cong F^s(M)$ 和 $F^s(M)$ 为无限维，故 $F(\widetilde{M})^+$ 也是无限维的.

（反证）假设只有有限个 $E_{\widetilde{\lambda}_i}^{\widetilde{s}}(\widetilde{M})^+ \neq 0$，则 $\exists N \in \mathbf{N}, N > 1$，当 $i \geqslant N$ 时，$E_{\widetilde{\lambda}_i}^{\widetilde{s}}(\widetilde{M})^+ = \{0\}$. 于是

$$\underset{1 \leqslant i \leqslant N-1}{\mathrm{Span}}\{E_{\widetilde{\lambda}_i}^{\widetilde{s}}(\widetilde{M})^+\} \subset F^s(\widetilde{M})^+.$$

（有限维）$\qquad\qquad\qquad\qquad\qquad\qquad\qquad$（无限维）

由此，$\exists \widetilde{\omega} \in F^s(\widetilde{M})^+ - \overline{\underset{1 \leqslant i \leqslant N-1}{\mathrm{Span}}\{E_{\widetilde{\lambda}_i}^{\widetilde{s}}(\widetilde{M})^+\}} = F^s(\widetilde{M})^+ - \overline{\underset{i \in \mathbf{N}}{\mathrm{Span}}\{E_{\widetilde{\lambda}_i}^{\widetilde{s}}(\widetilde{M})^+\}}$.

根据关于定向流形的本定理的结论 (3)，$\exists \widetilde{\omega}_m \in \underset{i \in \mathbf{N}}{\mathrm{Span}}\{E_{\widetilde{\lambda}_i}^{\widetilde{s}}(\widetilde{M})\}$，s.t.

$$\widetilde{\omega}_m \to \widetilde{\omega} = \widetilde{\omega}^+ + \widetilde{\omega}^- = \widetilde{\omega}^+,$$

其中 $\widetilde{\omega}^- = 0$. 因此，由引理 2.4.5 和引理 2.4.6 可得

$$\widetilde{\omega}_m^+ \in \underset{i \in \mathbf{N}}{\mathrm{Span}}\{E_{\widetilde{\lambda}_i}^{\widetilde{s}}(\widetilde{M})^+\}, \quad \widetilde{\omega}_m^+ \to \widetilde{\omega}^+ = \widetilde{\omega}, \quad m \to + \infty,$$

以及

$$\widetilde{\omega} = \widetilde{\omega}^+ \in \overline{\operatorname*{Span}_{i \in \mathbf{N}} \{ E_{\widetilde{\lambda}_i}^s(\widetilde{M})^+ \}}.$$

这与

$$\widetilde{\omega} \in F^s(\widetilde{M})^+ - \overline{\operatorname*{Span}_{1 \leqslant i \leqslant N-1} \{ E_{\widetilde{\lambda}_i}^s(\widetilde{M})^+ \}} = F^s(\widetilde{M})^+ - \overline{\operatorname*{Span}_{i \in \mathbf{N}} \{ E_{\widetilde{\lambda}_i}^s(\widetilde{M})^+ \}}$$

矛盾.

(2) 由 π^* 同构和

$$\pi^*(E_{\lambda_i}^s(M)) = E_{\lambda_i}^s(\widetilde{M})^+ \subset E_{\lambda_i}^s(\widetilde{M}) \text{（有限维）}$$

推出 $E_{\lambda_c}^s(M)$ 是有限维的.

如果 $\lambda_i \neq \lambda_j, \Delta\omega_i = \lambda_i\omega_i, \Delta\omega_j = \lambda_j\omega_j$,则

$$\lambda_i(\omega_i, \omega_j) = (\lambda_i\omega_i, \omega_j) = (\Delta\omega_i, \omega_j) = (\omega_i, \Delta\omega_j) = (\omega_i, \lambda_j\omega_j) = \lambda_j(\omega_i, \omega_j),$$

所以

$$(\lambda_i - \lambda_j)(\omega_i, \omega_j) = 0,$$

故

$$(\omega_i, \omega_j) = 0,$$

即 $\omega_i \perp \omega_j$.

(3) 设 $\widetilde{\omega} \in F^s(\widetilde{M})^+$,由关于定向流形 $\widetilde{M}$ 的本定理的结论(3)知,$\exists \widetilde{\omega}_m \in \operatorname*{Span}_{i \in \mathbf{N}} \{ E_{\lambda_i}^s(\widetilde{M}) \}$,
s.t.

$$\omega_m^+ + \omega_m^- = \widetilde{\omega}_m \to \widetilde{\omega} = \widetilde{\omega}^+ + \widetilde{\omega}^- = \widetilde{\omega}^+,$$

故根据引理 2.4.5 和引理 2.4.6,有

$$\widetilde{\omega}_m^+ \to \widetilde{\omega}^+ = \widetilde{\omega}, \quad \widetilde{\omega}_m^+ \in \operatorname*{Span}_{i \in \mathbf{N}} \{ E_{\lambda_i}^s(\widetilde{M})^+ \},$$

以及

$$\widetilde{\omega} = \widetilde{\omega}^+ \in \overline{\operatorname*{Span}_{i \in \mathbf{N}} \{ E_{\lambda_i}^s(\widetilde{M})^+ \}}.$$

这就证明了

$$F^s(\widetilde{M})^+ = \overline{\operatorname*{Span}_{i \in \mathbf{N}} \{ E_{\lambda_i}^s(\widetilde{M})^+ \}}.$$

再根据 $(\pi^*\omega, \pi^*\eta) = (\widetilde{\omega}, \widetilde{\eta})$ 和 $\pi^*: E_{\lambda_i}^s(M) \to E_{\lambda_i}^s(\widetilde{M})^+$ 为内积空间的同构得

$$F^s(M) = \overline{\operatorname*{Span}_{i \in \mathbf{N}} \{ E_{\lambda_i}^s(M) \}}. \qquad \square$$

2.5 主特征值的估计

考虑 n 维 C^∞ 定向紧致 Riemann 流形 $(M, g) = (M, \langle, \rangle)$. 如下定理在特征值理论中是非常重要的. 从现在开始,$\| \cdot \|$ 与 $| \cdot |$ 都表示模,读者自辨.

定理 2.5.1(极小-极大原理) 对闭特征值问题,设

$$0 = \lambda_0 \leqslant \lambda_1 \leqslant \cdots,$$

$\{\varphi_j\}$ 为完全规范正交基,且 φ_j 为对应于特征值 λ_j 的特征函数,则

$$\lambda_k = \inf\left\{\frac{\int_M |\nabla f|^2}{\int_M f^2} \,\middle|\, \int_M f\varphi_j = 0, i = 0, 1, \cdots, k-1\right\}$$

(积分中省略了"$\mathrm{d}V$"). 特别地,有

$$\lambda_1 = \inf\left\{\frac{\int_M |\nabla f|^2}{\int_M f^2} \,\middle|\, \int_M f = \int_M f \cdot 1 = \int_M f\varphi_0 = 0\right\}.$$

证明 对 $\forall f, h$,由于

$$\Delta(fh) = f\Delta h + h\Delta f - 2\langle \nabla f, \nabla h\rangle,$$

将其两边在 M 上积分,并由定理 1.7.3 得

$$\begin{aligned}
0 = \int_M \Delta(fh) &= \int_M (f\Delta h + h\Delta f - 2\langle \nabla f, \nabla h\rangle) \\
&= (f, \Delta h) + (h, \Delta f) - 2(\nabla f, \nabla h) \\
&= 2(h, \Delta f) - 2(\nabla f, \nabla h),
\end{aligned}$$

故

$$(h, \Delta f) = (f, \Delta h) = (\nabla f, \nabla h).$$

令 $\alpha_j = (f, \varphi_j)$,由 $\int_M f\varphi_j = (f, \varphi_j) = 0, i = 0, 1, \cdots, k-1$ 知

$$\alpha_0 = \alpha_1 = \cdots = \alpha_{k-1} = 0.$$

于是,对 $k = 0, 1, \cdots$ 及 $r = k, k+1, \cdots$,有

$$\begin{aligned}
0 \leqslant \left(\nabla\left(f - \sum_{j=k}^r \alpha_j\varphi_j\right), \nabla\left(f - \sum_{l=k}^r \alpha_l\varphi_l\right)\right) \\
= (\nabla f, \nabla f) - 2\sum_{j=k}^r \alpha_j(\nabla f, \nabla \varphi_j) + \sum_{j,l=k}^r \alpha_j\alpha_l(\nabla \varphi_j, \nabla \varphi_l) \\
= \|\nabla f\|^2 - 2\sum_{j=k}^r \alpha_j(\Delta \varphi_j, f) + \sum_{j,l=k}^r \alpha_j\alpha_l(\Delta \varphi_j, \varphi_l) \\
= \|\nabla f\|^2 - 2\sum_{j=k}^r \lambda_j\alpha_j(\varphi_j, f) + \sum_{j,l=k}^r \lambda_j\alpha_j\alpha_l(\varphi_j, \varphi_l) \\
= \|\nabla f\|^2 - 2\sum_{j=k}^r \lambda_j\alpha_j^2 + \sum_{j=k}^r \lambda_j\alpha_j^2
\end{aligned}$$

$$= \parallel \nabla f \parallel^2 - \sum_{j=k}^{r} \lambda_j \alpha_j^2.$$

于是,$\sum\limits_{j=k}^{r} \lambda_j \alpha_j^2 \leqslant \parallel \nabla f \parallel^2$,$\sum\limits_{j=k}^{+\infty} \lambda_j \alpha_j^2 \leqslant \parallel \nabla f \parallel^2 < +\infty$,且

$$\lambda_k \parallel f \parallel^2 = \lambda_k \sum_{j=0}^{+\infty} \alpha_j^2 = \lambda_k \sum_{j=k}^{+\infty} \alpha_j^2 \leqslant \sum_{j=k}^{+\infty} \lambda_j \alpha_j^2 \leqslant \parallel \nabla f \parallel^2,$$

故

$$\lambda_k \leqslant \frac{\parallel \nabla f \parallel^2}{\parallel f \parallel^2} = \frac{\int_M |\nabla f|^2}{\int_M f^2}.$$

另一方面

$$\int_M |\nabla \varphi_k|^2 = (\nabla \varphi_k, \nabla \varphi_k) = (\varphi_k, \Delta \varphi_k) = \lambda_k(\varphi_k, \varphi_k) = \lambda_k \int_M \varphi_k^2,$$

于是

$$\lambda_k = \frac{\int_M |\nabla \varphi_k|^2}{\int_M \varphi_k^2}.$$

因此

$$\lambda_k = \inf \left\{ \frac{\int_M |\nabla f|^2}{\int_M f^2} \;\middle|\; \int_M f\varphi_j = 0, i = 0,1,\cdots,k-1 \right\}. \qquad \square$$

注 2.5.1 对 Dirichlet 特征值问题,只要取 $f \in H_0^1(M)$,$\varphi_j|_{\partial M = 0}$,就有同样的定理成立.

定理 2.5.2 (1) 对闭特征值问题,$\lambda_0 = 0$ 且为 1 重的,从而 $\lambda_1 > 0$;

(2) 对 Dirichlet 特征值问题,$\lambda_1 > 0$,并有特征函数 φ_1,使得在 M 内,$\varphi_1 > 0$,且对任何 λ_1 的特征函数 u,存在常数 c,使 $u = c\varphi_1$,即 λ_1 的重数为 1.

证明 (1) 取 $f \equiv c$ 为常值函数,则 $\Delta f = 0$,故 $\lambda_0 = 0$.

反之,若 $\Delta f = 0$,则

$$(\nabla f, \nabla f) = (f, \Delta f) = (f, 0) = 0,$$

故

$$\nabla f = 0,$$

从而 f 为常值函数.于是 λ_0 为 1 重,且 $\lambda_1 > 0$.

(2) 若 $\lambda_1 = 0$,则有非 0 函数 f 使 $\Delta f = 0$. 同理,f 为常值函数,又 $f|_{\partial M} = 0$,于是 $f \equiv 0$,矛盾.故 $\lambda_1 > 0$.

由于 △ 是对称椭圆型算子,根据偏微分方程中的有关定理(Evens L C. Partial Differential Equations. AMS,1998)知(2)成立.　□

注 2.5.2　我们称 $\lambda_1 > 0$ 为 △ 的**主特征值**.

为研究谱的计算,我们首先考虑 (M, g) 与 (N, h) 的乘积流形 $(M \times N, g \times h)$. 设 Δ_M, Δ_N 分别为 M, N 上的 Laplace 算子,λ, μ 分别为 Δ_M, Δ_N 的特征值. $f_1 \in C^\infty(M, \mathbf{R})$, $f_2 \in C^\infty(N, \mathbf{R})$,使得

$$\Delta_M f_1 = \lambda f_1, \quad \Delta_N f_2 = \mu f_2,$$

则取

$$F: M \times N \to \mathbf{R},$$
$$F(p, q) = f_1(p) f_2(q),$$

有

$$(\Delta_{M \times N} F)(p, q) = (\Delta_M f_1)(p) f_2(q) + f_1(p)(\Delta_N f_2)(q) = (\lambda + \mu) F(p, q),$$

即 F 为 $M \times N$ 的对应于特征值 $\lambda + \mu$ 的特征函数. 利用 Stone-Weierstrass 定理可以证明上述分离变量形式的特征函数集恰为 $M \times N$ 的全部特征函数的集合. 于是,有:

定理 2.5.3(参阅文献[159])　(1)

$$\mathrm{Spec}(M \times N, g \times h) = \{\lambda + \mu \mid \lambda \in \mathrm{Spec}(M, g), \mu \in \mathrm{Spec}(N, h)\};$$

(2)

$$E_\lambda^0(M \times N, g \times h) = \sum_{\substack{\lambda_0 \in \mathrm{Spec}(M, g) \\ \mu_0 \in \mathrm{Spec}(N, h) \\ \lambda_0 + \mu_0 = \lambda}} E_{\lambda_0}^0(M, g) \otimes E_{\mu_0}^0(N, h).$$

下面给出一些常见的简单流形的谱.

例 2.5.1　设 $M = (0, \alpha) \subset \mathbf{R}$,考虑 Dirichlet 问题. 此时

$$\Delta f = -f'' = \lambda f,$$

所以

$$\begin{cases} f'' + \lambda f = 0, \\ f(0) = f(\alpha) = 0. \end{cases}$$

于是,由常微分方程知识知,上述问题有非平凡解当且仅当

$$\lambda = \lambda_k = \left(\frac{k\pi}{\alpha}\right)^2, \quad k = 1, 2, \cdots,$$

对应的规范正交的特征函数为

$$\varphi_k(x) = \sqrt{\frac{2}{\alpha}} \sin \frac{k\pi x}{\alpha}, \quad k = 1, 2, \cdots.$$

例 2.5.2　设 $M = (0, \alpha_1) \times \cdots \times (0, \alpha_n) \subset \mathbf{R}^n$,考虑 Dirichlet 问题.

由例 2.5.1 及定理 2.5.3 知

$$\mathrm{Spec}(M,g) = \left\{ \pi^2 \left(\frac{k_1^2}{\alpha_1^2} + \cdots + \frac{k_n^2}{\alpha_n^2} \right) \middle| k_1 \in \mathbf{N}, \cdots, k_n \in \mathbf{N} \right\},$$

它对应于 $\lambda \in \mathrm{Spec}(M,g)$ 的特征函数为

$$\left\{ \sin \frac{k_1 \pi x_1}{\alpha_1} \cdots \sin \frac{k_n \pi x_n}{\alpha_n} \middle| \lambda = \pi^2 \left(\frac{k_1^2}{\alpha_1^2} + \cdots + \frac{k_n^2}{\alpha_n^2} \right) \right\}.$$

由例 2.5.1 和定理 2.5.3 可以得到 $M = (0, \alpha_1) \times \cdots \times (0, \alpha_n)$ 的规范正交的特征函数系:

$$\left\{ \sqrt{\frac{2^n}{\alpha_1 \cdots \alpha_n}} \sin \frac{k_1 \pi x_1}{\alpha_1} \cdots \sin \frac{k_n \pi x_n}{\alpha_n} \middle| \lambda = \pi^2 \left(\frac{k_1^2}{\alpha_1^2} + \cdots + \frac{k_n^2}{\alpha_n^2} \right) \right\}.$$

例 2.5.3 设 M 为 $\mathbf{R}^2$ 中直角边长为 c 的等腰直角三角形,考虑 Dirichlet 特征值问题.不妨设 M 的一条直角边在 x 轴上,斜边位于直线 $y = x$ 上.令 $\widetilde{M} = (0, c) \times (0, c)$.由例 2.5.2,对 $i > j$,

$$\sin \frac{i \pi x}{c} \sin \frac{j \pi x}{c}$$

与

$$\sin \frac{j \pi x}{c} \sin \frac{i \pi y}{c}$$

均为 $\widetilde{M}$ 中对应于特征值

$$\lambda = \pi^2 \left(\frac{i^2}{c^2} + \frac{j^2}{c^2} \right)$$

的特征函数.令

$$F(x,y) = \sin \frac{i \pi x}{c} \sin \frac{j \pi y}{c} - \sin \frac{j \pi x}{c} \sin \frac{i \pi y}{c},$$

则

$$\Delta_{\widetilde{M}} F(x,y) = \lambda F(x,y).$$

而 $M \subset \widetilde{M}$.于是,在 M 的内部有

$$\Delta_M F(x,y) \big|_M = \lambda F(x,y) \big|_M.$$

在 M 的斜边上,由 $x = y$ 知,$F(x,y) = 0$. 又 M 的直角边也是 $\widetilde{M}$ 的直角边,于是

$$F(x,y) \big|_{\partial M} = 0,$$

从而 $F(x,y)|_M$ 是 M 的对应于特征值 $\lambda = \pi^2 \left(\frac{i^2}{c^2} + \frac{j^2}{c^2} \right)$ 的特征函数.

反之,设 $f(x,y)$ 为 M 的对应于特征值 λ 的特征函数.当 $y > x$ 时,令

$$f(x,y) = -f(y,x).$$

于是,f 定义在 $\widetilde{M}$ 上,且

$$\Delta_{\widetilde{M}} f = \lambda f,$$

即 λ 为 $\widetilde{M}$ 的特征值,而 f 为对应的特征函数. 令

$$f(x, y) = \sum_{\lambda = \pi^2 \left(\frac{i^2}{c^2} + \frac{j^2}{c^2} \right)} \left(a_{ij}^1 \sin \frac{i\pi x}{c} \sin \frac{j\pi y}{c} + a_{ij}^2 \sin \frac{j\pi x}{c} \sin \frac{i\pi y}{c} \right),$$

则

$$0 = f(x, x) = \sum_{\lambda = \pi^2 \left(\frac{i^2}{c^2} + \frac{j^2}{c^2} \right)} (a_{ij}^1 + a_{ij}^2) \sin \frac{i\pi x}{c} \sin \frac{j\pi x}{c}.$$

由于 (i, j) 只有有限组,而 $\sin \frac{i\pi x}{c} \sin \frac{j\pi x}{c}$ 的零点可列,故

$$a_{ij}^1 + a_{ij}^2 = 0, \quad a_{ij}^2 = - a_{ij}^1.$$

于是,可取

$$f(x, y) = \sin \frac{i\pi x}{c} \sin \frac{j\pi y}{c} - \sin \frac{j\pi x}{c} \sin \frac{i\pi y}{c}, \quad i > j.$$

综上所述,有

$$\mathrm{Spec}^0(M, g) = \left\{ \pi \left(\frac{i^2}{c^2} + \frac{j^2}{c^2} \right) \middle| i, j \in \mathbf{N}, i > j \right\},$$

对应于 $\lambda \in \mathrm{Spec}^0(M, g)$ 的特征函数集合为

$$\left\{ \sin \frac{i\pi x}{c} \sin \frac{j\pi y}{c} - \sin \frac{j\pi x}{c} \sin \frac{i\pi y}{c} \middle| \lambda = \pi^2 \left(\frac{i^2}{c^2} + \frac{j^2}{c^2} \right), i, j \in \mathbf{N}, i > j \right\}.$$

例 2.5.4 设 $M = S^n \subset \mathbf{R}^{n+1}$ 为标准单位球面. 研究闭特征值问题.

设 F 是 $\mathbf{R}^{n+1}$ 上的一个 k 次齐次调和函数,则 $F(x) = r^k G(\xi)$,G 与 r 无关. 于是

$$\frac{\partial F}{\partial r} = k r^{k-1} G(\xi).$$

将上式代入

$$\Delta_{\mathbf{R}^{n+1}} F = - r^{-n} \partial_r (r^n \partial_r F) + \Delta_{S^n(r)} (F \mid_{S^n(r)})$$

(其中 $\Delta_{\mathbf{R}^{n+1}}, \Delta_{S^n(r)}$ 分别为 $\mathbf{R}^{n+1}, S^n(r)$ 的 Laplace 算子,∂_r 为径向导数)得到

$$0 = \Delta_{\mathbf{R}^{n+1}} F = - r^{-n} \partial_r (r^n \partial (r^k G(\xi))) + \Delta_{S^n(r)} (F \mid_{S^n(r)})$$

$$= - k(k + n - 1) r^{k-2} G(\xi) + r^k \Delta_{S^n(r)} G(\xi),$$

$$\Delta_{S^n(r)} G(\xi) = \frac{k(k + n - 1)}{r^2} G(\xi).$$

于是,$G(\xi)$ 为 $S^n(r)$ 的对应于特征值 $\lambda = \frac{k(k + n - 1)}{r^2}$ 的特征函数. 可以证明(参阅文献

[159]),球面 $S^n(r)$ 的谱就是 $\lambda_k = \frac{k(k + n - 1)}{r^2}$ 所构成的集合,且 λ_k 的重数为

$$C_{n+k}^k - C_{n+k-1}^{k-1}.$$

利用球面的谱,可以求出实射影空间 $P^n(\mathbf{R})$ 的谱为 $\tilde{\lambda}_k = 2k(2k+n-1)$ 的全体所构成的集合,$\tilde{\lambda}_k$ 的重数为 $C_{n+2k}^{2k} - C_{n+2k-1}^{2k-1}$.

已经求出谱的流形还有平坦球面、Klein 瓶、复射影空间、酉群等. 例如(参阅文献 [161]),视酉群为 C^∞ Riemann 流形,其所有特征值为

$$\{m_1^2 + \cdots + m_n^2 + c_n \mid m_1, \cdots, m_n = 0, 1, 2, \cdots\},$$

其中 $c_n = -\dfrac{1}{3}n(n^2-1)$.

以下,我们用各种方法估计主特征值 λ_1.

1. Cheeger 等周常数方法

定理 2.5.4(Lichnerowicz) 设 M 为 n 维紧致定向无边 Riemann 流形,其 Ricci 曲率

$$Ric_M \geqslant (n-1)k \geqslant 0.$$

则第 1 特征值满足

$$\lambda_1 \geqslant nk.$$

证明 利用 Bochner 恒等式

$$\frac{1}{2}\Delta|\nabla u|^2 = -|\nabla^2 u|^2 + \sum_i u_i(\Delta u)_i - Ric(\nabla u, \nabla u),$$

取 u 为对应于 λ_1 的特征函数,则由于

$$|\nabla^2 u| = \sum_{i,j} u_{i,j}^2 \geqslant \sum_i u_{ii}^2 \geqslant \frac{1}{n}(\sum_i u_{ii})^2 = \frac{1}{n}(\lambda_1 u)^2 = \frac{\lambda_1^2}{n}u^2,$$

$$Ric(\nabla u, \nabla u) \geqslant (n-1)k|\nabla u|^2,$$

且

$$\sum_i u_i(\Delta u)_i = \lambda_1 \sum_i u_i^2 = \lambda_1|\nabla u|^2,$$

代入上面的第 1 式并积分得

$$0 = \int_M \frac{1}{2}\Delta|\nabla u|^2 = \int_M \left(-|\nabla^2 u|^2 + \sum_i u_i(\Delta u)_i - Ric(\nabla u, \nabla u)\right)$$

$$\leqslant \int_M \left(-\frac{\lambda_1^2}{n}u^2 + \lambda_1|\nabla u|^2 - (n-1)k|\nabla u|^2\right)$$

$$= -\frac{\lambda_1^2}{n}\|u\|^2 - (n-1)k(\nabla u, \nabla u) + \lambda_1(\nabla u, \nabla u)$$

$$= -\frac{\lambda_1^2}{n}\|u\|^2 - (n-1)k(u, \Delta u) + \lambda_1(u, \Delta u)$$

$$= \left(-\frac{\lambda_1^2}{n} - (n-1)k\lambda_1 + \lambda_1^2 \right) \| u \|^2$$

$$= \frac{\lambda_1}{n}(n-1)(\lambda_1 - nk) \| u \|^2.$$

因此，$\lambda_1 \geqslant nk$. $\qquad\square$

在进一步讨论之前，先引入如下两个基本工具.

等周不等式：设 Ω 为 M 中的区域，$\Omega \subset\subset M$，则存在常数 C（不依赖于 Ω），使

$$C(\text{vol } \Omega)^{\frac{n-1}{n}} \leqslant \text{vol}(\partial\Omega).$$

Co-Area 公式：设 M 为紧致带边的 Riemann 流形，$f \in H^1(M)$，则对 M 上任何非负函数 h，有

$$\int_M h = \int_{-\infty}^{+\infty} \left(\int_{\{f=\sigma\}} \frac{h}{|\nabla f|} \right) \mathrm{d}\sigma.$$

为了研究 λ_1 的几何意义，Cheeger 引入了两个等周常数.

定义 2.5.1(Cheeger)　设 M 为 n 维紧致 C^∞ Riemann 流形，定义常数：

(1) 当 $\partial M \neq \varnothing$ 时

$$h_D(M) = \inf \left\{ \frac{\text{vol } \partial\Omega}{\text{vol } \Omega} \middle| \Omega \subset\subset M \right\};$$

(2) 当 $\partial M = \varnothing$ 时

$$h_N(M) = \inf \left\{ \frac{\text{vol } H}{\min\{\text{vol } M_1, \text{vol } M_2\}} \middle| \begin{matrix} H \text{ 为 } M \text{ 中的超曲面，它将 } M \text{ 分为 } M_1, \\ M_2 \text{ 两部分，且 } \partial M_1 = \partial M_2 = H \end{matrix} \right\}.$$

定理 2.5.5(Cheeger)　(1) 对 Dirichlet 特征值问题，$\lambda_1 \geqslant \frac{1}{4} h_D^2(M)$；

(2) 对闭特征值问题，$\lambda_1 \geqslant \frac{1}{4} h_N^2(M)$.

证明　(1) 由定理 2.5.2(2)，对应于 λ_1 的特征函数 f 不变号. 不妨设 $f(x) > 0$，$\forall x \in M$，$f|_{\partial M} = 0$.

因为 $f|_{\partial M} = 0$，故对 $f\Delta f = \lambda_1 f^2$ 应用定理 1.7.6，有

$$\int_M |\nabla f|^2 = \int_M f\Delta f = \lambda_1 \int_M f^2.$$

如果常数 $\mu > 0$，使得

$$\int_M |\nabla \varphi| \geqslant \mu \int_M |\varphi|, \quad \forall \varphi \in C^\infty(M, \mathbf{R}), \varphi|_{\partial M} = 0,$$

则取 $\varphi = f^2$ 得

$$\mu \int_M f^2 \leqslant \int_M |\nabla f^2| \leqslant 2\int_M |f||\nabla f| \leqslant 2\left(\int_M f^2\right)^{\frac{1}{2}}\left(\int_M |\nabla f|^2\right)^{\frac{1}{2}},$$

于是

$$\lambda_1 \int_M f^2 = \int_M |\nabla f|^2 \geqslant \frac{\mu^2}{4} \int_M f^2.$$

而 $\int_M f^2 > 0$，故 $\lambda_1 \geqslant \frac{\mu^2}{4}$.

另一方面，由 Co-Area 公式，对 $\forall \varphi \in C^\infty(M, \mathbf{R})$，$\varphi|_{\partial M} = 0$，有

$$
\begin{aligned}
\int_M |\nabla \varphi| &= \int_{-\infty}^{+\infty} \left(\int_{\{\varphi = \sigma\}} \frac{|\nabla \varphi|}{|\nabla \varphi|} \right) \mathrm{d}\sigma = \int_{-\infty}^{+\infty} \left(\int_{\{\varphi = \sigma\}} 1 \right) \mathrm{d}\sigma \\
&= \int_{-\infty}^{+\infty} \mathrm{Area}\{\varphi = \sigma\} \mathrm{d}\sigma = \int_{-\infty}^{+\infty} \frac{\mathrm{Area}\{\varphi = \sigma\}}{\mathrm{vol}\{\varphi \geqslant \sigma\}} \mathrm{vol}\{\varphi \geqslant \sigma\} \mathrm{d}\sigma \\
&\geqslant \inf_\sigma \left(\frac{\mathrm{Area}\{\varphi = \sigma\}}{\mathrm{vol}\{\varphi \geqslant \sigma\}} \right) \int_{-\infty}^{+\infty} \mathrm{vol}\{\varphi \geqslant \sigma\} \mathrm{d}\sigma \\
&= \inf_\sigma \left(\frac{\mathrm{Area}\{\varphi = \sigma\}}{\mathrm{vol}\{\varphi \geqslant \sigma\}} \right) \int_{-\infty}^{+\infty} |\varphi| \\
&\geqslant h_D(M) \int_M |\varphi|.
\end{aligned}
$$

综上所述，$\lambda_1 \geqslant \frac{1}{4} h_D^2(M)$.

(2) 设 f 是对应于 λ_1 的特征函数，我们称 $M - f^{-1}(0)$ 的每个连通分支为 λ_1 的**结点域**. 由于 f 不恒为零，但由

$$\int_M f = \frac{1}{\lambda_1} \int_M \Delta f = 0$$

知

$$M_+ = f^{-1}((0, +\infty))$$

与

$$M_- = f^{-1}((-\infty, 0))$$

均非空，从而 λ_1 至少有两个结点域. 又由 Courant 结点域定理（参阅文献[8]）知 λ_1 至多有两个结点域，故 λ_1 恰有两个结点域 M_+，M_-，且 $f|_{M_+} > 0$，$f|_{M_-} < 0$. 不妨设

$$\mathrm{vol}\, M_+ \leqslant \mathrm{vol}\, M_-.$$

于是，$h_D(M_+) \geqslant h_N(M)$. 显然，$f|_{M_+}$ 是 M_+ 上对应于特征值 $\lambda = \lambda_1$ 的特征函数.（反证）假设 $\lambda = \lambda_1$ 不是 M_+ 的第 1 特征值，设 $\widetilde{\lambda}_1$ 及 h 为 M_+ 的第 1 特征值及对应的第 1 特征函数，且根据由定理 2.5.2(2)，不妨设 $h|_{M_+} > 0$. 于是，由 $\lambda_1 \neq \widetilde{\lambda}_1$ 均为 M_+ 的特征值知 f 与 h 正交，即 $0 = \int_M fh > 0$，矛盾. 故 $\lambda = \lambda_1$ 恰为 M_+ 的第 1 特征值. 于是，由(1)得

$$\lambda_1 \geqslant \frac{1}{4} h_D^2(M_+) \geqslant \frac{1}{4} h_N^2(M). \qquad \square$$

2. Li-Yau 梯度估计方法

从 1979 年开始,P. Li 和 S. T. Yau 发展了一套对第 1 特征函数进行梯度估计来求得 λ_1 下界的有效方法. 由此引发了一系列的研究工作.

设 $(M, g) = (M, \langle, \rangle)$ 为 n 维 C^∞ 紧致定向无边的 Riemann 流形,u 是对应于第 1 特征值的特征函数. 由于

$$\int_M u = \frac{1}{\lambda_1} \int_M \Delta u = 0,$$

故不妨设 $1 = \sup u > \inf u = -k \geqslant -1$ 且 $0 < k \leqslant 1$.

引理 2.5.1 设 $Ric_M \geqslant 0$,则

$$|\nabla u|^2 \leqslant \frac{2\lambda_1}{1+k}(1-u)(k+u).$$

证明 取 $\varepsilon > 0$ 充分小,令

$$v = \frac{u - \dfrac{1-k}{2}}{\dfrac{1+k}{2}(1+\varepsilon)}, \quad a_\varepsilon = \frac{1-k}{(1+\varepsilon)(1+k)},$$

则易验证

$$\begin{cases} \Delta v = -\lambda_1(v + a_\varepsilon), \\ \max v = \dfrac{1}{1+\varepsilon}, \\ \min v = -\dfrac{1}{1+\varepsilon}. \end{cases}$$

考虑

$$F(x) = \frac{|\nabla v|^2}{1 - v^2},$$

由 M 紧致知,$\exists x_0 \in M$,使 $F(x)$ 在 x_0 处达最大值. 于是

$$\nabla F(x_0) = 0, \quad \Delta F(x_0) \leqslant 0.$$

再由

$$0 = \nabla F(x_0) = \frac{\nabla\left(\sum_i v_i^2\right)}{1 - u^2} - \frac{|\nabla v|^2 \nabla(1 - v^2)}{(1 - u^2)^2}$$

得

$$\sum_j v_j v_{ji} = -\frac{|\nabla v|^2 v v_i}{1 - v^2}, \quad \forall i. \tag{2.5.1}$$

又

$$0 \geqslant \Delta F(x_0) = \frac{1}{1-v^2}\Delta(|\nabla v|^2) - 2\left\langle \nabla(|\nabla v|^2), \nabla\left(\frac{1}{1-v^2}\right)\right\rangle + |\nabla v|^2\Delta\left(\frac{1}{1-v^2}\right)$$

$$= \frac{2|\nabla^2 u|^2 + 2\sum_i u_i(\Delta u)_i + 2Ric(\nabla u, \nabla u)}{1-v^2}$$

$$- 2\left\langle \nabla(|\nabla v|^2), \nabla\left(\frac{1}{1-v^2}\right)\right\rangle + |\nabla v|^2\Delta\left(\frac{1}{1-v^2}\right)$$

$$\geqslant \frac{2\sum_{i,j}v_{ij}^2 + 2\sum_{i,j}v_j v_{jii}}{1-v^2} + \frac{8\sum_{i,j}v_j v_{ji}v_i v}{1-v^2}$$

$$- \frac{2|\nabla v|^4 + 2|\nabla v|^2\Delta v \cdot v}{(1-v^2)^2} - 4\frac{|\nabla v|^4 v^2}{(1-v^2)^3}. \tag{2.5.2}$$

将式(2.5.1)代入式(2.5.2),在 x_0 处,有

$$0 \geqslant 2\sum_{i,j}v_{ij}^2 + 2\sum_{i,j}v_j v_{jii} + \frac{2|\nabla v|^4 + 2|\nabla v|^2\Delta v \cdot v}{1-v^2}.$$

又由 $v_{ij} = v_{ji}$ 及 Ricci 恒等式得

$$\sum_{i,j}v_j v_{jii} = \sum_{i,j}v_j v_{iji} = \sum_{i,j}v_j v_{iij} + \sum_{i,j,k}v_j v_k R_{kiji}$$

$$= \sum_j v_j(\Delta v)_j + Ric(\nabla v, \nabla v) \geqslant -\lambda_1|\nabla v|^2.$$

取 x_0 处坐标标架使 $v_j = 0, \forall j > 1$,则当 $v_1 \neq 0$ 时,由式(2.5.1)有

$$\sum_{i,j}v_{ij}^2 \geqslant \sum_i v_{ii}^2 \geqslant v_{11}^2 = \frac{|\nabla v|^2 v^2}{(1-v^2)^2}.$$

当 $v_1 = 0$ 时,$\nabla v = 0$,上式自然成立. 于是,由上面三个不等式得

$$\frac{2|\nabla v|^4 v^2}{(1-v^2)^2} - 2\lambda_1|\nabla v|^2 \leqslant \frac{-2|\nabla v|^2 - 2v\Delta v|\nabla v|^2}{1-v^2}.$$

化简后,有

$$\frac{|\nabla v|^2}{1-v^2}(x_0) \leqslant \lambda_1(1 + a_\varepsilon v) \leqslant \lambda_1(1 + a_\varepsilon).$$

将

$$v = \frac{u - \dfrac{1-k}{2}}{(1+\varepsilon)\left(\dfrac{1+k}{2}\right)}, \quad a_\varepsilon = \frac{1-k}{1+k} \cdot \frac{1}{1+\varepsilon}$$

代入上式,并令 $\varepsilon \to 0^+$ 可得

$$\mid \nabla u \mid^2 \leqslant \frac{2\lambda_1}{1+k}(1-u)(k+u).$$ □

定理 2.5.6(Li-Yau) 设 M 为 n 维 C^∞ 紧致无边 Riemann 流形，$Ric_M \geqslant 0$，则

$$\lambda_1 > \frac{\pi^2}{2d^2},$$

其中 d 为 M 的直径.

证明 取第 1 特征函数 u，使

$$1 = \sup u > \inf u = -k \geqslant -1, \quad 0 < k \leqslant 1,$$

则由引理 2.5.1 得

$$\mid \nabla u \mid^2 \leqslant \frac{2\lambda_1}{1+k}(1-u)(u+k),$$

$$\frac{\mid \nabla u \mid}{\sqrt{(1-u)(u+k)}} \leqslant \sqrt{\frac{2\lambda_1}{1+k}}.$$

取 $x_1, x_2 \in M$，使 $u(x_1) = \sup u = 1$，$u(x_2) = \inf u = -k$. 用极小测地线 Γ 连接 x_1，x_2，则

$$\pi = \arcsin \frac{u + \frac{k-1}{2}}{\frac{k+1}{2}} \Bigg|_{-k}^{1} = \int_{-k}^{1} \frac{\mathrm{d}u}{\sqrt{\left(\frac{k+1}{2}\right)^2 - \left(u + \frac{k-1}{2}\right)^2}}$$

$$= \int_{-k}^{1} \frac{\mathrm{d}u}{\sqrt{(1-u)(k+u)}} = \int_{\Gamma} \frac{\mid \nabla u \mid}{\sqrt{(1-u)(k+u)}} \mathrm{d}s$$

$$\leqslant \sqrt{\frac{2\lambda_1}{1+k}} \int_{\Gamma} \mathrm{d}s = \sqrt{\frac{2\lambda_1}{1+k}} \, d,$$

即

$$\lambda_1 \geqslant \frac{1+k}{2} \left(\frac{\pi}{d}\right)^2 > \frac{1}{2} \frac{\pi^2}{d^2}.$$ □

为了得到最优估计式，令 $v = \sin \theta$，则

$$\frac{\mid \nabla v \mid^2}{1 - v^2} = \mid \nabla \theta \mid^2.$$

令

$$F(\theta) = \max_{\substack{x \in M \\ \theta(x) = \theta_0}} \mid \nabla \theta \mid^2.$$

于是，由引理 2.5.1 的证明过程可知

$$F(\theta) \leqslant \lambda_1(1 + a_\varepsilon).$$

通过更精细的估计，钟家庆与杨洪苍证明了下面的引理.

引理 2.5.2（参阅文献[154]） $F(\theta) \leqslant \lambda_1(1 + a_\varepsilon \psi(\theta))$，其中

$$
\psi(\theta) = \begin{cases}
-1, & \theta = -\dfrac{\pi}{2}, \\[2mm]
\dfrac{\dfrac{4}{\pi}(\theta + \cos\theta\sin\theta) - 2\sin\theta}{\cos^2\theta}, & \theta \in \left(-\dfrac{\pi}{2}, \dfrac{\pi}{2}\right), \\[2mm]
1, & \theta = \dfrac{\pi}{2}.
\end{cases}
$$

由此可得：

定理 2.5.7（钟家庆-杨洪苍） 条件同定理 2.5.6，则有

$$
\lambda_1 \geqslant \frac{\pi^2}{d^2}.
$$

证明 根据引理 2.5.2，有

$$
\sqrt{\lambda_1} \geqslant \frac{|F(\theta)|^{\frac{1}{2}}}{\sqrt{1 + a_\varepsilon \psi(\theta)}} \geqslant \frac{|\nabla\theta|}{\sqrt{1 + a_\varepsilon \psi(\theta)}}.
$$

取 $x_1, x_2 \in M$，使

$$
\theta(x_1) = \frac{\pi}{2} - \delta, \quad \theta(x_2) = -\frac{\pi}{2} + \delta,
$$

其中 $\delta \in \left(0, \dfrac{\pi}{2}\right)$，使 $\sin\left(\dfrac{\pi}{2} - \delta\right) = \dfrac{1}{1 + \varepsilon}$. 用极小测地线 Γ 连接 x_1, x_2. 注意到

$$
\psi(-\theta) = -\psi(\theta),
$$

并利用展开式

$$
\frac{1}{\sqrt{1+x}} + \frac{1}{\sqrt{1-x}} = 2\left(1 + \sum_{k=1}^{\infty} \frac{(4k-1)!!}{(4k)!!} x^{2k}\right)
$$

可得

$$
\lambda_1^{\frac{1}{2}} d \geqslant \int_{-\frac{\pi}{2}+\delta}^{\frac{\pi}{2}-\delta} \frac{\mathrm{d}\theta}{\sqrt{1 + a_\varepsilon \psi(\theta)}} = \int_0^{\frac{\pi}{2}-\delta} \left(\frac{1}{\sqrt{1 + a_\varepsilon \psi(\theta)}} + \frac{1}{\sqrt{1 - a_\varepsilon \psi(\theta)}}\right) \mathrm{d}\theta
$$

$$
= \int_0^{\frac{\pi}{2}-\delta} 2\left(1 + \sum_{k=1}^{\infty} \frac{(4k-1)!!}{(4k)!!} (a_\varepsilon \psi(\theta))^{2k}\right) \mathrm{d}\theta \geqslant 2 \cdot \left(\frac{\pi}{2} - \delta\right) = \pi - 2\delta.
$$

令 $\varepsilon \to 0^+$ 得 $\delta \to 0^+$. 于是

$$
\lambda_1^{\frac{1}{2}} d \geqslant \pi, \quad \lambda_1 \geqslant \frac{\pi^2}{d^2}.
$$

$\square$

3. 概率中的耦合方法

关于主特征值的估计，还有一种方法就是所谓的概率中的耦合方法. 陈木法等人利

用这种方法改进了几乎所有已知的结果. 他们得到了:

定理 2.5.8(变分公式)(参阅文献[152])

$$\lambda_1 \geqslant \sup_{f \in F} \inf_{r \in (0,D)} \frac{4f(r)}{\int_0^r C(s)^{-1} \mathrm{d}s \int_s^d C(u) f(u) \mathrm{d}u},$$

其中

$$F = \{f \in C([0,d]) \mid f \text{ 在 } (0,d) \text{ 上为正}\},$$

$$C(r) = \cosh^{n-1}\left[\frac{r}{2}\sqrt{\frac{-K}{n-1}}\right], \quad r \in [0,d],$$

而 n, d, K 分别为流形 M 的维数、直径及 Ricci 曲率的下界.

下面一个定理对估计 λ_1 是有用的.

定理 2.5.9(参阅文献[153]) 设 M 是空间型 $S^{n+1}(c), c \geqslant 0$ 中的一个连通紧致浸入超曲面,$\|h\|^2$ 表示 M 的第 2 基本形式的模的平方. 如果在 M 上逐点成立

$$nc + \|h\|^2 \leqslant \lambda_1,$$

则 M 等距同构于标准球面,且:

(1) 若 $c \neq 0$,则 M 等距同构于全测地球面 $S^n(c)$;

(2) 若 $c = 0$,则 M 等距同构于球面 $S^n(r)$,其中 $r = \dfrac{\sqrt{n}}{\|h\|}$.

证明 设 $x: M \to \mathbf{R}^{n+p}$ 为等距浸入. $c=0$ 时,$p=1$;$c>0$ 时,$p=2$ 且 e_{n+2} 为外法向,A_ν 为形状算子,

$$g_\alpha = \langle x, e_\alpha \rangle, \quad H_\alpha = \operatorname{tr} A_\alpha,$$

则平均曲率

$$H = \frac{1}{n}\sqrt{\sum_\alpha H_\alpha^2}.$$

定义函数 $f: M \to \mathbf{R}, f = \frac{1}{2}|x|^2$. 易证

$$x = \nabla f + \sum_\alpha g_\alpha e_\alpha.$$

取 M 的中心为 $\mathbf{R}^{n+p}, p = 1, 2$ 的原点,则 $\int_M x = 0$. 于是,利用引理 2.5.4 与极小-极大原理,有

$$n \operatorname{vol} M = n \int_M 1 = -\int_M \sum_\alpha H_\alpha g_\alpha = -\int_M \left\langle \sum_\alpha H_\alpha e_\alpha, \sum_A x_A e_A \right\rangle$$

$$= -\int_M \langle nH, x \rangle = \int_M \langle \Delta x, x \rangle = (\Delta x, x)$$

$$= (\nabla x, \nabla x) = \int_M |\nabla x|^2 \geqslant \lambda_1 \int_M |x|^2.$$

由

$$|A_{n+1}|^2 = \sum_i \langle A_{n+1} e_i, A_{n+1} e_i \rangle = \sum_{i,j,k} \langle h_{ij}^{n+1} e_j, h_{ik}^{n+1} e_k \rangle$$

$$= \sum_{i,j} (h_{ij}^{n+1})^2 = |h|^2,$$

$$|A_{n+2}|^2 = \sum_i \langle -\sqrt{c} e_i, -\sqrt{c} e_i \rangle = nc$$

以及 Cauchy-Schwartz 不等式可得

$$\sum_\alpha g_\alpha^2 (H_\alpha^2 - |A_\alpha|^2) \leqslant \sum_\alpha g_\alpha^2 (n-1) |A_\alpha|^2$$

$$\leqslant (n-1)(nc + |h|^2) \sum_\alpha g_\alpha^2. \tag{2.5.3}$$

于是,由引理 2.5.3,

$$\lambda_1 \int_M |x|^2 \leqslant \int_M \left((nc + |h|)^2 \sum_\alpha g_\alpha^2 - \frac{1}{n-1} Ric(\nabla f, \nabla f) \right).$$

再由引理 2.5.5,

$$Ric(\nabla f, \nabla f) \geqslant Ric \cdot |\nabla f|^2 \geqslant -\frac{\sqrt{n-1}}{2}(nc + |h|^2) |\nabla f|^2.$$

因此

$$\lambda_1 \int_M |x|^2 \leqslant \int_M (nc + |h|^2) \left(\sum_\alpha g_\alpha^2 + \frac{1}{2\sqrt{n-1}} |\nabla f|^2 \right)$$

$$\leqslant (nc + \max_M |h|^2) \int_M \left(\sum_\alpha g_\alpha^2 + |\nabla f|^2 \right)$$

$$= (nc + \max_M |h|^2) \int_M |x|^2,$$

故

$$\lambda_1 \leqslant nc + \max_M |h|^2.$$

又由题设,

$$\lambda_1 \geqslant \max_M (nc + |h|^2) = nc + \max_M |h|^2.$$

从而,上述不等式均为等号. 于是,$\nabla f = 0$,且 $|h|^2$ 为常数.

当 $c = 0$ 时,由 $\nabla f = 0$ 及 M 连通知 f 为常值. 不妨设 $f = \dfrac{r^2}{2}$,则 M 是半径为 r 的球面. 此时,$e_{n+1} = \dfrac{x}{r}$,故

$$A_{n+1} X = -(\widetilde{\nabla}_X e_{n+1})^\top = -\left(\widetilde{\nabla}_X \frac{x}{r}\right)^\top = -\frac{1}{r} X,$$

$$| A_{n+1} |^2 = \sum_i \langle A_{n+1} e_i, A_{n+1} e_i \rangle = \frac{n}{r^2}.$$

而 $| A_{n+1} |^2 = | h |^2$，故 $r = \frac{\sqrt{n}}{| h |}$．

当 $c > 0$ 时，由式(2.5.3)成立知

$$g_{n+1}^2 | h |^2 + g_{n+2}^2 \cdot nc = g_{n+1}^2 + g_{n+2}^2,$$

即

$$g_{n+1}^2 \cdot nc + g_{n+2}^2 | h |^2 = 0.$$

而

$$nc > 0, \quad g_{n+2} = \langle x, e_{n+2} \rangle = \langle x, \sqrt{c} x \rangle = \sqrt{c} | x |^2 > 0,$$

所以

$$g_{n+1} = 0, \quad | h | = 0, \quad h = 0,$$

即 M 是全测地的．但是，$S^{n+1}(c)$ 的 n 维全测地子流形必为 $S^n(c)$，故 M 等距同构于 $S^n(c)$． □

引理 2.5.3

$$\sum_\alpha \int_M g_\alpha^2 (H_\alpha^2 - \langle A_\alpha, A_\alpha \rangle) - Ric(\nabla f, \nabla f) = n(n-1) \mathrm{vol}\, M,$$

其中 $\alpha = n+1$ 或 $\alpha = n+2$，且 $A_{n+2} = -\sqrt{c}\, \mathrm{Id}$．

引理 2.5.4(Minkowski 公式) $\int_M n + \sum_\alpha g_\alpha H_\alpha = 0$．

引理 2.5.5 设 M 为 N^{n+p} 的 n 维 C^∞ 浸入子流形，Ric 表示逐点的极小化 Ricci 曲率．如果 N^{n+p} 的所有截曲率均以 k 为上界，则

$$Ric \geqslant (n-1)k - \frac{\sqrt{n-1}}{2} | h |^2.$$

推论 2.5.1 对 Clifford 极小超曲面 $M_{m,n-m}$，

$$\lambda_1(M_{m,n-m}) < 2n.$$

证明 通过例 1.9.5 对 Clifford 极小超曲面的计算可得 $| h |^2 = n$，而 $M_{m,n-m}$ 与 $S^n(1)$ 不等距(类似例 1.9.5，在 $M_{m,n-m}$ 中有零 Riemann 截曲率的 2 维平面)，故由定理 2.5.9 即得． □

2.6 等 谱 问 题

我们不加证明地给出如下的定理.

定理 2.6.1(Minakshisundarum-Pleijel 渐近展开)(参阅文献[24]) 设 M 为 n 维 C^∞ 紧致 Riemann 流形 $(M,g) = (M,\langle,\rangle)$，$\Delta^p$ 为作用在 p 次形式上的 Laplace-Beltrami 算子，相应的谱记为

$$\mathrm{Spec}^p M = \{0 < \lambda_1^p \leqslant \lambda_2^p \leqslant \cdots < +\infty \mid \lambda_m^p \to +\infty, m \to +\infty\},$$

则

$$\sum_{i=0}^{+\infty} \mathrm{e}^{-\lambda_i^p t} \sim (4\pi t)^{\frac{n}{2}} \sum_{i=0}^{+\infty} a_i^p t^i, \quad t \to 0^+,$$

且

$$a_0^p = C_n^p \mathrm{vol}\, M,$$

$$a_1^p = \int_M C(n,p) s * 1,$$

$$a_2^p = \int_M (C_1(n,p) s^2 + C_2(n,p) \mid Ric \mid^2 + C_3(n,p) \mid Rie \mid^2) * 1,$$

其中 s, Ric, Rie 分别为 $(M,g) = (M,\langle,\rangle)$ 的数量曲率、Ricci 曲率张量和 Riemann 曲率张量. 而

$$C(n,p) = \frac{1}{6} C_n^p - C_{n-2}^{p-1},$$

$$C_1(n,p) = \frac{1}{72} C_n^p - \frac{1}{6} C_{n-2}^{p-1} + \frac{1}{2} C_{n-4}^{p-2},$$

$$C_2(n,p) = -\frac{1}{180} C_n^p + \frac{1}{2} C_{n-2}^{p-1} - 2 C_{n-4}^{p-2},$$

$$C_3(n,p) = \frac{1}{180} C_n^p - \frac{1}{12} C_{n-2}^{p-1} + \frac{1}{2} C_{n-4}^{p-2}.$$

特别地，当 $p=0$ 时，有

$$a_0 = a_0^0 = \mathrm{vol}\, M,$$

$$a_1 = a_1^0 = \frac{1}{6} \int_M s * 1,$$

$$a_2 = a_2^0 = \int_M \left(\frac{1}{72} s^2 - \frac{1}{180} \mid Ric \mid^2 + \frac{1}{180} \mid Rie \mid^2 \right) * 1$$

$$= \frac{1}{360} \int_M (5s^2 - 2 \mid Ric \mid^2 + 2 \mid Rie \mid^2) * 1.$$

利用定理 2.6.1,我们可以得到等谱流形的一些性质.也就是由等谱给出了一些几何与拓扑性质.

定理 2.6.2　设 $\mathrm{Spec}(M,g)=\mathrm{Spec}(\widetilde{M},\widetilde{g})$,则
$$\dim M=\dim \widetilde{M},\quad \mathrm{vol}\,M=\mathrm{vol}\,\widetilde{M}.$$

证明　因为 $\mathrm{Spec}(M,g)=\mathrm{Spec}(\widetilde{M},g)$,故 $\lambda_i=\widetilde{\lambda}_i,i=0,1,2,\cdots,$
$$(4\pi t)^{\frac{n}{2}}\sum_{i=0}^{+\infty}a_i t^i\sim \sum_{i=0}^{+\infty}\mathrm{e}^{-\lambda_i t}=\sum_{i=0}^{+\infty}\mathrm{e}^{-\widetilde{\lambda}_i t}\sim(4\pi t)^{\frac{\widetilde{n}}{2}}\sum_{i=0}^{+\infty}\widetilde{a}_i t^i.$$
由此知
$$\dim M=n=\widetilde{n}=\dim \widetilde{M},$$
$$\mathrm{vol}\,M=a_0=\widetilde{a}_0=\mathrm{vol}\,\widetilde{M}.\qquad\Box$$

定理 2.6.3　设 $\mathrm{Spec}(M,g)=\mathrm{Spec}(\widetilde{M},\widetilde{g})$,且满足 $\dim M=\dim \widetilde{M}=2$,则 M 与 $\widetilde{M}$ 的 Euler-Poincaré 示性数相同,即
$$\chi(M)=\chi(\widetilde{M}).$$

证明　因为 $\dim M=\dim \widetilde{M}=2$,所以数量曲率 s 与 Riemann 截曲率
$$2K(e_1,e_2,e_1,e_2)=2R_p(e_1\wedge e_2)$$
相等,即
$$s=\sum_{i\neq j}^{2}K(e_i,e_j,e_i,e_j)=2K(e_1,e_2,e_1,e_2).$$
因此,根据 Gauss-Bonnet 公式,
$$\int_M s*1=2\int_M K(e_1,e_2,e_1,e_2)*1=4\pi\chi(M)$$
及 $a_1=\dfrac{1}{6}\displaystyle\int_M s*1$ 得到
$$\chi(M)=\frac{1}{4\pi}\int_M s*1=\frac{6}{4\pi}a_1=\frac{6}{4\pi}\widetilde{a}_1=\chi(\widetilde{M}).\qquad\Box$$

定理 2.6.4　设 (M,g) 为 2 维 C^∞ 紧致定向曲面,数量曲率 s 为常数.
$$\mathrm{Spec}(M,g)=\mathrm{Spec}(\widetilde{M},\widetilde{g}),$$
则 $(\widetilde{M},\widetilde{g})$ 是数量曲率 $\widetilde{s}=s$ 为常数的 2 维曲面.

证明　根据定理 2.6.2,$\dim \widetilde{M}=\dim M=2$. 于是,只有 $\widetilde{R}_{1212}=\widetilde{R}_{2121}=-\widetilde{R}_{2112}=-\widetilde{R}_{1221}\neq0$,其他 $\widetilde{R}_{ijkl}=0$. 由此易知
$$|\widetilde{Rie}|^2=\sum_{i,j,k,l}\widetilde{R}_{ijkl}^2=4\widetilde{R}_{1212}^2,$$
$$|\widetilde{Ric}|^2=\sum_{j,k}\widetilde{R}_{jk}^2=\sum_{j,k}\Big(\sum_i \widetilde{R}_{ijik}\Big)^2=2\widetilde{R}_{1212}^2,$$

$$\widetilde{s}^2 = \Big(\sum_{i,j} \widetilde{R}_{ijij} \Big)^2 = 4 \widetilde{R}_{1212}^2.$$

于是,有

$$\widetilde{a}_2 = \frac{1}{360} \int_{\widetilde{M}} (5\widetilde{s}^2 - 2 \mid \widetilde{Ric} \mid^2 + 2 \mid \widetilde{Rie} \mid^2) * 1$$

$$= \frac{1}{360} \int_{\widetilde{M}} (5\widetilde{s}^2 - 4\widetilde{R}_{1212}^2 + 2 \cdot 4 \widetilde{R}_{1212}^2) * 1$$

$$= \frac{1}{360} \int_{\widetilde{M}} (5\widetilde{s}^2 - \widetilde{s}^2 + 2\widetilde{s}^2) * 1$$

$$= \frac{1}{60} \int_{\widetilde{M}} \widetilde{s}^2 * 1,$$

$$\int_{\widetilde{M}} \widetilde{s}^2 * 1 = 60\widetilde{a}_2 = 60a_2 = \int_{M} s^2 * 1 \xrightarrow{s \text{ 为常数}} s^2 \operatorname{vol} M.$$

而

$$\int_{\widetilde{M}} * 1 = \widetilde{a}_0 = a_0 = \int_{M} * 1 = \operatorname{vol} M,$$

$$\int_{\widetilde{M}} \widetilde{s} * 1 = 6\widetilde{a}_1 = 6a_1 = \int_{M} s * 1 = s \operatorname{vol} M.$$

于是

$$\Big(\int_{\widetilde{M}} \widetilde{s} * 1 \Big)^2 = s^2 (\operatorname{vol} M)^2 = \Big(\int_{\widetilde{M}} \widetilde{s}^2 * 1 \Big) \Big(\int_{\widetilde{M}} * 1 \Big),$$

即 Cauchy-Schwarz 不等式中的等号成立,故由 $\widetilde{s}$ 连续知 $\widetilde{s}$ = 常数. 再由

$$\widetilde{s} \operatorname{vol} M = \widetilde{s} \operatorname{vol} \widetilde{M} = \int_{\widetilde{M}} \widetilde{s} * 1 = s \operatorname{vol} M$$

知 $\widetilde{s} = s$. □

首先给出一个非连通的等特征值但不等距的例子.

例 2.6.1　以 $A \bigcup B$ 和 $C \bigcup D$ 分别表示下面两组图形,显然两者不等距. 记 $M = A \bigcup B, \widetilde{M} = C \bigcup D$.

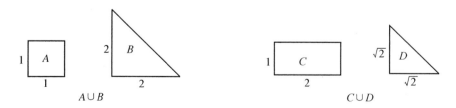

先证明 $\operatorname{Spec} M = \operatorname{Spec} A \bigcup \operatorname{Spec} B$.

事实上,$\forall \lambda \in \operatorname{Spec} A$,$\exists f \in C^{\infty}(A, \mathbf{R})$,$f|_{\partial A} = 0$,使得 $\triangle f = \lambda f$. 令 $f|_B = 0$,则 $f|_{\partial M} = 0$,且 $\triangle f = \lambda f$ 在 M 上成立,故

$$\lambda \in \operatorname{Spec} M, \quad \operatorname{Spec} A \subset \operatorname{Spec} M.$$

同理，

$$\operatorname{Spec} B \subset \operatorname{Spec} M.$$

于是，

$$\operatorname{Spec} A \bigcup \operatorname{Spec} B \subset \operatorname{Spec} M.$$

另一方面，$\forall \lambda \in \operatorname{Spec} M$，但 $\lambda \notin \operatorname{Spec} A$，则 $\exists f \in C^{\infty}(M, \mathbf{R})$，使 $\Delta f = \lambda f$ 在 M 上成立. 从而，在 A 上 $\Delta f = \lambda f$. 因 $\lambda \notin \operatorname{Spec} A$，所以 $f|_A = 0$. 于是 $f|_B$ 不恒为 0，而 $\Delta f = \lambda f$ 在 B 上成立，故

$$\lambda \in \operatorname{Spec} B, \quad \lambda \in \operatorname{Spec} A \bigcup \operatorname{Spec} B, \quad \operatorname{Spec} M \subset \operatorname{Spec} A \bigcup \operatorname{Spec} B.$$

综上，$\operatorname{Spec} M = \operatorname{Spec} A \bigcup \operatorname{Spec} B$.

同理，$\operatorname{Spec} \widetilde{M} = \operatorname{Spec} C \bigcup \operatorname{Spec} D$.

再由例 2.5.2 和例 2.5.3，有

$$\operatorname{Spec} A = \{(m^2 + n^2)\pi^2 \mid m, n \in \mathbf{N}\},$$

$$\operatorname{Spec} B = \left\{ \left(\left(\frac{i}{2}\right)^2 + \left(\frac{j}{2}\right)^2 \right)\pi^2 \,\Big|\, i, j \in \mathbf{N}, i > j \right\},$$

$$\operatorname{Spec} C = \left\{ \left(M^2 + \left(\frac{N}{2}\right)^2 \right)\pi^2 \,\Big|\, M, N \in \mathbf{N} \right\},$$

$$\operatorname{Spec} D = \left\{ \frac{1}{2}(I^2 + J^2)\pi^2 \mid I, J \in \mathbf{N}, I > J \right\}.$$

任取

$$\lambda \in \operatorname{Spec}(A \bigcup B) = \operatorname{Spec} A \bigcup \operatorname{Spec} B.$$

如果

$$\lambda \in \operatorname{Spec} A,$$

则显然有

$$\lambda \in \operatorname{Spec} C;$$

如果

$$\lambda = \left(\left(\frac{i}{2}\right)^2 + \left(\frac{j}{2}\right)^2 \right)\pi^2 \in \operatorname{Spec} B,$$

则当 i, j 至少有一个为偶数时，

$$\lambda \in \operatorname{Spec} C.$$

当 i, j 均为奇数时，令

$$I = \frac{i+j}{2}, \quad J = \frac{i-j}{2},$$

则 $I, J \in \mathbf{N}, I > J$，且

$$\lambda = \frac{1}{2}(I^2 + J^2)\pi^2.$$

从而, $\lambda \in \operatorname{Spec} D$. 总之

$$\lambda \in \operatorname{Spec} C \bigcup \operatorname{Spec} D = \operatorname{Spec}(\widetilde{M}).$$

反之, 取

$$\lambda \in \operatorname{Spec}(\widetilde{M}) = \operatorname{Spec} C \bigcup \operatorname{Spec} D.$$

如果

$$\lambda = \left(M^2 + \left(\frac{N}{2}\right)^2\right)\pi^2 \in \operatorname{Spec} C,$$

当 N 为偶数时, $\lambda \in \operatorname{Spec} A$; 当 N 为奇数时, 令

$$i = \max\{2M, N\}, \quad j = \min\{2M, N\},$$

则

$$\lambda = \left(\left(\frac{i}{2}\right)^2 + \left(\frac{j}{2}\right)^2\right)\pi^2$$

且

$$i > j.$$

从而, $\lambda \in \operatorname{Spec} B$. 如果 $\lambda = \frac{1}{2}(I^2 + J^2)\pi^2 \in \operatorname{Spec} D$, 令

$$i = I + J, \quad j = I - J,$$

则 $i > j$, 并且

$$\lambda = \frac{1}{2}(I^2 + J^2)\pi^2 = \frac{1}{2}\left(\left(\frac{i}{2}\right)^2 + \left(\frac{j}{2}\right)^2\right)\pi^2 \in \operatorname{Spec} B.$$

总之

$$\lambda \in \operatorname{Spec} A \bigcup \operatorname{Spec} B = \operatorname{Spec}(M).$$

于是, 在不考虑重数的情况下 $A \bigcup B$ 与 $C \bigcup D$ 有相同的特征值(但不能记作 $\operatorname{Spec}(A \bigcup B) = \operatorname{Spec}(C \bigcup D)$). 显然 $A \bigcup B$ 与 $C \bigcup D$ 不等距(直径 $\dim B = 2\sqrt{2} > \max\{\sqrt{5}, 2\} = \max\{\operatorname{diam} C, \operatorname{diam} D\}$).

众所周知, 等距的流形必然等谱, 但反之不然. 1964 年 Milnor 曾构造出等谱而不等距的 16 维平坦环面.

第 3 章
Riemann 几何中的比较定理

比较定理是流形上分析的基本工具之一,其本质是通过 Jacobi 场与流形曲率的联系,以及流形曲率的性质进行分析而获得关于流形的更一般的性质. 另一方面,从 Jacobi 方程看,它又是微分方程在几何中的应用.

我们看到,在 Cartan-Hadamard 定理中,以 $\mathbf{R}^n$ 作模型,用"流形 M 的曲率 $\leqslant 0$"代替"$\mathbf{R}^n$ 的曲率 $= 0$",这样的流形 C^∞ 微分同胚于 $\mathbf{R}^n$;在 Bonnet-Myers 定理中,以 S^n 作模型,用"流形 M 的 Ricci 曲率 $\geqslant n-1$"代替"S^n 的 Ricci 曲率 $= n-1$",这样的流形与 S^n 一样是紧致的,且直径 $\mathrm{diam}\, M \leqslant \pi$. 这两种情形,都是从模型空间出发的,将所论流形与模型空间作定性比较,力求得到结论.

我们知道,Jacobi 方程是 2 阶线性常微分方程. 自 1836 年 Sturm 建立起特殊的 2 阶线性齐次方程的关于解的零点分布的分离定理和比较定理以来,Sturm 比较定理的数学思想已经在很多数学领域内得到了长足的发展. 一个自然的想法是将它们推广到 Jacobi 方程上来. 1951 年,Rauch 将 1 维的 Sturm 比较定理作了不平凡的 n 维推广,发现了 Rauch 比较定理. 该定理的发现不仅是一个大突破,而且为以后发现的比较定理建立了证明的模式. 本章将介绍 Rauch 比较定理、Hessian 比较定理、Laplace 算子比较定理以及体积比较定理. 它们是定量的比较定理. 这些比较定理已经在几何分析中发挥了不可或缺的巨大作用. 例如,证明球面定理、估计特征值以及研究流形曲率与调和函数的关系等.

3.1 Rauch 比较定理、Hessian 比较定理、Laplace 算子比较定理、体积比较定理

设 $(M, g) = (M, \langle\, ,\, \rangle)$ 为 n 维 C^∞ Riemann 流形,其 Riemann 度量为

$$g = \sum_{i,j=1}^{n} g_{ij} \mathrm{d} x^i \otimes \mathrm{d} x^j$$

或

$$\mathrm{d} s^2 = \sum_{i,j=1}^{n} g_{ij} \mathrm{d} x^i \mathrm{d} x^j,$$

则 M 上可以引入一个距离结构

$$\text{dist}: M \times M \to [0, +\infty), \quad \text{dist}(x, y) = \inf_{\gamma} L(\gamma),$$

其中 γ 取遍所有连接 x 与 y 的分段 C^∞ 曲线，γ 的长度

$$L(\gamma) = \int_a^b |\gamma'(t)| \, dt, \quad \gamma(a) = x, \quad \gamma(b) = y.$$

对于固定的 $x \in M$，我们有指数映射

$$\exp_x: T_x M \to M,$$

且对 $\forall X \in T_x M$，当 t 充分小时，$\exp_x(tX)$ 是定义好的. 令

$$\gamma(t) = \exp_x(tX),$$

则当 t 充分小时，$\gamma(t)$ 是从 x 点出发沿 X 方向的光滑测地线，且

$$d\exp_x|_{tX}: T_{tX}(T_x M) \to T_{\exp_x(tX)} M$$

为微分同胚.

如果沿测地线 γ 的 C^∞ 向量场 $X = X(t)$ 满足 Jacobi 方程

$$\nabla^2_{\gamma'(t)} X + R(X, \gamma')\gamma' = 0,$$

则称 X 为沿 γ 的 Jacobi 场. 显然，Jacobi 场 X 由 X 和 $\nabla_\gamma X$ 在 $\gamma(a)$ 点处的值唯一确定.

关于 Jacobi 场，我们回顾下面 3 个定理，它们在第 1 章详细叙述过.

定理 3.1.1 任意沿测地线 γ 的 Jacobi 场 X 可以唯一分解成下列形式：

$$X = \lambda\gamma' + \mu t\gamma' + Y,$$

其中 $\lambda, \mu \in \mathbf{R}$，$Y$ 为沿 γ 的 Jacobi 场，且 $Y \perp \gamma'$.

我们称满足上述条件的 Y 为**正常 Jacobi 场**.

设 $p, q \in M$，若有非零 Jacobi 场 X，使得 $X(p) = X(q) = 0$，则称 p 和 q 是**共轭**的. 我们知道，

$$q = \exp_p(Z) \text{ 是 } p \text{ 的共轭点} \Leftrightarrow \text{映射 } d(\exp_p)_Z \text{ 在 } Z \text{ 处是奇异的.}$$

令

$$t_0 = \sup\{t \mid \gamma \text{ 为连接 } \gamma(0) \text{ 到 } \gamma(t) \text{ 的唯一极小测地线}\}.$$

如果 $t_0 < +\infty$，则称 $\gamma(t_0)$ 为相对于 $\gamma(0)$ 的沿 γ 的**割点**. 所有相对于 $\gamma(0)$ 的割点的集合称为 $\gamma(0)$ 的**割迹**. 我们知道，割点必在第 1 共轭点之前达到.

取定点 $o \in M$，则 M 上有一个自然的距离函数

$$\rho: M \to \mathbf{R}, \quad \rho(x) = \text{dist}(o, x).$$

显然，$\rho(x)$ 满足 Lipschitz 条件（当然它是一致连续和连续的）. 从而 ρ 是几乎处处可微的.

我们称测地线 $\gamma(t) = \exp_x(t\gamma'(0)), 0 \leq t \leq b$ 是**稳定最短**的，如果有 $T_x M$ 中的一个扇形

$$U = \{tX \mid t \in [0,b], \mid X - \gamma'(0) \mid < 某常数\},$$

使得 U 中所有径向直线段经 $\exp_x$ 映为 M 中从 x 出发的最短测地线. 显然, 对 $\forall Z \in U$, 有

$$\rho(\exp_x(Z)) = \mid Z \mid.$$

于是, ρ 在 $\exp_x(U) - \{x\}$ 上是 C^∞ 的.

设 $f \in C^2(M, \mathbf{R})$, 则 f 的 **Hesse 形式** $H(f)$ 定义为

$$H(f)(X, Y) = \nabla^2 f(X, Y) = XYf - (\nabla_X Y)f.$$

定理 3.1.2 $\nabla^2 f(X, Y)$ 是 X, Y 的 F(function)双线性函数, 且

$$\nabla^2 f(X, Y) = \nabla^2 f(Y, X).$$

此外, $\nabla^2 f(X, Y)$ 在一点 y 的值只与 $X(y), Y(y)$ 有关.

设 γ 为正规(弧长为参数)测地线, 记集合

$$V = V(a, b) = \{沿 \gamma 的所有满足 X(t) \perp \gamma'(t) 的逐段 C^\infty 向量场 X(t)\}.$$

令

$$I(X, Y) = \int_a^b (\langle X'(t), Y'(t) \rangle - \langle R(X, \gamma')\gamma', Y \rangle) dt, \quad \forall X, Y \in V,$$

称它为 γ 的**指标形式**. 记 $I_a^b(X) = I(X, X)$.

定理 3.1.3(Jacobi 场的极小性) 设 $\gamma: [a, b] \to M$ 为不含共轭点的正规测地线, $X, Y \in V, X(a) = Y(a), X(b) = Y(b)$, 且 Y 为 Jacobi 场, 则有

$$I(Y, Y) \leqslant I(X, X),$$

等号成立 $\Leftrightarrow X = Y$.

设 $M, \widetilde{M}$ 为 n 维 Riemann 流形, $\gamma: [0, b] \to M, \widetilde{\gamma}: [0, b] \to \widetilde{M}$ 均为正规测地线, $x = \gamma(0), \widetilde{x} = \widetilde{\gamma}(0)$. ρ 与 $\widetilde{\rho}$ 分别是 $M, \widetilde{M}$ 中到 $x, \widetilde{x}$ 的距离函数. 令

$$R(t) = \min\{T_{\gamma(t)}M 中含平面 \gamma'(t) 的截面曲率\},$$

$$\widetilde{R}(t) = \max\{T_{\widetilde{\gamma}(t)}\widetilde{M} 中含平面 \widetilde{\gamma}'(t) 的截面曲率\}.$$

引理 3.1.1 设 $J, \widetilde{J}$ 分别是沿 $\gamma, \widetilde{\gamma}$ 的正常 Jacobi 场, 使 $J(0) = \widetilde{J}(0) = 0$, 且对某个 $\beta \in [0, b], \mid J(\beta) \mid = \mid \widetilde{J}(\beta) \mid$. 此外, 还有:

(1) $\gamma(0)$ 沿 γ 无共轭点;

(2) $R(t) \geqslant \widetilde{R}(t), \forall t \in [0, b]$.

则

$$\langle J'(\beta), J(\beta) \rangle \leqslant \langle \widetilde{J}'(\beta), \widetilde{J}(\beta) \rangle.$$

证明 令 $\{e_1(t), \cdots, e_n(t)\}, \{\widetilde{e}_1(t), \cdots, \widetilde{e}_n(t)\}$ 分别是沿 $\gamma, \widetilde{\gamma}$ 平行的单位正交标架场, 使得

$$J(\beta) = \alpha e_1(\beta), \quad \widetilde{J}(\beta) = \alpha \widetilde{e}_1(\beta),$$

$$e_n(t) = \gamma'(t), \quad \tilde{e}_n(t) = \tilde{\gamma}'(t),$$

其中 $\alpha = |J(\beta)| = |\tilde{J}(\beta)|$. 由于 $J, \tilde{J}$ 为正常的 Jacobi 场,即

$$J(t) \perp \gamma'(t), \quad \tilde{J}(t) \perp \tilde{\gamma}'(t),$$

故保证了 $e_n \perp e_1, \tilde{e}_n \perp \tilde{e}_1$,且有

$$J(t) = \sum_{i=1}^{n-1} \alpha_i(t) e_i(t), \quad \tilde{J}(t) = \sum_{i=1}^{n-1} \tilde{\alpha}_i(t) e_i(t).$$

现定义一个沿 γ 的向量场 J_1 为 $J_1(t) = \sum_{i=1}^{n-1} \tilde{\alpha}_i(t) e_i(t)$. 于是,利用 Jacobi 场的极小性,有

$$
\begin{aligned}
\langle J'(\beta), J(\beta) \rangle &= \langle J'(t), J(t) \rangle \big|_0^\beta - \int_0^\beta \langle J''(t) + R(J(t), \gamma'(t))\gamma'(t), J(t) \rangle \mathrm{d}t \\
&= \int_0^\beta \frac{\mathrm{d}}{\mathrm{d}t} \langle J'(t), J(t) \rangle \mathrm{d}t - \int_0^\beta \langle J''(t) + R(J(t), \gamma'(t))\gamma'(t), J(t) \rangle \mathrm{d}t \\
&= \int_0^\beta (\langle J'(t), J'(t) \rangle - \langle R(J(t), \gamma'(t))\gamma'(t), J(t) \rangle) \mathrm{d}t \\
&= I_0^\beta(J, J) \leqslant I_0^\beta(J_1, J_1) = \int_0^\beta (|J_1'|^2 - \langle R(J_1, \gamma')\gamma', J_1 \rangle) \mathrm{d}t \\
&= \int_0^\beta \left(|J_1'|^2 - \sum_{i=1}^{n-1} \tilde{\alpha}_i^2 \left\langle R\left(\frac{J_1}{|J_1|}, \gamma'\right)\gamma', \frac{J_1}{|J_1|} \right\rangle \right) \mathrm{d}t \\
&= \int_0^\beta \left(|J_1'|^2 - \sum_{i=1}^{n-1} \tilde{\alpha}_i^2 R(t) \right) \mathrm{d}t \leqslant \int_0^\beta \left(|\tilde{J}'|^2 - \sum_{i=1}^{n-1} \tilde{\alpha}_i^2 \tilde{R}(t) \right) \mathrm{d}t \\
&\leqslant \int_0^\beta \left(|\tilde{J}'|^2 - |\tilde{J}|^2 \left\langle \tilde{R}\left[\frac{\tilde{J}}{|\tilde{J}|}, \gamma'\right]\gamma', \frac{\tilde{J}}{|J|} \right\rangle \right) \mathrm{d}t \\
&= I_0^\beta(\tilde{J}, \tilde{J}) = \langle \tilde{J}'(\beta), \tilde{J}(\beta) \rangle.
\end{aligned}
$$

$\square$

从引理 3.1.1 得到:

定理 3.1.4(Rauch 比较定理) 设 $U, \tilde{U}$ 分别为沿 $\gamma, \tilde{\gamma}$ 的 Jacobi 场,满足

$$U(0) = \tilde{U}(0) = 0, \quad U'(0) \perp \gamma'(0),$$
$$\tilde{U}'(0) \perp \tilde{\gamma}'(0), \quad |U'(0)| = |\tilde{U}'(0)|.$$

此外,还有:

(1) $\gamma(0)$ 沿 γ 无共轭点;

(2) $R(t) \geqslant \tilde{R}(t), \forall\, t \in [0, b]$.

则

$$|U(t)| \leqslant |\tilde{U}(t)|, \quad \forall\, t \in [0, b].$$

证明 首先证明 $U(t)$ 是正常的 Jacobi 场. 根据定理 3.1.1,有正常的 Jacobi 场

$U^{\perp}(t)$,使得

$$U(t) = U^{\perp}(t) + (\lambda + \mu t)\gamma'(t).$$

由题设知

$$0 = U(0) = U^{\perp}(0) + \lambda\gamma'(0),$$

而 $U^{\perp}(0) \perp \gamma'(0)$,$|\gamma'(0)| = 1$,故 $U^{\perp}(0) = 0$ 且 $\lambda = 0$.再由

$$0 = \frac{\mathrm{d}}{\mathrm{d}t}0 = \frac{\mathrm{d}}{\mathrm{d}t}\langle U^{\perp}(t), \gamma'(t)\rangle = \langle U^{\perp'}(t), \gamma'(t)\rangle + \langle U^{\perp}(t), \nabla_{\gamma'(t)}\gamma'(t)\rangle$$

$$= \langle U^{\perp'}(t), \gamma'(t)\rangle = \langle U'(t) - \mu\gamma'(t), \lambda'(t)\rangle = \langle U'(t), \gamma'(t)\rangle - \mu$$

知

$$\mu = \langle U'(t), \gamma'(t)\rangle = \langle U'(0), \gamma'(0)\rangle = 0.$$

于是,$U(t) = U^{\perp}(t)$ 为正常 Jacobi 场.

如果 $|U'(0)| = |\widetilde{U}'(0)| = 0$,则由 $U(0) = \widetilde{U}(0) = 0$ 及 Jacobi 场对初始条件的唯一性可知 $U(t) = 0$,$\widetilde{U}(t) = 0$,$\forall t \in [0,b]$.因此,$|U(t)| = |\widetilde{U}(t)|$.

如果 $|U'(0)| = |\widetilde{U}'(0)| \neq 0$,则 $\exists c > 0$,使得

$$f(t) = \langle U(t), U(t)\rangle > 0$$

且

$$\widetilde{f}(t) = \langle \widetilde{U}(t), \widetilde{U}(t)\rangle > 0, \quad \forall t \in (0,c).$$

由 L'Hospital 法则,有

$$\lim_{\varepsilon\to 0^+}\frac{\widetilde{f}(\varepsilon)}{f(\varepsilon)} = \lim_{\varepsilon\to 0^+}\frac{\widetilde{f}'(\varepsilon)}{f'(\varepsilon)} = \lim_{\varepsilon\to 0^+}\frac{\langle \widetilde{U}'(\varepsilon), \widetilde{U}(\varepsilon)\rangle}{\langle U'(\varepsilon), U(\varepsilon)\rangle}$$

$$= \lim_{\varepsilon\to 0^+}\frac{\left\langle \widetilde{U}'(\varepsilon), \dfrac{\widetilde{U}(\varepsilon) - \widetilde{U}(0)}{\varepsilon - 0}\right\rangle}{\left\langle U'(0), \dfrac{U(\varepsilon) - U(0)}{\varepsilon - 0}\right\rangle} = \frac{|\widetilde{U}'(0)|^2}{|U'(0)|^2} = 1.$$

另一方面,在 $(0,c)$ 上,由 $f, \widetilde{f} > 0$,对 $\forall \beta \in (0,c)$.令

$$J(t) = \frac{1}{|U(\beta)|}U(t), \quad \widetilde{J}(t) = \frac{1}{|\widetilde{U}(\beta)|}\widetilde{U}(t), \quad \forall t \in [0,\beta],$$

则由 $U(t), \widetilde{U}(t)$ 为正常的 Jacobi 场知,$J(t), \widetilde{J}(t)$ 为正常的 Jacobi 场,且易见

$$J(0) = \widetilde{J}(0) = 0, \quad |J(\beta)| = 1 = |\widetilde{J}(\beta)|.$$

于是,根据引理 3.1.1,有

$$\frac{\langle U'(\beta), U(\beta)\rangle}{|U(\beta)|^2} = \langle J'(\beta), J(\beta)\rangle \leqslant \langle \widetilde{J}'(\beta), \widetilde{J}(\beta)\rangle = \frac{\langle \widetilde{U}'(\beta), \widetilde{U}(\beta)\rangle}{|\widetilde{U}(\beta)|^2},$$

即

$$\frac{f'}{f} \leqslant \frac{\widetilde{f}'}{\widetilde{f}}.$$

积分得

$$\ln f(t)\mid_\varepsilon^{t_0} \leqslant \ln \widetilde{f}(t)\mid_\varepsilon^{t_0}, \quad 0 < \varepsilon < t_0 < c,$$

$$\ln \frac{f(t_0)}{f(\varepsilon)} \leqslant \ln \frac{\widetilde{f}(t_0)}{\widetilde{f}(\varepsilon)},$$

$$\frac{\widetilde{f}(\varepsilon)}{f(\varepsilon)} \leqslant \frac{\widetilde{f}(t_0)}{f(t_0)},$$

$$\frac{\widetilde{f}(t)}{f(t)} \geqslant \lim_{\varepsilon \to 0^+} \frac{\widetilde{f}(\varepsilon)}{f(\varepsilon)} = 1.$$

因此

$$f(t) \leqslant \widetilde{f}(t), \quad \forall\, t \in (0,c).$$

由于在$[0,b]$上,$f \geqslant 0$,且$\gamma(0)$沿$\gamma(t)$,$0 \leqslant t \leqslant b$无共轭点,故$\forall\, t \in [0,b]$,恒有$f(t) \geqslant 0$.我们断言,在$[0,b]$上$\widetilde{f} > 0$.否则,令

$$\widetilde{c} \geqslant \sup\{t \mid \widetilde{f}(\tau) > 0, \forall\, \tau \in (0,t)\},$$

则$\widetilde{c} \leqslant b$且$\widetilde{f}(\widetilde{c}) = 0$.但是,$\forall\, t \in (0,\widetilde{c})$,有

$$f(t) \leqslant \widetilde{f}(t).$$

令$t \to \widetilde{c}$得

$$\widetilde{f}(\widetilde{c}) \geqslant f(\widetilde{c}) > 0,$$

矛盾.于是,前面的c可直接选为b.从而

$$f(t) \leqslant \widetilde{f}(t), \quad \forall\, t \in [0,b].$$

因此

$$|U(t)| \leqslant |\widetilde{U}(t)|, \quad \forall\, t \in [0,b]. \qquad\qquad \square$$

引理 3.1.2 $\mathrm{d}\exp_x$在半径方向总是一个等距映射,即

$$|\mathrm{d}\exp_x(X)| = |X|, \quad \forall\, X \in T_x M - \{0\}.$$

证明 设tX为$T_x M$中的径向线段,$\gamma(t) = \exp_x tX$,$t \in [0,1]$为M中的径向测地线,则$\gamma'(0) = X$.由定义,$\gamma(1) = \exp_x X$.从而

$$\mathrm{d}\exp_x(X) = (\mathrm{d}\exp_x)_X X = \gamma'(1).$$

于是

$$|\mathrm{d}\exp_x(X)| = |\gamma'(1)| = |\gamma'(0)| = |X|. \qquad\qquad \square$$

引理 3.1.3(Gauss 公式) 设$x \in M$,$X \in T_x M - \{0\}$,$Y \in T_X(T_x M) \equiv T_x M$("$\equiv$"表示叠合).如果$Y \perp X$,则

$$\mathrm{d}\exp_x(Y) \perp \gamma'(1),$$

即
$$\mathrm{d}\exp_x(Y) \perp \mathrm{d}\exp_x(X),$$
其中 $\gamma'(1)$ 是测地线 $\gamma(t) = \exp_x(tX):[0,1] \to M$ 在 $t=1$ 处的切向量.

证明 由于 $Y \perp X$，故可选曲线 $\xi:[0,\varepsilon] \to T_xM$，使 $\xi(0) = X, \xi'(0) = Y$，且 ξ 的像 $\xi([0,\varepsilon]) \subset B(X, |X|)$（以 X 为中心、$|X|$ 为半径的球）. 考虑 M 中的 C^∞ 长方形
$$\Gamma:[0,1] \times [0,\varepsilon] \to M, \quad (t,u) \mapsto \exp_x t\xi(u),$$
令
$$T = \mathrm{d}\Gamma\left(\frac{\partial}{\partial t}\right), \quad U = \mathrm{d}\Gamma\left(\frac{\partial}{\partial u}\right),$$
则
$$\gamma(t) = \Gamma(t,0), \quad \gamma'(1) = T(\gamma(1)), \quad \mathrm{d}\exp_x(Y) = U(\gamma(1)).$$
由于 Γ 的每条 t 曲线皆为长度为 $|X|$ 的测地线，T 为其切向量（在切映射下，切向量变成切向量），故
$$\langle T, T \rangle = \langle T(\gamma(0)), T(\gamma(0)) \rangle = \langle \gamma'(0), \gamma'(0) \rangle = |X|^2.$$
于是，由 $\nabla_T T = 0$ 和 $[T, U] = \mathrm{d}\Gamma\left(\left[\frac{\partial}{\partial t}, \frac{\partial}{\partial u}\right]\right) = \mathrm{d}\Gamma(0) = 0$ 得到
$$T\langle T, U \rangle = \langle \nabla_T T, U \rangle + \langle T, \nabla_T U \rangle = \langle T, \nabla_T U \rangle = \langle T, \nabla_U T + [T, U] \rangle$$
$$= \langle T, \nabla_U T \rangle + \langle T, [T, U] \rangle = \langle T, \nabla_U T \rangle = \frac{1}{2} U\langle T, T \rangle$$
$$= \frac{1}{2} U(|X|^2) = 0.$$
因此，$\langle T, U \rangle$ 沿每条 t 曲线为常数. 于是
$$\langle \mathrm{d}\exp_x(Y), \gamma'(1) \rangle = \langle U(\gamma(1)), T(\gamma(1)) \rangle = \langle U(\gamma(0)), T(\gamma(0)) \rangle$$
$$= \langle 0, T(\gamma(0)) \rangle = 0,$$
即 $\mathrm{d}\exp_x(Y) \perp \gamma'(1)$. $\qquad\square$

由引理 3.1.3，我们立即可给出 Rauch 比较定理的一种等价表述：

定理 3.1.4$'$（Rauch 比较定理） 设 $x \in M, \tilde{x} \in \widetilde{M}, \varphi: T_xM \to T_{\tilde{x}}\widetilde{M}$ 为线性等距变换. 令 $X \in T_xM, \widetilde{X} = \varphi(X)$，
$$\gamma:[0,1] \to M, \quad \gamma(t) = \exp_x(tX),$$
$$\tilde{\gamma}:[0,1] \to \widetilde{M}, \quad \tilde{\gamma}(t) = \exp_{\tilde{x}}(t\widetilde{X})$$
为两条测地线.
$$Y \in T_X(T_xM) \equiv T_xM, \quad \widetilde{Y} = \mathrm{d}\varphi(X) \equiv \varphi(X) \in T_{\widetilde{X}}(T_{\tilde{x}}\widetilde{M}) \equiv T_{\tilde{x}}\widetilde{M}.$$
此外，还有：

(1) $\gamma(0)$ 沿 γ 无共轭点;

(2) $R(t) \geqslant \tilde{R}(t), \forall t \in [0,1]$.

则

$$|\mathrm{d}\exp_x(Y)| \leqslant |\mathrm{d}\exp_{\tilde{x}}(\tilde{Y})|.$$

证明 由引理 3.1.2 知,$\mathrm{d}\exp_x$ 在半径方向为等距映射.再由引理 3.1.3 知,要证

$$|\mathrm{d}\exp_x(Y)| \leqslant |\mathrm{d}\exp_{\tilde{x}}(\tilde{Y})|,$$

只要对 $Y \perp X, \tilde{Y} \perp \tilde{X}$ 加以证明即可.

令 $\gamma_u(t) = \exp_x t(X + uY)$ 为 γ 的变分 $\{\gamma_u\}$.记

$$U(t) = \frac{\mathrm{d}}{\mathrm{d}t}\gamma_u(t)\Big|_{u=0}$$

为 $\{\gamma_u\}$ 的横截向量场在 γ 上的限制,则 U 是沿 γ 的 Jacobi 场,且显然 $U(0) = 0$.经计算,有

$$U'(0) = \frac{\mathrm{d}}{\mathrm{d}t}\left(\frac{\mathrm{d}}{\mathrm{d}u}\gamma_u(t)\right)\Big|_{u=t=0} = \frac{\mathrm{d}}{\mathrm{d}u}\left(\frac{\mathrm{d}}{\mathrm{d}t}\gamma_u(t)\right)\Big|_{u=t=0}$$

$$= \frac{\mathrm{d}}{\mathrm{d}u}(X + uY)\Big|_{u=0} = Y,$$

$$U(1) = \frac{\mathrm{d}}{\mathrm{d}u}\gamma_u(t)\Big|_{u=0,t=1} = \left(\frac{\mathrm{d}}{\mathrm{d}u}\exp_x t(X + uY)\right)\Big|_{u=0,t=1}$$

$$= \mathrm{d}\exp_x \circ \frac{\mathrm{d}}{\mathrm{d}u}t(X + uY)\Big|_{u=0,t=1} = \mathrm{d}\exp_x \circ tY\big|_{t=1} = \mathrm{d}\exp_x(Y).$$

同样,用 $\tilde{\gamma}_u(t) = \exp_{\tilde{x}} t(\tilde{X} + u\tilde{Y})$ 定义了 $\{\tilde{\gamma}_u\}$.相应的 $\tilde{U}(t)$ 为沿 $\tilde{\gamma}$ 的 Jacobi 场,则

$$\tilde{U}(0) = 0, \quad \tilde{U}'(0) = \tilde{Y}, \quad \tilde{U}(1) = \mathrm{d}\exp_{\tilde{x}}(\tilde{Y}).$$

于是,根据定理 3.1.4,有

$$|\mathrm{d}\exp_x(Y)| = |U(1)| \leqslant |\tilde{U}(1)| = |\mathrm{d}\exp_{\tilde{x}}(\tilde{Y})|. \qquad \square$$

作为 Rauch 定理的应用,我们有以下的一些推论.

推论 3.1.1 Rauch 比较定理蕴涵着:如果沿测地线 γ 无共轭点,则沿 $\tilde{\gamma}$ 也无共轭点.换言之,沿 γ 的第 1 个共轭点(如有的话)必须出现在沿 $\tilde{\gamma}$ 的第 1 个共轭点(如果有的话)之前.

证明 (证法 1)由定理 3.1.4' 和 φ 为线性等距变换,以及沿测地线 γ 无共轭点得到

$$0 = \mathrm{d}\exp_{\tilde{x}}(\tilde{Y}) \Longleftrightarrow 0 = |\mathrm{d}\exp_{\tilde{x}}(\tilde{Y})| \geqslant |\mathrm{d}\exp_x(Y)| \geqslant 0$$

$$\Longleftrightarrow \mathrm{d}\exp_x(Y) = 0 \Longleftrightarrow |Y| = 0,$$

即 $Y = 0 \Longleftrightarrow \tilde{Y} = \mathrm{d}\varphi(Y) \equiv \varphi(Y) = 0$,从而沿 $\tilde{\gamma}$ 无共轭点.

(证法 2)(反证)假设 $\tilde{\gamma}(c)(0 < c < b)$ 是沿 $\tilde{\gamma}$ 的 $\tilde{\gamma}(0)$ 的第 1 个共轭点,$\tilde{U}$ 为沿 $\tilde{\gamma}$ 且

$\widetilde{U}(0) = 0, \widetilde{U}(c) = 0$ 的非零 Jacobi 场. 由引理 1.10.9, 有 $\widetilde{U}'(0) \neq 0$. 设 U 为沿 γ 的 Jacobi 场, 使得 $U(0) = 0$ 和

$$| U'(0) | = | \widetilde{U}'(0) | \neq 0,$$

根据定理 3.1.4, 有

$$| U(t) | \leqslant | \widetilde{U}(t) |.$$

还有

$$0 \leqslant | U(c) | = \lim_{t \to c^-} | U(t) | \leqslant \lim_{t \to c^-} | \widetilde{U}(t) | = | \widetilde{U}(c) | = 0,$$

故

$$| U(c) | = 0,$$

即

$$U(c) = 0.$$

这就证明了 U 为 $[0, c]$ 上使 $U(0) = 0, U(c) = 0$ 的非零 Jacobi 场. 因此, $\gamma(c)$ 为 $\gamma(0)$ 沿 γ 的共轭点, 这与沿测地线 γ 无共轭点矛盾. □

推论 3.1.2 设 M 为 n 维 C^∞ 非正截曲率 (截曲率 $\leqslant 0$) 的完备 Riemann 流形, 则对 $\forall x \in M$,

$$\exp_x : T_x M \to M$$

为距离膨胀映射, 即对 $\forall X \in T_x M$,

$$| X | \leqslant | \mathrm{d} \exp_x(X) |.$$

证明 对具有平坦 Riemann 度量的流形 $T_x M$ (截曲率恒为 0、无共轭点) 和 M, 应用定理 3.1.4$'$ 得到

$$| X | \leqslant | \mathrm{d} \exp_x(X) |, \quad \forall X \in T_x M. □$$

推论 3.1.3 (Cartan-Hadamard 定理) 设 M 为 n 维 C^∞ 非正截曲率的完备 Riemann 流形, 则对 $\forall x \in M, \exp_x : T_x M \to M$ 无共轭点.

证明 (证法 1) 根据推论 3.1.2, 有

$$\mathrm{d} \exp_x(X) = 0 \Leftrightarrow 0 = | \mathrm{d} \exp_x(X) | \geqslant | X | \geqslant 0 \Leftrightarrow | X | = 0,$$

即

$$X = 0.$$

因此 $\mathrm{d} \exp_x(X)$ 是非异的, 从而 $\exp_x : T_x M \to M$ 无共轭点.

(证法 2) 参阅定理 1.10.11. □

引理 3.1.4 设 (M, g) 为 n 维 C^∞ 单连通完备 Riemann 流形, 且在某点 $x \in M$ 处, $\exp_x : T_x M \to M$ 无共轭点, 则 $\exp_x$ 为 C^∞ 微分同胚.

证明 因为 (M, g) 是 C^∞ 完备 Riemann 流形, $\exp_x : T_x M \to M$ 无共轭点, 根据文献

[157]405 页引理 3,$\exp_x$ 为 C^∞ 覆叠投影.

再由 M 的单连通性和文献[157]405 页引理 2 知,$\exp_x$ 为 C^∞ 微分同胚.　　□

注意,$\mathbf{R}^3$ 中通常的 2 维柱面 $S^1 \times \mathbf{R}$ 无共轭点,但 $\exp_x$ 非同胚,这是因为 $S^1 \times \mathbf{R}$ 不是单连通的.

定理 3.1.5(Cartan-Hadamard)　设 (M,g) 为 n 维 C^∞ 单连通完备 Riemann 流形,且具有非正 Riemann 截曲率,则对 $\forall x \in M$,

$$\exp_x : T_x M \to M$$

都为 C^∞ 微分同胚(此时,M C^∞ 微分同胚于 $\mathbf{R}^n$).

证明　根据推论 3.1.3,$\exp_x : T_x M \to M$ 无共轭点.再由引理 3.1.4 知 $\exp_x$ 为 C^∞ 微分同胚.　　□

下面的结果最初是由 Bonnet 得到的.

推论 3.1.4　设 (M,g) 为 n 维 C^∞ Riemann 流形,其 Riemann 截曲率 $R(P)$ 满足(P 为切空间中的任意 2 维平面)

$$0 < c_0 \leqslant R(P) \leqslant c_1,$$

其中 c_0 和 c_1 都为正的常数.如果 $\gamma : [0,b] \to M$ 为测地线,使 $\gamma(b)$ 为 $\gamma(0)$ 沿 γ 的第 1 个共轭点,则

$$\frac{\pi}{\sqrt{c_1}} \leqslant b \leqslant \frac{\pi}{\sqrt{c_0}}.$$

证明　后一个不等式已在定理 1.10.12 中证过.但是,也可对 M 和例 1.10.2 中球面 $S^n\left[\dfrac{1}{\sqrt{c_0}}\right]$ 应用推论 3.1.1 得到.

再对 $S^n\left[\dfrac{1}{\sqrt{c_1}}\right]$ 和 M 应用推论 3.1.1,就得

$$\frac{\pi}{\sqrt{c_1}} \leqslant b.　　□$$

现在,我们来着手研究其他 3 个比较定理.

在 $\exp_x(U) - \{x\}$ 上定义一个向量场 $\dfrac{\partial}{\partial \rho}$ 如下:对 $\forall \exp_x(Z) \in \exp_x(U) - \{x\}$,有

$$\frac{Z}{|Z|} \in T_x M = T_Z(T_x M),$$

令

$$\frac{\partial}{\partial \rho}\Big|_{\exp_x(Z)} = (\mathrm{d}\exp_x)_Z\left(\frac{Z}{|Z|}\right) \in T_{\exp_x(Z)} M.$$

引理 3.1.5   (1) $\dfrac{\partial}{\partial \rho} \rho = 1$;

(2) $\left\langle \dfrac{\partial}{\partial \rho}, \dfrac{\partial}{\partial \rho} \right\rangle = 1$;

(3) 对 $\exp_x(U) - \{x\}$ 中任意切向量 X, 有 $X\rho = \left\langle X, \dfrac{\partial}{\partial \rho} \right\rangle$, 其中

$$\rho(\,\boldsymbol{\cdot}\,) = \mathrm{dist}(x, \,\boldsymbol{\cdot}\,).$$

证明   (1) 设 $Z = \displaystyle\sum_{i=1}^{n} x^i \dfrac{\partial}{\partial x^i}$, 则

$$\frac{\partial}{\partial \rho} \rho = (\mathrm{d}\exp_x)_Z \left(\frac{Z}{|Z|} \right)(\rho) = \frac{Z}{|Z|}(\rho \circ \exp_x(Z)) = \frac{Z}{|Z|}(|Z|)$$

$$= \sum_i \frac{x^i}{\sqrt{\displaystyle\sum_j (x^j)^2}} \frac{\partial}{\partial x^i}\left(\sqrt{\sum_j (x^j)^2} \right) = \sum_i \frac{x^i \cdot 2x^i}{2 \displaystyle\sum_j (x^j)^2} = 1.$$

(2) 因为

$$\frac{\partial}{\partial \rho} x^i = (\mathrm{d}\exp_x)_Z \left(\frac{Z}{|Z|} \right)(x^i) = \frac{Z}{|Z|}(x^i)$$

$$= \frac{\displaystyle\sum_l x^l \frac{\partial}{\partial x^l}}{\left(\displaystyle\sum_j (x^j)^2 \right)^{\frac{1}{2}}}(x^i) = \frac{x^i}{\left(\displaystyle\sum_j (x^j)^2 \right)^{\frac{1}{2}}},$$

所以

$$\left\langle \frac{\partial}{\partial \rho}, \frac{\partial}{\partial \rho} \right\rangle = \sum_i \left(\frac{\partial}{\partial \rho} x^i \right)^2 = \sum_i \frac{(x^i)^2}{\displaystyle\sum_j (x^j)^2} = 1.$$

(3) 当 $X = \dfrac{\partial}{\partial \rho}$ 时, 由 (1), (2) 知

$$X\rho = \frac{\partial}{\partial \rho} \rho = 1 = \left\langle \frac{\partial}{\partial \rho}, \frac{\partial}{\partial \rho} \right\rangle = \left\langle X, \frac{\partial}{\partial \rho} \right\rangle,$$

即命题成立.

当 $\left\langle X, \dfrac{\partial}{\partial \rho} \right\rangle = 0$ 时, 由于 $\dfrac{\partial}{\partial \rho}$ 为径向测地线的切向量, 从而法于 (垂直于) 测地球面. 于是, X 切于测地球面. 但测地球面为 ρ 的等值面, 故 $X\rho = 0$.

对一般的 X, 令 $X = aX^{\perp} + b \dfrac{\partial}{\partial \rho}$, 其中 $\left\langle X^{\perp}, \dfrac{\partial}{\partial \rho} \right\rangle = 0, a, b \in \mathbf{R}$, 则

$$X\rho = \left(aX^{\perp} + b\,\frac{\partial}{\partial\rho}\right)\rho = a(X^{\perp}\rho) + b\left(\frac{\partial}{\partial\rho}\,\rho\right) = 0 + b \cdot 1$$

$$= \left\langle aX^{\perp} + b\,\frac{\partial}{\partial\rho},\frac{\partial}{\partial\rho}\right\rangle = \left\langle X,\frac{\partial}{\partial\rho}\right\rangle.\qquad\Box$$

引理 3.1.6 设 $\gamma:[0,b]\to M$ 是正规稳定最短测地线,J 是沿 γ 的正常 Jacobi 场,并且 $J(0)=0$,则

$$\nabla^2\rho(J(b),J(b)) = \langle J'(b),J(b)\rangle.$$

证明 令 $x=\gamma(0)$,T_xM 中单位球面记为 S.设

$$\sigma:[0,\varepsilon]\to S$$

为一条曲线,使得

$$\sigma(0) = \gamma'(0),\quad \sigma'(0) = J'(0).$$

令

$$\gamma_u(t) = \exp_x t\sigma(u),$$

则 $\{\gamma_u\}$ 的横截向量场在 γ 上的限制 U 就是 J,这是因为 U 是 Jacobi 场,且类似于定理 3.1.4$'$ 的证明中的计算可得

$$U(0) = 0 = J(0),\quad U'(0) = J'(0).$$

令 $\Gamma:[0,b]\times[0,\varepsilon]\to M,(t,u)\mapsto\gamma_u(t)$,

$$T = \mathrm{d}\Gamma\left(\frac{\partial}{\partial t}\right),\quad U = \mathrm{d}\Gamma\left(\frac{\partial}{\partial u}\right),$$

则

$$U(\gamma(t)) = J(t),\quad T(\gamma(t)) = \frac{\partial}{\partial\rho}\bigg|_{\gamma(t)}.$$

于是,在 $\gamma(b)$ 处有

$$\nabla^2\rho(J(b),J(b)) = UU\rho - (\nabla_U U)\rho = U\left\langle U,\frac{\partial}{\partial\rho}\right\rangle - \left\langle\nabla_U U,\frac{\partial}{\partial\rho}\right\rangle$$

$$= U\langle U,T\rangle - \langle\nabla_U U,T\rangle = \langle U,\nabla_U T\rangle$$

$$= \langle U,\nabla_T U + [T,U]\rangle = \langle U,\nabla_T U\rangle$$

$$= \langle\nabla_{\frac{\partial}{\partial\rho}}J,J\rangle = \langle J'(b),J(b)\rangle.\qquad\Box$$

定理 3.1.6(Hessian 比较定理) 设(1) γ 与 $\tilde{\gamma}$ 是稳定最短的;

(2) $R(t)\geqslant\tilde{R}(t),\forall\, t\in[0,b].$

则

$$\nabla^2\rho(X,X) \leqslant \nabla^2\tilde{\rho}(\tilde{X},\tilde{X}),$$

其中 $X \in T_{\gamma(t)}M, \widetilde{X} \in T_{\widetilde{\gamma}(t)}\widetilde{M}, |X| = |\widetilde{X}|$, 且 $\langle X, \gamma'(t) \rangle = \langle \widetilde{X}, \widetilde{\gamma}'(t) \rangle$.

证明 X 可以唯一分解为

$$X = \langle X, \gamma'(t) \rangle \gamma'(t) + Y,$$

其中 $\langle Y, \gamma'(t) \rangle = 0$. 由于 $\gamma'(t) = \dfrac{\partial}{\partial \rho}$, 故

$$\gamma'(t)\rho = \frac{\partial}{\partial \rho}\rho = 1, \quad \gamma'(t)\gamma'(t)\rho = \gamma'(t)(1) = 0,$$

$$\nabla^2\rho(\gamma'(t), \gamma'(t)) = \gamma'(t)\gamma'(t)\rho - (\nabla_{\gamma'(t)}\gamma'(t))\rho = \gamma'(t)(1) = 0,$$

$$\nabla^2\rho(\gamma'(t), Y) = \gamma'(t)Y\rho - (\nabla_{\gamma'(t)}Y)\rho = \gamma'(t)\left\langle Y, \frac{\partial}{\partial \rho}\right\rangle - \left\langle \nabla_{\gamma'(t)}Y, \frac{\partial}{\partial \rho}\right\rangle$$

$$= \left\langle Y, \nabla_{\gamma'(t)}\frac{\partial}{\partial \rho}\right\rangle = \langle Y, \nabla_{\gamma'(t)}\gamma'(t)\rangle = \langle Y, 0\rangle = 0.$$

于是

$$\nabla^2\rho(X, X) = \langle X, \gamma'(t)\rangle^2 \nabla^2\rho(\gamma'(t), \gamma'(t))$$
$$+ 2\langle X, \gamma'(t)\rangle \nabla^2\rho(\gamma'(t), Y) + \nabla^2\rho(Y, Y)$$
$$= \nabla^2\rho(Y, Y).$$

同理

$$\widetilde{X} = \langle \widetilde{X}, \widetilde{\gamma}'(t)\rangle \widetilde{\gamma}'(t) + \widetilde{Y}, \quad \langle \widetilde{Y}, \widetilde{\gamma}'(t)\rangle = 0,$$

且

$$\nabla^2\rho(\widetilde{X}, \widetilde{X}) = \nabla^2\rho(\widetilde{Y}, \widetilde{Y}).$$

易见

$$\langle Y, \gamma'(t)\rangle = 0 = \langle \widetilde{Y}, \widetilde{\gamma}'(t)\rangle,$$
$$|Y|^2 = |X - \langle X, \gamma'(t)\rangle\gamma'(t)|^2 = |X|^2 - \langle X, \gamma'(t)\rangle^2$$
$$= |\widetilde{X}|^2 - \langle \widetilde{X}, \widetilde{\gamma}'(t)\rangle^2 = |\widetilde{Y}|^2.$$

而 $\gamma, \widetilde{\gamma}$ 是稳定最短的, 故其上无共轭点. 从而, 存在沿 $\gamma, \widetilde{\gamma}$ 的 Jacobi 场 $J, \widetilde{J}$, 使得

$$J(0) = \widetilde{J}(0) = 0, \quad J(t) = Y(t), \quad \widetilde{J}(t) = \widetilde{Y}(t).$$

可以断言 $J, \widetilde{J}$ 是正常的. 事实上, 设

$$J = \lambda\gamma' + \mu t\gamma' + J_1,$$

其中 J_1 是正常的 Jacobi 场, 则

$$0 = \langle J(0), \gamma'(0)\rangle = \langle \lambda\gamma'(0) + J_1, \gamma'(0)\rangle = \lambda,$$
$$0 = \langle Y(t), \gamma'(t)\rangle = \langle J(t), \gamma'(t)\rangle = \lambda + \mu t,$$

因此 $\lambda = \mu = 0$, 即 $J = J_1$ 是正常的 Jacobi 场. 同理 $\widetilde{J}$ 为正常的 Jacobi 场.

最后,由引理 3.1.6 和引理 3.1.1 可得在 t 处有

$$\nabla^2 \rho(X,X)\mid_t = \nabla^2 \rho(Y,Y)\mid_t = \nabla^2 \rho(J,J)\mid_t = \langle J'(t),J'(t)\rangle \leqslant \langle \widetilde{J}'(t),\widetilde{J}'(t)\rangle$$

$$= \nabla^2 \widetilde{\rho}(\widetilde{X},\widetilde{X}).$$

现在转入 Laplace 算子比较定理的研究.

定理 3.1.7(Laplace 算子比较定理) 设 $M,\widetilde{M}$ 中的 Ricci 张量与 Laplace 算子分别为 $Ric,\widetilde{Ric}$ 与 $\triangle,\widetilde{\triangle}$. 假定:

(1°) $\gamma,\widetilde{\gamma}$ 都是稳定最短的;

(2°) $\widetilde{Ric}(\widetilde{\gamma}',\widetilde{\gamma}')(t) \leqslant Ric(\gamma',\gamma')(t), \forall\, t \in [0,b]$;

(3°) $\widetilde{M}$ 是曲率为常数 C 的空间形式.

则

(1) $\widetilde{\triangle}\widetilde{\rho}(\widetilde{\gamma}(t)) \geqslant \triangle\rho(\gamma(t))$;

(2) $\widetilde{\triangle}\widetilde{\rho}(\widetilde{\gamma}(t)) = \triangle\rho(\gamma(t)) \Leftrightarrow$ 对 $\forall\, t \in [0,b]$, $T_{\gamma(t)}M$ 中包含 $\gamma'(t)$ 的平面之截面曲率为 C,而且沿 γ 的每一初值为 0 的正常 Jacobi 场 $J(t)$ 必可表示为 $f(t)E(t)$,其中 $E(t)$ 是沿 γ 的平行向量场, $f:[0,b] \to \mathbf{R}$ 是方程

$$\begin{cases} f'' + Cf = 0, \\ f(0) = 0, f'(0) = 1 \end{cases}$$

的一个解.

证明 (1) 取定 $T_{\gamma(b)}M$ 中的规范正交标架 $\{e_1,\cdots,e_n\}$,其中 $e_1 = \gamma'(b)$. 于是

$$\nabla^2 \rho(e_1,e_1) = \nabla^2 \rho(\gamma'(b),\gamma'(b)) = 0,$$

从而

$$\triangle\rho(\gamma(b)) = \sum_{i=2}^{n} \nabla^2 \rho(e_i,e_i).$$

选取沿 γ 的 Jacobi 场 $U^i, i = 2,\cdots,n$,使 $U^i(0) = 0, U^i(b) = e_i$,则类似于定理 3.1.6 中的证明,易见 U^i 为正常 Jacobi 场. 于是,根据引理 3.1.6,有

$$\triangle\rho(\gamma(b)) = \sum_{i=2}^{n} \nabla^2 \rho(e_i,e_i) = \sum_{i=2}^{n} \nabla^2 \rho(U^i(b),U^i(b))$$

$$= \sum_{i=2}^{n} \langle U^{i'}(b),U^i(b)\rangle.$$

而由引理 3.1.1 的证明,我们有

$$\langle U^{i'}(b),U^i(b)\rangle = I(U^i,U^i).$$

于是

$$\triangle\rho(\gamma(b)) = \sum_{i=2}^{n} I(U^i,U^i).$$

同理

$$\widetilde{\Delta} \widetilde{\rho}(\widetilde{\gamma}(b)) = \sum_{i=2}^{n} I(\widetilde{U}^i, \widetilde{U}^i).$$

从而由下面的引理 3.1.7,就有

$$\widetilde{\Delta} \widetilde{\rho}(\widetilde{\gamma}(b)) \geqslant \Delta \rho(\gamma(b)).$$

用 t 代替 b,即有

$$\widetilde{\Delta} \widetilde{\rho}(\widetilde{\gamma}(t)) \geqslant \Delta \rho(\gamma(t)), \quad \forall t \in [0, b].$$

(2) ($\Rightarrow$) 设 $\widetilde{\Delta} \widetilde{\rho}(\widetilde{\gamma}(b)) = \Delta \rho(\gamma(b))$. 于是,(1) 中的不等式成为等式. 从而,由下面引理 3.1.7 的证明,有

$$I(U^i, U^i) = I(U^i_1, U^i_1), \quad i = 2, 3, \cdots, n.$$

于是,根据定理 3.1.3,$U^i = U^i_1$,$\forall i \geqslant 2$. 因为引理 3.1.7 中已证明

$$U^i_1(t) = f(t) e_i(t),$$

所以

$$U^i(t) = f(t) e_i(t).$$

任取沿 γ 的初值为零的正常 Jacobi 场 $J(t)$,我们断言:$\exists c_i \in \mathbf{R}$,使 $J(t) = \sum_{i=2}^{n} c_i U^i(t)$. 事实上,由于 $\{U^i(b)\}_{i=2}^{n}$ 为 $\{\gamma'\}^{\perp}$ 的正交基,$J(b) \in \{\gamma'(b)\}^{\perp}$,故 $\exists c_i \in \mathbf{R}$ 使得

$$J(b) = \sum_{i=2}^{n} c_i U^i(b),$$

而 $J(0) = 0 = \sum_{i=2}^{n} c_i U^i(0)$,故由 Jacobi 场的唯一性知 $J(t) = \sum_{i=2}^{n} c_i U^i(t)$,所以

$$J(t) = \sum_{i=2}^{n} c_i U^i(t) = \sum_{i=2}^{n} c_i f e_i(t) = f \sum_{i=2}^{n} e_i(t).$$

而 $e_i(t)$ 是沿 γ 平行的,故 $\sum_{i=2}^{n} c_i e_i(t)$ 也是沿 γ 平行的向量场. 由 $U^i(t) = f(t) e_i(t)$ 为 Jacobi 场,而 $e_i(t)$ 沿 γ 平行,可得

$$0 = \nabla^2_{\gamma'} U^i + R(U^i, \gamma')\gamma' = \nabla_{\gamma'} \nabla_{\gamma'}(f(t) e_i(t)) + f(t) R(e_i, \gamma')\gamma'$$
$$= f''(t) e_i(t) + f(t) R(e_i, \gamma')\gamma'.$$

又

$$f''(t) + C f(t) = 0,$$

代入上式可得

$$R(e_i, \gamma')\gamma' = C e_i(t),$$
$$R(\gamma' \wedge e_i) = K(e_i, \gamma', e_i, \gamma') = \langle R(e_i, \gamma')\gamma', e_i \rangle = C.$$

由 i 的任意性立知 $T_{\gamma(b)} M$ 中包含 $\gamma'(t)$ 的平面截曲率为 C.

(⇐)由假设可知

$$Ric(\gamma',\gamma')(t) = \sum_{i=2}^{n} R(\gamma' \wedge e_i) = \sum_{i=2}^{n} K(\gamma',e_i,\gamma',e_i)$$

$$= (n-1)C = \widetilde{Ric}(\tilde{\gamma}',\tilde{\gamma}').$$

又 $U^i(t)$ 为沿 γ 的初值为 0 的 Jacobi 场,故 $U^i(t)=f(t)E_i(t)$,其中 E_i 沿 γ 平行. 至多乘以一个倍数,可令 $f(b)=1$. 于是

$$E_i(b) = U^i(b) \xLeftarrow{\text{由}(1)} e_i(b).$$

而 $E_i(t),e_i(t)$ 沿 γ 均平行,故 $E_i(t)=e_i(t)$. 因此

$$U^i(t) = f(t)E_i(t) = f(t)e_i(t) \xLeftarrow{\text{引理}3.1.7} U_1^i(t).$$

于是,(1)中所有不等号均变为等号,且

$$\widetilde{\Delta}\tilde{\rho}(\tilde{\gamma}(b)) = \Delta\rho(\gamma(b)). \qquad \square$$

引理 3.1.7 在定理 3.1.7 的条件下,又设 $\{U^i\}_{2 \leqslant i \leqslant n}$,$\{\widetilde{U}^i\}_{2 \leqslant i \leqslant n}$ 分别是沿 $\gamma,\tilde{\gamma}$ 的正常 Jacobi 场,使 $U^i(0)=\widetilde{U}^i(0)$,$\{U^i(b)\}$ 与 $\{\widetilde{U}^i(b)\}$ 分别是 $T_{\gamma(t)}M$,$T_{\tilde{\gamma}(t)}\widetilde{M}$ 中的规范正交的切向量组,则

$$\sum_{i=2}^{n} I(U^i,U^i) \leqslant \sum_{i=2}^{n} I(\widetilde{U}^i,\widetilde{U}^i).$$

证明 仿照引理 3.1.1 的证明,将

$$\{U^1(b) = \gamma'(b), U^2(b), \cdots, U^n(b)\},$$

$$\{\widetilde{U}^1(b) = \tilde{\gamma}'(b), \widetilde{U}^2(b), \cdots, \widetilde{U}^n(b)\}$$

分别沿 $\gamma,\tilde{\gamma}$ 平行移动得到标架场

$$\{e_1(t), \cdots, e_n(t)\}, \quad \{\tilde{e}_1(t), \cdots, \tilde{e}_n(t)\}.$$

记 $\widetilde{U}^i(t) = \sum_{i=2}^{n} \tilde{h}_{ij}(t)\tilde{e}_j(t)$,则 $\tilde{h}_{ij}(t) = \langle \widetilde{U}^i(t), \tilde{e}_j(t)\rangle$.

令 $U_1^i(t) = \sum_{j=2}^{n} \tilde{h}_{ij}(t)e_j(t)$,由定理 3.1.3(Jacobi 场的极小性)可得

$$I(U^i,U^i) \leqslant I(U_1^i,U_1^i), \quad \forall i = 2, \cdots, n,$$

从而

$$\sum_{i=2}^{n} I(U^i,U^i) \leqslant \sum_{i=2}^{n} I(U_1^i,U_1^i).$$

下证

$$\sum_{i=2}^{n} I(U_1^i,U_1^i) \leqslant \sum_{i=2}^{n} I(\widetilde{U}^i,\widetilde{U}^i),$$

故可推得

$$\sum_{i=2}^{n} I(U^i, U^i) \leqslant \sum_{i=1}^{n} I(U_1^i, U_1^i) \leqslant \sum_{i=2}^{n} I(\widetilde{U}^i, \widetilde{U}^i).$$

由于 $\widetilde{M}$ 是曲率为常数 C 的空间形式,且 $\widetilde{U}^i(0) = 0$. 我们断言:存在沿 γ 的平行向量场 $W^i(t)$,使 $\widetilde{U}^i(t) = f(t)W^i(t)$,其中 $f(t)$ 满足

$$\begin{cases} f'' + Cf = 0, \\ f(0) = 0, f(b) = 1. \end{cases}$$

事实上,令 $W^i(b) = \widetilde{U}^i(b)$,将 $W^i(b)$ 沿 $\widetilde{\gamma}$ 平行移动,得到向量场 $W^i(t)$. 于是

$$\nabla_{\widetilde{\gamma}'} W^i = 0.$$

令 $X(t) = f(t)W^i(t)$,则

$$\nabla_{\widetilde{\gamma}'}^2 X(t) + R(X(t), \widetilde{\gamma}'(t))\widetilde{\gamma}'(t)$$
$$= \nabla_{\widetilde{\gamma}'} \nabla_{\widetilde{\gamma}'}(f(t)W^i(t)) + f(t)R(W^i(t), \widetilde{\gamma}'(t))\widetilde{\gamma}'(t)$$
$$= \nabla_{\widetilde{\gamma}'}(f'(t)W^i(t) + f(t)\nabla_{\widetilde{\gamma}'} W^i)$$
$$\quad + f(t)C(\langle \widetilde{\gamma}'(t), \widetilde{\gamma}'(t)\rangle W^i(t) - \langle W^i(t), \widetilde{\gamma}'(t)\rangle \widetilde{\gamma}'(t))$$
$$= \nabla_{\widetilde{\gamma}'}(f'(t)W^i(t)) + Cf(t)W^i(t)$$
$$= (f''(t) + Cf(t))W^i(t) = 0 W^i(t) = 0.$$

于是,X 为沿 $\widetilde{\gamma}$ 的 Jacobi 场,又

$$X(0) = f(0)W^i(0) = 0,$$
$$X(b) = f(b)W^i(b) = 1 \cdot W^i(b) = W^i(b) = \widetilde{U}^i(b),$$

从而由 Jacobi 场的唯一性知

$$\widetilde{U}^i(t) = X(t) = f(t)W^i(t).$$

由 W^i 及 $\widetilde{e}_i$ 的构造,有 $W^i = \widetilde{e}_i$. 于是,$\widetilde{U}^i(t) = f(t)\widetilde{e}_i$. 因此

$$\widetilde{h}_{ij}(t) = \langle \widetilde{U}^i(t), \widetilde{e}_j(t)\rangle = \langle f(t)\widetilde{e}_i(t), \widetilde{e}_j(t)\rangle$$
$$= f(t)\langle \widetilde{e}_i(t), \widetilde{e}_j(t)\rangle = f(t)\langle \widetilde{e}_i(b), \widetilde{e}_j(b)\rangle = f(t)\delta_{ij},$$
$$U_1^i(t) = f(t)e_i(t),$$

其中倒数第 2 步是因为

$$\frac{\mathrm{d}}{\mathrm{d}t}\langle \widetilde{e}_i(t), \widetilde{e}_j(t)\rangle = \langle \nabla_{\widetilde{\gamma}'(t)} \widetilde{e}_j(t), \widetilde{e}_j(t)\rangle + \langle \widetilde{e}_i(t), \nabla_{\widetilde{\gamma}'(t)} \widetilde{e}_j(t)\rangle$$
$$= \langle 0, \widetilde{e}_j(t)\rangle + \langle \widetilde{e}_i(t), 0\rangle = 0,$$

从而

$$\langle \widetilde{e}_i(t), \widetilde{e}_j(t)\rangle = 常数 = \langle \widetilde{e}_i(b), \widetilde{e}_j(b)\rangle.$$

由于

$$\sum_{i=2}^{n} I(U_1^i, U_1^i) = \sum_{i=2}^{n} \int_0^b (|U_1^{i'}|^2 - \langle R(U_1^i, \gamma')\gamma', U_1^i\rangle)\mathrm{d}t,$$

$$\sum_{i=2}^{n} I(\widetilde{U}^{i}, \widetilde{U}^{i}) = \sum_{i=2}^{n} \int_{0}^{b} (|\widetilde{U}^{i'}|^{2} - \langle R(\widetilde{U}^{i}, \widetilde{\gamma}') \widetilde{\gamma}', \widetilde{U}^{i}\rangle) \mathrm{d}t,$$

而

$$\sum_{i=2}^{n} |U_{1}^{i'}|^{2} = \sum_{i=2}^{n} (f'(t))^{2} = \sum_{i=2}^{n} |\widetilde{U}^{i'}|^{2},$$

$$\sum_{i=2}^{n} \langle R(U_{1}^{i}, \gamma') \gamma', U_{1}^{i}\rangle = f^{2}(t) \sum_{i=2}^{n} \langle R(e_{i}, e_{1}) e_{1}, e_{i}\rangle$$

$$= f^{2}(t) Ric(\gamma', \gamma')(t),$$

$$\sum_{i=2}^{n} \langle R(\widetilde{U}^{i}, \widetilde{\gamma}') \widetilde{\gamma}', \widetilde{U}^{i}\rangle = f^{2}(t) \sum_{i=2}^{n} \langle R(\widetilde{e}_{i}, \widetilde{e}_{1}) \widetilde{e}_{1}, \widetilde{e}_{i}\rangle$$

$$= f^{2}(t) \widetilde{Ric}(\widetilde{\gamma}', \widetilde{\gamma}')(t).$$

于是,由题设 $\widetilde{Ric}(\widetilde{\gamma}', \widetilde{\gamma}')(t) \leqslant Ric(\gamma', \gamma')(t)$ 即得

$$\sum_{i=2}^{n} I(U_{1}^{i}, U_{1}^{i}) \leqslant \sum_{i=2}^{n} I(\widetilde{U}^{i}, \widetilde{U}^{i}). \qquad \Box$$

设 $\gamma'(0) = \nu \in T_{x}M$, $Y(t)$ 为沿 γ 的 Jacobi 场,满足 $Y(0) = 0$, $Y'(0) = \omega \in T_{x}M$,则有:

引理 3.1.8 $\mathrm{d}\exp_{t\nu}(\nu) = \gamma'(t)$, $\mathrm{d}\exp_{t\nu}(\omega) = t^{-1} Y(t)$.

证明 因为 $\gamma(t) = \exp_{x}(t\nu)$,所以

$$\gamma'(t) = (\mathrm{d}\exp_{x}t\nu)\left(\frac{\partial}{\partial t}\right) = \mathrm{d}\exp_{t\nu} \circ \mathrm{d}(t\nu)\left(\frac{\partial}{\partial t}\right)$$

$$= \mathrm{d}\exp_{t\nu}\left(\frac{\partial}{\partial t}(t\nu)\right) = \mathrm{d}\exp_{t\nu}(\nu).$$

取 $T_{x}M$ 中的一条道路 $\xi(\varepsilon)$,使 $\xi(0) = \nu$, $\xi'(0) = \omega$. 令 $\tau(t, \varepsilon) = \exp_{x}t\xi(\varepsilon)$,则其横截切向量场 $X(t) = \frac{\partial\tau}{\partial\varepsilon}(t, 0)$ 为 Jacobi 场,且有

$$X(t) = \frac{\partial\tau}{\partial\varepsilon}(t, 0) = \mathrm{d}(\exp_{x}t\xi(\varepsilon))\big|_{\varepsilon=0}\left(\frac{\partial}{\partial\varepsilon}\right) = \mathrm{d}\exp_{t\xi(\varepsilon)} \circ \mathrm{d}(t\xi(\varepsilon))\left(\frac{\partial}{\partial\varepsilon}\right)\Big|_{\varepsilon=0}$$

$$= \mathrm{d}\exp_{t\nu}\left(\frac{\partial t\xi(\varepsilon)}{\partial\varepsilon}\right)\Big|_{\varepsilon=0} = t \cdot \mathrm{d}\exp_{t\nu}(\omega).$$

另一方面,我们有

$$X(0) = 0 = Y(0),$$

$$X'(0) = \nabla_{\frac{\partial\tau}{\partial t}}X\big|_{t=0} = \nabla_{\frac{\partial\tau}{\partial t}}\frac{\partial\tau}{\partial\varepsilon}\Big|_{t=\varepsilon=0} = \nabla_{\frac{\partial\tau}{\partial\varepsilon}}\frac{\partial\tau}{\partial t}\Big|_{t=\varepsilon=0}$$

$$= \nabla_{\frac{\partial\tau}{\partial\varepsilon}}\xi(\varepsilon)\big|_{\varepsilon=0} = \xi'(0) = \omega = Y'(0).$$

而 $X(t), Y(t)$ 均为 Jacobi 场,所以 $X(t) = Y(t)$,

$$\mathrm{d\,exp}_{t\nu}(\omega) \;=\; t^{-1} X(t) \;=\; t^{-1} Y(t).\qquad\qquad\qquad\square$$

如果 $\omega \in T_x M$, 使 $\langle \omega, \nu \rangle = 0$, 则由 Gauss 引理知 $\langle \mathrm{d\,exp}_{t\nu}(\omega), \mathrm{d\,exp}_{t\nu}(\nu)\rangle = 0$. 现设 $\{\nu = \gamma'(t), \omega_2, \cdots, \omega_n\}$ 为 $T_x M$ 的规范正交基, 则只要 $\gamma(t)$ 不是 x 沿 γ 的共轭点, 就有 $\mathrm{d\,exp}_{t\nu}(\nu) = \gamma'(t)$, $\mathrm{d\,exp}_{t\nu}(\omega_i) = t^{-1} Y_i$, $i = 2, \cdots, n$, 其中 $Y_i(t)$ 为沿 γ 的 Jacobi 场, 并满足 $Y_i(0) = 0$, $Y_i'(0) = \omega_i$ (见引理 3.1.8). 于是, 指数映射 $\exp$ 在 $t\nu$ 处的 Jacobi 行列式为

$$
\begin{aligned}
A(t, \theta) &= \frac{|\,\mathrm{d\,exp}_{t\nu}(\nu) \wedge \mathrm{d\,exp}_{t\nu}(\omega_2) \wedge \cdots \wedge \mathrm{d\,exp}_{t\nu}(\omega_n)\,|}{|\,\nu \wedge \omega_2 \wedge \cdots \wedge \omega_n\,|} \\[2mm]
&= \frac{|\,\gamma'(t) \wedge t^{-1} Y_2 \wedge \cdots \wedge t^{-1} Y_n\,|}{1} \\[2mm]
&= \frac{1}{t^{n-1}} |\,\gamma'(t) \wedge Y_2(t) \wedge \cdots \wedge Y_n(t)\,| \\[2mm]
&= \frac{1}{t^{n-1}} \det(Y_2(t), \cdots, Y_n(t)) \\[2mm]
&= \frac{1}{t^{n-1}} |\,Y_2(t) \wedge \cdots \wedge Y_n(t)\,|,
\end{aligned}
$$

其中 $\theta = \dfrac{\nu}{|\nu|}$.

引理 3.1.9 设 $\gamma : [0, b] \to M$ 为正规测地线, 其上无 $\gamma(0)$ 的割点. 令 ρ 是到 $\gamma(0)$ 的距离函数, 则在 $\gamma([0, b])$ 上, 有

$$\frac{A'}{A} = \left(\Delta\rho - \frac{n-1}{\rho} \right) \circ \gamma,$$

即

$$\frac{\dfrac{\mathrm{d}}{\mathrm{d}t} A(t, \theta)}{A(t, \theta)} = \left(\Delta\rho - \frac{n-1}{\rho} \right) \circ \gamma(t).$$

证明 由于上述断言是逐点的, 故只需在 $\gamma(b)$ 处证明即可.

至多乘以一个常数, 不妨设 $\langle Y_i(b), Y_j(b)\rangle = \delta_{ij}$, $\forall\, 2 \leqslant i, j \leqslant n$. 由引理 3.1.6 及 $\nabla^2 \rho(\gamma', \gamma') = 0$ (见定理 3.1.6 的证明) 可得

$$\Delta\rho(\gamma(b)) = \sum_{i=2}^{n} \nabla^2 \rho(Y_i(b), Y_i(b)) = \sum_{i=2}^{n} \langle Y_i'(b), Y_i(b)\rangle.$$

又

$$\frac{\mathrm{d}A^2}{\mathrm{d}t} = \frac{1}{t^{2n-2}} \cdot 2 \sum_{i=2}^{n} \langle Y_2 \wedge \cdots \wedge Y_i' \wedge \cdots \wedge Y_n, Y_2 \wedge \cdots \wedge Y_n \rangle$$

$$- \frac{2(n-1)}{t^{2n-1}} \mid Y_2 \wedge \cdots \wedge Y_n \mid^2,$$

且 $\langle Y_i(b), Y_j(b) \rangle = \delta_{ij}$，故

$$\frac{\mathrm{d}A^2}{\mathrm{d}t}(b, \theta) = \frac{2}{b^{2n-2}} \sum_{i=2}^{n} \langle Y'_i(b), Y_i(b) \rangle - \frac{2(n-1)}{b^{2n-1}}.$$

又 $A(b, \theta) = \dfrac{1}{b^{n-1}}$，从而

$$\frac{A'(b, \theta)}{A(b, \theta)} = \frac{\dfrac{\mathrm{d}}{\mathrm{d}t}A^2}{2A^2}(b) = \sum_{i=2}^{n} \langle Y'_i(b), Y_i(b) \rangle - \frac{n-1}{b} = \left(\Delta \rho - \frac{n-1}{\rho}\right) \circ \gamma(b),$$

$$\frac{A'}{A} = \left(\Delta \rho - \frac{n-1}{\rho}\right) \circ \gamma. \qquad \square$$

定理 3.1.8（Bishop） 设 M 为 n 维 Riemann 流形，且 $Ric_M \geqslant (n-1)C$. 又设 γ：$[0, b] \to M$ 是一条无割点的正规测地线，则

$$t^{n-1}A(t, \theta)S_C^{1-n}(t) = \frac{A(t, \theta)}{A_C(t, \theta)}$$

是 t 的单调减函数，其中 S_C 为：

(1) 当 $C > 0$ 时，$S_C(t) = \dfrac{\sin \sqrt{C}t}{\sqrt{C}}, 0 \leqslant t \leqslant \dfrac{\pi}{\sqrt{C}}$；

(2) 当 $C = 0$ 时，$S_C(t) = t, 0 \leqslant t < +\infty$；

(3) 当 $C < 0$ 时，$S_C(t) = \dfrac{\mathrm{sh} \sqrt{-C}t}{\sqrt{-C}}, 0 \leqslant t < +\infty$.

而 $A_C(t, \theta) = \dfrac{S_C^{n-1}}{t^{n-1}}$ 为常曲率 C 的空间形式 M_C 所对应的 $A(t, \theta)$.

证明 由于 $(n-1)C$ 为常曲率 C 的空间形式 M_C 的 Ricci 曲率，故由 Laplace 算子比较定理可得

$$\Delta \rho \leqslant \Delta \rho_C.$$

再由引理 3.1.9 可得

$$\frac{A'}{A} \leqslant \frac{A'_C}{A_C}.$$

设 $0 < t_1 < t_2 \leqslant \dfrac{\pi}{\sqrt{C}} = b$（当 $C \leqslant 0$ 时，令 $b = +\infty$），于是，上式在 (t_1, t_2) 上积分，有

$$\ln \frac{A(t_2, \theta)}{A(t_1, \theta)} \leqslant \ln \frac{A_C(t_2, \theta)}{A_C(t_1, \theta)}.$$

由此推得

$$\frac{A(t_1,\theta)}{A_C(t_1,\theta)} \geqslant \frac{A(t_2,\theta)}{A_C(t_2,\theta)},$$

即 $\dfrac{A(t,\theta)}{A_C(t,\theta)}$ 为 t 的单调递减函数.

现证 $A_C(t,\theta) = t^{1-n}S_C^{n-1}(t)$. 事实上,由引理 3.1.7 证明中对常曲率空间的计算,可知 $Y_i(t) = f(t)e_i(t)$,其中 $e_i(t)$ 为沿 γ 平行的切向量场,$\{e_i(b)\}$ 为规范正交基. $f(t)$ 满足

$$\begin{cases} f''(t) + Cf(t) = 0, \\ f(0) = 0, f'(0) = 1, \end{cases}$$

解得 $f(t) = S_C(t)$. 于是,有

$$A(t,\theta) = \frac{1}{t^{n-1}} \mid S_C(t)e_2 \wedge \cdots \wedge S_C(t)e_n \mid = t^{1-n}S_C^{n-1}(t).$$

由此立即推出

$$t^{n-1}A(t,\theta)S_C^{1-n}(t) = \frac{A(t,\theta)}{t^{1-n}S_C^{n-1}(t)} = \frac{A(t,\theta)}{A_C(t,\theta)}$$

为 t 的单调减函数. $\qquad\qquad\qquad\qquad\qquad\qquad\qquad\qquad\qquad\qquad\qquad\square$

引理 3.1.10 设 f, g 为正值连续函数,且

$$f(s)/g(s)$$

对 $s > 0$ 单调递减. 令

$$F(t) = \int_0^t f(s)\mathrm{d}s, \quad G(t) = \int_0^t g(s)\mathrm{d}s,$$

则

$$F(t)/G(t)$$

对 $t > 0$ 单调递减.

证明 (证法 1)任取 $0 \leqslant t_0 < t_1 < t_2$,则由 Cauchy 中值定理知,$\exists\, t_0 \leqslant a \leqslant t_1 \leqslant b \leqslant t_2$,使得

$$\frac{F(t_1) - F(t_0)}{G(t_1) - G(t_0)} = \frac{F'(a)}{G'(a)} = \frac{f(a)}{g(a)} \geqslant \frac{f(b)}{g(b)} = \frac{F'(b)}{G'(b)} = \frac{F(t_2) - F(t_1)}{G(t_2) - G(t_1)}.$$

令 $t_0 = 0$,则 $F(0) = G(0) = 0$. 代入上式可得

$$\frac{F(t_1)}{G(t_1)} \geqslant \frac{F(t_2)}{G(t_2)}, \quad \forall\, 0 < t_1 < t_2,$$

即结论成立.

(证法 2)令 $h = f/g$,如果 $t_1 < t_2$,则

$$\int_0^{t_1} f \cdot \int_{t_1}^{t_2} g = \int_0^{t_1} gh \cdot \int_{t_1}^{t_2} g \geqslant \left(\int_0^{t_1} g\right) \cdot h(t_1) \int_{t_1}^{t_2} g$$

$$\geqslant \int_0^{t_1} g \cdot \int_{t_1}^{t_2} gh = \int_0^{t_1} g \cdot \int_{t_1}^{t_2} f,$$

故

$$\int_0^{t_1} f \cdot \int_0^{t_2} g = \int_0^{t_1} f \cdot \int_{t_1}^{t_2} g + \int_0^{t_1} f \cdot \int_0^{t_1} g \geqslant \int_0^{t_1} g \cdot \int_{t_1}^{t_2} f + \int_0^{t_1} g \cdot \int_0^{t_1} f = \int_0^{t_1} g \cdot \int_0^{t_2} f,$$

$$\frac{F(t_1)}{G(t_1)} = \frac{\int_0^{t_1} f}{\int_0^{t_1} g} \geqslant \frac{\int_0^{t_2} f}{\int_0^{t_2} g} = \frac{F(t_2)}{G(t_2)}. \qquad \square$$

定理 3.1.9(R. L. Bishop-M. Gromov,体积比较定理)　设 M 为 n 维完备 Riemann 流形,$Ric_M \geqslant (n-1)C$,则对任何固定的 $x \in M$,$\forall R > 0$,

$$\frac{\operatorname{vol} B(x;R)}{V(C,R)}$$

关于 R 单调递减,且

$$\operatorname{vol} B(x;R) \leqslant V(C,R),$$

其中 $V(C,R)$ 是常曲率 C 的空间形式 M_C 中半径为 R 的测地球的体积.

证明　记 $\widetilde{B}_x(t)$ 为 T_xM 中以原点为中心、t 为半径的开球,$U \subset T_xM$ 表示 x 的切空间 T_xM 中相对于 x 的割迹的内部. Ω,$\widetilde{\Omega}$ 分别表示 $\partial B(x;t)$,$\partial \widetilde{B}_x(t)$ 的体积元素.

先求 $\widetilde{\Omega}$.由于 T_xM 为 n 维 Euclid 空间,其

$$\mathrm{d}s^2 = |\mathrm{d}x|^2 = \sum_i (\mathrm{d}x^i)^2.$$

设 $x = t\theta$,$\theta \in \partial \widetilde{B}_x(t)$,则

$$\mathrm{d}x = (\mathrm{d}t)\theta + t(\mathrm{d}\theta),$$

$$\mathrm{d}s^2 = |\mathrm{d}x|^2 = (\mathrm{d}t)^2 |\theta|^2 + 2t(\mathrm{d}t)\langle \theta, \mathrm{d}\theta \rangle + t^2(\mathrm{d}\theta)^2 = (\mathrm{d}t)^2 + t^2(\mathrm{d}\theta)^2.$$

因此

$$\widetilde{\Omega} = \sqrt{\det(g(\theta_i, \theta_j))}\, \mathrm{d}\theta^2 \wedge \cdots \wedge \mathrm{d}\theta^n = \sqrt{\det(t^2 \delta_{ij})}\, \mathrm{d}\theta^2 \wedge \cdots \wedge \mathrm{d}\theta^n$$

$$= t^{n-1}\mathrm{d}\theta^2 \wedge \cdots \wedge \mathrm{d}\theta^n.$$

于是

$$\operatorname{vol}(\partial B(x;t)) = \int_{\partial B(x;t)} \Omega = \int_{\exp_x(\partial \widetilde{B}_x(t))} \Omega = \int_{\partial \widetilde{B}_x(t)} (J \exp) \widetilde{\Omega}$$

$$= \int_{\partial \widetilde{B}_x(t)} A(t,\theta) t^{n-1}\mathrm{d}\theta^2 \wedge \cdots \wedge \mathrm{d}\theta^n.$$

由于可能存在割点,但 T_xM 中的割迹是零测集,故上式应修正为

$$\operatorname{vol}(\partial B(x;t)) = \int_{\partial \widetilde{B}_x(t) \cap U} A(t,\theta) t^{n-1}\mathrm{d}\theta^2 \wedge \cdots \wedge \mathrm{d}\theta^n.$$

令

$$f(t) = \int_{\partial \widetilde{B}_x(t) \cap U} A(t,\theta) t^{n-1} \mathrm{d}\theta^2 \wedge \cdots \wedge \mathrm{d}\theta^n,$$

则由 Fubini 定理得到

$$\mathrm{vol}\, B(x;R) = \int_0^R f(t)\mathrm{d}t.$$

同理,令

$$g(t) = \int_{\partial \widetilde{B}_{Cx_C}(t)} A_C(t,\theta) t^{n-1} \mathrm{d}\theta^2 \wedge \cdots \wedge \mathrm{d}\theta^n,$$

则

$$\mathrm{vol}\, B_C(x_C;R) = V(C,R) = \int_0^R g(t)\mathrm{d}t.$$

设 $\chi: T_x M \to \mathbf{R}$ 为 U 的特征函数,即

$$\chi(X) = \begin{cases} 1, & X \in U, \\ 0, & X \notin U. \end{cases}$$

类似有 $\chi_C: T_x M_C \to \mathbf{R}$. 令

$$\widetilde{A}(t,\theta) = \chi \cdot A(t,\theta), \quad \widetilde{A}_C(t,\theta) = \chi_C \cdot A_C(t,\theta),$$

则根据 Bonnet-Myers 定理,有 $\chi \leqslant \chi_C$(当按等距同构等同 $T_x M$ 与 $T_{x_C} M_C$ 之后). 这样,对 $t \geqslant 0$,函数

$$t \mapsto \frac{\chi(tX)}{\chi_C(tX_C)}$$

关于 t 是单调递减的(其中 X, X_C 分别为 $T_x M, T_{x_C} M_C$ 中的任意单位切向量). 于是,函数

$$t \mapsto \frac{\widetilde{A}(t,\theta)}{\widetilde{A}_C(t,\theta)} = \frac{\chi(t\theta)}{\chi_C(t\theta_C)} \cdot \frac{A(t,\theta)}{A_C(t,\theta_C)}$$

关于 t 是单调递减的. 从而,函数

$$\frac{\widetilde{A}(t,\theta) t^{n-1}}{\widetilde{A}_C(t,\theta) t^{n-1}}$$

关于 t 也是单调递减的. 应用引理 3.1.10 证法 2 中的方法,得到

$$\frac{f(t)}{g(t)} = \frac{\int_{\partial \widetilde{B}_x(t) \cap U} A(t,\theta) t^{n-1}}{\int_{\partial \widetilde{B}_{Cx_C}(t) \cap U_C} A_C(t,\theta) t^{n-1}} = \frac{\int_{\partial \widetilde{B}_x(t)} \widetilde{A}(t,\theta) t^{n-1}}{\int_{\partial \widetilde{B}_{Cx_C}(t)} \widetilde{A}_C(t,\theta) t^{n-1}}$$

关于 t 单调递减(这里省略了 $\mathrm{d}\theta^2 \wedge \cdots \wedge \mathrm{d}\theta^n$). 再根据引理 3.1.10,可知

$$\frac{\mathrm{vol}(B(x;R))}{V(C,R)} = \frac{\int_0^R f(t)\mathrm{d}t}{\int_0^R g(t)\mathrm{d}t}$$

关于 R 单调递减.

最后来证明 $\mathrm{vol}(B(x;R)) \leqslant V(C,R)$. 因为

$$\lim_{t \to 0^+} A(t,\theta) = \lim_{t \to 0^+} \frac{|Y_2 \wedge \cdots \wedge Y_n|}{t^{n-1}}$$

$$= \lim_{t \to 0^+} \frac{\sum_{i=2}^{n} |Y_2 \wedge \cdots \wedge Y_i' \wedge \cdots \wedge Y_n|}{(n-1)t^{n-2}}$$

$$= \lim_{t \to 0^+} \frac{(n-1)! \, |Y_2' \wedge \cdots \wedge Y_n'| + \{\text{含 } Y_i(t) \text{ 的项}\}}{(n-1)!}$$

$$= |Y_2'(0) \wedge \cdots \wedge Y_n'(0)| = |\omega_2 \wedge \cdots \wedge \omega_n| = 1.$$

特别地,也有 $\lim\limits_{t \to 0} A_C(t,\theta) = 1$. 于是

$$\lim_{R \to 0^+} \frac{\mathrm{vol}(B(x;R))}{V(C,R)} = \lim_{R \to 0^+} \frac{\int_0^R f(t)\mathrm{d}t}{\int_0^R g(t)\mathrm{d}t} = \lim_{t \to 0^+} \frac{f(t)}{g(t)} = \lim_{t \to 0^+} \frac{\int_{\partial \widetilde{B}_x(t)} \widetilde{A}(t,\theta)t^{n-1}}{\int_{\partial \widetilde{B}_{Cx_C}(t)} \widetilde{A}_C(t,\theta_C)t^{n-1}}$$

$$= \lim_{t \to 0^+} \frac{A(t,\theta)}{A_C(t,\theta_C)} = \frac{1}{1} = 1.$$

因此

$$\frac{\mathrm{vol}(B(x;R))}{V(C,R)} \leqslant \lim_{t \to 0^+} \frac{\mathrm{vol}(B(x;t))}{V(C,t)} = 1,$$

$$\mathrm{vol}(B(x;R)) \leqslant V(C,R). \qquad \square$$

推论 3.1.5(R. L. Bishop) 设 M 为 n 维完备 Riemann 流形,

$$Ric_M \geqslant (n-1)C,$$

则

$$\mathrm{vol}\,M \leqslant \mathrm{vol}\,S^n\left[\frac{1}{\sqrt{C}}\right],$$

其中 $S^n\left[\dfrac{1}{\sqrt{C}}\right]$ 是 $\mathbf{R}^{n+1}$ 中半径为 $\dfrac{1}{\sqrt{C}}$ 的球面. 进而,当 $\mathrm{vol}\,M = \mathrm{vol}\,S^n\left[\dfrac{1}{\sqrt{C}}\right]$ 时,M 等距同构于 $S^n\left[\dfrac{1}{\sqrt{C}}\right]$.

证明 因为 $C>0$,所以 $M_C = S^n\left[\dfrac{1}{\sqrt{C}}\right]$. 根据定理 3.1.9 和定理 1.11.11,有

$$\frac{\mathrm{vol}\, M}{\mathrm{vol}\, S^n\left[\dfrac{1}{\sqrt{C}}\right]} = \frac{\mathrm{vol}\, M}{\mathrm{vol}\, M_C} = \frac{\mathrm{vol}\, B\left[x\,;\dfrac{\pi}{\sqrt{C}}\right]}{\mathrm{vol}\, B_C\left[x_C\,;\dfrac{\pi}{\sqrt{C}}\right]} = \frac{\mathrm{vol}\, B\left[x\,;\dfrac{\pi}{\sqrt{C}}\right]}{V\left[C,\dfrac{\pi}{\sqrt{C}}\right]}$$

$$\leqslant \lim_{t\to 0^+} \frac{\mathrm{vol}\, B(x\,;t)}{V(C,t)} = 1.$$

$$\mathrm{vol}\, M \leqslant \mathrm{vol}\, S^n\left[\frac{1}{\sqrt{C}}\right].$$

进而,要证由

$$\mathrm{vol}\, M = \mathrm{vol}\, S^n\left[\frac{1}{\sqrt{C}}\right]$$

可推出 M 与 $S^n\left[\dfrac{1}{\sqrt{C}}\right]$ 等距同构. 不难看出,当上述等式成立时,定理 3.1.8 与定理 3.1.9 证明过程中出现的所有不等式皆变成等式,特别地,有

$$\Delta \rho_C\left[\gamma_C\left[\frac{\pi}{\sqrt{C}}\right]\right] = \Delta\rho\left[\gamma\left[\frac{\pi}{\sqrt{C}}\right]\right].$$

由 Laplace 算子的比较定理可知,对 M 中任意正规测地线

$$\gamma:\left[0,\frac{\pi}{\sqrt{C}}\right]\to M,$$

$T_{\gamma(t)}M$ 中包含 $\gamma'(t)$ 的平面的截曲率皆为 C. 由于 γ 可以随意选取,故 M 为常曲率 C 的空间. 它的万有覆叠空间 $\widetilde{M}$ 也是常曲率 C 的空间(因为 $\widetilde{M}$ 与 M 局部等距). 根据定理 1.4.5,$\widetilde{M}$ 等距同构于 $S^n\left[\dfrac{1}{\sqrt{C}}\right]$. 如果这个覆叠是 k 重的,则

$$\mathrm{vol}\, S^n\left[\frac{1}{\sqrt{C}}\right] = \mathrm{vol}\, M = \frac{1}{k}\mathrm{vol}\, \widetilde{M} = \frac{1}{k}\mathrm{vol}\, S^n\left[\frac{1}{\sqrt{C}}\right],$$

由此得 $k=1$,即 $M=\widetilde{M}$ 等距同构于 $S^n\left[\dfrac{1}{\sqrt{C}}\right]$.　　　　□

3.2 拓扑球面定理

作为 Rauch 比较定理的一个重要应用,我们来研究正曲率 Riemann 流形的拓扑,也就是证明著名的拓扑球面定理.

定义 3.2.1 设 (M,g) 为 n 维 C^∞ Riemann 流形,$0<\delta\leqslant 1$,如果对 (M,g) 的切空间

中的任何 2 维平面 P,有

$$a\delta \leqslant R(P) \leqslant a,$$

其中 $R(P)$ 为 P 的 Riemann 截曲率,$a>0$ 为某个正的常数,则称 (M,g) 为 δ-挤的.

上述不等式中的正数 a 不是基本的.设平面 P 关于 (M,g) 与 $(M,\widetilde{g})=(M,ag)$ 的 Riemann 截曲率分别为 $R(P)$ 与 $\widetilde{R}(P)$(这里 $a>0$ 为常数),根据下面的引理 3.2.1,$\widetilde{R}(P)$ $=\dfrac{R(P)}{a}$.因此,(M,g) 对某个 $a>0$ 是 δ-挤的,我们将此度量"正规化"为 $\widetilde{g}=ag$,使得

$$\delta \leqslant \widetilde{R}(P) \leqslant 1.$$

引理 3.2.1   设 (M,g) 为 n 维 C^∞ Riemann 流形,$a>0$ 为常数,则切空间中的平面 $X \wedge Y$ 关于 (M,ag) 的 Riemann 截曲率为

$$R^a(X \wedge Y) = \frac{1}{a} R^1(X \wedge Y) = \frac{1}{a} R(X,Y).$$

证明   根据 1.3 节关于联络系数的公式

$$\Gamma_{ij}^k = \frac{1}{2} \sum_{r=1}^n g^{kr} \left(\frac{\partial g_{rj}}{\partial x^i} + \frac{\partial g_{ri}}{\partial x^j} - \frac{\partial g_{ij}}{\partial x^r} \right),$$

在 M 的同一局部坐标系中,关于 (M,ag) 和 (M,g) 的联络系数是相同的,从而它们诱导出相同的 Levi-Civita 联络.故

$$R^a(X \wedge Y) = \frac{ag(R(X,Y)Y,X)}{ag(X,X) \cdot ag(Y,Y) - (ag(X,Y))^2} = \frac{1}{a} R(X \wedge Y). \qquad \square$$

在给出拓扑球面定理之前,先叙述几个有用的定理.

定理 3.2.1(Brown 定理)(参阅文献[7])   设 n 维紧致流形 $M=U_1 \bigcup U_2$,U_i,$i=1,2$ 为开集且同胚于 $\mathbf{R}^n$,则 M 同胚于 $S^n(1)$.

定义 3.2.2   设 (M,g) 为 n 维 C^∞ Riemann 流形,我们称

$$i(M) = \inf_{x \in M} \{\delta(x) \mid \delta(x) \text{ 是 } T_x M \text{ 中使 } \exp_x \text{ 在其上为}$$
$$C^\infty \text{ 微分同胚的最大开球半径}\}$$

为 M 的**单一半径**.

易见,对紧致流形 M,$i(M)>0$.因此,对 $\forall x \in M$,$\exp_x$ 在 $B(x;i(M))$ 上为 C^∞ 微分同胚.

定理 3.2.2(Klingenberg 定理)(参阅文献[9]98~101 页)   设 (M,g) 为 n 维 C^∞ 紧致单连通 Riemann 流形,$\dfrac{1}{4}<R(P) \leqslant 1$,则

$$i(M) \geqslant \pi,$$

其中 P 为 M 的切空间的任何 2 维平面,而 $R(P)$ 为 P 的 Riemann 截曲率.

下面叙述并证明拓扑球面定理.

定理 3.2.3(拓扑球面定理) 设 (M,g) 为 n 维 C^∞ 紧致单连通 Riemann 流形,切空间的任何 2 维平面 P 的 Riemann 截曲率 $R(P)$ 满足

$$0 < \frac{1}{4} < R(P) \leqslant 1,$$

则 M 同胚于 n 维单位球面 $S^n(1)$.

证明 设紧致流形 M 的直径为

$$d(M) = \max_{x,y \in M} \rho(x,y) = \rho(p,q),$$

其中 $p,q \in M$,ρ 为由 g 诱导的距离函数.

由 M 的紧致性以及定理 1.11.10 或上面的推论 3.1.4 可知

$$d(M) < \frac{\pi}{\sqrt{1/4}} = 2\pi.$$

再由 Klingenberg 定理知 $i(M) \geqslant \pi$. 于是

$$i(M) \geqslant \pi > \frac{1}{2} d(M).$$

下面证明:对 $\forall x \in M$,如果 $\rho(x,p) \geqslant i(M)$,则 $\rho(x,q) < i(M)$. 为此,令 γ_1 为 p 到 x 的最短测地线,则

$$L(\gamma_1) = \rho(x,p) \geqslant i(M).$$

由于 p,q 相距最远(因 $\rho(p,q) = d(M)$ 为直径),从而不难证明(参阅文献[9]106 页 Lemma 6.2)有一条连接 p 到 q 的最短测地线 γ_2 使得 γ_1' 和 γ_2' 的夹角 $\theta \leqslant \frac{\pi}{2}$. 再取一条连接 x 到 q 的最短测地线 ζ,即 $L(\zeta) = \rho(x,q)$. 由 $R(P) > \frac{1}{4}$ 及 M 的紧致性得到

$$R(P) \geqslant \frac{1}{r^2} > \frac{1}{4},$$

其中 $r < 2$ 为正的常数.

考虑 $\mathbf{R}^3$ 中半径为 r 的球面 $S^2(r)$,它的 Riemann 截曲率为 $\frac{1}{r^2}$. 在 $S^2(r)$ 中作测地三角形 ABC,使得 A 为北极,测地线 AB,AC 的长分别为 $L(\gamma_1)$ 与 $L(\gamma_2) = d(M)$,夹角 $\angle \theta = \angle A$ (图 3.2.1). 因为

$$AB = L(\gamma_1) \geqslant i(M) \geqslant \pi,$$

$$AC = L(\gamma_2) = d(M) \geqslant i(M) \geqslant \pi,$$

所以 B,C 都在南半球. 易见

$$BC \leqslant \frac{1}{4} \cdot 2\pi r < \frac{1}{4} \cdot 2\pi \cdot 2 = \pi \leqslant i(M).$$

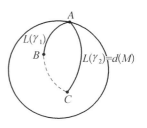

图 3.2.1

由 M 的截曲率 $\geqslant \dfrac{1}{r^2} = S^n(r)$ 的截曲率. 我们应用 Toponogov 比较定理, 即三角形比较定理(可应用 Rauch 比较定理证明该定理, 参阅文献[9] 42 页 Theorem 2.2)得到

$$d(x,q) = L(\zeta) \leqslant BC < i(M).$$

这就证明了

$$x \in \exp_p(B(p\,;i(M))) \bigcup \exp_q(B(q\,;i(M))),$$
$$M = \exp_p(B(p\,;i(M))) \bigcup \exp_q(B(q\,;i(M)))$$

(参阅文献[31], 可直接应用 Rauch 比较定理证明这一等式, 而无需借助 Toponogov 比较定理), 这表明 M 为两个同胚于 $\mathbf{R}^n$ 的开集之并, 根据 Brown 定理, M 同胚于 $S^n(1)$(对上述并的等式可直接明确地构造出 M 与球面 $S^n(1)$ 的同胚, 而完全用不着前面提到的 Brown 定理). $\qquad\qquad\square$

拓扑球面定理是 Rauch 在 1951 年首先证明的. 当时他将 $\dfrac{1}{4}$ 换成接近 $\dfrac{3}{4}$ 的数 0.74.

后来, Berger 和 Klingenberg 成功地将 $R(P)$ 的下界推进到 $\dfrac{1}{4}$. 对于偶数维流形, $0 < \dfrac{1}{4} < R(P) \leqslant 1$ 是最佳的条件了. 因为复的和四元数射影空间以及 Cayley 平面在标准度量下是 $\dfrac{1}{4}$-挤的 $\left(\text{即满足 } \dfrac{1}{4} \leqslant R(P) \leqslant 1\right)$, 而它们不同胚于球面 $S^n(1)$.

下面介绍球面定理的推广.

如果 $\dfrac{1}{4} \leqslant R(P) \leqslant 1$. 由 Bonnet-Myers 定理和 Klingenberg 定理可得

$$\pi \leqslant i(M) \leqslant d(M) \leqslant 2\pi.$$

定理 3.2.4(Toponogov 最大直径定理) 设 M 为 n 维 C^∞ 紧致 Riemann 流形,

$$R(P) \geqslant \dfrac{1}{4}, \quad d(M) = 2\pi,$$

则 M 等距同构于 $S^n(2)$.

更一般地, 有:

定理 3.2.5(最大直径定理) 设 M 为 n 维 C^∞ 紧致 Riemann 流形, 其 Ricci 曲率 $\geqslant (n-1)c^2 > 0$, $d(M) = \dfrac{\pi}{c}$, 则 M 等距同构于 $S^n\left(\dfrac{1}{c}\right)$.

证明可参阅文献[9] 110 页和文献[160] 211~214 页.

定理 3.2.6(Berger 最小直径定理) 设 M 为 n 维 C^∞ 紧致单连通 Riemann 流形, 且

$$\dfrac{1}{4} \leqslant R(P) \leqslant 1, \quad d(M) = \pi,$$

则 M 或者等距同构于 $S^n(1)$ 或者等距同构于复射影空间、四元数射影空间和 Cayley 数射影空间之一. 在后三种情形下, 截曲率可达到 $\dfrac{1}{4}$ 和 1.

定理 3.2.7(Berger) 设 M 为 n 维 C^∞ 紧致单连通 Riemann 流形, 且

$$\frac{1}{4} \leqslant R(P) \leqslant 1, \quad \pi < d(M),$$

则 M 同胚于 $S^n(1)$.

证明可参阅文献[9]111 页.

Grove 和 Shiohama(参阅文献[18])改进了 Berger 的结果并得到了:

定理 3.2.8(Grove-Shiohama) 设 M 为 n 维 C^∞ 紧致 Riemann 流形(M 不必单连通), $0 < \dfrac{\delta}{4} \leqslant R(P)$, $\dfrac{\pi}{\sqrt{\delta}} < d(M)$, 则 M 同胚于 $S^n(1)$.

注 3.2.1 从 $\dfrac{1}{4} < R(P) \leqslant 1$, 存在 $\delta > 1$, 使得 $\dfrac{\delta}{4} \leqslant R(P) \leqslant 1$. 又由此推出

$$d(M) \geqslant i(M) \geqslant \pi > \frac{\pi}{\sqrt{\delta}}$$

及

$$0 < \frac{\delta}{4} \leqslant R(P).$$

因此, Grove-Shiohama 定理是拓扑球面定理的推广.

Rauch(见文献[26])证明了 $\dfrac{3}{4}$-挤的完备单连通 Riemann 流形同胚于球面. 对于偶数维流形, 自 Myers 和 J. H. C. Whitehead 以来, Klingenberg(见文献[20])首先做了割迹的系统研究, 将这个"挤数"(pinching number)下降到 $\delta = 0.54\cdots$. Berger(见文献[3]、[4])改进了 Klingenberg 的方法, 最后得到:

定理 3.2.9(Berger) 设 M 为偶数维完备单连通 δ-挤的 C^∞ Riemann 流形. 如果 $\delta > \dfrac{1}{4}$, 则 M 同胚于球面; 如果 $\delta = \dfrac{1}{4}$, 则 M 或者同胚于球面, 或者等距于秩为 1 的紧致对称空间.

精练割迹的结果并应用 Berger 定理的证明方法, Klingenberg(见文献[21]、[22])得到了:

定理 3.2.10(Klingenberg) 奇数维完备单连通 $\dfrac{1}{4}$-挤的 C^∞ Riemann 流形同胚于球面.

在拓扑球面定理中,M 同胚于 $S^n(1)$,但不知 M 是否 C^∞ 微分同胚于 $S^n(1)$.众所周知,当 $n\leqslant 6$ 时,同胚于 $S^n(1)$ 的微分流形必与 $S^n(1)$ C^∞ 微分同胚.当 $n\geqslant 7$ 时,存在某些流形与 $S^n(1)$ 同胚但不微分同胚(参阅文献[23]).

条件 $\dfrac{1}{4}<R(P)\leqslant 1$ 是否能保证同胚于 $S^n(1)$ 的微分流形 M 微分同胚于 $S^n(1)$? 这依然是一个未解决的问题.但是,Gromoll(参阅文献[17])证明了:

定理 3.2.11(Gromoll)　存在一个实数序列 $\dfrac{1}{4}=\delta_1<\delta_2<\delta_3<\cdots$,$\lim\limits_{n\to+\infty}\delta_n=1$,使得 n 维完备单连通 δ_{n-2}-挤($\delta_{n-2}\leqslant R(P)\leqslant 1$)的 C^∞ Riemann 流形 C^∞ 微分同胚于 $S^n(1)$.

此外,还有:

定理 3.2.12　对任何自然数 n,存在 $\delta_n(\delta_n\searrow 0.68\cdots$,当 $n\to+\infty$),使得 n 维紧致单连通 δ_n-挤的 C^∞ Riemann 流形 M C^∞ 微分同胚于 $S^n(1)$.

这是许多人共同奋斗的结果,他们是 Calabi-Gromoll(1966 年左右),Sugimoto-Shiohama(1970 年左右).取 δ_n 较大时的类似定理的证明可参阅文献[9]Chapter 7.

著名数学家陈省身(S. S. Chern)提出了一个有趣的猜测:偶数维的完备 δ-挤($\delta>0$)C^∞ Riemann 流形 M 具有正的 Euler 示性数 $\chi(M)$.定理 1.11.11 表明 M 是紧致的,其基本群 $\pi_1(M)$ 是有限的.由于定向 2 层覆叠 $\widetilde{M}$ 可定向且与 M 局部等距,根据 Synge 定理(见文献[157]397 页定理 1),$\widetilde{M}$ 必单连通,从而

$$H^1(\widetilde{M},\mathbf{R})\cong H^1_{\mathfrak{D}}(\widetilde{M})=0.$$

再由定理 2.3.1,

$$H^1(M,\mathbf{R})\cong H^1_{\mathfrak{D}}(M)\cong H^1_{\mathfrak{D}}(\widetilde{M})^+=0.$$

对于 $\dim M=4$,由此和 Poincaré 对偶定理得到 $H^3(M,\mathbf{R})=0$.并有

$$\chi(M)=1-0+\dim H^2(M,\mathbf{R})-0+1$$
$$=2+\dim H^2(M,\mathbf{R})\geqslant 2>0.$$

至于 $\dim M=2$,$\chi(M)=1-0+1=2>0$.再应用 Gauss-Bonnet 公式,Berger(见文献[5])证明了:对 $2n$ 维 δ-挤($\delta>0$)的 C^∞ 完备 Riemann 流形 M,有

$$|\chi(M)|\leqslant 2^{-n}(2n)!\delta^{-n}.$$

利用调和形式,Berger(见文献[3])证明了:$2n+1$ 维的 $\dfrac{2(n-1)}{8n-1}$-挤的完备 C^∞ Riemann 流形 M 的第 2 Betti 数 $b_2(M)=0$.

具有正截曲率的 C^∞ Riemann 流形的例子很少.在紧致单连通的情形下仅有通常的球面、复射影空间、四元数射影空间、Cayley 平面以及由 Berger(见文献[6])发现的 7 维和 13 维的两个齐性空间.

特别地,我们不知道是否存在紧致的积流形 $M = M_1 \times M_2$,它具有正截曲率的 Riemann 度量,甚至对特殊的两个 2 维球面 $S^2(1)$ 的积 $S^2(1) \times S^2(1)$,它仍是未解决的问题.

值得提出的是 Gromoll 和 Meyer(参阅文献[16])证明了:

定理 3.2.13(Gromoll-Meyer)   具有正截曲率的完备非紧致 C^∞ Riemann 流形 M,如果 $m = \dim M \geqslant 5$,则 $M C^\infty$ 微分同胚于 $\mathbf{R}^n$.

以上每个定理都表明,只要给 C^∞ Riemann 流形加上适当的几何(曲率、完备、直径)和拓扑(紧致、单连通、同胚)的条件,就可能得出拓扑性质(同胚、微分同胚、同调群、同伦群、Euler 示性数、Betti 数)的一些信息. 当然,条件加得越强,信息传出得越多、越强.

第 4 章

特征值的估计和等谱问题的研究

H. C. Yang 提出了一个猜测:设 M 为 n 维紧致 Riemann 流形,Ricci 曲率 $\geq -K$,其中 $K =$ 常数 $> 0. d$ 为 M 的直径和 λ_1 为 M 的第 1 特征值,则

$$\lambda_1 \geq \frac{\pi^2}{d^2} - \frac{1}{2}K.$$

当 $K \leq \dfrac{5\pi^2}{3d^2}$ 时,Zhao Di 证明了上述不等式;当 $K \geq \dfrac{2\pi^2}{d^2}$ 时,

$$\lambda_1 \geq 0 = \frac{\pi^2}{d^2} - \frac{1}{2}\frac{2\pi^2}{d^2} \geq \frac{\pi^2}{d^2} - \frac{1}{2}K;$$

当 $\dfrac{5\pi^2}{3d^2} < K < \dfrac{2\pi^2}{d^2}$ 时,结论如何? Chen Mufa 应用耦合方法给出了一个变分公式. 根据这个变分公式,我们推得

$$\lambda_1 \geq \frac{\pi^2}{d^2} \left(1 + \left(\frac{4}{\pi} - \frac{8}{\pi^2}\right)\left(\exp\left(\frac{1}{8}Kd^2\right) - 1\right)\right)^{-1}.$$

由此,当 $\dfrac{5\pi^2}{3d^2} \leq K \leq \dfrac{2\pi^2}{d^2}$ 时,有

$$\lambda_1 \geq \frac{\pi^2}{d^2} \left(1 + \left(\frac{4}{\pi} - \frac{8}{\pi^2}\right)\left(\exp\left(\frac{1}{8}Kd^2\right) - 1\right)\right)^{-1}$$

$$\geq \frac{\pi^2}{d^2} \left(1 - \frac{d^2K}{2\pi^2}\right) = \frac{\pi^2}{d^2} - \frac{1}{2}K.$$

在两种情形下,我们给出了 Laplace 算子大特征值的上界估计,改进了两个已有的结果.

对于紧致可定向 Riemann 流形 N 的可定向紧致嵌入超曲面 M 的 Laplace 算子的第 1 Neumann 特征值 $\lambda_1 = \lambda_1(M)$,我们证明了

$$\lambda_1 > \frac{k}{2},$$

其中 N 的 Ricci 曲率以正数 k 为其下界. 特别地,当 M 为 S^{n+1}(截曲率为 1 的标准球面,其 Ricci 曲率为 n)的紧致超曲面时,$\lambda_1(M) > \dfrac{n}{2}$.

我们已经知道,等距的流形必等谱,但反之不然. 1964 年著名数学家 Milnor 曾构造

出等谱而不等距的 16 维平坦环面. 在定理 2.6.2 中,两个等谱的流形,维数必相同,体积必相等. 但是,要获得更多的信息是非常困难的. 自然的想法是再增加几何条件,是否会传出更多的信息? 我们证明了:

(1) 设 M 和 $\widetilde{M}$ 分别为 $S^{n+q}(1)$ 中的 n 维伪脐和全脐子流形,如果它们的谱相同且 $H = \widetilde{H}$,再附加一些简单条件,立即推出 M 也是全脐的(注意全脐必伪脐).

(2) 设 M 和 $\widetilde{M}$ 为局部对称和共形平坦紧致连通 Riemann 流形,如果它们的谱相同,再附加一些简单的条件,则 M 与 $\widetilde{M}$ 是等距的.

(3) 设 $M^n = M^{n_1} \times M^{n_2} (n_1 \leqslant n_2, n_1 + n_2 = n)$ 为 $S^{n+1}(1)$ 中的紧致极小超曲面,$M_{n_1, n_2} = S^{n_1}\left[\sqrt{\dfrac{n_1}{n}}\right] \times S^{n_2}\left[\sqrt{\dfrac{n_2}{n}}\right]$ 为 $S^{n+1}(1)$ 中的 Clifford 极小超曲面. 如果它们的谱相同,再附加一些简单条件,则 M^n 与 M_{n_1, n_2} 是等距的.

(4) 设 M 为 $S^{n+1}(1)$ 的紧致极小超曲面,$M_{p, n-p}$ 为 $S^{n+1}(1)$ 的 Clifford 极小超曲面,如果它们的谱相同,且主曲率彼此充分靠近,则 M 整体等距于 $M_{p, n-p}$.

(5) 设 M 为 $S^{n+1}(1)$ 的紧致极小超曲面,$M_{1, n-1}$ 为 $S^{n+1}(1)$ 的 Clifford 极小超曲面,如果它们的谱相同,则 M 整体等距于 $M_{1, n-1}$.

研究的关键是除等谱外还需要附加哪些条件,如何论证预期的结果(全脐、等距)? (3),(4),(5) 是同一种类型,它们都是与标准的 Clifford 极小超曲面进行比较,这是等谱问题的另一思路. 我们提供上述结果就是为了开阔读者的视野,以提高其独立研究能力.

4.1　紧致 Riemann 流形上第 1 特征值的估计

本节的目的是证明文献[38]中提出的一个猜测:设 M 为具有 Ricci 曲率 $\geqslant -K$ 的紧致 Riemann 流形,其中 $K = $ 常数 > 0. 又设 d 为 M 的直径和 λ_1 为 M 的第 1 特征值,则

$$\lambda_1 \geqslant \frac{\pi^2}{d^2} - \frac{1}{2}K.$$

为证此,我们给出第 1 特征值的一个新估计:

$$\lambda_1 \geqslant \frac{\pi^2}{d^2}\left(1 + \left(\frac{4}{\pi} - \frac{8}{\pi^2}\right)\left(\exp\left(\frac{1}{8}Kd^2\right) - 1\right)\right)^{-1}.$$

对于紧致 Riemann 流形的第 1 特征值的估计有许多研究工作,参阅文献[37]～[41]. 文献[42]引入了耦合方法,并得到了第 1 特征值的下界的一般公式.

在文献[38]中提出了两个猜测:设 M 为 n 维紧致 Riemann 流形,Ricci 曲率 $\geqslant -K$,其中 $K = $ 常数 > 0. 而 d 为 M 的直径和 λ_1 为 M 的第 1 特征值,则有

$$\lambda_1 \geqslant \frac{\pi^2}{d^2} - \frac{1}{2}K, \tag{4.1.1}$$

$$\lambda_2 \geqslant \frac{\pi^2}{d^2} \exp\left[\frac{-C_n\sqrt{Kd^2}}{2}\right], \tag{4.1.2}$$

其中 $C_n = \max\{\sqrt{n-1}, \sqrt{2}\}$.

猜测(4.1.2)在文献[38]中已被证明.许多作者试图改进文献[37]、[38]中的估计. 结果如下：

定理 4.1.1(参阅文献[41]) 设 M 为 n 维紧致 Riemann 流形, Ricci 曲率 $\geqslant -K$, 其中 $K =$ 常数 > 0. 又设 d 和 λ_1 分别为 M 的直径和第 1 特征值, 则

$$\lambda_1 \geqslant \frac{\pi^2}{d^2} - 0.52K.$$

更进一步,如果 $K \leqslant \dfrac{5\pi^2}{3d^2}$, 则

$$\lambda_1 \geqslant \frac{\pi^2}{d^2} - \frac{1}{2}K.$$

此定理表明,当 $K \leqslant \dfrac{5\pi^2}{3d^2}$ 时,猜测(4.1.1)是正确的.基于此,本节应用文献[42]中的 变分公式完全证明了猜测(4.1.1)(见定理 4.1.3 和定理 4.1.4).

设 $Ric_M \geqslant -K, K \in \mathbf{R}$.定义

$$K(V) = \inf\{r \mid \mathrm{Hess}_V - Ric_M \leqslant r\}.$$

我们用 $\mathrm{cut}(x), n, d$ 和 ρ 分别表示 x 的割迹、M 的维数、M 的直径和 Riemann 距离.

定义

$$a(r) = \sup\{\langle \nabla \rho(x, \cdot)(y), \nabla V(y)\rangle$$
$$+ \langle \nabla \rho(\cdot, y)(x), \nabla V(x)\rangle \mid \rho(x, y) = r,$$
$$y \notin \mathrm{cut}(x)\}, \quad r \in (0, d].$$

令 $a(0) = 0$.进一步,我们定义

$$K^+ = \max\{0, K\}, \quad K^- = (-K)^+$$

和选 $\gamma \in C([0, d])$,使得

$$\gamma(r) \geqslant \min\left\{K(V)r, 2\sqrt{K^+(n-1)}\tanh\left[\frac{r}{2}\sqrt{\frac{K^+}{n-1}}\right]\right.$$
$$\left. - 2\sqrt{K^-(n-1)}\tan\left[\frac{r}{2}\sqrt{\frac{K^-}{n-1}}\right] + a(r)\right\}.$$

再定义

$$C(r) = \exp\Big(\frac{1}{4}\int_0^r \gamma(s)\mathrm{d}s\Big), \quad r \in [0,d].$$

文献[42]通过用耦合方法给出了下面的变分公式:

定理 4.1.2(参阅文献[42]) 对于任意 $f \in C([0,d])$,且 $f|_{(0,d)} > 0$,$L = \Delta + \nabla V$ 的第 1 特征值满足

$$\lambda_1 \geqslant 4 \inf_{r \in (0,d)} f(r) \Big(\int_0^r C(s)^{-1}\mathrm{d}s \int_s^d C(u)f(u)\mathrm{d}u\Big)^{-1}. \tag{4.1.3}$$

根据这个公式,我们得到下面的引理:

引理 4.1.1 设 M 为紧致 Riemann 流形,Ricci 曲率 $\geqslant -K$,其中 $K = $ 常数 > 0,d 为 M 的直径,则对任何 $f \in C([0,d])$,若 $f|_{(0,d)} > 0$,则 Laplace 算子的第 1 特征值

$$\lambda_1 \geqslant 4 \inf_{r \in (0,d)} f(r) \Big(\int_0^r \exp\Big(-\frac{1}{8}Ks^2\Big)\mathrm{d}s \int_s^d \exp\Big(\frac{1}{8}Ku^2\Big)f(u)\mathrm{d}u\Big)^{-1}. \tag{4.1.4}$$

证明 设 $V = 0$,则 $\mathrm{Hess}_V = 0$. 因为 $Ric_M \geqslant -K$ 和

$$K(V) = \inf\{r \mid \mathrm{Hess}_V - Ric_M \leqslant r\},$$

我们有

$$K(V) \leqslant K.$$

设 $\gamma(r) = Kr$,明显地

$$\gamma(r) = Kr \geqslant K(V)r \geqslant \min\Big\{K(V)r, 2\sqrt{K^+(n-1)}\tanh\Big[\frac{r}{2}\sqrt{\frac{K^+}{n-1}}\Big]$$

$$- 2\sqrt{K^-(n-1)}\tan\Big[\frac{r}{2}\sqrt{\frac{K^-}{n-1}}\Big] + a(r)\Big\}.$$

$$C(r) = \exp\Big(\frac{1}{4}\int_0^r \gamma(s)\mathrm{d}s\Big) = \exp\Big(\frac{1}{8}Kr^2\Big), \quad r \in [0,d].$$

显见,式(4.1.4)可由式(4.1.3)得到. □

引理 4.1.2 设 $f, g:[a,b] \to \mathbf{R}$ 为可积函数. f 和 g 一个是单调递增的,另一个是单调递减的,而 $p:[a,b] \to \mathbf{R}$ 为正的可积函数,则

$$\int_a^b p(x)f(x)g(x)\mathrm{d}x \int_a^b p(x)\mathrm{d}x \leqslant \int_a^b p(x)f(x)\mathrm{d}x \int_a^b p(x)g(x)\mathrm{d}x.$$

引理 4.1.3 $\dfrac{\pi}{2} - x\sin x - \cos x \leqslant \Big(\dfrac{\pi}{2}-1\Big)\cos x, x \in \Big[0, \dfrac{\pi}{2}\Big]$.

引理 4.1.2 和引理 4.1.3 的证明留给读者.

定理 4.1.3 设 M 为 n 维紧致 Riemann 流形,其 Ricci 曲率 $\geqslant -K$,$K = $ 常数 > 0. 假定 d 为 M 的直径和 λ_1 为 M 的第 1 特征值,则

$$\lambda_1 \geqslant \frac{\pi^2}{d^2}\Big(1 + \Big(\frac{4}{\pi} - \frac{8}{\pi^2}\Big)\Big(\exp\Big(\frac{1}{8}Kd^2\Big) - 1\Big)\Big)^{-1}.$$

证明 设 $f(r) = \sin\dfrac{\pi r}{2d}, r \in [0,1]$,则

$$\int_s^d \exp\left(\frac{1}{8}Ku^2\right)\sin\frac{\pi u}{2d}\mathrm{d}u = \frac{2d}{\pi}\cos\frac{\pi s}{2d}\exp\left(\frac{1}{8}Ks^2\right)$$
$$+ \frac{Kd}{2\pi}\int_s^d u\exp\left(\frac{1}{8}Ku^2\right)\cos\frac{\pi u}{2d}\mathrm{d}u.$$

显然,$\exp\left(\dfrac{1}{8}Ku^2\right)$ 单调增和 $\cos\dfrac{\pi u}{2d}$ 单调减,其中 $u \in [0,d]$. 根据引理 4.1.2 和引理 4.1.3,有

$$\int_s^d u\exp\left(\frac{1}{8}Ku^2\right)\cos\frac{\pi u}{2d}\mathrm{d}u$$
$$\leqslant \left(\int_s^d u\mathrm{d}u\right)^{-1}\int_s^d u\exp\left(\frac{1}{8}Ku^2\right)\mathrm{d}u\int_s^d u\cos\frac{\pi u}{2d}\mathrm{d}u$$
$$= \frac{32d^2}{K\pi^2(d^2-s^2)}\left(\exp\left(\frac{1}{8}Kd^2\right) - \exp\left(\frac{1}{8}Ks^2\right)\right)\cos\frac{\pi s}{2d}.$$

因此

$$\int_s^d \exp\left(\frac{1}{8}Ku^2\right)\sin\frac{\pi u}{2d}\mathrm{d}u$$

$$\leqslant \frac{2d}{\pi}\exp\left(\frac{1}{8}Ks^2\right)\cos\frac{\pi s}{2d} + \frac{16d^3\left(\frac{\pi}{2}-1\right)}{\pi^3(d^2-s^2)}\left(\exp\left(\frac{1}{8}Kd^2\right) - \exp\left(\frac{1}{8}Ks^2\right)\right)\cos\frac{\pi s}{2d},$$

$$\int_0^r \exp\left(-\frac{1}{8}Ks^2\right)\mathrm{d}s\int_s^d \exp\left(\frac{1}{8}Ku^2\right)\sin\frac{\pi u}{2d}\mathrm{d}u$$

$$\leqslant \int_0^r \frac{2d}{\pi}\cos\frac{\pi s}{2d}\mathrm{d}s + \int_0^r \frac{16d^3\left(\frac{\pi}{2}-1\right)}{\pi^3(d^2-s^2)}\left(\exp\left(\frac{1}{8}K(d^2-s^2)\right) - 1\right)\cos\frac{\pi s}{2d}\mathrm{d}s$$

$$\leqslant \frac{4d^2}{\pi^2}\sin\frac{\pi r}{2d} + \frac{32d^2\left(\frac{\pi}{2}-1\right)}{\pi^4}\left(\exp\left(\frac{1}{8}Kd^2\right) - 1\right)\sin\frac{\pi r}{2d},$$

这里,我们利用了不等式

$$\frac{\exp\left(\frac{1}{8}K(d^2-s^2)\right) - 1}{d^2-s^2} \leqslant \frac{\exp\left(\frac{1}{8}Kd^2\right) - 1}{d^2}.$$

根据引理 4.1.1,有

$$\lambda_1 \geqslant 4\inf_{r\in(0,d)}\sin\frac{\pi r}{2d}\left(\int_0^r \exp\left(-\frac{1}{8}Ks^2\right)\mathrm{d}s\int_s^d \exp\left(\frac{1}{8}Ku^2\right)\sin\frac{\pi u}{2d}\mathrm{d}u\right)^{-1}$$

$$\geqslant 4 \inf_{r \in (0,d)} \sin \frac{\pi r}{2d} \left[\frac{4d^2}{\pi^2} \sin \frac{\pi r}{2d} + \frac{32d^2 \left(\frac{\pi}{2} - 1 \right)}{\pi^4} \left(\exp\left(\frac{1}{8} K d^2 \right) - 1 \right) \sin \frac{\pi r}{2d} \right]^{-1}$$

$$= \frac{\pi^2}{d^2} \left(1 + \left(\frac{4}{\pi} - \frac{8}{\pi^2} \right) \left(\exp\left(\frac{1}{8} K d^2 \right) - 1 \right) \right)^{-1}. \qquad \square$$

定理 4.1.4 设 M 为 n 维紧致 Riemann 流形，Ricci 曲率 $\geqslant -K$，其中 $K =$ 常数 > 0，而 d 为 M 的直径和 λ_1 为 M 的第 1 特征值，则

$$\lambda_1 \geqslant \frac{\pi^2}{d^2} - \frac{1}{2} K.$$

证明 首先，我们断言，如果 $\frac{5}{3} \leqslant x \leqslant 2$，下面不等式成立：

$$\left(1 + \left(\frac{4}{\pi} - \frac{8}{\pi^2} \right) \left(\exp \frac{\pi^2 x}{8} - 1 \right) \right)^{-1} \geqslant 1 - \frac{x}{2}.$$

事实上

$$-\frac{x}{2} + \left(\frac{4}{\pi} - \frac{8}{\pi^2} \right) \left(\exp \frac{\pi^2 x}{8} - 1 \right) \left(1 - \frac{x}{2} \right)$$

$$\leqslant -\frac{x}{2} + \left(\frac{4}{\pi} - \frac{8}{\pi^2} \right) \left(\exp \frac{2\pi^2}{8} - 1 \right) \left(1 - \frac{x}{2} \right)$$

$$\leqslant -\frac{x}{2} + 4.9931 \left(1 - \frac{x}{2} \right) \leqslant 4.9931 - 2.99655 \times \frac{5}{3}$$

$$< -1 \times 10^{-3} < 0.$$

由此立即得到我们的断言．

设 $x = \frac{d^2 K}{\pi^2}$，由定理 4.1.3 我们得到：如果

$$\frac{5\pi^2}{3d^2} \leqslant K \leqslant \frac{2\pi^2}{d^2},$$

则

$$\lambda_1 \geqslant \frac{\pi^2}{d^2} \left(1 + \left(\frac{4}{\pi} - \frac{8}{\pi^2} \right) \left(\exp\left(\frac{1}{8} K d^2 \right) - 1 \right) \right)^{-1}$$

$$\geqslant \frac{\pi^2}{d^2} \left(1 - \frac{d^2 K}{2\pi^2} \right) = \frac{\pi^2}{d^2} - \frac{1}{2} K. \qquad (4.1.5)$$

如果 $K \leqslant \frac{5\pi^2}{3d^2}$，定理 4.1.1 断言式 (4.1.5) 是正确的；如果 $K \geqslant \frac{2\pi^2}{d^2}$，式 (4.1.5) 是平凡的．这就完成了定理的证明． $\qquad \square$

4.2 关于 Laplace 算子的大特征值

在两种情形下,我们给出了 Laplace 算子大特征值的上界估计,改进了两个已有的结果. 设 (M,g) 为 n 维 C^∞ Riemann 流形,Laplace 算子 Δ 局部由

$$-\frac{1}{\sqrt{G}}\sum_{i,j=1}^{n}\frac{\partial}{\partial x^i}\left(\sqrt{G}g^{ij}\frac{\partial}{\partial x^j}\right)$$

给出,$G = \det(g_{ij})$. 我们将研究下面两个特征值问题:

(A) Dirichlet 边界条件:

设 $\Omega \subset M$ 为有界开集,

$$\begin{cases}\Delta f = \mu f, & \text{在 } \Omega \text{ 中,} \\ f = 0, & \text{在 } \partial\Omega \text{ 上.}\end{cases}$$

(B) 自由边界条件

$\Delta f = \lambda f$,在 M 中.

对于 Laplace 算子的特征值有许多类型的估计. 本节我们将研究上面的高阶特征值的估计. 考虑问题(A),推广了文献[45]的结果和改进了文献[44]中 Cheng 的估计. 我们还考虑了问题(B),并应用与定理 4.2.1 中相同的技巧改进了文献[46]中 Li 的估计.

假设 M 为 Euclid 空间 $\mathbf{R}^{n+p}$ 中的极小子流形. 令

$$0 < \mu_1 \leqslant \mu_2 \leqslant \cdots$$

为 Ω 上关于 Dirichlet 边界条件的 Laplace 算子的特征值(按重数重复),而 $\varphi_1, \varphi_2, \cdots$ 为相应的规范化特征函数.

定理 4.2.1 设 μ 为方程

$$\sum_{i=1}^{m}\frac{\mu_i}{\mu-\mu_i} = \frac{nm}{4} \tag{4.2.1}$$

在 $(\mu_m, +\infty)$ 上的唯一解,则 $\mu_{m+1} \leqslant \mu$.

证明 设 $x^1, \cdots, x^{n+p}$ 为 $\mathbf{R}^{m+p}$ 中关于规范正交坐标标架的坐标. 令

$$a_{\alpha ik} = \int_\Omega x^\alpha \varphi_i \varphi_k, \tag{4.2.2}$$

则函数

$$h_{\alpha i} = x^\alpha \varphi_i - \sum_{k=1}^{m} a_{\alpha ik}\varphi_k \tag{4.2.3}$$

都正交于 $\varphi_1, \cdots, \varphi_m$,并在边界上为 0. 而

$$\Delta h_{ai} = \mu_i x^{\alpha} \varphi_i - 2(\mathrm{d}x^{\alpha}, \mathrm{d}\varphi_i) - \sum_{k=1}^{m} a_{aik}\mu_k\varphi_k.$$

因此,由式(4.2.2)、式(4.2.3)得到

$$\int_{\Omega} h_{ai}\Delta h_{ai} = \mu_i\int_{\Omega} x^{\alpha}\varphi_i h_{ai} - 2\int_{\Omega} h_{ai}(\mathrm{d}x^{\alpha}, \mathrm{d}\varphi_i)$$

$$= \mu_i\int_{\Omega}\Big(h_{ai} + \sum_{k=1}^{m} a_{aik}\varphi_k\Big)h_{ai} - 2\int_{\Omega} h_{ai}(\mathrm{d}x^{\alpha}, \mathrm{d}\varphi_i)$$

$$= \mu_i\int_{\Omega} h_{ai}^2 - 2\int_{\Omega} h_{ai}(\mathrm{d}x^{\alpha}, \mathrm{d}\varphi_i). \tag{4.2.4}$$

根据极大-极小值原理,有

$$\mu_{m+1} \leqslant h_{ai}^{-2}\int_{\Omega} h_{ai}\Delta h_{ai}. \tag{4.2.5}$$

结合式(4.2.5)与式(4.2.4)推得

$$\mu_{m+1}\int_{\Omega} h_{ai}^2 \leqslant \mu_i\int_{\Omega} h_{ai}^2 - 2\int_{\Omega} h_{ai}(\mathrm{d}x^{\alpha}, \mathrm{d}\varphi_i). \tag{4.2.6}$$

将式(4.2.6)对 $1 \leqslant i \leqslant m$ 求和得

$$\mu_{m+1}\sum_{i=1}^{m}\int_{\Omega} h_{ai}^2 \leqslant \sum_{i=1}^{m}\mu_i\int_{\Omega} h_{ai}^2 - 2\sum_{i=1}^{m}\int_{\Omega} h_{ai}(\mathrm{d}x^{\alpha}, \mathrm{d}\varphi_i).$$

我们定义

$$S_{\alpha} = \sum_{i=1}^{m}\int_{\Omega} h_{ai}^2, \quad A_{\alpha} = -2\sum_{i=1}^{m}\int_{\Omega} h_{ai}(\mathrm{d}x^{\alpha}, \mathrm{d}\varphi_i),$$

则对于任何实数 β,有

$$\mu_{m+1}S_{\alpha} \leqslant \sum_{i=1}^{m}\mu_i\int_{\Omega} h_{ai}^2 - 2(1+\beta)\sum_{i=1}^{m}\int_{\Omega} h_{ai}(\mathrm{d}x^{\alpha}, \mathrm{d}\varphi_i) - \beta A_{\alpha}. \tag{4.2.7}$$

设 τ 为正的常数并令 $\tau_i = \tau + \mu_m - \mu_i, i = 1, \cdots, m$. 应用 Cauchy 不等式得到

$$-2(1+\beta)\int_{\Omega} h_{ai}(\mathrm{d}x^{\alpha}, \mathrm{d}\varphi_i) \leqslant \tau_i\int_{\Omega} h_{ai}^2 + \tau_i^{-1}(1+\beta)^2\int_{\Omega}(\mathrm{d}x^{\alpha}, \mathrm{d}\varphi_i),$$

将它代入式(4.2.7),有

$$\mu_{m+1}S_{\alpha} \leqslant (\tau+\mu_m)S_{\alpha} + (1+\beta)^2\sum_{i=1}^{m}\tau_i^{-1}\int_{\Omega}(\mathrm{d}x^{\alpha}, \mathrm{d}\varphi_i)^2 - \beta A_{\alpha}. \tag{4.2.8}$$

将式(4.2.8)对 $1 \leqslant \alpha \leqslant n+p$ 求和得到

$$\mu_{m+1}S \leqslant (\tau+\mu_m)S + (1+\beta)^2\sum_{\alpha=1}^{n+p}\int_{\Omega}(\mathrm{d}x^{\alpha}, \mathrm{d}\varphi_i) - \beta\sum_{\alpha=1}^{n+p} A_{\alpha}, \tag{4.2.9}$$

其中 $S = \sum_{\alpha=1}^{n+p} S_{\alpha}$. 因为 M 为 Euclid 空间 $\mathbf{R}^{n+p}$ 中的子流形和 g 为诱导度量,故

$$\sum_{\alpha=1}^{n+p}\int_{\Omega}(\mathrm{d}x^{\alpha}, \mathrm{d}\varphi_i)^2 = \int_{\Omega}(\mathrm{d}\varphi_i, \mathrm{d}\varphi_i) = \mu_i. \tag{4.2.10}$$

现在

$$\sum_\alpha A_\alpha = - \sum_{\alpha,i} \int_\Omega h_{ai}(\mathrm{d}x^\alpha, \mathrm{d}\varphi_i) = -2 \sum_{\alpha,i} \int_\Omega \left(x^\alpha \varphi_i - \sum_k a_{aik}\varphi_k\right)(\mathrm{d}x^\alpha, \mathrm{d}\varphi_i)$$

$$= -2 \sum_{\alpha,i} \int_\Omega x^\alpha \varphi_i (\mathrm{d}x^\alpha, \mathrm{d}\varphi_i) + 2 \sum_{\alpha,i,k} \int_\Omega a_{aik}\varphi_k (\mathrm{d}x^\alpha, \mathrm{d}\varphi_i). \tag{4.2.11}$$

在式(4.2.11)的右边计算第 1 项得到

$$-2 \sum_{\alpha,i} \int_\Omega x^\alpha \varphi_i (\mathrm{d}x^\alpha, \mathrm{d}\varphi_i) = -\frac{1}{2} \sum_{\alpha,i} \int_\Omega (\mathrm{d}(x^\alpha)^2, \mathrm{d}\varphi_i^2) = -\frac{1}{2} \sum_i \int_\Omega \varphi_i^2 \Delta(x^\alpha)^2$$

$$= -\frac{1}{2} \sum_i \int_\Omega \varphi_i^2 \Delta\left(\sum_\alpha (x^\alpha)^2\right) = n \sum_i \int_\Omega \varphi_i^2 = nm. \tag{4.2.12}$$

为了得到式(4.2.12),我们利用了 M 是极小的这一事实,故 $\Delta \sum_\alpha (x^\alpha)^2 = -2n$. 注意到

$$\int_\Omega \varphi_k (\mathrm{d}x^\alpha, \mathrm{d}\varphi_i) = \int_\Omega (\mathrm{d}x^\alpha, \mathrm{d}(\varphi_i \varphi_k)) - \int_\Omega \varphi_i (\mathrm{d}x^\alpha, \mathrm{d}\varphi_k)$$

$$= \int_\Omega (\Delta x^\alpha)\varphi_i \varphi_k - \int_\Omega \varphi_i (\mathrm{d}x^\alpha, \mathrm{d}\varphi_k) = -\int_\Omega \varphi_i (\mathrm{d}x^\alpha, \mathrm{d}\varphi_k) \tag{4.2.13}$$

和 $a_{aik} = a_{aki}$,我们发现式(4.2.11)右边第 2 项为 0.式(4.2.13)中的最后一个等号,我们用到了 M 极小以致 M 上的坐标函数 x^α 是调和函数.综上所述,我们得到

$$\mu_{m+1}S \leqslant (\tau + \mu_m)S + (1+\beta)^2 \sum_{i=1}^m \tau_i^{-1}\mu_i - nm\beta. \tag{4.2.14}$$

τ 的选择使得

$$(1+\beta)^2 \sum_{i=1}^m \mu_i \tau_i^{-1} - nm\beta \leqslant 0, \tag{4.2.15}$$

也就是

$$\sum_{i=1}^m \mu_i \tau_i^{-1} \leqslant (1+\beta)^{-2} nm\beta. \tag{4.2.16}$$

式(4.2.16)的右边当 $\beta=1$ 时达到极大,因此关于 τ 的条件成为

$$\sum_{i=1}^m \mu_i(\tau + \mu_m - \mu_i)^{-1} \leqslant \frac{nm}{4}.$$

考察

$$\sum_{i=1}^m \mu_i \tau_i^{-1} - (1+\beta)^{-2} nm\beta,$$

它是 τ 在 $(0, +\infty)$ 上的减函数,当 $\tau \to 0^+$ 时,它趋于 $+\infty$;当 $\tau \to +\infty$ 时,它趋于 0.因此,令 $\mu = \tau + \mu_m$,我们看到式(4.2.1)在 $(\mu_m, +\infty)$ 上有唯一的解. $\qquad\square$

注 4.2.1 当 M 为 Euclid 空间 $\mathbf{R}^n$(当然它极小浸入在 $\mathbf{R}^{n+p}$中),我们得到文献[45]中的结果.

推论 4.2.1 $\mu_{m+1} \leqslant \mu_m + 4 \sum_{i=1}^{m} \dfrac{\mu_i}{nm}$ 或 $\dfrac{\mu_{m+1}}{\mu_m} \leqslant 1 + \dfrac{4}{n}$.

注 4.2.2 推论 4.2.1 中的结论属于 Cheng Pagne-Polya-Weinberger 猜测,当 Ω 为平面中的一个有界区域时,前面两个 Dirichlet 特征值之比为

$$\frac{\mu_2}{\mu_1}\bigg|_{\Omega} \leqslant \frac{\mu_2}{\mu_1}\bigg|_{圆盘},$$

进而,等号成立 $\Longleftrightarrow \Omega$ 为圆盘.这猜测被 Ashbaugh 和 Benguria 在文献[47]中所证明.实际上,他们证明了更一般的 n 维情形的猜测.自然会问:当 Ω 是 Euclid 空间中的极小子流形的紧致区域时,是否会有一个类似的结论?

现在,我们假定 M 是一个紧致齐性流形,并考虑问题(B).设 E_{λ_1} 为特征值 λ_1 的特征空间,而 $\{\psi_{\alpha}\}_{\alpha=1}^{k}$ 为 E_{λ_1} 的规范正交基.$\{\psi_i\}_{i=0}^{m-1}$ 为最前面 m 个规范正交特征函数(包括常值函数)的集合.因为 M 是齐性的,所以

$$\sum_{\alpha=1}^{k} \psi_{\alpha}^2 = \frac{k}{V}, \tag{4.2.17}$$

$$\sum_{\alpha=1}^{k} (\mathrm{d}\psi_{\alpha}, \mathrm{d}\psi_{\alpha}) = \sum_{\alpha=1}^{k} \int_M (\mathrm{d}\psi_{\alpha}, \mathrm{d}\psi_{\alpha}) = \frac{\lambda_1 k}{V}, \tag{4.2.18}$$

其中 $V = \mathrm{vol}\, M$(参阅文献[46]).

定义 $q_{\alpha i j} = \int_M \psi_{\alpha} \psi_i \psi_j$,$Q = \sum_{\alpha, i, j} q_{\alpha i j}^2$.因为 $\{\psi_i\}_{i=0}^{m-1}$ 为规范正交的特征函数,故 Q 只依赖于 m 和 M.

引理 4.2.1 设 λ 为方程

$$\sum_{i=1}^{n} \frac{\lambda_i}{\lambda - \lambda_i} = \frac{VQ}{4k} \tag{4.2.19}$$

在 $(\lambda_{m-1}, +\infty)$ 上的唯一解,则 $\lambda_m \leqslant \lambda_1 + \lambda$.

证明 我们定义

$$U_{\alpha i} = \psi_{\alpha} \psi_i - \sum_{j=0}^{m-1} q_{\alpha i j} \psi_j.$$

显然,对所有的 $0 \leqslant j \leqslant m-1$,有

$$\int_M U_{\alpha i} \psi_j = 0. \tag{4.2.20}$$

因此,由最大-最小原理知,对所有的 α, i,有

$$\lambda_m \leqslant \frac{\int_M |\mathrm{d}U_{\alpha i}|^2}{\int_M U_{\alpha i}^2}.$$

此外

$$\int_M \mid dU_{ai} \mid^2 = \int_M U_a \Delta U_{ai} = (\lambda_1 + \lambda_i) \int_M U_{ai}^2 - 2 \int_M U_{ai} (d\psi_a, d\psi_i). \quad (4.2.21)$$

所以

$$\lambda_m \leqslant \lambda_1 + \lambda_i - \frac{2 \int_M U_{ai} (d\psi_a, d\psi_i)}{\int_M U_{ai}^2}. \quad (4.2.22)$$

定义

$$U_i = \sum_a \int_M U_{ai}^2, \quad B_i = -2 \sum_a \int_M U_{ai} (d\psi_a, d\psi_i),$$

并将式(4.2.22)对 $1 \leqslant \alpha \leqslant k$ 求和得

$$\lambda_m U_i \leqslant (\lambda_1 + \lambda_i) U_i - 2(1 + \beta) \sum_a \int_M U_{ai} (d\psi_a, d\psi_i) - \beta B_i. \quad (4.2.23)$$

应用 Cauchy 不等式到式(4.2.23)右边的中间项,得到

$$-2(1 + \beta) \int_M U_{ai} (d\psi_a, d\psi_i) \leqslant \tau_i \int_M U_{ai}^2 + \frac{(1 + \beta)^2}{\tau_i} \int_M \mid d\psi_a \mid^2 \mid d\psi_i \mid^2. \quad (4.2.24)$$

将式(4.2.24)代入式(4.2.23),令 $\tau_i = \lambda_{m-1} - \lambda_i + \tau, \tau > 0$,并将式(4.2.23)对 $0 \leqslant i \leqslant m-1$ 求和,有

$$\lambda_m U \leqslant (\lambda_1 + \lambda_{m-1} + \tau) U + \frac{\lambda_1 k}{V} (1 + \beta)^2 \sum_i \frac{\lambda_i}{\tau_i} - \beta \lambda_i Q, \quad (4.2.25)$$

其中 $U = \sum_{i=1}^{m-1} U_i$. 为了得到式(4.2.25),我们用到了

$$\sum_i^{m-1} B_i = \lambda_1 Q,$$

它的计算几乎与定理 4.2.1 的证明是相同的,只需注意到式(4.2.17)和式(4.2.18). 设 $\beta = 1$ 和 $\lambda = \lambda_{m-1} + \tau$,由定理 4.2.1 的证明知,如果 λ 满足式(4.2.19),则 $\lambda_m \leqslant \lambda_1 + \lambda$. □

推论 4.2.2 $\lambda_m \leqslant \lambda_1 + \lambda_{m-1} + \dfrac{4Vk}{VQ}$.

由与推论 4.2.1 相同的理由,证明是显然的.

根据文献[46],有:

引理 4.2.2 $\lambda_m \leqslant \lambda_1 + \lambda_{m-1} + \dfrac{\lambda_1 VQ}{km - VQ}$.

结合引理 4.2.1 和引理 4.2.2 得到:

定理 4.2.2 $\lambda_m \leqslant \lambda_{m-1} + \lambda_1 + \min \left\{ \dfrac{\lambda_1 VQ}{km - VQ}, \lambda - \lambda_{m-1} \right\}$,其中 λ 满足式(4.2.19).

4.3 紧致流形的 Laplace 算子的谱

本节涉及嵌入在具有正 Ricci 曲率的紧致流形中的超曲面的第 1 特征值的估计. 它导致嵌入在 S^3 中紧致 Riemann 曲面的面积的一个上界. 等谱(谱同构)问题也将被讨论.

首先, 我们知道紧致流形的 Laplace 算子的谱是离散的. 坐标函数为 S^3 中极小超曲面的特征值 2 的特征函数. S. T. Yau 猜测, 如果 M 是嵌入在 S^{n+1} 中的紧致极小超曲面, 则 M 的第 1 特征值为 n(参阅文献[48]).

1983 年, Choi 和 Wang 在文献[49]中证明了, 如果 M 为 N 的紧致极小超曲面, N 的 Ricci 曲率以正数 k 为下界, 则 M 的第 1 特征值不小于 $\frac{k}{2}$. 这个结果可以视作 Yau 的猜测是正确的证据.

我们证明, 如果 M 是嵌入 N 中的紧致超曲面, N 如上所述, 则 M 的第 1 特征值大于 $\frac{k}{2}$.

等谱(谱同构)问题在谱理论中是很重要的, 即两个具有相同谱的流形是否是等距的. 一般来说, 回答是否定的. J. Milnor 给出了第 1 个例子, 他指出两个具有相同谱的 16 维平环不是等距的.

Ouyang Congzhen 在文献[51]中关于等谱问题有一些结论. 依照其定理和它的证明, 我们得到了更一般的结论.

假定 M 是 N 的一个 n 维超曲面, $\nabla, \tilde{\nabla}$ 和 $\Delta, \tilde{\Delta}$ 分别表示 M, N 的 Riemann 联络和 Laplace 算子. 而 $\nabla f, \tilde{\nabla} f$ 也分别视作 f 关于 M, N 的梯度.

设 $e_1, \cdots, e_n, e_{n+1}$ 为局部规范正交标架, 使得在 $x \in M$ 处, $e_1, \cdots, e_n$ 切于 M, 而 e_{n+1} 为 M 的法向量. 如果 u 是 M 上的光滑函数, 我们记 $u_{ij} = \nabla^2 u(e_i, e_j), u_i = e_i u$, 其中 $\nabla^2 u$ 为 Hessian 张量, 定义为

$$\nabla^2 u(X, Y) = X(Yu) - (\nabla_X Y)u.$$

定义第 2 基本形式 $h(X, Y)$ 为 $\langle \tilde{\nabla}_X e_{n+1}, Y \rangle$, 其中 X, Y 是切于 M 的向量, 而平均曲率 $H = \frac{1}{n} \sum_{i=1}^{n} h(e_i, e_i)$.

对于 $i, j \neq n+1$, 有

$$\nabla_{e_i} e_j = \tilde{\nabla}_{e_i} e_j - h(e_i, e_j) e_{n+1},$$

$$\Delta u = \sum_{i=1}^{n} \nabla^2 u(e_i, e_i) = u_{n+1, n+1} - \lambda_1 f + nH u_{n+1}, \tag{4.3.1}$$

$$u_{i,n+1} = \nabla^2 u(e_i, e_{n+1}) = e_i(u_{n+1}) - \sum_{j=1}^{n} h_{ij} u_j. \qquad (4.3.2)$$

定理 4.3.1 设 M 为紧致可定向 Riemann 流形 N 的紧致可定向嵌入超曲面. 假定 N 的 Ricci 曲率以一个正数 k 为其下界, 则

$$\lambda_1 > \frac{k}{2},$$

其中 λ_1 为 M 的 Laplace 算子的第 1 Neumann 特征值.

证明 由文献[49]知, M 将 N 划分为两个连通区域 Ω_1 和 Ω_2, 使得

$$\partial \Omega_1 = \partial \Omega_2 = M.$$

设 f 为 M 的第 1 特征函数, 即 $\widetilde{\Delta} f = \lambda_1 f$. 令 u 为 Dirichlet 问题的光滑解, 使得

$$\begin{cases} \Delta u = 0, \text{在 } \Omega_1 \text{ 上}, \\ u \mid_{\partial \Omega_1} = u \mid_M = f. \end{cases}$$

积分 Bochner 等式

$$\Delta \mid \nabla u \mid^2 = 2 \mid \nabla^2 u \mid^2 + 2 Ric(\nabla u, \nabla u) + 2 \nabla u \cdot \nabla(\Delta u),$$

通过分部积分和 $\Delta u = 0$, $Ric_M \geqslant k$, 得到

$$\int_{\Omega_1} \Delta \mid \nabla u \mid^2 \geqslant 2k \int_{\Omega_1} \mid \nabla u \mid^2. \qquad (4.3.3)$$

另一方面, 利用 Stokes 定理得到

$$\int_{\Omega_1} \Delta \mid \nabla u \mid^2 = \int_{\partial \Omega_1} e_{n+1}(\mid \nabla u \mid^2) = 2 \int_{\partial \Omega_1} \sum_{i=1}^{n} u_i u_{i,n+1} + 2 \int_{\partial \Omega_1} u_{n+1} u_{n+1,n+1}. \qquad (4.3.4)$$

由式(4.3.1)、式(4.3.2)和 Green 公式, 我们可推得

$$\int_{\Omega_1} \Delta \mid \nabla u \mid^2 = 2 \int_{\partial \Omega_1} \widetilde{\nabla} f \cdot \widetilde{\nabla} u_{n+1} - 2 \int_{\partial \Omega_1} h(\nabla u, \nabla u)$$

$$+ 2\lambda_1 \int_{\partial \Omega_1} u_{n+1} f - 2n \int_{\partial \Omega_1} H u_{n+1}^2$$

$$= 4\lambda_1 \int_{\partial \Omega_1} u_{n+1} f - 2n \int_{\partial \Omega_1} H u_{n+1}^2 - 2 \int_{\partial \Omega_1} h(\nabla u, \nabla u). \qquad (4.3.5)$$

根据 Green 公式, 有

$$\int_{\Omega_1} \mid \nabla u \mid^2 = - \int_{\Omega_1} u \Delta u + \int_{\partial \Omega_1} u u_{n+1} = \int_{\partial \Omega_1} u_{n+1} f. \qquad (4.3.6)$$

于是, 由式(4.3.4)~式(4.3.6), 我们得到

$$(2\lambda_1 - k) \int_{\Omega_1} \mid \nabla u \mid^2 \geqslant n \int_{\partial \Omega_1} H u_{n+1}^2 + \int_{\partial \Omega_1} h(\widetilde{\nabla} f, \widetilde{\nabla} f). \qquad (4.3.7)$$

我们可以假定

$$\int_{\partial\Omega_1}(nHu_{n+1}^2 + h(\widetilde{\nabla}f,\widetilde{\nabla}f)) \geqslant 0.$$

否则,我们可以用 Ω_2 而不是 Ω_1 进行论述. 因此有

$$(2\lambda_1 - k)\int_{\Omega_1} |\nabla u|^2 \geqslant 0.$$

因为 f 不是常数函数,故 $\lambda_1 \geqslant \dfrac{k}{2}$.

进一步,如果 $\lambda_1 = \dfrac{k}{2}$,则上面所有不等式中的等号成立. 特别地,$\nabla^2 u = 0$,则式 (4.3.4) 变为

$$\int_{\Omega_1}\Delta |\nabla u|^2 = 2\lambda_1\int_{\partial\Omega_1}u_{n+1}f - 2n\int_{\partial\Omega_1}Hu_{n+1}^2.$$

重复上面的推导得到对应于式 (4.3.7) 的不等式

$$(\lambda_1 - k)\int_{\Omega_1}|\nabla u|^2 \geqslant n\int_{\partial\Omega_1}Hu_{n+1}^2. \tag{4.3.8}$$

我们也可以假定 $\displaystyle\int_{\partial\Omega_1}Hu_{n+1}^2 \geqslant 0$. 否则取 Ω_2 代替 Ω_1,式 (4.3.7) 的两边也为 0. 而 $\nabla^2 u = 0$ 在 Ω_2 上也是真的. 因此,$\lambda_1 \geqslant k$,这矛盾于 $\lambda_1 = \dfrac{k}{2}$(鉴于 k 为正数). $\qquad\square$

由 S^{n+1} 的紧致嵌入超曲面是可定向的和 S^{n+1} 的 Ricci 曲率为 n,我们有:

推论 4.3.1 设 M 为 S^{n+1} 的紧致嵌入超曲面,而 S^{n+1} 是截曲率为 1 的标准球面,则

$$\lambda_1(M) > \frac{n}{2}.$$

Yang 和 Yau 在文献[50]中证明了,如果 M 是亏格为 g、面积为 A 的 Riemann 曲面,则

$$\lambda_1 A \leqslant 8\pi(1 + g).$$

结合定理 4.3.1,我们可得到:

定理 4.3.2 设 M, N 如定理 4.3.1 中所述. 假定 $\dim M = 2$,则

$$A < \frac{16\pi(1 + g)}{k}.$$

推论 4.3.2 设 M 为 S^3 中的紧致嵌入曲面,则

$$A < 8\pi(1 + g).$$

设 (M, g) 为 n 维可定向紧致 Riemann 流形,$\text{Spec}^k M$ 表示 Laplace 算子作用在 M 的 k 形式上的谱.

我们记

$$a_0^k = C_n^k \text{vol}M, \quad a_1^k = \int_M C_0(n,k)s * 1,$$

$$a_2^k = \int_M (C_1(n,k)s^2 + C_2(n,k)\|Ric\|^2 + C_3(n,p)\|Rie\|^2) * 1,$$

这里

$$C_0(n,k) = \frac{1}{6}C_n^k - C_{n-2}^{k-1},$$

$$C_1(n,k) = \frac{1}{72}C_n^k - \frac{1}{6}C_{n-2}^{k-1} + \frac{1}{2}C_{n-4}^{k-2},$$

$$C_2(n,k) = -\frac{1}{180}C_n^k + \frac{1}{2}C_{n-2}^{k-1} - 2C_{n-4}^{k-2},$$

$$C_3(n,k) = \frac{1}{180}C_n^k - \frac{1}{12}C_{n-2}^{k-1} + \frac{1}{2}C_{n-4}^{k-2},$$

其中 s, Ric, Rie 分别为 M 的数量曲率、Ricci 张量、Riemann 曲率张量. 由定理 2.6.1、定理 2.6.2 或文献[53]我们知道,如果

$$\text{Spec}^k M = \text{Spec}^k \widetilde{M},$$

则

$$\dim M = \dim \widetilde{M}$$

且

$$a_i^k = \widetilde{a}_i^k, \quad i = 0,1,2.$$

定理 4.3.3 设 (M,g), $(\widetilde{M},\widetilde{g})$ 为局部对称和共形平坦紧致连通 Riemann 流形. 如果

$$\text{Spec}^k M = \text{Spec}^k \widetilde{M},$$

$n = \dim M$,且满足:

(1)

$$n(n-1) \neq 6k(n-k);$$

(2)

$$n(n-1)(n-2)(n-6) - 30(3n-8)k(n-2)(n-k)$$
$$+ 360(n-k)(n-k-1)k(k-1) \neq 0.$$

则这两个流形是等距的.

证明 我们知道, $n = \dim M = \dim \widetilde{M}$. 如果 $n = 2$,则定理是平凡的,因为 M 和 $\widetilde{M}$ 有相同的常曲率. 现在,我们可以假定 $n \geqslant 3$. 因为 (M,g) 是局部对称的,容易知道 s, $|Ric|$, $|Rie|$ 为常值. 又因共形曲率张量为 0,故

$$|Rie|^2 = \frac{4}{n-2}|Ric|^2 - \frac{2}{(n-1)(n-2)}s^2.$$

于是

$$a_0^k = C_n^k \text{vol} M, \quad a_1^k = C_0(n,k) s \text{vol} M,$$

$$a_2^k = \Big(\Big(C_1(n,k) - \frac{2C_3(n,k)}{(n-1)(n-2)} \Big) s^2$$

$$+ \Big(C_2(n,k) + \frac{4}{n-2} C_3(n,k) \Big) \| Ric \|^2 \Big) \text{vol} M.$$

从条件(1)知 $C_0(n,k) \neq 0$;从条件(2)知 $C_2(n,k) + \dfrac{4}{n-2} C_3(n,k) \neq 0$. 因此

$$\text{vol} M = \text{vol} \widetilde{M}, \quad s = \tilde{s}, \quad |Ric| = |\widetilde{Ric}|, \quad |Rie| = |\widetilde{Rie}|.$$

我们记 $S^m(C)$ 为具有常截曲率 C 的 m 维流形. 如果 (M,g) 是不可约的,因为它是局部对称的,故 (M,g) 是 Einstein 的. 更进一步,因为它是共形平坦的,故 $M = S^n(C)$. 如果 (M,g) 是可约的,由 Ficken 定理(参阅文献[52]),M 局部地为 $S^1 \times S^{n-1}(C)$ 或 $S^p(C) \times S^{n-p}(C)$, $2 \leqslant p \leqslant n-2$,因为 M 是紧致和连通的,故积是整体的.

根据上面所有的论述,我们确信 $M, \widetilde{M}$ 必须是下面三种情形之一:

(1) $S^n(C)$;

(2) $S^1 \times S^{n-1}(C)$;

(3) $S^p(C) \times S^{n-p}(-C)$, $2 \leqslant p \leqslant n-2$.

分别计算上面三种情形的 s 和 $|Ric|^2$,有

(1) $s = n(n-1)C$, $|Ric|^2 = \dfrac{s^2}{n}$;

(2) $s = (n-1)(n-2)C$, $|Ric|^2 = \dfrac{s^2}{n-1}$;

(3) $s = -(n-1)(n-2p)C$,

$$|Ric|^2 = \begin{cases} \dfrac{n(n-1)^2 - (3n-4)p(n-p)}{(n-1)^2(n-2p)^2}, & n \neq 2p, \\ 2p(p-1)^2 c^2, & n = 2p. \end{cases}$$

因为 $s = \tilde{s}$, $|Ric|^2 = |\widetilde{Ric}|^2$,我们证得 M 和 $\widetilde{M}$ 属于相同的情形,并有相同的常数 C,由此推得 (M,g) 和 $(\widetilde{M}, \tilde{g})$ 是等距的. □

注 4.3.1 在 $k = 0,1$ 的情形,定理 4.3.3 中条件(1)和(2)简单地为"$n \neq 6$". 我们推广了文献[51]的结果.

定理 4.3.4 设 (M, J, g) 和 $(\widetilde{M}, \widetilde{J}, \tilde{g})$ 为紧致连通局部对称的 Bochner-Kähler 流形. M 的复维数为 n. 如果

$$\text{Spec}^k M = \text{Spec}^k \widetilde{M},$$

且满足:

(1)
$$n(2n - 1) \neq 3k(2n - k);$$

(2)
$$n(2n - 1)(2n - 3)(n - 7) - 15(3n - 1)(2n - 3)k(2n - k)$$
$$+ 90k(k - 1)(2n - k)(2n - k - 1) \neq 0.$$

则 (M, J, g) 和 $(\widetilde{M}, \widetilde{J}, \widetilde{g})$ 是解析等距的.

证明 一个 Kähler 流形称为 Bochner-Kähler 流形,当且仅当 Bochner 曲率张量为 0. 对于 Bochner-Kähler 流形,我们有

$$|Rie|^2 = \frac{8}{n + 1}|Ric|^2 - \frac{2}{(n + 1)(n + 2)}s^2.$$

如定理 4.3.3 的证明,考虑 M 的实维数为 $2n$ 的情形,由条件(1),(2)我们也有

$$\mathrm{vol}\, M = \mathrm{vol}\, \widetilde{M}, \quad s = \widetilde{s}, \quad |Ric| = |\widetilde{Ric}|, \quad |Rie| = |\widetilde{Rie}|.$$

记 $M^m(C)$ 为 m 维复 Kähler 流形,它的解析截曲率为常数 C. M 和 $\widetilde{M}$ 必须是下面两种情形之一:

(1) $M^n(C)$;

(2) $M^p(C) \times M^{n-p}(C)$, $1 \leqslant p \leqslant n - 1$.

计算上面两种情形的 s 和 $|Ric|^2$,有

(1) $s = n(n + 1)C$, $|Ric|^2 = \dfrac{s^2}{2n}$;

(2) $s = -(n + 1)(n - 2p)C$,

$$|Ric|^2 = \begin{cases} \dfrac{n(n + 1)^2 - (3n + 4)p(n - p)}{2(n + 1)^2(n - 2p)^2}s^2, & n \neq 2p, \\[2mm] p(p + 1)^2 C^2, & n = 2p. \end{cases}$$

因为 $s = \widetilde{s}$, $|Ric| = |\widetilde{Ric}|$,从上面的计算知,我们证明 M 和 $\widetilde{M}$ 属于相同的情形和有相同的常数 C. 那就意味着,它们是解析等距的. $\qquad\square$

注 4.3.2 在 $k = 0$ 的情形下,定理 4.3.4 中条件(1)和(2)被简化为"$n \neq 7$". 因此,我们推广了文献 [51] 的结果. 在 $k = 1$ 的情形下,我们知道条件(1)和(2)被简化为"$n \neq 3$".

4.4 球面上紧致子流形的等谱问题

本节讨论球面上伪脐子流形与全脐子流形的等谱问题.

等谱是谱理论中最重要的问题之一. 人们想知道两个等谱流形是否是等距的. 一般地, 回答是否定的. Milnor 给出了第一个反例. 但是, 在文献[54]中, Lu 和 Chen 证明了: 如果它们之一是球面的测地超曲面, 而另一个是极小的, 则在大部分情况下, 等谱意味着等距. 在文献[55]中, 余维数扩大到 6.

设 M 为浸入在 $S^{n+q}(1)$ 上的 n 维子流形. 我们选择 S^{n+q} 的一个局部规范正交的标架(框架)场 $e_1, \cdots, e_{n+q}$, 使得限制到 M 上, 向量 $e_1, \cdots, e_n$ 是切于 M 的. 对指标范围作以下的约定:

$$1 \leqslant A, B, C, \cdots \leqslant n+q; \qquad 1 \leqslant i, j, k, \cdots \leqslant n;$$
$$n+1 \leqslant \alpha, \beta, \gamma, \cdots \leqslant n+q.$$

设 $\omega^1, \cdots, \omega^{n+q}$ 为关于 $e_1, \cdots, e_{n+q}$ 的对偶形式的场, 则结构方程是通常的. 当限制到 M 上时, 有

$$\mathrm{d}\omega^i = \sum_j \omega^j \wedge \omega_j^i, \quad \omega_j^i + \omega_i^j = 0,$$

$$\mathrm{d}\omega_l^i = -\sum_s \omega_l^s \wedge \omega_s^i + \Omega_l^i,$$

$$\Omega_l^i = \frac{1}{2} \sum_{j,k} R_{ljk}^i \omega^j \wedge \omega^k,$$

$$R_{ijkl} = \delta_{ik}\delta_{jl} - \delta_{il}\delta_{jk} + \sum_\alpha (h_{ik}^\alpha h_{jl}^\alpha - h_{il}^\alpha h_{ik}^\alpha).$$

我们称

$$h = \sum_{\alpha,i,j} h_{ij}^\alpha \omega^i \otimes \omega^j \otimes e_\alpha$$

为 M 的**第 2 基本形式**, 它的**长度平方**由

$$S = \|h\|^2 = \sum_{\alpha,i,j} (h_{ij}^\alpha)^2$$

定义; 而称

$$H(x) = \frac{1}{n} \sum_\alpha (\mathrm{tr}\, H_\alpha) e_\alpha = \sum_\alpha \left(\frac{1}{n} \sum h_{jj}^\alpha\right) e_\alpha$$

为 M 在**点 x 处的平均曲率向量**. 它的长度

$$H = \|H(x)\|$$

称为**平均曲率**. 如果 M 有平行平均曲率向量, 则 $H = $ 常数; 如果 M 在 $S^{n+q}(1)$ 中是全脐的, 则 M 有平行平均曲率向量, 故 $H = $ 常数. 如果 M 关于 $H(x)$ 是脐的, 则称 M 是**伪脐**的.

我们可以选择 $e_1, \cdots, e_n, e_{n+1}, \cdots, e_{n+q}$ 使得

$$e_{n+1} = \frac{H(x)}{H} = \frac{H(x)}{|H(x)|},$$

则：

(1) 对于全脐子流形，

$$H_{n+1} = HI_n, \quad H_\alpha = 0, \quad \alpha > n+1,$$

其中 I_n 为单位矩阵；

(2) 对于伪脐子流形，

$$H_{n+1} = HI_n, \quad \text{tr}\, H_\alpha = 0, \quad \alpha > n+1.$$

引理 4.4.1 设 M 为 $S^{n+q}(1)$ 的 n 维子流形. 利用上面的标架, 有

$$s = n(n-1) + n^2 H^2 - S,$$

$$|Ric|^2 = n(n-1) + 2(n-1)n^2 H^2 - 2(n-1)S + \sum_{\alpha,\beta} \text{tr}(H_\alpha^2 H_\beta^2)$$

$$+ \sum_{\alpha,\beta}(\text{tr}\, H_\alpha)(\text{tr}\, H_\beta)(\text{tr}\, H_\alpha H_\beta) - 2\sum_{\alpha,\beta}(\text{tr}\, H_\alpha)(\text{tr}\, H_\alpha H_\beta^2),$$

$$|Rie|^2 = 2n(n-1) + 2\sum_{\alpha,\beta}(\text{tr}\, H_\alpha H_\beta)^2 - 2\sum_{\alpha,\beta}\text{tr}(H_\alpha H_\beta)^2 + 4n^2 H^2 - 4S,$$

其中 s, Ric, Rie 分别为 M 的数量曲率、Ricci 曲率张量、Riemann 截曲率张量. $|Ric|$, $|Rie|$ 分别为由 M 的 Riemann 度量诱导的长度.

设 Δ^p 是作用在 M 的 p 形式上的 Laplace 算子, 它的离散谱用 $\text{Spec}^p M$ 表示：

$$0 < \lambda_1^p \leqslant \lambda_2^p \leqslant \cdots \to +\infty.$$

我们有 Minakshisundarum 公式（参阅文献[53]）

$$\sum_{i=0}^{+\infty} e^{-\lambda_i^2 t} \sim (4\pi t)^{\frac{n}{2}} \sum_{i=0}^{+\infty} a_i^p t^i, \quad t \to 0^+,$$

$$a_0^p = C_n^p \text{vol}\, M,$$

$$a_1^p = \int_M C_0(n,p) s * 1,$$

$$a_2^p = \int_M (C_1(n,p)s^2 + C_2(n,p)|Ric|^2 + C_3(n,p)|Rie|^2) * 1.$$

后面, 我们分别用 C_i, C_0 表示 $C_i(n,p)$, $C_0(n,p)$,

$$C_0 = \frac{1}{6}C_n^p - C_{n-2}^{p-1},$$

$$C_1 = \frac{1}{72}C_n^p - \frac{1}{6}C_{n-1}^{p-1} + \frac{1}{2}C_{n-4}^{p-2},$$

$$C_2 = -\frac{1}{180}C_n^p + \frac{1}{2}C_{n-2}^{p-1} - 2C_{n-4}^{p-2},$$

$$C_3 = \frac{1}{180}C_n^p - \frac{1}{12}C_{n-2}^{p-1} + 2C_{n-4}^{p-2}.$$

根据文献[54]中的引理 1, 我们得到：如果 $C_0 = 0$, 则除 $(n,p) = (6,5)$ 或 $(6,1)$ 外, 总有

$n \geqslant 25$. 通过直接计算, 有:

引理 4.4.2 如果 $C_0 = 0$, $(n, p) \neq (6, 5)$ 或 $(6, 1)$, 则 $n \geqslant 25$, 记

$$z = \frac{(n-4)!}{(p-1)!(n-p-1)!},$$

则

$$C_1 = -\frac{1}{6} nz < 0, \tag{4.4.1}$$

$$C_2 = \frac{2}{15}(n^2 + 6)z > 0, \tag{4.4.2}$$

$$C_3 = \frac{1}{30}(n^2 - 10n + 6)z > 0, \tag{4.4.3}$$

$$C_2 - 2C_3 = \frac{1}{15}(n^2 + 10n + 6)z > 0, \tag{4.4.4}$$

$$n(n-1)C_1 + (n-1)C_2 + 2C_3 = -\frac{1}{30}(n-2)(n-3)(n+2)z < 0. \tag{4.4.5}$$

定理 4.4.1 设 M 和 $\widetilde{M}$ 分别为 $S^{n+q}(1)$ 中的 n 维伪脐和全脐子流形. 若

$$\mathrm{Spec}^p M = \mathrm{Spec}^p \widetilde{M}, \quad H = \widetilde{H},$$

且有:

(1) 如果 $n(n-1) \neq 6p(n-p)$, 则 M 也是全脐的;

(2) 如果 $n(n-1) = 6p(n-p)$ 和

$$S \leqslant H^2 \frac{n^2 - 5n - 48}{5}, \quad (n, p) \neq (6, 5) \text{ 或 } (6, 1).$$

则 M 也是全脐的.

证明 (1) 如果 $C_0 \neq 0$, 由引理 4.4.1 和 Minakshisundarum 公式得到 $a_i^p = \widetilde{a}_i^p$, 则

$$\mathrm{vol}\, M = \mathrm{vol}\, \widetilde{M},$$

$$\int_M (n(n-1) + n^2 H^2 - S) * 1 = \int_{\widetilde{M}} (n(n-1) + n^2 \widetilde{H}^2 - n\widetilde{H}^2) * 1,$$

$$\int_M (S - nH^2) * 1 = 0.$$

于是得到 $S = nH^2$, 从而 M 是全脐子流形.

(2) 如果 $C_0 = 0$, 由引理 4.4.1 和 Minakshisundarum 公式知

$$\begin{aligned}
0 = a_2^p - \widetilde{a}_2^p = \int_M \Big(&C_1(n(n-1) + n^2 H^2 - S)^2 \\
&+ C_2(n(n-1)^2 + 2(n-1)n^2 H^2 - 2(n-1)S \\
&+ \sum_{\alpha, \beta} \mathrm{tr}(H_\alpha^2 H_\beta^2) + n^3 H^4 - 2nH^2 S)
\end{aligned}$$

$$+ C_3(2n(n-1) + 2\sum_{\alpha,\beta}(\operatorname{tr} H_\alpha H_\beta)^2$$

$$- 2\sum_{\alpha,\beta}\operatorname{tr}(H_\alpha H_\beta)^2 + 4n^2H^2 - 4S)) * 1$$

$$- \int_{\widetilde{M}}(C_1(n(n-1) + n^2\widetilde{H}^2 - n\widetilde{H}^2)^2$$

$$+ C_2(n(n-1)^2 + 2(n-1)n^2\widetilde{H}^2 - 2(n-1)n\widetilde{H}^2$$

$$+ n\widetilde{H}^4 + n^3\widetilde{H}^4 - 2n^2\widetilde{H}^4) + C_3(2n(n-1)$$

$$+ 2n^2\widetilde{H}^4 - 2n\widetilde{H}^4 + 4n^2\widetilde{H}^2 - 4n\widetilde{H}^4)) * 1$$

$$\geqslant \int_M(C_1(S^2 - 2n(n-1)S - 2n^2H^2S - n^2H^4 + 2n^2(n-1)H^2$$

$$+ 2n^3H^4) + C_2(-2(n-1)S + 2(n-1)nH^2 - 2nH^2S + 2n^2H^4)$$

$$+ C_3(-4S + 4nH^2)) * 1$$

$$= \int_M(2(n(n-1)C_1 + (n-1)C_2 + 2C_3)(nH^2 - S)$$

$$+ (2C_1n^2H^2 - C_1S - C_1nH^2 + 2C_2nH^2)(nH^2 - S)) * 1.$$

根据式(4.4.1)、式(4.4.5)，$nH^2 - S < 0$ 和

$$S \leqslant H^2\frac{2n^2 - 5n - 48}{5},$$

故上面的值大于或等于 0，从而等式成立，即

$$nH^2 = S,$$

而 M 是全脐的.

这里不等式成立是因为式(4.4.2)～式(4.4.4)和

$$\sum_{\alpha,\beta}\operatorname{tr}(H_\alpha H_\beta)^2 \leqslant \sum_{\alpha,\beta}\operatorname{tr}(H_\alpha^2 H_\beta^2), \quad \sum_{\alpha,\beta}\operatorname{tr}(H_\alpha H_\beta)^2 \geqslant n^2H^4,$$

$$\sum_{\alpha,\beta}\operatorname{tr}(H_\alpha^2 H_\beta^2) \geqslant nH^4. \qquad \square$$

定理 4.4.2 设 $\psi:M \to S^{n+q+1}(c)$ 为 n 维伪脐浸入，有平行平均曲率向量，$\widetilde{M}$ 为 $S^{n+q}(H^2 + c)$ 的 n 维全测地子流形，如果

$$\operatorname{Spec}^p M = \operatorname{Spec}^p \widetilde{M},$$

$q \leqslant 6, (n,p) \neq (6,5)$ 或 $(6,1)$，则 M 为 $S^{n+q+1}(c)$ 的全脐子流形.

证明 根据文献[56]中的定理，有：

(1) $\psi(M)$ 落在 $S^{n+q}(H^2 + c) \subset S^{n+q+1}(c)$；

(2) 如果记 $\psi = i \circ \psi_1$，$\psi_1:M \to S^{n+q}(H^2 + c)$，$i$ 为单射，则 ψ_1 是一个极小浸入；

(3) $S_1 + nH^2 = S$，其中 S_1, S 分别为 ψ_1, ψ 的第 2 基本形式的长度平方.

应用文献[55]中的定理，ψ_1 是一个测地浸入，故 $S_1 = 0$，即 $S = nH^2$，从而 M 为一个

全测地子流形. □

4.5 Clifford 超曲面 M_{n_1,n_2} 的谱

本节将证明在一定的几何条件下,Clifford 极小超曲面 M_{n_1,n_2} 是由它的谱(在相差一个等距不计下)决定的. 我们的结果可看成文献[24]的推广.

设 (M,g) 为紧致 Riemann 流形, $\mathrm{Spec}^p M$ 为作用在 M 的 p 次外形式上的 Laplace-Beltrami 算子 $\triangle$ 的谱. 谱理论中的基本问题之一是:Riemann 流形由它的谱决定到等距吗? 一般来说,这不是真的. 但是,在某些情形下,谱决定了流形(参阅文献[60]).

回顾 n 维 Riemann 流形 (M,g),有

$$\mathrm{Spec}^p(M,g) = \{0 \leqslant \lambda_1^p \leqslant \cdots \leqslant \lambda_i^p \leqslant \lambda_{i+1}^p \leqslant \cdots < + \infty\}.$$

Minakshisundarum-Pleijel-Gaffney 渐近表示为

$$\sum_{i=0}^{+\infty} \mathrm{e}^{-\lambda_i^p t} \sim (4\pi t)^{\frac{n}{2}} \sum_{i=0}^{+\infty} a_i^p t^i, \quad t \to 0^+,$$

其中 a_k^p 是 (M,g) 的几何不变量. 这个表示式告诉我们两个等距流形有相同的不变量 $\{a_k^p\}$. 由文献[59]知

$$a_0^p = C_n \mathrm{vol}\, M, \tag{4.5.1}$$

$$a_1^p = \int_M C(n,p) s * 1, \tag{4.5.2}$$

$$a_2^p = \int_M (C_1(n,p) s^2 + C_2(n,p) |Ric|^2 + C_3(n,p) |Rie|^2) * 1, \tag{4.5.3}$$

$$C(n,p) = \frac{1}{6} C_n^p - C_{n-2}^{p-1}, \tag{4.5.4}$$

$$C_1(n,p) = \frac{1}{72} C_n^p - \frac{1}{6} C_{n-2}^{p-1} + \frac{1}{2} C_{n-4}^{p-2}, \tag{4.5.5}$$

$$C_2(n,p) = -\frac{1}{180} C_n^p + \frac{1}{2} C_{n-2}^{p-1} - 2 C_{n-4}^{p-2}, \tag{4.5.6}$$

$$C_3(n,p) = \frac{1}{180} C_n^p - \frac{1}{12} C_{n-2}^{p-1} + \frac{1}{2} C_{n-4}^{p-2}, \tag{4.5.7}$$

其中 $Rie = (R_{jkl}^i), Ric = (R_{jk}), s = \sum\limits_{j,k} g^{jk} R_{jk}$ 分别为 Riemann 曲率张量、Ricci 曲率张量和数量曲率.

现在,我们假定 M 在 $S^{n+1}(1)$ 中是极小的,

$$h = \sum_{i,j} h_{ij} \omega^i \otimes \omega^j \otimes e_{n+1}$$

为 M 的第 2 基本形式. 在任何点 $x_0 \in M$, 我们可以选适当的规范正交标架, 使得

$$h_{ij} = \lambda_i \delta_{ij}.$$

因为 M 是极小的, 故

$$\sum_i \lambda_i = 0.$$

因此, 得到 Gauss 方程 (参阅文献[57])

$$
\begin{aligned}
R_{ijkl} &= h_{ik}h_{jl} - h_{il}h_{jk} + \delta_{ik}\delta_{jl} - \delta_{il}\delta_{jk} \\
&= \lambda_i\lambda_j(\delta_{ik}\delta_{jl} - \delta_{il}\delta_{jk}) + \delta_{ik}\delta_{jl} - \delta_{il}\delta_{jk},
\end{aligned}
\tag{4.5.8}
$$

$$R_{ij} = -h_{ik}h_{jk} + (n-1)\delta_{ij} = -\lambda_i\lambda_j\delta_{ij} + (n-1)\delta_{ij}, \tag{4.5.9}$$

$$s = -\sum_{i,j} h_{ij}^2 + n(n-1) = -\sum_i \lambda_i^2 + n(n-1). \tag{4.5.10}$$

由这些等式得到

$$|Rie|^2 = 2\left(\sum_i \lambda_i^2\right)^2 - 2\sum_i \lambda_i^4 - 4\sum_i \lambda_i^2 + 2n(n-1), \tag{4.5.11}$$

$$|Ric|^2 = \sum_i \lambda_i^4 - 2(n-1)\sum_i \lambda_i^2 + n(n-1)^2, \tag{4.5.12}$$

$$s^2 = \left(\sum_i \lambda_i^2\right)^2 - 2n(n-1)\sum_i \lambda_i^2 + n^2(n-1)^2. \tag{4.5.13}$$

对于 Clifford 超曲面 M_{n_1, n_2}, 我们容易验证 (参阅文献[58])

$$\lambda_1 = \lambda_2 = \cdots = \lambda_{n_1} = \sqrt{\frac{n_2}{n_1}}, \quad \lambda_{n_1+1} = \cdots = \lambda_n = \sqrt{\frac{n_1}{n_2}}. \tag{4.5.14}$$

由此可得

$$\tilde{s} = n(n-2), \tag{4.5.15}$$

$$|\widetilde{Rie}|^2 = 4n^2 - \frac{2n^3}{n_1 n_2}, \tag{4.5.16}$$

$$|\widetilde{Ric}|^2 = n^2\left(\frac{n}{n_1 n_2} - 4 + n\right), \tag{4.5.17}$$

其中 $\widetilde{Rie}, \widetilde{Ric}, \tilde{s}$ 分别表示 M_{n_1, n_2} 的 Riemann 曲率张量、Ricci 曲率和数量曲率.

本节研究了单位球面 $S^m(1)$ 的某些极小子流形和它们的谱之间的关系, 并得到下面的定理.

定理 4.5.1 设 $M^n = M^{n_1} \times M^{n_2}$ ($n_1 \leqslant n_2, n_1 + n_2 = n$) 为 $S^{n+1}(1)$ 中的紧致极小超曲面和 $M_{n_1, n_2} = S^{n_1}\left(\sqrt{\dfrac{n_1}{n}}\right) \times S^{n_2}\left(\sqrt{\dfrac{n_2}{n}}\right)$ 为 Clifford 极小超曲面. 如果

$$\mathrm{Spec}^p M^n = \mathrm{Spec}^p M_{n_1, n_2}, \quad |h_1|^2 \geqslant n_2,$$

且:

(1) $p = 1, 13 < n < 40$

或

　（2）$p = 2, n = 8, 9$ 或 $18 < n \leqslant 73$.

则 M^n 和 M_{n_1, n_2} 是等距的，其中 h_1 是 M^n 的第 2 基本形式 h 在球面 $S^{n+1}(1)$ 中关于 M^{n_1} 的限制. 也就是说，如果我们在 $S^{n+1}(1)$ 中选择了一个局部规范标架场 $e_1, \cdots, e_{n+1}$，使得限制到 M^{n_1}，向量 $e_1, \cdots, e_{n_1}$ 切于 M^{n_1}. 如果

$$h = \sum_{A, B} h_{AB} \omega^A \otimes \omega^B \otimes e_{n+1}$$

为浸入子流形 M 的第 2 基本形式，则

$$h_1 = \sum_{i, j = 1}^{n_1} h_{ij} \omega^i \otimes \omega^j \otimes e_{n+1}.$$

　　显然

$$| h_1 |^2 = \sum_{i, j = 1}^{n_1} h_{ij}^2$$

不依赖于规范正交标架的选取.

　　证明　设 M^n 为 $S^{n+1}(1)$ 中的紧致超曲面. 如果

$$\mathrm{Spec}^p M^n = \mathrm{Spec}^p M_{n_1, n_2}, \quad p = 1, 2,$$

则

$$a_i^p = \tilde{a}_i^p, \quad p = 1 \text{ 或 } 2. \tag{4.5.18}$$

因此，由式（4.5.1），有

$$\mathrm{vol}\, M^n = \mathrm{vol}\, M_{n_1, n_2}. \tag{4.5.19}$$

　　因为对任何整数 n，$C(n, 1) \neq 0 \Leftrightarrow n \neq 6, C(n, 2) \neq 0$，由式（4.5.2）、式（4.5.18）、式（4.5.19）、式（4.5.10）、式（4.5.14），有

$$\int_M \sum_i \lambda_i^2 * 1 = \int_M n * 1, \quad n \neq 6. \tag{4.5.20}$$

由式（4.5.3）、式（4.5.11）～式（4.5.17）、式（4.5.19）、式（4.5.20），并通过一个直接的计算得到

$$\int_M \left[(C_1(n, p) + 2C_3(n, p)) \left(\left(\sum_i \lambda_i^2 \right)^2 - n^2 \right) \right.$$

$$\left. + (C_2(n, p) - 2C_3(n, p)) \cdot \left(\sum_i \lambda_i^2 - \frac{n_1^3 + n_2^3}{n_1 n_2} \right) \right] * 1 = 0. \tag{4.5.21}$$

令

$$u_i = \begin{cases} \lambda_i^2 - \dfrac{n_2}{n_1}, & 1 \leqslant i \leqslant n_1, \\[2mm] \lambda_i^2 - \dfrac{n_1}{n_2}, & n_1 + 1 \leqslant i \leqslant n. \end{cases} \tag{4.5.22}$$

由式(4.5.20),有

$$\int_M \sum_i u_i * 1 = 0. \tag{4.5.23}$$

再由式(4.5.21)~式(4.5.23)和一个直接的计算推得

$$\int_M \left[(C_1(n,p) + 2C_3(n,p))\left(\sum_{i=1}^n u_i\right)^2 + (C_2(n,p) \right.$$

$$\left. - 2C_3(n,p)) \cdot \left(\sum_{i=1}^n u_i^2 + 2\left(\frac{n_2}{n_1} - \frac{n_1}{n_2}\right)\sum_{i=1}^n u_i\right) \right] * 1 = 0. \tag{4.5.24}$$

另一方面

$$\sum_{i=1}^{n_1} u_i = \sum_{i=1}^{n_1} \lambda_i^2 - n_2 = |h_1|^2 - n_2. \tag{4.5.25}$$

因此,由式(4.5.24)得

$$\int_M \left[(C_1(n,p) + 2C_3(n,p))\left(\sum_{i=1}^n u_i\right)^2 + (C_2(n,p) - 2C_3(n,p)) \right.$$

$$\left. \cdot \left(\sum_{i=1}^n u_i^2 + 2\left(\frac{n_2}{n_1} - \frac{n_1}{n_2}\right)(|h_1|^2 - n_2)\right) \right] * 1 = 0. \tag{4.5.26}$$

根据式(4.5.5)~式(4.5.7),我们有

$$a(n,p) = C_1(n,p) + 2C_3(n,p) = \frac{1}{41}C_n^p - \frac{1}{3}C_{n-2}^{p-1} + \frac{3}{2}C_{n-4}^{p-2},$$

$$b(n,p) = C_2(n,p) - 2C_3(n,p) = -\frac{1}{60}C_n^p + \frac{2}{3}C_{n-2}^{p-1} - 3C_{n-4}^{p-2}.$$

由一个简单的计算得到

$$a(n,1)b(n,1) > 0 \Leftrightarrow 13 < n < 40;$$

$$a(n,2)b(n,2) > 0 \Leftrightarrow n = 8,9 \text{ 或 } 18 < n \leqslant 73.$$

现在,关于定理的条件,在式(4.5.26)左边的每一项系数都有相同的符号.因此,有

$$u_i = 0, \quad i = 1, \cdots, n.$$

由式(4.5.22)就有

$$|h|^2 = \sum_i \lambda_i^2 = n. \tag{4.5.27}$$

所以,我们的结论由式(4.5.27)、式(4.5.14)和下面的引理4.5.1推得. □

引理 4.5.1(参阅文献[12]) S^4 中的 Veronese 曲面和 S^{n+1} 中的子流形 $M_{m,n-m}$ 是 S^{n+q} 中满足

$$|h|^2 = \frac{n}{2 - \dfrac{1}{q}}$$

的仅有的 n 维紧致极小子流形.

4.6　紧致极小超曲面上 Laplace 算子的谱

设 M 为 S^{n+1} 的紧致极小超曲面, $M_{p,n-p}$ 为 S^{n+1} 的 Clifford 极小超曲面. 如果
$$\text{Spec}^0\, M = \text{Spec}^0\, M_{p,n-p},$$
则在一定条件下,我们可以得到 M 等距于 $M_{p,n-p}$.

设 (M,g) 为 n 维紧致 Riemann 流形和 λ_i 为 Laplace 算子作用在 (M,g) 的函数上的第 i 个特征值,则 (M,g) 上 Laplace 算子的谱是
$$\text{Spec}^0(M,g) = \{0 \leqslant \lambda_1 \leqslant \lambda_2 \leqslant \cdots < +\infty\}.$$

关于谱的问题之一如下:设 (M,g) 和 $(\widetilde{M},\widetilde{g})$ 是紧致可定向 Riemann 流形,且
$$\text{Spec}^0(M,g) = \text{Spec}^0(\widetilde{M},\widetilde{g}),$$
问 (M,g) 等距于 $(\widetilde{M},\widetilde{g})$ 吗? 这个问题的答案在 1964 年被 J. Milnor 举例否定了. 但是,当 (M,g) 和 $(\widetilde{M},\widetilde{g})$ 是某些特殊的 Riemann 流形时,在一定的条件下,可以证明 (M,g) 等距于 $(\widetilde{M},\widetilde{g})$.

本节将研究球面 S^{n+1} 的超曲面和证明定理 4.6.1 与定理 4.6.2. 为此,我们先做一些准备.

设 (M,g) 为 n 维紧致 Riemann 流形,那么对于 Spec M 的 Minakshisundarum-Pleijel-Gaffney 公式可由
$$\sum_{i=0}^{+\infty} \text{e}^{-\lambda_i^p t} \sim (4\pi t)^{\frac{n}{2}} \sum_{i=0}^{+\infty} a_i^p t^i, \quad t \to 0^+$$
给出,这里数 a_i 可以由 $a_i = \int_M u_i * 1, i = 0,1,2,\cdots$ 表示,其中 $u_i: M \to \mathbf{R}$ 为函数,人们知其为局部 Riemann 不变量. 这些 a_i 中的某些在文献[53]和文献[63]中已被计算出来.

对于 M 上的张量场 $P = (P_{ijkl}), Q = (Q_{ijkl}), U = (U_{ij}), V = (V_{ij}), W = (W_{ij})$,我们利用下面的记号:
$$(P,Q) = \sum_{ijkl} P_{ijkl} Q^{ijkl}, \quad |P|^2 = (P,P),$$
$$(P,Q,T) = \sum_{ijklrs} P_{kl}^{ij} Q_{rs}^{kl} T_{ij}^{rs}, \quad (U;Q,T) = \sum_{rsijkl} U^{rs} Q_{rjkl} T_s^{jkl},$$
$$(U;V;T) = \sum_{ijkl} U^{ik} V^{jl} T_{ijkl}, \quad (UVW) = \sum_{ijk} U_j^i V_k^j W_i^k,$$
其中 $Q_{ij}^{rs} = \sum_{kl} Q_{ijkl} g^{kr} g^{ls}$,则 a_0, a_1, a_2, a_3 可表示如下:

$$a_0 = \text{vol } M = \int_M 1 * 1, \tag{4.6.1}$$

$$a_1 = \frac{1}{6} \int_M s * 1, \tag{4.6.2}$$

$$a_2 = \frac{1}{360} \int_M (5s^2 - 2 \mid Ric \mid^2 + 2 \mid Rie \mid^2) * 1, \tag{4.6.3}$$

$$a_3 = \frac{1}{6!} \int_M (Z + B + A) * 1, \tag{4.6.4}$$

其中 s, Rie, Ric 分别为 M 的数量曲率、Riemann 曲率张量和 Ricci 曲率张量. 而

$$Z = -\frac{1}{9} \mid \nabla Rie \mid^2 - \frac{26}{63} \mid \nabla Ric \mid^2 - \frac{142}{63} \mid \nabla s \mid^2,$$

$$B = \frac{2}{3} s \mid Rie \mid^2 - \frac{2}{3} s \mid Ric \mid^2 + \frac{5}{9} s^3,$$

$$A = \frac{8}{21} (Rie, Rie, Rie) - \frac{8}{63} (Ric; Rie, Rie)$$

$$+ \frac{20}{63} (Ric; Ric; Rie) - \frac{4}{7} (Ric, Ric, Ric).$$

下面, 我们计算 $M_{p,n-p} = S^p \left(\sqrt{\frac{p}{n}} \right) \times S^{n-p} \left(\sqrt{\frac{n-p}{n}} \right)$ 的某些量.

在 $S^p \left(\sqrt{\frac{p}{n}} \right)$ 中选择合适的规范正交标架场 $\{e_1, \cdots, e_p\}$ 和在 $S^{n-p} \left(\sqrt{\frac{n-p}{n}} \right)$ 中选择合适的规范正交标架场 $\{e_{p+1}, \cdots, e_n\}$, 则 $\{e_1, \cdots, e_n\}$ 为 $M_{p,n-p}$ 的规范正交标架场. 通过选择 $\{e_1, \cdots, e_n\}$ 可以假定 $M_{p,n-p}$ 在其每一点的第 2 基本形式的矩阵为

$$\begin{pmatrix} \xi I_p & 0 \\ 0 & \eta I_{n-p} \end{pmatrix},$$

其中 $\xi = \sqrt{\frac{n-p}{n}}, \eta = -\sqrt{\frac{p}{n-p}}$. 我们分别用 $\tilde{s}, \widetilde{Ric} = (\widetilde{R}_{ij}), \widetilde{Rie} = (\widetilde{R}_{ijkl})$ 表示 $M_{p,n-p}$ 的数量曲率、Ricci 曲率张量和 Riemann 曲率张量. $\widetilde{H}, \parallel \tilde{h} \parallel$ 分别为 $M_{p,n-p}$ 的平均曲率和第 2 基本形式的长度. 则

$$\widetilde{H} = 0, \quad \mid \tilde{h} \mid = \frac{(n-p)p}{p} + \frac{p(n-p)}{n-p} = n,$$

$$\widetilde{R}_{ij} = (n - 1 - \tilde{\xi}_i^2) \delta_{ij},$$

$$\mid \widetilde{Ric} \mid^2 = n(n-1)(n-3) + \frac{p^2}{n-p} + \frac{(n-p)^2}{p}, \tag{4.6.5}$$

$$\widetilde{R}_{ijkl} = (\delta_{ik}\delta_{jl} - \delta_{il}\delta_{jk})(1 + \tilde{\xi}_i \tilde{\xi}_j),$$

$$| \widetilde{Rie} |^2 = 2n(2n - 3) - \frac{2p^2}{n - p} - \frac{2(n - p)^2}{p}. \qquad (4.6.6)$$

对于 S^{n+1} 的极小超曲面 M，我们也选择合适的规范正交标架局部场 $\{e_1, \cdots, e_n\}$ 使得 M 的第 2 基本形式的矩阵为

$$\begin{pmatrix} \xi_1 & & \\ & \ddots & \\ & & \xi_n \end{pmatrix}.$$

容易计算得

$$| Rie |^2 = 2\Big(\sum_i \xi_i^2\Big)^2 - 2\Big(\sum_i \xi_i^4\Big) - 4\Big(\sum_i \xi_i^2\Big) + 2n(n - 1), \qquad (4.6.7)$$

$$| Ric |^2 = \sum_i \xi_i^4 - 2(n - 1)\sum_i \xi_i^2 + n(n - 1)^2, \qquad (4.6.8)$$

$$s^2 = \Big(\sum_i \xi_i^2\Big)^2 - 2n(n - 1)\sum_i \xi_i^2 + n^2(n - 1)^2. \qquad (4.6.9)$$

定理 4.6.1 设 M 为球面 S^{n+1} 的紧致极小超曲面和 $M_{p, n-p}$ 为球面 S^{n+1} 的 Clifford 极小超曲面. 假定

$$\mathrm{Spec}^0 M = \mathrm{Spec}^0 M_{p, n-p},$$

则在下面两种情形下：

(1) $\displaystyle\int_M | Ric |^2 * 1 \leqslant \Big(n(n - 1)(n - 3) + \frac{p^2}{n - p} + \frac{(n - p)^2}{p} \Big) V_{p, n-p}$；

(2) $\displaystyle\int_M | Rie |^2 * 1 \geqslant 2\Big(n(2n - 3) - \frac{p^2}{n - p} - \frac{(n - p)^2}{p} \Big) V_{p, n-p}$,

M 整体等距于 $M_{p, n-p}$. 其中 Rie 和 Ric 分别为 M 的 Riemann 曲率张量和 Ricci 曲率张量，并且

$$| Rie |^2 = (Rie, Rie) = \sum_{ijkl} R_{ijkl}^2,$$

$$| Ric |^2 = \sum_{ij} R_{ij}^2,$$

另外

$$V_{p, n-p} = \frac{4\pi^{\frac{n}{2}+1} p^{\frac{p}{2}} (n - p)^{\frac{n-p}{2}}}{\Gamma\Big(\dfrac{p + 1}{2}\Big) \Gamma\Big(\dfrac{n - p + 1}{2}\Big) n^{\frac{n}{2}}}$$

为 $M_{p, n-p}$ 的体积.

证明 因为 $\mathrm{Spec}^0 M = \mathrm{Spec}^0 M_{p, n-p}$，故

$$\mathrm{vol}\, M = \mathrm{vol}\, M_{p, n-p}, \qquad (4.6.10)$$

$$\int_M s * 1 = \int_{M_{p, n-p}} \tilde{s} * 1, \qquad (4.6.11)$$

$$\int_M \left(\frac{1}{72} s^2 + \frac{1}{180} \mid Rie \mid^2 - \frac{1}{180} \mid Ric \mid^2 \right) * 1$$

$$= \int_{M_{p,n-p}} \left(\frac{1}{72} \tilde{s}^2 + \frac{1}{180} \mid \widetilde{Rie} \mid^2 - \frac{1}{180} \mid \widetilde{Ric} \mid^2 \right) * 1. \tag{4.6.12}$$

因为 $s = n(n-1) - \mid \tilde{h} \mid, \tilde{s} = n(n-1) - \mid h \mid$, 由式(4.6.10)得到

$$\int_M \mid h \mid * 1 = \int_{M_{p,n-p}} \mid \tilde{h} \mid * 1 = n \operatorname{vol} M. \tag{4.6.13}$$

在式(4.6.12)中利用式(4.6.4)～式(4.6.8), 有

$$\int_M \left(\frac{1}{72} \mid h \mid^2 + \frac{1}{180} \left(2 \mid h \mid^2 - 2 \sum_i \xi_i^4 \right) - \frac{1}{180} \sum_i \xi_i^4 \right) * 1$$

$$= \int_M \left(\frac{1}{72} \mid \tilde{h} \mid^2 + \frac{1}{180} \left(2 \mid \tilde{h} \mid^2 - 2 \sum_i \tilde{\xi}_i^4 \right) - \frac{1}{180} \sum_i \tilde{\xi}_i^4 \right) * 1.$$

因此

$$\int_M \left(\frac{1}{2} \mid h \mid^2 - \frac{1}{3} \sum_i \xi_i^4 \right) * 1 = \int_{M_{p,n-p}} \left(\frac{1}{2} \mid \tilde{h} \mid^2 - \frac{1}{3} \sum_i \tilde{\xi}_i^4 \right) * 1. \tag{4.6.14}$$

由式(4.6.1)得到

$$\int_M \left(\sum_i \xi_i^4 - 2(n-1) \sum_i \xi_i^2 + n(n-1)^2 \right) * 1$$

$$\leqslant \int_{M_{p,n-p}} \left(\sum_i \tilde{\xi}_i^4 - 2(n-1) \sum_i \tilde{\xi}_i^2 + n(n-1)^2 \right) * 1.$$

应用式(4.6.9)和式(4.6.13), 有

$$\int_M \mid h \mid^2 * 1 \leqslant \int_{M_{p,n-p}} \mid \tilde{h} \mid^2 * 1.$$

由式(4.6.2)推得

$$\int_M \left(2 \mid h \mid^2 - 2 \sum_i \xi_i^4 - 4 \mid h \mid + 2n(n-1) \right) * 1$$

$$\leqslant \int_{M_{p,n-p}} \left(2 \mid \tilde{h} \mid^2 - 2 \sum_i \xi_i^4 - 4 \mid \tilde{h} \mid + 2n(n-1) \right) * 1.$$

应用式(4.6.9)和式(4.6.13)得到

$$\int_M \mid h \mid^2 * 1 \leqslant \int_{M_{p,n-p}} \mid \tilde{h} \mid^2 * 1.$$

于是, 由两种情形都可得到

$$\int_M \mid h \mid^2 * 1 \leqslant \int_{M_{p,n-p}} \mid \tilde{h} \mid^2 * 1.$$

另一方面, 应用 Hölder 不等式, 有

$$\int_M \mid h \mid * 1 \leqslant \left(\int_M \mid h \mid^2 * 1 \right)^{\frac{1}{2}} \left(\int_M 1 * 1 \right)^{\frac{1}{2}} = \left(\int_M \mid h \mid^2 * 1 \right)^{\frac{1}{2}} \sqrt{\operatorname{vol} M}.$$

于是

$$\int_M \mid h \mid^2 * 1 \geqslant \frac{\left(\int_M \mid h \mid * 1\right)^2}{\text{vol } M} = \frac{\left(\int_{M_{p,n-p}} \mid \tilde{h} \mid * 1\right)^2}{\text{vol } M_{p,n-p}} = \int_{M_{p,n-p}} \mid \tilde{h} \mid^2 * 1,$$

$$(4.6.15)$$

且等号成立当且仅当$\parallel h \parallel$为常值.

综上所述

$$\int_M \mid h \mid^2 * 1 = \int_{M_{p,n-p}} \mid \tilde{h} \mid^2 * 1.$$

于是,$\mid h \mid$为常值.利用式(4.6.12)得到$\mid h \mid = n$.

因为 M 为球面S^{n+1}的极小超曲面,由文献[12]知 M 局部为 Clifford 极小超曲面 $M_{p,n-p}$.通过利用式(4.6.14),我们容易得到 $q = p$ 或 $q = n - p$.因此,M 局部等距于 $M_{p,n-p}$.进而,应用文献[57]我们容易知道,M 整体等距于 $M_{p,n-p}$. □

定理 4.6.2 设 M 为$S^{n+1}(1)$的紧致极小超曲面,$M_{p,n-p}$为$S^{n+1}(1)$的 Clifford 极小超曲面.在 M 的每个点,取在某个适当的规范正交标架局部场下,第 2 基本形式的矩阵可以写作

$$\begin{pmatrix} \xi_1 & & \\ & \ddots & \\ & & \xi_n \end{pmatrix},$$

其中 $\xi_1 \geqslant \xi_2 \geqslant \cdots \geqslant \xi_n$.令 $\alpha : M \to \mathbf{R}^n$ 为映射,$\alpha(x) = \begin{pmatrix} \xi_1 \\ \vdots \\ \xi_n \end{pmatrix}$.而 $\beta = \begin{pmatrix} \tilde{\xi}_1 \\ \vdots \\ \tilde{\xi}_n \end{pmatrix} \in \mathbf{R}^n$ 为一个常向量.其中

$$\tilde{\xi}_i = \begin{cases} \xi = \sqrt{\dfrac{n-p}{p}}, & i = 1, \cdots, p, \\[3mm] \eta = -\sqrt{\dfrac{p}{n-p}}, & i = p+1, \cdots, n. \end{cases}$$

如果 $\text{Spec}^0(M, g) = \text{Spec}^0 M_{p,n-p}$ 和$\parallel \alpha - \beta \parallel$充分小,则 M 整体等距于 $M_{p,n-p}$.

我们也可用另外的方式描述为:如果

$$\text{Spec}^0(M, g) = \text{Spec}^0 M_{p,n-p},$$

且 M 和 $M_{p,n-p}$ 的主曲率彼此充分靠近,则 M 整体等距于 $M_{p,n-p}$.

证明 首先,我们计算 M 上的 A, B.

$$(Rie, Rie, Rie) = \sum_{ijklrs} R_{ijkl} R_{klrs} R_{rsij} = 4 \sum_{ij} (1 + \xi_i^3 \xi_j^3 + 3\xi_i^2 \xi_j^2 + 3\xi_i \xi_j) - 4 \sum_i (1 + \xi_i^2)^3$$

$$= 4n(n-1) + 4\left(\sum_i \xi_i^3\right)^2 + 12\mid h\mid^2 - 4\sum_i \xi_i^6 - 12\sum_i \xi_i^4 - 12\mid h\mid;$$

$$(Ric;Rie,Rie) = \sum_{rsjkl} R_{rs}R_{rjkl}R_{sjkl}$$

$$= 2\sum_{ij}(n-1-\xi_i^2)(1+\xi_i\xi_j)^2 - 2\sum_i(n-1-\xi_i)^2(1+\xi_i^2)^2$$

$$= 2(n-1)^2 n + 2(n-1)\mid h\mid^2 - 2n\mid h\mid$$
$$\quad - 2\left(\sum_i \xi_i^4\right)\mid h\mid - 4(n-1)\mid h\mid$$
$$\quad - 2(n-1)\sum_i \xi_i^4 + 2\sum_i \xi_i^6 + 2\mid h\mid + 4\sum_i \xi_i^4;$$

$$(Ric;Ric;Rie) = \sum_{ijkl} R_{ik}R_{jl}R_{ijkl}$$

$$= \sum_{ij}(n-1-\xi_i^2)(n-1-\xi_j^2)(1+\xi_i\xi_j)$$
$$\quad - \sum_i(n-1-\xi_i^2)^2(1+\xi_i^2)$$

$$= (n-1)^2 n(n-1) - 2n(n-1)\mid h\mid + \mid h\mid^2$$
$$\quad + \left(\sum_i \xi_i^3\right)^2 + 2(n-1)\mid h\mid$$
$$\quad - \sum_i \xi_i^4 - (n-1)^2\mid h\mid + 2(n-1)\sum_i \xi_i^4 - \sum_i \xi_i^6;$$

$$(Ric,Ric,Ric) = \sum_{ijk} R_{ij}R_{jk}R_{ki} = \sum_i(n-1-\xi_i^2)^3$$

$$= (n-1)^3 n - 3(n-1)^2\mid h\mid + 3(n-1)\sum_i \xi_i^4 - \sum_i \xi_i^6.$$

于是

$$A = \frac{4}{63}(6(Rie,Rie,Rie) - 2(Ric;Rie,Rie)$$
$$\quad + 5(Ric;Ric;Rie) - 9(Ric,Ric,Ric))$$

$$= \frac{4}{63}((81-4n)\mid h\mid^2 - (12n^2 - 12n - 72)\mid h\mid$$
$$\quad + 4(n-1)n(-n^2+n+6) - (13n+72)\sum_i \xi_i^4$$
$$\quad + 29\left(\sum_i \xi_i^3\right)^2 - 24\sum_i \xi_i^6 + 4\left(\sum_i \xi_i^4\right)\mid h\mid);$$

$$B = \frac{s}{9}(17\mid h\mid^2 - (10n^2 - 22n + 36)\mid h\mid - 18\sum_i \xi_i^4$$
$$\quad + n(n-1)(5n^2 - 11n + 18))$$

$$= \frac{1}{9}(17(n-1)n \mid h \mid^2 - n(n-1)(5n^2 - 11n + 18) \mid h \mid$$

$$- 18n(n-1)\sum_i \xi_i^4 + n^2(n-1)^2(5n^2 - 11n + 18)$$

$$- 17 \mid h \mid^3 + (10n^2 - 22n + 36) \mid h \mid^2 + 18 \mid h \mid \sum_i \xi_i^4).$$

因此

$$63(A + B) = (189n^2 - 289n + 576) \mid h \mid^2 - (126n^2 - 74n + 288)\sum_i \xi_i^4$$

$$- 119 \mid h \mid^3 + 142 \mid h \mid \sum_i \xi_i^4 + 116\left(\sum_i \xi_i^3\right)^2$$

$$- 96\sum_i \xi_i^6 + c_1(n) \mid h \mid + c_2(n),$$

其中 $c_1(n)$ 和 $c_2(n)$ 是仅依赖于 n 的常数. 由 $a_3 = \tilde{a}_3$、式(4.6.10)、式(4.6.13)和式(4.6.14),我们得到

$$\int_M \left(-178(n-1) \mid h \mid^2 - 119 \mid h \mid^3\right.$$

$$+ 116\left(\sum_i \xi_i^3\right)^2 - 96\sum_i \xi_i^6 + 142 \mid h \mid \sum_i \xi_i^4 + Z\right) * 1$$

$$= \int_{M_{p,n-p}} (\cdots) * 1, \tag{4.6.16}$$

其中$(\cdots)$表示 $M_{p,n-p}$ 相应于 M 在左边的项. 我们令

$$C = -178(n-2) \mid h \mid^2 - 119 \mid h \mid^3 + 116\left(\sum_i \xi_i^3\right)^2 - 96\sum_i \xi_i^6 + 142 \mid h \mid \sum_i \xi_i^4,$$

则式(4.6.16)可以表示为

$$\int_M (C + Z - 178 \mid h \mid^2) * 1 = \int_{M_{p,n-p}} (\widetilde{C} + \widetilde{Z} - 178 \mid \tilde{h} \mid^2) * 1. \tag{4.6.17}$$

容易看到,在 $M_{p,n-p}$ 上 $\widetilde{Z} = 0$,而在 M 上 $Z \leqslant 0$. 于是,如果我们可以证明

$$\int_M C * 1 \leqslant \int_{M_{p,n-p}} \widetilde{C} * 1, \tag{4.6.18}$$

则由式(4.6.17)和式(4.6.18)得到

$$\int_M \mid h \mid^2 * 1 = \int_{M_{p,n-p}} \mid \tilde{h} \mid^2 * 1,$$

恰如定理 4.6.1、定理 4.6.2 被证明.

我们令 $\xi_i = \tilde{\xi}_i + \sigma_i, i = 1, \cdots, n, \sigma = \sqrt{\sum_i \sigma_i^2}$,则

$$\sum_i \xi_i = \sum_i \tilde{\xi}_i = \sum_i \sigma_i = 0, \tag{4.6.19}$$

$$\mid h \mid - \mid \tilde{h} \mid = \sum_i (2\tilde{\xi}_i \sigma_i + \sigma_i^2).$$

由式(4.6.13)我们可以得到

$$\int_M \left(2 \sum_i \widetilde{\xi}_i \sigma_i + \sum_i \sigma_i^2\right) * 1 = 0. \tag{4.6.20}$$

令 $P = \sum_{i=1}^p \sigma_i$，则由式(4.6.19)和式(4.6.20)得到

$$\int_M P * 1 = -\frac{1}{2(\xi - \eta)} \int_M \sum_i \sigma_i^2 * 1, \tag{4.6.21}$$

$$\int_M (|h|^2 - |\widetilde{h}|^2) * 1 = \int_M \left(\sum_i (2\widetilde{\xi}_i \sigma_i + \sigma_i^2)\right)^2 * 1,$$

$$\left(\sum_i \xi_i^2\right)^2 - \left(\sum_i \widetilde{\xi}_i^3\right)^2 = \left(\sum_i (3\widetilde{\xi}_i^2 \sigma_i + 3\widetilde{\xi}_i \sigma_i^2 + \sigma_i^3)\right)^2$$
$$- 2 \sum_i \widetilde{\xi}_i^3 \sum_i (3\widetilde{\xi}_i^2 \sigma_i + 3\widetilde{\xi}_i \sigma_i^2 + \sigma_i^3),$$

$$\sum_i \xi_i^6 - \sum_i \widetilde{\xi}_i^6 = 6 \sum_i \widetilde{\xi}_i^5 \sigma_i + 15 \sum_i \widetilde{\xi}_i^4 \sigma_i^2 + o(\sigma^2),$$

$$\int_M (|h|^3 - |\widetilde{h}|^3) * 1 = \left(\sum_i (2\widetilde{\xi}_i \sigma_i + \sigma_i^2)\right)^3 + 3n\left(\sum_i (2\widetilde{\xi}_i \sigma_i + \sigma_i^2)\right)^2,$$

$$\sum_i \xi_i^4 - \sum_i \widetilde{\xi}_i^4 = 4 \sum_i \widetilde{\xi}_i^3 \sigma_i + 6 \sum_i \widetilde{\xi}_i^3 \sigma_i^2 + o(\sigma^2),$$

$$\int_M \left(|h| \sum_i \xi_i^4 - |\widetilde{h}| \sum_i \widetilde{\xi}_i^4\right) * 1$$

$$= \int_M |h| \left(\sum_i \xi_i^4 - \sum_i \widetilde{\xi}_i^4\right) * 1$$

$$= \int_M \left(n + \sum_i (2\widetilde{\xi}_i \sigma_i + \sigma_i^2)\right) \sum_i (\xi_i^4 - \widetilde{\xi}_i^4) * 1$$

$$= \frac{3}{2} n \int_M (S^2 - n^2) * 1 + 8 \int_M ((\xi^3 - \eta^3)(\xi - \eta)P^2 + o(\sigma^2)) * 1.$$

我们将这些应用到式(4.6.16)中，并利用式(4.6.21)得到

$$\int_M C * 1 - \int_{M_{p, n-p}} \widetilde{C} * 1$$

$$= \int_M \Big(4(35n + 178)(\xi - \eta)^2 P^2 - 12 \times 119 n (\xi - \eta)^2 P^2$$

$$- 96 \times 15 \sum_i \widetilde{\xi}_i^4 \sigma_i^2 + 288 \frac{\xi^5 - \eta^5}{\xi - \eta} \sum_i \sigma_i^2 + 116 \times 9 (\xi^2 - \eta^2)^2 P^2$$

$$+ 166 \Big(3 \sum_i \widetilde{\xi}_i^3 (\xi + \eta) \sum_i \sigma_i^2 - 6 \sum_i \widetilde{\xi}_i^3 \sum_i \widetilde{\xi}_i \sigma_i^2 \Big)$$

$$+ 8 \times 142 (\xi - \eta)(\xi^3 - \eta^3) P^2 + o(\sigma^2) \Big) * 1. \tag{4.6.22}$$

由式(4.6.14)我们得到

$$\int_M \Big(2 \frac{-\xi^3 + \eta^2}{\xi - \eta} \sum_i \sigma_i^2 + 6 \sum_i \tilde{\xi}_i^2 \sigma_i^2 \Big) * 1 = \frac{3}{2} \int_M \Big(\big(\sum_i 2\xi_i \sigma_i \big)^2 + o(\sigma^2) \Big) * 1.$$

因此

$$3(\xi - \eta)^2 \int_M P^2 * 1 = -\frac{\xi^3 - \eta^3}{\xi - \eta} \int_M \sum_i \sigma_i^2 * 1 + 3 \int_M \Big(\sum_i \tilde{\xi}_i^2 \sigma_i^2 + o(\sigma^2) \Big) * 1, \qquad (4.6.23)$$

$$\int_M \Big(\xi^2 \sum_{i=1}^p \sigma_i^2 + \eta^2 \sum_{i=p+1}^n \sigma_i^2 \Big) * 1$$

$$= (\xi - \eta)^2 \int_M P^2 * 1 + \frac{\xi^3 - \eta^3}{3(\xi - \eta)} \int_M \Big(\sum_i \sigma_i^2 + o(\sigma^2) \Big) * 1. \qquad (4.6.24)$$

用 $\xi^2 + \eta^2$ 乘以式(4.6.24)得到

$$\int_M \Big(\sum_i \tilde{\xi}_i^4 \sigma_i^2 \Big) * 1 = (\xi^2 + \eta^2)E - \int_M \sum_i \sigma_i^2 * 1, \qquad (4.6.25)$$

其中 E 表示式(4.6.24)的右边.

将式(4.6.25)应用到式(4.6.22)中,则式(4.6.22)可以写作

$$\int_M C * 1 - \int_{M_{p,n-p}} \widetilde{C} * 1 = F \int_M P^2 * 1 + G \int_M \sum_i \sigma_i^2 * 1 + \int_M o(\sigma^2) * 1. \qquad (4.6.26)$$

（Ⅰ）如果 $p = n - p$,则 $\sum_i \tilde{\xi}_i^3 = 0, \lambda = 1, \mu = -1$.

现在,由式(4.6.24),有

$$\int_M \sum_i \sigma_i^2 * 1 = 6 \int_M P^2 * 1.$$

因此

$$\int_M C * 1 - \int_{M_{p,n-p}} \widetilde{C} * 1 = (F + 6G) \int_M P^2 * 1 + \int_M o(\sigma^2) * 1.$$

经计算知

$$F + 6G < 0.$$

于是,如果 σ 充分小,则式(4.6.18)成立.

（Ⅱ）如果 $p \neq n - p$,可以假定 $p < \dfrac{n}{2}$,则 $\xi - \eta > 0$.

$$\int_M (\xi + \eta) \sum_i \tilde{\xi}_i \sigma_i^2 * 1 = \int_M \Big(\xi^2 \sum_{i=1}^p \sigma_i^2 + \eta^2 \sum_{i=p+1}^n \sigma_i^2 - \sum_i \sigma_i^2 \Big) * 1$$

$$= (\xi - \eta)^2 \int_M P^2 * 1 + \frac{\xi^3 - \eta^3}{3(\xi - \eta)} \int_M \sigma^2 * 1 - \int_M \sigma^2 * 1,$$

$$\int_M \Big(\big(\sum_i \xi_i^3 \big)^2 - \big(\sum_i \tilde{\xi}_i^3 \big)^2 \Big) * 1$$

$$= 9(\xi^2 - \eta^2)^2 \int_M P^2 * 1 + \sum_i \tilde{\xi}_i^3 \int_M \Big(\frac{6(\xi^2 - \eta^2)}{-2(\xi - \eta)} \sigma^2 + \frac{6(\xi - \eta)^2}{(\xi + \eta)} P^2 \Big)$$

$$+ \frac{6(\xi^2 - \eta^2)}{3(\xi^2 - \eta^2)} \sigma^2 - 6\sigma^2 + o(\sigma^2) \Big) * 1$$

$$= \Big(9(\xi^2 - \eta^2)^2 + \frac{6(\xi - \eta)^2}{\xi + \eta} \sum_i \tilde{\xi}_i^3 \Big) \int_M P^2 * 1 - 2 \frac{\xi^2 + 4\xi\eta + \eta^2}{\xi + \eta} \sum_i \tilde{\xi}_i^3 \int_M \sigma^2 * 1$$

$$- \frac{6}{\xi + \eta} \sum_i \tilde{\xi}_i^3 \int_M \sigma^2 * 1 + \int_M o(\sigma^2) * 1,$$

$$\frac{\sum_i \tilde{\xi}_i^3}{\xi + \eta} = \frac{p \left[\sqrt{\frac{n-p}{p}} \right]^3 - (n-p) \left[\sqrt{\frac{p}{n-p}} \right]^3}{\sqrt{\frac{n-p}{p}} - \sqrt{\frac{p}{n-p}}} = n.$$

于是

$$F = (-12 \times 119n + 1\,136(\xi^2 + \xi\eta + \eta^2) + 1\,044(\xi + \eta)^2 - 1\,440(\xi^2 + \eta^2)$$

$$+ 116 \times 6n + 4(35n + 178))(\xi - \eta)^2,$$

$$G = -480(\xi^2 + \eta^2)(\xi^2 + \xi\eta + \eta^2) + 1\,440 + 288 \frac{\xi^5 - \eta^5}{\xi - \eta}$$

$$- 2(\xi^2 + \eta + 4\xi\eta) \times 116n - 116 \times 6n.$$

如果 $p > 1$，因为 $1 < p < \dfrac{n}{2}$，$n \geqslant 5$，我们容易证明 $F < 0$，$G < 0$. 所以，如果

$$\| \alpha - \beta \| = \sqrt{\sum_i \sigma_i^2} = \sigma$$

充分小，则式(4.6.18)成立.

如果 $p = 1$，则

$$\int_M \Big((\xi - \eta)^2 P^2 + \frac{\xi^2 + \xi\eta + \eta^2}{3} \sigma^2 + o(\sigma^2) \Big) * 1$$

$$= \int_M \Big(\xi^2 \sum_{i=1}^{p} \sigma_i^2 + \eta^2 \sum_{i=p+1}^{n} \sigma_i^2 \Big) * 1 \leqslant \xi^2 \int_M \sigma^2 * 1.$$

因此

$$\int_M P^2 * 1 \leqslant \frac{2\xi^2 - 1 - \eta^2}{3} \int_M \sigma^2 * 1,$$

$$\int_M C * 1 - \int_M \tilde{C} * 1 = \Big(\frac{2\xi^2 - 1 - \eta^2}{3(\xi - \eta)^2} + G \Big) \int_M (\sigma^2 + o(\sigma^2)) * 1.$$

容易计算

$$\frac{2\xi^2 - 1 - \eta^2}{3(\xi - \eta)^2} F + G < 0.$$

也即当 $\| \alpha - \beta \| = \sigma$ 充分小时，式(4.6.18)成立. 这就完成了定理 4.6.2 的证明. □

4.7 紧致超曲面上 Laplace 算子的谱

设 M 为 $S^{n+1}(1)$ 上的紧致极小超曲面，$M_{1,n-1}$ 为 $S^{n+1}(1)$ 上的 Clifford 极小超曲面. 若 $\mathrm{Spec}^0 M = \mathrm{Spec}^0 M_{1,n-1}$，则 M 等距于 $M_{1,n-1}$.

对于 $S^{n+1}(1)$ 上的紧致常平均曲率超曲面和 $H(r)$ 环面，在某些条件下等谱可推出等距.

同 4.6 节. 设 (M, g) 为 n 维紧致 Riemann 流形，λ_i 为 Laplace 算子作用在 M 的函数上的第 i 个特征值，则 (M, g) 上的 Laplace 算子的谱为

$$\mathrm{Spec}^0(M, g) = \{0 \leqslant \lambda_1 \leqslant \lambda_2 \leqslant \cdots < +\infty\}.$$

本节继续研究谱的问题.

引理 4.7.1 设 $\lambda_i, i = 1, \cdots, n$ 为实数，使得 $\sum_i \lambda_i = 0$，$\sum_i \lambda_i^2 = A$，则

$$\sum_i \lambda_i^4 \leqslant \frac{n^2 - 3n + 3}{n(n-1)} A^2,$$

且

$$\text{等号成立} \Leftrightarrow \{\lambda_i\} \text{ 中 } n - 1 \text{ 个是相等的.}$$

证明 如果 $A = 0$，引理是显然的.

假设 $A > 0$，我们用归纳法来证明. 不妨设 $\lambda_n > 0$. 当 $n = 2$ 时容易被验证. 假定对 n 结论成立. 对 $u_i, i = 1, \cdots, n+1$，使得

$$\sum_{i=1}^{n+1} u_i = 0, \qquad \sum_{i=1}^{n+1} u_i^2 = B,$$

我们需证

$$\sum_{i=1}^{n+1} u_i^4 \leqslant \frac{(n+1)^2 - 3(n+1) + 3}{n(n+1)} B^2 = \frac{n^2 - n + 1}{n(n+1)} B^2.$$

为此，令 $\lambda_i = u_i + \dfrac{u_{n+1}}{n}, i = 1, \cdots, n$，则

$$\sum_{i=1}^n \lambda_i = \sum_{i=1}^n \left(u_i + \frac{u_{n+1}}{n}\right) = \sum_{i=1}^n u_i + u_{n+1} = \sum_{i=1}^{n+1} u_i = 0,$$

$$\sum_{i=1}^n \lambda_i^2 = \sum_{i=1}^n \left(u_i^2 + 2u_i \frac{u_{n+1}}{n} + \frac{u_{n+1}^2}{n^2}\right) = \sum_{i=1}^n u_i^2 + \frac{2u_{n+1}}{n} \sum_{i=1}^n u_i + \frac{u_{n+1}^2}{n}$$

$$= B - u_{n+1}^2 + \frac{2u_{n+1}}{n}(0 - u_{n+1}) + \frac{u_{n+1}^2}{n} = B - \frac{n+1}{n} u_{n+1}^2,$$

$$\sum_{i=1}^{n+1} u_i^4 = \sum_{i=1}^{n} \left(\lambda_i - \frac{u_{n+1}}{n} \right)^2 + u_{n+1}^4$$

$$= \sum_{i=1}^{n} \left(\lambda_i^4 - 4 \frac{u_{n+1}}{n} \lambda_i^2 + 6 \frac{u_{n+1}^2}{n^2} \lambda_i^2 - 4 \frac{u_{n+1}^3}{n^3} \lambda_i + \frac{u_{n+1}^4}{n^4} \right) + u_{n+1}^4$$

$$\leqslant \frac{n^2 - 3n + 3}{n(n-1)} \left(B - \frac{n+1}{n} u_{n+1}^2 \right)^2 - 4 \frac{u_{n+1}}{n} \sum_{i=1}^{n} \lambda_i^3$$

$$+ 6 \frac{u_{n+1}^2}{n^2} \left(B - \frac{n+1}{n} u_{n+1}^2 \right) + \left(\frac{1}{n^3} + 1 \right) u_{n+1}^4$$

$$\leqslant \frac{n^2 - 3n + 3}{n(n-1)} \left(B - \frac{n+1}{n} u_{n+1}^2 \right)^2 - 4 \frac{u_{n+1}}{n} \frac{n-2}{\sqrt{n(n-1)}} \left(B - \frac{n+1}{n} u_{n+1}^2 \right)^{\frac{3}{2}}$$

$$+ 6 \frac{u_{n+1}^2}{n^2} \left(B - \frac{n+1}{n} u_{n+1}^2 \right) + \left(\frac{1}{n^3} + 1 \right) u_{n+1}^4$$

$$= \frac{n^2 - n + 1}{n(n+1)} B^2,$$

其中第 1 个不等式由归纳得到,第 2 个不等式根据文献[64]中的引理得到,而最后一个不等式利用平均不等式得到. 从这些不等式知道,

等号成立 $\Longleftrightarrow u_1 = -nu_{n+1}, u_2 = u_3 = \cdots = u_{n+1}$ （如果有必要可重新编号）. □

定理 4.7.1 设 M 为 $S^{n+1}(1)$ 中的紧致极小超曲面,$M_{1,n-1}$ 为 $S^{n+1}(1)$ 中的 Clifford 极小超曲面. 如果

$$\text{Spec}^0 M = \text{Spec}^0 M_{1,n-1},$$

则 M 整体等距于 $M_{1,n-1}$.

证明 设 (M, g) 为 n 维紧致 Riemann 流形,则 Spec^0 M 的 Minakshisundarum-Pleijel-Gaffney 公式由

$$\sum_{i=0}^{+\infty} \mathrm{e}^{-\lambda_i t} \sim (4\pi t)^{\frac{n}{2}} \sum_{i=1}^{+\infty} a_i t^i, \quad t \to 0^+$$

给出,其系数 a_i 可以由 $a_i = \int_M u_i * 1, i = 0,1,2,\cdots$ 表示,其中 $u_i : M \to \mathbf{R}$ 为函数,它们是局部 Riemann 不变量,则 a_0, a_1, a_2 表示如下:

$$\begin{cases} a_0 = \text{vol } M = \int_M 1 * 1, \\ a_1 = \frac{1}{6} \int_M s * 1, \\ a_2 = \frac{1}{360} \int_M (5s^2 - 2 \mid Ric \mid^2 + \mid Rie \mid^2) * 1, \end{cases} \quad (4.7.1)$$

其中 s, Rie, Ric 分别为 M 的数量曲率、Riemann 曲率张量和 Ricci 曲率张量.

下面来计算 $M_{1,n-1} = S^1\left[\sqrt{\dfrac{1}{n}}\right] \times S^{n-1}\left[\sqrt{\dfrac{n-1}{n}}\right]$ 上的一些量. 选择

$$M_{1,n-1} = S^1\left[\sqrt{\dfrac{1}{n}}\right] \times S^{n-1}\left[\sqrt{\dfrac{n-1}{n}}\right]$$

中的适当的规范正交标架的局部场 $\{\tilde{e}_1, \cdots, \tilde{e}_n\}$,使得 $\{\tilde{e}_1\}$ 和 $\{\tilde{e}_2, \cdots, \tilde{e}_n\}$ 分别为 $S^1\left[\sqrt{\dfrac{1}{n}}\right]$

和 $S^{n-1}\left[\sqrt{\dfrac{n-1}{n}}\right]$ 的规范正交标架的局部场. 通过选择 $\{\tilde{e}_1, \cdots, \tilde{e}_n\}$,可以假定 $M_{1,n-1}$ 的第

2 基本形式的矩阵在 $M_{1,n-1}$ 的每一点处为

$$\begin{bmatrix} \xi & 0 \\ 0 & \eta I_{n-1} \end{bmatrix}.$$

其中 $\xi = \sqrt{\dfrac{n-1}{1}}$,$\eta = -\sqrt{\dfrac{1}{n-1}}$. 我们分别用 $\widetilde{Rie} = (\widetilde{R}_{ijkl})$,$\widetilde{Ric} = (\widetilde{R}_{ij})$,$\tilde{s}$ 表示 $M_{1,n-1}$ 的

Riemann 曲率张量、Ricci 曲率张量和数量曲率. 而 $\widetilde{H}$,

$$\tilde{h} = \sum_{i,j} h_{i,j} w^i \otimes w^j \otimes e_{n+1}$$

和

$$|\tilde{h}|^2 = \sum_{i,j} h_{ij}^2$$

分别为 $M_{1,n-1}$ 的平均曲率、第 2 基本形式和第 2 基本形式长度的平方. 于是

$$\widetilde{H} = 0, \quad |\tilde{h}| = \frac{(n-1)\cdot 1}{1} + \frac{1\cdot(n-1)}{n-1} = n, \tag{4.7.2}$$

$$\widetilde{R}_{ij} = (n-1-\tilde{\xi}_i^2)\delta_{ij},$$

$$|\widetilde{Ric}|^2 = n(n-1)(n-3) + \frac{1}{n-1} + \frac{(n-1)^2}{1},$$

$$\widetilde{R}_{ijkl} = (\delta_{ik}\delta_{jl} - \delta_{il}\delta_{jk})(1 + \tilde{\xi}_i\tilde{\xi}_j), \tag{4.7.3}$$

$$|\widetilde{Rie}|^2 = 2n(n-3) - \frac{2}{n-1} - \frac{2(n-1)^2}{1}. \tag{4.7.4}$$

对于 M,$S^{n+1}(1)$ 中的极小超曲面,我们也选择适当的规范正交标架的局部场

$\{e_1, \cdots, e_n\}$,使得 M 的第 2 基本形式的矩阵为对角型 $\mathrm{diag}(\xi_1, \cdots, \xi_n)$. 于是,容易计算

$$|Rie|^2 = 2\left(\sum_i \xi_i^2\right)^2 - 2\left(\sum_i \xi_i^4\right) - 4\left(\sum_i \xi_i^2\right) + 2n(n-1), \tag{4.7.5}$$

$$|Ric|^2 = \sum_i \xi_i^4 - 2(n-1)\sum_i \xi_i^2 + n(n-1)^2, \tag{4.7.6}$$

$$s^2 = \left(\sum_i \xi_i^2\right)^2 - 2n(n-1)\sum_i \xi_i^2 + n^2(n-1)^2. \tag{4.7.7}$$

因为 $\text{Spec}^0 M = \text{Spec}^0 M_{1,n-1}$,故

$$\text{vol}\, M = \text{vol}\, M_{1,n-1},$$

$$\int_M s * 1 = \int_{M_{1,n-1}} \tilde{s} * 1, \tag{4.7.8}$$

$$\int_M \left(\frac{1}{72} s^2 + \frac{1}{180} | Rie |^2 - \frac{1}{180} | Ric |^2 \right) * 1$$

$$= \int_{M_{1,n-1}} \left(\frac{1}{72} \tilde{s}^2 + \frac{1}{180} | \widetilde{Rie} | - \frac{1}{180} | \widetilde{Ric} |^2 \right) * 1. \tag{4.7.9}$$

因为 $s = n(n-1) - | Rie |$, $\tilde{s} = n(n-1) - | \widetilde{Rie} |$,故由式(4.7.8)得到

$$\int_M | Rie | * 1 = \int_{M_{1,n-1}} | \widetilde{Rie} | = n\,\text{vol}\, M. \tag{4.7.10}$$

利用式(4.7.3)~式(4.7.7)和式(4.7.9),有

$$\int_M \left(\frac{1}{72} | Rie |^2 + \frac{1}{180} \left(2 | Rie |^2 - 2 \sum_i \xi_i^4 \right) - \frac{1}{180} \sum_i \xi_i^4 \right) * 1$$

$$= \int_{M_{1,n-1}} \left(\frac{1}{72} | \widetilde{Rie} |^2 + \frac{1}{180} \left(2 | \widetilde{Rie} |^2 - 2 \sum_i \tilde{\xi}_i^4 \right) - \frac{1}{180} \sum_i \tilde{\xi}_i^4 \right) * 1. \tag{4.7.11}$$

因此

$$\int_M \left(\frac{1}{2} | Rie |^2 - \frac{1}{3} \sum_i \xi_i^4 \right) * 1 = \int_{M_{1,n-1}} \left(\frac{1}{2} | \widetilde{Rie} |^2 - \frac{1}{3} \sum_i \tilde{\xi}_i^4 \right) * 1. \tag{4.7.12}$$

由引理 4.7.1 得到

$$\sum_i \xi_i^4 \leqslant \frac{n^2 - 3n + 3}{n(n-1)} h^2$$

和

$$\sum_i \tilde{\xi}_i^4 \leqslant \frac{n^2 - 3n + 3}{n(n-1)} \tilde{h}^2.$$

应用式(4.7.12),有

$$\int_M | h |^2 * 1 \leqslant \int_{M_{1,n-1}} | \tilde{h} |^2 * 1.$$

另一方面,利用 Hölder 不等式,有

$$\int_M | h | * 1 \leqslant \left(\int_M | h |^2 * 1 \right)^{\frac{1}{2}} \left(\int_M 1 * 1 \right)^{\frac{1}{2}} = \left(\int_M | h |^2 * 1 \right)^{\frac{1}{2}} \sqrt{\text{vol}\, M}.$$

于是

$$\int_M | h |^2 * 1 \geqslant \frac{1}{\text{vol}\, M} \left(\int_M | h | * 1 \right)^2 = \frac{1}{\text{vol}\, \tilde{M}} \left(\int_{M_{1,n-1}} | \tilde{h} | * 1 \right)^2 = \int_{M_{1,n-1}} | \tilde{h} |^2 * 1, \tag{4.7.13}$$

而等号成立⟺|h|为常值.由式(4.7.13)我们得到

$$\int_M |h|^2 * 1 = \int_{M_{1,n-1}} |\tilde{h}|^2 * 1,$$

故|h|为常值.由引理 4.7.1 得到|h| = n.因为 M 为球面$S^{n+1}(1)$的极小超曲面,从文献[12]知,M 是局部 Clifford 极小超曲面$M_{q,n-q}$.由引理 4.7.1 知 q = 1 或 q = n - 1.因此,M 局部等距于$M_{1,n-1}$.通过利用文献[57],容易知道,M 整体等距于$M_{1,n-1}$. □

一个$S^{n+1}(1)$中的 H(r)**环面**是通过积浸入$S^{n-1}(\sqrt{r}) \times S^1(\sqrt{1-r^2}) \to S^{n+1}(1)$得到的.容易计算它的主曲率和平均曲率如下:

$$\lambda_1 = \cdots = \lambda_{n-1} = \frac{\sqrt{1-r^2}}{r}, \quad \lambda_n = \frac{-r}{\sqrt{1-r^2}}, \quad H = \frac{(n-1) - nr^2}{nr\sqrt{1-r^2}},$$

或者对于相反的定向,这些值是对称的,则我们有:

定理 4.7.2 设$\tilde{M}$为 H(r)环面,具有常平均曲率 H 和 M 为$S^{n+1}(1)$中有常平均曲率 H 的紧致超曲面.假定

$$\mathrm{Spec}^0 M = \mathrm{Spec}^0 \tilde{M}.$$

如果$3 \leqslant n \leqslant 6, r^2 \leqslant \frac{n-1}{n}$或$6 \leqslant n, r^2 \geqslant \frac{n-1}{n}$,则 M 等距于$\tilde{M}$.

证明 对于 M,我们选合适的规范正交标架的局部场$\{e_1, \cdots, e_n\}$,使得 M 在 p 点处的第 2 基本形式的矩阵为

$$\begin{bmatrix} \lambda_1 & & \\ & \ddots & \\ & & \lambda_n \end{bmatrix}.$$

计算它的数量曲率 s、Ricci 曲率张量和 Riemann 曲率张量如下:

$$s = n(n-1) + nH^2 - |h|^2,$$

$$\begin{aligned} |Ric|^2 &= n(n-1)^2 + 2(n-1)n^2H^2 - 2(n-1)|h| \\ &\quad + \sum_i \lambda_i^4 + |h|n^2H^2 - 2nH\sum_i \lambda_i^3, \end{aligned} \tag{4.7.14}$$

$$|Rie|^2 = 2n(n-1) + 2|h|^2 - \sum_i \lambda_i^4 + 4n^2H^2 - 4|h|. \tag{4.7.15}$$

令$\varphi = |h| - nH^2, u_i = H - \lambda_i, i = 1, \cdots, n$,则

$$s = n(n-1) - \varphi,$$

$$\begin{aligned} |Ric|^2 &= n(n-1)^2 + \sum_i u_i^4 + (2n-4)H\sum_i u_i^3 \\ &\quad + ((6 - 6n + n^2)H^2 - 2(n-1)\varphi) \\ &\quad + (n-1)nH^2(H^2(n+1) + 2(n-1)), \end{aligned} \tag{4.7.16}$$

$$| Rie |^2 = 2n(n-1) + 2\varphi^2 + (4nH^2 - 12H^2 - 4)\varphi + 8H \sum_i u_i^3$$

$$- 2 \sum_i u_i^4 + 2n(n-1)H^2(H^2 + 2). \tag{4.7.17}$$

类似地,我们选择 $\widetilde{M}$ 中适当的规范正交标架的局部场 $\{e_1, \cdots, e_n\}$,使得 $\{e_1\}$ 和 $\{e_2, \cdots, e_n\}$ 分别为 $S^1(\sqrt{1-r^2})$ 和 $S^{n-1}(\sqrt{r})$ 的规范正交的局部场. 选择 $\{e_1, \cdots, e_n\}$,可以假定 $\widetilde{M}$ 在每个点的第 2 基本形式的矩阵为对角阵

$$\mathrm{diag}\left(-\frac{r}{\sqrt{1-r^2}}, \frac{\sqrt{1-r^2}}{r} I_{n-1}\right).$$

我们分别用

$$\widetilde{Rie} = (\widetilde{R}_{ijkl}), \quad \widetilde{Ric} = (\widetilde{R}_{ij}), \quad \tilde{s}$$

表示 $\widetilde{M}$ 的 Riemann 曲率张量、Ricci 曲率张量和数量曲率,并令

$$\widetilde{\varphi} = |\tilde{h}| - n\widetilde{H}^2 = |\tilde{h}| - nH^2,$$

其中 $|\tilde{h}|$ 和 $\widetilde{H}$ 分别为 $\widetilde{M}$ 的第 2 基本形式的长度和平均曲率. 因为

$$\mathrm{Spec}^0 M = \mathrm{Spec}^0 \widetilde{M},$$

故

$$\mathrm{vol}\, M = \mathrm{vol}\, \widetilde{M}, \quad \int_M s * 1 = \int_{\widetilde{M}} \tilde{s} * 1, \tag{4.7.18}$$

$$\int_M \left(\frac{1}{72} s^2 + \frac{1}{180} | Rie |^2 - \frac{1}{180} | Ric |^2\right) * 1$$

$$= \int_{\widetilde{M}} \left(\frac{1}{72} \tilde{s}^2 + \frac{1}{180} | \widetilde{Rie} |^2 - \frac{1}{180} | \widetilde{Ric} |^2\right) * 1. \tag{4.7.19}$$

应用式 (4.7.18) 得到

$$\int_M \varphi * 1 = \int_{\widetilde{M}} \widetilde{\varphi} * 1; \tag{4.7.20}$$

$$\int_M \left[\frac{5}{2}(n^2(n-1)^2 - 2n(n-1)\varphi + \varphi^2) + \Big(2n(n-1) + 2\varphi^2\right.$$

$$+ (4nH^2 - 12H^2 - 4)\varphi + 8H \sum_i u_i^3 - 2 \sum_i u_i^4$$

$$+ 2n(n-1)H^2(H^2 + 2)\Big) - \Big(n(n-1)^2 + \sum_i u_i^4 + (2n-4)H \sum_i u_i^3$$

$$+ (6H^2 - 6nH^2 - 2(n-1) + n^2H^2)\varphi$$

$$+ (n-1)nH^2(H^2(n+1) + 2(n-1))\Big)\Big] * 1$$

$$
\begin{aligned}
= \int_{\widetilde{M}} \Bigg[& \frac{5}{2} \left(n^2 (n-1)^2 - 2n(n-1)\widetilde{\varphi} + \widetilde{\varphi}^2 \right) + \Big(2n(n-1) \\
& + 2\widetilde{\varphi}^2 + (4n\widetilde{H}^2 - 12\widetilde{H}^2 - 4)\widetilde{\varphi} + 8\widetilde{H} \sum_i \widetilde{u}_i^3 - 2\sum_i \widetilde{u}_i^4 \\
& + 2n(n-1)\widetilde{H}^2(\widetilde{H}^2 + 2) \Big) - \Big(n(n-1)^2 + \sum_i \widetilde{u}_i^4 \\
& + (2n-4)\widetilde{H} \sum_i \widetilde{u}_i^3 + (6\widetilde{H}^2 - 6n\widetilde{H}^2 - 2(n-1) + n^2\widetilde{H}^2)\widetilde{\varphi} \\
& + (n-1)n\widetilde{H}^2(\widetilde{H}^2(n+1) + 2(n-1)) \Big) \Bigg] * 1.
\end{aligned}
\tag{4.7.21}
$$

利用式(4.7.18)、式(4.7.20)和 $H = \widetilde{H}$，容易得到

$$
\begin{aligned}
\int_M \Big(& \frac{9}{2}\varphi^2 + (12-2n)H \sum_i u_i^3 - 3\sum_i u_i^4 \Big) * 1 \\
& = \int_{\widetilde{M}} \Big(\frac{9}{2}\widetilde{\varphi}^2 + (12-2n)\widetilde{H} \sum_i \widetilde{u}_i^3 - 3\sum_i \widetilde{u}_i^4 \Big) * 1.
\end{aligned}
\tag{4.7.22}
$$

由文献[64]中引理，有

$$
\sum_i u_i^3 \leqslant \frac{n-2}{\sqrt{n(n-1)}} \varphi^{\frac{3}{2}}.
$$

再应用平均不等式得到

$$
\sum_i u_i^3 \leqslant \frac{n-2}{\sqrt{n(n-1)}} \varphi^{\frac{3}{2}} \leqslant \left(\frac{\varphi^2}{2} + \frac{(n-1)\varphi}{2nr^2(1-r^2)} \right) \frac{n-2}{n-1} r \sqrt{1-r^2}.
\tag{4.7.23}
$$

由式(4.7.20)、式(4.7.23)和已知条件，有

$$
\begin{aligned}
\int_M \Bigg(& \Big(\frac{9}{2} + \frac{(n-2)(12-2n)((n-1) - nr^2)}{2n(n-1)} \Big) \varphi^2 - 3\sum_i u_i^4 \Bigg) * 1 \\
& \leqslant \int_{\widetilde{M}} \Bigg(\Big(\frac{9}{2} + \frac{(n-2)(12-2n)((n-1) - nr^2)}{2n(n-1)} \Big) \widetilde{\varphi}^2 - 3\sum_i \widetilde{u}_i^4 \Bigg) * 1.
\end{aligned}
$$

由引理 4.7.1 得到

$$
\begin{aligned}
\int_M \Bigg(& \frac{9}{2} - \frac{3(n^2 - 3n + 3)}{n(n-1)} + \frac{(n-2)(12-2n)((n-1) - nr^2)}{2n(n-1)} \Bigg) \varphi^2 * 1 \\
& \leqslant \int_{\widetilde{M}} \Bigg(\frac{9}{2} - \frac{3(n^2 - 3n + 3)}{n(n-1)} + \frac{(n-2)(12-2n)((n-1) - nr^2)}{2n(n-1)} \Bigg) \widetilde{\varphi}^2 * 1.
\end{aligned}
$$

已知条件保证了

$$
\frac{9}{2} - 3\frac{n^2 - 3n + 3}{n(n-1)} + \frac{(n-2)(12-2n)}{2n(n-1)}((n-1) - nr^2) > 0,
$$

故

$$\int_M \varphi^2 * 1 \leqslant \int_{\widetilde{M}} \widetilde{\varphi}^2 * 1.$$

另一方面,应用 Hölder 不等式,得到

$$\int_M \varphi^2 * 1 \geqslant \int_{\widetilde{M}} \widetilde{\varphi}^2 * 1.$$

因此

$$\int_M \varphi^2 * 1 = \int_{\widetilde{M}} \widetilde{\varphi}^2 * 1.$$

检查上面所有不等式的成立,如果有必要重新编号后得到

$$u_1 = (n-1)\sqrt{\frac{\varphi}{n(n-1)}}, \quad u_2 = \cdots = u_n = -\sqrt{\frac{\varphi}{n(n-1)}},$$

$$\varphi = \frac{n-1}{nr^2(1-r^2)}.$$

所以,有

$$\lambda_1 = H - u_1 = -\frac{r}{\sqrt{1-r^2}}, \quad \lambda_2 = \cdots = \lambda_n = \frac{\sqrt{1-r^2}}{r}.$$

由文献[64]知,M 等距于 $\widetilde{M}$. $\qquad\qquad\square$

注 4.7.1 如果当 $3 \leqslant n < 6$, $r^2 > \dfrac{n-1}{n}$ 和当 $n > 6$, $r^2 < \dfrac{n-1}{n}$ 时,我们不知道定理 4.7.2 是否成立.但是,当 $n=2$ 或 6 时,r 可以取 $(0,1)$ 中的任何值.如果 $H=0$,我们得到与定理 4.7.1 相同的结论.因此,定理 4.7.2 可以视作定理 4.7.1 的推广.

第 5 章

曲率与拓扑不变量

这一章主要对曲率与拓扑不变量(同胚、微分同胚、同调群、Euler 示性数、Betti 数、同伦群,特别是基本群)之间相互关系、相互影响的问题进行探索和深入研究,也就是对近代微分几何与拓扑学两大领域之间关系的深入研究. 读者要进入这个研究行列不仅要有雄厚的近代微分几何知识,而且要有扎实的拓扑学基础,还要有灵活的思路和创新的精神. 我们证明了:

(1) 设 M 为完备非紧 Riemann 流形,且满足

$$Ric_M \geqslant 0, \quad \alpha_M > \frac{1}{2}, \quad k_p(r) \geqslant -\frac{C}{(1+r)^\alpha}, \quad \forall p \in M,$$

其中 $0 < \alpha \leqslant 2, e(M) < +\infty, C$ 为常数,则 M 微分同胚于 $\mathbf{R}^n$.

(2) 已给 $\alpha > 0, i_0 > 0$ 和整数 $n \geqslant 2, 1 \leqslant k \leqslant n-1$,存在 $\varepsilon = \varepsilon(n, \alpha, i_0, k) > 0$ 使得具有 Ricci 曲率 $Ric_M^k \geqslant 0, \operatorname{inj}_M \geqslant i_0, \alpha_M > \alpha$ 和

$$\frac{\operatorname{vol} B(p; r)}{\omega_n r^n} - \alpha_M < \frac{\varepsilon}{r^{\frac{k(n-1)}{k+1}}} \quad (\text{某个 } p \in M \text{ 和任何 } r > 0)$$

的任何 n 维完备 Riemann 流形 M 必微分同胚于 $\mathbf{R}^n$.

(3) 设 M 是具有 $K_M \geqslant 0, \alpha_M > 0$ 的 n 维完备非紧 Riemann 流形,则 M 微分同胚于 $\mathbf{R}^n$.

(4) 设 M 为 n 维完备非紧 Riemann 流形,$K_M \geqslant 0, \alpha_M > \frac{1}{2}$,则 $\forall p \in M, d_p(x)$ 无除 p 以外的临界点. 因而,M 微分同胚于 $\mathbf{R}^n$.

以上各个结果都是在 M 上附加一定的几何条件,它的拓扑就完全确定了,且 M 微分同胚于 $\mathbf{R}^n$.

(5) 设 M 为 n 维完备非紧的 Riemann 流形. 存在一点 $p \in M, K_p^{\min} \geqslant -1$ 和 $e(p) < \ln 2$,则 M 具有有限拓扑型(弱于 M 微分同胚于 $\mathbf{R}^n$).

进而,当"$e(p) < \ln 2$"改为较强的条件"$e(p) < \ln \frac{2}{1 + \mathrm{e}^{-r_p}}$",则 M 微分同胚于 $\mathbf{R}^n$ (比有限拓扑型更强的结果).

(6) 设 M 为 n 维完备非紧 Riemann 流形,且 $\operatorname{inj}_M \geqslant i_0 > 0$. 如果下面两个条件:

(i) $Ric_M \geqslant -(n-1)$ 和

$$E(M) < \frac{1}{4} \min\left\{\frac{1}{4} i_0, \left(\frac{1}{C_0(n, i_0)} \ln \frac{9}{8}\right)^2, i_0\right\},$$

(ii) $K_M \geqslant -1$ 和 $E(M) < \ln \dfrac{1}{1 + \mathrm{e}^{-2i_0}}$

之一成立,则 M 微分同胚于 $\mathbf{R}^n$.

(7) 设 M 为 n 维完备非紧 Riemann 流形,满足 $Ric_M \geqslant -(n-1)$,$\mathrm{conj}_M \geqslant C_0$ 和

$$E(M) < \frac{1}{4} \rho_c(p)(\sqrt{2} - \mathrm{e}^{\frac{1}{2}C_0(\rho_c(p))^{\frac{1}{2}}}),$$

则 M 具有有限拓扑型.

进而,设 M 为 n 维完备非紧 Riemann 流形,满足 $Ric_M \geqslant -(n-1)$,$\mathrm{conj}_M \geqslant C_0 > 0$,$r(M) > 0$ 和

$$E(M) < \min\left\{\frac{1}{4} \rho_c(p)(\sqrt{2} - \mathrm{e}^{\frac{1}{2}C_0(\rho_c(p))^{\frac{1}{2}}}), r(M)\right\},$$

则 M 微分同胚于 $\mathbf{R}^n$.

(8) 设 M 为 n 维完备非紧 Riemann 流形,如果存在点 $p \in M$,$K_p^{\min} \geqslant -C$ 和 $e(p) < f(C)$,则 M 具有有限拓扑型,其中

(i) 如果 $C > 0$,$f(C) = \dfrac{\ln 2}{\sqrt{C}}$;

(ii) 如果 $C = 0$,$f(C) = +\infty$.

进而,

(i) 如果 $C > 0$,$f(C) = \dfrac{1}{\sqrt{C}} \ln \dfrac{2}{1 + \mathrm{e}^{-2r_p\sqrt{C}}}$;

(ii) 如果 $C = 0$,$f(C) = +\infty$.

则 M 微分同胚于 $\mathbf{R}^n$.

(9) 设 M 为 n 维完备 Riemann 流形,且 $Ric_M \geqslant -(n-1)$ 和 $\mathrm{conj}_M \geqslant C_0 > 0$. 如果

$$E(M) < F\left(\min\left\{\frac{1}{4} C_0, \rho_0\right\}\right),$$

则 M 具有有限拓扑型.

进而,如果 $C_p > \rho_0$,则 M 微分同胚于 $\mathbf{R}^n$.

(10) 设 M 为 n 维完备非紧 Riemann 流形,且

$$Ric(x) \geqslant -(n-1)\lambda(d_p(x))$$

和

$$K(x) \geqslant -\frac{C}{d_p(x)^\alpha},$$

其中 $C(\lambda) = \int_0^{+\infty} t\lambda(t)\mathrm{d}t < +\infty$ 和 $C > 0, 0 \leqslant \alpha \leqslant 2$. 如果 M 不衰退到无穷, 即

$$\inf_{x \in M} \mathrm{vol}(B(x;1)) \geqslant v > 0,$$

则存在一个常数 $\widetilde{C}(n,\lambda,C,\alpha,v) > 0$; 如果

$$\limsup_{r \to +\infty} \frac{\mathrm{vol}(B(p;r))}{r^{1+\frac{\alpha}{2}+\frac{1}{n}\left(1-\frac{\alpha}{2}\right)}} < \widetilde{C}(n,\lambda,C,\alpha,v),$$

则 M 具有有限拓扑型.

以上 (5)~(10) 表明, 只要附加一定的几何条件, 就散发出 M 的拓扑信息——M 具有有限拓扑型. 当几何条件加强时, M 微分同胚于 $\mathbf{R}^n$ (更强的拓扑信息).

(11) 存在万有常数

$$S_n = \frac{1}{4}\frac{1}{n-1}\left(\frac{n-2}{n}\right)^{n-1},$$

使得如果 M^n 完备非紧并具有非负 Ricci 曲率, 且有小线性直径增长,

$$\limsup_{r \to +\infty} \frac{D(r)}{r} < 2S_n,$$

则 M^n 的基本群是有限的.

进而, 当万有常数改进为

$$S_n = \frac{3}{7}\frac{1}{n-1}\left(\frac{n-2}{n}\right)^{n-1},$$

则 M^n 的基本群仍是有限的.

(12) 设 M 为 $n(\geqslant 3)$ 维完备非紧 Riemann 流形,

$$Ric(x) \geqslant -(n-1)\lambda(d_p(x)),$$

其中 $C(\lambda) = \int_0^{+\infty} t\lambda(t)\mathrm{d}t < +\infty$, 且 M 有弱有界几何, 即 $K \geqslant -1$ 和

$$\inf_{x \in M} \mathrm{vol}\left(B\left(x;\frac{7^{-n-1}}{2}\right)\right) \geqslant v > 0.$$

则存在一个常数 $\widetilde{C}(n,\lambda,v)$ 使得全 Betti 数 (即 Betti 数全体之和)

$$\sum_{i=0}^{n} b_i(p,r) \leqslant \widetilde{C}(n,\lambda,v)(1+r)^{n^2+n}, \quad r > 0.$$

(13) 设 M 为 n 维 C^∞ 连通紧致 Riemann 流形.

(i) 如果对任何整数 p, 二次型 $F_p(\omega)$ 是半正定的, 则 Betti 数

$$b_p(M) \leqslant C_n^p \quad \text{(组合数)};$$

（ii）如果对任何整数 $p, 0 < p < \left[\dfrac{n}{2}\right], F_p(\omega)$ 是拟正定的（强于半正定），则 M 为同调球，即

$$b_p(M) = 0, \quad 0 < p < n.$$

（14）对于数 $n \in \mathbf{N}, \kappa \in \mathbf{R}, R_0, D, \delta > 0, p > \dfrac{n}{2}$. 令 $M(n, \kappa, R_0, D, \delta)$ 为具有

$$\varepsilon(p, \kappa) \leqslant \delta, \quad R(M) \geqslant R_0, \quad \operatorname{diam} M \leqslant D$$

的 n 维紧致 Riemann 流形的类. 存在一个常数 $B(n, p, \kappa, D) > 0$，使得如果 $d < B(n, p, \kappa, D)$，则 $M(n, \kappa, R_0, D, \delta)$ 中的流形的基本群只有有限多个同构型.

（15）设 M 为 $\mathbf{R}^{n+1}, n \geqslant 3$ 中的定向完备极小超曲面. 如果调和指标 $h(M)$ 是有限的，则 M 只有有限个端（端是一个拓扑概念）. 进而，有：

（i）端的数目 $e(M) \leqslant h(M) + 1$.

（ii）关于每个端 E_i，存在非负调和函数 u_i；这些 u_i 张成一个 $e(M)$ 维向量空间，且

$$\sum_{i=1}^{e(M)} u_i = 1.$$

特别地，如果 M 是调和稳定的（即 $h(M) = 0$），则（i）蕴涵着 M 只有一个端.

从（11）～（15）可以看到，附加一些复杂的几何条件，得到了高级的拓扑信息（基本群有限、全 Betti 数、Betti 数、端）. 可以设想论述和证明都会有相当大的难度.

5.1　具有非负 Ricci 曲率和大体积增长的开流形

我们将证明：如果 M 是一个具有非负 Ricci 曲率和大体积增长及正的临界半径的开流形，则 $\sup\limits_{p \in M} C_p = +\infty$. 作为应用，我们给出了一个定理，它强烈地支持了 Petersen 猜测.

设 M 为具有 $Ric_M \geqslant 0$ 的 n 维完备非紧 Riemann 流形. 由 Bishop 体积比较定理，

$$\frac{\operatorname{vol}[B(p;r)]}{\omega_n r^n}$$

为 r 的非增函数，其中 $B(p;r)$ 为 M 中 p 点处半径为 r 的球，$\operatorname{vol}[B(p;r)]$ 为 $B(p;r)$ 的体积，而 ω_n 为 $\mathbf{R}^n$ 中单位球的体积. 设

$$\alpha_M = \lim_{r \to +\infty} \frac{\operatorname{vol}[B(p;r)]}{\omega_n r^n}.$$

显然，$0 \leqslant \alpha_M \leqslant 1$. 如果 $\alpha_M = 1$，由体积比较定理，M 等距于 $\mathbf{R}^n$. 如果 $\alpha_M > 0$，我们就说 M 有大体积增长.

注意距离函数 $r_p(x) = d(p,x)$（在 p 的割迹上）不是一个光滑函数. 因此, r_p 的临界点不是通常意义下定义的. r_p 的临界点的概念在文献[18]中被引入.

点 $q \in M$ 称为 r_p 的一个**临界点**, 如果对任何单位向量 $v \in T_q M$, 存在一条从 q 到 p 的极小测地线 σ, 使得 $\angle(\sigma'(0), v) \leqslant \dfrac{\pi}{2}$.

对于任何固定点 $p \in M$, 令

$$C_p = \sup\{r > 0 \mid \text{在 } B(p;r) \text{ 中无 } r_p \text{ 的临界点}\},$$

并定义 M 的临界半径为

$$C(M) = \inf_{p \in M} C_p.$$

众所周知, 如果存在某点 $p \in M$, 使得 $C_p = +\infty$, 则 M 微分同胚于 $\mathbf{R}^n$. 本节我们将证明下面的定理 5.1.1～定理 5.1.3.

设 M 为完备的开 Riemann 流形. 关于点 p 的广义 Busemann 函数定义为

$$b_p(x) = \limsup_{q \to +\infty}(d(p,q) - d(q,x)), \quad \forall x \in M,$$

其中 $q \to +\infty$ 表示 $q \in M$ 和 M 中固定点之间的距离趋于 $+\infty$. 容易验证

$$b_p(x) = \lim_{t \to +\infty}(t - d(x, S_t(p))),$$

其中 $S_t(p)$ 为中心在 p 点、半径 $t \geqslant 0$ 的度量球, 而函数 $t \mapsto t - d(x, S_t(p))$ 当 $t \geqslant d(p,x)$ 时是非增的. M 在 $p \in M$ 的 excess 定义为

$$e(p) = \sup_{x \in M}(d(p,x) - b_p(x)).$$

再定义

$$e(M) = \sup_{p \in M} e(p)$$

和

$$\varepsilon_p(x) = d(x, S_{2r_p(x)}(p)) - r_p(x).$$

显然, 有

$$\varepsilon_p(x) \leqslant e(p) \leqslant e(M), \quad \forall p, x \in M.$$

设 M 为完备非紧 Riemann 流形. 固定点 $p \in M$. 对 $\forall r > 0$, 令

$$k_p(r) = \inf_{M - B(p;r)} K,$$

其中 K 为 M 的截曲率, 而下确界(inf)是取在所有 $M - B(p;r)$ 中的点的 2 维截面上.

在下面定理的证明中, 我们需要一些引理.

引理 5.1.1（参阅文献[66]） 设 M 为具有 $Ric_M \geqslant 0, \alpha_M > 0$ 的完备非紧 Riemann 流形, 则存在一个点列 $\{x_i\} \subset M$, 使得 (M, x_i) 在点式 Gromov-Hausdorff 拓扑下收敛于 $(\mathbf{R}^n, 0)$.

引理 5.1.2（参阅文献[67]） 设 M 为具有 $K \geqslant c$ 的完备 Riemann 流形.

(1) 设 $\gamma_i : [0, l_i] \to M, i = 0, 1, 2$ 为极小测地线, 以 $\gamma_1(0) = \gamma_2(l_2) = p, \gamma_0(0) =$

$\gamma_1(l_1)$ 和 $\gamma_0(l_0) = \gamma_2(0)$，则存在极小测地线 $\tilde{\gamma}_i : [0, l_i] \to M^2(c)$, $i = 0, 1, 2$，其中 $M^2(c)$ 为常曲率曲面，以 $\tilde{\gamma}_1(0) = \tilde{\gamma}_2(l_2)$，$\tilde{\gamma}_0(0) = \tilde{\gamma}_1(l_1)$ 和 $\tilde{\gamma}_0(l_0) = \tilde{\gamma}_2(0)$，使得

$$L(\gamma_i) = L(\tilde{\gamma}_i), \quad i = 0, 1, 2$$

和

$$\angle(-\gamma_1'(l_1), \gamma_0'(0)) \geqslant \angle(-\tilde{\gamma}_1'(l_1), \tilde{\gamma}_0'(0)),$$
$$\angle(-\gamma_0'(l_0), \gamma_2'(0)) \geqslant \angle(-\tilde{\gamma}_0'(l_0), \tilde{\gamma}_2'(0)).$$

(2) 设 $\gamma_i : [0, l_i] \to M$, $i = 1, 2$ 为两条从 p 点出发的极小测地线. 令 $\tilde{\gamma}_i : [0, l_i] \to M^2(c)$, $i = 1, 2$ 为从某个点出发的两条测地线，使得

$$\angle(\gamma_1'(0), \gamma_2'(0)) = \angle(\tilde{\gamma}_1'(0), \tilde{\gamma}_2'(0)),$$

则

$$d(\gamma_1(l_1), \gamma_2(l_2)) \leqslant d_c(\tilde{\gamma}_1(l_1), \tilde{\gamma}_2(l_2)),$$

其中 d_c 为 $M^2(c)$ 中的距离函数.

设 $p, q \in M$. excess 函数定义为

$$e_{pq}(x) = d(p, x) + d(q, x) - d(p, q).$$

引理 5.1.3（参阅文献[68]） 设 (M, g) 为具有 $Ric_M \geqslant -(n-1)\lambda$ 和 $\mathrm{conj}_M \geqslant c_0 > 0$ 的 n 维完备 Riemann 流形. 存在常数 $C_0 = C(n, c_0) > 0$ 使得如果

$$\sigma_i : [0, r_i] \to M, \quad i = 1, 2$$

为从 p 出发的测地线，记 $\rho = \max\{r_1, r_2\} \leqslant \frac{1}{4} c_0$，则

$$d(\sigma_1(r_1), \sigma_2(r_2)) \leqslant \mathrm{e}^{C_0 \rho^{\frac{1}{2}}} \, | \, r_1 v_1 - r_2 v_2 \, |,$$

其中 $v_i = \dfrac{\mathrm{d}\sigma_i}{\mathrm{d}t}(0)$, $i = 1, 2$.

设 (M, g) 如引理 5.1.3 中所述，$\rho \leqslant \frac{1}{4} c_0$，而 $\sigma_1, \sigma_2 : [0, \rho] \to M$ 为从 x 到 p^*, q^* 的极小测地线. 令 $\theta = \angle(\sigma_1'(0), \sigma_2'(0))$. 根据引理 5.1.3，有

$$d(p^*, q^*) \leqslant 2\rho \, \mathrm{e}^{C_0 \rho^{\frac{1}{2}}} \left(1 - \sin^2 \left(\frac{\pi - \theta}{2} \right) \right)^{\frac{1}{2}}.$$

因此

$$\sin^2 \left(\frac{\pi - \theta}{2} \right) \leqslant 2 \left(\mathrm{e}^{C_0 \rho^{\frac{1}{2}}} - \frac{d(p^*, q^*)}{2\rho} \right) = 2 \left((\mathrm{e}^{C_0 \rho^{\frac{1}{2}}} - 1) + \frac{e_{p^* q^*}(x)}{2\rho} \right).$$

令 $\varepsilon = \frac{1}{2} \sin \frac{\pi}{8}$. 取 $\rho = \rho(n, c_0) \leqslant \frac{1}{4} c_0$ 使得

$$\mathrm{e}^{C_0 \rho^{\frac{1}{2}}} \leqslant 1 + \varepsilon^2.$$

假定 $e_{p^* q^*}(x) \leqslant 2\varepsilon^2 \rho$,则

$$\sin^2\left(\frac{\pi-\theta}{2}\right) \leqslant (2\varepsilon)^2 = \sin^2\frac{\pi}{8}.$$

这就蕴涵着 $\theta \geqslant \frac{3}{4}\pi$.

设 X, Y 为两个空间,映射 $f: X \to Y$,如果

$$|d_X(x_1, x_2) - d_Y(f(x_1), f(x_2))| < \delta, \quad \forall x_1, x_2 \in X,$$

$$B(f(X); \delta) \supset Y,$$

则称 f 是 Hausdorffδ-逼近的,其中 $B(f(X); \delta)$ 为 Y 中子集 $f(X)$ 的 ε-邻域,X 和 Y 的 **Hausdorff 距离** $d_H(X, Y)$ 定义为

$$d_H(X, Y) = \inf\{\delta \mid \text{存在 Hausdorff } \delta\text{- 逼近} f: X \to Y, g: Y \to X\}.$$

对于非紧度量空间,我们称点式序列 (X_i, x_i) 在点式 Gromov-Hausdorff 拓扑中收敛到 (X, x),如果对所有 $r > 0$,序列 $X_i \cap B_r(x_i)$ 在 Gromov-Hausdorff 拓扑中收敛到 $X \cap B_r(x)$.

定理 5.1.1 设 M 为具有 $Ric_M \geqslant 0, \alpha_M > 0, \text{conj}_M \geqslant i_0 > 0$ 和 $c(M) > 0$ 的完备非紧 Riemann 流形,则 $\sup\limits_{p \in M} C_p = +\infty$.

证明 由引理 5.1.1 知,存在一个序列 $\{x_i\} \subset M$,使得 (M, x_i) 在点式 Gromov-Hausdorff 拓扑下收敛到 $(\mathbf{R}^n, 0)$. 那就意味着对所有的 $R > 0$,序列 $B(x_i; R)$ 在 Gromov-Hausdorff 拓扑下收敛到 $V(0; R)$,其中 $V(0; R)$ 为 $\mathbf{R}^n$ 中以 O 为中心、R 为半径的开球. 因此,根据 Gromov-Hausdorff 距离的定义,我们有

$$d_{GH}(B(x_i; R), V(0; R)) < \varepsilon_i \to 0,$$

则存在一个映射 $f: B(x_i; R) \to V(0; R)$,使得:

(1) $f(x_i) = 0$;

(2) $f(B(x_i; R))$ 在 $V(0; R)$ 中是 ε_i-稠密的;

(3) $\forall x, y \in B(x_i; R)$,$|d_M(x, y) - d_{\mathbf{R}^n}(f(x), f(y))| < \varepsilon_i$.

对于 $B(x_i; R)$ 中任何固定的 p,如果 $d(x_i, p) < c(M)$,则 p 不是 x_i 的临界点. 如果 $d(x_i, p) \geqslant c(M)$,令 $p' = f(p) \in V(0, R)$,γ 是连接 O 和 p' 的射线,而 $q' = \gamma \cap S(0; R)$,其中 $S(0; R)$ 表示以 O 为中心、R 为半径的球面. 由 (2) 知,存在 $q'' \in V(0; R)$,使得

$$d_{\mathbf{R}^n}(q', q'') < \varepsilon_i \text{ 和 } q'' = f(q), \quad \text{某个 } q \in B(x_i; R).$$

由 (3) 容易看到

$$d_M(x_i, p) + d_M(p, q) - d_M(x_i, q) < 5\varepsilon_i.$$

设 σ_1, σ_2 分别为从 p 到 x_i, q 的极小测地线,又令

$$\theta = \angle(\sigma_1'(0), \sigma_2'(0)), \quad \rho \leqslant \frac{1}{4}c_0, \quad p^* = \sigma_1(\rho), \quad q^* = \sigma_2(\rho).$$

根据三角不等式,有

$$e_{p^* q^*}(p) \leqslant e_{x_i q}(p) < 5\varepsilon_i.$$

因此,如果 $5\varepsilon_i \leqslant 2\varepsilon^2 \rho$,则 $\theta \geqslant \frac{3}{4}\pi$,且 p 不是 x_i 的临界点. 于是,$C_{x_i} \geqslant R$. 因为我们可以让 R 任意大,故有 $\sup\limits_{x \in M} C_p = +\infty$. □

推论 5.1.1 设 M 为具有 $Ric_M \geqslant 0, \alpha_M > 0$ 和 $inj_M \geqslant i_0 > 0$ 的完备非紧 Riemann 流形,则 $\sup\limits_{p \in M} C_p = +\infty$.

证明 因为 $conj_M \geqslant i_0 > 0$ 和 $c(M) \geqslant i_0 > 0$ 两者都可从 $inj_M \geqslant i_0 > 0$ 导出,故由定理 5.1.1 知,推论的结论是显然的. □

定理 5.1.2 设 M 为具有 $Ric_M \geqslant 0, \alpha_M > 0, K_M \geqslant -k^2$ 和 $c(M) > 0$ 的完备非紧 Riemann 流形,则 $\sup\limits_{p \in M} C_p = +\infty$.

证明 从定理 5.1.1 的证明,我们知道,对 $\forall R > 0, p \in B(x_i; R)$,如果

$$d(x_i, p) < c(M),$$

则 p 不是 x_i 的临界点;如果

$$d(x_i, p) \geqslant c(M),$$

则 $\exists q \in B(x_i; R)$, s.t.

$$d_M(x_i, p) + d_M(p, q) - d_M(x_i, q) < 5\varepsilon_i.$$

设 $\sigma_1, \sigma_2, \sigma_3$ 分别为从 p 到 x_i, p 到 q 和 q 到 x_i 的极小测地线的长度,$r_i = L(\sigma_i), i = 1, 2, 3, \beta = \angle(\sigma_1'(0), \sigma_2'(0))$. 由引理 5.1.2,有

$$\cos\beta \leqslant \frac{\cosh\dfrac{r_1}{k}\cosh\dfrac{r_2}{k} - \cosh\dfrac{r_3}{k}}{\sinh\dfrac{r_1}{k}\sinh\dfrac{r_2}{k}} = \frac{\dfrac{1}{2}\cosh\dfrac{r_1 + r_2}{k} + \dfrac{1}{2}\cosh\dfrac{r_1 - r_2}{k} - \cosh\dfrac{r_3}{k}}{\sinh\dfrac{r_1}{k}\sinh\dfrac{r_2}{k}},$$

如果 $r_3 = r_1 + r_2$,由上面的不等式,有 $\cos\beta < 0$.

因为

$$0 \leqslant r_1 + r_2 - r_3 < 5\varepsilon_i, \quad r_1 \geqslant c(M) > 0,$$

我们看到,如果 ε_i 充分小,则 $\cos\beta < 0, \beta > \dfrac{\pi}{2}$,$p$ 不是 x_i 的临界点. 于是,$C_{x_i} \geqslant R$. 因为 R 可以任意大,故

$$\sup\limits_{p \in M} C_p = +\infty. \quad \square$$

引理 5.1.4(参阅文献[69]) 设 M 为具有 $Ric_M \geqslant 0, K_M \geqslant -k^2$ 和 $\alpha_M > \dfrac{1}{2}$ 的完备非

紧 Riemann 流形,则 $c(M) \geqslant i_0 > 0$.

推论 5.1.2　设 M 为具有 $Ric_M \geqslant 0$, $K_M \geqslant -k^2$ 和 $\alpha_M > \dfrac{1}{2}$ 的完备非紧 Riemann 流形,则

$$\sup_{p \in M} C_p = +\infty.$$

证明　结合定理 5.1.2 和引理 5.1.4,容易得到推论.　　　　　□

Petersen 猜测(参阅文献[65]):如果 $Ric_M \geqslant 0$, $\alpha_M > \dfrac{1}{2}$,则 M 微分同胚于 $\mathbf{R}^n$. 本节将证明下面的定理.

定理 5.1.3　设 M 为完备非紧 Riemann 流形,且满足

$$Ric_M \geqslant 0, \quad \alpha_M > \frac{1}{2}, \quad k_p(r) \geqslant -\frac{C}{(1+r)^\alpha}, \quad \forall p \in M,$$

其中 $0 < \alpha \leqslant 2$, $e(M) < +\infty$, C 为某个常数,则 M 微分同胚于 $\mathbf{R}^n$.

证明　由文献[70]中引理 2.1 的证明知,存在常数 $\delta > 0$,如果 $x, p \in M$, $r_p(x) = d(p, x)$ 满足

$$\frac{\varepsilon_p(x)}{r_p(x)^{\frac{\alpha}{2}}} < \delta,$$

则 x 不是 p 的临界点.

现在,对于

$$e(M) = \sup_{p \in M} e(p) < +\infty, \quad \varepsilon_p(x) \leqslant e(p) \leqslant e(M) < +\infty,$$

对 $\forall p, x \in M$,如果 $r_p(x) > \left(\dfrac{e(M)}{\delta}\right)^{\frac{2}{\alpha}}$,则 x 不是 p 的临界点.根据推论 5.1.2,有

$$\sup_{p \in M} C_p = +\infty.$$

因此,$\exists p \in M$, s.t. $C_p > \left(\dfrac{e(M)}{\delta}\right)^{\frac{2}{\alpha}}$.故 p 没有异于 p 的临界点和 M 微分同胚于 $\mathbf{R}^n$.　□

5.2　完备非紧流形上射线的 excess 函数

本节给出了完备非紧流形上射线的 excess 函数的一个估计.利用这个估计,我们得到了如文献[72]推论中的结果,它断言:在某些曲率和拼挤条件下,完备流形微分同胚于 $\mathbf{R}^n$. 最后,在附加 Ricci 条件下,还得到了更精细的结果.

设 M^n 为 n 维完备非紧 Riemann 流形.射线是一条测地线 $\gamma : [0, +\infty) \to M$,它的每

一段都是极小的. 因为 M^n 是非紧完备的, 对 $\forall\, p \in M^n$, 至少存在一条测地线 γ, $\gamma(0) = p$ (参阅文献[67]). 我们用 R_p 记具有 $\gamma(0) = p$ 的所有射线的点集, $S(p;r)$ 为以 p 为中心、r 为半径的测地球面.

集合 R_p 的重要性是, 在 R_p 中无 p 的临界点 (参阅文献[71]), 则 R_p 的大小可以给出 M^n 的一些拓扑信息. 下面的射线密度函数是 R_p 的大小的一个自然的度量:

$$\Re(p, r) = \sup_{x \in S(p;r)} d(x, R_p).$$

对于从 p_1 到 p_2 的测地线段 γ, excess 函数定义为

$$e_{p_1 p_2}(x) = d(x, p_1) + d(x, p_2) - d(p_1, p_2).$$

设 γ 为从 p 出发的射线, γ 的 excess 函数定义为

$$E_p^\gamma(x) = \lim_{t \to +\infty} (d(p, x) + d(x, \gamma(t)) - t).$$

容易看到

$$d(p, x) + d(x, \gamma(t)) - t$$

是一个非增的函数, 所以极限是确定了的. 对于 $E_p^\gamma(x)$ 的有界估计, 我们有下面的定理.

定理 5.2.1 设 M^n 为 n 维完备非紧 Riemann 流形, 如果截曲率 $K_{M^n} \geqslant 0$, 则

$$E_p^\gamma(x) \leqslant \frac{h^2}{\gamma}.$$

如果对某个常数 $k > 0$, 截曲率 $K_{M^n} \geqslant -k$, 则

$$E_p^\gamma(x) \leqslant \frac{1}{\sqrt{k}} \ln(\mathrm{e}^{\sqrt{k}r}(\cosh(\sqrt{k}r) - \sqrt{\cosh^2(\sqrt{k}r) - \cosh^2(\sqrt{k}h)})).$$

证明 设 γ 为一条从 p 出发的射线, 对某个 $t_0 > 0$, $h = d(x, \gamma(t_0))$. 由第 1 变分公式, 对 $t_1 > t_0$, 从 x 到 $\gamma(t_0)$ 的测地线将以 $p, x, \gamma(t_1)$ 为顶点的三角形划分为以 $x, \gamma(t_0), p$ 为顶点和以 $x, \gamma(t_0), \gamma(t_1)$ 为顶点的两个三角形. 令

$$s = d(x, \gamma(t_1)).$$

如果 $K_{M^n} \geqslant 0$, 则将 Toponogov 比较定理应用到

$$\triangle(x, \gamma(t_0), p) \quad \text{和} \quad \triangle(x, \gamma(t_0), \gamma(t_1)),$$

有 $r^2 \leqslant h^2 + t_0^2$ 和 $s^2 \leqslant h^2 + (t_1 - t_0)^2$. 因此

$$r + s - t_1 \leqslant \sqrt{h^2 + t_0^2} + \sqrt{h^2 + (t_1 - t_0)^2} - t_0 - (t_1 - t_0)$$

$$= \frac{h^2}{\sqrt{h^2 + t_0^2} + t_0} + \frac{h^2}{\sqrt{h^2 + (t_1 - t_0)^2} + (t_1 - t_0)}.$$

当 $t_1 \to +\infty$ 时, 有

$$\frac{h^2}{\sqrt{h^2 + (t_1 - t_0)^2} + (t_1 - t_0)} \to 0.$$

因此,有

$$E_p^\gamma(x) \leqslant \frac{h^2}{\sqrt{h^2 + t_0^2} + t_0} \leqslant \frac{h^2}{r}.$$

如果 $K_M \geqslant -k, k > 0$,从具有模型空间 $S^2(-k)$(以常曲率 $-k$ 的 2 维空间)的 Toponogov 比较定理以及双曲几何的一些基本事实,有

$$\cosh(\sqrt{k}\,h)\cosh(\sqrt{k}\,t_0) \geqslant \cosh(\sqrt{k}\,r), \tag{5.2.1}$$

$$\cosh(\sqrt{k}\,h)\cosh(\sqrt{k}\,(t_1 - t_0)) \geqslant \cosh(\sqrt{k}\,s). \tag{5.2.2}$$

由式(5.2.1),有

$$t_0 \geqslant \frac{1}{\sqrt{k}}\cosh^{-1}\left[\frac{\cosh(\sqrt{k}\,r)}{\cosh(\sqrt{k}\,h)}\right].$$

由式(5.2.2),有

$$\begin{aligned}
\cosh(\sqrt{k}\,s) \leqslant\ & \cosh\left[\sqrt{k}\left(t_1 - \frac{1}{\sqrt{k}}\cosh^{-1}\left[\frac{\cosh(\sqrt{k}\,r)}{\cosh(\sqrt{k}\,h)}\right]\right)\right]\cosh(\sqrt{k}\,h) \\
=\ & \cosh(\sqrt{k}\,t_1)\cosh(\sqrt{k}\,r) \\
& - \cosh(\sqrt{k}\,t_1)\sinh\left[\cosh^{-1}\left[\frac{\cosh(\sqrt{k}\,r)}{\cosh(\sqrt{k}\,h)}\right]\right]\cosh(\sqrt{k}\,h) \\
=\ & \cosh(\sqrt{k}\,t_1)\cosh(\sqrt{k}\,r) - \sinh(\sqrt{k}\,t_1)\sqrt{\cosh^2(\sqrt{k}\,r) - \cosh^2(\sqrt{k}\,h)}.
\end{aligned}$$

不等式的两边同乘以 $\mathrm{e}^{\sqrt{k}(r - t_1)}$ 得到

$$\begin{aligned}
\frac{1}{2}(\mathrm{e}^{\sqrt{k}(r + s - t_1)} &+ \mathrm{e}^{\sqrt{k}(r - s - t_1)}) \\
&\leqslant \cosh(\sqrt{k}\,t_1)\mathrm{e}^{-\sqrt{k}\,t_1}\cosh(\sqrt{k}\,r)\mathrm{e}^{\sqrt{k}\,r} \\
&\quad - \sinh(\sqrt{k}\,t_1)\mathrm{e}^{-\sqrt{k}\,t_1}\sqrt{\cosh^2(\sqrt{k}\,r) - \cosh^2(\sqrt{k}\,h)}\,\mathrm{e}^{\sqrt{k}\,r}.
\end{aligned}$$

当 $t_1 \to +\infty$ 时,有

$$\mathrm{e}^{\sqrt{k}E_p^\gamma(x)} \leqslant \mathrm{e}^{\sqrt{k}\,r}(\cosh(\sqrt{k}\,r) - \sqrt{\cosh^2(\sqrt{k}\,r) - \cosh^2(\sqrt{k}\,h)})$$

或者

$$E_p^\gamma(x) \leqslant \frac{1}{\sqrt{k}}\ln(\mathrm{e}^{\sqrt{k}\,r}(\cosh(\sqrt{k}\,r) - \sqrt{\cosh^2(\sqrt{k}\,r) - \cosh^2(\sqrt{k}\,h)})). \qquad \square$$

当 x 为 p 的一个临界点时,定理 5.2.1 结合 $E_p^\gamma(x)$ 的上界估计得到一些推论.

推论 5.2.1(参阅文献[72]) 设 M^n 为 n 维完备非紧 Riemann 流形,其截曲率 $K_{M^n} \geqslant 0$. 如果对某个点 $p \in M$ 和所有 $r > 0$,有

$$\Re(p, r) < r,$$

则 M^n 微分同胚于 $\mathbf{R}^n$.

证明 为了得到推论的结论,需要在临界点处的 excess 函数的估计.回顾临界点的定义(参阅文献[67]).

设 $p \in M^n$,对 $\forall q \in M^n$,如果对 $\forall v \in T_q M^n$,存在从 q 到 p 的一条极小测地线 η,使得 $\angle(v, \eta'(0)) \leqslant \dfrac{\pi}{2}$.

如果 p 为一个临界点,且由 $\overline{xp}$ 和 γ 所夹的角小于或等于 $\dfrac{\pi}{2}$,则根据 Toponogov 比较定理,有 $r^2 + s^2 \geqslant t_1^2$.因此

$$r + s - t_1 \geqslant r + \sqrt{t_1^2 - r^2} - t_1 = r + \frac{-r^2}{\sqrt{t_1^2 - r^2} + t_1}.$$

令 $t_1 \to +\infty$ 得到

$$r + \frac{-r^2}{\sqrt{t_1^2 - r^2} + t_1} \to r,$$

也就是

$$E_p^\gamma(x) \geqslant r.$$

因此,根据定理 5.2.1,有

$$\frac{h^2}{r} \geqslant E_p^\gamma(x) \geqslant r,$$

或 $h \geqslant r$.如果 $\mathfrak{R}(p, r) < r$,从上面知道,除 p 以外无 p 的临界点.否则,在任何异于 p 的临界点处必须有

$$r \leqslant h \leqslant \mathfrak{R}(p, r) < r,$$

矛盾.

众所周知,如果对某个点 $p \in M^n$,无除 p 以外的 p 的临界点,则 M^n 微分同胚于 $\mathbf{R}^n$ (这可以由 Gromov 同痕引理得到证明,详情参阅文献[67]). $\square$

为了得到推论 5.2.2,我们有下面的引理,它也可直接应用 Toponogov 比较定理证明.

引理 5.2.1(参阅文献[67]、[74]) 设 M^n 为 n 维完备非紧 Riemann 流形,其截曲率 $K_{M^n} \geqslant -k$,$k > 0$ 为某个常数,则对 p 的任何临界点 x,有

$$E_p^\gamma(x) \geqslant \frac{1}{\sqrt{k}} \ln \frac{\mathrm{e}^{\sqrt{k}r}}{\cosh(\sqrt{k}r)}.$$

推论 5.2.2(参阅文献[72]) 设 M^n 为 n 维完备非紧 Riemann 流形,其截曲率 $K_{M^n} \geqslant -k$,$k > 0$ 为某个常数.如果对某点 $p \in M^n$ 和所有的 $r > 0$,有

$$\Re(p,r) < \frac{1}{\sqrt{k}}\cosh^{-1}\left(\frac{\sqrt{\cosh(2\sqrt{k}\,r)}}{\cosh(\sqrt{k}\,r)}\right),$$

则 M^n 微分同胚于 $\mathbf{R}^n$.

证明 由引理 5.2.1 和定理 5.2.1 知,如果 x 为 p 点的临界点,则有

$$E_p^\gamma(x) \geqslant \frac{1}{\sqrt{k}}\ln\frac{e^{\sqrt{k}\,r}}{\cosh(\sqrt{k}\,r)}$$

和

$$E_p^\gamma(x) \leqslant \frac{1}{\sqrt{k}}\ln(e^{\sqrt{k}\,r}(\cosh(\sqrt{k}\,r) - \sqrt{\cosh^2(\sqrt{k}\,r) - \cosh^2(\sqrt{k}\,h)})).$$

因此

$$\frac{1}{\sqrt{k}}\ln(e^{\sqrt{k}\,r}(\cosh(\sqrt{k}\,r) - \sqrt{\cosh^2(\sqrt{k}\,r) - \cosh^2(\sqrt{k}\,h)})) \geqslant \frac{1}{\sqrt{k}}\ln\frac{e^{\sqrt{k}\,r}}{\cosh(\sqrt{k}\,r)},$$

也就是

$$\sqrt{\cosh^2(\sqrt{k}\,r) - \cosh^2(\sqrt{k}\,h)} \leqslant \cosh(\sqrt{k}\,r) - \frac{1}{\cosh(\sqrt{k}\,r)}$$

或

$$\cosh^2(\sqrt{k}\,h) \geqslant 2 - \frac{1}{\cosh^2(\sqrt{k}\,r)}.$$

于是,有

$$h \geqslant \frac{1}{\sqrt{k}}\cosh^{-1}\left(\frac{\sqrt{\cosh(2\sqrt{k}\,r)}}{\cosh(\sqrt{k}\,r)}\right).$$

如果

$$\Re(p,r) < \frac{1}{\sqrt{k}}\cosh^{-1}\left(\frac{\sqrt{\cosh(2\sqrt{k}\,r)}}{\cosh(\sqrt{k}\,r)}\right),$$

则在 M^n 上不存在异于 p 的 p 的临界点.因此,M^n 微分同胚于 $\mathbf{R}^n$. $\qquad\square$

为了推得下面的定理 5.2.2,引理 5.2.2 是本质的.属于 Abresh 和 Gromoll 的引理既基本又重要(参阅文献[73]).它表明了 excess 函数可以用 Ricci 曲率控制.

引理 5.2.2(参阅文献[73]) 设 M^n 是 n 维完备非紧 Riemann 流形,Ricci 曲率 $Ric_{M^n} \geqslant 0$,则对 p 的任何临界点 x 和 $h \leqslant \dfrac{r}{2}$,有

$$E_p^\gamma(x) \leqslant 8h^{\frac{n}{n-1}}r^{-\frac{1}{n-1}}.$$

应用 Ricci 曲率下的 $E_p^\gamma(x)$ 的估计(参阅文献[73]),我们得到比推论 5.2.2 更精细的定理.

定理 5.2.2 设 M^n 为 n 维完备非紧 Riemann 流形, Ricci 曲率 $Ric_{M^n} \geq 0$ 和截曲率 $K_{M^n} \geq -k, k > 0$ 为某个常数. 如果对某个 $p \in M^n$ 和所有的 $r > 0$, 存在

$$\mathfrak{D}(x, p) \leq \frac{1}{2} r$$

和

$$\mathfrak{R}(x, p) < 8^{-\frac{1}{n}} r^{\frac{1}{n}} k^{-\frac{n-1}{2n}} \left(\ln \frac{2}{1 + e^{-2\sqrt{k} r}} \right)^{\frac{n-1}{n}},$$

则 M^n 微分同胚于 $\mathbf{R}^n$.

证明 由引理 5.2.1 和引理 5.2.2 知, 如果 x 为 p 的临界点, 则

$$8 h^{\frac{n}{n-1}} r^{-\frac{1}{n-1}} \geq \frac{1}{\sqrt{k}} \ln \frac{e^{\sqrt{k} r}}{\cosh(\sqrt{k} r)}.$$

因此

$$8 h^n \geq r \left[\frac{1}{\sqrt{k}} \ln \frac{e^{\sqrt{k} r}}{\cosh(\sqrt{k} r)} \right]^{n-1}$$

或

$$h \geq 8^{-\frac{1}{n}} r^{\frac{1}{n}} k^{-\frac{n-1}{2n}} \left(\ln \frac{2}{1 + e^{-2\sqrt{k} r}} \right)^{\frac{n-1}{2}}.$$

由与引理 5.2.1 和引理 5.2.2 相同的讨论知, M^n 微分同胚于 $\mathbf{R}^n$. $\square$

注 5.2.1 为了看到定理 5.2.2 是推论 5.2.2 更精细的结果, 只需验证

$$\frac{1}{\sqrt{k}} \cosh^{-1} \left[\frac{\sqrt{\cosh(2\sqrt{k} r)}}{\cosh(\sqrt{k} r)} \right] = \frac{1}{\sqrt{k}} \cosh^{-1} \left(\frac{2(e^{2\sqrt{k} r} + e^{-2\sqrt{k} r})}{e^{2\sqrt{k} r} + e^{-2\sqrt{k} r} + 2} \right)^{\frac{1}{2}} < \frac{1}{\sqrt{k}} \cosh^{-1} \sqrt{2}.$$

5.3 具有非负 Ricci 曲率的开流形的拓扑

我们将证明, 具有非负 Ricci 曲率、大体积增长和内射半径有下界的 n 维完备 Riemann 流形 M, 如果对某个常数 $C > 0$, 有

$$\frac{\text{vol } B(p; r)}{\omega_n r^n} - \alpha_M < \frac{C}{r^{n-2+\frac{1}{n}}},$$

则 M 微分同胚于 $\mathbf{R}^n$. 我们也将证明, 具有非负径向曲率 $K_p^{\min}$ 的 n 维完备 Riemann 流形 M, 在某个拼挤条件下, M 微分同胚于 $\mathbf{R}^n$.

设 (M, g) 为 n 维非负 Ricci 曲率的完备 Riemann 流形, 相对体积比较定理指出, 函数

$$r \longmapsto \frac{\text{vol}\, B(p\,;r)}{\omega_n r^n}$$

是单调减的,其中 $B(p\,;r)$ 为以 $p \in M$ 为中心、r 为半径的测地球,ω_n 为 n 维 Euclid 空间 $\mathbf{R}^n$ 中的单位球的体积. 由

$$\alpha_M = \lim_{r \to +\infty} \frac{\text{vol}\, B(p\,;r)}{\omega_n r^n}$$

的定义. 易见,α_M 不依赖于 p. 如果 $\alpha_M > 0$,我们称 (M,g) 是**大体积增长**的.

设 (M,g) 为 n 维完备 Riemann 流形,$Ric_M \geqslant 0$ 和 $\alpha_M > 0$. Shen 在文献[66]中证明了,如果

$$\frac{\text{vol}\, B(p\,;r)}{\omega_n r^n} = \alpha_M + o\left(\frac{1}{r^{n-1}}\right)$$

且共轭半径 $\text{conj}_M \geqslant c > 0$ 或截曲率 $K_M \geqslant K_0 > -\infty$,则 M 具有有限拓扑型. 文献[78]中证明了,如果

$$\frac{\text{vol}\, B(p\,;r)}{\omega_n r^n} = \alpha_M + o\left(\frac{1}{r^{n-2+\frac{1}{n}}}\right)$$

且 M 的共轭半径有正的常数为下界或截曲率有下界,则 M 具有有限拓扑型.

已给 $p,q \in M$,p,q 的 **excess 函数** 由

$$e_{pq}(x) = d(x,p) + d(x,q) - d(p,q)$$

定义,其中 $d(p,q)$ 为 p 与 q 的距离.

对于 n 维 Riemann 流形 M 和某个 $1 \leqslant k \leqslant n-1$,我们称 M 的第 k 个 Ricci 曲率在 p 点处满足 $Ric^k \geqslant H$,如果对任何 $k+1$ 维子空间 $V \subset T_p M$,曲率张量 $R(X,Y)Z$ 满足

$$\sum_{i=1}^{k+1} \langle R(e_i,v)v,e_i \rangle \geqslant H, \quad \forall v \in V \cap S_p M,$$

这里 $\{e_1,\cdots,e_{k+1}\}$ 为 V 的任何规范正交基. $Ric^k_M \geqslant H$ 指的是在所有点 p 处 $Ric^k \geqslant H$. 明显地,对任何 $1 \leqslant k \leqslant l \leqslant n-1$,$Ric^k_M \geqslant kc$ 蕴涵着 $Ric^l_M \geqslant lc$,因此 $Ric^{n-1}_M \geqslant (n-1)c$.

引理 5.3.1(参阅文献[73]、[74]) 设 (M,g) 为满足 $Ric^k_M \geqslant 0$ 的 n 维完备 Riemann 流形,而 $\gamma:[0,a] \to M$ 是从 p 到 q 的极小测地线,则对 $\forall x \in M$,有

$$e_{pq}(x) \leqslant 8\left(\frac{s^{k+1}}{r}\right)^{\frac{1}{k}},$$

其中 $s = d(x,\gamma)$,$r = \min\{d(p,x),d(q,x)\}$.

引理 5.3.2(参阅文献[68]) 设 (M,g) 为满足 $Ric_M \geqslant -(n-1)$,$\text{conj}_M \geqslant c_0 > 0$ 的 n 维完备 Riemann 流形. 存在一个常数 $C = C(n,c_0) > 0$ 使得如果 $\sigma_i:[0,r_i] \to M$ 为从

p 出发的极小测地线,且 $\rho = \max\{r_1, r_2\} \leqslant \frac{1}{4}c_0$,则

$$d(\sigma_1(r_1), \sigma_2(r_2)) \leqslant e^{C\rho^{\frac{1}{2}}} \mid r_1 v_1 - r_2 v_2 \mid,$$

其中 $v_i = \dfrac{\mathrm{d}\sigma_i}{\mathrm{d}t}(0), i = 1, 2.$

设 $S_p M \subset T_p M$ 为 M 在 p 点处切空间 $T_p M$ 中的单位球面.对任何子集 $N \subset S_p M$,令

$$C(N) = \{q \in M \mid \text{存在从 } p \text{ 到 } q \text{ 的极小测地线 } \gamma, \text{使得 } \gamma'(0) \in N\}$$

和 $B(N; r) = B(p; r) \bigcap C(N)$.我们定义

$$\Sigma = \{v \in S_p M \mid \exp_p(rv): [0, +\infty) \to M \text{ 为射线}\}.$$

显然,$C(\Sigma)$ 和 $C(\Sigma^C)$ 为 M 的不相交的子集.由文献[66]知

$$\mathrm{vol}(B(\Sigma; r)) \geqslant \alpha_M r^n, \quad \forall r > 0.$$

已给 $r > 0$,令

$$h(r) = \max\{d(x, C(\Sigma)) \mid x \in \partial B(p; r)\}$$

为从 $\partial B(p; r)$ 中的点到从 p 出发射线的锥的最大距离.再令

$$R(p, r) = \max\{d(x, C(\Sigma) \bigcap \partial B(p; r)) \mid x \in \partial B(p; r)\}.$$

定理 5.3.1 设 (M, g) 为 n 维完备 Riemann 流形,$Ric_M \geqslant 0$ 和 $\mathrm{inj}_M \geqslant i_0 > 0$,则存在一个常数 $C = C(n, i_0) > 0$,使得如果对所有的 $r > 0$,$h(r) < Cr^{\frac{1}{n}}$,则 M 微分同胚于 $\mathbf{R}^n$.

设 $d_p(x) = d(p, x)$ 是固定 $p \in M$ 的距离函数.临界点的概念是由 Grove-Shiohama (参阅文献[18])引入的.点 $q \in M$ 称为 d_p 的**临界点**,如果对任何单位向量 $v \in T_p M$,存在从 p 到 q 的极小测地线 σ,使得 $\angle(\sigma'(0), v) \leqslant \dfrac{\pi}{2}$.众所周知,如果存在点 $p \in M$,使得 p 无异于 p 的临界点,则 n 维完备非紧 Riemann 流形 M 微分同胚于 $\mathbf{R}^n$.这个事实将在今后的证明中用到.

定理 5.3.1 是下面更一般结果的推论.

定理 5.3.2 设 (M, g) 为 n 维完备 Riemann 流形,$Ric_M^k \geqslant 0$ 和 $\mathrm{inj}_M \geqslant i_0 > 0$,则存在常数 $C = C(n, i_0) > 0$,使得如果对所有的 $r > 0$,有 $h(r) < Cr^{\frac{1}{k+1}}$,则 M 微分同胚于 $\mathbf{R}^n$.

证明 对于 $\forall x \in M$,令 $r = d(p, x)$.如果 $r < i_0$,则 x 显然不是 p 的临界点.现在,假定 $r > i_0$.注意到

$$\mathrm{conj}_M \geqslant \mathrm{inj}_M \geqslant i_0.$$

令 $\gamma: [0, 2r] \to M$ 为从 p 到 $q = \gamma(2r)$ 的极小测地线,使得

$$h = d(x, \gamma) = d(x, C(\Sigma)).$$

令 σ_1, σ_2 分别为从 x 到 p, q 的两条极小测地线,且

$$p^* = \sigma_1(\rho), \quad q^* = \sigma_2(\rho), \quad \rho \leqslant \frac{1}{4} i_0, \quad \theta = \angle(\sigma_1'(0), \sigma_2'(0)).$$

由引理 5.3.2,有

$$d(p^*, q^*)^2 \leqslant (2\rho)^2 e^{2C\rho^{\frac{1}{2}}} \left(1 - \sin^2 \frac{\pi - \theta}{2}\right).$$

显然,$d(p^*, q^*) \leqslant 2\rho$,因此有

$$\sin^2 \frac{\pi - \theta}{2} \leqslant 2\left((e^{2C_0\rho^{\frac{1}{2}}} - 1) + \frac{e_{p^* q^*}(x)}{2\rho}\right).$$

令 $\varepsilon = \frac{1}{2} \sin \frac{\pi}{8}$,$\rho = \rho(n, i_0) \leqslant \frac{1}{4} i_0$ 使得 $e^{i_0\rho^{\frac{1}{2}}} \leqslant 1 + \varepsilon^2$.由引理 5.3.1,有

$$e_{pq}(x) \leqslant 8\left(\frac{s^{k+1}}{r}\right)^{\frac{1}{k}} = 8\left(\frac{h(r)^{k+1}}{r}\right)^{\frac{1}{k}}.$$

容易看到,存在常数 $C = C(i_0, n) > 0$,使得如果 $h(r) < Cr^{\frac{1}{k+1}}$,则

$$e_{pq}(x) \leqslant 2\varepsilon^2 \rho.$$

根据三角不等式得到

$$e_{p^* q^*}(x) \leqslant e_{pq}(x) \leqslant 2\varepsilon^2 \rho,$$

故

$$\sin^2 \frac{\pi - \theta}{2} \leqslant (2\varepsilon)^2 = \sin^2 \frac{\pi}{8},$$

这就蕴涵着

$$\theta \geqslant \frac{3}{4} \pi,$$

从而 x 不是 p 的临界点.于是,M 微分同胚于 $\mathbf{R}^n$. □

为证明定理 5.3.3,我们需要下面的引理.

引理 5.3.3 设 M 为 n 维完备 Riemann 流形,$Ric_M \geqslant 0$ 和 $\alpha_M > 0$,则对任何常数 $c_2 > 0$,存在常数 $c_1 > 0$,使得如果对所有的 $r \geqslant 1$,有

$$\text{vol}(B(\Sigma^C; r)) < c_1 r^s$$

($0 < s < n$ 为正的常数),则

$$h(r) < c_2 r^{\frac{s-1}{n-1}}, \quad \forall r \geqslant 1.$$

证明 假设结论相反,存在 $r_0 \geqslant 1$,使得

$$h_0 = h(r_0) \geqslant c_2 r_0^{\frac{s-1}{n-1}}.$$

选择 $x \in \partial B(p; r_0)$ 使得 $d(x, C(\Sigma)) = h_0$.由 $\alpha_M > 0$,有

$$\text{vol}(B(x; h_0)) \geqslant \alpha_M \omega_n h_0^n.$$

由 $h(r)$ 的定义,有

$$B(x;h_0) \subset C(\Sigma^C).$$

如果 $h_0 < r_0$,

$$B(x;h_0) \subset B(\Sigma^C;r_0+h_0) - B(\Sigma^C;r_0-h_0),$$

分别应用 Gromov 体积比较定理到偶对

$$B(\Sigma^C;r_0+h_0), \quad B(\Sigma^C;r_0)$$

和

$$B(\Sigma^C;r_0), \quad B(\Sigma^C;r_0-h_0),$$

得到

$$\frac{\text{vol } B(\Sigma^C;r_0+h_0)}{\text{vol } B(\Sigma^C;r_0)} \leqslant \frac{(r_0+h_0)^n}{r_0^n} = \left(1 + \frac{h_0}{r_0}\right)^n,$$

$$\frac{\text{vol } B(\Sigma^C;r_0)}{\text{vol } B(\Sigma^C;r_0-h_0)} \leqslant \frac{r_0^n}{(r_0-h_0)^n}.$$

因此

$$\text{vol } B(\Sigma^C;r_0+h_0) \leqslant \left(1 + \frac{h_0}{r_0}\right)^n \text{vol } B(\Sigma^C;r_0),$$

$$\text{vol } B(\Sigma^C;r_0-h_0) \geqslant \text{vol } B(\Sigma^C;r_0)\left(\frac{r_0-h_0}{r_0}\right)^n = \left(1 - \frac{h_0}{r_0}\right)^n \text{vol } B(\Sigma^C;r_0).$$

从而

$$\alpha_M \omega_n h_0^n \leqslant \text{vol } B(x_0;h_0) \leqslant \text{vol } B(\Sigma^C;r_0+h_0) - \text{vol } B(\Sigma^C;r_0-h_0)$$

$$\leqslant \text{vol } B(\Sigma^C;r_0)\left(\left(1 + \frac{h_0}{r_0}\right)^n - \left(1 - \frac{h_0}{r_0}\right)^n\right)$$

$$= \frac{\text{vol } B(\Sigma^C;r_0)}{r_0^s} r_0^s \left(\left(1 + \frac{h_0}{r_0}\right)^n - \left(1 - \frac{h_0}{r_0}\right)^n\right).$$

注意到 $\dfrac{s+1-2i}{n+1-2i}$ 关于 i 为非增函数且 $r_0 \geqslant 1$,有

$$h_0 \geqslant c_2 r_0^{\frac{s-1}{n-1}} \geqslant c_2 r_0^{\frac{s+1-2i}{n+1-2i}}, \quad i = 1, \cdots, \left[\frac{n}{2}\right].$$

换言之

$$\frac{r_0^{s+1-2i}}{h_0^{n+1-2i}} \leqslant \frac{1}{c_2^{n+1-2i}}.$$

因此

$$\frac{\text{vol } B(\Sigma^C;r_0)}{r_0^s} \geqslant \alpha_M \omega_n \frac{h_0^n}{r_0^s\left(\left(1 + \frac{h_0}{r_0}\right)^n - \left(1 - \frac{h_0}{r_0}\right)^n\right)} = \alpha_M \omega_n \frac{1}{\sum\limits_{i=1}^{n/2} C_n^{n+1-2i} \frac{r_0^{s+1-2i}}{h_0^{n+1-2i}}}$$

$$\geq \alpha_M \omega_n \frac{1}{\sum_{i=1}^{n/2} C_n^{n+1-2i} c_2^{2i-n-1}}.$$

令

$$c_1 = \alpha_M \omega_n \frac{1}{\sum_{i=1}^{n/2} C_n^{n+1-2i} c_2^{2i-n-1}},$$

我们得到

$$\frac{\operatorname{vol} B(\Sigma^C; r_0)}{r_0^s} \geq c_1,$$

这与引理中的条件矛盾.

如果 $h(r_0) = r_0$,我们可以简单地选 c_1 为 $\frac{1}{2^n} \alpha_M \omega_M$,并通过类似的方法推得矛盾. 因此,总有

$$h(r) < c_2^{\frac{s-1}{n-1}}. \qquad \square$$

下面将证明定理 5.3.3. 它的证明依赖于定理 5.1.1.

定理 5.3.3 已给 $\alpha > 0, i_0 > 0$ 和整数 $n \geq 2$,存在 $\varepsilon = \varepsilon(n, \alpha, i_0) > 0$,使得具有 Ricci 曲率 $Ric_M \geq 0$,内射半径 $inj_M \geq i_0, \alpha_M > \alpha$ 和

$$\frac{\operatorname{vol} B(p; r)}{\omega_n r^n} - \alpha_M < \frac{\varepsilon}{r^{n-2+\frac{1}{n}}} \quad (某个 \ p \in M \ 和任何 \ r > 0)$$

的任何 n 维完备 Riemann 流形 M 必微分同胚于 $\mathbf{R}^n$.

定理 5.3.3 是下面结果的特殊情形,而这个结果是文献[75]中定理 6 的推广.

定理 5.3.4 已给 $\alpha > 0, i_0 > 0$ 和整数 $n \geq 2, 1 \leq k \leq n-1$,存在

$$\varepsilon = \varepsilon(n, \alpha, i_0, k) > 0$$

使得具有 Ricci 曲率 $Ric_M^k \geq 0, inj_M \geq i_0, \alpha_M > \alpha$ 和

$$\frac{\operatorname{vol} B(p; r)}{\omega_n r^n} - \alpha_M < \frac{\varepsilon}{r^{\frac{k(n-1)}{k+1}}} \quad (某个 \ p \in M \ 和任何 \ r > 0)$$

的任何 n 维完备 Riemann 流形 M 必微分同胚于 $\mathbf{R}^n$.

证明 通过一个常数重新度量化,我们总可以假定内射半径 $inj_M \geq 1$(以一个正的常数 $i_0 \geq 0$ 为下界的情形). 对 $\forall q \in M$,令 $r = d(p, q)$. 如果 $r < 1$,由 $inj_M \geq 1$ 知,q 不是 p 的临界点;如果 $r \geq 1$,由定理 5.3.2 知,对于任何点 $q \in M, r = d(p, q)$,存在常数 $C = C(n, i_0) > 0$,使得如果 $h(r) < C^{\frac{1}{k+1}}$,则 q 不是 p 的临界点. 现在,我们选择 $c_2 = C(n, i_0), s = \frac{n+k}{k+1}$ 和常数 $\varepsilon = \varepsilon(n, \alpha, i_0, k)$(引理 5.3.3 中的常数 c_1). 显然,有

$$\text{vol } B(\Sigma^C ; r) = \text{vol } B(p ; r) - \text{vol } B(\Sigma ; r)$$

$$< \text{vol } B(p ; r) - \alpha_M \omega_n r^n \leqslant \frac{\varepsilon}{r^{\frac{k(n-1)}{k+1}}} r^n = \varepsilon r^s.$$

由引理 5.3.3 知

$$h(r) < Cr^{\frac{s-1}{n-1}} = Cr^{\frac{1}{k+1}},$$

且 q 不是 p 的临界点. 从而, M 微分同胚于 $\mathbf{R}^n$. $\qquad\square$

已给 $p \in M$, 如果对从 p 出发的任一极小测地线 γ, 所有切于 γ 的 2 维平面的截曲率都大于或等于 C, 则 $K_p^{\min} \geqslant C$.

Xia 证明了, 如果 $K \geqslant 0$ 和 $h(r) < r$ 或 $R(p,r) < \sqrt{2}r$, 则 M 微分同胚于 $\mathbf{R}^n$(参阅文献[72]). 用不同的方法我们得到下面的推广.

定理 5.3.5 设 (M,g) 为 n 维完备非紧 Riemann 流形, 对某个固定的 $p \in M$, $K_p^{\min} \geqslant 0$. 如果对所有的 $r > 0$, 有 $h(r) < r$ 或 $R(p,r) < \sqrt{2}r$, 则 M 微分同胚于 $\mathbf{R}^n$.

证明 (反证)假设 $q \in M$ 为 p 的临界点, $r = d(p,q)$, γ 为从 p 出发的射线, 使得

$$d(q,\gamma) = d(q,C(\Sigma)).$$

对于 $\forall t > 0, \sigma_t$ 是连接 q 到 $\gamma(t)$ 的极小测地线. 由于 q 是 p 的一个临界点, 存在连接 q 到 p 的极小测地线 τ, 使得

$$\angle(\tau'(0), \sigma_t'(0)) \leqslant \frac{\pi}{2}.$$

由 Toponogov 型比较定理(参阅文献[76]), 我们知道

$$t^2 \leqslant r^2 + d^2(q,\gamma(t)).$$

换言之

$$(t - d(q,\gamma(t)))(t + d(q,\gamma(t))) \leqslant r^2,$$

因此

$$t - d(q,\gamma(t)) \leqslant \frac{r^2}{t + d(q,\gamma(r))} \leqslant \frac{r^2}{t}.$$

令 $t \to +\infty$, 有

$$\lim_{t \to +\infty} (t - d(q,\gamma(t))) \leqslant 0,$$

故对所有的 $t \geqslant 0$, 有

$$t - d(q,\gamma(t)) \leqslant 0.$$

这里, 注意到此极限的存在性由函数 $t - d(q,\gamma(t))$ 的单调性所蕴涵.

令 $\triangle\{\tilde{p}, \tilde{q}, \tilde{\gamma}(t)\}$ 为对应于平坦平面中 $\triangle\{p,q,\gamma(t)\}$ 的三角形. 设 $\tilde{\theta}_t$ 为 $\tilde{p}$ 点处的角. 令 $t \to +\infty$, 上面的事实意味着 $\tilde{\theta}_t \to \frac{\pi}{2}$. 因为 $\tilde{\theta}_t$ 非增(参阅文献[77]定理 1.3), 我们

有 $\widetilde{\theta}_t \geqslant \dfrac{\pi}{2}$. 因此

$$d(q, \gamma(t))^2 = d(\widetilde{q}, \widetilde{\gamma}(t))^2 \geqslant r^2 + t^2,$$

这就蕴涵着 $d(q, \gamma) \geqslant r$. 所以

$$h(r) = r.$$

它与定理中的条件 $h(r) < r$ 矛盾. 所以, 无异于 p 的临界点和 M 微分同胚于 $\mathbf{R}^n$. 对于 $R(p; r) < \sqrt{2}r$ 的情形, 证明是类似的. $\qquad\square$

推论 5.3.1 设 M 为 n 维完备 Riemann 流形, $K_p^{\min} \geqslant 0, Ric_M \geqslant 0$, 其中 p 为 M 的一个固定点, $\alpha_M > 0$. 如果

$$\frac{\operatorname{vol} B(p; r)}{\omega_n r^n} - \alpha_M < \frac{1}{2^n} \alpha_M, \quad \forall\, r > 0,$$

则 M 微分同胚于 $\mathbf{R}^n$.

证明 由文献[69], 有

$$d(x, C(\Sigma)) \leqslant 2\alpha_M^{-\frac{1}{n}} \left(\frac{\operatorname{vol} B(p; r)}{\omega_n r^n} - \alpha_M \right)^{\frac{1}{n}} r,$$

其中 $x \in \partial B(p; r)$. 因此

$$d(x, C(\Sigma)) \leqslant 2\alpha_M^{-\frac{1}{n}} \left(\frac{\operatorname{vol} B(p; r)}{\omega_n r^n} - \alpha_M \right)^{\frac{1}{n}} r < 2\alpha_M^{-\frac{1}{n}} \left(\frac{1}{2^n} \alpha_M \right)^{\frac{1}{n}} r = r.$$

于是

$$h(r) = \max_{x \in \partial B(p; r)} d(x, C(\Sigma)) < r.$$

由定理 5.3.5 知, M 微分同胚于 $\mathbf{R}^n$. $\qquad\square$

5.4　具有非负曲率完备流形的体积增长及其拓扑

我们证明具有非负曲率的 n 维完备非紧 Riemann 流形 M 的性质和它们的体积增长之间关系的某些结果. 它们是不同于 Ricci 曲率的情形. 例如, 具有非负曲率和大体积增长的 n 维完备非紧 Riemann 流形 M 微分同胚于 $\mathbf{R}^n$.

众所周知, 有许多关于 n 维完备非紧 Riemann 流形的 Ricci 曲率和体积增长的结果. 如果我们限制到非负截曲率, 将有更强和更有趣的结果. 在这种情形下, 流形的结构由很弱的体积增长条件所决定 (定理 5.4.1).

首先, 我们引入一些相关的定义和引理.

设 M 是具有 $K_M \geqslant 0$ 的 n 维完备非紧 Riemann 流形. $\forall\, r > 0$, 令

$$\alpha_M = \lim_{r \to +\infty} \frac{\mathrm{vol}\, B(p;r)}{\omega_n r^n},$$

其中 $\mathrm{vol}\, B(p;r)$ 为 M 中以 p 为中心、r 为半径的球的体积；ω_n 表示 $\mathbf{R}^n$ 中单位球的体积. 从体积比较, 有 $0 \leqslant \alpha_M \leqslant 1$. 如果 $\alpha_M = 1$, 则 M 等距于 $\mathbf{R}^n$(参阅文献[84]).

由文献[78]知, 当 $K_M \geqslant 0$(或一般地, $Ric_M \geqslant 0$)时, α_M 不依赖于基点 p.

定义 5.4.1 如果 $\alpha_M > 0$, 我们就称 M 有**大体积增长**.

设 $d_p(x) = d(p,x)$ 为 p 点处的距离函数. 它不是光滑函数, 它的临界点起初是由 Grove 和 Shiohama 提出的(参阅文献[18]).

定义 5.4.2 点 q 称为 $d_p(x)$ 的**临界点**, 如果对任何单位向量 $v \in T_q M$, 存在从 q 到 p 的极小测地线 $\sigma(t)$, 使得 $\angle(\sigma'(0), v) \leqslant \dfrac{\pi}{2}$.

设

$$\Sigma = \{v \in S_p(M) \mid \exp_p(tv), t \geqslant 0 \text{ 为射线}\},$$

其中 $S_p(M)$ 为 $T_p M$ 中的单位球面. 令

$$C(\Sigma) = \{q \in M \mid q = \exp_p(tv), v \in \Sigma, t \geqslant 0\},$$
$$B(\Sigma;r) = B(p;r) \bigcap C(\Sigma).$$

下面的引理可参阅文献[78]、[9].

引理 5.4.1(参阅文献[78]) 如果 $K_M \geqslant 0$(或一般地, $Ric_M \geqslant 0$), 则

$$\alpha_M = \lim_{r \to +\infty} \frac{\mathrm{vol}\, B(\Sigma;r)}{\omega_n r^n}.$$

引理 5.4.2(参阅文献[9]) 设 M 为具有 $K_M \geqslant 0$ 的 n 维完备非紧 Riemann 流形, 令 $\gamma, \sigma : [0, +\infty) \to M$ 为测地线, 使得 $\gamma(0) = \sigma(0)$. 如果 γ 为射线和 $\angle(\gamma'(0), \sigma'(0)) < \dfrac{\pi}{2}$, 则

$$\lim_{t \to +\infty} d(\sigma(0), \sigma(t)) = +\infty.$$

由文献[83], 我们知道, 具有非负曲率的 n 维完备非紧 Riemann 流形 M 必须具有有限拓扑型. 但是, 什么样的体积增长条件可使得流形 M 微分同胚或同胚于 $\mathbf{R}^n$ 呢? 我们的第 1 个结果回答了这个问题.

定理 5.4.1 设 M 是具有 $K_M \geqslant 0, \alpha_M > 0$ 的 n 维非紧完备 Riemann 流形, 则 M 微分同胚于 $\mathbf{R}^n$.

证明 由 Cheeger 和 Gromoll 的精髓定理(soul theorem), 我们知道 M 有一个精髓 S(它是一个全测地子流形)(参阅文献[80]). 如果 S 是一个点, 则 M 微分同胚于 $\mathbf{R}^n$. 我们将证明, 当 $\alpha_M > 0$ 时, S 必须是一个点.

（反证）假设相反,即 S 不是一个点.因为 S 是一个全测地子流形,$\forall\, p\in S$,任何测地线 $\sigma:[0,+\infty)\to M$,如果 $\sigma'(0)\in T_pS$,则 $\forall\, t\geqslant 0$,有 $\sigma(t)\in S$.于是

$$\varlimsup_{t\to+\infty} d(\sigma(0),\sigma(t))\leqslant \operatorname{diam} S.$$

根据引理 5.4.2 和 Σ 的定义,我们知道,任何 $v\in\Sigma$,对所有的 $v'\in T_pS$,有

$$\angle(v,v')\geqslant \frac{\pi}{2},$$

则 $v\perp T_pS$.于是,$\operatorname{meas}\Sigma=0$（由 $\mathbf{R}^n$ 的单位球面的诱导测度可知）.根据 Fubini 定理,对 $\forall\, r>0$,有

$$\operatorname{meas}(\exp^{-1}(B(\Sigma;r)))=0.$$

因为 exp 是 C^∞ 的,由 Sard 定理（参阅文献[81]）,对 $\forall\, r>0$,有

$$\operatorname{vol}(B(\Sigma;r))=0.$$

再根据引理 5.4.1,有 $\alpha_M=0$.这与定理条件 $\alpha_M>0$ 矛盾.于是,S 必须为一个点.于是,M 微分同胚于 $\mathbf{R}^n$. $\square$

用相同的证明思想,我们有下面有趣的结果.

定理 5.4.2 设 M 为具有 $K_M\geqslant 0$ 的 n 维完备非紧 Riemann 流形.如果 M 包含一条正规闭测地线,则 $\alpha_M=0$.

换言之,如果 $\alpha_M>0$,则 M 不包含任何正规闭测地线.

证明 设 $\sigma(t)$ 为闭测地线,以弧长为参数,$\sigma(0)=\sigma(b)$,$\sigma'(0)=\sigma'(b)$,$b>0$,则

$$\varlimsup_{t\to+\infty} d(\sigma(0),\sigma(t))\leqslant \frac{b}{2}.$$

由引理 5.4.4 知,$\forall\, v\in\Sigma$,有 $\angle(v,\sigma'(0))\geqslant \dfrac{\pi}{2}$.考虑 $\sigma(-t)$,我们有

$$\angle(v,-\sigma'(0))\geqslant \frac{\pi}{2}.$$

故 $v\perp\sigma'(0)$,则 $\operatorname{meas}\Sigma=0$.由定理 5.4.1 的证明,有 $\alpha_M=0$. $\square$

注 5.4.1 （1）明显地,定理 5.4.1 中条件 $\alpha_M>0$ 是最好的.简单计算可表明,$\mathbf{R}^3$ 中抛物面 $z=x^2+y^2$ 的 $\alpha_M=0$,则定理 5.4.1 的逆不成立.

（2）此外,如果限制 $K_M>0$,α_M 必须为 0 吗?如果不是,反例是什么?

我们知道,如果 Riemann 流形的某个距离函数无临界点,则这个流形微分同胚于 $\mathbf{R}^n$.自然可问:定理 5.4.1 中的微分同胚的意义是否与"无临界点"相同?定理 5.4.3 告诉我们,当 $\alpha_M>\dfrac{1}{2}$ 时,回答是肯定的.

为证明定理 5.4.3,我们先给出下面的引理.

引理 5.4.3 设 M 为 n 维完备非紧 Riemann 流形，$K_M \geqslant 0$. 如果 q 是 $d_p(x)$ 的一个临界点，对任何 p 点处的射线 $\gamma(t)$，任何从 p 到 q 的极小测地线 $\sigma(t)$，我们有

$$\theta = \angle(\gamma'(0), \sigma'(0)) \geqslant \frac{\pi}{2}.$$

证明 由临界点的定义知，从 q 到 $\gamma(t)$ 的任何极小测地线 $\gamma_1(t)$，存在从 q 到 p 的极小测地线 $\gamma_2(t)$，使得 $\angle(\gamma_1'(0), \gamma_2'(0)) \leqslant \frac{\pi}{2}$.

令 $d_p(q) = r$，$d_q(\gamma(t)) = s$. 根据三角形比较定理，有

$$r^2 + s^2 \geqslant t^2, \quad r^2 + t^2 - 2rt\cos\theta \geqslant s^2.$$

当 $t \to +\infty$ 时，$\cos\theta \leqslant 0$. 于是，$\theta \geqslant \frac{\pi}{2}$. □

定理 5.4.3 设 M 为 n 维完备非紧 Riemann 流形，$K_M \geqslant 0$. 如果 $\alpha_M > \frac{1}{2}$，则 $\forall p \in M$，$d_p(x)$ 无除 p 外的临界点. 因而，M 微分同胚于 $\mathbf{R}^n$.

证明 （反证）假设结论相反，$d_p(x)$ 有临界点. 由引理 5.4.3 和 Σ 的定义知，Σ 落在 T_pM 的半单位球面中. 于是

$$\mathrm{meas}\,\Sigma \leqslant \frac{1}{2}\mathrm{meas}\,S^{n-1}.$$

根据 Fubini 定理，有

$$\mathrm{meas}(\exp_p^{-1}B(\Sigma; r)) = \mathrm{meas}\{tv \in \mathbf{R}^n \mid v \in \Sigma, 0 \leqslant t \leqslant r\} \leqslant \frac{1}{2}\omega_n r^n.$$

应用体积比较定理，有

$$\mathrm{meas}\,B(\Sigma; r) \leqslant \frac{1}{2}\omega_n r^n,$$

其中 r 为任意的正常数. 根据引理 5.4.1，有 $\alpha_M \leqslant \frac{1}{2}$. 这与定理中的条件 $\alpha_M > \frac{1}{2}$ 矛盾. 于是，$d_p(x)$ 没有除 p 外的临界点. □

当 $\alpha_M = 1$ 时，M 等距于 $\mathbf{R}^n$，则在 M 的每个点处，指数映射为微分同胚. 但是，如果 $\alpha_M < 1$，我们有：

定理 5.4.4 设 M 为 n 维完备非紧 Riemann 流形，$K_M \geqslant 0$. 如果 $\alpha_M < 1$，则必须存在一点 $p \in M$，使得 $\exp_p$ 不是微分同胚.

我们可以假定 M 是单连通的（否则 $\exp_p$ 不是微分同胚）. 当 $\alpha_M < 1$ 时，必须有一点 $q \in M$ 和 $X, Y \in T_qM$ 使得 $K_M(X \wedge Y) > 0$（否则 M 等距于 $\mathbf{R}^n$（参阅文献[84]））. 因此，定理 5.4.4 是下面引理的推论.

引理 5.4.4 设 M 为 n 维完备非紧 Riemann 流形. 如果存在点 $q \in M$ 和 $X, Y \in T_q M$, 使得 $K_M(X \wedge Y) > 0$, 则必须存在一点 $p \in M$, 使得 $\exp_p$ 不是微分同胚.

证明 我们只需证明, 如果 exp 在 M 的每个点上为微分同胚, 则 M 等距于 $\mathbf{R}^n$.

$\forall p \in M$, 任何从 p 出发的测地线 $\gamma(t)$. 如果 $\exp_p$ 为微分同胚, 在 $\gamma(t)$ 中不存在割点, 而 $\gamma(t)$ 为一条射线. 令 $\sigma(t) = \gamma(-t)$ 为测地线, 以

$$\sigma'(0) = \gamma'(-0)(-1) = -\gamma'(0).$$

我们断言: $\gamma(t) \bigcup \gamma(-t)$ 必须为一条直线. (反证) 假设相反, 则 $\exists t_1, t_2 > 0$ 使得

$$d(\gamma(t_1), \gamma(t_2)) < t_1 + t_2.$$

故 $T_{\gamma(t_1)} M$ 将有两个不同的点被 $\exp_{\gamma(t_1)}$ 映到 $\gamma(-t_2)$. 于是, $\exp_{\gamma(t_1)}$ 不是微分同胚.

回顾 Cheeger-Gromoll 分裂定理 (参阅文献[82]): 设 M 为 n 维完备非紧 Riemann 流形, $Ric_M \geqslant 0$. 如果 M 包含一条直线, 则 M 等距于 $M' \times \mathbf{R}^1$, 其中 M' 为具有 $Ric_{M'} \geqslant 0$ 的 $n-1$ 维完备 Riemann 流形.

当 M 分裂成 $M' \times \mathbf{R}^1$ 时, 直线在 p 点垂直于 $\mathbf{R}^1$, 属于 M', 故 M' 等距于 $M'' \times \mathbf{R}^1$. 逐步地, M 等距于 $\mathbf{R}^n$. □

注 5.4.2 分裂的条件只是 $Ric_M \geqslant 0$. 显然, 如果用 $K_M \geqslant 0$ 代替 $Ric_M \geqslant 0$, 引理 5.4.4 仍成立, 因此定理 5.4.4 也成立.

5.5 小 excess 与开流形的拓扑

我们应用比较几何的方法研究开流形的 excess 与其拓扑之间的关系, 并证明了: 对于一个曲率有下界的开流形, 当它的 excess 被其临界半径的某个函数所界定时, 它就具有有限拓扑型或微分同胚于 n 维 Euclid 空间 $\mathbf{R}^n$.

设 (M, g) 为曲率 (截曲率或 Ricci 曲率) 有下界的 n 维完备非紧 Riemann 流形. (M, g) 的拓扑性质受到特别的关注. 许多新的概念和工具被建立起来 (参阅文献[85]、[18]、[66] 等). 本节将给出开流形的 excess 与其拓扑之间的一些关系.

设 M 是一个完备的 n 维流形. Abresh 和 Gromoll 定义了下面的 excess 函数 (参阅文献[73]). 对 $\forall p, q \in M$, d 表示由其度量诱导的 M 上的距离函数, excess 函数 $e_{pq}(x)$ 由

$$e_{pq}(x) = d(x, p) + d(x, q) - d(p, q), \quad \forall x \in M$$

定义.

注意, M 为 n 维完备非紧 Riemann 流形, $p \in M$. M 在 p 点的 excess 定义为 (参阅文献[86])

$$e(p) = \sup_{x \in M}(d(x, p) - b_p(x)).$$

由三角不等式知,这是非负的. 由

$$e(M) = \sup_{p \in M} e(p), \quad E(M) = \inf_{p \in M} e(p)$$

定义了 M 的 excess 的两个概念. 这里

$$b_p(x) = \limsup_{q \to \infty}(d(p, q) - d(q, x)) = \lim_{t \to +\infty}(t - d(x, S(p; t)))$$

为关于 $p \in M$ 的广义 Busemann 函数.

已给 $p \in M$,如果对任何从 p 出发的极小测地线 γ,所有切于 γ 的平面的截曲率都大于或等于 c,则称 $K_p^{\min} \geqslant c$.

注意距离函数 d_p 不是(p 的割迹上的)光滑函数,因此,d_p 的临界点不是通常意义下定义的. d_p 的临界点的概念是由 Grove 和 Shiohama 引入的(参阅文献[18]). 点 $q \in M$ 称为 d_p 的一个**临界点**,如果对任何单位向量 $v \in T_q M$,存在一条从 p 到 q 的极小测地线 σ 使得

$$\angle(\sigma'(0), v) \leqslant \frac{\pi}{2}.$$

p 点的**临界半径** r_p 定义为

$$r_p = \sup\{r \mid B(p; r) \text{ 中无 } p \text{ 的临界点}\}.$$

我们也定义 M 的**临界半径**为

$$r(M) = \inf_{p \in M} r_p.$$

如果存在开区域 $\Omega \subset M$,使得 $\overline{\Omega}$ 紧致,其边界 $\partial\Omega$ 为一个拓扑流形,且 $M - \Omega$ 同胚于 $\partial\Omega \times [0, +\infty)$,则称流形 M 具有**有限拓扑型**.

因为 $\mathbf{R}^n - B(0; r) \cong \partial B(0; r) \times [0, +\infty)$,所以 $\mathbf{R}^n$ 具有有限拓扑型. 众所周知,如果 $\exists p \in M$,s. t. p 无异于 p 的临界点,则 M 微分同胚于 $\mathbf{R}^n$,当然 M 具有有限拓扑型. 我们还知道(参阅文献[73]),如果 p 的所有临界点都在 M 的某个紧致集中,则 M 具有有限拓扑型.

在 Shiohama 的论文(参阅文献[86])中证明了:如果 $K_M \geqslant 0$ 和 $E(M) = 0$,则 M 微分同胚于 $\mathbf{R}^n$. 他还证明了:如果 $K_M \geqslant -1$ 和 $e(M) \leqslant \varepsilon(n)$,则 M 同胚于 $S \times \mathbf{R}^k$,其中 S 为紧致流形.

下面的两个 Toponogov 型比较定理用来控制临界点的存在性.

引理 5.5.1(参阅文献[76]) 设 M 为 n 维完备 Riemann 流形,$p \in M$ 和 $K_p^{\min} \geqslant c$. 假定 $\gamma_i : [0, l_i] \to M$,$i = 0, 1, 2$ 为极小测地线,且 $\gamma_1(0) = \gamma_2(l_2) = p$,$\gamma_0(0) = \gamma_1(l_1)$,$\gamma_0(l_0) = \gamma_2(0)$. 则存在极小测地线 $\tilde{\gamma}_i : [0, l_i] \to M^2(c)$,$i = 0, 1, 2$,满足 $\tilde{\gamma}_1(0) = \tilde{\gamma}_2(l_2)$,$\tilde{\gamma}_0(0) = \tilde{\gamma}_1(l_1)$,$\tilde{\gamma}_0(l_0) = \tilde{\gamma}_2(0)$,使得

$$\angle(-\gamma_1'(l_1),\gamma_0'(0)) \geqslant \angle(-\tilde{\gamma}_1'(l_1),\tilde{\gamma}_0'(0)),$$

$$\angle(-\gamma_0'(l_0),\gamma_2'(0)) \geqslant \angle(-\tilde{\gamma}_0'(l_0),\tilde{\gamma}_2'(0)),$$

其中 $M^2(c)$ 为常曲率 c 的完备单连通曲面.

在给出下面引理之前,我们先引入共轭半径的修正

$$\rho_c(p) = \sup\{\rho > 0 \mid \mathrm{conj}(q) \geqslant \rho, \forall q \in B_\rho(p)\}.$$

引理 5.5.2(参阅文献[68]、[66]) 设 M 为具有 $Ric_M \geqslant -(n-1)$ 的 n 维完备 Riemann 流形,则对 $\forall p \in M$,存在常数 $C_0 = C_0(n,\rho_c(p)) > 0$,s.t. 如果 $\sigma_i:[0,r_i] \to M$ 为从 p 出发的极小测地线,$\rho = \max\{r_1,r_2\} \leqslant \dfrac{1}{4}\rho_c(p)$,则

$$d(\sigma_1(r_1),\sigma_2(r_2)) \leqslant \mathrm{e}^{C_0\rho^{\frac{1}{2}}} \mid r_1 v_1 - r_2 v_2 \mid,$$

其中 $v_i = \dfrac{\mathrm{d}\sigma_i}{\mathrm{d}t}(0)$,$i=1,2$.进而,如果 $\mathrm{conj}_M \geqslant c_0 > 0$,则在相同的条件下,存在常数 $C_0 = C_0(n,c_0) > 0$,使得上面的结论成立.

现在,我们来研究开流形的 excess 函数的一些性质,它在下面定理的证明中是有用的.

引理 5.5.3 设 γ_1,γ_2 分别为从 x 到 p,q 的极小测地线,p^* 为 γ_1 中的一点,q^* 为 γ_2 中的一点,则

$$e_{p^* q^*}(x) \leqslant e_{pq}(x).$$

证明 由三角不等式,有

$$\begin{aligned}
e_{pq}(x) - e_{p^* q^*}(x) &= d(p,p^*) + d(p^*,q^*) + d(q^*,q) - d(p,q) \\
&\geqslant d(p,q^*) + d(q^*,q) - d(p,q) \\
&\geqslant d(p,q) - d(p,q) = 0,
\end{aligned}$$

$$e_{p^* q^*}(x) \leqslant e_{pq}(x). \qquad \square$$

引理 5.5.4 如果 $q,x \in M$ 满足

$$d(q,x) = d(x,S(p,d(p,q)))$$

和

$$d(p,x) \leqslant d(p,q),$$

则

$$e_{pq}(x) \leqslant e(p).$$

证明 首先,我们证明当 $t \geqslant d(x,p)$ 时,函数

$$t \mapsto t - d(x,S(p;t))$$

是单调递减的.事实上,假定 $t \geqslant d(x,p)$ 和 $\varepsilon > 0$,取 $a \in S(p;t+\varepsilon)$ 以及 $d(x,a) = d(x,S(p;t+\varepsilon))$,$\gamma$ 为从 a 到 x 的极小测地线,它在点 b 处横穿 $S(p;t)$,则

$$d(x, S(p; t + \varepsilon)) = d(x, a) = d(x, b) + d(a, b)$$
$$\geqslant d(x, S(p; t)) + \varepsilon.$$

因此,有

$$(t + \varepsilon - d(x, S(p; t + \varepsilon))) - (t - d(x, S(p; t)))$$
$$= \varepsilon + d(x, S(p; t)) - d(x, S(p; t + \varepsilon)) \leqslant 0.$$

由此,我们得到

$$e(p) = \sup_{y \in M}(d(p, y) - b_p(y))$$
$$\geqslant d(p, x) - \lim_{t \to +\infty}(t - d(x, S(p; t)))$$
$$\geqslant d(p, x) - d(p, q) + d(x, S(p; d(p, q)))$$
$$= e_{pq}(x). \qquad \Box$$

下面两个引理告诉我们 excess 函数可以控制临界点的存在性.

引理 5.5.5 设 M 为 n 维完备非紧 Riemann 流形,$p \in M$,$K_p^{\min} \geqslant -1$,则存在一个函数 $\varepsilon_1(a, b) > 0$,使得对 $\forall a, b > 0$,如果 $e_{pq}(x) < \varepsilon_1(a, b)$,其中 $a = d(x, p)$ 和 $b = d(x, q)$,则 x 不是 p 的临界点.此外,函数 $\varepsilon_1(a, b)$ 满足

$$\lim_{b \to +\infty} \varepsilon_1(a, b) = \ln \frac{2}{1 + e^{-2a}}.$$

证明 (反证)假设结论不成立,则 x 为 p 的临界点.取 γ_1 为从 x 到 q 的极小测地线,则由临界点的定义知,存在一条从 x 到 p 的极小测地线,使得

$$\theta = \angle(\gamma_1'(0), \gamma_2'(0)) \leqslant \frac{\pi}{2}.$$

记 $t = d(p, q)$,由引理 5.5.1 和 $M^2(-1)$ 中的 Cosine 定理,我们得到

$$\cosh t \leqslant \cosh a \cosh b - \cos \theta \sinh a \sinh b \leqslant \cosh a \cosh b,$$

换言之

$$e^t + e^{-t} \leqslant \frac{1}{2}(e^a + e^{-a})(e^b + e^{-b}).$$

取 $f(a, b)$ 为方程

$$0 = F(x) = e^x + e^{-x} - \frac{1}{2}(e^a + e^{-a})(e^b + e^{-b})$$

的正根,则 $t \leqslant f(a, b)$.由 $F(0) < 0$ 和 $F(a + b) > 0$,我们知道

$$0 < f(a, b) < a + b.$$

定义

$$\varepsilon_1(a, b) = a + b - f(a, b) > 0,$$

则

$$e_{pq}(x) = a + b - t \geqslant a + b - f(a,b) = \varepsilon_1(a,b) > 0,$$

这与题设 $e_{pq}(x) < \varepsilon_1(a,b)$ 矛盾.

此外,通过直接计算可以得到

$$f(a,b) = \ln\Big(\frac{1}{4}(e^a + e^{-a})(e^b + e^{-b}) + \frac{1}{4}\sqrt{(e^a + e^{-a})^2(e^b + e^{-b})^2 - 16}\Big)$$

和

$$\varepsilon_1(a,b) = a + b - f(a,b) = \ln\frac{1}{1 + e^{-2a}} + \ln\frac{1}{1 + e^{-2b}}$$

$$+ \ln\frac{4}{1 + \sqrt{1 - \dfrac{16}{(e^a + e^{-a})^2(e^b + e^{-b})^2}}}.$$

于是,最后的结论可从上面的方程立即得到. $\qquad\square$

引理 5.5.6 设 M 为具有 $Ric_M \geqslant -(n-1)$ 的 n 维完备非紧 Riemann 流形,$p \in M$ 为一固定点. 如果 $x,q \in M$ 满足

$$d(p,x) \geqslant \rho, \quad d(q,x) \geqslant \rho, \quad e_{pq}(x) < \frac{1}{4}\rho,$$

则 x 不是 p 的临界点. 这里 ρ 满足

$$0 < \rho \leqslant \min\Big\{\frac{1}{4}\rho_c(p), \Big(\frac{1}{C_0(n,\rho_c(p))}\ln\frac{9}{8}\Big)^2\Big\}$$

且 $C_0(n,\rho_c(p))$ 与引理 5.5.2 中相同. 如果 $\mathrm{conj}_M \geqslant c_0 > 0$,则常数 $\rho_c(p)$ 可改进为 c_0.

证明 设 σ_1, σ_2 分别为从 x 到 p,q 的极小测地线,$p^* = \sigma_1(\rho), q^* = \sigma_2(\rho)$. 由引理 5.2.3,我们知道

$$e_{p^*q^*}(x) \leqslant e_{pq}(x) < \frac{1}{4}\rho.$$

令 $\theta = \angle(\sigma_1'(0), \sigma_2'(0))$,根据引理 5.5.2,有

$$d(p^*, q^*) \leqslant e^{C_0\rho^{\frac{1}{2}}}(2\rho)\Big(1 - \sin^2\Big(\frac{\pi - \theta}{2}\Big)^{\frac{1}{2}}\Big) \leqslant e^{C_0\rho^{\frac{1}{2}}}(2\rho)\Big(1 - \frac{1}{2}\sin^2\Big(\frac{\pi - \theta}{2}\Big)\Big),$$

因此

$$\sin^2\Big(\frac{\pi - \theta}{2}\Big) \leqslant e^{C_0\rho^{\frac{1}{2}}}\sin^2\Big(\frac{\pi - \theta}{2}\Big) \leqslant 2\Big(e^{C_0\rho^{\frac{1}{2}}} - \frac{d(p^*, q^*)}{2\rho}\Big)$$

$$= 2\Big((e^{C_0\rho^{\frac{1}{2}}} - 1) + \frac{e_{p^*q^*}(x)}{2\rho}\Big).$$

由 $\rho \leqslant \Big(\frac{1}{C_0}\ln\frac{9}{8}\Big)^2$ 和 $e_{p^*q^*}(x) < \frac{1}{4}\rho$,我们得到

$$e^{C_0 \rho^{\frac{1}{2}}} - 1 \leqslant \frac{1}{8}$$

和

$$\frac{e_{p^* q^*}(x)}{2\rho} < \frac{1}{8}.$$

于是

$$\sin^2\left(\frac{\pi - \theta}{2}\right) < \frac{1}{2},$$

故

$$\theta > \frac{\pi}{2}.$$

因此,x 不是 p 的临界点.通过与引理 5.5.2 第 2 部分相同的讨论,最后的结论是显然的. □

有了上述准备就可给出本节的一些主要定理.

定理 5.5.1 设 M 为 n 维完备非紧的 Riemann 流形.存在一点 $p \in M, K_p^{\min} \geqslant -1$ 和 $e(p) < \ln 2$,则 M 具有有限拓扑型.

证明 由

$$e(p) < \ln 2$$

和

$$\lim_{a, b \to +\infty} \varepsilon_1(a, b) = \ln 2$$

知,存在足够大的 $a, b, b > a$ 使得

$$e(p) < \varepsilon_1(a, b),$$

这里 $\varepsilon_1(a, b)$ 与引理 5.5.5 中相同.现在,我们证明,对满足 $d(x, p) \geqslant a$ 的所有 x,它不是 p 的临界点.因此,p 的所有临界点都落在闭球 $\overline{B(p; a)}$ 之内,从而 M 具有有限拓扑型.事实上,记 $r_0 = d(x, p) \geqslant a$.取 $q \in S(p; 2r_0 + b)$,有

$$d(q, x) = d(x, S(p; 2r_0 + b)).$$

根据引理 5.5.4,有

$$e_{pq}(x) \leqslant e(p) < \varepsilon_1(a, b),$$

所以由引理 5.5.5 知,x 不是 p 的临界点. □

从定理 5.5.1,我们立即得到:

推论 5.5.1 设 M 是具有 $K_M \geqslant -1, E(M) < \ln 2$ 的 n 维完备非紧 Riemann 流形,则 M 具有有限拓扑型.

定理 5.5.2 设 M 为 n 维完备非紧 Riemann 流形.如果 $\exists p \in M, \text{s.t.}$

$$K_p^{\min} \geqslant -1, \quad e(p) < \ln \frac{2}{1 + \mathrm{e}^{-2r_p}},$$

则 M 微分同胚于 $\mathbf{R}^n$.

证明 已给 $x \in M$, 记 $r_0 = d(p, x)$.

如果 $r_0 < r_p$, 由 r_p 的定义知, x 不是 p 的临界点.

如果 $r_0 \geqslant r_p$, 取 $b > 0$, 使 $\varepsilon_1(r_p, b) > e(p)$, 则取 $q \in S(p; 2r_0 + b)$,

$$d(q, x) = d(x, S(p; 2r_0 + b)).$$

由引理 5.5.4 知

$$e_{pq}(x) \leqslant e(p) < \varepsilon_1(r_p, b),$$

故再由引理 5.5.5 知, x 不是 p 的临界点. 因此, q 在 M 中无临界点和 M 微分同胚于 $\mathbf{R}^n$. □

从定理 5.5.2 立即得到:

推论 5.5.2 设 M 为 n 维完备非紧 Riemann 流形, 且 $K_M \geqslant -1$, $r(M) > 0$, $E(M) < \ln \dfrac{2}{1 + \mathrm{e}^{-2r(M)}}$, 则 M 微分同胚于 $\mathbf{R}^n$.

定理 5.5.3 设 M 为 n 维完备非紧 Riemann 流形, 且 $Ric_M \geqslant -(n-1)$. 如果 $\exists p \in M$, 使得

$$e(p) < \frac{1}{4} \min \left\{ \frac{1}{4} \rho_c(p), \left(\frac{1}{C_0(n, \rho_c(p))} \ln \frac{9}{8} \right)^2 \right\},$$

则 M 具有有限拓扑型, 其中 $\rho_c(p)$ 和 $C_0(n, \rho_c(p))$ 如引理 5.5.2 中所述.

证明 已给 $x \in M$, 且

$$r_0 = d(p, x) > \min \left\{ \frac{1}{4} \rho_c(x), \left(\frac{1}{C_0(n, \rho_c(p))} \ln \frac{9}{8} \right)^2 \right\},$$

取 $q \in S(p; 2r_0)$ 满足

$$d(x, q) = d(x, S(p; 2r_0)).$$

由引理 5.5.4 知

$$e_{pq}(x) \leqslant e(p) < \frac{1}{4} \min \left\{ \frac{1}{4} \rho_c(p), \left(\frac{1}{C_0(n, \rho_c(p))} \ln \frac{9}{8} \right)^2 \right\}.$$

于是, 由引理 5.5.6 知, x 不是 p 的临界点, 它就蕴涵着 M 具有有限拓扑型. □

从定理 5.5.3 的证明立即得到:

推论 5.5.3 设 M 满足 $Ric_M \geqslant -(n-1)$, $\mathrm{conj}_M \geqslant c_0$ 和

$$E(M) < \frac{1}{4} \min \left\{ \frac{1}{4} c_0, \left(\frac{1}{C_0(n, c_0)} \ln \frac{9}{8} \right)^2 \right\},$$

则 M 具有有限拓扑型.

定理 5.5.4 设 M 为 n 维完备非紧 Riemann 流形,且 $Ric_M \geqslant -(n-1)$. 如果 $\exists\, p \in M$, s.t.

$$e(p) < \frac{1}{4}\min\left\{\frac{1}{4}\rho_c(p),\left(\frac{1}{C_0(n,\rho_c(p))}\ln\frac{9}{8}\right)^2,r_p\right\},$$

则 M 微分同胚于 $\mathbf{R}^n$,其中 $\rho_c(p)$ 和 $C_0(n,\rho_c(p))$ 如引理 5.5.2 中所述.

证明 我们只需证明 p 无临界点.(反证)假设 x 为 p 的临界点,令

$$\rho = \min\left\{\frac{1}{4}\rho_c(p),\left(\frac{1}{C_0(n,\rho_c(p))}\ln\frac{9}{8}\right)^2,r_p\right\} \leqslant r_p,$$

则在 $B(p;\rho)$ 中不存在 p 的临界点和 $r_0 = d(p,x) \geqslant \rho$. 取 $q \in S(p;2r_0)$,使得

$$d(q,x) = d(x,S(p;2r_0)),$$

由引理 5.5.4 知

$$e_{pq}(x) \leqslant e(p) \leqslant \frac{1}{4}\rho.$$

结合引理 5.5.6 可得 x 不是 p 的临界点,矛盾. □

下面的推论是显然的.

推论 5.5.4 设 M 为 n 维完备非紧 Riemann 流形,且满足 $Ric_M \geqslant -(n-1)$,$\mathrm{conj}_M \geqslant c_0 > 0$ 和

$$E(M) < \frac{1}{4}\min\left\{\frac{1}{4}c_0,\left(\frac{1}{C_0(n,c_0)}\ln\frac{9}{8}\right)^2,r(M)\right\},$$

则 M 微分同胚于 $\mathbf{R}^n$.

推论 5.5.5 设 M 为 n 维完备非紧 Riemann 流形,且 $\mathrm{inj}_M \geqslant i_0 > 0$. 如果下面两个条件:

(1) $Ric_M \geqslant -(n-1)$ 和 $E(M) < \frac{1}{4}\min\left\{\frac{1}{4}i_0,\left(\frac{1}{C_0(n,i_0)}\ln\frac{9}{8}\right)^2,i_0\right\}$,

(2) $K_M \geqslant -1$ 和 $E(M) < \ln\dfrac{2}{1+\mathrm{e}^{-2i_0}}$

之一成立,则 M 微分同胚于 $\mathbf{R}^n$.

5.6 曲率下界与有限拓扑型

本节证明了,对于 Ricci 曲率 $Ric_M \geqslant -(n-1)$ 的 n 维完备非紧 Riemann 流形 M,若其在某一点的 excess 有某个上界时,它就具有有限拓扑型或微分同胚于 $\mathbf{R}^n$.

设 M 为 n 维完备非紧 Riemann 流形，Grove 和 Shiohama 证明了：若 $K_M \geqslant 0$ 且 $E(M)=0$，则 M 微分同胚于 $\mathbf{R}^n$（参阅文献[18]）. 他还证明了：若 $K_M \geqslant -1$ 且 $e(M) <$ $\varepsilon(M)$，则 M 微分同胚于 $S \times \mathbf{R}^k$，其中 S 是一个紧致流形. 文献[87]推广了其结果，得到了：

定理 5.6.1（参阅文献[87]）　设 M 为 n 维完备非紧 Riemann 流形，其 Ricci 曲率满足 $Ric_M \geqslant -(n-1)$. 若存在点 $p \in M$，使得

$$e(p) < \frac{1}{4} \min \left\{ \frac{1}{4} \rho_c(p), \left(\frac{1}{C} \ln \frac{9}{8} \right)^2 \right\},$$

则 M 具有有限拓扑型，这里 $C = C_0(n, \rho_c(p))$.

定理 5.6.2（参阅文献[87]）　设 M 为 n 维完备非紧 Riemann 流形，其 Ricci 曲率满足 $Ric_M \geqslant -(n-1)$. 若存在点 $p \in M$，使得

$$e(p) < \frac{1}{4} \min \left\{ \frac{1}{4} \rho_c(p), \left(\frac{1}{C} \ln \frac{9}{8} \right)^2, r_p \right\},$$

则 M 微分同胚于 $\mathbf{R}^n$. 这里 $C = C_0(n, \rho_c(p))$.

我们进一步改进了上述结果，也得到了使 M 具有有限拓扑型的 excess 函数的另一上界.

若存在一个开区域 Ω，使得 $\overline{\Omega}$ 紧致，$\partial \Omega$ 为一个拓扑流形，且 $M - \Omega$ 同胚于 $\partial \Omega \times [0, +\infty)$，则流形 M 称为具有有限拓扑型.

设 $d_p(x) = d(p, x)$ 表示从 p 点出发的距离函数. 如果对于任意单位向量 $v \in T_p M$，都存在一条从 q 到 p 的极小测地线 σ，使得 $\angle(\sigma'(0), v) \leqslant \frac{\pi}{2}$，则点 $q \in M$ 称为 d_p 的**临界点**.

给定两点 $p, q \in M$，p, q 的 excess 函数定义为

$$e_{pq}(x) = d(x, p) + d(x, q) - d(p, q),$$

其中 $d(p, q)$ 表示从 p 到 q 的距离.

设 (M, g) 为 n 维完备非紧 Riemann 流形，$p \in M$，定义 M 在点 p 的 excess 函数为

$$e(p) = \sup_{x \in M}(d(p, q) - b_p(x)),$$

定义 M 上的**整体 excess 函数**为

$$e(M) = \sup_{x \in M} e(p), \quad E(M) = \inf_{x \in M} e(p),$$

其中

$$b_p(x) = \limsup_{q \to \infty}(d(p, q) - d(q, x)) = \lim_{t \to +\infty}(t - d(x, S(p; t)))$$

为关于 $p \in M$ 的广义 Busemann 函数.

引理 5.6.1（参阅文献[68]）　设 (M, g) 为 n 维完备 Riemann 流形，$Ric_M \geqslant$

$-(n-1)$,则对任何 $p \in M$,存在常数 $C = C(n, \rho_c(p)) > 0$,使得若 $\sigma_i : [0, r_i] \to M$ 为从 p 点出发的极小测地线,

$$\rho = \max\{r_1, r_2\} \leqslant \frac{1}{4} \rho_c(p),$$

则

$$d(\sigma_1(r_1), \sigma_2(r_2)) \leqslant \mathrm{e}^{C\rho^{\frac{1}{2}}} \mid r_1 v_1 - r_2 v_2 \mid,$$

其中 $v_i = \dfrac{\mathrm{d}\sigma_i}{\mathrm{d}t}(0)$, $i = 1, 2$,而 $\rho_c(p) = \sup\{\rho \mid \mathrm{conj}_q \geqslant \rho, \forall q \in B(p; \rho)\}$.

进一步,若该流形的整体共轭半径 $\mathrm{conj}_M \geqslant c_0 > 0$,则存在常数

$$C = C(n, \rho_c(p)),$$

使得上述结果成立.

引理 5.6.2(合痕引理)(参阅文献[67]) 设点 $p \in M$, $r_1 < r_2 \leqslant +\infty$,且 $\overline{B(p; r_2)} - B(p; r_1)$ 内无 d_p 的临界点,则 $\overline{B(p; r_2)} - B(p; r_1)$ 同胚于 $\partial B(p; r_1) \times [r_1, r_2]$.

更进一步,$\partial B(p; r_1)$ 为无边界的拓扑子流形.

作为推论,有如下重要的引理 5.6.3 和引理 5.6.4.

引理 5.6.3(圆盘定理)(参阅文献[67]) 若流形 M 上存在一点 p,使得函数 d_p 除了 p 点外无其他的临界点,则流形 M 微分同胚于 $\mathbf{R}^n$.

引理 5.6.4(有限型引理)(参阅文献[71]) 若流形 M 上存在一点 p,使得函数 d_p 的所有临界点都在 M 的一个紧致子集内,则流形 M 具有有限拓扑型.

引理 5.6.5 设 M 为 n 维完备非紧 Riemann 流形,且其 Ricci 曲率满足 $Ric_M \geqslant -(n-1)$,$p \in M$ 为一固定点.若 $x, q \in M$ 满足

$$d(p, x) \geqslant \rho, \quad d(q, x) \geqslant \rho, \quad e_{pq}(x) < 2t\rho,$$

则 x 不是 p 的临界点,其中 $t \in \mathbf{R}$,且 $0 < t < \dfrac{1}{4}$,ρ 满足

$$0 < \rho < \min\left\{\frac{1}{4}\rho_c(p), \left(\frac{1}{C}\ln\left(\frac{5}{4} - t\right)\right)^2\right\}.$$

(若 $\mathrm{conj}_M \geqslant c_0 > 0$,则 $\rho_c(p)$ 可改为 c_0.)

证明 设 σ_1, σ_2 分别为从 x 到 p, q 的极小测地线,$p^* = \sigma_1(\rho)$,$q^* = \sigma_2(\rho)$.令 $\theta = \angle(\sigma_1'(0), \sigma_2'(0))$,由引理 5.6.1 知

$$d(p^*, q^*) \leqslant 2\rho\, \mathrm{e}^{C\rho^{\frac{1}{2}}}\left(1 - \sin^2\frac{\pi - \theta}{2}\right)^{\frac{1}{2}} \leqslant 2\rho\, \mathrm{e}^{C\rho^{\frac{1}{2}}}\left(1 - \frac{1}{2}\sin^2\frac{\pi - \theta}{2}\right),$$

从而

$$\sin^2\frac{\pi - \theta}{2} \leqslant 2\left((\mathrm{e}^{C\rho^{\frac{1}{2}}} - 1) + \frac{e_{p^* q^*}(x)}{2\rho}\right).$$

而

$$e^{C\rho^{\frac{1}{2}}} - 1 \leqslant e^{C\left(\frac{1}{C}\ln\left(\frac{5}{4}-t\right)\right)} - 1 = \frac{1}{4} - t.$$

由

$$e_{p^*q^*}(x) \leqslant e_{pq}(x) < 2t\rho$$

知

$$\frac{e_{p^*q^*}(x)}{2\rho} < \frac{2t\rho}{2\rho} = t,$$

故

$$\sin^2\frac{\pi-\theta}{2} < 2\left(\left(\frac{1}{4}-t\right)+t\right) = \frac{1}{2},$$

所以 $\theta > \dfrac{\pi}{2}$. 于是, x 不是 p 的临界点. $\qquad\square$

引理 5.6.6　如果 $q, x \in M$ 满足

$$d(q, x) = d(x, S(p; d(p, q)))$$

和

$$d(p, x) \leqslant d(p, q),$$

则

$$e_{pq}(x) \leqslant e(p).$$

证明　首先证明当 $t \geqslant d(x, p)$ 时, 函数

$$t \mapsto t - d(x, S(p; t))$$

是单调递减的. 事实上, 设 $t \geqslant d(x, p)$ 和 $\varepsilon > 0$, 取 $a \in S(p; t+\varepsilon)$, 使得

$$d(x, a) = d(x, S(p; t+\varepsilon)),$$

γ 为从 a 点到 x 点的一条极小测地线, 它穿过 $S(p; t)$ 交于点 b, 则

$$d(x, S(p; t+\varepsilon)) = d(x, a) \geqslant d(x, b) + d(a, b) \geqslant d(x, S(p; t)) + \varepsilon,$$

即

$$\begin{aligned}
&(t + \varepsilon - d(x, S(p; t+\varepsilon))) - (t - d(x, S(p; t))) \\
&= \varepsilon + d(x, S(p; t)) - d(x, S(p; t+\varepsilon)) \leqslant 0.
\end{aligned}$$

因此, 立即得到

$$\begin{aligned}
e(p) &= \sup_{y \in M}(d(p, y) - b_p(y)) \\
&\geqslant d(p, x) - \lim_{t \to +\infty}(t - d(x, S(p; t))) \\
&\geqslant d(p, x) - d(p, q) + d(x, S(p, d(p, q))) \\
&= e_{pq}(x).
\end{aligned}$$

$\qquad\square$

引理 5.6.7 设 M 为 n 维完备非紧 Riemann 流形,且其 Ricci 曲率满足:$Ric_M \geqslant -(n-1)$,$p \in M$ 为固定点. 如果 $x,q \in M$ 满足

$$e_{pq}(x) < \frac{1}{4}\rho_c(p)(\sqrt{2} - \mathrm{e}^{\frac{1}{2}C_0(\rho_c(p))^{\frac{1}{2}}}),$$

$$d(x,p) \geqslant \frac{1}{4}\rho_c(p), \quad d(x,q) \geqslant \frac{1}{4}\rho_c(p),$$

则 x 不是 p 的临界点(若 $\mathrm{conj}_M \geqslant C_0 > 0$,则 $\rho_c(p)$ 可改为 C_0).

证明 考虑函数

$$f(x,y) = x + y - \mathrm{e}^{\frac{1}{2}C_0(\rho_c(p))^{\frac{1}{2}}} \sqrt{x^2 + y^2}, \quad (x,y) \in \left(0, \frac{1}{4}\rho_c(p)\right] \times \left(0, \frac{1}{4}\rho_c(p)\right],$$

作变换

$$x = \frac{1}{4}\rho_c(p)\cos\alpha, \quad y = \frac{1}{4}\rho_c(p)\sin\alpha,$$

则 $\exists x_0, y_0$,s.t. f 在 (x_0, y_0) 处达到最大值

$$\frac{1}{4}\rho_c(p)(\sqrt{2} - \mathrm{e}^{\frac{1}{2}C_0(\rho_c(p))^{\frac{1}{2}}}).$$

设 σ_1, σ_2 分别为从 x 到 p,q 的极小测地线,$p^* = \sigma_1(r_1)$,$q^* = \sigma_2(r_2)$ 为两条测地线上的动点,s.t. $\max\{r_1, r_2\} \leqslant \frac{1}{4}\rho_c(p)$. 由

$$0 < e_{pq}(x) < \frac{1}{4}\rho_c(p)(\sqrt{2} - \mathrm{e}^{\frac{1}{2}C_0(\rho_c(p))^{\frac{1}{2}}})$$

知,存在两点 $p_0^* = \sigma_1(r_1^0)$,$q_0^* = \sigma_2(r_2^0)$,s.t.

$$e_{pq}(x) < f(r_1^0, r_2^0) = r_1^0 + r_2^0 - \mathrm{e}^{\frac{1}{2}C_0(\rho_c(p))^{\frac{1}{2}}} \sqrt{(r_1^0)^2 + (r_2^0)^2}.$$

令 $\theta = \angle(\sigma_1'(0), \sigma_2'(0))$ 及 $\rho = \max\{r_1^0, r_2^0\} \leqslant \frac{1}{4}\rho_c(p)$,则

$$d(p_0^*, q_0^*) \leqslant \mathrm{e}^{C_0\rho^{\frac{1}{2}}} \mid r_1^0\sigma_1'(0) - r_2^0\sigma_2'(0) \mid$$
$$= \mathrm{e}^{C_0\rho^{\frac{1}{2}}} \sqrt{(r_1^0)^2 + (r_2^0)^2 - 2r_1^0 r_2^0\cos\theta},$$

从而

$$\cos\theta \leqslant \frac{(r_1^0)^2 + (r_2^0)^2 - \dfrac{d^2(p_0^*, q_0^*)}{\mathrm{e}^{2C_0\rho^{\frac{1}{2}}}}}{2r_1^0 r_2^0}$$

$$= \frac{(r_1^0)^2 + (r_2^0)^2 - \dfrac{(r_1^0 + r_2^0 - e_{p_0^* q_0^*}(x))^2}{\mathrm{e}^{2C_0\rho^{\frac{1}{2}}}}}{2r_1^0 r_2^0}. \tag{5.6.1}$$

而

$$e_{p_0^* q_0^*}(x) \leqslant e_{pq}(x) < r_1^0 + r_2^0 - e^{\frac{1}{2}C_0(\rho_c(p))^{\frac{1}{2}}} \cdot \sqrt{(r_1^0)^2 + (r_2^0)^2}$$

$$= r_1^0 + r_2^0 - e^{C_0(\frac{1}{4}\rho_c(p))^{\frac{1}{2}}} \cdot \sqrt{(r_1^0)^2 + (r_2^0)^2}$$

$$\leqslant r_1^0 + r_2^0 - e^{C_0\rho^{\frac{1}{2}}} \cdot \sqrt{(r_1^0)^2 + (r_2^0)^2},$$

即

$$r_1^0 + r_2^0 - e_{p_0^* q_0^*}(x) > e^{C_0\rho^{\frac{1}{2}}} \sqrt{(r_1^0)^2 + (r_2^0)^2}.$$

代入式(5.6.1)可得

$$\cos \theta < 0,$$

从而 $\theta > \frac{\pi}{2}$,故 x 不是 p 的临界点. □

定理 5.6.3 设 M 为 n 维完备非紧 Riemann 流形,且其 Ricci 曲率满足 $Ric_M \geqslant -(n-1)$.

如果存在点 $p \in M$ 和 $t \in \mathbf{R}$,$0 < t < \frac{1}{4}$,s.t.

$$e(p) < 2t \min\left\{\frac{1}{4}\rho_c(p), \left(\frac{1}{C}\ln\left(\frac{5}{4} - t\right)\right)^2\right\},$$

则 M 具有有限拓扑型.

证明 任取 $x \in M$ 满足

$$r_0 = d(p, x) > \min\left\{\frac{1}{4}\rho_c(p), \left(\frac{1}{C}\ln\left(\frac{5}{4} - t\right)\right)^2\right\},$$

然后取 $q \in S(p; 2r_0)$ 满足

$$d(x, q) = d(x, S(p; 2r_0)).$$

由引理 5.6.6 知

$$e_{pq}(x) \leqslant e(p) < 2t \min\left\{\frac{1}{4}\rho_c(p), \left(\frac{1}{C}\ln\left(\frac{5}{4} - t\right)\right)^2\right\},$$

再由引理 5.6.5 知,x 不是 p 的临界点,从而 M 具有有限拓扑型. □

定理 5.6.4 设 M 为 n 维完备非紧 Riemann 流形,且其 Ricci 曲率满足 $Ric_M \geqslant -(n-1)$.

如果存在点 $p \in M$ 和 $t \in \mathbf{R}$,$0 < t < \frac{1}{4}$,s.t.

$$e(p) < 2t \min\left\{\frac{1}{4}\rho_c(p), \left(\frac{1}{C}\ln\left(\frac{5}{4} - t\right)\right)^2, r_p\right\},$$

则 M 微分同胚于 $\mathbf{R}^n$.

证明 只需证明点 p 在 M 上无临界点.(反证)假设不然,设点 $x \in M$ 是点 p 的一个临界点.取

$$\rho = \min\left\{\frac{1}{4}\rho_c(p), \left(\frac{1}{C}\ln\left(\frac{5}{4} - t\right)\right)^2, r_p\right\} \leqslant r_p,$$

则由临界半径的定义知,点 p 在 $B(p;\rho)$ 中无临界点,且 $r_0 = d(p,x) \geqslant \rho$.

取 $q \in S(p;2r_0)$,s.t.

$$d(q,x) = d(x, S(p;2r_0)),$$

由引理 5.6.6 知

$$e_{pq}(x) \leqslant e(p) < 2t \min\left\{\frac{1}{4}\rho_c(p), \left(\frac{1}{C}\ln\left(\frac{5}{4} - t\right)\right)^2, r_p\right\},$$

再由引理 5.6.5 知,x 不是 p 的临界点,矛盾. □

定理 5.6.5 设 M 为 n 维完备非紧 Riemann 流形,其 Ricci 曲率满足 $Ric_M \geqslant -(n-1)$.

如果存在点 $p \in M$,s.t.

$$e(p) < \frac{1}{4}\rho_c(p)\left(\sqrt{2} - e^{\frac{1}{2}C_0(\rho_c(p))^{\frac{1}{2}}}\right),$$

则 M 具有有限拓扑型.

证明 任取 $x \in M$ 满足 $r_0 = d(p,x) > \frac{1}{4}\rho_c(p)$,然后取 $q \in S(p;2r_0)$ 满足

$$d(x,q) = d(x, S(p;2r_0)),$$

则

$$e_{pq}(x) \leqslant e(p) < \frac{1}{4}\rho_c(p)\left(\sqrt{2} - e^{\frac{1}{2}C_0(\rho_c(p))^{\frac{1}{2}}}\right),$$

由引理 5.6.1 知,x 不是 p 的临界点,从而 M 具有有限拓扑型. □

定理 5.6.6 设 M 为 n 维完备非紧 Riemann 流形,其 Ricci 曲率满足 $Ric_M \geqslant -(n-1)$.

如果存在点 $p \in M$,s.t.

$$e(p) < \min\left\{\frac{1}{4}\rho_c(p)\left(\sqrt{2} - e^{\frac{1}{2}C_0(\rho_c(p))^{\frac{1}{2}}}\right), r_p\right\},$$

则 M 微分同胚于 $\mathbf{R}^n$.

证明 只需证明点 p 在 M 上无临界点.(反证)若不然,假设点 $x \in M$ 是 p 的一个临界点.取

$$\rho = \min\left\{\frac{1}{4}\rho_c(p), r_p\right\} \leqslant r_p,$$

则 p 在 $B(p;\rho)$ 中无临界点,且

$$r_0 = d(p,x) \geqslant \frac{1}{4}\rho_c(p).$$

取 $q \in S(p;2r_0)$ 满足

$$d(q,x) = d(x,S(p;2r_0)),$$

则

$$e_{pq}(x) \leqslant e(p) < \frac{1}{4}\rho_c(p)\left(\sqrt{2} - \mathrm{e}^{\frac{1}{2}C_0(\rho_c(p))^{\frac{1}{2}}}\right).$$

由引理 5.6.1 知,x 不是 p 的临界点,矛盾. $\qquad\square$

由以上证明立即得到:

推论 5.6.1 设 M 为 n 维完备非紧 Riemann 流形,且满足 $Ric_M \geqslant -(n-1)$,conj_M $\geqslant c_0$ 和

$$E(M) < \frac{1}{4}\rho_c(p)\left(\sqrt{2} - \mathrm{e}^{\frac{1}{2}C_0(\rho_c(p))^{\frac{1}{2}}}\right),$$

则 M 具有有限拓扑型.

推论 5.6.2 设 M 为 n 维完备非紧 Riemann 流形,且满足 $Ric_M \geqslant -(n-1)$,conj_M $\geqslant c_0 > 0$,$r(M) > 0$ 和

$$E(M) < \min\left\{\frac{1}{4}\rho_c(p)\left(\sqrt{2} - \mathrm{e}^{\frac{1}{2}C_0(\rho_c(p))^{\frac{1}{2}}}\right), r(M)\right\},$$

则 M 微分同胚于 $\mathbf{R}^n$.

推论 5.6.3 设 M 为 n 维完备非紧 Riemann 流形,且满足 $Ric_M \geqslant -(n-1)$,inj_M $\geqslant i_0 > 0$ 和

$$E(M) < \min\left\{\frac{1}{4}\rho_c(p)\left(\sqrt{2} - \mathrm{e}^{\frac{1}{2}C_0(\rho_c(p))^{\frac{1}{2}}}\right), i_0\right\},$$

则 M 微分同胚于 $\mathbf{R}^n$.

5.7 excess 函数的一个应用

我们研究了曲率有下界的开流形的拓扑,并推广了文献[87]中的结果和证明了具有截曲率有下界的开流形 M,当它的 excess 函数由其临界半径的某个函数所界定时,M 具有有限拓扑型或微分同胚于 $\mathbf{R}^n$.

设 M 为具有截曲率有下界的 n 维完备非紧 Riemann 流形. 我们从文献[73]、[85]、[76]、[78]可以看到,M 的拓扑性质受到了特别多的关注,许多新的记号和工具被建立.

如果存在一个开区域 Ω，使得 $\overline{\Omega}$ 紧致，其边界 $\partial\Omega$ 为拓扑流形，且 $M - \Omega$ 同胚于 $\partial\Omega \times [0, +\infty)$，则流形 M 称为具有**有限拓扑型**.

注意，距离函数 $d_p(x) = d(p, x)$ 不是 p 的割迹上的光滑函数. 因此，d_p 的临界点不是在通常意义下定义的. d_p 的临界点的概念在文献 [18] 中被引入. 一个点 $q(\neq p)$ 称为 d_p 的**临界点**，如果对任何非 0 向量 $v \in T_q M$，存在一条从 q 到 p 的极小测地线 γ，使得 $\angle(\gamma'(0), v) \leqslant \dfrac{\pi}{2}$. 对任何固定点 $p \in M$，令

$$r_p = \sup\{r > 0 \mid \text{无 } p \text{ 的临界点} \in B(p; r)\}$$

为 p **的临界半径**和

$$r(M) = \inf_{p \in M} r_p$$

为 M **的临界半径**. 已给 $p \in M$，如果对从 p 出发的所有极小测地线 γ，切于 γ 的平面的所有截曲率都大于或等于 c，则称

$$K_p^{\min} \geqslant c.$$

而

$$K_M \geqslant c$$

指的是 $\forall\, p \in M$ 的所有截曲率都大于或等于 c.

设 M 为 n 维完备开 Riemann 流形. 关于点的广义 Busemann 函数

$$b_p : M \to \mathbf{R}$$

由

$$b_p(x) = \limsup_{q \to \infty}(d(p, q) - d(q, x)), \quad \forall\, x \in M$$

定义，其中 $q \to \infty$ 指的是 $q \in M$ 和 M 中一固定点之间的距离趋于无穷. 容易验证

$$b_p(x) = \lim_{t \to +\infty}(t - d(x, S(p; t))),$$

其中 $S(p; t)$ 是以 p 为中心、$t \geqslant 0$ 为半径的度量球面. 当 $t \geqslant d(p, x)$ 时，函数

$$t \mapsto t - d(x, S(p; t))$$

是非增的. M 在点 $p \in M$ 处的 **excess 函数**为

$$e(p) = \sup_{x \in M}(d(p, x) - b_p(x)).$$

再定义

$$e(M) = \sup_{p \in M} e(p), \quad E(M) = \inf_{p \in M} e(p).$$

首先，我们引入一些引理，它们在定理的证明中是需要的.

引理 5.7.1 设 M 为 n 维完备 Riemann 流形，$p \in M$，且满足

$$K_p^{\min} \geqslant c.$$

(1) 设 $\gamma_i : [0, l_i] \to M, i = 0, 1, 2$ 为极小测地线，且

$$\gamma_1(0) = \gamma_2(l_2) = p, \quad \gamma_0(0) = \gamma_1(l_1), \quad \gamma_0(l_0) = \gamma_2(0),$$

则存在极小测地线 $\tilde{\gamma}_i : [0, l_i] \to M^2(c), i = 0, 1, 2$, 其中 $M^2(c)$ 为具有常曲率 c 的 2 维曲面, 且

$$\tilde{\gamma}_1(0) = \tilde{\gamma}_2(l_2), \quad \tilde{\gamma}_0(0) = \tilde{\gamma}_1(l_1), \quad \tilde{\gamma}_0(l_0) = \tilde{\gamma}_2(0),$$

使得长度相等:

$$L(\gamma_i) = L(\tilde{\gamma}_i), \quad i = 0, 1, 2;$$

且

$$\angle(-\gamma_1'(l_1), \gamma_0'(0)) \geqslant \angle(-\tilde{\gamma}_1'(l_1), \tilde{\gamma}_0'(0)),$$

$$\angle(-\gamma_0'(l_0), \gamma_2'(0)) \geqslant \angle(-\tilde{\gamma}_0'(l_0), \tilde{\gamma}_2'(0)).$$

(2) 设 $\gamma_i : [0, l_i] \to M, i = 1, 2$ 为两条从 p 出发的极小测地线, 而 $\tilde{\gamma}_i : [0, l_i] \to M^2(c), i = 1, 2$ 为从某点出发的极小测地线, 使得

$$\angle(\gamma_1'(0), \gamma_2'(0)) = \angle(\tilde{\gamma}_1'(0), \tilde{\gamma}_2'(0)),$$

则

$$d(\gamma_1(l_1), \gamma_2(l_2)) \leqslant d_c(\tilde{\gamma}_1(l_1), \tilde{\gamma}_2(l_2)),$$

其中 d_c 为 $M^2(c)$ 中的距离.

引理 5.7.2(参阅文献[87]) 如果 $q, x \in M$ 满足

$$d(q, x) = d(x, S(p; d(p, q)))$$

和

$$d(p, x) \leqslant d(p, q),$$

则

$$e_{pq}(x) \leqslant e(p).$$

引理 5.7.3 设 M 为 n 维完备开 Riemann 流形, $K_p^{\min} \geqslant -C$, 其中某个 $C > 0$ 和某个 $p \in M$. 如果 $x \neq p$ 为 p 的一个临界点, 则

$$e(p) \geqslant \frac{1}{\sqrt{C}} \ln \frac{2}{1 + e^{-2\sqrt{C}d(p,x)}}.$$

证明 取一个任意序列 $r_n (\geqslant d(p, x)) \to +\infty$ 满足

$$b_p^{r_n}(x) = r_n - d(x, S(p; r_n))$$

在 M 上收敛到 $b_p(x)$. 存在 $q_n \in S(p; r_n)$, 使得

$$d(q_n, x) = d(x, S(p; d(p, q_n))).$$

根据引理 5.7.2 得到

$$e_{pq_n}(x) \leqslant e(p).$$

取从 x 到 q_n 的极小测地线 γ. 因为 x 是 p 的一个临界点, 故存在一条从 x 到 p 的极小测

地线 τ 使得 $\gamma'(0)$ 和 $\tau'(0)$ 的夹角至多为 $\dfrac{\pi}{2}$. 应用引理 5.7.1 得到

$$\cosh(\sqrt{C}\,r_n) \leqslant \cosh(\sqrt{C}\,d(x,q_n))\cosh(\sqrt{C}\,d(p,x)).$$

将上面不等式两边同乘以 $2\exp(\sqrt{C}(d(p,x)-r_n))$ 并令 $n \to +\infty$ 得到

$$\exp(\sqrt{C}\,d(p,x)) \leqslant \exp(\sqrt{C}\,e_p(x))\cosh(\sqrt{C}\,d(p,x)).$$

于是

$$e(p) \geqslant e_p(x) \geqslant \frac{1}{\sqrt{C}}\ln\frac{2}{1+\mathrm{e}^{-2\sqrt{C}\,d(p,x)}}. \qquad\qquad \square$$

定理 5.7.1 设 M 为 n 维完备非紧 Riemann 流形, 如果存在点 $p \in M, K_p^{\min} \geqslant -C$ 和 $e(p) < f(C)$, 则 M 具有有限拓扑型, 其中:

(1) 如果 $C > 0, f(C) = \dfrac{\ln 2}{\sqrt{C}}$;

(2) 如果 $C = 0, f(C) = +\infty$.

证明 (1) 如果 $C > 0$, 由

$$e(p) < \frac{1}{\sqrt{C}}\ln 2$$

和

$$\lim_{r \to +\infty} \frac{1}{\sqrt{C}}\ln\frac{2}{1+\mathrm{e}^{-2\sqrt{C}\,r}} = \frac{1}{\sqrt{C}}\ln 2$$

知, 存在足够大的 r_0, 使得

$$e(p) < \frac{1}{\sqrt{C}}\ln\frac{2}{1+\mathrm{e}^{-2\sqrt{C}\,r_0}}.$$

现在, 我们对所有满足 $d(p,x) \geqslant r_0$ 的 x, 证明 x 不是 p 的临界点, 因此 p 的所有临界点落在闭球 $\overline{B(p;r_0)}$ 中和 M 具有有限拓扑型. 事实上, 如果 x 为 p 的一个临界点, 则

$$\frac{1}{\sqrt{C}}\ln\frac{2}{1+\mathrm{e}^{-2\sqrt{C}\,d(p,x)}} \leqslant e(p) < \frac{1}{\sqrt{C}}\ln\frac{2}{1+\mathrm{e}^{-2\sqrt{C}\,r_0}}.$$

于是, $d(p,x) < r_0$, 这与上述 $d(p,x) \geqslant r_0$ 矛盾.

(2) 如果 $C = 0$, 由

$$\lim_{C \to 0^+} \frac{1}{\sqrt{C}}\ln 2 = +\infty$$

知, 存在充分小的 $C_0 > 0$, 使得

$$e(p) < \frac{1}{\sqrt{C_0}}\ln 2$$

和 $K_p^{\min} \geqslant 0 \geqslant -C_0$. 由(1)我们知道, M 具有有限拓扑型. □

推论 5.7.1 设 M 为 n 维完备非紧 Riemann 流形. 如果存在点 $p \in M$, $K_p^{\min} \geqslant -C$ 和 $E(M) < f(C)$, 则 M 具有有限拓扑型, 其中:

(1) 如果 $C > 0$, $f(C) = \dfrac{\ln 2}{\sqrt{C}}$;

(2) 如果 $C = 0$, $f(C) = +\infty$.

推论 5.7.2 设 M 为 n 维完备非紧 Riemann 流形. 如果 $K_M \geqslant -C$ 和 $E(M) < f(C)$, 则 M 具有有限拓扑型, 其中:

(1) 如果 $C > 0$, $f(C) = \dfrac{\ln 2}{\sqrt{C}}$;

(2) 如果 $C = 0$, $f(C) = +\infty$.

定理 5.7.2 设 M 为 n 维完备非紧 Riemann 流形. 如果存在点 $p \in M$, $K_p^{\min} \geqslant -C$ 和 $e(p) < g_1(C)$, 则 M 微分同胚于 $\mathbf{R}^n$, 其中:

(1) 如果 $C > 0$, $g_1(C) = \dfrac{1}{\sqrt{C}} \ln \dfrac{2}{1 + \mathrm{e}^{-2r_p \sqrt{C}}}$;

(2) 如果 $C = 0$, $g_1(C) = +\infty$.

证明 (1) 当 $C > 0$ 时, 已给 $x \in M$, 记 $r_0 = d(p,x)$. 如果 x 为 p 的临界点, 由引理 5.7.3 得到

$$\frac{1}{\sqrt{C}} \ln \frac{2}{1 + \mathrm{e}^{-2\sqrt{C} r_0}} \leqslant e(p) < \frac{1}{\sqrt{C}} \ln \frac{2}{1 + \mathrm{e}^{-2\sqrt{C} r_p}}.$$

于是, $r_0 < r_p$, 这与 r_p 的定义矛盾. 因此, p 无异于 p 的临界点和 M 微分同胚于 $\mathbf{R}^n$.

(2) 当 $C = 0$ 时, 由

$$\lim_{C \to 0^+} \frac{1}{\sqrt{C}} \ln \frac{2}{1 + \mathrm{e}^{-2\sqrt{C} r_p}} = r_p$$

知, 存在充分小的 $C_0 > 0$, 使得

$$e(p) < \frac{1}{\sqrt{C_0}} \ln \frac{2}{1 + \mathrm{e}^{-2\sqrt{C_0} r_p}}$$

和

$$K_p^{\min} \geqslant 0 \geqslant -C_0.$$

再由(1)知, M 微分同胚于 $\mathbf{R}^n$. □

推论 5.7.3 设 M 为 n 维完备紧致 Riemann 流形. 如果存在点 $p \in M$, 且 $K_p^{\min} \geqslant -C$ 和 $e(M) < g_1(C)$, 则 M 微分同胚于 $\mathbf{R}^n$, 其中:

(1) 如果 $C > 0$, $g_1(C) = \dfrac{1}{\sqrt{C}} \ln \dfrac{2}{1 + \mathrm{e}^{-2r_p \sqrt{C}}}$;

（2）如果 $C = 0, g_1(C) = r_p$.

推论 5.7.4 设 M 为 n 维完备非紧 Riemann 流形. 如果 $K_M \geqslant -C$ 和 $E(M) < g_2(C)$,则 M 微分同胚于 $\mathbf{R}^n$,其中:

（1）如果 $C > 0, g_2(C) = \dfrac{1}{\sqrt{C}} \ln \dfrac{2}{1 + \mathrm{e}^{-2r(M)\sqrt{C}}}$;

（2）如果 $C = 0, g_2(C) = r(M)$.

设 M 为 n 维完备非紧 Riemann 流形. 固定点 $p \in M$. 对 $\forall\, r > 0$,令

$$k_p(r) = \inf_{M - B(p;r)} K,$$

其中 K 表示 M 的截曲率,而下确界取在 $M - B(p;r)$ 的所有点的所有截面上. U. Abresh 证明了:如果 $\displaystyle\int_0^{+\infty} r k_r(r) > -\infty$,则 M 具有有限拓扑型. 本节,我们得到:

定理 5.7.3 设 M 为 n 维完备非紧 Riemann 流形,且对某个 $C > 0$ 和固定的 $p \in M$,

$$k_p(r) \geqslant -\frac{C}{(1 + r)^\alpha},$$

其中 $0 < \alpha \leqslant 2$,以及 $e(M) < +\infty$,则 M 具有有限拓扑型.

证明 由

$$\lim_{r \to +\infty} \frac{(1 + r)^{\frac{\alpha}{2}}}{\sqrt{C}} \ln 2 = +\infty$$

知,存在足够大的 r_0,使得

$$e(M) < \frac{(1 + r_0)^{\frac{\alpha}{2}}}{\sqrt{C}} \ln 2.$$

对于 $q \in B(p;r_0)$,有

$$K_q^{\min} \geqslant -\frac{C}{(1 + r_0)^\alpha}$$

和

$$e(q) \leqslant e(M) < \frac{(1 + r_0)^{\frac{\alpha}{2}}}{\sqrt{C}} \ln 2.$$

根据定理 5.7.1,我们容易知道,M 具有有限拓扑型. $\qquad\square$

定理 5.7.4 设 M 为 n 维完备非紧 Riemann 流形,且对某个常数 $C > 0$,固定点 $p \in M, 0 < \alpha \leqslant 2$,有

$$k_p(r) \geqslant -\frac{C}{(1 + r)^\alpha},$$

以及 $e(M) < +\infty$. 如果存在序列 $q_n \in M$ 使得

$$r_{q_n} \geqslant \beta(1 + r_n)^s$$

$(s > 0, \beta > 0, d(p, q_n) = r_n \to +\infty)$,则 M 微分同胚于 $\mathbf{R}^n$.

证明 由

$$\lim_{r \to +\infty} \frac{(1 + r)^{\frac{\alpha}{2}}}{\sqrt{C}} \ln \frac{2}{1 + e^{-2\beta\sqrt{C}(1+r)^{s-\alpha/2}}} = +\infty$$

和 $e(M) < +\infty$,我们知道存在足够大的 n_0,使得

$$e(M) < \frac{(1 + r_{n_0})^{\frac{\alpha}{2}}}{\sqrt{C}} \ln \frac{2}{1 + e^{-2\beta\sqrt{C}(1+r_{n_0})^{s-\alpha/2}}}.$$

对于

$$K_{q_{n_0}}^{\min} \geqslant - \frac{C}{(1 + r_{n_0})^\alpha}$$

和

$$e(q_{n_0}) \leqslant e(M) < \frac{(1 + r_{n_0})^{\frac{\alpha}{2}}}{\sqrt{C}} \ln \frac{2}{1 + e^{-2\beta\sqrt{C}(1+r_{n_0})^{s-\alpha/2}}}$$

$$\leqslant \frac{(1 + r_{n_0})^{\frac{\alpha}{2}}}{\sqrt{C}} \ln \frac{2}{1 + e^{-2\sqrt{C}r_{q_{n_0}}(1+r_{n_0})^{-\alpha/2}}},$$

根据定理 5.7.2,容易得到 M 微分同胚于 $\mathbf{R}^n$. $\qquad\square$

5.8 小 excess 和 Ricci 曲率具有负下界的开流形的拓扑

通过利用比较几何的方法,我们研究了开流形的 excess 及其拓扑之间的关系. 我们证明了:如果一个 n 维完备开 Riemann 流形的 Ricci 曲率有负下界,共轭半径有正的常数为下界和它的 excess 以其共轭半径的某个函数为界,则 M 具有有限拓扑型. 这改进了文献 [87] 中的某些结果.

设 (M, g) 为 n 维完备 Riemann 流形,它的 Ricci 曲率满足 $Ric_M \geqslant -(n-1)$. 对任何固定的点 $p \in M$,定义

$$\rho_c(p) = \sup\{\rho > 0 \mid \text{conj}(q) \geqslant \rho, \forall q \in B(p; \rho)\},$$

其中 $\text{conj}(q)$ 表示 q 的共轭半径,$B(p; \rho)$ 为以 $p \in M$ 为中心、ρ 为半径的度量球. 用 conj_M 表示 M 的共轭半径.

对任何固定的 $p \in M$,p 的临界半径定义为

$$C_p = \sup\{r > 0 \mid B(p\,;r) \text{ 中无 } p \text{ 的临界点}\}.$$

本节的目的是研究满足

$$Ric_M \geqslant -(n-1), \quad \text{conj}_M \geqslant c_0$$

的 n 维完备 Riemann 流形的几何与拓扑,其中 c_0 为正的常数.

在开拓性论文[73]中,Abresh 和 Gromoll 定义了下面的 excess 函数. 设 d 为 M 上由度量 g 诱导的距离函数,对 $\forall\, p, q \in M$,excess 函数 $e_{pq}(x)$ 定义为

$$e_{pq}(x) = d(p,x) + d(q,x) - d(p,q), \quad \forall\, x \in M.$$

设 M 为 n 维完备非紧 Riemann 流形. 在文献[90]中,Wu 指出一个完备 Riemann 流形是非紧的充要条件是从 M 的每个点出发至少有一条射线. 因此,设

$$\gamma : [0, +\infty) \to M$$

为从 p 点出发的射线,并令 $x \in M$. 容易看到

$$e_{p\gamma(t)}(x) = d(p,x) + d(\gamma(t),x) - t$$

关于 t 是单调递减的和 $e_{p\gamma(t)}(x) \geqslant 0$(三角不等式). 因此,结合从 p 出发的射线 γ,我们定义 excess 函数 $e_{p\gamma}$ 为

$$e_{p\gamma}(x) = \lim_{t \to +\infty} e_{p\gamma(t)}(x),$$

还定义 $e_{p\gamma}$ 为

$$e_{p\gamma} = \sup_{x \in M} e_{p\gamma}(x).$$

更进一步,我们考虑一族函数 $e_p^t : M \to \mathbf{R}$,

$$e_p^t(x) = d(p,x) + d(x, S(p\,;t)) - t, \quad t \in [0, +\infty), \quad x \in M,$$

其中 $S(p\,;t) = \{y \in M \mid d(p,y) = t\}$ 为以 p 为中心、t 为半径的测地球面. 不难证明 $e_p^t(x)$ 关于 t 单调增和

$$e_p^t(x) \leqslant 2d(p,x).$$

因此,我们定义点 $p \in M$ 处的 excess 函数为

$$e_p(x) = \lim_{t \to +\infty} e_p^t(x).$$

进而,$e(p)$,$E(M)$ 分别定义为

$$e(p) = \sup_{x \in M} e_p(x), \quad E(M) = \inf_{p \in M} e(p).$$

注意距离函数 $r_p(x) = d(p,x)$ 在 p 的割迹上不是光滑函数,因此 r_p 的临界点不是如通常意义下定义的. r_p 的临界点的概念在文献[67]中被引入.

如果对任何单位切向量 $v \in T_q M$,存在从 $q(\in M)$ 到 p 的极小测地线 σ,使得 $\angle(\sigma'(0), v) \leqslant \dfrac{\pi}{2}$,则点 $q \in M$ 称为 r_p 的**临界点**.

如果存在开区域 $\Omega \subset M$,使得 $\overline{\Omega}$ 紧致,其边界 $\partial\Omega$ 为一拓扑流形,且 $M - \Omega$ 同胚于

$\partial\Omega\times[0,+\infty)$,则流形 M 称为具有**有限拓扑型**. 众所周知,如果 p 的所有临界点都在 M 中某紧致集内,则 M 具有有限拓扑型. 我们也知道,如果 $\exists p\in M$,使得 p 无异于 p 的临界点,则 M 微分同胚于 $\mathbf{R}^n$.

关于处理 Ricci 曲率有下界的完备 Riemann 流形,有大量的研究工作(文献[66]、[70]、[87]、[88]、[89]等).

在文献[87]中,作者们研究了开流形的 excess 及其拓扑之间的关系,并证明了:

引理 5.8.1(参阅文献[87]) 设 M 为 n 维完备非紧 Riemann 流形,$Ric_M\geqslant-(n-1)$,$\mathrm{conj}_M\geqslant c_0>0$ 和

$$E(M)<\frac{1}{4}\min\left\{\frac{1}{4}c_0,\left(\frac{1}{C_0(n,c_0)}\ln\frac{9}{8}\right)^2\right\},$$

则 M 具有有限拓扑型,其中 $C_0(n,c_0)$ 与下面关于 Ricci 曲率的 Toponogov 比较定理中所述的相同(参阅文献[68]).

引理 5.8.2(参阅文献[68]) 设 (M,g) 为 n 维完备 Riemann 流形,且 $Ric_M\geqslant-(n-1)\lambda$. 对 $\forall p\in M$,存在常数 $C_0=C_0(n,\rho_c(p))>0$,使得如果 $\sigma_i:[0,r_i]\to M$ 为从 p 出发的极小测地线,且 $\rho=\max\{r_1,r_2\}\leqslant\frac{1}{4}\rho_c(p)$,则

$$d(\sigma_1(r_1),\sigma_2(r_2))\leqslant \mathrm{e}^{C_0\rho^{\frac{1}{2}}}\mid r_1v_1-r_2v_2\mid,$$

其中 $v_i=\dfrac{\mathrm{d}\sigma_i}{\mathrm{d}t}(0)$,$i=1,2$.

更进一步,如果 M 的共轭半径满足 $\mathrm{conj}_M\geqslant c_0>0$,则与 p 点有关的常数 $C_0(n,\rho_c(p))$ 可由某个常数 $C_0(n,c_0)$ 替代.

我们先考虑函数 $f:[0,+\infty)\to\mathbf{R}$,

$$f(\rho)=\rho(2-\sqrt{2}\mathrm{e}^{C\rho^{\frac{1}{2}}}),$$

其中 C 为常数. 一个简单的计算可证明下面的结论:

(1) $f(\rho)=0$ 有且只有两个根,它们是 0 和 $\left(\dfrac{\ln\sqrt{2}}{C}\right)^2$.

(2) $f(\rho)$ 有且只有一个最大点,记为 ρ_0,且 ρ_0 满足

$$0<\left(\frac{\ln\frac{9}{8}}{C}\right)^2<\rho_0<\left(\frac{\ln\sqrt{2}}{C}\right)^2.$$

(3) $f(\rho)$ 在 $\rho\in[0,\rho_0]$ 上严格增,而在 $[\rho_0,+\infty)$ 上严格减.

为了证明本节的主要定理,我们需要下面的几个引理.

引理 5.8.3 设 M 为 n 维完备 Riemann 流形, $Ric_M \geqslant -(n-1)$, 并令 $p, x \in M$. 如果存在某点 $q \in M$ 和某个 $\rho \in \left(0, \frac{1}{4}\rho_c(x)\right]$ 满足 $e_{pq}(x) < f(\rho)$, $d(x,q) \geqslant \rho$, $d(x,p) \geqslant \rho$, 则 x 不是 p 的临界点. $f(\rho)$ 由下式定义:

$$f(\rho) = \rho(2 - \sqrt{2}\,\mathrm{e}^{C_0(n,\rho_c(x))\rho^{\frac{1}{2}}}),$$

其中 $C_0(n, \rho_c(x))$ 与引理 5.8.2 中的相同.

证明 （反证）假设 x 为 p 的临界点, 由临界点的定义知, 对任何单位向量 $v \in T_x M$, 存在从 x 到 p 的极小测地线 γ, 使得 $\angle(v, \gamma'(0)) \leqslant \frac{\pi}{2}$. 这等于对 $\forall q \in M$ 和任何从 x 到 q 的极小测地线 σ, 存在从 x 到 p 的极小测地线 γ, 使得 $\theta = \angle(\sigma'(0), \gamma'(0)) \leqslant \frac{\pi}{2}$.

现在, 对 $\forall \rho \in \left(0, \frac{1}{4}\rho_c(x)\right)$, 分别由

$$p^* = \gamma(\rho), \quad q^* = \sigma(\rho)$$

定义 p^*, q^*.

由引理 5.8.2, 有

$$d(p^*, q^*)^2 \leqslant (\rho\,\mathrm{e}^{C_0\rho^{\frac{1}{2}}})^2 \mid \gamma'(0) - \sigma'(0) \mid^2.$$

简单计算表明

$$d(p^*, q^*) \leqslant 2\rho\,\mathrm{e}^{C_0\rho^{\frac{1}{2}}}\sin\frac{\theta}{2}$$

和

$$\begin{aligned}
e_{pq}(x) - e_{p^*q^*}(x) &= d(p, p^*) + d(p^*, q^*) + d(q^*, q) - d(p, q) \\
&\geqslant d(p, p^*) + d(q^*, q) - d(p, q) \geqslant 0.
\end{aligned}$$

因此

$$\sin\frac{\theta}{2} \geqslant \frac{d(p^*, q^*)}{2\rho\,\mathrm{e}^{C_0\rho^{\frac{1}{2}}}} = \frac{2\rho - e_{p^*q^*}(x)}{2\rho\,\mathrm{e}^{C_0\rho^{\frac{1}{2}}}} \geqslant \frac{2\rho - e_{pq}(x)}{2\rho\,\mathrm{e}^{C_0\rho^{\frac{1}{2}}}}.$$

由上面不等式, 我们看到, 如果 x 是 p 的一个临界点, 则对 $\forall q \in M$, 任何从 x 到 q 的极小测地线 σ 和 $\forall \rho \in \left(0, \frac{1}{4}\rho_c(x)\right]$ 满足 $d(x,p) \geqslant \rho$, $d(x,q) \geqslant \rho$, 存在一条从 x 到 p 的极小测地线 γ, 使得

$$\frac{2\rho - e_{pq}(x)}{2\rho\,\mathrm{e}^{C_0\rho^{\frac{1}{2}}}} \leqslant \frac{\sqrt{2}}{2},$$

也就是

$$e_{pq}(x) \geqslant \rho(2 - \sqrt{2}\mathrm{e}^{C_0 \rho^{\frac{1}{2}}}).$$

这蕴涵着,如果存在某个点 $q \in M$,从 x 到 q 的某条极小测地线 σ 和某个 $\rho \in \left(0, \frac{1}{4}\rho_c(x)\right]$,对任何从 x 到 p 的极小测地线 γ 满足

$$e_{pq}(x) < \rho(2 - \sqrt{2}\mathrm{e}^{C_0 \rho^{\frac{1}{2}}})$$

和

$$d(x,p) \geqslant \rho, \quad d(x,q) \geqslant \rho,$$

则 x 不是 p 的临界点,矛盾. 这等于说,如果存在某个点 $q \in M$ 和某个 $\rho \in \left(0, \frac{1}{4}\rho_c(x)\right]$ 满足

$$e_{pq}(x) < \rho(2 - \sqrt{2}\mathrm{e}^{C_0 \rho^{\frac{1}{2}}})$$

和

$$d(x,p) \geqslant \rho, \quad d(x,q) \geqslant \rho,$$

则 x 不是 p 的临界点. $\qquad\square$

引理 5.8.4 设 M 为 n 维完备非紧 Riemann 流形,$Ric_M \geqslant -(n-1)$,并令 $p, x \in M$.如果 $d(p,x) > \rho_0(x)$ 且

$$e_p(x) < f\left(\min\left\{\frac{1}{4}\rho_c(x), \rho_0(x)\right\}\right),$$

则 x 不是 p 的临界点,其中 $f(\rho)$ 如引理 5.8.3 中所述和 $\rho_0(x)$ 由

$$f(\rho_0(x)) = \max_{\rho > 0} f(\rho)$$

定义.

证明 首先,在 $\frac{1}{4}\rho_c(x) < \rho_0(x)$ 的情形下,如果 $e_p(x) < f\left(\frac{1}{4}\rho_c(x)\right)$,则有限的 $e_p(x)$ 存在. 假定 $e_p(x) = f(\rho_1(x))$,容易知道,$\rho_1(x) < \frac{1}{4}\rho_c(x)$ 和当 $\rho \in \left(\rho_1, \frac{1}{4}\rho_c(x)\right]$ 时,$e_p(x) < f(\rho)$.现在,取点 $q \in M$ 满足

$$d(x, S(p;R)) = d(x,q) > \rho_1(x)$$

和 $R \geqslant d(p,x)$.因此,存在某个 $\rho > 0$ 使得 $\rho \in \left(\rho_1(x), \frac{1}{4}\rho_c(x)\right]$ 和

$$e_{pq}(x) < e_p(x) < f(\rho).$$

根据引理 5.8.3,当 $d(p,x)$ 满足

$$d(p,x) > \rho_0(x) > \frac{1}{4}\rho_c(x) > \rho_1(x)$$

时，x 不是 p 的临界点.

其次，在 $\dfrac{1}{4}\rho_c(x) \geqslant \rho_0(x)$ 的情形下，如果 $e_p(x) < f(\rho_0(x))$，则有限的 $e_p(x)$ 存在.假定 $e_p(x) = f(\rho_1(x))$，容易知道，$\rho_1(x) < \rho_0(x)$ 和当

$$\rho \in \left(\rho_1(x), \min\left\{\dfrac{1}{4}\rho_c(x), \rho_2(x)\right\}\right)$$

时，$e_p(x) < f(\rho)$. 还知道 $\rho_2(x) < \rho_0(x)$.

现在，取点 $q \in M$ 满足

$$d(x, S(p;R)) = d(x, q) > \rho_1(x)$$

和

$$R \geqslant d(p, x),$$

于是存在某个 $\rho > 0$ 使得

$$\rho \in \left(\rho_1(x), \min\left\{\dfrac{1}{4}\rho_c(x), \rho_2(x)\right\}\right)$$

和

$$e_{pq} < e_p(x) < f(\rho).$$

由引理 5.8.3 知，当 $d(p, x)$ 满足

$$d(p, x) > \rho_0(x) > \rho_1(x)$$

时，x 不是 p 的临界点.

因此，我们可以得到结论：如果

$$d(p, x) > \rho_0(x)$$

和

$$e_p(x) < f\left(\min\left\{\dfrac{1}{4}\rho_c(x), \rho_0(x)\right\}\right),$$

则 x 不是 p 的临界点. $\qquad\square$

引理 5.8.5 设 M 为 n 维完备非紧 Riemann 流形，且 $Ric_M \geqslant -(n-1)$ 和 $\mathrm{conj}_M \geqslant c_0 > 0$. 如果存在点 $p \in M$，使 $e(p) < F\left(\min\left\{\dfrac{1}{4}c_0, \rho_0\right\}\right)$，则 M 具有有限拓扑型，其中

$$F(\rho) = \rho\left(2 - \sqrt{2}\,\mathrm{e}^{C_0(n, c_0)\rho^{\frac{1}{2}}}\right),$$

$$F(\rho_0) = \max_{\rho > 0} F(\rho)$$

和 $C_0(n, c_0)$ 与引理 5.8.2 中的相同.

证明 由引理 5.8.4 知，对 $\forall x \in M$，如果 $d(p, x) > \rho_0$ 和

$$e_p(x) \leqslant e(p) < F\left(\min\left\{\dfrac{1}{4}c_0, \rho_0\right\}\right),$$

则 x 不为 p 的临界点. 因此, M 具有有限拓扑型. □

在下面的定理中, 我们很好地改进了 $E(M)$ 的界.

定理 5.8.1 设 M 为 n 维完备 Riemann 流形, 且 $Ric_M \geqslant -(n-1)$ 和 $conj_M \geqslant c_0 > 0$. 如果

$$E(M) < F\left(\min\left\{\frac{1}{4}c_0, \rho_0\right\}\right),$$

则 M 具有有限拓扑型, 其中 $F(\rho)$, ρ_0 与引理 5.8.5 中的相同, $C_0(n, c_0)$ 与引理 5.8.2 中的相同.

证明 由 $E(M)$ 的定义和引理 5.8.5, 容易得到定理结论. □

注 5.8.1 $f(\rho)$ 的性质表明, 定理 5.8.1 中 $E(M)$ 的界大于引理 5.8.1 中

$$\frac{1}{4}c_0 \leqslant \left(\frac{1}{C_0(n, c_0)} \ln\frac{9}{8}\right)^2$$

和

$$\frac{1}{4}c_0 > \left(\frac{1}{C_0(n, c_0)} \ln\frac{9}{8}\right)^2$$

两种情形的界.

推论 5.8.1 设 M 为 n 维完备非紧 Riemann 流形, 且 $Ric_M \geqslant -(n-1)$ 和 $conj_M \geqslant c_0 > 0$. 如果 $\exists p \in M$, 使得

$$e(p) < F\left(\min\left\{\frac{1}{4}c_0, \rho_0\right\}\right)$$

和

$$C_p > \rho_0,$$

则 M 微分同胚于 $\mathbf{R}^n$, 其中 $F(\rho)$, ρ_0 与引理 5.8.5 中的相同.

证明 因为 $\exists p \in M$, 使得 p 的临界半径 $C_p > \rho_0$, 则由临界半径的定义知, 在闭球 $\overline{B(p; \rho_0)}$ 内无点 p 的临界点. 但是, 对于 $B(p; \rho_0)$ 外的任一点 x, 由于 $d(p, x) > \rho_0$, 而且

$$e(p) < F\left(\min\left\{\frac{1}{4}c_0, \rho_0\right\}\right),$$

根据引理 5.8.5 的证明可推得 x 不是 p 的临界点. 总之, M 上无异于 p 的临界点. 所以, M 微分同胚于 $\mathbf{R}^n$. □

引理 5.8.6 设 M 为 n 维完备非紧 Riemann 流形, 且 $Ric_M \geqslant -(n-1)$, $p, x \in M$. 如果 $d(p, x) \geqslant \min\left\{\frac{1}{4}\rho_c(x), \rho_0(x)\right\}$, 且存在一条从 p 出发的射线 γ 使得

$$e_{p\gamma}(x) < f\left(\min\left\{\frac{1}{4}\rho_c(x), \rho_0(x)\right\}\right),$$

则 x 不是 p 的临界点,其中 $f(\rho)$,$\rho_0(x)$ 与引理 5.8.4 中的相同.

证明 (反证)假设 x 是 p 的临界点,类似引理 5.8.3 的证明,对任何从 p 出发的射线 γ,射线 γ 中的任何点 $\gamma(t)$,任何从 x 到 $\gamma(t)$ 的极小测地线 σ_2 以及任何具有

$$d(x,\gamma(t)) \geqslant \rho, \quad d(x,p) \geqslant \rho$$

的 $\rho \in \left(0, \dfrac{1}{4}\rho_c(x)\right]$,存在一条从 x 到 p 的极小测地线 σ_1,使得 $e_{p\gamma(t)}(x) \geqslant f(\rho)$.

这蕴涵着,如果存在射线 γ 中某个点 $\gamma(t)$ 和某个 $\rho \in \left(0, \dfrac{1}{4}\rho_c(x)\right]$,使得

$$e_{p\gamma(t)}(x) < f(\rho)$$

和

$$d(x,\gamma(t)) \geqslant \rho, \quad d(x,p) \geqslant \rho,$$

则 x 不是 p 的临界点.不难得到,如果存在某个 $\rho \in \left(0, \dfrac{1}{4}\rho_c(x)\right]$ 使得 $e_{p\gamma}(x) < f(\rho)$ 且 $d(x,p) \geqslant \rho$,则 x 不是 p 的临界点.最后,我们得到,如果

$$d(x,p) \geqslant \min\left\{\frac{1}{4}\rho_c(x), \rho_0(x)\right\}$$

和

$$e_{p\gamma}(x) < f\left(\min\left\{\frac{1}{4}\rho_c(x), \rho_0(x)\right\}\right),$$

则 x 不是 p 的临界点. $\square$

我们还可得到:

定理 5.8.2 设 M 为 n 维完备非紧 Riemann 流形,且 $Ric_M \geqslant -(n-1)$ 和 $\mathrm{conj}_M \geqslant c_0 > 0$.如果存在从某点 $p \in M$ 出发的射线 γ 满足

$$e_{p\gamma} < F\left(\min\left\{\frac{1}{4}c_0, \rho_0\right\}\right),$$

则 M 具有有限拓扑型,其中 $F(\rho)$,ρ_0 与引理 5.8.5 中的相同.

证明 从 $e_{p\gamma}$ 的定义和引理 5.8.6 容易得到定理的结论. $\square$

5.9 具有非负 Ricci 曲率的开流形的基本群(Ⅰ)

在某些类型的 Riemann 流形上,对于极小测地线的半途点的距离依照端点的距离建立了某个一致估计,然后证明了具有非负 Ricci 曲率的 Riemann 流形的基本群是有限的某些定理,这支持了著名的 Milnor 猜测.

设 (M^n, g) 为具有非负 Ricci 曲率或甚至 Ricci 曲率有下界的完备非紧 n 维流形. (M^n, g) 的拓扑性质得到了很多的关注.许多研究工作在相同的标题"曲率和拓扑"下被完成,如文献[66]、[73]、[74].本节我们研究非负 Ricci 曲率 $Ric_{M^n} \geqslant 0$ 的完备 Riemann 流形 M 的基本群.

回顾一下,如果 M^n 是无边紧致的,则它的基本群 $\pi_1(M^n)$ 是有限生成的(引理 5.9.1);如果 M^n 是完备的且 $Ric_{M^n} > 0$,则由定理 1.11.11 知,$\pi_1(M^n)$ 是有限的.如果 M 是非紧的,则最基本的问题是 $\pi_1(M^n)$ 是否是有限生成的.1968 年,Milnor 猜测:每个具有非负 Ricci 曲率的完备非紧流形 M^n 必须有有限生成的基本群(参阅文献[94]).有许多结果支持了这个猜测,参阅文献[80]、[91]、[92].

Sormani 在文献[95]中,研究了基本群 $\pi_1(M^n)$ 和具有非负 Ricci 曲率 $Ric_{M^n} \geqslant 0$ 的完备 Riemann M^n 的直径增长之间的关系,结论强烈地支持了 Milnor 猜测.本节证明,文献[95]中得到的万有常数可以大大地被改进.我们也得到了第 k 个 Ricci 变型的 excess 估计和类似的定理.更进一步,我们表明,对于这样的一个估计,非负 Ricci 曲率不是必要条件.例如,具有负常数为 Ricci 曲率下界的完备 Riemann 流形有一个类似的估计,它改进了文献[96]中 Sormani 相应的引理.

引理 5.9.1 n 维无边紧致流形 M^n 的基本群是有限的.

证明 根据文献[158]例 3.4.10,n 维流形 M^n 是半局部单连通空间.如果 M^n 为连通的 n 维流形(当然也是道路连通和局部道路连通的空间),(由文献[158]定理 3.4.9)则 M^n 有一个万有覆叠空间 $(\widetilde{M}^n, p)$($p:\widetilde{M}^n \to M$ 为其投影),且在不区分同构意义下是唯一确定的.由 (M^n, g) 的 Riemann 度量 g 自然导出了 $\widetilde{M}^n$ 的 Riemann 度量 $\widetilde{g} = p^* g$,它也满足 Bonnet-Myers 定理的条件,故 $\widetilde{M}^n$ 也是紧致的.因此,$(\widetilde{M}, p)$ 的层数是有限的.(反证)若不然,对 $x \in M^n$,$p^{-1}(x)$ 是无限集,则 $p^{-1}(x)$ 至少有一个聚点 $\tilde{x}$.这样,在 $\tilde{x}$ 的任何开邻域中至少有不同的两点 $\tilde{x}_1, \tilde{x}_2 \in p^{-1}(x)$,故 $p(\tilde{x}_1) = p(\tilde{x}_2)$.从而,在 $\tilde{x}$ 处 p 就不是一个局部同胚,矛盾.

设 $x_0 \in M^n$ 为基点,$\gamma_i, i = 1, 2$ 为 M^n 中以 x_0 为基点的两条闭道路.

如果 $\gamma_1 \sim \gamma_2$,即 $[\gamma_1] = [\gamma_2]$.设 $\widetilde{\gamma}_i$ 为 γ_i 在 $\widetilde{M}^n$ 中的提升,且 $\widetilde{\gamma}_i(0) = \tilde{x}_0, i = 1, 2$.于是 $\widetilde{\gamma}_1 \sim \widetilde{\gamma}_2$ 且 $\widetilde{\gamma}_1(1) = \widetilde{\gamma}_2(1)$.

反之,如果 $\widetilde{\gamma}_1(0) = \tilde{x}_0 = \widetilde{\gamma}_2(0), \widetilde{\gamma}_1(1) = \widetilde{\gamma}_2(1)$,则由 $\widetilde{M}^n$ 单连通可得 $\widetilde{\gamma}_1 \sim \widetilde{\gamma}_2$.因此
$$\gamma_1 = p \circ \widetilde{\gamma}_1 \sim p \circ \widetilde{\gamma}_2 = \gamma_2, \quad [\gamma_1] = [\gamma_2].$$
这就证明了点 x_0 处闭道路的同伦类与 $p^{-1}(x_0)$ 中的元素形成一一对应.从而,$\pi_1(M^n)$ 是有限的.

如果 M^n 是紧致的,但不必道路连通,则应用反证法立知,M^n 至多只有有限个道路

连通分支. 设每个道路连通分支的层数的最大者为 m, 应用上述结果立即知道, 无论基点 x_0 在哪一个道路连通分支, 它的基本群 $\pi_1(M^n, x_0)$ 的元素至多为 m 个. □

首先, 我们回顾 excess 函数. 它定义为

$$e_{pq}(x) = d(x, p) + d(x, q) - d(p, q), \quad \forall x \in M^n,$$

其中 $p, q \in M^n$, d 表示由度量 g 诱导的 M 上的距离函数.

在文献[73]中, Abresh 和 Gromoll 对小三角形给出了一个重要的 excess 估计, 他们和许多其他人利用了这个在 Riemann 流形上证明了许多类型的拓扑有限结果. 确切地说, 他们证明了:

引理 5.9.2(参阅文献[73]、[95]、[96]) 设 M^n 为具有 Ricci 曲率 $Ric_{M^n} \geqslant -(n-1)k$, $n \geqslant 3$ 的 n 维完备 Riemann 流形, 记 $r_0 = d(x, \gamma(0))$, $r_1 = d(x, \gamma(D))$, 其中 γ 为一条具有长度 $L(\gamma) = D$ 的极小测地线. 假设 $l = d(x, \gamma) \leqslant \min\{r_0, r_1\}$, 则

$$e_{\gamma(0), \gamma(D)}(x) = r_0 + r_1 - D \leqslant 2\left(\frac{n-1}{n-2}\right)\left(\frac{1}{2} C_3 l^n\right)^{\frac{1}{n-1}},$$

其中:

(1) 如果 $k = 0$, 则

$$C_3 = \frac{n-1}{n}\left(\frac{1}{r_0 - l} + \frac{1}{r_1 - l}\right);$$

(2) 如果 $k > 0$, 则

$$C_3 = \frac{n-1}{n}\left[\frac{\sin \sqrt{k}\, l}{\sqrt{k}\, l}\right]^{n-1} \sqrt{k}(\coth \sqrt{k}(r_0 - l) + \coth \sqrt{k}(r_1 - l)).$$

现在, 可以给出我们的主要估计.

引理 5.9.3 设 M^n 为具有 Ricci 曲率 $Ric_{M^n} \geqslant -(n-1)k$, $n \geqslant 3$ 的 n 维完备 Riemann 流形. 而 γ 为具有长度 $L(\gamma) = D$ 的从 $\gamma(0)$ 到 $\gamma(D)$ 的极小测地线. 如果 $x \in M$ 为以 $d(x, \gamma(0)) \geqslant \left(\frac{1}{2} + \varepsilon_1\right)D$ 和 $d(x, \gamma(D)) \geqslant \left(\frac{1}{2} + \varepsilon_2\right)D$ 的一个点, 则

$$d\left(x, \gamma\left(\frac{D}{2}\right)\right) \geqslant d(\varepsilon_1, \varepsilon_2)D,$$

其中:

(1) 如果 $k = 0$, 则

$$\alpha(\varepsilon_1, \varepsilon_2) = \min\left\{\frac{1}{4}, \left(\frac{\varepsilon_1 + \varepsilon_2}{2}\right)^{\frac{n-1}{n}}\left(\frac{1}{4}\frac{n}{n-1}\left(\frac{n-2}{n-1}\right)^{n-1}\right)^{\frac{1}{n}}\right\};$$

(2) 如果 $k > 0$ 和 $D \leqslant 1$, 则

$$\alpha(\varepsilon_1, \varepsilon_2) = \min\left\{ \frac{1}{4}, \left(\frac{\varepsilon_1 + \varepsilon_2}{2}\right)^{\frac{n-1}{n}} \left(\frac{n-2}{n-1}\right)^{\frac{n-1}{n}} \left[\frac{n}{n-1} \frac{\frac{\sqrt{k}}{\coth\frac{\sqrt{k}}{4}}}{\coth\frac{\sqrt{k}}{4}} \left[\frac{\frac{\sqrt{k}}{4}}{\sinh\frac{\sqrt{k}}{4}}\right]^{n-1} \right]^{\frac{1}{n}} \right\}.$$

证明 (反证)假设结论相反,即 $d\left(x, \gamma\left(\frac{D}{2}\right)\right) < \alpha(\varepsilon_1, \varepsilon_2) D$.

首先,由定义,我们可以得到

$$e_{\gamma(0), \gamma(D)}(x) = d(x, \gamma(0)) + d(x, \gamma(D)) - D \geqslant (\varepsilon_1 + \varepsilon_2) D.$$

另一方面,我们有

$$l = d(x, \gamma) \leqslant d\left(x, \gamma\left(\frac{D}{2}\right)\right) \leqslant \alpha(\varepsilon_1, \varepsilon_2) D \leqslant \min\{r_0, r_1\}.$$

因此,由引理 5.9.2,有

$$e_{\gamma(0), \gamma(D)}(x) \leqslant 2\left(\frac{n-1}{n-2}\right)\left(\frac{1}{2} C_3 l^n\right)^{\frac{1}{n-1}}.$$

注意, $r_0 - l \geqslant \frac{D}{4}$.

(1) 如果 $Ric_{M^n} \geqslant 0$, $\alpha(\varepsilon_1, \varepsilon_2) \leqslant \frac{1}{4}$,根据引理 5.9.2,有

$$C_3 \leqslant \frac{n-1}{n} \left[\frac{1}{\left(\frac{1}{2} + \varepsilon_1 - \alpha(\varepsilon_1, \varepsilon_2)\right) D} + \frac{1}{\left(\frac{1}{2} + \varepsilon_1 - \alpha(\varepsilon_1, \varepsilon_2)\right) D} \right] < \frac{n-1}{n} \frac{8}{D}.$$

因此,由引理 5.9.2 得到

$$(\varepsilon_1 + \varepsilon_2) D < 2\left(\frac{n-1}{n-2}\right)\left(\frac{1}{2} \frac{n-1}{n} \frac{8}{D} (\alpha(\varepsilon_1, \varepsilon_2))^n D^n\right)^{\frac{1}{n-1}}$$

$$= 2\left(\frac{n-1}{n-2}\right)\left(4 \frac{n-1}{n}\right)^{\frac{1}{n-1}} (\alpha(\varepsilon_1, \varepsilon_2))^{\frac{n}{n-1}} D.$$

于是得到

$$\alpha(\varepsilon_1, \varepsilon_2) > \left(\frac{\varepsilon_1 + \varepsilon_2}{2} \frac{n-2}{n-1} \left(\frac{n}{4(n-1)}\right)^{\frac{1}{n-1}}\right)^{\frac{n-1}{n}}$$

$$= \left(\frac{\varepsilon_1 + \varepsilon_2}{2}\right)^{\frac{n-1}{n}} \left(\frac{1}{4} \frac{n}{n-1} \left(\frac{n-2}{n-1}\right)^{n-1}\right)^{\frac{1}{n}},$$

这与 $\alpha(\varepsilon_1, \varepsilon_2)$ 的定义矛盾.

(2) 现在假定 $Ric_{M^n} \geqslant -(n-1)k$. 注意 $\frac{\sinh l}{l}$ 和 $\coth(r-l)$ 都为 l 的增函数,且 $D < 1$,由从引理 5.9.2,我们知道

$$C_3 = \frac{n-1}{n}\left[\frac{\sinh\sqrt{k}l}{\sqrt{k}l}\right]^{n-1}\sqrt{k}\ (\coth\sqrt{k}(r_0 - l) + \coth\sqrt{k}(r_1 - l))$$

$$< \frac{n-1}{n}\left[\frac{\sinh\dfrac{\sqrt{k}}{4}}{\dfrac{\sqrt{k}}{4}}\right]^{n-1}\sqrt{k}\left(2\coth\frac{\sqrt{k}}{4}\right).$$

因此

$$(\varepsilon_1 + \varepsilon_2)D < 2\left(\frac{n-1}{n-2}\right)\left[\frac{1}{2}\frac{n-1}{n}\left[\frac{\sinh\dfrac{\sqrt{k}}{4}}{\dfrac{\sqrt{k}}{4}}\right]^{n-1}\cdot\sqrt{k}\left(2\coth\frac{\sqrt{k}}{4}\right)(\alpha(\varepsilon_1,\varepsilon_2))^n D^n\right]^{\frac{1}{n-1}}$$

$$\leqslant 2\left(\frac{n-1}{n-2}\right)\left[\frac{n-1}{n}\left[\frac{\sinh\dfrac{\sqrt{k}}{4}}{\dfrac{\sqrt{k}}{4}}\right]^{n-1}\cdot\sqrt{k}\left(\coth\frac{\sqrt{k}}{4}\right)(\alpha(\varepsilon_1,\varepsilon_2))^n\right]^{\frac{1}{n-1}}D$$

和

$$\alpha(\varepsilon_1,\varepsilon_2) > \left(\frac{\varepsilon_1 + \varepsilon_2}{2}\right)^{\frac{n-1}{n}}\left(\frac{n-2}{n-1}\right)^{\frac{n-1}{n}}\left[\frac{n}{n-1}\frac{\sqrt{k}}{\coth\dfrac{\sqrt{k}}{4}}\left[\frac{\dfrac{\sqrt{k}}{4}}{\sinh\dfrac{\sqrt{k}}{4}}\right]^{n-1}\right]^{\frac{1}{n}},$$

这与 $\alpha(\varepsilon_1,\varepsilon_2)$ 的定义矛盾. $\qquad\square$

我们可以看到 excess 估计对于我们的引理是决定性的. 注意, Shen 给出了第 k 个 Ricci 变型 excess 估计(参阅文献[74]), 因此用相同的方法, 对于第 k 个 Ricci 曲率 $Ric_{M^n}^k \geqslant 0$ 的 n 维完备 Riemann 流形, 我们有一个类似的估计.

引理 5.9.4 设 M^n 为具有第 k 个 Ricci 曲率 $Ric_{M^n}^k \geqslant 0$ 的 n 维完备 Riemann 流形. 又设 γ 为从 $\gamma(0)$ 到 $\gamma(D)$ 的具有长度 $L(\gamma) = D$ 的极小测地线. 如果 $x \in M^n$ 为满足

$$d(x, \gamma(0)) \geqslant \left(\frac{1}{2} + \varepsilon\right)D$$

和

$$d(x, \gamma(D)) \geqslant \left(\frac{1}{2} + \varepsilon\right)D$$

的一个点, 则

$$d\left(x, \gamma\left(\frac{D}{2}\right)\right) \geqslant \alpha_k(\varepsilon)D,$$

其中

$$\alpha_k(\varepsilon) = \frac{1}{4}\varepsilon^{\frac{k}{k+1}}.$$

证明 (反证)假设相反, $d\left(x, \gamma\left(\frac{D}{2}\right)\right) < \alpha_k(\varepsilon)D$. 显然,我们有

$$e_{\gamma(0), \gamma(D)}(x) \geqslant 2\varepsilon D.$$

另一方面

$$s(x) = \min\{d(x, \gamma(0)), d(x, \gamma(D))\} \geqslant \left(\frac{1}{2} + \varepsilon\right)D,$$

$$h(x) = d(x, \gamma) < \alpha_k(\varepsilon)D.$$

因此,通过以 $Ric_{M^n}^k \geqslant 0$ 的 n 维完备Riemann流形的 excess 估计(参阅文献[74]),我们可以得到

$$2\varepsilon D \leqslant e_{\gamma(0), \gamma(D)}(x) < 8\alpha_k(\varepsilon)D \left[\frac{\alpha_k(\varepsilon)D}{\left(\frac{1}{2} + \varepsilon\right)D} \right]^{\frac{1}{k}}$$

和

$$\alpha_k(\varepsilon) > \left(\frac{1}{2} + \varepsilon\right)^{\frac{1}{k+1}} \varepsilon^{\frac{k}{k+1}} 4^{-\frac{k}{k+1}} > \frac{1}{4}\varepsilon^{\frac{k}{k+1}},$$

这与题设矛盾. □

现在我们给出一个常数,它比文献[95]中 Sormani 的常数更好,因此更强地支持了 Milnor 猜测. 首先,我们需要一个引理.

引理 5.9.5(参阅文献[93]、[95]) 设 M^n 为 n 维完备 Riemann 流形,其基本群为 $\pi_1(M, x_0)$,这里 $x_0 \in M^n$,则存在 $\pi_1(M, x_0)$ 的无关生成元的有序集合 $\{g_1, g_2, g_3, \cdots\}$,而 g_k 的长度为 d_k 的极小代表测地圈 γ_k,使得

$$d_{M^n}\left(\gamma_k(0), \gamma_k\left(\frac{d_k}{2}\right)\right) = \frac{d_k}{2}.$$

下面我们给出一个一致割引理,它更优于 Sormani 相应的引理.

引理 5.9.6 设 M^n 为具有非负 Ricci 曲率的 $n(\geqslant 3)$ 维完备 Riemann 流形,而 γ 为以 $x_0 \in M^n$ 为基点、长度为 $L(\gamma) = D$ 的不可缩的测地圈,使得以下的条件成立:

(1) σ 为基点在 x_0 且同伦于 γ 的一个圈,则 $L(\sigma) \geqslant D$;

(2) 圈 γ 在 $\left[0, \frac{D}{2}\right]$ 上是极小的且在 $\left[\frac{D}{2}, D\right]$ 上也是极小的.

则对 $\forall \varepsilon > 0$,存在万有常数 $\alpha(\varepsilon) = \alpha(\varepsilon, \varepsilon)$,使得如果 $x \in \partial B_{x_0}(RD)$, $R \geqslant \frac{1}{2} + \varepsilon$,则

$$d_{M^n}\left(x, \gamma\left(\frac{D}{2}\right)\right) \geqslant \left(R - \frac{1}{2}\right)D + (\alpha(\varepsilon) - \varepsilon)D.$$

类似地,如果 M^n 有非负的 k-Ricci 曲率 $Ric_M^k \geqslant 0$,则

$$d_{M^n}\left(x,\gamma\left(\frac{D}{2}\right)\right) \geqslant \left(R - \frac{1}{2}\right)D + (\alpha_k(\varepsilon) - \varepsilon)D.$$

证明 注意由引理 5.9.5 知,这样的圈 γ 是存在的.

首先假定 $R = \frac{1}{2} + \varepsilon$.

设 $\widetilde{M}^n$ 为 M^n 的万有覆叠空间,$\widetilde{x}_0 \in \widetilde{M}^n$ 为 x_0 的一个提升,而 $g \in \pi_1(M^n, x_0)$ 为由已给圈 γ 代表的元素.根据 γ 的条件,它的提升 $\widetilde{\gamma}$ 是从 $\widetilde{x}_0$ 跑到 $g\widetilde{x}_0$ 的极小测地线.因此

$$d_{\widetilde{M}}(\widetilde{x}_0, g\widetilde{x}_0) = D.$$

显然,有

$$r_0 = d_{\widetilde{M}^n}(\widetilde{x}, \widetilde{x}_0) \geqslant d_{M^n}(x, x_0) = \left(\frac{1}{2} + \varepsilon\right)D,$$

$$r_1 = d_{\widetilde{M}^n}(g\widetilde{x}_0, \widetilde{x}) \geqslant d_{M^n}(x, x_0) = \left(\frac{1}{2} + \varepsilon\right)D.$$

现在,我们提升从 $\gamma\left(\frac{D}{2}\right)$ 到 x 的极小测地线 $C:[0, H] \rightarrow M^n$ 为万有覆叠空间 $\widetilde{M}^n$ 中的 $\widetilde{C}$,它从 $\widetilde{\gamma}\left(\frac{D}{2}\right)$ 跑到点 $\widetilde{x} \in \widetilde{M}^n$.注意,$L(\widetilde{C}) = L(C) = H$.因此,应用引理 5.9.3 到 $\widetilde{M}^n$ 中的 $\widetilde{x}$ 和 $\widetilde{\gamma}$,有

$$d\left(x, \gamma\left(\frac{D}{2}\right)\right) = L(C) = L(\widetilde{C}) = d\left(\widetilde{x}, \widetilde{\gamma}\left(\frac{D}{2}\right)\right) \geqslant \alpha(\varepsilon)D.$$

对于 $R \geqslant \frac{1}{2} + \varepsilon$,取 $x \in \partial B_{x_0}(RD)$,并假定 $y \in \partial B_{x_0}\left[\left(\frac{1}{2} + \varepsilon\right)D\right]$ 落在从 x 到 $\gamma\left(\frac{D}{2}\right)$ 的极小测地线中.我们有

$$d_{M^n}\left(x, \gamma\left(\frac{D}{2}\right)\right) = d_{M^n}(x, y) + d_{M^n}\left(y, \gamma\left(\frac{D}{2}\right)\right) \geqslant \left[RD - \left(\frac{1}{2} + \varepsilon\right)D\right] + \alpha(\varepsilon)D$$

$$= \left(R - \frac{1}{2}\right)D + (\alpha(\varepsilon) - \varepsilon)D.$$

最后的断言可以应用引理 5.9.4 并用相同的方法给出证明. □

回顾射线密度函数定义为

$$D(r) = \sup_{x \in \partial B_{x_0}(r)} \inf_{\substack{\text{rays} \gamma \\ \gamma(0) = x_0}} d(x, \gamma(r)).$$

现在,我们可以给出主要定理,它改进了 Sormani 定理,并更强地支持了 Milnor 猜测.

定理 5.9.1 存在万有常数

$$S_n = \frac{1}{4} \frac{1}{n-1} \left(\frac{n-2}{n}\right)^{n-1},$$

使得如果 M^n 完备非紧、具有非负 Ricci 曲率,且有小线性直径增长,

$$\limsup_{r \to +\infty} \frac{D(r)}{r} < 2S_n,$$

则 M^n 的基本群是有限的.

证明 首先设 $f(\varepsilon) = \alpha(\varepsilon) - \varepsilon$.通过初等计算我们可以看到 f 的最大值点为

$$\varepsilon_0 = \left(\frac{n-1}{n}\right)^n \left(\frac{1}{4} \frac{n}{n-1} \left(\frac{n-2}{n-1}\right)^{n-1}\right),$$

且 f 的最大值为

$$f(\varepsilon_0) = S_n = \frac{1}{4} \frac{1}{n-1} \left(\frac{n-2}{n}\right)^{n-1}.$$

(反证)我们假设 M^n 为有无限生成的基本群.因此,由引理 5.9.5 知,存在一个生成元 g_k 的序列,它的以 x_0 为基点的极小代表测地圈 γ_k 满足引理 5.9.6 的假定.令 $d_k = L(\gamma_k)$.注意 d_k 发散到 $+\infty$.

现在对任何 γ_k,我们选择一条射线 γ 使得

$$d\left(\gamma_k\left(\frac{d_k}{2}\right), \gamma\left(\frac{d_k}{2}\right)\right) = \inf_{\substack{\text{rays}\,\gamma \\ \gamma(0)=x_0}} d\left(\gamma_k\left(\frac{d_k}{2}\right), \gamma\left(\frac{d_k}{2}\right)\right).$$

再取

$$x_k = \gamma\left[\left(\frac{1}{2}+\varepsilon_0\right)d_k\right], \quad y_k = \gamma\left(\frac{1}{2}d_k\right),$$

则有

$$d\left(y_k, \gamma_k\left(\frac{d_k}{2}\right)\right) \geqslant d\left(x_k, \gamma_k\left(\frac{d_k}{2}\right)\right) - d(x_k, y_k) \geqslant (\alpha(\varepsilon_0) - \varepsilon_0)d_k = S_n d_k.$$

于是

$$\limsup_{r \to +\infty} \frac{D(r)}{r} \geqslant \limsup_{r \to +\infty} \frac{d\left(y_k, \gamma_k\left(\frac{d_k}{2}\right)\right)}{\frac{d_k}{2}} \geqslant \limsup_{r \to +\infty} \frac{S_n d_k}{\frac{d_k}{2}} = 2S_n,$$

这与题设 $\limsup\limits_{r \to +\infty} \dfrac{D(r)}{r} < 2S_n$ 矛盾. □

类似地,对 $Ric_{M^n}^k \geqslant 0$ 我们可以得到:

定理 5.9.2 存在万有常数

$$S_k = \frac{1}{4(k+1)} \left(\frac{k}{4(k+1)}\right)^k,$$

使得如果 M^n 完备非紧、具有非负 Ricci 曲率,且有小线性射线直径增长

$$\limsup_{r \to +\infty} \frac{\mathrm{diam}(\partial B_p(r))}{r} < 2S_k,$$

则 M^n 的基本群是有限的.

5.10 具有非负 Ricci 曲率的开流形的基本群(Ⅱ)

我们对某些类型的 Riemann 流形,通过点到极小测地圈端点的距离建立了它到极小测地圈中点的距离的一致估计,然后利用这种一致估计证明了具有非负 Ricci 曲率 Riemann 流形的基本群是有限的一个定理,对著名的 Milnor 猜测起到更强的支持作用.

1968 年,Milnor 猜想,对任一完备非紧流形 M^n,若 M^n 有非负 Ricci 曲率,则其基本群是有限生成的(参阅文献[94]).Cheeger 和 Gromoll 在非负截曲率的条件下证明了此猜想(参阅文献[80]).但是,即使对于严格正 Ricci 曲率,这个猜想至今也没有得到证明.本节研究具有非负 Ricci 曲率 $Ric_{M^n} \geqslant 0$ 的完备非紧流形的基本群.

Schoen 和 Yau 在 1982 年证明了任何一个具有严格正 Ricci 曲率的完备 3 维流形必然同胚于 3 维 Euclid 空间,从而其基本群是平凡的(当然基本群是有限生成的)(参阅文献[97]).Anderson 和 Li 分别用体积比较估计和热核的方法证明了对于 Euclid 体积增长的非负 Ricci 曲率的流形,其基本群是有限生成的(参阅文献[91]、[98]).

Sormani 研究了具有非负 Ricci 曲率 $Ric_M \geqslant 0$ 的完备非紧流形 M 的基本群与直径增长之间的关系,对 Milnor 猜测起到了支持作用(参阅文献[95]).文献[95]中得到的万有常数在文献[99]中得到大大改进.本节将进一步改进此万有常数,并改进文献[99]中的相应结果.

我们将对某些类型的 Riemann 流形,利用点到测地圈端点的距离建立它到测地圈中点的一致估计.

首先,回顾一下 excess 函数 $e_{pq}(x)$ 的定义:

$$e_{pq}(x) = d(x,p) + d(x,q) - d(p,q), \quad \forall x \in M,$$

其中 $p,q \in M$,d 为 M 上的 Riemann 度量诱导的距离函数.

Abresh 和 Gromoll 对"小"三角形给出了一个重要的 excess 估计(参阅文献[73]).利用此估计,人们得到了有限拓扑型的许多结果.精确地讲,他们证明了:

引理 5.10.1(参阅文献[73]) 设 M^n 为 n 维完备非紧 Riemann 流形,其 Ricci 曲率满足 $Ric_M \geqslant -(n-1)k$,其中 $n \geqslant 4$.记 $r_0 = d(x,\gamma(0))$,$r_1 = d(x,\gamma(D))$,γ 为极小测地线且长度为 $L(\gamma) = D$.若 $l = d(x,\gamma) < \min\{r_0,r_1\}$,则

$$e_{\gamma(0),\gamma(D)}(x) = r_0 + r_1 - D \leqslant \frac{2(n-1)}{n-2}\left(\frac{C_3 l^n}{2}\right)^{\frac{1}{n-1}},$$

其中:

（1）如果 $k > 0$,则

$$C_3 = \frac{n-1}{n}\left[\frac{\sin\sqrt{k}l}{\sqrt{k}l}\right]^{n-1}\sqrt{k}(\coth\sqrt{k}(r_0-l) + \coth\sqrt{k}(r_1-l));$$

（2）如果 $k = 0$,则

$$C_3 = \frac{n-1}{n}\left(\frac{1}{r_0-l} + \frac{1}{r_1-l}\right).$$

现在给出主要估计.

引理 5.10.2 设 M^n 为 n 维完备非紧 Riemann 流形,其 Ricci 曲率满足 $Ric_M \geqslant -(n-1)k$,其中 $n \geqslant 4$. γ 为极小测地线且长度为 $L(\gamma) = D$. 如果 $x \in M$ 满足

$$d(x,\gamma(0)) \geqslant \left(\frac{1}{2}+\varepsilon_1\right)D, \quad d(x,\gamma(D)) \geqslant \left(\frac{1}{2}+\varepsilon_2\right)D,$$

则

$$d\left(x,\gamma\left(\frac{D}{2}\right)\right) \geqslant \alpha(\varepsilon_1,\varepsilon_2)D,$$

其中:

（1）如果 $k > 0$ 且 $D < 1$,则

$$\alpha(\varepsilon_1,\varepsilon_2) = \sup_{A \in \left(0,\frac{1}{2}\right)}\alpha(A,\varepsilon_1,\varepsilon_2),$$

其中

$$\alpha(A,\varepsilon_1,\varepsilon_2) = \min\left\{\frac{1}{2}-A, \left(\frac{\varepsilon_1+\varepsilon_2}{2}\right)^{\frac{n-1}{n}}\left(\frac{n-2}{n-1}\right)^{\frac{n-1}{n}}\right.$$

$$\left. \cdot\left[\frac{n}{n-1}\frac{1}{\sqrt{k}\coth A\sqrt{k}}\left[\frac{\left(\frac{1}{2}-A\right)\sqrt{k}}{\sinh\left(\frac{1}{2}-A\right)\sqrt{k}}\right]^{n-1}\right]^{\frac{1}{n}}\right\};$$

（2）如果 $k = 0$,则

$$\alpha(\varepsilon_1,\varepsilon_2) = \sup_{A \in \left(0,\frac{1}{2}\right)}\alpha(A,\varepsilon_1,\varepsilon_2),$$

其中

$$\alpha(A,\varepsilon_1,\varepsilon_2) = \min\left\{\frac{1}{2}-A, \left(\frac{\varepsilon_1+\varepsilon_2}{2}\right)^{\frac{n-1}{n}}\left(A\frac{n}{n-1}\left(\frac{n-2}{n-1}\right)^{n-1}\right)^{\frac{1}{n}}\right\}.$$

证明 （反证）假设结论不成立，即

$$d\left(x,\gamma\left(\frac{D}{2}\right)\right) < \alpha(\varepsilon_1,\varepsilon_2)D,$$

则存在 $A_0 \in \left(0, \frac{1}{2}\right)$，使得

$$d\left(x,\gamma\left(\frac{D}{2}\right)\right) < \alpha(A_0,\varepsilon_1,\varepsilon_2)D.$$

首先，由定义可得

$$e_{\gamma(0),\gamma(D)}(x) = d(x,\gamma(0)) + d(x,\gamma(D)) - D \geqslant (\varepsilon_1 + \varepsilon_2)D.$$

另一方面，有

$$l = d(x,\gamma) \leqslant d\left(x,\gamma\left(\frac{D}{2}\right)\right) < \alpha(A_0,\varepsilon_1,\varepsilon_2)D < \min\{r_0,r_1\}.$$

因此，由引理 5.10.1，可得

$$e_{\gamma(0),\gamma(D)}(x) \leqslant \frac{2(n-1)}{n-2}\left(\frac{C_3 l^n}{2}\right)^{\frac{1}{n-1}}.$$

注意，$r_0 - l \geqslant A_0 D$ 且 $r_1 - l \geqslant A_0 D$。

（1）若 $Ric_M \geqslant -(n-1)k$。注意到 $\dfrac{\sinh l}{l}$ 和 $\coth(r-l)$ 都是 l 的增函数且 $D < 1$。根据引理 5.10.1，有

$$C_3 = \frac{n-1}{n}\left[\frac{\sinh\sqrt{k}l}{\sqrt{k}l}\right]^{n-1}\sqrt{k}(\coth\sqrt{k}(r_0-l) + \coth\sqrt{k}(r_1-l))$$

$$\leqslant \frac{n-1}{n}\left[\frac{\sinh\left(\left(\frac{1}{2}-A_0\right)\sqrt{k}\,D\right)}{\left(\frac{1}{2}-A_0\right)\sqrt{k}\,D}\right]^{n-1}\sqrt{k}(2\coth A_0\sqrt{k}\,D)$$

$$< \frac{n-1}{n}\left[\frac{\sinh\left(\left(\frac{1}{2}-A_0\right)\sqrt{k}\right)}{\left(\frac{1}{2}-A_0\right)\sqrt{k}}\right]^{n-1}\sqrt{k}(2\coth A_0\sqrt{k}).$$

因此

$$(\varepsilon_1 + \varepsilon_2)D < 2\left(\frac{n-1}{n-2}\right)\left[\frac{1}{2}\frac{n-1}{n}\left[\frac{\sinh\left(\left(\frac{1}{2}-A_0\right)\sqrt{k}\right)}{\left(\frac{1}{2}-A_0\right)\sqrt{k}}\right]^{n-1}\right.$$

$$\left. \cdot \sqrt{k}(2\coth A_0\sqrt{k})(\alpha(A_0,\varepsilon_1,\varepsilon_2))^n D^n\right]^{\frac{1}{n-1}}$$

$$\leqslant 2\left(\frac{n-1}{n-2}\right)\left[\frac{n-1}{n}\left(\frac{\sinh\left(\left(\frac{1}{2}-A_0\right)\sqrt{k}\right)}{\left(\frac{1}{2}-A_0\right)\sqrt{k}}\right)^{n-1}\right.$$

$$\left.\cdot\sqrt{k}\left(\coth A_0\sqrt{k}\right)\left(\alpha(A_0,\varepsilon_1,\varepsilon_2)\right)^n\right]^{\frac{1}{n-1}}D.$$

从而

$$\alpha(A_0,\varepsilon_1,\varepsilon_2)>\left(\frac{\varepsilon_1+\varepsilon_2}{2}\right)^{\frac{n-1}{n}}\left(\frac{n-2}{n-1}\right)^{\frac{n-1}{n}}$$

$$\cdot\left[\frac{n}{n-1}\frac{1}{\sqrt{k}\coth A_0\sqrt{k}}\left(\frac{\left(\frac{1}{2}-A_0\right)\sqrt{k}}{\sinh\left(\left(\frac{1}{2}-A_0\right)\sqrt{k}\right)}\right)^{n-1}\right]^{\frac{1}{n}},$$

矛盾.

(2) 由(1)的证明,令 $k\to0^+$ 可得结论. □

为了给出优于文献[99]的一个万有常数,从而更好地支持 Milnor 猜测,我们需要下面的两个引理.

引理 5.10.3(参阅文献[95])　设 M^n 为一个 n 维完备非紧 Riemann 流形,其基本群为 $\pi_1(M^n,x_0)$,其中 $x_0\in M^n$,则存在 $\pi_1(M^n,x_0)$ 的线性无关的生成元的有序集合 $\{g_1,g_2,g_3,\cdots\}$,以及相应的长度为 d_k 的极小测地圈代表元 r_k,使得

$$d_{M^n}\left(\gamma_k(0),\gamma_k\left(\frac{d_k}{2}\right)\right)=\frac{d_k}{2}.$$

现在我们给出一个优于文献[99]的一致割引理.

引理 5.10.4　设 M^n 为一个具有非负 Ricci 曲率的 n 维完备非紧 Riemann 流形, $n\geqslant4$.而 γ 为基点 $x_0\in M^n$,长度为 $L(\gamma)=D$ 的不可缩测地圈,满足如下性质:

(1) 对于任意基点为 x_0 且同伦于 γ 的测地圈 σ,均有 $L(\sigma)\geqslant D$.

(2) 圈 γ 限制在 $\left[0,\frac{D}{2}\right]$ 和 $\left[\frac{D}{2},D\right]$ 上都是极小测地线,则对任意 $\varepsilon>0$,存在一致常数 $\alpha(\varepsilon)=\alpha(\varepsilon,\varepsilon)$,使得只要 $x\in\partial B_{x_0}(RD)\left(\text{其中 }R\geqslant\frac{1}{2}+\varepsilon\right)$,就有

$$d_{M^n}\left(x,\gamma\left(\frac{D}{2}\right)\right)\geqslant\left(R-\frac{1}{2}\right)D+(\alpha(\varepsilon)-\varepsilon)D.$$

证明　首先注意到由引理 5.10.3,这样的圈 γ 是存在的.

我们先假设 $R = \frac{1}{2} + \varepsilon$. 设 $\widetilde{M}^n$ 为 M^n 的万有覆叠空间, $\widetilde{x}_0 \in \widetilde{M}^n$ 为点 x_0 的一个提升, 且 $g \in \pi_1(M^n, x_0)$ 为基本群中以给定圈 γ 为代表元的元素. 由 γ 的条件知, 它的提升 $\widetilde{\gamma}$ 是一条从 $\widetilde{x}_0$ 到 $g\widetilde{x}_0$ 的极小测地线. 因此, $d_{\widetilde{M}^n}(\widetilde{x}_0, g\widetilde{x}_0) = D$. 显然, 有

$$r_0 = d_{\widetilde{M}^n}(\widetilde{x}, \widetilde{x}_0) \geqslant d_{M^n}(x, x_0) = \left(\frac{1}{2} + \varepsilon\right) D,$$

$$r_1 = d_{\widetilde{M}^n}(\widetilde{x}, g\widetilde{x}_0) \geqslant d_{M^n}(x, x_0) = \left(\frac{1}{2} + \varepsilon\right) D.$$

现在, 我们将从 $\gamma\left(\frac{D}{2}\right)$ 到 x 的极小测地线 $C: [0, H] \to M^n$ 提升到万有覆叠空间中的从 $\widetilde{\gamma}\left(\frac{D}{2}\right)$ 到点 $\widetilde{x} \in \widetilde{M}^n$ 的曲线 $\widetilde{C}$. 注意到 $L(\widetilde{C}) = L(C) = H$. 因此, 通过对 $\widetilde{M}^n$ 中的 $\widetilde{x}$ 和 $\widetilde{y}$ 应用引理 5.10.2, 有

$$d\left(x, \gamma\left(\frac{D}{2}\right)\right) = L(C) = L(\widetilde{C}) = d\left(\widetilde{x}, \widetilde{\gamma}\left(\frac{D}{2}\right)\right) \geqslant \alpha(\varepsilon) D.$$

对 $R \geqslant \frac{1}{2} + \varepsilon$, 取 $x \in \partial B_{x_0}(RD)$ 且 $y \in \partial B_{x_0}\left(\left(\frac{1}{2} + \varepsilon\right) D\right)$ 位于从 x 到 $\gamma\left(\frac{D}{2}\right)$ 的极小测地线上, 则有

$$d_M\left(x, \gamma\left(\frac{D}{2}\right)\right) = d_M(x, y) + d_M\left(y, \gamma\left(\frac{D}{2}\right)\right) \geqslant \left(RD - \left(\frac{1}{2} + \varepsilon\right) D\right) + \alpha(\varepsilon) D$$

$$= \left(R - \frac{1}{2}\right) D + (\alpha(\varepsilon) - \varepsilon) D. \qquad \Box$$

定义射线密度函数为

$$D(r) = \sup_{x \in S(x_0, r)} \inf_{\substack{\text{rays} \gamma \\ \gamma(0) = x_0}} d\left(x, \gamma\left(\frac{r}{2}\right)\right).$$

定理 5.10.1 存在万有常数 $S_n = \frac{3}{7} \frac{1}{n-1} \left(\frac{n-2}{n}\right)^{n-1}$, 使得对任一具有非负 Ricci 曲率的 n 维完备非紧流形 M^n, 只要它具有小的射线密度增长 $\limsup\limits_{r \to +\infty} \dfrac{D(r)}{r} < 2S_n$, 则其基本群就是有限的.

证明 首先设

$$f_A(\varepsilon) = \varepsilon^{\frac{n-1}{n}} \left(A \frac{n}{n-1} \left(\frac{n-2}{n-1}\right)^{n-1}\right)^{\frac{1}{n}} - \varepsilon, \quad A \in \left(0, \frac{1}{2}\right),$$

则由简单的分析我们可以知道 f_A 的极大值点是

$$\varepsilon_A = \left(\frac{n-1}{n}\right)^n \left(A \frac{n}{n-1} \left(\frac{n-2}{n-1}\right)^{n-1}\right),$$

且相应的 f_A 的极大值是

$$f_A(\varepsilon_A) = A\,\frac{1}{n-1}\Big(\frac{n-2}{n}\Big)^{n-1}.$$

由

$$f_A(\varepsilon_A) + \varepsilon_A \leqslant \frac{1}{2} - A$$

容易得到

$$A \leqslant \frac{1}{2\Big(1 + \dfrac{n}{n-1}\Big(\dfrac{n-2}{n}\Big)^{n-1}\Big)},$$

其中 $n \geqslant 4$,由简单的计算易得 $A \leqslant \dfrac{3}{7}$.

设 $F(\varepsilon) = \alpha(\varepsilon) - \varepsilon$,我们有 $\sup F(\varepsilon) \geqslant \sup f_{\frac{3}{7}}(\varepsilon) = S_n$.

(反证)假设 M^n 的基本群不是有限生成的,则由引理 5.10.3 知,存在基本群的生成元 g_k,其基点在 x_0 的极小测地圈 γ_k 满足引理 5.10.4 的假设.记 $d_k = L(\gamma_k)$.注意到此时 d_k 发散到无穷大.

对于 γ_k,取射线 γ,使得

$$d\Big(\gamma_k\Big(\frac{d_k}{2}\Big), \gamma\Big(\frac{d_k}{2}\Big)\Big) = \inf_{\substack{\text{rays}\gamma \\ \gamma(0)=x_0}} d\Big(\gamma_k\Big(\frac{d_k}{2}\Big), \gamma\Big(\frac{d_k}{2}\Big)\Big).$$

再取 $x_k = \gamma\Big(\Big(\frac{1}{2} + \varepsilon_{\frac{3}{7}}\Big)d_k\Big)$ 和 $y_k = \gamma\Big(\frac{d_k}{2}\Big)$,则有

$$d\Big(y_k, \gamma\Big(\frac{d_k}{2}\Big)\Big) \geqslant d\Big(x_k, \gamma\Big(\frac{d_k}{2}\Big)\Big) - d(x_k, y_k) \geqslant S_n d_k.$$

因此

$$\limsup_{r \to +\infty} \frac{D(r)}{r} \geqslant \limsup_{r \to +\infty} \frac{d\Big(y_k, \gamma_k\Big(\frac{d_k}{2}\Big)\Big)}{\frac{d_k}{2}} \geqslant \limsup_{r \to +\infty} \frac{S_n d_k}{\frac{d_k}{2}} = 2S_n,$$

这与题设 $\limsup\limits_{r \to +\infty} \dfrac{D(r)}{r} < 2S_n$ 矛盾. □

5.11 渐近非负 Ricci 曲率和弱有界几何的完备流形

本节主要研究具有渐近非负 Ricci 曲率和弱有界几何的 $n(\geqslant 3)$ 维完备 Riemann 流

形. 我们证明, 这样的流形的全 Betti 数有 $n^2 + n$ 阶的多项式增长. 更进一步, 如果绕基点的度量球的体积增长速率小于 $1 + \dfrac{1}{n}$, 则这样的流形是有限拓扑型.

一个 n 维完备非紧 Riemann 流形 M 称为有**渐近非负截曲率 (Ricci 曲率)**, 如果存在一个基点 $p \in M$ 和一个正的非增函数 λ, 使得

$$C(\lambda) = \int_0^{+\infty} t\lambda(t)\mathrm{d}t < +\infty,$$

而 M 在任何点 x 的截曲率 (Ricci 曲率) 满足

$$K(x) \geqslant -\lambda(d_p(x)) \quad (Ric(x) \geqslant -(n-1)\lambda(d_p(x))),$$

其中 d_p 为 x 到 p 点的距离.

设 $B(x; r)$ 为绕 x 的半径为 r 的度量球, $S(x; r)$ 为绕 x 的半径为 r 的度量球面, 而 $\mathrm{vol}(B(x; r))$ 和 $\mathrm{vol}(S(x; r))$ 分别为 $B(x; r)$ 和 $S(x; r)$ 的体积.

我们称 n 维完备非紧 Riemann 流形 M 有**弱有界几何**, 如果 M 的截曲率 K 满足

$$K \geqslant -C > -\infty$$

和存在 $\varepsilon > 0$ 使得

$$\inf_{x \in M} \mathrm{vol}(B(x; \varepsilon)) \geqslant v > 0.$$

对于渐近非负截曲率的情形, 在文献 [100]、[101] 中, Abresch 对这样的流形建立了 Toponogov 三角形比较定理, 并指出了这样的流形的拓扑复杂性类似于具有非负截曲率的拓扑复杂性, 也就是说, 它们都是关于 Betti 数一致有界的有限拓扑型.

对于渐近非负 Ricci 曲率, 在文献 [73] 中, Abresch 和 Gromoll 对这样的 $n(\geqslant 3)$ 维流形建立了 excess 估计, 并证明了: 如果基点为 p 的直径增长 $D(p, r) = o(r^{\frac{1}{n}})$ 和截曲率有下界的流形是有限拓扑型 (参阅文献 [73]、[67] 和下面关于直径增长的定义 5.11.1). 而在文献 [105] 中, Zhu 对这样的流形建立了一个体积比较定理, 并得到了拓扑刚性结果.

回顾一个流形说成是**有限拓扑型**: 如果存在一个开区域 (连通的开集) Ω, 使得 $\overline{\Omega}$ 紧致, 且 $M - \Omega$ 同胚于 $\partial\Omega \times [0, +\infty)$.

本节我们遵循上面的结果, 对具有渐近非负 Ricci 曲率和弱有界几何的 $n(\geqslant 3)$ 维流形做进一步的讨论. 注意到当 $n = 2$ 时, Ricci 曲率恰好是截曲率. 粗略地讲, 我们将证明, 这样流形的拓扑复杂性类似于非负 Ricci 曲率的拓扑复杂性. 那就是, 如果这样的流形有小体积增长和全 Betti 数有多项式增长, 则该流形是有限拓扑型.

首先, 我回想起一些概念 (参阅文献 [67]、[74]、[103]). 注意距离函数

$$d_p(x) = d(p, x)$$

不是 p 的割迹上的光滑函数. 因此, d_p 的临界点不用通常意义定义. d_p 的临界点的概念

由 Grove 和 Shiohama 引入(参阅文献[18]).

点 $x \in M$ 称为 d_p 的**临界点**,对任何单位向量 $v \in T_x M$,存在从 x 到 p 的极小测地线 σ 使得 $L(\sigma'(0), v) \leqslant \dfrac{\pi}{2}$.

对每个 r,开集 $M - \overline{B(p;r)}$ 只包含有限多个无界分支 U_r.每个 U_r 有有限多个边界分支,$\Sigma_r \subset \partial B(p;r)$.特别地,$\Sigma_r$ 为闭集.我们称 $S(p;r)$ 的连通分支 Σ_r 是**好分支**,如果它是 $M - \overline{B(p;r)}$ 的一个无界分支的边界上的一部分,并且存在一条从 p 发出的射线穿过 Σ_r.

现在,我们可以引入下面的引理.

引理 5.11.1(参阅文献[67]同痕引理 1.4) 如果 $r_1 < r_2 \leqslant +\infty$ 和 $\overline{B(p;r_2)} - B(p;r_1)$ 无 d_p 的临界点,则该区域同胚于 $\partial B(p;r_1) \times [r_1, r_2]$. 此外,$\partial B(p;r_1)$ 为拓扑子流形(其边界为空集).

引理 5.11.2(参阅文献[103]引理 3.2) 假设 $\exists r_0 > 0$,s.t. 如果 $r > r_0$,在 $S(p;r)$ 的任何好分支 Σ_r 上不存在 d_p 的临界点,则 M 具有有限拓扑型.

另外两个概念是射线密度函数 $\mathfrak{R}(p, r)$ 和直径增长函数 $\mathfrak{D}(p, r)$.

定义 5.11.1 由
$$\mathfrak{R}(p, r) = \sup_{x \in S(p;r)} \{ \inf_\gamma d(x, \gamma) \mid \gamma \text{ 为射线}, \gamma(0) = p \}$$
定义了**射线密度函数** $\mathfrak{R}(p, r)$.

定义 5.11.2 由
$$\mathfrak{D}(p, r) = \sup_{\Sigma_r} \text{diam}(\Sigma_r)$$
定义了**直径增长函数** $\mathfrak{D}(p, r)$,其中上确界是取在 S_r 的所有好分支 Σ_r 上,而直径是由 M 上的度量测量的.

下面主要的定理 5.11.1 需要用到 Abresch 与 Gromoll 的一个命题和具有渐近非负 Ricci 曲率的体积增长比较定理(参阅文献[73]).

引理 5.11.3(参阅文献[73]命题 3.1) 设 M 为 $n(\geqslant 3)$ 维完备 Riemann 流形,γ 为连接基点 p 和另外的点 $q \in M$ 的极小测地线,$x \in M$ 为第 3 点及
$$e(x) = d_p(x) + d(x, q) - d(p, q)$$
为 excess 函数.假设 $d(p, q) \geqslant 2d_p(x)$,此外存在非增的函数
$$\lambda : [0, +\infty) \longrightarrow [0, +\infty),$$
使得
$$C(\lambda) = \int_0^{+\infty} r\lambda(r) \mathrm{d}r$$
收敛且

$$Ric(x) \geqslant -(n-1)\lambda(d_p(x)), \quad \forall x \in M.$$

则三角形的高可以用 $d_p(x)$ 和 excess $e(x)$ 表示其下界:

$$d(x,r) \geqslant \min\left\{\frac{1}{6}d_p(x), \frac{d_p(x)}{\sqrt{1+8C(\lambda)}}C_0 d_p(x)^{\frac{1}{n}}(2e(x))^{1-\frac{1}{n}}\right\},$$

其中

$$C_0 = C_0(n,\lambda) = \frac{4}{17}\frac{n-2}{n-1}\left(\frac{5}{1+8C(\lambda)}\right)^{\frac{1}{n}}.$$

引理 5.11.4 设 M 为 n 维完备开 Riemann 流形,且对 p 出发的径向有

$$Ric(x) \geqslant -(n-1)\lambda(d_p(x)),$$

其中 $\int_0^{+\infty} t\lambda(t)\mathrm{d}t < +\infty$,则存在一个常数 $C(n,\lambda) > 0$,使得对 $t > 1$,有

$$\mathrm{vol}(B(p;r)) \leqslant \frac{\mathrm{vol}(S^{n-1})}{n}\mathrm{e}^{(n-1)C(\lambda)}r^n$$

和

$$\mathrm{vol}(B(p;r+1) - B(p;r-1)) \leqslant C(n,\lambda)\frac{\mathrm{vol}(B(p;r-1))}{r-1}.$$

证明 引理的第 1 部分是文献[105]中的推论 2.1,这里我们将给出一个直接的证明;直观地,引理的第 2 部分蕴涵在具有二次 Ricci 曲率衰退的流形体积增长比较估计中(参阅文献[103]引理 3.1).注意,渐近非负 Ricci 曲率衰退快于二次 Ricci 曲率衰退.更确切地,我们将给出一个完全的证明.

在 p 点处选择极坐标 (r,θ).由公式

$$\mathrm{d}v_M = J^{n-1}\mathrm{d}r\,\mathrm{d}\theta$$

定义函数 $J(r,\theta)$.记 $c = \min\{r,\mathrm{cut}(\theta)\}$,则

$$\mathrm{vol}(B(p;r)) = \int_{S^{n-1}}\int_0^c J^{n-1}\mathrm{d}t\,\mathrm{d}\theta,$$

其中 $\mathrm{cut}(\theta)$ 为从 p 到沿 θ 方向割点间的距离.易知(参阅文献[67]),J 满足

$$\begin{cases} J'' - \lambda J \leqslant 0, & 0 \leqslant t \leqslant \mathrm{cut}(\theta), \\ J(t) = t + O(t^2), \\ J'(t) = 1 + O(t), & t \to 0, \end{cases}$$

这里,我们固定了角参数 θ.

设 $y(t)$ 是

$$\begin{cases} y'' - \lambda y = 0, \\ y(t) = t + O(t^2), \\ y'(t) = 1 + O(t), & t \to 0 \end{cases}$$

的唯一解,则

$$J''y - y''J \leqslant 0,$$

也就是

$$(J'y - y'J)' \leqslant 0.$$

因此,$J'y - y'J \leqslant 0$. 所以,我们得到

$$\left(\frac{J}{y}\right)' = \frac{1}{y^2}(J'y - y'J) \leqslant 0,$$

从而 $\dfrac{J}{y}$ 是非增的. 此外,还有一个有用的结果(参阅文献[105]引理 2.1),即

$$t \leqslant y(t) \leqslant \mathrm{e}^{C(\lambda)}t, \quad \forall\, t > 0.$$

由上面两个不等式和初始条件 $\dfrac{J(0)}{y(0)} = 1$ 得到

$$J(t) \leqslant y(t).$$

因此

$$\mathrm{vol}(B(p;r)) = \int_{S^{n-1}} \mathrm{d}\theta \int_0^c J^{n-1}(t)\mathrm{d}t \leqslant \int_{S^{n-1}} \mathrm{d}\theta \int_0^c y^{n-1}(t)\mathrm{d}t$$

$$\leqslant \int_{S^{n-1}} \mathrm{d}\theta \int_0^c (\mathrm{e}^{C(\lambda)}t)^{n-1}\mathrm{d}t \leqslant \frac{\mathrm{vol}(S^{n-1})}{n} \mathrm{e}^{(n-1)C(\lambda)} r^n.$$

利用不等式

$$\left(\frac{J}{y}\right)' \leqslant 0$$

和

$$t \leqslant y(t) \leqslant \mathrm{e}^{C(\lambda)}t, \quad \forall\, t > 0,$$

有

$$\mathrm{vol}(B(p;r+1) - B(p;r-1))$$

$$= \int_{S^{n-1}} \mathrm{d}\theta \int_{r-1}^{r+1} J^{n-1}(t)\mathrm{d}t = \int_{S^{n-1}} \mathrm{d}\theta \int_{r-1}^{r+1} \frac{J^{n-1}(t)}{y^{n-1}(t)} y^{n-1}(t)\mathrm{d}t$$

$$\leqslant \int_{S^{n-1}} \mathrm{d}\theta \frac{J^{n-1}(r-1)}{y^{n-1}(r-1)} \int_{r-1}^{r+1} y^{n-1}(t)\mathrm{d}t \leqslant \frac{\mathrm{vol}(B(p;r-1))}{\int_0^{r-1} y^{n-1}(r)\mathrm{d}r} \int_{r-1}^{r+1} y^{n-1}(t)\mathrm{d}t$$

$$\leqslant \mathrm{vol}(B(p;r-1)) \frac{\int_{r-1}^{r+1}(\mathrm{e}^{C(\lambda)}t)^{n-1}\mathrm{d}t}{\int_0^{r-1} t^{n-1}\mathrm{d}t} \leqslant C(n,\lambda) \frac{\mathrm{vol}(B(p;r-1))}{r-1}. \qquad \square$$

现在,我们来证明主要的定理 5.11.1,它是比上面所述更一般的结果.

定理 5.11.1 设 M 为 n 维完备非紧 Riemann 流形,且

$$Ric(x) \geqslant - (n-1)\lambda(d_p(x))$$

和

$$K(x) \geqslant -\frac{C}{d_p(x)^\alpha},$$

其中 $C(\lambda) = \int_0^{+\infty} t\lambda(t)\mathrm{d}t < +\infty$ 和 $C > 0, 0 \leqslant \alpha \leqslant 2$. 如果 M 不衰退到无穷,即

$$\inf_{x \in M} \mathrm{vol}(B(x;1)) \geqslant v > 0,$$

则存在一个常数 $\widetilde{C}(n,\lambda,C,\alpha,v) > 0$;如果

$$\limsup_{r \to +\infty} \frac{\mathrm{vol}(B(p;r))}{r^{1+\frac{\alpha}{2}+\frac{1}{n}(1-\frac{\alpha}{2})}} < \widetilde{C}(n,\lambda,C,\alpha,v),$$

则 M 具有有限拓扑型.

证明 (1) 首先证明,对于满足

$$Ric(x) \geqslant - (n-1)\lambda(d_p(x))$$

和

$$K(x) \geqslant -\frac{C}{d_p(x)^\alpha}$$

的 n 维完备 Riemann 流形 M,如果射线密度函数满足

$$\limsup_{r \to +\infty} \frac{\Re(p,r)}{r^{\frac{1}{n}+\frac{\alpha}{2}(1-\frac{1}{n})}} < C_0(2\delta_1)^{1-\frac{1}{n}}$$

(其中 $C_0 = C_0(n,\lambda)$ 与引理 5.11.3 中的相同)和

$\delta_1 = \delta_1(C,\alpha,\lambda)$

$$= \min\left\{ \max_{0 < \varepsilon \leqslant \frac{1}{20}} \left\{ 2\varepsilon - \frac{\mathrm{arcosh}(\cosh^2 2^\alpha C^{\frac{1}{2}}\varepsilon)}{2^\alpha C^{\frac{1}{2}}} > 0 \right\}, \frac{1}{2}\left[\frac{1}{6C_0}\right]^{\frac{n}{n-1}}, \frac{1}{2}\left[\frac{1}{C_0\sqrt{1+8C(\lambda)}}\right]^{\frac{n}{n-1}} \right\},$$

则 M 具有有限拓扑型.

因为 M 是完备和非紧的,故射线总是存在的(参阅文献[67]命题 8.2),设 $x \in M$,γ 为从 p 出发的任一射线.取 $q = \gamma(t)$ 使得 $t \geqslant 2d_p(x)$.

(反证)假设 x 为 d_p 的临界点.取从 x 到 q 的极小测地线 τ.存在从 x 到 p 的极小测地线 σ,使得 $\angle(\sigma'(0),\tau'(0)) \leqslant \frac{\pi}{2}$. 取 $p_\varepsilon = \sigma(\varepsilon d_p(x)^{\frac{\alpha}{2}})$ 和 $q_\varepsilon = \tau(\varepsilon d_p(x)^{\frac{\alpha}{2}})$ 两点,其中 $0 < \varepsilon < 1$.容易看到,对于任何足够小的 $\varepsilon\left(\text{如 } 0 < \varepsilon < \frac{1}{20}\right)$,在 $M - B\left(p;\frac{d_p(x)}{4}\right)$ 中对角 $\left(\sigma\big|_{[0,\varepsilon d_p(x)^{\frac{\alpha}{2}}]}, \tau\big|_{[0,\varepsilon d_p(x)^{\frac{\alpha}{2}}]}\right)$ 应用 Toponogov 比较定理,有

$$\cosh\Big(\frac{2^{\alpha}C^{\frac{1}{2}}}{d_p(x)^{\frac{\alpha}{2}}}d(p_{\varepsilon},q_{\varepsilon})\Big)\leqslant\cosh^2\big(2^{\alpha}C^{\frac{1}{2}}\varepsilon\big),$$

这里我们用到了以下事实:由

$$Ric(x)\geqslant-(n-1)\lambda(d_p(x))$$

和

$$K(x)\geqslant-\frac{C}{d_p(x)^{\alpha}}$$

知,M 的截曲率满足:在 $M-B\Big(p;\dfrac{d_p(x)}{4}\Big)$ 上,

$$K\geqslant-\frac{4^{\alpha}C}{d_p(x)^{\alpha}}.$$

则从函数 cosh 的基本性质可见

$$d(p_{\varepsilon},q_{\varepsilon})\leqslant\frac{\mathrm{arcosh}\big(\cosh^2 2^{\alpha}C^{\frac{1}{2}}\varepsilon\big)}{2^{\alpha}C^{\frac{1}{2}}}d_p(x)^{\frac{\alpha}{2}}.$$

因此,由三角不等式容易推得

$$e_{pq}(x)\geqslant e_{p_{\varepsilon}q_{\varepsilon}}(x)=2\varepsilon d_p(x)^{\frac{\alpha}{2}}-d(p_{\varepsilon},q_{\varepsilon})$$

$$\geqslant\left(2\varepsilon-\frac{\mathrm{arcosh}\big(\cosh^2 2^{\alpha}C^{\frac{1}{2}}\varepsilon\big)}{2^{\alpha}C^{\frac{1}{2}}}\right)d_p(x)^{\frac{\alpha}{2}}.$$

特别地,

$$e_{pq}(x)\geqslant\delta_1 d_p(x)^{\frac{\alpha}{2}}.$$

另一方面,由射线密度函数的假定知,

$$\limsup_{r\to+\infty}\frac{\mathfrak{R}(p,r)}{r^{\frac{1}{n}+\frac{\alpha}{2}(1-\frac{1}{n})}}<C_0(2\delta_1)^{1-\frac{1}{n}},$$

存在 $R_1>0$ 使得 $r\geqslant R_1$,

$$\mathfrak{R}(p,r)<C_0(2\delta_1)^{1-\frac{1}{n}}r^{\frac{1}{n}+\frac{\alpha}{2}(1-\frac{1}{n})}.$$

注意,对从 p 出发的射线 γ,有

$$0\leqslant d_p(x)-d(x,\gamma)$$

和

$$t\geqslant d_p(x)+d(x,\gamma).$$

于是

$$d(x,\gamma_{[0,t]})=d(x,\gamma).$$

特别地,对射线 γ_0 使得

$$d(x, \gamma_0) = \inf_r \{ d(x, \gamma) \mid \gamma \text{ 为射线}, \gamma(0) = p \},$$

$$d(x, \gamma_0 \mid_{[0,t]}) = d(x, \gamma_0) \leqslant \Re(p, d_p(x)) < C_0 (2\delta_1)^{1-\frac{1}{n}} d_p(x)^{\frac{1}{n} + \frac{\alpha}{2}(1-\frac{1}{n})}.$$

明显地,取

$$R_1' = \max \left\{ R_1, (6C_0 (2\delta_1)^{1-\frac{1}{n}})^{\frac{1}{(1-\frac{1}{n})(1-\frac{\alpha}{2})}}, (C_0 (2\delta_1)^{1-\frac{1}{n}} \sqrt{1 + 8C(\lambda)})^{\frac{1}{(1-\frac{1}{n})(1-\frac{\alpha}{2})}} \right\},$$

对 $r > R_1'$,有

$$\min \left\{ \frac{1}{6} d_p(x), \frac{d_p(x)}{\sqrt{1 + 8C(\lambda)}} \right\} \geqslant C_0 (2\delta_1)^{1-\frac{1}{n}} d_p(x)^{\frac{1}{n} + \frac{\alpha}{2}(1-\frac{1}{n})}.$$

因此,由引理 5.11.3,有

$$d(x, \gamma_0 \mid_{[0,t]}) \geqslant C_0 d_p(x)^{\frac{1}{n}} (2e_{pq}(x))^{1-\frac{1}{n}},$$

也就是

$$e_{pq}(x) < \delta_1 d_p(x)^{\frac{\alpha}{2}}.$$

这与上述 $e_{pq}(x) \geqslant \delta_1 d_p(x)^{\frac{\alpha}{2}}$ 矛盾.

(2) 然后,我们对满足

$$Ric(x) \geqslant -(n-1)\lambda(d_p(x))$$

和

$$K(x) \geqslant \frac{C}{d_p(x)^\alpha}$$

的 n 维完备 Riemann 流形 M,如果直径增长函数满足

$$\limsup_{r \to +\infty} \frac{\mathfrak{D}(p, r)}{r^{\frac{1}{n} + \frac{\alpha}{2}(1-\frac{1}{n})}} < C_0 (2\delta_1)^{1-\frac{1}{n}},$$

则 M 是有限拓扑型的,其中 C_0 和 δ_1 如(1)中所述.

对 $\forall x \in \Sigma_r$,和从 p 出发穿过 Σ_r 的任何射线 γ,

$$d(x, \gamma) \leqslant \mathfrak{D}(p, d_p(x)).$$

因此,利用与(1)中相同的论证,再根据引理 5.11.2,上面的结论可被证明.

(3) 最后,对于满足

$$Ric(x) \geqslant -(n-1)\lambda(d_p(x))$$

和

$$K(x) \geqslant \frac{C}{d_p(x)^\alpha}$$

的 n 维完备 Riemann 流形 M,如果 M 在无穷远处不衰退,即

$$\inf_{x \in M} \text{vol}(B(x; 1)) \geqslant v > 0,$$

则存在常数 $\widetilde{C}(n, \lambda, C, \alpha, v) > 0$,当

$$\limsup_{r \to +\infty} \frac{\mathrm{vol}(B(p;r))}{r^{1+\frac{1}{n}+\frac{\alpha}{2}(1-\frac{1}{n})}} < \widetilde{C}(n,\lambda,C,\alpha,v)$$

时, M 是有限拓扑型的.

设 Σ_r 为 $M - \overline{B(p;r)}$ 的一个无界分支的边界的连通分支. 对 $\forall x,y \in \Sigma_r$, 存在从 x 到 y 的连续曲线 $c:[0,s] \to \Sigma_r$. 假定 $d(x,y) > 2$. 则存在一分割

$$0 = t_0 < t_1 < \cdots < t_k = r,$$

使得 $\{B(c(t_i);1)\}_{i=1}^k$ 是不相交的, 且

$$B(c(t_i);2) \bigcap B(c(t_{i+1});2) \neq \varnothing.$$

注意, $B(c(t_i);1) \subset B(p;r+1) - \overline{B(p;r-1)}$. 由引理 5.11.4, 有

$$(k+1)v \leqslant \sum_{i=0}^k \mathrm{vol}(B(c(t_i),1)) \leqslant \mathrm{vol}(B(p;r+1) - \overline{B(p;r-1)})$$

$$\leqslant C(n,\lambda) \frac{\mathrm{vol}(B(p;r-1))}{r-1}.$$

因此, 有

$$\mathrm{diam}(\Sigma_r) \leqslant \sum_{i=1}^{k-1} d(c(t_i),c(t_{i+1})) \leqslant C(n,\lambda,v) \frac{\mathrm{vol}(B(p;r-1))}{r-1}$$

和

$$\mathfrak{D}(p,r) \leqslant C(n,\lambda,v) \frac{\mathrm{vol}(B(p;r-1))}{r-1}.$$

由(2), 定理得证. □

注 5.11.1 (1) 定理 5.11.1 为文献[70]定理 3.2 的改进, 其中非负 Ricci 曲率被假定和度量球的体积增长率要求小于 $1+\frac{\alpha}{2}$, $\alpha = 0$ 的情形, 定理 5.11.1 为文献[104]中推论 1.2 的推广.

(2) 在定理 5.11.1 中, 当 $\alpha = 0$ 时, 通过 Dai 和 Wei 的 Ricci 曲率的 Toponogov 型比较估计(参阅文献[68]), 截曲率条件可以用共轭半径 $\mathrm{conj}_M \geqslant c_0 > 0$ 代替.

(3) 由下面的定理 5.11.4 和文献[74]中定理 9 的相同的论证知, 对于定理 5.11.1 中的任何 n 维完备非紧 Riemann 流形, 存在一个常数 $\widetilde{C}(n,\lambda,C,\alpha,v)$ 使得关于任何场 F, M 的全 Betti 数满足

$$\sum_{i=0}^n b_i(M;F) \leqslant \widetilde{C}(n,\lambda,C,\alpha,v).$$

注 5.11.2 对于二次 Ricci 曲率衰退的流形 $\left(\text{即 } Ric(x) \geqslant -(n-1)\frac{C}{d_p(x)^2}, C>0\right)$, 有类似但较弱的结果. 因为这样的流形, 有最弱的但不是类似于 Abresch 和 Gromoll 关于

渐近非负 Ricci 曲率流形的好 excess 估计. 注意, 二次 Ricci 曲率衰退较慢于渐近非负 Ricci 曲率衰退(参阅下面的定理 5.11.2 和注 5.11.3).

定理 5.11.2 设 M 为 n 维完备非紧 Riemann 流形, 且

$$Ric(x) \geqslant -(n-1)\frac{C_1}{d_p(x)^2}$$

和

$$K(x) \geqslant -\frac{C_2}{d_p(x)^\alpha},$$

其中 $C_1, C_2 > 0$ 和 $0 \leqslant \alpha \leqslant 2$. 如果 M 在无穷远处不衰退, 即

$$\inf_{x \in M} vol(B(x;1)) \geqslant v > 0,$$

则存在一个常数 $\widetilde{C}(n, C_1, C_2, \alpha, v) > 0$; 如果

$$\limsup_{r \to +\infty} \frac{vol(B(p;r))}{r^{1+\frac{\alpha}{2}}} < \widetilde{C}(n, C_1, C_2, \alpha, v),$$

则 M 具有有限拓扑型.

注 5.11.3 (1) 定理 5.11.2 是文献[70]定理 3.2 的推广, 在文献[70]定理 3.2 中假设了 Ricci 曲率是非负的. 而在 $\alpha = 2$ 的情形下, 定理 5.11.2 是文献[103]命题 1.1 的轻微推广, 在文献[103]命题 1.1 中, 体积增长条件要求 $vol(B(p;r)) = o(r^2)$, 尽管 $o(r^2)$ 不能改进为 $O(r^2)$.

(2) 定理 5.11.2 的证明是文献[103]命题 1.1 的一个容易推广.

首先, 让我们回顾 Gromov 定理(参阅文献[83]), 它的详情可参阅文献[101].

定理 5.11.3(参阅文献[83]) 设 M 为 n 维完备 Riemann 流形, 且截曲率 $K \geqslant -1$, 则存在仅依赖于 n 的常数 $C(n) > 1$, 使得对任何 $0 < \varepsilon < 1$ 和任何有界子集 $X \subset M$, 有

$$\sum_{k=0}^{n} b_k(X, T_\varepsilon X) \leqslant (1 + diam(X)\varepsilon^{-1})^n C(n)^{1+diam(X)},$$

其中 $T_\varepsilon X$ 表示 X 在 M 中的 ε-邻域.

引理 5.11.5(参阅文献[83]) 设 M 为 n 维完备 Riemann 流形, $p \in M$. 对于任何固定的 $r > 0$ 和 $0 < r_0 < 7^{-n-1}$, 令 $B_j^0 = B(p_j;r_0)$, $j = 1, \cdots, N$, $p_j \in B(p;r)$ 为 $B(p;r)$ 的覆盖. 记 $B_j^k = 7^k B_j^0 = B(p_j;7^k r_0)$, $k = 0, \cdots, n+1$, 则

$$\sum_{i=0}^{n} b_i(B(p;r), B(p;r+1))$$

$$\leqslant (e-1)Nt^n \sup\left\{\sum_{i=0}^{n} b_i(B_j^k; 5B_j^k) \,\middle|\, 0 \leqslant k \leqslant n, 1 \leqslant j \leqslant N\right\},$$

其中 t 是球 B_j^n 与其他球 B_j^n 相交数目的最小数.

定理 5.11.4 设 M 为 $n(\geqslant 3)$ 维完备非紧 Riemann 流形,

$$Ric(x) \geqslant -(n-1)\lambda(d_p(x)),$$

其中 $C(\lambda) = \int_0^{+\infty} t\lambda(t)\mathrm{d}t < +\infty$，且 M 有弱有界几何，即 $K \geqslant -1$ 和

$$\inf_{x \in M} \mathrm{vol}\left(B\left(x; \frac{7^{-n-1}}{2}\right)\right) \geqslant v > 0,$$

则存在一个常数 $\widetilde{C}(n, \lambda, v)$ 使得

$$\sum_{i=0}^n b_i(B(p;r), M) \leqslant \widetilde{C}(n, \lambda, v)(1+r)^{n^2+n}, \quad r > 0.$$

证明　由定理 5.11.3 知，存在仅依赖于 n 的常数 $C_1(n)$，使得对 M 中所有半径 $r \leqslant 1$ 的球 $B(x;r)$，有

$$\sum_{i=0}^n b_i(B(x;r), B(x;5r)) \leqslant C_1(n).$$

取 $r_0 = 7^{-n-1}$，并令 $B\left(p_j; \frac{1}{2}r_0\right), j = 1, \cdots, N$ 为以 $p_j \in B(p;r)$ 为中心的不相交的最大集合和 $B_j^k, j = 1, \cdots, N; k = 0, 1, \cdots, n+1$ 与引理 5.11.5 中的相同，则 $B_j^0, j = 1, \cdots, N$ 为 $B(p;r)$ 的覆盖. 令 t, N 如引理 5.11.5 中所述.

根据引理 5.11.4 和假定

$$\inf_{x \in M} \mathrm{vol}\left(B\left(x; \frac{7^{-n-1}}{2}\right)\right) \geqslant v > 0$$

得到

$$N \leqslant \frac{\mathrm{vol}\left(B\left(p; r + \frac{r_0}{2}\right)\right)}{\min\limits_j B\left(p_j; \frac{r_0}{2}\right)} \leqslant \frac{\mathrm{e}^{(n-1)C(\lambda)}\mathrm{vol}(S^{n-1})\left(r + \frac{r_0}{2}\right)^n}{nv}$$

$$\leqslant \frac{\mathrm{e}^{(n-1)C(\lambda)}\mathrm{vol}(S^{n-1})}{nv}(r+1)^n, \quad r > 0,$$

$$t \leqslant \frac{\mathrm{vol}\left(B\left(p_j; \frac{2}{7} + \frac{r_0}{2}\right)\right)}{\min\limits_j B\left(p_{j'}; \frac{r_0}{2}\right)} \leqslant \frac{\mathrm{vol}\left(B\left(p; r + \frac{2}{7} + \frac{r_0}{2}\right)\right)}{nv}$$

$$\leqslant \frac{\mathrm{e}^{(n-1)C(\lambda)}\mathrm{vol}(S^{n-1})\left(r + \frac{2}{7} + \frac{r_0}{2}\right)^n}{nv} \leqslant \frac{\mathrm{e}^{(n-1)C(\lambda)}\mathrm{vol}(S^{n-1})}{nv}(r+1)^n, \quad r > 0.$$

因为每个球 B_j^k 的半径 $\leqslant 1$，由

$$\sum_{i=0}^n b_i(B(x;r), B(x;5r)) \leqslant C_1(n)$$

和引理 5.11.5 得到

$$\sum_{i=0}^{n} b_i(B(p;r),M) \leqslant \sum_{i=0}^{n} b_i(B(p;r),B(p;r+1))$$

$$\leqslant (e-1)\left(\frac{e^{(n-1)C(\lambda)}\operatorname{vol}(S^{n-1})}{nv}(r+1)^n\right)^{n+1} C_1(n)$$

$$\xlongequal{\text{记作}} \widetilde{C}(n,\lambda,v)(1+r)^{n^2+n}, \quad r>0. \qquad \square$$

注 5.11.4   在无穷远处具有非衰退的附加假设,即

$$\inf_{x \in M} \operatorname{vol}\left(B\left(x,\frac{7^{-n-1}}{2}\right)\right) \geqslant v > 0,$$

定理 5.11.4 推广了文献[74]中的定理 2,在文献[74]定理 2 中,非负 Ricci 曲率情形已被处理.

注 5.11.5   对于二次 Ricci 曲率衰退的流形,有一个类似的但较弱的结论(参阅定理 5.11.5 和注 5.11.6).

定理 5.11.5   设 M 为 n 维完备非紧 Riemann 流形,且

$$Ric(x) \geqslant -(n-1)\frac{C}{d_p(x)^2}, \quad C>0$$

和 M 有弱有界几何,即 $K \geqslant -1$ 及

$$\inf_{x \in M} \operatorname{vol}\left(B\left(x;\frac{7^{-n-1}}{2}\right)\right) \geqslant v > 0,$$

则存在常数 $\widetilde{C}(n,C,v,\operatorname{vol}(S(p;1)),\operatorname{vol}(B(p;1)))$ 使得

$$\sum_{i=0}^{n} b_i(B(p;r),M) \leqslant \widetilde{C}(n,C,v,\operatorname{vol}(S(p;1)),$$

$$\operatorname{vol}(B(p;1))) \cdot (1+r)^{\beta(n+1)}, \quad r>1,$$

其中 $\beta = (n-1)\left\lfloor\dfrac{\sqrt{1+4C}+1}{2}\right\rfloor + 1$.

注 5.11.6   (1) 对于二次 Ricci 曲率衰退的流形,$S(p;1)$ 和 $B(p;1)$ 的体积包含在常数 $\widetilde{C}$ 中.因此,常数 $\widetilde{C}$ 对于这类流形不是一致的.

(2) 定理 5.11.5 的证明与定理 5.11.4 的证明相同,除了对具有二次 Ricci 曲率衰退的流形的体积增长比较估计(文献[103]引理 3.1)替代具有渐近非负 Ricci 曲率的体积增长比较估计(引理 5.11.4).

5.12   曲率与 Betti 数

我们首先根据经典的 Ricci 曲率与 Betti 数的 S. Bochner 定理得到了 ε-极小

Riemann 浸入子流形的数量曲率与 Betti 数的结果. 然后, 我们考虑了紧致连通 Riemann 流形中曲率与 Betti 数之间的关系, 推广了经典的 S. Bochner 定理.

关于 Betti 数, 有下面的经典结果.

定理 5.12.1(S. Bochner) 设 M 为 n 维 C^{∞} 连通紧致 Riemann 流形. 如果 Ricci 曲率是拟正定的, 这里"拟正定"指的是处处半正定的且在一个点处是正定的, 则 M 的第 1 Betti 数为 0, 即 $b_1(M) = 0$. 如果 Ricci 曲率张量是半正定的, 则 $b_1(M) \leqslant n$.

引理 5.12.1 设 M 为 n 维 C^{∞} Riemann 流形. 对于 $\omega \in C^{\infty}(\wedge^1 T^* M)$, $\omega = \sum_i \omega_i \mathrm{d} x^i$, 令 $\omega^i = \sum_j g^{ij} \omega_j$, $\tilde{\omega} = \sum_i \omega^i \dfrac{\partial}{\partial x^i}$. 如果 $\|\omega\|$ 为常值且对 $\forall X \in C^{\infty}(TM)$, 有 $\nabla_X \omega = 0$, 则

$$\nabla_X \tilde{\omega} = 0.$$

如果对 $i = 1, \cdots, n$, 存在 $\omega^{(i)} \in C^{\infty}(\wedge T^* M)$ 使得对 $\forall X \in C^{\infty}(TM)$ 有 $\nabla_X \omega^{(i)} = 0$, 对 $\forall q \in M$, $\{\omega_q^{(i)}\}$ 是线性无关的, 且对 $i, j = 1, \cdots, n$, $\langle \omega^{(i)}, \omega^{(j)} \rangle$ 为常值, 则对 $i = 1, \cdots, n$, 有

$$\nabla_X \tilde{\omega}^{(i)} = 0, \quad \forall X \in C^{\infty}(TM).$$

引理 5.12.2 设 M 为 $n + p$ 维 C^{∞} Riemann 流形 N 的 n 维 C^{∞} Riemann 浸入子流形. 对于 $q \in M$, 令

$$Ric_q = \min_{\substack{X \in T_q M \\ \|X\| = 1}} Ric_q(X, X),$$

h 为第 2 基本形式. 如果 N 的 Riemann 截曲率有下界 c, 则

$$Ric \geqslant (n-1)c - \frac{\sqrt{n-1}}{2} \|h\|^2.$$

引理 5.12.3 设 M 为 $n + p$ 维 C^{∞} Riemann 流形 N 的 n 维 C^{∞} Riemann 浸入子流形, s 为 M 的数量曲率. 如果 N 的 Riemann 截曲率有上界 d, 则

$$s \leqslant n(n-1)d + n^2 H^2 - \|h\|^2.$$

证明

$$s = \sum_{i=1}^n R_{ii} = \sum_{i=1}^n Ric(e_i, e_i) = \sum_{i,j=1}^n \langle e_j, R(e_j, e_i)e_i \rangle$$

$$= \sum_{i,j=1}^n K(e_j, e_i, e_j, e_i) = \sum_{i,j=1}^n \left(\widetilde{K}_{jiji} + \sum_{\alpha=n+1}^{n+p} (h_{jj}^\alpha h_{ii}^\alpha - h_{ji}^\alpha h_{ij}^\alpha) \right)$$

$$\leqslant \sum_{i,j=1}^n d + \sum_{\alpha=n+1}^{n+p} \left(\sum_{i=1}^n h_{ii}^\alpha \right) \left(\sum_{j=1}^n h_{jj}^\alpha \right) - \sum_{\alpha=n+1}^{n+p} \sum_{i,j=1}^n (h_{ij}^\alpha)^2$$

$$= n(n-1)d + n^2 \|H\|^2 - \|h\|^2. \qquad \square$$

引理 5.12.4 设 M 为 n 维 C^{∞} Riemann 流形, 则对 $\forall \omega, \eta \in C^{\infty}(\wedge^s T^* M)$ 和 $\forall X \in$

$C^\infty(TM)$ 有

$$X\langle\omega,\eta\rangle = \langle\nabla_X\omega,\eta\rangle + \langle\omega,\nabla_X\eta\rangle.$$

证明 对 $\forall\, q\in M$,我们假定 $\{x^1,\cdots,x^n\}$ 为 q 的一个开邻域的正规局部坐标系,即在 q 点处有

$$(g_{ij}) = I_n(n\text{ 阶单位矩阵}),\quad (g^{ij}) = (g_{ij})^{-1} = I_n,\quad \Gamma^k_{ij} = 0.$$

于是,由定理 1.3.5 的证法 2 存在性部分知

$$\frac{\partial}{\partial x^k}g_{ij} = \sum_{l=1}^n g_{lj}\Gamma^l_{ki} + \sum_{l=1}^n g_{il}\Gamma^l_{kj} \xlongequal{\Gamma^k_{ij}=0} 0,$$

$$0 = \frac{\partial}{\partial x^k}I_n = \frac{\partial}{\partial x^k}((g_{ij})(g^{ij})) = \left(\frac{\partial}{\partial x^k}(g_{ij})\right)(g^{ij}) + (g_{ij})\frac{\partial}{\partial x^k}(g^{ij}) = (g_{ij})\frac{\partial}{\partial x^k}(g^{ij}),$$

故

$$\frac{\partial}{\partial x^k}(g^{ij}) = -(g_{ij})^{-1}0 = 0.$$

设 $X = \sum_{k=1}^n a^k\frac{\partial}{\partial x^k}$, $\omega = \sum_{(i_1,\cdots,i_s)}\omega_{(i_1,\cdots,i_s)}\mathrm{d}x^{i_1}\wedge\cdots\wedge\mathrm{d}x^{i_s}$,其中 $(i_1,\cdots,i_s)$ 表示 $1\leqslant i_1<\cdots<i_s\leqslant n$,则有

$$\langle\omega,\eta\rangle = \left\langle\sum_{(i_1,\cdots,i_s)}\omega_{(i_1,\cdots,i_s)}\mathrm{d}x^{i_1}\wedge\cdots\wedge\mathrm{d}x^{i_s}, \sum_{(j_1,\cdots,j_s)}\eta_{(j_1,\cdots,j_s)}\mathrm{d}x^{j_1}\wedge\cdots\wedge\mathrm{d}x^{j_s}\right\rangle$$

$$= \sum_{\substack{(i_1,\cdots,i_s)\\(j_1,\cdots,j_s)}}\omega_{(i_1,\cdots,i_s)}\eta_{(j_1,\cdots,j_s)}\cdot\langle\mathrm{d}x^{i_1}\wedge\cdots\wedge\mathrm{d}x^{i_s},\mathrm{d}x^{j_1}\wedge\cdots\wedge\mathrm{d}x^{j_s}\rangle$$

$$= \sum_{\substack{(i_1,\cdots,i_s)\\(j_1,\cdots,j_s)}}\omega_{(i_1,\cdots,i_s)}\eta_{(j_1,\cdots,j_s)}\cdot\langle\mathrm{d}x^{i_1}\otimes\cdots\otimes\mathrm{d}x^{i_s},\mathrm{d}x^{j_1}\otimes\cdots\otimes\mathrm{d}x^{j_s}\rangle$$

$$= \sum_{\substack{(i_1,\cdots,i_s)\\(j_1,\cdots,j_s)}}\omega_{(i_1,\cdots,i_s)}\eta_{(j_1,\cdots,j_s)}g^{i_1j_1}\cdots g^{i_sj_s},$$

$$\left(\frac{\partial}{\partial x^k}\langle\omega,\eta\rangle\right)_q$$

$$= \sum_{\substack{(i_1,\cdots,i_s)\\(j_1,\cdots,j_s)}}\left[\frac{\partial\omega_{(i_1,\cdots,i_s)}}{\partial x^k}\eta_{(j_1,\cdots,j_s)} + \omega_{(i_1,\cdots,i_s)}\frac{\partial\eta_{(j_1,\cdots,j_s)}}{\partial x^k}\right]g^{i_1j_1}\cdots g^{i_sj_s}\,|_q$$

$$= \sum_{(i_1,\cdots,i_s)}\left[\frac{\partial\omega_{(i_1,\cdots,i_s)}}{\partial x^k}\eta_{(i_1,\cdots,i_s)} + \omega_{(i_1,\cdots,i_s)}\frac{\partial\eta_{(i_1,\cdots,i_s)}}{\partial x^k}\right]_q.$$

进而,在 q 点处,有

$$\left(\frac{\partial}{\partial x^k}\mathrm{d}x^i\right)\left(\frac{\partial}{\partial x^j}\right) = \frac{\partial}{\partial x^k}\left(\mathrm{d}x^i\left(\frac{\partial}{\partial x^j}\right)\right) - \left(\mathrm{d}x^i\left(\nabla_{\frac{\partial}{\partial x^k}}\frac{\partial}{\partial x^j}\right)\right)$$

$$= \frac{\partial}{\partial x^k} \delta^i_j - \mathrm{d}x^i \Big(\sum_l \Gamma^l_{kj} \frac{\partial}{\partial x^l} \Big) = 0 - \mathrm{d}x^i \Big(\sum_l 0 \frac{\partial}{\partial x^l} \Big) = 0,$$

$$\Big(\frac{\partial}{\partial x^k} \mathrm{d}x^i \Big)_q = 0,$$

$$(\nabla_X \omega)_q = \Big(\nabla_{\sum\limits_{k=1}^n a^k \frac{\partial}{\partial x^k}} \sum_{(i_1, \cdots, i_s)} \omega_{(i_1, \cdots, i_s)} \mathrm{d}x^{i_1} \wedge \cdots \wedge \mathrm{d}x^{i_s} \Big)_q$$

$$= \sum_{k=1}^n a^k \sum_{(i_1, \cdots, i_s)} \Big(\frac{\partial \omega_{(i_1, \cdots, i_s)}}{\partial x^k} \mathrm{d}x^{i_1} \wedge \cdots \wedge \mathrm{d}x^{i_s}$$

$$+ \omega_{(i_1, \cdots, i_s)} \sum_j \mathrm{d}x^{i_1} \wedge \cdots \wedge \frac{\partial}{\partial x^k} \mathrm{d}x^{i_j} \wedge \cdots \wedge \mathrm{d}x^{i_s} \Big)_q$$

$$= \Big[\sum_{k=1}^n a^k \sum_{(i_1, \cdots, i_s)} \frac{\partial \omega_{(i_1, \cdots, i_s)}}{\partial x^k} \mathrm{d}x^{i_1} \wedge \cdots \wedge \mathrm{d}x^{i_s} + 0 \Big]_q$$

$$= \Big[\sum_{k=1}^n a^k \sum_{(i_1, \cdots, i_s)} \frac{\partial \omega_{(i_1, \cdots, i_s)}}{\partial x^k} \mathrm{d}x^{i_1} \wedge \cdots \wedge \mathrm{d}x^{i_s} \Big]_q.$$

于是

$$(X \langle \omega, \eta \rangle)_q = \sum_{k=1}^n a^k_q \sum_{(i_1, \cdots, i_s)} \Big[\frac{\partial \omega_{(i_1, \cdots, i_s)}}{\partial x^k} \eta_{(i_1, \cdots, i_s)} + \omega_{(i_1, \cdots, i_s)} \frac{\partial \eta_{(i_1, \cdots, i_s)}}{\partial x^k} \Big]_q$$

$$= \sum_{(i_1, \cdots, i_s)} \Big(\Big(\nabla_{\sum\limits_{k=1}^n a^k \frac{\partial}{\partial x^k}} \omega \Big)_{(i_1, \cdots, i_s)} \eta_{(i_1, \cdots, i_s)} + \omega_{(i_1, \cdots, i_s)} \Big(\nabla_{\sum\limits_{k=1}^n a^k \frac{\partial}{\partial x^k}} \eta \Big)_{(i_1, \cdots, i_s)} \Big)_q$$

$$= \langle \nabla_X \omega, \eta \rangle_q + \langle \omega, \nabla_X \eta \rangle_q.$$

由 q 的任意性,有

$$X \langle \omega, \eta \rangle = \langle \nabla_X \omega, \eta \rangle + \langle \omega, \nabla_X \eta \rangle. \qquad \square$$

定义 5.12.1 设 M 为 $n + p$ 维 C^∞ Riemann 流形 N 的 n 维 C^∞ Riemann 浸入子流形. 如果对 $\forall q \in M$,平均曲率向量 $H(q)$ 均满足 $\| H(q) \| \leqslant \varepsilon$(其中 ε 为正的常数),则称 M 是 ε-极小的.

定理 5.12.2 设 N 为 $n + p$ 维 C^∞ Riemann 流形,它的 Riemann 截曲率 K 满足 $0 < \delta \leqslant K \leqslant 1$,$M$ 为 n 维 C^∞ 连通紧致 ε-极小 Riemann 浸入子流形和 s 为 M 的数量曲率 $(n \geqslant 2)$.

若 $s > (1 + \varepsilon^2) n^2 - n - 2 \sqrt{n-1} \delta$,则 M 的第 1 Betti 数为 0,即

$$b_1(M) = 0;$$

若 $s \geqslant (1 + \varepsilon^2) n^2 - n - 2 \sqrt{n-1} \delta$,则

$$b_1(M) < n.$$

证明 应用引理 5.12.3 和引理 5.12.2,我们可以得到

$$\parallel h \parallel^2 \leqslant n(n-1) + n^2 H^2 - s \leqslant n(n-1) + n^2 \varepsilon^2 - s,$$

$$Ric \geqslant (n-1)\delta - \frac{\sqrt{n-1}}{2} \parallel h \parallel^2$$

$$\geqslant (n-1)\delta - \frac{\sqrt{n-1}}{2}(n(n-1) + n^2 \varepsilon^2 - s)$$

$$= \frac{\sqrt{n-1}}{2}(s - ((1+\varepsilon^2)n^2 - n - 2\sqrt{n-1}\,\delta)).$$

如果 $s > (1+\varepsilon^2)n^2 - n - 2\sqrt{n-1}\,\delta$,则 $Ric > 0$.因此,M 的 Ricci 曲率张量是正定的.应用定理 5.12.1,有 $b_1(M) = 0$.

如果 $s \geqslant (1+\varepsilon^2)n^2 - n - 2\sqrt{n-1}\,\delta$,则 $Ric \geqslant 0$.因此,M 的 Ricci 曲率张量是半正定的.应用定理 5.12.1,有 $b_1(M) \leqslant n$.

更进一步,我们可以断言 $b_1(M) < n$.(反证)假设 $b_1(M) = n$,我们先假设 M 是可定向的.对 $\forall \omega \in H^1(M)$,即 $\omega \in C^\infty(\wedge^1 T^* M)$ 且 $\Delta \omega = 0$,我们有

$$0 = \int_M \Delta \omega \wedge *\omega = \int_M \langle \Delta \omega, \omega \rangle *1 = \int_M \sum_{i,j=1}^n R_{ij} \omega^i \omega^j *1 + \int_M \sum_{i,j=1}^n D_j \omega_i D^j \omega^i *1,$$

其中 D_j 与 D^j 参阅文献[106]53 页和 86～91 页.因为 Ricci 曲率张量是半正定的,故我们有

$$\sum_{i,j=1}^n R_{ij} \omega^i \omega^j = Ric\left(\sum_{i=1}^n \omega^i \frac{\partial}{\partial x^i}, \sum_{j=1}^n \omega^j \frac{\partial}{\partial x^j}\right) \geqslant 0.$$

令 $\{e_i\}_{i=1}^n$ 为局部 C^∞ 规范正交基,则

$$\sum_{i,j=1}^n D_j \omega_i D^j \omega^i = \sum_{i=1}^n \langle \nabla_{e_i} \omega, \nabla_{e_i} \omega \rangle.$$

于是

$$\sum_{i,j=1}^n D_j \omega_i D^j \omega^i = 0, \quad D_i \omega = 0, \quad i = 1, \cdots, n.$$

因此,对 $\forall X \in C^\infty(TM)$,有

$$\nabla_X \omega = 0, \quad X \parallel \omega \parallel^2 = X \langle \omega, \omega \rangle = 2 \langle \nabla_X \omega, \omega \rangle = 0.$$

因为 M 连通,故 $\parallel \omega \parallel$ 为常值.现在,我们得到了一个重要的事实:

$$\omega = 0 \Longleftrightarrow \text{对某个 } q_0 \in M, \text{有 } \omega_{q_0} = 0. \tag{5.12.1}$$

因为 $\dim_{\mathbf{R}} H^1(M) = b_1(M) = n$,故存在线性无关的 C^∞ 调和 1 形式 $\omega^{(i)}$,$i = 1, \cdots, n$.更进一步,由式(5.12.1)知,对 $\forall q \in M$,$\{\omega_q^{(i)}\}_{i=1}^n$ 是线性无关的.对 $\forall X \in C^\infty(TM)$,我们有

$$X \langle \omega^{(i)}, \omega^{(j)} \rangle = \langle \nabla_X \omega^{(i)}, \omega^{(j)} \rangle + \langle \omega^{(i)}, \nabla_X \omega^{(j)} \rangle = \langle 0, \omega^{(j)} \rangle + \langle \omega^{(i)}, 0 \rangle = 0.$$

由于 M 连通,故 $\langle \omega^{(i)}, \omega^{(j)} \rangle$ 为常值函数,应用引理 5.12.1,有

$$\nabla_X \tilde{\omega}^{(i)} = 0, \quad i = 1, \cdots, n.$$

于是

$$R(\tilde{\omega}^{(i)}, \tilde{\omega}^{(j)}) \tilde{\omega}^{(k)} = \nabla_{\tilde{\omega}^{(i)}} \nabla_{\tilde{\omega}^{(j)}} \tilde{\omega}^{(k)} - \nabla_{\tilde{\omega}^{(j)}} \nabla_{\tilde{\omega}^{(i)}} \tilde{\omega}^{(k)} - \nabla_{[\tilde{\omega}^{(i)}, \tilde{\omega}^{(j)}]} \tilde{\omega}^{(k)}$$
$$= \nabla_{\tilde{\omega}^{(i)}} 0 - \nabla_{\tilde{\omega}^{(j)}} 0 - 0 = 0.$$

注意,$\tilde{A} = (g_{ij}) A$,其中 $A = (\omega_i^{(j)})$,$\tilde{A} = (\tilde{\omega}^{(j)i})$. 对 $\forall q \in M$,因为 $\{\omega_q^{(i)}\}_{i=1}^n$ 是线性无关的,故我们有 $\det A_q \neq 0$,从而

$$\det \tilde{A}_q = \det(g_{ij}) \cdot \det A_q \neq 0.$$

因此,$\{\tilde{\omega}_q^{(i)}\}_{i=1}^n$ 也是线性无关的. 对 $\forall q \in M$ 和 $\forall X, Y, Z \in T_q M$,存在 $a = (a_1, \cdots, a_n)$,$b = (b_1, \cdots, b_n)$ 和 $c = (c_1, \cdots, c_n) \in \mathbf{R}^n$,使得

$$X = \sum_{i=1}^n a_i \tilde{\omega}_q^{(i)}, \quad Y = \sum_{i=1}^n b_i \tilde{\omega}_q^{(i)}, \quad Z = \sum_{i=1}^n c_i \tilde{\omega}_q^{(i)}.$$

于是

$$R(X, Y)Z = \sum_{i,j,k=1}^n a_i b_j c_k (R(\tilde{\omega}^{(i)}, \tilde{\omega}^{(j)}) \tilde{\omega}^{(k)})_q = 0,$$

故 $R = 0, 0 = K > \delta > 0$,矛盾.

如果 M 不是可定向的,我们可以考虑 2 层定向覆叠 $\pi: \tilde{M} \to M$,其中 $\tilde{M}$ 是可定向连通紧致的,而 π 为局部 C^∞ 等距映射. 于是,$\tilde{M}$ 的 Ricci 曲率张量也是半正定的. 应用定理 5.12.1,有

$$b_1(\tilde{M}) \leqslant n.$$

考虑到 π 为满射,容易证明拉回映射 π^* 是单射. 注意到

$$\pi^*(H^s(M)) \subset H^s(\tilde{M}),$$

有

$$b_s(M) = \dim_{\mathbf{R}} H^s(M) \leqslant \dim_{\mathbf{R}} H^s(\tilde{M}) = b_s(\tilde{M}),$$
$$n = b_1(M) \leqslant b_1(\tilde{M}) \leqslant n,$$

则

$$b_1(\tilde{M}) = n.$$

综上所述,$\tilde{R} = 0$. 因为 π 是局部 C^∞ 等距映射,我们也有 $R = 0$. 由 $R = 0$ 得到 $K = 0, s = \sum_{i,j=1}^n K(e_i, e_j, e_i, e_j) = 0$. 但是,这与

$$s \geqslant (1 + \varepsilon^2) n^2 - n - 2 \sqrt{n-1} \delta \geqslant (1 + \varepsilon^2) n^2 - n - 2 \sqrt{n-1}$$
$$> n^2 - n - 2 \sqrt{n-1} = \sqrt{n-1}(n \sqrt{n-1} - 2) \geqslant 0$$

矛盾(其中 $n \geqslant 2$). $\qquad \square$

定理 5.12.3 设 M 为 n 维 C^∞ 连通紧致 Riemann 流形和

$$F_p(M) = \sum_{i,j,i_2,\cdots,i_p=1}^{n} R_{ij}\omega^{ii_2\cdots i_p}\omega^{j}_{i_2\cdots i_p} - \frac{p-1}{2}\sum_{\substack{i,j,k,l=1\\i_3,\cdots,i_p=1}}^{n} K_{ijkl}\omega^{iji_3\cdots i_p}\omega^{kl}_{i_3\cdots i_p},$$

其中 $\omega \in C^{\infty}(\wedge^p T^*M)$, $\omega = \sum_{(i_1,\cdots,i_p)}\omega_{(i_1,\cdots,i_p)}\mathrm{d}x^{i_1}\wedge\cdots\wedge\mathrm{d}x^{i_p}$. 如果对任何整数 p,

$0 < p \leqslant \left[\dfrac{n}{2}\right]$, 二次型 $F_p(\omega)$ 是拟正定的,则 M 为同调球,即

$$b_p(M) = 0, \quad 0 < p < n.$$

证明　首先,我们假定 M 是可定向的. 对 $\forall\,\omega\in H^p(M)$,有 $\triangle\omega=0$ 和

$$0 = \int_M \triangle\omega \wedge * \omega = \int_M \langle\triangle\omega,\omega\rangle * 1 = \int_M \left(pF_p(\omega) + \sum_{j,i_1,\cdots,i_p=1}^{n} D_j\omega_{i_1\cdots i_p}D^j\omega^{i_1\cdots i_p}\right) * 1.$$

因为二次型 $F_p(\omega)$ 是拟正定的,故 $F_p(\omega)\geqslant 0$. 设 $\{e_i\}_{i=1}^n$ 为局部 C^{∞} 规范正交基. 我们容易证明

$$\sum_{j,i_1,\cdots,i_p}^{n} D_j\omega_{i_1\cdots i_p}D^j\omega^{i_1\cdots i_p} = p!\sum_{i=1}^{n}\langle\nabla_{e_i}\omega,\nabla_{e_i}\omega\rangle.$$

所以

$$F_p(\omega) = 0, \quad \sum_{j,i_1,\cdots,i_p=1}^{n} D_j\omega_{i_1\cdots i_p}D^j\omega^{i_1\cdots i_p} = 0.$$

于是

$$D_i\omega = 0, \quad i = 1,\cdots,n$$

且对 $\forall\,X\in C^{\infty}(TM)$,有

$$\nabla_X\omega = 0, \quad X\|\omega\|^2 = 2\langle\nabla_X\omega,\omega\rangle = 0.$$

因为 M 连通,故 $\|\omega\|^2$ 为常值函数. 现在,我们得到一个重要的事实:

$$\omega = 0 \Leftrightarrow \text{对某个 } q_0 \in M, \text{有 } \omega_{q_0} = 0. \tag{5.12.2}$$

假定二次型 $F_p(\omega)$ 在点 $q_0\in M$ 是正定的,则当 $F_p(\omega_{q_0})=0$ 时,有

$$\omega_{q_0} = 0.$$

由(2),必有 $\omega=0$. 因此,$H^p(M)=0$. 从而,根据 Hodge 同构定理,有

$$b_p(M) = 0, \quad 0 < p \leqslant \left[\frac{n}{2}\right].$$

再根据 Poincaré 对偶定理,有

$$b_p(M) = 0, \quad \left[\frac{n}{2}\right] < p < n.$$

如果 M 不是可定向的,我们考虑 2 层覆叠 $\pi:\widetilde{M}\to M$,其中 $\widetilde{M}$ 是定向、连通和紧致的,而 π 为局部 C^{∞} 等距映射. 于是,$\widetilde{F}_p(\omega)$ 对任何整数 p, $0<p\leqslant\left[\dfrac{n}{2}\right]$ 也是拟正定的.

因此

$$b_p(\widetilde{M}) = 0, \quad 0 < p < n.$$

注意 π^* 为单射和 $\pi^*(H^s(M)) \subset H^s(\widetilde{M})$,必有

$$b_p(M) \leqslant b_p(\widetilde{M}),$$

故

$$b_p(M) = 0, \quad 0 < p < n. \qquad \square$$

推论 5.12.1 设 M 为 n 维 C^∞ 连通紧致 Riemann 流形.存在点 $q \in M$ 使得 M 可以在 q 的一个邻域 C^∞ 嵌入 Euclid 空间 $\mathbf{R}^{n+1}$ 中,并且主曲率 $K_1, \cdots, K_n$ 是非 0 的.$K_1, \cdots, K_n$ 有相同的符号且

$$\frac{\max\limits_{1 \leqslant i \leqslant n} |K_i|}{\min\limits_{1 \leqslant i \leqslant n} |K_i|} \leqslant \sqrt{2}.$$

如果二次型 $F_p(\omega)$ 对任何整数 p, $0 < p \leqslant \left[\dfrac{n}{2}\right]$ 是半正定的,则 M 为同调球.

证明 设 $\{u^1, \cdots, u^n\}$ 为 q 的一个开邻域的局部坐标系,N 为局部 C^∞ 法向量场,则

$$L_{ij} = \left\langle L \frac{\partial}{\partial u^i}, \frac{\partial}{\partial u^j} \right\rangle = - \left\langle N, h\left(\frac{\partial}{\partial u^i}, \frac{\partial}{\partial u^j}\right)\right\rangle,$$

$$L_i^j = \sum_{k=1}^n L_{ik} g^{kj}.$$

(L_i^j) 的特征值是主曲率 $K_1, \cdots, K_n$.根据 Gauss 曲率方程,有

$$0 = R\left(\frac{\partial}{\partial u^i}, \frac{\partial}{\partial u^j}\right)\frac{\partial}{\partial u^l} - \left[\left\langle L\frac{\partial}{\partial u^j}, \frac{\partial}{\partial u^l}\right\rangle L\frac{\partial}{\partial u^i} - \left\langle L\frac{\partial}{\partial u^i}, \frac{\partial}{\partial u^l}\right\rangle L\frac{\partial}{\partial u^j}\right]$$

$$= \sum_{k=1}^n R_{lij}^k \frac{\partial}{\partial u^k} - \sum_{k=1}^n \left(L_{jl}L_i^k \frac{\partial}{\partial u^k} - L_{il}L_j^k \frac{\partial}{\partial u^k}\right)$$

$$= \sum_{k=1}^n (R_{lij}^k - (L_{jl}L_i^k - L_{il}L_j^k))\frac{\partial}{\partial u^k},$$

$$R_{lij}^k = L_{jl}L_i^k - L_{il}L_j^k,$$

$$K_{ijkl} = \sum_{s=1}^n g_{is}R_{jkl}^s = \sum_{s=1}^n g_{is}(L_{lj}L_k^s - L_{kj}L_l^s) = L_{lj}L_{ik} - L_{kj}L_{il},$$

其中 $L = -A_N$ 为 Weingarten 映射,对 $\forall q_0 \in M$,设 $\{e_i\}_{i=1}^n$ 为 $T_{q_0}M$ 的规范正交基,其中 $e_i, i = 1, \cdots, n$ 为线性变换 L 的特征向量.我们假定 $\{x^1, \cdots, x^n\}$ 为 q_0 的开邻域的正规局部坐标系和 $\dfrac{\partial}{\partial u^k}\bigg|_{q_0} = e_i, i = 1, \cdots, n$,则在 q_0 点处,我们有

$$L_{ij} = \left\langle L\frac{\partial}{\partial u^i}, \frac{\partial}{\partial u^j}\right\rangle = \langle Le_i, e_j\rangle = K_i \langle e_i, e_j\rangle = K_i \delta_{ij},$$

$$K_{ijkl} = L_{lj}L_{ik} - L_{kj}L_{il} = K_iK_j(\delta_{ik}\delta_{jl} - \delta_{il}\delta_{jk}).$$

对于任何反称二重向量 ξ^{ij}，有

$$\sum_{i,j,k,l=1}^n K_{ijkl}\xi^{ij}\xi^{kl} = \sum_{i,j,k,l=1}^n K_iK_j(\delta_{ik}\delta_{jl} - \delta_{il}\delta_{jk})\xi^{ij}\xi^{kl}$$

$$= \sum_{i,j=1}^n K_iK_j\xi^{ij}(\xi^{ij} - \xi^{ji}) = 2\sum_{i,j=1}^n K_iK_j\xi^{ij}\xi^{ij}.$$

设 $K = \min\limits_{1\leqslant i\leqslant n} |K_i| > 0$，则由题设有

$$0 < \max_{1\leqslant i\leqslant n} |K_i| \leqslant \sqrt{2}K,$$

$$2\sum_{i,j=1}^n K^2\xi^{ij}\xi^{ij} \leqslant 2\sum_{i,j=1}^n K_iK_i\xi^{ij}\xi^{ij} \leqslant 2\sum_{i,j=1}^n 2K^2\xi^{ij}\xi^{ij}.$$

注意到 $(g_{ij})_{q_0} = I_n$，我们得到 $\xi_{ij} = \xi^{ij}$，$\sum\limits_{i,j=1}^n \xi^{ij}\xi_{ij} = \sum\limits_{i,j=1}^n \xi^{ij}\xi^{ij}$，

$$0 < 2K^2 \leqslant \frac{\sum\limits_{i,j,k,l=1}^n K_{ijkl}\xi^{ij}\xi^{kl}}{\sum\limits_{i,j=1}^n \xi^{ij}\xi_{ij}} \leqslant 4K^2. \tag{5.12.3}$$

由文献[106]，对 $\forall \omega \in C^\infty(\wedge^p T^*M)$，根据式(5.12.3)有

$$F_p(\omega_{q_0}) \geqslant p!((n-1)K^2 - 2(p-1)K^2)\langle\omega,\omega\rangle_{q_0}.$$

当 $0 < p \leqslant \left[\dfrac{n}{2}\right]$ 时，有 $\dfrac{p-1}{n-1} < \dfrac{1}{2}$，故二次型 $F_p(\omega_{q_0})$ 是正定的. 因此，二次型 $F_p(\omega)$ 是拟正定的. 应用定理 5.12.3，我们立刻知道 M 为同调球. □

定理 5.12.4 设 M 为 n 维 C^∞ 连通紧致 Riemann 流形. 如果二次型 $F_p(\omega)$ 是半正定的，则 $b_p(M) \leqslant C_n^p$（组合数）.

证明 只需对 M 是定向的情形加以验证. 对于 $\forall \omega \in H^p(M)$，有

$$0 = \int_M \Delta\omega \wedge *\omega = \int_M \left(pF_p(\omega) + \sum_{j,i_1,\cdots,i_p=1}^n D_j\omega_{i_1\cdots i_p}D^j\omega^{i_1\cdots i_p}\right)*1.$$

因为二次型 $F_p(\omega)$ 是半正定的，故

$$F_p(\omega) \geqslant 0.$$

注意到

$$\sum_{j,i_1,\cdots,i_p=1}^n D_j\omega_{i_1\cdots i_p}D^j\omega^{i_1\cdots i_p} \geqslant 0,$$

我们推得

$$\sum_{j,i_1,\cdots,i_p=1}^n D_j\omega_{i_1\cdots i_p}D^j\omega^{i_1\cdots i_p} = 0.$$

类似地，我们可以得到下面的事实：

$$\omega = 0 \Longleftrightarrow 对某个\ q_0 \in M, \omega_q = 0.$$

注意到

$$\dim_{\mathbf{R}} \wedge^p T^* M = C_n^p,$$

容易得到

$$b_p(M) = \dim_{\mathbf{R}} H^p(M) \leqslant C_n^p. \qquad \square$$

注 5.12.1　显然,定理 5.12.3 和定理 5.12.4 是定理 5.12.1(S. Bochner)的推广.

5.13　球面同伦群的伸缩不变量

我们得到了关于球面同伦群的滤子不变量的一些结果.然后,通过伸缩不变量和滤子不变量之间的关系得到了球面同伦群的伸缩不变量相应的结果.

设 S^n 为 Euclid 空间 $\mathbf{R}^{n+1}$ 中的单位球面,$f: S^m \to S^n$ 为光滑映射.依据文献[111],我们定义 f 的**伸缩(膨胀)系数**为

$$\delta(f) = \sup_{\|X\|=1} \|\mathrm{d}f(X)\|,$$

其中 $\|\cdot\|$ 为标准的 Euclid 度量诱导的模,X 取遍所有的单位切向量.进一步,若 $\alpha \in \pi_m(S^n)$(球面同伦群),我们定义 α 的**伸缩不变量** $\delta(\alpha)$ 为实数

$$\delta(\alpha) = \inf_f \delta(f),$$

其中 $f: S^m \to S^n$ 取遍 α 的所有光滑代表元.Olivier 曾猜测 $\delta(\alpha)$ 为整数(参阅文献[111]),但它至今仍为开问题(仍未被证明).

James 在文献[108]中研究了约化积,并借此在球面同伦群中引入滤链结构,赋予每个 $\alpha \in \pi_m(S^n)$ 一个非负整数 $\mathrm{filt}(\alpha)$,即滤子不变量.下面定义同文献[112].

设 $p, q \in S^n, n \geqslant 2$,令

$$\Omega^* = \Omega^*(S^n; p, q)$$

为所有连续道路 $\omega: [0,1] \to S^n, \omega(0) = p, \omega(1) = q$ 构造的空间.Ω^* 带有自然的紧-开拓扑.我们知道,如果 p 和 q 不为 S^n 上的共轭点,即 $q \neq p, p'$,其中 p' 为 p 的对径点,则 Ω^* 可做如下的 CW 分解:

$$\Omega^* \cong S^{n-1} \bigcup e^{2(n-1)} \bigcup \cdots \bigcup e^{r(n-1)} \bigcup \cdots.$$

设

$$\Omega^*_{r(n-1)} \cong S^{n-1} \bigcup e^{2(n-1)} \bigcup \cdots \bigcup e^{r(n-1)}$$

为 Ω^* 的 $r(n-1)$-骨架.我们可以在球面同伦群 $\pi_m(S^n)$ 上给出一个自然的滤子结构.对 $\forall \alpha \in \pi_m(S^n)$,定义滤子不变量 $\mathrm{filt}(\alpha)$ 为使 α 的伴随 $\mathrm{ad}(\alpha) \in \pi_{m-1}(\Omega^*)$ 落在自然诱

导同态

$$\pi_{m-1}(\Omega^{*}_{r(n-1)}) \to \pi_{m-1}(\Omega^{*})$$

的像中的最小整数 $r \geq 0$. 一个重要的事实是

$$\text{filt}(\alpha) = 0 \Leftrightarrow \alpha = 0, \quad \text{filt}(\alpha) \leq 1 \Leftrightarrow \alpha \text{ 为同纬像.}$$

复合问题是个很有趣的问题. 我们知道, filt($\cdot$) 和 $\delta(\cdot)$ 都是次可积的, 即

$$\text{filt}(\alpha \circ \beta) \leq \text{filt}(\alpha) \cdot \text{filt}(\beta), \quad \delta(\alpha \circ \beta) \leq \delta(\alpha) \cdot \delta(\beta).$$

前者在文献[108]中给出了证明, 后者显然. 如果 $\alpha \in \pi_{2n-1}(S^n)$ 具有 Hopf 不变量 1, 则由文献[108]知

$$\text{filt}(\alpha \circ \beta) = 2\text{filt}(\beta) = \text{filt}(\alpha) \cdot \text{filt}(\beta).$$

Roitberg 曾猜测 $\delta(\alpha \circ \beta) = \delta(\alpha) \cdot \delta(\beta)$ (参阅文献[112]). 但是, 不幸地, 即使对 Hopf 同伦类这个猜测也不成立.

在文献[112]中, Roitberg 利用 Morse 理论的基本定理得到了球面同伦群的伸缩不变量和滤子不变量之间的一个关系. 本节中, 我们将进一步研究球面同伦群的滤子不变量和伸缩不变量.

首先我们得到下面的定理, 它是文献[113]中定理 1 的推广.

定理 5.13.1 设 $m > n \geq 2, f: S^m \to S^n$ 为光滑映射. 令

$$\lambda = \max_{x \in S^n} d(f(x), f(-x)),$$

其中 d 为单位球面上的标准度量. 如果

$$\text{filt}([f]) = r,$$

则

$$\delta(f) \geq 2\left[\frac{r+1}{2}\right] + \frac{(1+(-1)^r)\lambda}{2\pi}.$$

证明 设 $\Omega = \Omega(S^n; p, q)$ 为由所有分段光滑的道路 $\omega: [0,1] \to S^n, \omega(0) = p, \omega(1) = q$ 构成的空间. Milnor 在文献[110]中定义的度量 d^* 自然诱导了 Ω 的拓扑. 令 $E: \Omega \to \mathbf{R}$ 为能量函数,

$$E(\omega) = \int_0^1 \left|\frac{\mathrm{d}\omega}{\mathrm{d}t}\right|^2 \mathrm{d}t,$$

且令

$$\Omega^c = \Omega^c(S^n; p, q) = E^{-1}([0, c^2]), \quad c \geq 0.$$

由文献[110]中著名的定理 17.1 知, 包含映射 $i: \Omega \to \Omega^*$ 为同伦等价. f 自然诱导了映射

$$\tilde{f}: S^{m-1} = \Omega^\pi(S^m; x, -x) \to \Omega^{\delta(f)\pi}$$

$$= \Omega^{\delta(f)\pi}(S^n; f(x), f(-x)), \quad \forall x \in S^m,$$

并且复合映射

$$i \circ j \circ \widetilde{f} : S^{m-1} \to \Omega^{*}$$

恰为 f 的伴随，其中 $j : \Omega^{\delta(f)\pi} \to \Omega$ 为包含映射. 下面选取适当的 $x \in S^{m}$ 以研究 $\Omega^{\delta(f)\pi}$ 的同伦型.

由 Borsuk-Ulam 定理（参阅文献[158]283 页例 3.5.20）知，存在 $x \in S^{m}$，使得 $f(x) = f(-x)$. 因而

$$\min_{x \in S^{n}} d(f(x), f(-x)) = 0.$$

我们先假定 $\lambda > 0$. 如果

$$\delta(f) < 2\left[\frac{r+1}{2}\right] + \frac{(-1)^{r}\lambda}{\pi},$$

则取 μ 使得

$$0 < \mu < \lambda \leqslant \pi$$

且

$$\delta(f) < 2\left[\frac{r+1}{2}\right] + \frac{(-1)^{r}\mu}{\pi}.$$

因而，由 d 连续知，存在 $x \in S^{m}$，使得

$$d(f(x), f(-x)) = \mu.$$

由上面的不等式，有

$$\delta(f)\pi < 2\left[\frac{r+1}{2}\right]\pi + (-1)^{r}\mu.$$

因此，由 $d(f(x), f(-x)) = \mu$ 和 Morse 理论的基本定理（文献[110]中定理 17.3 和推论 17.4），我们有如下的交换图表：

$$
\begin{array}{ccc}
\Omega^{\delta(f)\pi} & \xrightarrow{\ j\ } & \Omega \\
\downarrow{\scriptstyle i'} & & \downarrow{\scriptstyle i} \\
\Omega^{*}_{(r-1)(n-1)} & \xrightarrow{\ j'\ } & \Omega^{*}
\end{array}
$$

其中 j' 为包含映射，i' 为同伦等价. 于是，由 $i \circ j \circ \widetilde{f} : S^{m-1} \to \Omega^{*}$ 知

$$r = \mathrm{filt}([f]) \leqslant r-1,$$

矛盾！所以

$$\delta(f) \geqslant 2\left[\frac{r+1}{2}\right] + \frac{(-1)^{r}\lambda}{\pi}.$$

当 r 为偶数时，则有

$$\delta(f) \geqslant 2\left[\frac{r+1}{2}\right] + \frac{(-1)^{r}\lambda}{\pi} = 2\left[\frac{r+1}{2}\right] + \frac{(1+(-1)^{r})\lambda}{2\pi}.$$

当 r 为奇数时，在

$$\delta(f) \geqslant 2\left[\frac{r+1}{2}\right] + \frac{(-1)^r \mu}{\pi}$$

中令 $\mu \rightarrow 0^+$ 即得

$$\delta(f) \geqslant 2\left[\frac{r+1}{2}\right] = 2\left[\frac{r+1}{2}\right] + \frac{(1+(-1)^r)\lambda}{2\pi}.$$

再考虑 $\lambda = 0$ 的情形. $\forall \varepsilon > 0$, 可选取 f 的 C^1 逼近 g 使得 $[g] = [f]$,

$$|\delta(g) - \delta(f)| < \varepsilon$$

且

$$0 < \lambda(g) < \varepsilon.$$

令 $\varepsilon \rightarrow 0^+$ 即得结论. □

注 5.13.1 如果 $\mathrm{filt}(\alpha) = r$ 为偶数且 $\inf_f \lambda(f) = \mu > 0$, 则有

$$\delta(\alpha) \geqslant 2\left[\frac{r+1}{2}\right] + \frac{(1+(-1)^r)\mu}{2\pi} = r + \frac{\mu}{\pi}.$$

再如若 $\delta(\alpha)$ 为整数, 我们可以得到

$$\delta(\alpha) \geqslant r + 1.$$

$\mu = \pi$ 的情形非常有趣, 因为若 $\mu = \pi$, 则有

$$\delta(\alpha) \geqslant r + \frac{\mu}{\pi} = r + \frac{\pi}{\pi} = r + 1.$$

当 m 为偶数且 $2\alpha \neq 0$ 时, Lawson Jr. 证明了, 对 α 的任一代表元 f, f 均将一对对径点映为一对对径点 (参阅文献[109]). 文献[113]中定理 1 已经包含了该情形.

推论 5.13.1 如果 $\alpha \in \pi_m(S^2)$, $m > 2$ 且 $2\alpha \neq 0$, 则 $\delta(\alpha) \geqslant 4$.

证明 由文献[107]知 $\mathrm{filt}(\alpha) > 3$, 因而 $\mathrm{filt}(\alpha) = r \geqslant 4$. 于是, 根据定理 5.13.1, 有

$$\delta(f) \geqslant 2\left[\frac{r+1}{2}\right] + \frac{(1+(-1)^r)\lambda}{2\pi} \geqslant 2\left[\frac{4+1}{2}\right] + 0 = 4,$$

$$\delta(\alpha) = \inf_{f \in \alpha} \delta(f) \geqslant \inf_{f \in \alpha} 4 = 4. \qquad \square$$

现在, 我们考虑 S^3 的同伦群 $\pi_{3+k}(S^3; p)$, $k = 2p - 3, 2(i+1)(p-1) - 2$ 和 $2(i+1)(p-1) - 1, i = 1, \cdots, p-1$ 中元素的滤子不变量, 其中 p 为奇素数, $\pi_m(S^n; p)$ 表示 Abel 群 $\pi_m(S^n)$ 的 p-主分量. 由文献[114]定理 13.4, 有如下两个引理.

引理 5.13.1 设 p 为奇素数, 则

$$\pi_{3+k}(S^3; p) = \mathbf{Z}_p,$$

$k = 2p - 3, 2(i+1)(p-1) - 2$ 和 $2(i+1)(p-1) - 1, i = 1, \cdots, p-1$; 对于

$$k < 2(p+1)(p-1) - 3$$

的其他情形,

$$\pi_{3+k}(S^3; p) = 0.$$

引理 5.13.2 设 p 为奇素数,则

$$\pi_{2mp-1+k}(S^{2mp-1}; p) = \mathbf{Z}_p,$$

$k = 2i(p-1) - 1, 1 \leqslant i < p, m \geqslant 1$;对于 $k < 2p(p-1) - 2, m \geqslant 1$ 的其他情形,

$$\pi_{2mp-1+k}(S^{2mp-1}; p) = 0.$$

我们将 S^m 用自然的方法视为 S^{m-1} 的同纬像. 则由文献[108],有同构

$$\phi : \pi_m(S^n) \rightarrow \pi_{m-1}(S_\infty^{n-1}).$$

设 $\alpha \in \pi_m(S^n)$ 为 q(未必素数)阶元,则 $\phi(\alpha) \in \pi_{m-1}(S_\infty^{n-1})$ 亦为 q 阶元. 又设 filt$(\alpha) = r$,则 $\phi(\alpha)$ 落在自然同态 $\pi_{m-1}(S_r^{n-1}) \rightarrow \pi_{m-1}(S_\infty^{n-1})$ 的像中. 考虑下述自然同态

$$\pi_{m-1}(S_r^{n-1}) \rightarrow \pi_m(S_k^{n-1}) \rightarrow \pi_{m-1}(S_\infty^{n-1}).$$

我们知道 $\phi(\alpha)$ 亦为 $\pi_{m-1}(S_k^{n-1}), k \geqslant r$ 中的 q 阶元. 故我们有下面的引理.

引理 5.13.3 如果 $\pi_{m-1}(S_k^{n-1}; p) = 0$,则 filt$(\alpha) \geqslant k + 1, \forall 0 \neq \alpha \in \pi_m(S^n; p)$.

易知 $\pi_n(S^n) = \mathbf{Z}$,因而 $\pi_{2+k}(S^{2p-1}; p) = 0, k = 2p - 3$. 于是由引理 5.13.2 知

$$\pi_{2+k}(S^{2p-1}; p) = 0, \quad k = 2(i+1)(p-1) - 1, \quad i = 1, \cdots, p-1.$$

因此,由同构

$$\pi_i(S_{p-1}^2; p) \rightarrow \pi_i(S^{2p-1}; p), \quad i \geqslant 2$$

和引理 5.13 可得:

定理 5.13.2 如果 $\alpha \in \pi_{3+k}(S^3)$ 为 p 阶元,则

$$\text{filt}(\alpha) \geqslant p, \quad k = 2p - 3, 2(i+1)(p-1) - 1, \quad i = 1, \cdots, p-1.$$

由定理 5.13.1 和定理 5.13.2 易得:

推论 5.13.2 如果 $\alpha \in \pi_{3+k}(S^3)$ 为 p 阶元,则

$$\delta(\alpha) \geqslant p + 1, \quad k = 2p - 3, 2(i+1)(p-1) - 1, \quad i = 1, \cdots, p-1.$$

推论 5.13.3 如果 $\alpha \in \pi_{3+k}(S^3)$ 为 p 阶元,$\gamma \in \pi_3(S^2)$ 为 Hopf 同伦类,则

$$\delta(\gamma \circ \alpha) \geqslant 2p + 1, \quad k = 2p - 3, 2(i+1)(p-1) - 1, \quad i = 1, \cdots, p-1.$$

证明 因 $\gamma \in \pi_3(S^2)$ 具有 Hopf 不变量 1,故由文献[108]知 filt$(\gamma \circ \alpha) = 2$ filt(α). 显然,复合 $\gamma \circ \alpha$ 为同态,因而由 p 为素数知 $\gamma \circ \alpha = 1$ 或为 p 阶元. 根据定理 5.13.2, filt$(\alpha) \geqslant p$,从而

$$\text{filt}(\gamma \circ \alpha) = 2 \text{filt}(\alpha) \geqslant 2p > 0.$$

于是,$\gamma \circ \alpha \neq 0$,由此知 $\gamma \circ \alpha$ 为 p 阶元. 因为 $3 + k$ 为偶数且 p 为奇素数,故由注 5.13.1 易知

$$\delta(\gamma \circ \alpha) \geqslant 2p + 1, \quad k = 2p - 3, \quad 2(i+1)(p-1) - 1, \quad i = 1, \cdots, p-1. \quad \square$$

由文献[114]中定理 13.4,我们知道

$$\pi_{2p-3+k}(S^{2p-3};p)$$

$$= \begin{cases} \mathbf{Z}_p, & k = 2(p-1)^2 - 2, 2i(p-1) - 1, i = 1, \cdots, p-1; \\ 0, & \text{对于 } k < 2p(p-1) - 2 \text{ 的其他情形}. \end{cases}$$

因而

$$\pi_{2+k}(S^{2p-3};p) = 0, \quad k = 2(i+1)(p-1) - 2, \quad i = 1, \cdots, p-1.$$

故由同构

$$\pi_i(S_{p-2}^2;p) \to \pi_i(S^{2p-3};p)$$

和引理 5.13.3 立即有下面的引理：

引理 5.13.4 如果 $\alpha \in \pi_{3+k}(S^3)$ 为 p 阶元，则

$$\delta(\alpha) \geqslant p-1, \quad k = 2(i+1)(p-1) - 2, \quad i = 1, \cdots, p-1.$$

根据定理 5.13.1 和引理 5.13.4，易得：

推论 5.13.4 如果 $\alpha \in \pi_{3+k}(S^3)$ 为 p 阶元，则

$$\delta(\alpha) \geqslant p-1, \quad k = 2(i+1)(p-1) - 2, \quad i = 1, \cdots, p-1.$$

推论 5.13.5 如果 $\alpha \in \pi_{3+k}(S^3)$ 为 p 阶元，$\gamma \in \pi_3(S^2)$ 为 Hopf 同伦类，则

$$\delta(\gamma \circ \alpha) \geqslant 2(p-1), \quad k = 2(i+1)(p-1) - 2, \quad i = 1, \cdots, p-1.$$

证明 因为 $\gamma \in \pi_3(S^2)$ 具有 Hopf 不变量 1，因而由文献 [108] 知

$$\text{filt}(\gamma \circ \alpha) = 2 \text{ filt}(\alpha).$$

根据引理 5.13.4，有

$$\text{filt}(\alpha) \geqslant \alpha - 1.$$

再根据定理 5.13.1，易知

$$\delta(\gamma \circ \alpha) \geqslant 2(p-1), \quad k = 2(i+1)(p-1) - 2, \quad i = 1, \cdots, p-1. \qquad \square$$

设 p 为素数，我们来研究 $\pi_m(S^n;p) = \mathbf{Z}_p$ 情形的进一步结果.

定理 5.13.3 设 p 为素数，如果 $\pi_m(S^n;p) = \mathbf{Z}_p$，则 $\text{filt}(\alpha) = \lambda(\alpha)$，$\forall \alpha \in \pi_m(S^n)$ 为 p 阶元.

证明 $\forall \alpha \in \pi_m(S^n)$ 为 p 阶元. 记 $\lambda(\alpha)$ 为使 $\pi_{m-1}(S_k^{m-1};p) \neq 0$ 的最小整数 k. 显然

$$\pi_{m-1}(S_{\lambda(\alpha)-1}^{m-1};p) = 0, \quad \pi_{m-1}(S_{\lambda(\alpha)}^{n-1};p) = \mathbf{Z}_p.$$

因此，由引理 5.13.3，有

$$\text{filt}(\alpha) \geqslant \lambda(\alpha).$$

设 $\beta \in \pi_{m-1}(S_{\lambda(\alpha)}^{n-1})$ 为 p 阶元，则 β 可自然视作 $\pi_{m-1}(S_\infty^{n-1})$ 中的 p 阶元. 因而，$\phi^{-1}(\beta)$ 为 $\pi_m(S^n)$ 中的 p 阶元. 于是，由 $\pi_m(S^n;p) = \mathbf{Z}_p$ 知

$$\pi_m(S^n;p) = \phi^{-1}(\beta).$$

因而,存在 k,$1 \leqslant k \leqslant p-1$,使得

$$\alpha = k\phi^{-1}(\beta) = \phi^{-1}(k\beta), \quad \phi(\alpha) = k\beta \in \pi_{m-1}(S_{\lambda(\alpha)}^{n-1}).$$

所以

$$\mathrm{filt}(\alpha) \leqslant \lambda(\alpha).$$

综上所述

$$\mathrm{filt}(\alpha) = \lambda(\alpha). \qquad \square$$

定理 5.13.4 设 $\alpha \in \pi_{3+k}(S^3)$ 为 p 阶元,则

$$\mathrm{filt}(\alpha) = p-1, \quad k = 2(i+1)(p-1)-2, \quad i = 1, \cdots, p-1.$$

证明 由引理 5.13.2 知

$$\pi_{2+k}(S^{2p-1}; p) = \mathbf{Z}_p, \quad k = 2(i+1)(p-1)-2, \quad i = 1, \cdots, p-1.$$

因而,$\lambda(\alpha) = p-1$,$\forall \alpha \in \pi_{3+k}(S^3)$ 为 p 阶元,

$$k = 2(i+1)(p-1)-2, \quad i = 1, \cdots, p-1.$$

故由定理 5.13.4 立即得到

$$\mathrm{filt}(\alpha) = \lambda(\alpha) = p-1, \quad k = 2(i+1)(p-1)-2, \quad i = 1, \cdots, p-1. \qquad \square$$

5.14 积分 Ricci 曲率有下界对基本群和第 1 Betti 数的限制

我们利用星形区域的体积比较,从点式 Ricci 曲率下界到积分 Ricci 曲率下界开拓紧致 Riemann 流形的基本群的多项式增长,第 1 Betti 数的估计和基本群的有限性.

在研究具有 Ricci 曲率下界的流形中,Bishop-Gromov 体积比较是有用的工具. 有人将它推广到积分 Ricci 曲率下界的情形,并有许多关于点式 Ricci 曲率下界的结果扩展到这种情形.

一般地,由 Ricci 曲率下界控制的最强的拓扑是关于基本群,Bishop-Gromov 体积比较定理起了决定性作用,关于 Ricci 曲率有下界的流形的基本群的综述文章可参阅文献 [127] 的第 6 节,关于非负 Ricci 曲率开流形的基本群的综述文章可参阅文献 [123] 的第 3 节.

但是,正如在文献 [121] 中提到的,积分曲率不转移到覆叠空间. 在文献 [122]、[125] 中,关于 Ricci 曲率下界或 Riemann 不变量的限制下研究了基本群. 但是,对纯积分曲率有界情形的覆叠空间发生了什么,在文献 [116] 中 Aubry 对星形子集发展了建立体积比较的技巧和利用测度集中的技巧证明了几乎点式 Ricci 曲率的 Riemann 流形的基本群的有限性(参阅下面的定理 5.14.1).

定理 5.14.1（Milnor）（参阅文献[94]） 具有非负 Ricci 曲率的紧致 Riemann 流形的基本群具有次数 $\leqslant n$ 的多项式增长.

定理 5.14.2（Gallot，Gromov）（参阅文献[93]、[119]） 如果 M 为 n 维 Riemann 流形,使得

$$Ric \geqslant (n-1)\kappa$$

和

$$\mathrm{diam}(M) \leqslant D,$$

则存在一个函数 $C(n, \kappa \cdot D^2)$,具有性质 $\lim_{x \to 0} C(n, x) = n$,使得

$$b_1(M) \leqslant C(n, \kappa \cdot D^2).$$

特别地,存在 $\delta(n) > 0$,使得如果 $\kappa \cdot D^2 \geqslant -\delta(n)$,则 $b_1(M) \leqslant n$.

定理 5.14.3（M. Anderson）（参阅文献[115]） 对于数 $n \in \mathbf{N}, \kappa \in \mathbf{R}, v, D \in (0, +\infty)$,令 $M(n, \kappa, v, D)$ 为具有 $Ric \geqslant (n-1)\kappa, \mathrm{vol}\, M \geqslant v$ 和 $\mathrm{diam}\, M \leqslant D$ 的 n 维紧致 Riemann 流形.对固定的 $n, \kappa, v, D, M(n, \kappa, v, D)$ 中的流形的基本群仅有有限多个同构型.

在文献[124]、[126]中,Shen-Wei 和 Wei 推广了 Milnor 定理,在流形的直径和体积或第 1 收缩之间的关系中,允许 Ricci 曲率的下界充分小.

对于要陈述的结果,我们需要一些记号.对 $\kappa \in \mathbf{R}$,在 n 维紧致 Riemann 流形 M 的每个点考虑 Ricci 张量的最小特征值 Ric_-.令

$$\rho_\kappa = \max\{(n-1)\kappa - Ric_-, 0\},$$

$$\varepsilon(p, \kappa) = \left(\frac{\int_M \rho_\kappa^p \mathrm{d\,vol}}{\mathrm{vol}\, M}\right)^{\frac{1}{p}} \quad (\text{此时,考虑 vol } M \text{ 为有限}).$$

$\varepsilon(p, \kappa)$ 刻画了 M 的 x 处 Ricci 曲率 $Ric(x)$ 位于 $(n-1)\kappa$ 以下的程度.下面的定理 5.14.8 是定理 5.14.3 的推广.

按照文献[116],我们先引入一些记号.

设 $x \in M, U_x$ 表示在 x 点的指数映射的内射性区域,并将 $U_x - \{0\}$ 的点与它们的极坐标 $(r, v) \in \mathbf{R}_+^* \times S_x^{n-1}$（其中 S_x^{n-1} 为 x 点处的法向量的集合）.令 $\theta(r, v) \mathrm{d}r \mathrm{d}v$ 为 Riemann 的体积元并通过 0 延拓扩张 θ 到 $(\mathbf{R}_+^* \times S_x^{n-1}) - U_x$.

对 $U_x - \{0\}$ 中所有的 (r, v),令 $h(r, v)$ 是中心为 x、半径为 r 的球面 $\left(\text{对于外法向} \dfrac{\partial}{\partial r}\right)$ 的 $\exp_x(rv)$ 的平均曲率,h 满足

$$\frac{\partial \theta}{\partial r}(t, v) = h(t, v)\theta(t, v).$$

对于所有的实数 κ,令

$$h_\kappa = (n-1)\frac{S'_\kappa(r)}{S_\kappa(r)}$$

为相应于模型空间 S^n_κ(n 维单连通,具有截曲率 κ)上相对应的函数,按通常,

$$S_\kappa(r) = \begin{cases} \dfrac{\sinh(\sqrt{|\kappa|}\,r)}{\sqrt{|\kappa|}}, & \kappa < 0, \\[2mm] r, & \kappa = 0, \\[2mm] \dfrac{\sin(\sqrt{\kappa}\,r)}{\sqrt{\kappa}}, & 0 < \kappa \leqslant \dfrac{\pi}{\sqrt{\kappa}}, \\[2mm] 0, & \kappa > \dfrac{\pi}{\sqrt{\kappa}}. \end{cases}$$

在 U_x $\left[$ 或者在 $U_x \cap B\left(0;\dfrac{\pi}{\sqrt{\kappa}}\right)$,当 $\kappa > 0$ $\right]$ 上,令

$$\psi_\kappa = \max\{h - h_\kappa, 0\}.$$

设 $T \subset M$,如果对 $\forall y \in T$,必有从 x 到 y 且包含在 T 中的极小测地线,则称 T 在 x 点处是**星形**的. 等价地,我们可以假定 $T = \exp_x T_x$,其中 T_x 为 $\bar{U}_x \subset T_x M$ 的仿射星形子集.

已给 T,它是 x 点处的星形子集,令 $A_T(r)$ 为 $B(x;r) \cap T$ 的体积,$L_T(r)$ 为测度 $\theta(r,\cdot)\mathrm{d}v$ 下的 $(rS^{n-1}_x) \cap U_x \cap T_x$ 的 $n-1$ 维体积,注意

$$L_T(r) = \int_{S^{n-1}_x} 1_{T_x}\theta(r,v)\mathrm{d}v, \quad A_T(r) = \int_0^r L_T(t)\mathrm{d}t.$$

最后,在模型流形 S^n_κ 上相应于 θ 的函数 A 和 L 分别由 θ_κ,A_κ 与 L_κ 表示.

引理 5.14.1(参阅文献[116]引理2.2) 设 T 为 M 的星形子集.

(1) L_T 为右连续、左下半连续函数;

(2) A_T 为连续、右可微函数,其中右导数为 L_T;

(3) 函数

$$f(r) = \frac{L_T(r)}{L_\kappa(r)} - \frac{1}{\mathrm{vol}\,S^{n-1}}\int_0^r\int_{S^{n-1}_x} 1_{T_x}\psi_\kappa\frac{\theta}{\theta_\kappa}\mathrm{d}v\mathrm{d}t$$

在 $\mathbf{R}^*_+$(如果 $\kappa \leqslant 0$)或 $\left[0,\dfrac{\pi}{\sqrt{\kappa}}\right]$(如果 $\kappa > 0$)上是非增的.

引理 5.14.2(参阅文献[116]引理3.1) 设 $\kappa \in \mathbf{R}$,$p > \dfrac{n}{2}$ 和 $r > 0$. 如果 $\kappa > 0$,假定 $r \leqslant \dfrac{\pi}{2\sqrt{\kappa}}$,则有

$$\psi_\kappa^{2p-1}(r,v)\theta(r,v) \leqslant (2p-1)^p \left(\frac{n-1}{2p-1}\right)^{p-1} \int_0^r \rho_\kappa^p(t,v)\theta(t,v)\mathrm{d}t.$$

此外,如果 $\kappa > 0$ 和 $\dfrac{\pi}{2\sqrt{\kappa}} < r < \dfrac{\pi}{\sqrt{\kappa}}$,则

$$\sin^{4p-n-1}(\sqrt{\kappa}r)\psi_\kappa^{2p-1}(r,v)\theta(r,v) \leqslant (2p-1)^p \left(\frac{n-1}{2p-1}\right)^{p-1} \int_0^r \rho_\kappa^p(t,v)\theta(t,v)\mathrm{d}t.$$

下面,我们记

$$C(n,p) = (2p-1)^p \left(\frac{n-1}{2p-1}\right)^{p-1}.$$

现在,我们着手建立主要引理.

引理 5.14.3 设 M 为 n 维 Riemann 流形,T 为 M 在 $x \in M$ 处的星形子集,对于某个 $R_T > 0$,$T \subset B(x; R_T)$. 对于数 $p > \dfrac{n}{2}$,$\kappa \in \mathbf{R}$,存在(可计算的)常数

$$C(n, p, R_T, \kappa) > 0$$

和

$$B(n, p, R_T, \kappa) > 0,$$

使得当

$$\varepsilon = \left(\frac{\int_T \rho_\kappa^p \mathrm{d}\,\mathrm{vol}}{\mathrm{vol}\,T}\right)^{\frac{1}{p}} \leqslant B(n, p, R_T, \kappa)$$

时,对所有的 $0 < r \leqslant R \leqslant R_T \left(\text{如果 } \kappa > 0, R_T < \dfrac{\pi}{\sqrt{\kappa}}\right)$,

$$\frac{A_T(R)}{A_T(r)} \leqslant \left(\frac{1 - C(n, p, R_T, \kappa)\varepsilon^{\frac{p}{2p-1}}}{1 - 2C(n, p, R_T, \kappa)\varepsilon^{\frac{p}{2p-1}}}\right)^{2p-1} \frac{A_\kappa(R)}{A_\kappa(r)}.$$

特别地,如果对某个 $r_0 > 0$,$T \supset B(x; r_0)$,则对所有的 $0 < R \leqslant R_T \left(\text{如果 } \kappa > 0, R_T < \dfrac{\pi}{\sqrt{\kappa}}\right)$,有

$$A_T(R) \leqslant \left(\frac{1 - C(n, p, R_T, \kappa)\varepsilon^{\frac{p}{2p-1}}}{1 - 2C(n, p, R_T, \kappa)\varepsilon^{\frac{p}{2p-1}}}\right)^{2p-1} A_\kappa(R).$$

证明 我们首先证明,对所有的 $0 < r \leqslant R \leqslant R_T \left(\text{如果 } \kappa > 0, R_T < \dfrac{\pi}{\sqrt{\kappa}}\right)$,有

$$\left(\frac{A_T(R)}{A_\kappa(R)}\right)^{\frac{1}{2p-1}} - \left(\frac{A_T(r)}{A_\kappa(r)}\right)^{\frac{1}{2p-1}} \leqslant \widetilde{C}(n, p, R_T, \kappa)\left(\int_T \rho_\kappa^p\right)^{\frac{1}{2p-1}}, \qquad (5.14.1)$$

其中

$$\widetilde{C}(n,p,R_T,\kappa) = \begin{cases} C(n,p)\displaystyle\int_0^{R_T}\left(\dfrac{r}{A_\kappa(r)}\right)^{1+\frac{1}{2p-1}}L_\kappa(r)\mathrm{d}r, \quad \kappa\leqslant 0, \\[3mm] C(n,p)\left[\displaystyle\int_0^{\min\left\{\frac{\pi}{2\sqrt{\kappa}},R_T\right\}}\left(\dfrac{r}{A_\kappa(r)}\right)^{1+\frac{1}{2p-1}}L_\kappa(r)\mathrm{d}r \right.\\[3mm] \qquad +\left(\dfrac{\pi}{2\sqrt{\kappa}}\right)^{\frac{1}{2p-1}}\displaystyle\int_{\frac{\pi}{2\sqrt{\kappa}}}^{\max\left\{\frac{\pi}{2\sqrt{\kappa}},R_T\right\}}\left(\dfrac{1}{A_\kappa(r)}\right)^{\frac{1}{2p-1}} \\[3mm] \qquad \left. \cdot\left(\dfrac{rL_\kappa(r)}{A_\kappa(r)}+\dfrac{1}{\sin^{\frac{4p-n-1}{2p-1}}(\sqrt{\kappa}r)}\right)\mathrm{d}r\right], \quad \kappa>0, \end{cases}$$

而 $C(n,p)$ 与引理 5.14.2 中的相同.

(1) 在 $\kappa\leqslant 0$ 时的情形下, 根据引理 5.14.1 和 Hölder 不等式, 对所有的 $0<t\leqslant r\leqslant R_T$, 有

$$\frac{L_T(r)}{L_\kappa(r)}-\frac{L_T(t)}{L_\kappa(t)}\leqslant\frac{1}{\mathrm{vol}\,S^{n-1}}\int_t^r\int_{S_x^{n-1}}1_{T_x}\psi_\kappa\frac{\theta}{\theta_\kappa}\mathrm{d}v\mathrm{d}s$$

$$\leqslant\frac{1}{\mathrm{vol}\,S^{n-1}}\int_t^r\left(\int_{S_x^{n-1}}1_{T_x}\psi_\kappa^{2p-1}\theta\mathrm{d}v\right)^{\frac{1}{2p-1}}\frac{(L_T(s))^{\frac{2p-2}{2p-1}}}{\theta_\kappa}\mathrm{d}s.$$

根据引理 5.14.2、Hölder 不等式和 θ_κ 的单调性, 有

$$\frac{L_T(r)}{L_\kappa(r)}-\frac{L_T(t)}{L_\kappa(t)}\leqslant\frac{1}{\mathrm{vol}\,S^{n-1}}\int_t^r\left(\int_{S_x^{n-1}}1_{T_x}\cdot C(n,p)\int_0^s\rho_\kappa^p\theta l\mathrm{d}l\mathrm{d}v\right)^{\frac{1}{2p-1}}\frac{(L_T(s))^{\frac{2p-2}{2p-1}}}{\theta_\kappa}\mathrm{d}s$$

$$\leqslant C(n,p)\frac{1}{\mathrm{vol}\,S^{n-1}}\left(\int_{B(x;r)\cap T}\rho_\kappa^p\right)^{\frac{1}{2p-1}}\int_t^r\frac{(L_T(s))^{\frac{2p-2}{2p-1}}}{\theta_\kappa}\mathrm{d}s$$

$$\leqslant C(n,p)\frac{1}{\mathrm{vol}\,S^{n-1}}\frac{1}{\theta_\kappa(t)}\left(\int_{B(x;r)\cap T}\rho_\kappa^p\right)^{\frac{1}{2p-1}}\left(\int_t^rL_T(s)\mathrm{d}s\right)^{\frac{2p-2}{2p-1}}(r-t)^{\frac{1}{2p-1}}$$

$$\leqslant C(n,p)\frac{1}{L_\kappa(t)}\left(\int_{B(x;r)\cap T}\rho_\kappa^p\right)^{\frac{1}{2p-1}}(A_T(r))^{\frac{2p-2}{2p-1}}r^{\frac{1}{2p-1}},$$

$$L_T(r)L_\kappa(t)-L_T(t)L_\kappa(r)\leqslant C(n,p)L_\kappa(r)\left(\int_{B(x;r)\cap T}\rho_\kappa^p\right)^{\frac{1}{2p-1}}(A_T(r))^{\frac{2p-2}{2p-1}}r^{\frac{1}{2p-1}},$$

$$\frac{\mathrm{d}}{\mathrm{d}r}\left(\frac{A_T(r)}{A_\kappa(r)}\right)=\frac{L_T(r)A_\kappa(r)-A_T(r)L_\kappa(r)}{A_\kappa^2(r)}=\frac{\displaystyle\int_0^r(L_T(r)L_\kappa(t)-L_T(t)L_\kappa(r))\mathrm{d}t}{A_\kappa^2(r)}$$

$$\leqslant C(n,p)\left(\int_{B(x;r)\cap T}\rho_\kappa^p\right)^{\frac{1}{2p-1}}\cdot L_\kappa(r)(A_T(r))^{\frac{2p-2}{2p-1}}r^{1+\frac{1}{2p-1}}\cdot A_\kappa^{-2}(r)$$

$$=C(n,p)\left(\int_{B(x;r)\cap T}\rho_\kappa^p\right)^{\frac{1}{2p-1}}\left(\frac{A_T(r)}{A_\kappa(r)}\right)^{\frac{2p-2}{2p-1}}\cdot(A_\kappa(r))^{-1-\frac{1}{2p-1}}L_\kappa(r)r^{1+\frac{1}{2p-1}},$$

$$\frac{\mathrm{d}}{\mathrm{d}r}\Big(\frac{A_T(r)}{A_\kappa(r)}\Big)^{\frac{1}{2p-1}} = \frac{1}{2p-1}\Big(\frac{A_T(r)}{A_\kappa(r)}\Big)^{-1+\frac{1}{2p-1}}\frac{\mathrm{d}}{\mathrm{d}r}\Big(\frac{A_T(r)}{A_\kappa(r)}\Big)$$

$$\leqslant C(n,p)\Big(\int_T \rho_\kappa^p\Big)^{\frac{1}{2p-1}} \cdot \Big(\frac{r}{A_\kappa(t)}\Big)^{1+\frac{1}{2p-1}}L_\kappa(t)\mathrm{d}t$$

$$\leqslant C(n,p)\Big(\int_T \rho_\kappa^p\Big)^{\frac{1}{2p-1}} \cdot \int_0^{R_T}\Big(\frac{t}{A_\kappa(t)}\Big)^{1+\frac{1}{2p-1}}L_\kappa(t)\mathrm{d}t$$

$$\xlongequal{\text{记作}}\widetilde{C}(n,p,R_T,\kappa)\Big(\int_T \rho_\kappa^p\Big)^{\frac{1}{2p-1}},$$

其中第 2 个不等式用到了

$$A_\kappa(t) \approx t^n, \quad t \to 0$$

和

$$p > \frac{n}{2}.$$

(2) 在 $\kappa > 0$ 时的情形下,注意,对 $\kappa > 0$,如果假定 $0 < t \leqslant r \leqslant \dfrac{\pi}{2\sqrt{\kappa}}$,则(1)是有效的.因此,对 $r \in \Big(0, \dfrac{\pi}{2\sqrt{\kappa}}\Big)$,有

$$\frac{\mathrm{d}}{\mathrm{d}r}\Big(\frac{A_T(r)}{A_\kappa(r)}\Big)^{\frac{1}{2p-1}} \leqslant C(n,p)\Big(\int_T \rho_\kappa^p\Big)^{\frac{1}{2p-1}} \cdot \Big(\frac{r}{A_\kappa(r)}\Big)^{1+\frac{1}{2p-1}}L_\kappa(r).$$

对于 $\dfrac{\pi}{2\sqrt{\kappa}} \leqslant r \leqslant R_T < \dfrac{\pi}{\sqrt{\kappa}}$ 和 $0 < t \leqslant r$,也根据引理 5.14.1 和 Hölder 不等式,有

$$\frac{L_T(r)}{L_\kappa(r)} - \frac{L_T(t)}{L_\kappa(t)} \leqslant \frac{(\sqrt{\kappa})^{n-1}}{\mathrm{vol}\,S^{n-1}}\int_t^r\int_{S_x^{n-1}}1_{T_x}\psi_\kappa\,\frac{\theta}{\sin^{n-1}(\sqrt{\kappa}s)}\mathrm{d}v\mathrm{d}s$$

$$\leqslant \frac{(\sqrt{\kappa})^{n-1}}{\mathrm{vol}\,S^{n-1}}\Bigg[\int_{\min\{t,\frac{\pi}{2\sqrt{\kappa}}\}}^{\frac{\pi}{2\sqrt{\kappa}}}\Big(\int_{S_x^{n-1}}1_{T_x}\psi_\kappa^{2p-1}\theta\mathrm{d}v\Big)^{\frac{1}{2p-1}}\frac{(L_T(s))^{\frac{2p-2}{2p-1}}}{\sin^{n-1}(\sqrt{\kappa}s)}\mathrm{d}s$$

$$+ \int_{\max\{t,\frac{\pi}{2\sqrt{\kappa}}\}}^{r}\Big(\int_{S_x^{n-1}}1_{T_x}\sin^{4p-n-1}(\sqrt{\kappa}s)\psi_\kappa^{2p-1}\theta\mathrm{d}v\Big)^{\frac{1}{2p-1}}$$

$$\cdot \frac{(L_T(s))^{\frac{2p-2}{2p-1}}}{\sin^{n-1+\frac{4p-n-1}{2p-1}}(\sqrt{\kappa}s)}\mathrm{d}s\Bigg].$$

根据引理 5.14.2、Hölder 不等式和函数 $\sin$ 在 $\Big[0, \dfrac{\pi}{2\sqrt{\kappa}}\Big]$ 与 $\Big[\dfrac{\pi}{2\sqrt{\kappa}}, \dfrac{\pi}{\sqrt{\kappa}}\Big]$ 中的单调性,有

$$\frac{L_T(r)}{L_\kappa(r)} - \frac{L_T(t)}{L_\kappa(t)} \leqslant \frac{(\sqrt{\kappa})^{n-1}}{\mathrm{vol}\,S^{n-1}}\Bigg[\int_{\min\{t,\frac{\pi}{2\sqrt{\kappa}}\}}^{\frac{\pi}{2\sqrt{\kappa}}}\Big(\int_{S_x^{n-1}}1_{T_x}C(n,p)\int_0^s\rho_\kappa^p\theta\mathrm{d}l\mathrm{d}v\Big)^{\frac{1}{2p-1}}$$

$$
\cdot \frac{(L_T(s))^{\frac{2p-2}{2p-1}}}{\sin^{n-1}(\sqrt{\kappa}\,s)} \mathrm{d}s + \int_{\max\left\{t,\frac{\pi}{2\sqrt{\kappa}}\right\}}^{r} \left(\int_{S_x^{n-1}} 1_{T_x} C(n,p) \int_0^s \rho_\kappa^p \theta \mathrm{d}l\mathrm{d}v \right)^{\frac{1}{2p-1}}
$$

$$
\cdot \frac{(L_T(s))^{\frac{2p-2}{2p-1}}}{\sin^{n+1+\frac{4p-n-1}{2p-1}}(\sqrt{\kappa}\,s)} \mathrm{d}s \Bigg]
$$

$$
\leqslant \frac{(\sqrt{\kappa})^{n-1}}{\operatorname{vol} S^{n-1}} \Bigg[C(n,p) \left(\int_{B\left(x;\frac{\pi}{2\sqrt{\kappa}}\right) \cap T} \rho_\kappa^p \right)^{\frac{1}{2p-1}} \int_{\min\left\{t,\frac{\pi}{2\sqrt{\kappa}}\right\}}^{\frac{\pi}{2\sqrt{\kappa}}} \frac{(L_T(s))^{\frac{2p-2}{2p-1}}}{\sin^{n-1}(\sqrt{\kappa}\,s)} \mathrm{d}s
$$

$$
+ C(n,p) \left(\int_{B\left(x;\frac{\pi}{2\sqrt{\kappa}}\right) \cap T} \rho_\kappa^p \right)^{\frac{1}{2p-1}} \int_{\max\left\{t,\frac{\pi}{2\sqrt{\kappa}}\right\}}^{r} \frac{(L_T(s))^{\frac{2p-2}{2p-1}}}{\sin^{n-1+\frac{4p-n-1}{2p-1}}(\sqrt{\kappa}\,s)} \mathrm{d}s \Bigg]
$$

$$
\leqslant C(n,p) \left(\int_{B(x;r) \cap T} \rho_\kappa^p \right)^{\frac{1}{2p-1}} \frac{(\sqrt{\kappa})^{n-1}}{\operatorname{vol} S^{n-1}}
$$

$$
\cdot \Bigg[\frac{1}{\sin^{n-1}\left[\sqrt{\kappa}\,\min\left\{t,\frac{\pi}{2\sqrt{\kappa}}\right\}\right]} \left[\int_{\min\left\{t,\frac{\pi}{2\sqrt{\kappa}}\right\}}^{\frac{\pi}{2\sqrt{\kappa}}} L_T(s)\mathrm{d}s \right]^{\frac{2p-2}{2p-1}}
$$

$$
\cdot \left[\frac{\pi}{2\sqrt{\kappa}} - \min\left\{t,\frac{\pi}{2\sqrt{\kappa}}\right\} \right]^{\frac{1}{2p-1}} + \frac{1}{\sin^{n+1+\frac{4p-n-1}{2p-1}}(\sqrt{\kappa}\,r)}
$$

$$
\cdot \left(\int_{\max\left\{t,\frac{\pi}{2\sqrt{\kappa}}\right\}}^{r} L_T(s)\mathrm{d}s \right)^{\frac{2p-2}{2p-1}} \left[r - \max\left\{t,\frac{\pi}{2\sqrt{\kappa}}\right\} \right]^{\frac{1}{2p-1}} \Bigg]
$$

$$
\leqslant C(n,p) \left(\int_{B(x;r) \cap T} \rho_\kappa^p \right)^{\frac{1}{2p-1}} (A_T(r))^{\frac{2p-2}{2p-1}} \left[\frac{\pi}{2\sqrt{\kappa}} \right]^{\frac{1}{2p-1}} \frac{(\sqrt{\kappa})^{n-1}}{\operatorname{vol} S^{n-1}}
$$

$$
\cdot \left[\frac{1}{\sin^{n-1}(\sqrt{\kappa}\,t)} + \frac{1}{\sin^{n-1+\frac{4p-n-1}{2p-1}}(\sqrt{\kappa}\,r)} \right],
$$

$$
L_T(r)L_\kappa(t) - L_T(t)L_\kappa(r)
$$

$$
\leqslant C(n,p) \left(\int_{B(x;r) \cap T} \rho_\kappa^p \right)^{\frac{1}{2p-1}} (A_T(r))^{\frac{2p-2}{2p-1}} \left[\frac{\pi}{2\sqrt{\kappa}} \right]^{\frac{1}{2p-1}} \cdot \left[L_\kappa(r) + \frac{L_\kappa(t)}{\sin^{\frac{4p-n-1}{2p-1}}(\sqrt{\kappa}\,r)} \right],
$$

$$
\frac{\mathrm{d}}{\mathrm{d}r} \left(\frac{A_T(r)}{A_\kappa(r)} \right) = \frac{\int_0^r (L_T(r)L_\kappa(t) - L_T(t)L_\kappa(r))\mathrm{d}t}{A_\kappa^2(r)}
$$

$$
\leqslant C(n,p) \left(\int_{B(x;r) \cap T} \rho_\kappa^p \right)^{\frac{1}{2p-1}} (A_T(r))^{\frac{2p-2}{2p-1}} \left[\frac{\pi}{2\sqrt{\kappa}} \right]^{\frac{1}{2p-1}}
$$

$$\bullet \left[rL_\kappa(r) + \frac{A_\kappa(r)}{\sin^{\frac{4p-n-1}{2p-1}}(\sqrt{\kappa}\,r)}\right] \cdot \frac{1}{A_\kappa^2(r)}$$

$$= C(n,p)\left(\int_{B(x;r)\cap T}\rho_\kappa^p\right)^{\frac{1}{2p-1}}\left(\frac{A_T(r)}{A_\kappa(r)}\right)^{\frac{2p-2}{2p-1}}$$

$$\bullet\, (A_\kappa(r))^{-1-\frac{1}{2p-1}}\left[\frac{\pi}{2\sqrt{\kappa}}\right]^{\frac{1}{2p-1}} \cdot \left[rL_\kappa(r) + \frac{A_\kappa(r)}{\sin^{\frac{4p-n-1}{2p-1}}(\sqrt{\kappa}\,r)}\right].$$

因此,对 $r\in\left[\dfrac{\pi}{2\sqrt{\kappa}},\dfrac{\pi}{\sqrt{\kappa}}\right)$,有

$$\frac{\mathrm{d}}{\mathrm{d}r}\left(\frac{A_T(r)}{A_\kappa(r)}\right)^{\frac{1}{2p-1}}\leqslant C(n,p)\left(\int_{B(x;r)\cap T}\rho_\kappa^p\right)^{\frac{1}{2p-1}}(A_\kappa(r))^{-1-\frac{1}{2p-1}}\left[\frac{\pi}{2\sqrt{\kappa}}\right]^{\frac{1}{2p-1}}$$

$$\bullet\left[rL_\kappa(r) + \frac{A_\kappa(r)}{\sin^{\frac{4p-n-1}{2p-1}}(\sqrt{\kappa}\,r)}\right].$$

对 $r\in\left[0,\dfrac{\pi}{2\sqrt{\kappa}}\right]$,由

$$\frac{\mathrm{d}}{\mathrm{d}r}\left(\frac{A_T(r)}{T_\kappa(r)}\right)^{\frac{1}{2p-1}}$$

的估计,当 $0<r\leqslant R\leqslant R_T\leqslant\dfrac{\pi}{\sqrt{\kappa}}$ 时,有

$$\left(\frac{A_T(R)}{A_\kappa(R)}\right)^{\frac{1}{2p-1}} - \left(\frac{A_T(r)}{A_\kappa(r)}\right)^{\frac{1}{2p-1}}$$

$$\leqslant C(n,p)\left(\int_T\rho_\kappa^p\right)^{\frac{1}{2p-1}}\left[\int_0^{\max\left\{\frac{\pi}{2\sqrt{\kappa}},R_T\right\}}\left(\frac{r}{A_\kappa(r)}\right)^{1+\frac{1}{2p-1}}L_\kappa(r)\mathrm{d}r\right.$$

$$\left. + \left[\frac{\pi}{2\sqrt{\kappa}}\right]^{\frac{1}{2p-1}}\int_{\frac{\pi}{2\sqrt{\kappa}}}^{\max\left\{\frac{\pi}{2\sqrt{\kappa}},R_T\right\}}\left(\frac{1}{A_\kappa(r)}\right)^{\frac{1}{2p-1}}\left[\frac{rL_\kappa(r)}{A_\kappa(r)} + \frac{1}{\sin^{\frac{4p-n-1}{2p-1}}(\sqrt{\kappa}\,r)}\right]\mathrm{d}r\right]$$

$$\xlongequal{\text{记作}}\widetilde{C}(n,p,R_T,\kappa)\left(\int_T\rho_\kappa^p\right)^{\frac{1}{2p-1}}.$$

下面我们来完成本引理的证明.设

$$C(n,p,R_T,\kappa) = \widetilde{C}(n,p,R_T,\kappa)(A_\kappa(R_T))^{\frac{1}{2p-1}},$$

当

$$\varepsilon = \left[\frac{\int_T\rho_\kappa^p\mathrm{d\,vol}}{\mathrm{vol}\,T}\right]^{\frac{1}{p}} < \left(\frac{1}{C(n,p,R_T,\kappa)}\right)^{\frac{2p-1}{p}}$$

时,不等式(5.14.1)蕴涵着

$$\left(\frac{1}{A_T(R)}\right)^{\frac{1}{2p-1}} \leqslant \frac{1}{1-C(n,p,R_T,\kappa)\varepsilon^{\frac{p}{2p-1}}}\left(\frac{A_\kappa(R_T)}{A_\kappa(R)A_T(R_T)}\right)^{\frac{1}{2p-1}}.$$

用 $\left(\frac{A_\kappa(r)}{A_T(R)}\right)^{\frac{1}{2p-1}}$ 乘以式(5.14.1)得到

$$\left(\frac{A_\kappa(r)}{A_\kappa(R)}\right)^{\frac{1}{2p-1}}-\left(\frac{A_T(r)}{A_T(R)}\right)^{\frac{1}{2p-1}} \leqslant \left(\frac{A_\kappa(r)}{A_T(R)}\right)^{\frac{1}{2p-1}}\left(\int_T \rho_\kappa^p\right)^{\frac{1}{2p-1}}\widetilde{C}(n,p,R_T,\kappa).$$

因此

$$\left(\frac{A_\kappa(r)}{A_\kappa(R)}\right)^{\frac{1}{2p-1}}-\left(\frac{A_T(r)}{A_T(R)}\right)^{\frac{1}{2p-1}} \leqslant \frac{C(n,p,R_T,\kappa)\varepsilon^{\frac{p}{2p-1}}}{1-C(n,p,R_T,\kappa)\varepsilon^{\frac{p}{2p-1}}}\left(\frac{A_\kappa(r)}{A_\kappa(R)}\right)^{\frac{1}{2p-1}}.$$

当 $\varepsilon<\left(\frac{1}{2C(n,p,R_T,\kappa)}\right)^{\frac{2p-1}{p}}$ 时,这就得到了

$$\frac{A_T(R)}{A_T(r)} \leqslant \left[\frac{1-C(n,p,R_T,\kappa)\varepsilon^{\frac{p}{2p-1}}}{1-2C(n,p,R_T,\kappa)\varepsilon^{\frac{p}{2p-1}}}\right]^{2p-1}\frac{A_\kappa(R)}{A_\kappa(r)}. \qquad \square$$

注 5.14.1 重要的是

$$\left[\frac{1-C(n,p,R_T,\kappa)\varepsilon^{\frac{p}{2p-1}}}{1-2C(n,p,R_T,\kappa)\varepsilon^{\frac{p}{2p-1}}}\right]^{2p-1}$$

关于 R_T 和 ε 两者都是单调非减的. 这个性质对以后是有用的.

在这里我们指出,在 $\kappa=0$ 时的情形下对星形区域应用体积比较定理和测度集中的技巧,Aubry 证明了:

定理 5.14.4(参阅文献[116]定理 1.2) 设 M^n 为 n 维完备 Riemann 流形,$p>\frac{n}{2}$. 设 $\kappa>0$,对某个常数 $\delta(n,p,\kappa)>0$,如果 $\varepsilon(p,\kappa)\leqslant\delta(n,p,\kappa)$,则 M^n 是紧致的且具有有限基本群.

下面我们介绍一下如何在覆叠 Riemann 流形中恰当地构造星形子集.

给定紧致 Riemann 流形 M 和它的覆叠 Riemann 流形 $\widetilde{M}$,覆叠变换群记为 Γ,球 $B(x;r)\subset\widetilde{M}$,对于 $y\in\widetilde{M}$ 和 $\widetilde{M}$ 的任何子集 S,记 $m_S(y)$ 为 $S\cap(\Gamma\cdot y)$ 的基数. 易知,存在某点 $y_0\in B(x;r)$ 为 $m_{B(x;r)}$ 的极大值点,且记为 $N=m_{B(x;r)}(y_0)$. 对每个 $y\in B(x;r)$,选择 N 个不同的点 $y_1,\cdots,y_N\in\Gamma\cdot y$,它们到点 x 的距离比 $\Gamma\cdot y$ 中的其他点都小,定义

$$T = \bigcup_{y\in B(x;r)}\{y_1,\cdots,y_N\},$$

则 T 为满足

$$B(x;r) \subset T \subset B(x;r+2\mathrm{diam}\,M)$$

和

$$\frac{\int_T \rho_\kappa^p}{\text{vol } T} = \frac{\int_M \rho_\kappa^p}{\text{vol } M}$$

的所要求的星形子集(参阅文献[116]第 7 节).

设 M 为 n 维紧致 Riemann 流形,$\widetilde{M}$ 为它的万有覆叠空间. 由 Hurewicz 定理,

$$H_1(M, \mathbf{Z}) = \pi_1(M)/[\pi_1(M), \pi_1(M)].$$

令 T 为 $H_1(M, \mathbf{Z})$ 的挠子群,则 $\Gamma = H_1(M, \mathbf{Z})/T$ 是无挠的 Galois 交换群,通过覆叠变换作用于 $\overline{M} = \widetilde{M}/[\pi_1(M), \pi_1(M)]/T$.注意 Γ 的秩为

$$b_1(M) = \dim H_1(M, \mathbf{R}),$$

而且 Γ 的任意一个有限指标子群与 Γ 有相同的秩.

引理 5.14.4(Gromov)(参阅文献[93]、[120]) 对于取定的 $x \in \overline{M}$,存在一个有限指标子群 $\Gamma' \subset \Gamma$. 由 $\gamma_1, \cdots, \gamma_m$ 生成,使得

$$d(x, \gamma_i(x)) \leqslant 2\text{diam } M,$$

$$d(x, \gamma(x)) > \text{diam } M, \quad \gamma \in \Gamma' - \{1\}.$$

定理 5.14.5 设 M 为 n 维 Riemann 流形,$\text{diam } M \leqslant D$,$p \geqslant \dfrac{n}{2}$,$\kappa \in \mathbf{R}$,则存在 $B(n, p, D, \kappa) > 0$ 和 $C(n, \kappa \cdot D^2)$,其中

$$\lim_{x \to 0} C(n, x) = n.$$

如果

$$\varepsilon(p, \kappa) \leqslant B(n, p, D, \kappa),$$

则

$$b_1(M) \leqslant C(n, \kappa \cdot D^2).$$

特别地,(1) 当 $\kappa > 0$ 时,存在某个 $\delta(n, p, \kappa) > 0$,如果

$$\varepsilon(p, \kappa) \leqslant \delta(n, p, \kappa),$$

则

$$b_1(M) = 0.$$

(2) 当 $\kappa \leqslant 0$ 时,存在 $\delta_1(n) > 0$ 和 $\delta_2(n, p, D, \kappa) > 0$,如果

$$\varepsilon(p, \kappa) \leqslant \delta_2(n, p, D, \kappa), \quad -\delta_1(n) \leqslant \kappa \cdot D^2 \leqslant 0,$$

则

$$b_1(M) \leqslant n.$$

证明 (1) 当 $\kappa > 0$ 时,由定理 5.14.4 知,$\pi_1(M)$ 为有限群,$\Gamma = H_1(M, \mathbf{Z})/T$ 只有零元,因此,$b_1(M) = \text{rank } \Gamma = 0$.

(2) 当 $\kappa \leqslant 0$ 时,为方便,记 $d = \text{diam } M$.

根据引理 5.14.4,假设我们选择了 M 的覆叠 $\widetilde{M}$ 具有无挠 Galois 的 Abel 覆叠变换群 $\Gamma = \langle \gamma_1, \cdots, \gamma_{b_1} \rangle$,使得对某个 $x \in \widetilde{M}$,有

$$d(x, \gamma_i(x)) \leqslant 2d,$$

$$d(x, \gamma(x)) > d, \quad \gamma \neq 1.$$

记

$$I_r = \{\gamma \in \Gamma \mid \gamma = l_1 \cdot \gamma_1 + \cdots + l_{b_1} \cdot \gamma_{b_1}, |l_1| + \cdots + |l_{b_1}| \leqslant r\}.$$

注意 I_r 的基数满足

$$|I_1| = 2b_1 + 1, \quad |I_{b_1 r}| \geqslant (2r + 1)^{b_1}.$$

另一方面,对 $\gamma \in I_r$,有

$$B\left(\gamma(x); \frac{d}{2}\right) \subset B\left(x; r \cdot 2d + \frac{d}{2}\right),$$

而且所有这些球是不相交的且有相同的体积.因为 γ 等距作用,因此

$$|I_r| \leqslant \frac{\operatorname{vol} B\left(x; r \cdot 2d + \dfrac{d}{2}\right)}{\operatorname{vol} B\left(x; \dfrac{d}{2}\right)}.$$

为了利用相对体积比较来估计 b_1,我们像定理 5.14.4 后面那样在 x 点处构造 $\widetilde{M}$ 的星形子集 T,使得对所有 $r \geqslant 1$,有

$$B\left(x; r \cdot 2d + \frac{d}{2}\right) \subset T \subset B\left(x; r \cdot 2d + \frac{d}{2} + 2d\right), \quad \frac{\displaystyle\int_T \rho_\kappa^p}{\operatorname{vol} T} = \frac{\displaystyle\int_M \rho_\kappa^p}{\operatorname{vol} M}.$$

现在,我们可以应用引理 5.14.3 来估计 I_r 的基数.在 $\kappa \leqslant 0$ 的情形下,根据引理 5.14.3,如果对某个 $B(n, p, D, r, \kappa) > 0$,有 $\varepsilon(p, \kappa) \leqslant B(n, p, D, r, \kappa)$,则

$$\frac{\operatorname{vol} B\left(x; r \cdot 2d + \dfrac{d}{2}\right)}{\operatorname{vol} B\left(x; \dfrac{d}{2}\right)}$$

$$\leqslant \left[\frac{1 - C\left(n, p, \left(2r + \dfrac{5}{2}\right)d, \kappa\right) \varepsilon(p, \kappa)^{\frac{p}{2p-1}}}{1 - 2C\left(n, p, \left(2r + \dfrac{5}{2}\right)d, \kappa\right) \varepsilon(p, \kappa)^{\frac{p}{2p-1}}}\right]^{2p-1} \frac{A_\kappa\left(x, r \cdot 2d + \dfrac{d}{2}\right)}{A_\kappa\left(x, \dfrac{d}{2}\right)}$$

$$\leqslant \left[\frac{1 - C\left(n, p, \left(2r + \dfrac{5}{2}\right)D, \kappa\right) \varepsilon(p, \kappa)^{\frac{p}{2p-1}}}{1 - 2C\left(n, p, \left(2r + \dfrac{5}{2}\right)D, \kappa\right) \varepsilon(p, \kappa)^{\frac{p}{2p-1}}}\right]^{2p-1} \frac{A_\kappa\left(x, r \cdot 2D + \dfrac{D}{2}\right)}{A_\kappa\left(x, \dfrac{D}{2}\right)},$$

其中

$$\frac{A_\kappa\left(x;r\cdot 2D+\dfrac{D}{2}\right)}{A_\kappa\left(x;\dfrac{D}{2}\right)} = \begin{cases} \dfrac{\displaystyle\int_0^{\left(r\cdot 2+\frac{1}{2}\right)D\sqrt{-\kappa}}\sinh^{n-1}(t)\mathrm{d}t}{\displaystyle\int_0^{\frac{1}{2}D\sqrt{-\kappa}}\sin^{n-1}(t)\mathrm{d}t}, & \kappa<0, \\[3em] \dfrac{\displaystyle\int_0^{\left(r\cdot 2+\frac{1}{2}\right)D}t^{n-1}\mathrm{d}t}{\displaystyle\int_0^{\frac{1}{2}D}t^{n-1}\mathrm{d}t}, & \kappa=0. \end{cases}$$

注意到我们将 sinh 进行 Taylor 展开之后,就会发现,存在 $\delta_1(r)>0$,使得对于所有满足 $\kappa\cdot D^2\geqslant-\delta_1(r)$ 的 $\kappa\leqslant 0$,有

$$\frac{A_\kappa\left(x;r\cdot 2D+\dfrac{D}{2}\right)}{A_\kappa\left(x;\dfrac{D}{2}\right)}\leqslant 2^{2(n-1)}\cdot 5^n\cdot r^n.$$

因此,存在某个 $\delta_1(b_1r)>0$,使得对于满足

$$\kappa\cdot D^2\geqslant-\delta_1(b_1r)$$

和

$$\varepsilon(p,\kappa)\leqslant B(n,p,D,b_1r,\kappa)$$

的 $\kappa\leqslant 0$,有

$$(2r+1)^{b_1}\leqslant|I_{b_1r}|\leqslant\frac{\mathrm{vol}\,B\left(x;b_1r\cdot 2d+\dfrac{d}{2}\right)}{\mathrm{vol}\,B\left(x;\dfrac{d}{2}\right)}$$

$$\leqslant\left(\frac{1-C\left(n,p,\left(2b_1r+\dfrac{5}{2}\right)D,\kappa\right)\varepsilon(p,\kappa)^{\frac{p}{2p-1}}}{1-2C\left(n,p,\left(2b_1r+\dfrac{5}{2}\right)D,\kappa\right)\varepsilon(p,\kappa)^{\frac{p}{2p-1}}}\right)^{2p-1}\cdot 2^{2(n-1)}\cdot 5^n\cdot(b_1r)^n.$$

另外,也注意到对 $r=1$,存在某个 $\delta_1(1)>0$,使得对于满足

$$\kappa\cdot D^2\geqslant-\delta_1(1)$$

和

$$\varepsilon(p,\kappa)\leqslant B(n,p,D,r,\kappa)$$

的 $\kappa<0$,有

$$b_1\leqslant 2b_1+1=|I_1|\leqslant\frac{\mathrm{vol}\,B\left(x;2d+\dfrac{d}{2}\right)}{\mathrm{vol}\,B\left(x;\dfrac{d}{2}\right)}$$

$$\leq \left[\frac{1 - C\left(n, p, \left(2 + \dfrac{5}{2}\right)D, \kappa\right)\varepsilon(p, \kappa)^{\frac{p}{2p-1}}}{1 - 2C\left(n, p, \left(2 + \dfrac{5}{2}\right)D, \kappa\right)\varepsilon(p, \kappa)^{\frac{p}{2p-1}}} \right]^{2p-1} \cdot 2^{2(n-1)} \cdot 5^n.$$

进一步,给定 $\alpha_1 > 0$,对于满足 $\kappa \cdot D^2 \geqslant -\delta_1(1)$ 的固定的 $\kappa < 0$,存在某个

$$B_1(n, p, D, \kappa) > 0,$$

使得如果 $\varepsilon(p, \kappa) \leqslant B_1(n, p, D, \kappa)$,则

$$b_1 \leqslant \alpha_1.$$

给定 $\alpha_2 > 0$,取

$$r_0 > \frac{1}{2^{n+1}}\alpha_2 \cdot 2^{2(n-1)} \cdot 5^n \cdot (\alpha_1)^n,$$

对于满足

$$\kappa \cdot D^2 \geqslant -\delta_1(\alpha_1 r_0) \geqslant -\delta_1(1)$$

的固定的 $\kappa < 0$,存在某个

$$0 < B_2(n, p, D, \kappa) \leqslant B_1(n, p, D, \kappa),$$

使得如果

$$\varepsilon(p, \kappa) \leqslant B_2(n, p, D, \kappa),$$

则

$$(2r_0 + 1)^{b_1} \leqslant \left[\frac{1 - C\left(n, p, \left(2\alpha_1 r_0 + \dfrac{5}{2}\right)D, \kappa\right)\varepsilon(p, \kappa)^{\frac{p}{2p-1}}}{1 - 2C\left(n, p, \left(2\alpha_1 r_0 + \dfrac{5}{2}\right)D, \kappa\right)\varepsilon(p, \kappa)^{\frac{p}{2p-1}}} \right]^{2p-1} \cdot 2^{2(n-1)} \cdot 5^n(\alpha_1 r_0)^n$$

$$\leqslant \alpha_2 \cdot 2^{2(n-1)} \cdot 5^n \cdot (\alpha_1 r_0)^n.$$

假设 $b_1 \geqslant n + 1$,则

$$2^{n+1} r_0^{n+1} \leqslant (2r_0 + 1)^{b_1} \leqslant \alpha_2 \cdot 2^{2(n-1)} \cdot 5^n \cdot (\alpha_1 r_0)^n,$$

故

$$r_0 \leqslant \frac{1}{2^{n+1}}\alpha_2 \cdot 2^{2(n-1)} \cdot 5^n \cdot (\alpha_1)^n.$$

这与取

$$r_0 > \frac{1}{2^{n+1}}\alpha_2 \cdot 2^{2(n-1)} \cdot 5^n \cdot (\alpha_1)^n$$

矛盾. 因此,对 $\kappa < 0$,存在 $\delta_1(n) > 0$ 和 $\delta_2(n, p, D, \kappa) > 0$,使得如果

$$\kappa \cdot D^2 \geqslant -\delta_1(n)$$

和

$$\varepsilon(p, \kappa) \leqslant \delta_2(n, p, D, \kappa),$$

则

$$b_1(M) \leqslant n.$$ □

注 5.14.2 定理 5.14.5 中的 $\delta_1(n)$ 和 $C(n,\kappa \cdot D^2)$ 与定理 5.14.2 中的 $\delta(n)$ 和 $C(n,\kappa \cdot D^2)$ 分别相同.

我们先引入如何表示基本群的引理.

引理 5.14.5(参阅文献[93]、[120]) 对于 Riemann 流形和 $\tilde{x} \in \tilde{M}$,我们总可以寻找基本群的生成元 $\{\gamma_1, \cdots, \gamma_m\}$ 使得 $d(\tilde{x}, \gamma_i(\tilde{x})) \leqslant 2 \mathrm{diam}\, M$ 和使得 $\pi_1(M)$ 关于这些生成元的关系形如

$$\gamma_i \cdot \gamma_j \cdot \gamma_k^{-1} = 1.$$

定理 5.14.6 对于数 $n \in \mathbf{N}, \kappa \in \mathbf{R}, v, D, \delta > 0, p > \dfrac{n}{2}$,令 $M(n, \kappa, v, D, \delta)$ 表示具有

$$\varepsilon(p, \kappa) \leqslant \delta, \quad \mathrm{vol}\, M \geqslant v, \quad \mathrm{diam}\, M \leqslant D$$

的 n 维紧致 Riemann 流形的类.存在常数 $B(n, p, \kappa, D) > 0$,使得如果

$$\delta \leqslant B(n, p, \kappa, D),$$

则对固定的 n, κ, v, D,在 $M(n, \kappa, v, D, \delta)$ 中的流形的基本群只有有限多个同构型.

证明 如在引理 5.14.5 中,选择基本群的生成元 $\{\gamma_1, \cdots, \gamma_m\}$.因为可能的关系的数目以 2^{m^3} 为界,我们将问题简化为证明 m 是有界的.固定 $\tilde{x} \in \tilde{M}$,选择一个含 $\tilde{x}$ 的基本区域,例如

$$F = \{z \in \tilde{M} \mid d(\tilde{x}, z) \leqslant d(\gamma(\tilde{x}), z), \text{对 } \forall \gamma \in \pi_1(M)\},$$

则集合 $\gamma_i(F)$ 除相差一个零测集外是不相交的,所有的具有相同的体积,且因为

$$d(\tilde{x}, \gamma_i(\tilde{x})) \leqslant 2D,$$

故所有的都落在球 $B(\tilde{x}; 4D)$ 中.因此

$$m \leqslant \frac{\mathrm{vol}\, B(\tilde{x}; 4D)}{\mathrm{vol}\, F}.$$

现在,我们类似定理 5.14.4 构造点 $\tilde{x}$ 处 $\tilde{M}$ 的一个星形子集 T,使得

$$B(\tilde{x}; 4D) \subset T \subset B(\tilde{x}; 4D + 2D), \quad \frac{\displaystyle\int_T \rho_\kappa^p}{\mathrm{vol}\, T} = \frac{\displaystyle\int_M \rho_\kappa^p}{\mathrm{vol}\, M}.$$

当 $\kappa \leqslant 0$ 时,由引理 5.14.3 知,对固定的 $\alpha > 1$,存在一个常数 $B(n, p, D, \kappa) > 0$,如果 $\varepsilon(p, \kappa) \leqslant B(n, p, D, \kappa)$,则

$$\mathrm{vol}\, B(\tilde{x}; 4D) \leqslant \alpha A_\kappa(4D).$$

因此

$$m \leqslant \frac{\alpha\, A_\kappa(4D)}{\mathrm{vol}\, F} \leqslant \frac{\alpha\, A_\kappa(4D)}{v}.$$

当 $\kappa > 0$ 时,选 $\kappa' > 0$ 使得 $\kappa' \leqslant k$ 和 $4D + 2D < \dfrac{\pi}{\sqrt{\kappa'}}$.由引理 5.14.3 知,对固定的

$\alpha > 1$,存在一个常数 $B(n, p, D, \kappa)$,使得如果 $\varepsilon(p, \kappa) \leqslant B(n, p, D, \kappa)$,则

$$m \leqslant \frac{\alpha\, A_{\kappa'}(4D)}{v}. \qquad\qquad \square$$

引理 5.14.6(参阅文献[118]定理 1) 设 M 为完备 Riemann 流形,具有 Riemann

万有覆盖映射 $\pi: \widetilde{M} \to M$,$N_0(M) = N\left(R(M), \dfrac{R(M)}{7}, M\right)$,则对 $\pi(\widetilde{x}) = x$,有

$$\mathrm{Card}(\pi^{-1} \cap B(\widetilde{x}, a)) \leqslant N_0(M)^{\frac{7a}{R(M)} - 5}, \qquad \forall\, a > R(M).$$

注 5.14.3 对照定理 5.14.6 和定理 5.14.3,前者是具有积分曲率下界的紧致 Riemann 流形的类,而后者是具有点式曲率下界的类.

定理 5.14.6 中的体积下界可以用称为半单连通半径 $R(M)$ 的量代替,它定义为使得 $\forall\, x \in M, B(x; r)$ 在 M 中是单连通的 r 的上确界.那就是,$B(x; r)$ 中的每条闭曲线在 M 中是可缩的.注意,对于紧致 Riemann 流形 M,因为内射半径 $i(M) > 0$,故 $R(M) > 0$.

定理 5.14.7 对于数 $n \in \mathbf{N}, \kappa \in \mathbf{R}, R_0, D, \delta > 0, p > \dfrac{n}{2}$.令

$$M(n, \kappa, R_0, D, \delta)$$

为具有

$$\varepsilon(p, \kappa) \leqslant \delta, \quad R(M) \geqslant R_0, \quad \mathrm{diam}\, M \leqslant D$$

的 n 维紧致 Riemann 流形的类.存在一个常数 $B(n, p, \kappa, D) > 0$,使得如果 $\delta < B(n, p, \kappa, D)$,则在 $M(n, \kappa, R_0, D, \delta)$ 中(n, κ, R_0, D 为固定的数)的流形的基本群只有有限多个同构型.

证明 如同引理 5.14.5,选择基本群的生成元 $\{\gamma_1, \cdots, \gamma_m\}$.余下的问题为证明 m 是有界的.因为 $d(x, \gamma_i(x)) \leqslant 2D$ 和 $R(M) \leqslant D < 2D$,由引理 5.14.6,

$$m \leqslant N_0(M)^{\frac{7 \cdot 2D}{R(M)} - 5} \leqslant N_0(M)^{\frac{14D}{R(M)}}.$$

因为 $R(M) \geqslant R_0$,证明

$$N_0(M) = N\left(R(M), \frac{R(M)}{7}, M\right)$$

有界就足够了.为了解释这一点,假定

$$B\left(y_1; \frac{R(M)}{7}\right), \cdots, B\left(y_l; \frac{R(M)}{7}\right) \subset B(y; R(M)) \subset M$$

是彼此不相交的. 如果 $B\left(y_s; \dfrac{R(M)}{7}\right)$ 是有最小体积的球, 我们有

$$\mathrm{vol}\, B(y; R(M)) \geqslant \sum_{j=1}^{l} \mathrm{vol}\, B\left(y_j; \frac{R(M)}{7}\right) \geqslant l\, \mathrm{vol}\, B\left(y_s; \frac{R(M)}{7}\right).$$

因为 $y_s \in B(y; R(M))$, 根据三角不等式, 有

$$B(y; R(M)) \subset B(y_s; 2R(M)),$$

$$l \leqslant \frac{\mathrm{vol}\, B(y; R(M))}{\mathrm{vol}\, B\left(y_s; \dfrac{R(M)}{7}\right)} \leqslant \frac{\mathrm{vol}\, B(y_s; 2R(M))}{\mathrm{vol}\, B\left(y_s; \dfrac{R(M)}{7}\right)}.$$

现在应用引理 5.14.3 到星形子集 U_{y_s} (M 在 y_s 的内射区域). 当 $\kappa \leqslant 0$ 时, 对于固定的 $\alpha > 1$, 存在一个常数 $B(n, p, D, \kappa) > 0$, 使得如果 $\varepsilon(p, \kappa) \leqslant B(n, p, D, \kappa)$, 则

$$\frac{\mathrm{vol}\, B(y_s; 2R(M))}{\mathrm{vol}\, B\left(y_s; \dfrac{R(M)}{7}\right)} \leqslant \alpha\, \frac{A_\kappa(2R(M))}{A_\kappa\left(\dfrac{R(M)}{7}\right)}.$$

因为 $0 < R_0 \leqslant R(M) \leqslant D$, 故

$$l \leqslant \alpha\, \frac{A_\kappa(2D)}{A_\kappa\left(\dfrac{R_0}{7}\right)}.$$

因此, $N_0(M)$ 是有界的.

当 $\kappa > 0$ 时, 选择 $\kappa' > 0$, 使得 $\kappa' \leqslant \kappa$ 和 $D < \dfrac{\pi}{\sqrt{\kappa'}}$. 根据引理 5.14.3, 对固定的 $\alpha > 1$, 存在常数 $B(n, p, D, \kappa)$, 使得如果 $\varepsilon(p, \kappa) \leqslant B(n, p, D, \kappa)$, 则

$$\frac{\mathrm{vol}\, B(y_s; 2R(M))}{\mathrm{vol}\, B\left(y_s; \dfrac{R(M)}{7}\right)} \leqslant \alpha\, \frac{A_{\kappa'}(2R(M))}{A_{\kappa'}\left(\dfrac{R(M)}{7}\right)}.$$

类似地, $N_0(M)$ 也是有界的. $\square$

注 5.14.4 对于 n 维紧致 Riemann 流形 M, 我们不知道体积下界和半单连通半径下界之间是否有某种关系. 注意, 内射半径有下界蕴涵着半单连通半径有下界. 另一方面, 在文献[117]中, Berger 证明了

$$\frac{\mathrm{vol}\, M}{i(M)^n} \geqslant \frac{\mathrm{vol}\, S^n}{i(S^n)^n},$$

其中 $i(M)$ 为 M 的内射半径, S^n 为 n 维标准的单位球. 这就证明了内射半径有下界也蕴涵着体积有下界.

定理 5.14.8 对于数 $n \in \mathbf{N}, D, v > 0, \kappa \leqslant 0, p > \dfrac{n}{2}$, 存在常数

$$\delta_1(n, D, v) > 0$$

和

$$\delta_2(n, p, D, v, \kappa) > 0,$$

使得如果完备流形 $M^n = M$ 允许一个度量满足

$$\text{diam } M \leqslant D, \quad \text{vol } M \geqslant v,$$

$$\varepsilon(p, \kappa) \leqslant \delta_2(n, p, D, v, \kappa), \quad -\delta_1(n, D, v) \leqslant \kappa \leqslant 0,$$

则 M 的基本群是以次数 $\leqslant n$ 的多项式增长的.

证明 由引理 5.14.5 知,对 $\tilde{x} \in \tilde{M}$,我们可以选择基本群的生成元 $\{\gamma_1, \cdots, \gamma_m\}$,使得 $d(\tilde{x}, \gamma_i(\tilde{x})) \leqslant 2D$. 记

$$I_r = \{\pi_1(M) \text{ 中长度} \leqslant r \text{ 的既约字}\},$$

再选择一个包含 $\tilde{x}$ 的基本区域 $F \subset \tilde{M}$,由于 $d(\tilde{x}, \gamma_i(\tilde{x})) \leqslant 2D$,

$$\bigcup_{\gamma \in I_r} \gamma(F) \subset B(\tilde{x}; r \cdot 2D + 2D),$$

因此

$$|I_r| \leqslant \frac{\text{vol } B(\tilde{x}; r \cdot 2D + 2D)}{\text{vol } M} \leqslant \frac{\text{vol } B(\tilde{x}; r \cdot 2D + 2D)}{v}.$$

现在,构造点 $\tilde{x}$ 处 $\tilde{M}$ 的一个星形子集 T,使得当 $\kappa \leqslant 0$ 时

$$B(\tilde{x}; r \cdot 2D + 2D) \subset T \subset B(\tilde{x}; r \cdot 2D + 2D + 2D), \quad \frac{\int_T \rho_\kappa^p}{\text{vol } T} = \frac{\int_M \rho_\kappa^p}{\text{vol } M}.$$

由引理 5.14.3 知,存在常数 $B(n, p, D, \kappa, r) > 0$,使得如果

$$\varepsilon(p, \kappa) \leqslant B(n, p, D, \kappa, r),$$

则

$$\text{vol } B(\tilde{x}; r \cdot 2D + 2D)$$

$$\leqslant \left[\frac{1 - C(n, p, r \cdot 2D + 4D, \kappa) \varepsilon(p, \kappa)^{\frac{p}{2p-1}}}{1 - 2C(n, p, r \cdot 2D + 4D, \kappa) \varepsilon(p, \kappa)^{\frac{p}{2p-1}}} \right]^{2p-1} \cdot A_\kappa(r \cdot 2D + 2D),$$

$$A_\kappa(r \cdot 2D + 2D) = \begin{cases} \omega_n(r \cdot 2D + 2D)^n, & \kappa = 0, \\ \int_0^{r \cdot 2D + 2D} \left[\frac{\sinh(\sqrt{|\kappa|} \, t)}{\sqrt{|\kappa|}} \right]^{n-1} \mathrm{d}t, & \kappa < 0. \end{cases}$$

注意,对 $\sinh$ 进行 Taylor 展开之后,对于任一固定的充分大的 r_0,存在某个 $\delta_1(D, r_0) > 0$,使得对所有的 $r \leqslant r_0, \kappa > -\delta_1(D, r_0)$,有

$$\int_0^{r \cdot 2D + 2D} \left[\frac{\sinh(\sqrt{|\kappa|} \, t)}{\sqrt{\kappa}} \right]^{n-1} \mathrm{d}t \leqslant \frac{2^n}{n} (2 \cdot 2D)^n r^n.$$

由定理 5.14.6,给定 $\tilde{\delta}_1 > 0$,存在某个 $\tilde{\delta}_2 = \tilde{\delta}_2(n, p, D, \tilde{\delta}_1) > 0$,使得满足

$$\text{diam } M \leqslant D, \quad \text{vol } M \geqslant v, \quad \varepsilon(p,\kappa) \leqslant \widetilde{\delta}_2,$$

其中 $\kappa \geqslant -\widetilde{\delta}_1$ 的流形类中,基本群中仅有有限多个同构型.

现在,相反地,假设对于任意的 $0 < \delta_1 \leqslant \widetilde{\delta}_1, 0 < \delta_2 \leqslant \widetilde{\delta}_2$,存在一个 Riemann 流形 $M^n = M$ 满足

$$\text{diam } M \leqslant D, \quad \text{vol } M \geqslant v, \quad \varepsilon(p,\kappa) \leqslant \delta_2,$$

其中 $\kappa \geqslant -\delta_1$,$\pi_1(M^n)$ 不具有次数 $\leqslant n$ 的多项式增长.

在这些"坏"流形中,对于给定的两个序列 $\{\delta_1^j\}, \{\delta_2^j\}$,当 $j \to +\infty$ 时,$\delta_1^j \to 0, \delta_2^j \to 0$.我们可以选择一个序列 $\{M_j\}$ 满足 $\varepsilon(p,\kappa) \leqslant \delta_2^j$,其中 $\kappa \geqslant -\delta_1^j$,而且这个序列 $\{M_j\}$ 中的基本群是同构的.

因此,$\pi_1(M_j)$ 不具有次数 $\leqslant n$ 的多项式增长.它蕴涵着,对所有的 i 我们总能找到 r_i,使得

$$|I_{r_i}| > i r_i^n,$$

这个关系对所有 M_j 成立.

给定 $\alpha > 0$,选取

$$i_0 > \frac{1}{v} \cdot \alpha \cdot \text{vol } S^{n-1} \cdot \frac{2^n}{n} \cdot (2 \cdot 2D)^n,$$

存在某个 $r_{i_0} = r_{i_0}(n, D, v)$,使得对于所有 M_j,

$$i_0 r_{i_0}^n < |I_{r_{i_0}}|.$$

对于 r_{i_0},存在某个 $\delta_1(D, r_{i_0}) > 0$,使得对所有的 $\kappa \geqslant -\min\{\delta_1(D, r_{i_0}), \widetilde{\delta}_1\}$,有

$$A_\kappa(r_{i_0} \cdot 2D + 2D) \leqslant \text{vol } S^{n-1} \cdot \frac{2^n}{n} (2 \cdot 2D)^n r_{i_0}^n.$$

另外,对于 α, r_{i_0} 和固定的

$$\kappa \geqslant -\min\{\delta_1(D, r_{i_0}), \widetilde{\delta}_1\},$$

存在某个常数 $\delta_2(n, p, D, r_{i_0}, \kappa) > 0$,使得如果

$$\varepsilon(p,\kappa) \leqslant \min\{\delta_2(n, p, D, r_{i_0}, \kappa), \widetilde{\delta}_2\},$$

则

$$\left(\frac{1 - C(n, p, r_{i_0} \cdot 2D + 4D, \kappa) \varepsilon(p,\kappa)^{\frac{p}{2p-1}}}{1 - 2C(n, p, r_{i_0} \cdot 2D + 4D, \kappa) \varepsilon(p,\kappa)^{\frac{p}{2p-1}}} \right)^{2p-1} \leqslant \alpha.$$

这样,对于那些满足 $\delta_1^j \leqslant \min\{\delta_1(r_{i_0}), \widetilde{\delta}_1\}$ 和 $\delta_2^j \leqslant \min\{\delta_2(n, p, D, r_{i_0}, \kappa), \widetilde{\delta}_2\}$ 的流形 M_j,有

$$i_0 r_{i_0}^n < |I_{r_{i_0}}| \leqslant \frac{1}{v} \cdot \alpha \cdot \text{vol } S^{n-1} \cdot \frac{2^n}{n} \cdot (2 \cdot 2D)^n r_{i_0}^n,$$

故

$$i_0 < \frac{1}{v} \cdot \alpha \cdot \text{vol } S^{n-1} \cdot \frac{2^n}{n} \cdot (2 \cdot 2D)^n,$$

矛盾. 这就导出了我们的结论. □

5.15 具有有限调和指标的极小超曲面

我们对 $\mathbf{R}^{n+1}$, $n \geqslant 3$ 中的完备极小超曲面引入调和稳定性与调和指标的概念(微分几何的概念), 并证明: 如果超曲面的调和指标是有限的, 则它有有限多个端(拓扑概念). 更进一步, 端的数目以调和指标加 1 为其上界. 每个端都有一个非负调和函数作为代表, 而这些函数形成了一个单位分解(或 1 的分解). 对于一类特殊的极小超曲面, 我们也有调和指标一个明显的估计, 那就是, 极小超曲面具有有限的全数量; 最后也证明了, 对于这样的子流形, 有界调和函数的空间恰好由端的代表函数生成.

一个极小子流形 M 是体积函数的临界点; 如果对任何具有紧支集的正规形变, 它的体积的第 2 变分总是非负的, 则称 M 是**稳定**的. 众所周知, Bernstein 定理指出, $\mathbf{R}^3$ 中的完备极小图形必须是某个平面(参阅文献[133]). 我们知道, 仅对 $n \leqslant 7$, $\mathbf{R}^{n+1}$ 中的完备极小图, 推广的 Bernstein 定理是正确的, 这应归于 W. Fleming, E. de Giorgi, F. J. Almgren, J. Simons, E. Bombieri 和 E. Giusti 等的工作(参阅文献[128]、[134]、[138]、[140]、[150]). 作为一个自然的推广, 由 M. do Carmo 和 C. K. Peng, D. Fischer-Colbrie 和 R. Schoen, 以及 A. V. Pogorelov 证明了, 平面是 $\mathbf{R}^3$ 中仅有的稳定完备极小曲面(参阅文献[136]、[139]、[147]). 对于较高维相应的推广仍为开问题. H. D. Cao, Y. Shen 和 S. Zhu 的工作关于 $\mathbf{R}^{n+1}$, $n \geqslant 3$ 的稳定极小超曲面的构造方面散发出一些新的光芒. 他们证明了, $\mathbf{R}^{n+1}$, $n \geqslant 3$ 中一个完备定向极小超曲面在无穷远处是连通的, 即只有一个端(参阅文献[135]). 由于他们的工作的激励, 在本节中, 我们引入了调和稳定与调和指标的概念, 并应用它们来研究 Euclid 空间中极小超曲面的无穷远处的连通性.

设 M 为 $\mathbf{R}^{n+1}$ 中的极小超曲面. 我们定义双线性形式如下:

$$I(X, Y) = \int_M |A|^2 \langle X, Y \rangle - \langle \nabla X, \nabla Y \rangle, \quad X, Y \in \Gamma_c(TM),$$

其中 A 表示 M 的第 2 基本形式, $\Gamma_c(TM)$ 为具有紧支集的向量场的集合, 而 ∇ 为诱导联络. **调和指标**是定义 $I(\cdot, \cdot)$ 为正定的向量空间的最大维数, 并用 $h(M)$ 表示. 如果 $h(M) = 0$, 则称 M 是**调和稳定**的. 回想起 M 称为**稳定**的, 如果对任何紧致区域 $\Omega \subset M$ 和任何在 Ω 的边界上为 0 的光滑函数 f, 下面的不等式成立:

$$\int_{\Omega} |\nabla f|^2 \geqslant \int_{\Omega} |A|^2 \cdot f^2.$$

下面可以证明,调和稳定是弱于稳定的概念.然而,我们有下面的许多结果(定理 5.15.1).

前面我们已引入调和稳定的概念.下面的命题证实了稳定蕴涵着调和稳定.

引理 5.15.1 $\mathbf{R}^{n+1}$中稳定极小超曲面也是调和稳定的.

证明   (反证)假设结论相反,M 不是调和稳定的,则 $\exists X \in \Gamma_c(TM)$,s.t.

$$\int_{M} |A|^2 \cdot |X|^2 - |\nabla X|^2 > 0.$$

令 ε 为正的实数.假设 sppp $X \subset B(R)$,其中 $B(R)$ 是半径为 R 的测地球.选择一个切开函数 ρ 使得

$$\rho|_{B(R)} = 1, \quad \rho|_{M-B(R+1)} = 0, \quad |\nabla \rho| \leqslant 2.$$

令 $f_\varepsilon = \rho \cdot (|X|^2 + \varepsilon)^{\frac{1}{2}} \in C_0^{\infty}(M)$. 我们得到

$$\int_{M} |A|^2 \cdot f_\varepsilon^2 - |\nabla f_\varepsilon|^2$$

$$= \int_{M} |A|^2 \rho^2 (|X|^2 + \varepsilon) - (|X|^2 + \varepsilon)|\nabla \rho|^2 - \rho \nabla \rho \nabla |X|^2$$

$$- \frac{\rho^2}{4} (|X|^2 + \varepsilon)^{-1} |\nabla |X|^2|^2$$

$$= \int_{M} |A|^2 |X|^2 + (\varepsilon \rho |A|^2 - \varepsilon |\nabla \rho|^2)$$

$$- \frac{\rho^2}{4} (|X|^2 + \varepsilon)^{-1} |\langle \nabla X, X \rangle + \langle X, \nabla X \rangle|^2$$

$$\geqslant \int_{M} |A|^2 |X|^2 - \varepsilon |\nabla \rho|^2 - \rho^2 (|X|^2 + \varepsilon)^{-1} |X|^2 |\nabla X|^2$$

$$\geqslant \int_{M} |A|^2 |X|^2 - |\nabla X|^2 - \varepsilon |\nabla \rho|^2.$$

由 $\int_{M} |A|^2 \cdot |X|^2 - |\nabla X|^2 > 0$ 知,当 ε 充分小时,有

$$\int_{M} |A|^2 \cdot f_\varepsilon^2 - |\nabla f_\varepsilon|^2 > 0.$$

这与 M 的稳定性假定矛盾.   □

虽然调和稳定弱于稳定,我们仍然希望在稳定下成立的某些性质在调和稳定下也是成立的.一个例子是下面的引理 5.15.3,它首先由 Palmer 在稳定条件下证明(参阅文献 [145]).事实上,在调和稳定下这个结果似乎显得更自然.

在给出引理 5.15.3 的证明之前,我们做一些准备.已给 $p \in M$,我们可以将 p 点处的第 2 基本形式 A 对角化,这就是说,我们可以选择局部坐标框架 $\{e_i\}_{i=1}^{n}$,使得在 P 点

处成立：

$$A(e_i, e_j) = \lambda_i \cdot \delta_{ij}, \quad 1 \leqslant i, j \leqslant n,$$

其中 $\{\lambda_i\}_{i=1}^n$ 为 p 点处的主曲率，则 M 的 Ricci 曲率满足

$$Ric(e_i, e_j) = -\lambda_i^2 \cdot \delta_{ij}.$$

由于 M 为 $\mathbf{R}^{n+1}$ 中的极小超曲面，故 $\sum_{i=1}^n \lambda_i = 0$. 根据 Cauchy-Schwarz 不等式，有

$$\lambda_i^2 = \Big(\sum_{j \neq i} \lambda_j\Big)^2 \leqslant (n-1) \sum_{j \neq i} \lambda_j^2,$$

因此

$$\lambda_i^2 \leqslant \frac{n-1}{n} \cdot \sum_{j=1}^n \lambda_j^2 = \frac{n-1}{n} \cdot |A|^2.$$

这就推得：

引理 5.15.2 对于 $\mathbf{R}^{n+1}$ 中的极小超曲面，下面的估计：

$$Ric \geqslant -\frac{n-1}{n} \cdot |A|^2$$

是成立的.

我们还需要另外的结果. 设 φ 为 M 上的调和 1 形式，$\varphi^\#$ 为 φ 的对偶向量场. 下面的 Weitzenböck 公式是众所周知的：

$$\frac{1}{2} \Delta |\varphi^\#|^2 = |\nabla \varphi^\#|^2 + Ric(\varphi^\#, \varphi^\#).$$

引理 5.15.3 在 $\mathbf{R}^{n+1}$ 中的完备调和稳定极小超曲面 M 上不存在非平凡的 L^2-调和 1 形式.

证明 （反证）假设相反，φ 为 M 上的一个非平凡 L^2-调和 1 形式，其对偶向量场为 $\varphi^\#$. 固定 $p \in M$，并令 $B(p; r)$ 是以 p 为中心、r 为半径的测地球. 选择一个具有紧支集的切开函数 ρ_r，使得

$$\rho_r|_{B(p;r)} = 1, \quad |\nabla \rho_r| \leqslant 1.$$

设 $X_r = \rho_r \cdot \varphi^\# \in \Gamma_c(M)$. 以下的计算中，我们应用引理 5.15.2 后的等式和 Stokes 公式，有

$$0 \leqslant \int_M |\nabla X_r|^2 - |A|^2 \cdot |X_r|^2$$

$$= \int_M |\nabla \rho_r|^2 |\varphi^\#|^2 + 2\langle \rho_r \mathrm{d}\rho_r \otimes \varphi^\#, \nabla \varphi^\# \rangle + \rho_r^2 |\nabla \varphi^\#|^2 - |A|^2 \rho_r^2 |\varphi^\#|^2$$

$$= \int_M |\nabla \rho_r|^2 |\varphi^\#|^2 + \rho_r \nabla \rho_r \nabla |\varphi^\#|^2 + \frac{1}{2} \rho_r^2 \Delta |\varphi^\#|^2$$

$$\qquad - |A|^2 \rho_r^2 |\varphi^\#|^2 - \rho_r^2 Ric(\varphi^\#, \varphi^\#)$$

$$
\begin{aligned}
&= \int_M |\nabla \rho_r|^2 |\varphi^\#|^2 + \rho_r \nabla \rho_r \nabla |\varphi^\#|^2 - \frac{1}{2} \nabla \rho_r^2 \nabla |\varphi^\#|^2 \\
&\quad - |A|^2 \rho_r^2 |\varphi^\#|^2 - \rho_r^2 Ric(\varphi^\#, \varphi^\#) \\
&= \int_M |\nabla \rho_r|^2 |\varphi^\#|^2 - |A|^2 \rho_r^2 |\varphi^\#|^2 - \rho_r^2 Ric(\varphi^\#, \varphi^\#) \\
&\leqslant \int_{M-B(p;r)} |\varphi^\#|^2 - \frac{1}{n} \int_{B(p;r)} |A|^2 \cdot |\varphi^\#|^2.
\end{aligned}
$$

令 $r \to +\infty$ 和应用事实:$|\varphi^\#| \in L^2(M)$,我们得到

$$
\int_M |A|^2 \cdot |\varphi^\#|^2 = 0.
$$

因为 $\varphi^\#$ 是非平凡的,故 A 必须在某个非空开集上为 0.由极小超曲面的唯一性知,$A \equiv 0$.因此,根据上面的不等式,有

$$
\int_{B(p;r)} |\nabla \varphi^\#|^2 \leqslant \int_{M-B(p;r)} |\varphi^\#|^2.
$$

令 $r \to +\infty$,得到

$$
|\nabla \varphi^\#| \equiv 0.
$$

这就证明了 $\varphi^\#$ 为 M 上的平行向量场.特别地,$|\varphi^\#|$ 为常值.但是,$|\varphi^\#| \in L^2(M)$ 蕴涵着 $|\varphi^\#| = 0$,这与 $\varphi^\#$ 非平凡矛盾. □

Bombieri 和 Giusti 证明了,在面积极小 Euclid 超曲面上 Harnack 不等式成立,它蕴涵着在这样的超曲面上不存在非常值的正调和函数.更进一步,这蕴涵着一个面积极小超曲面事实上只有一个端.

端是刻画非紧流形在无穷远处的连通性特征的拓扑不变量.根据构造有界调和函数和应用 Sobolev 不等式,Cao,Shen 和 Zhu 证明了 Euclid 空间中的稳定极小超曲面也只有一个端(参阅文献[135]).作为一个特殊情形,下面的定理 5.15.1 表明,对调和稳定超曲面只有一个端的结论也是正确的.

我们回想起一些事实.假设 M 是完备 Riemann 流形,$p \in M$.一条从 p 出发的测地线 $\sigma: [0, +\infty) \to M$ 称为**测地射线**,如果 $\sigma|_{[0,t]}$ 对每个 $t > 0$ 是极小的.两条这样的测地射线 σ, γ 称为是**等价**的,当且仅当对每个紧致子集 $K \subset M$,存在 $t_0 \geqslant 0$ 使得对 $t \geqslant t_0$,$\sigma(t)$ 和 $\gamma(t)$ 落在 $M-K$ 的同一个连通分支中,测地射线的等价类称为 M 的一个**端**(与拓扑中连通性有关的概念).因此,对 M 的每个端,我们可以选择一条代表测地射线.现在,假设 M 是 $\mathbf{R}^{n+1}$,$n \geqslant 3$ 中的一个定向完备极小超曲面和 $E_1, \cdots, E_{m+1}$ 为 M 的不同的端,而 $\sigma_1, \cdots, \sigma_{m+1}$ 为相应的代表测地射线.对于已给的端,我们构造一定的调和函数.构造调和函数的方法被用在文献[135]和[141]中.我们的说明紧紧地遵循着文献[135].

我们选择 M 的一个光滑的穷竭,说成 $M = \bigcup_{i=1}^{\infty} D_i$,$D_i \subset D_{i+1}$.这里 $\{D_i\}$ 为紧致区

域的序列,使得对某个 $t_0, \sigma_j|_{(t_0, +\infty)} \subset \Sigma_j$,其中 $\Sigma_j, 1 \leqslant j \leqslant m+1$ 为 $M - D_1$ 的不同的连通分支.

固定的 $j \in \{1, \cdots, m+1\}$. 对 $i \geqslant 1$,令 u_j^i 为下面 D_i 上的 Dirichlet 问题

$$\begin{cases} \Delta u = 0, \\ u|_{\partial D_i \cap \Sigma_j} = 1, \\ u|_{\partial D_i - (\partial D_i \cap \Sigma_j)} = 0 \end{cases}$$

的唯一解,其中 Δ 为 M 上的 Laplace-Beltrami 算子. 根据极大值原理,有

$$0 \leqslant u_j^i \leqslant 1.$$

由文献[135]知道,通过一个子序列,仍记为 u_j^i,我们可以寻找 M 上的一个调和函数 u_j 使得

$$\lim_{j \to +\infty} u_j^i(x) = u_j(x), \quad x \in M.$$

函数 u_j 有下面的性质.

引理 5.15.4(参阅文献[135]) 调和函数 u_j 不是常数且满足 $0 \leqslant u_j \leqslant 1$. 存在常数 C_j,使得

$$\int_{D_i} |\nabla u_j^i|^2 < C_j, \quad \forall i > 1,$$

$$\int_M |\nabla u_j|^2 < C_j.$$

对于 $\mathbf{R}^{n+1}$ 中的极小超曲面,下面的 Sobolev 不等式(参阅文献[142])

$$\left(\int_{D_i} \phi^p \right)^{\frac{2}{p}} \leqslant c(n) \cdot \int_{D_i} |\nabla \phi|^2$$

在上面引理 5.15.4 的证明中起着重要的作用,其中 $p = \dfrac{2n}{n-2}$,$c(n)$ 为仅依赖于维数 n 的常数,ϕ 为 ∂D_i 上的一个任意的光滑函数.

我们证明调和函数 $\{u_j\}$ 的一些进一步的性质.这些性质对定理 5.15.1 的证明是决定性的.

引理 5.15.5 函数 $\{u_1, \cdots, u_{m+1}\}$ 形成函数的 $m+1$ 维向量空间的一个基.

证明 我们通过反证法来证明.假设 $\{u_1, \cdots, u_{m+1}\}$ 线性相关,不失一般性,我们可以假定

$$u_{m+1} = \sum_{i=1}^m a_i u_i, \quad a_i \in \mathbf{R}.$$

等式两边同乘以 u_{m+1},得到

$$u_{m+1}^2 = \sum_{j=1}^m a_j u_j u_{m+1}.$$

因为 $u_j^i \cdot u_{m+1}^i$ 在 ∂D_i 上为 0,由

$$\left(\int_{D_i} \phi^p \right)^{\frac{2}{p}} \leqslant c(n) \int_{D_i} |\nabla \phi|^2$$

我们得到

$$\left(\int_{D_i} (u_j^i \cdot u_{m+1}^i)^p \right)^{\frac{2}{p}} \leqslant c(n) \int_{D_i} (u_j^i \nabla u_{m+1}^i + u_{m+1}^i \nabla u_j^i)^2$$

$$\leqslant 2c(n) \int_{D_i} (|\nabla u_{m+1}^i|^2 + |\nabla u_j^i|^2) \leqslant 2c(n) \cdot (C_{m+1} + C_j).$$

令 $i \to +\infty$,有 $u_j \cdot u_{m+1} \in L^p(M)$. 由

$$u_{m+1}^2 = \sum_{j=1}^m a_j \cdot u_j \cdot u_{m+1}$$

知,$u_{m+1} \in L^{2p}(M)$. 但是,这与引理 5.15.4 和 Yau 的一个结果(这个结果表明,完备 Riemann 流形上的非负 $L^q, q > 1$ 调和函数必须是常数,参阅文献[151])矛盾. 这就完成了引理的证明. □

引理 5.15.6 函数 $\{1, u_1, \cdots, u_m\}$ 形成了 $m+1$ 维函数向量空间的一个基.

证明 (反证)由引理 5.15.5,我们可以假定

$$1 = \sum_{j=1}^m a_j \cdot u_j, \quad a_j \in \mathbf{R}.$$

两边同乘以 u_{m+1},得到

$$u_{m+1} = \sum_{j=1}^m a_j \cdot u_j \cdot u_{m+1}.$$

利用与引理 5.15.5 中相同的论证得到 $u_{m+1} \in L^p(M)$,显然这是不可能的. □

现在,我们知道 $\{\nabla u_1, \cdots, \nabla u_m\}$ 为 $\Gamma(TM)$ 的 m 维向量子空间的一个基. 为了得到 $\Gamma_c(TM)$ 的一个 m 维向量空间,我们应用切开函数. 因此,令 ϕ 为一个切开函数,使得 supp ϕ 是非空的. 我们有下面的引理.

引理 5.15.7 函数 $\{\phi \cdot \nabla u_1, \cdots, \phi \cdot \nabla u_m\}$ 形成 $\Gamma_c(TM)$ 的 m 维向量子空间的一个基.

证明 (反证)假设 $\{\phi \cdot \nabla u_1, \cdots, \phi \cdot \nabla u_m\}$ 不是 $\Gamma_c(TM)$ 的 m 维向量子空间的一个基,则存在常数 $a_1, \cdots, a_m$,使得

$$a_1 \cdot \phi \cdot \nabla u_1 + a_2 \cdot \phi \cdot \nabla u_2 + \cdots + a_m \cdot \phi \cdot \nabla u_m = 0. \qquad (5.15.1)$$

因为 supp ϕ 是非空的,故存在一个开子集 $U \subset \text{supp } \phi$,使得 $\phi(x) \neq 0, \forall x \in U$. 现在,由式(5.15.1)得到,在 U 上,

$$a_1 \cdot \nabla u_1 + \cdots + a_m \cdot \nabla u_m \equiv 0.$$

因此,$\sum_{j=1}^m a_j u_j$ 在 U 上为常值. 但是,$\sum_{j=1}^m a_j \cdot u_j$ 是调和函数. 根据调和函数的唯一性,它在

M 上必须为常值,由引理 5.15.6 知,它是不可能的.这就完成了证明. $\qquad\square$

定理 5.15.1 设 M 为 $\mathbf{R}^{n+1}$,$n \geqslant 3$ 中的定向完备极小超曲面.如果调和指标是有限的,则 M 只有有限多个端.进而,我们有:

(1) 端的数目 $e(M)$ 满足

$$e(M) \leqslant h(M) + 1;$$

(2) 关于每个端 E_i,存在非负调和函数 u_i,这些 u_i 张成一个 $e(M)$ 维向量空间,且

$$\sum_{i=1}^{e(M)} u_i = 1.$$

特别地,如果 M 是调和稳定的,即 $h(M) = 0$,则(1)蕴涵着 M 只有一个端.

证明 (1)(反证)由题设知,调和指标 $h(M) < +\infty$.假设 $e(M) > h(M) + 1$.令 $m = h(M) + 1$,并选择 M 的端 $E_1, \cdots, E_{m+1}$.让我们用 $u_1, \cdots, u_{m+1}$ 表示相应构造的调和函数.

令 S^{m-1} 为 $\mathbf{R}^m$ 中标准的单位球面.对于 $(a_1, \cdots, a_m) \in S^{m-1}$,定义

$$u = \sum_{j=1}^{m} a_j u_j.$$

由引理 5.15.4 知,u 是 M 上的一个调和函数且 $|\nabla u| \in L^2(M)$.因此,微分形式 $\mathrm{d}u$ 是 M 上的一个 L^2-调和 1 形式.

因为 M 不是超平面(否则,$e(M) = 1$),$|A| \not\equiv 0$.选 $R_0 > 0$ 使得 $|A|$ 在测地球 $B(R_0)$ 上不恒等于 0.由引理 5.15.6,我们知道函数

$$S^{m-1} \to \mathbf{R},$$

$$(x_1, \cdots, x_m) \mapsto \int_{B(R_0)} |A|^2 \cdot \left| \sum_{j=1}^{m} x_j \nabla u_j \right|^2$$

是正的、连续的,并有正的极小值,用 ε_0 表示.

选 $R > 0$ 使得

$$R^2 > \max \left\{ R_0^2, \frac{2n}{\varepsilon_0} \sum_{j=1}^{m} C_j \right\}.$$

在 M 上挑选一个切开函数 ϕ,使得

$$\phi|_{B(R)} = 1, \quad |\nabla \phi| < \frac{1}{R}.$$

调和 1 形式 $\mathrm{d}u$ 有对偶向量场 ∇u.对于 $X = \phi \cdot \nabla u$,我们有

$$I(X, X) = \int_M |A|^2 \cdot |X|^2 - |\nabla X|^2 \geqslant \frac{1}{n} \int_{B(R_0)} |A|^2 \cdot |\nabla u|^2 - \frac{1}{R^2} \int_M |\nabla u|^2$$

$$\geqslant \frac{1}{n} \varepsilon_0 - \frac{1}{R^2} \int_M \sum_{j=1}^{m} |\nabla u_j|^2 \geqslant \frac{1}{n} \varepsilon_0 - \frac{1}{R^2} \sum_{j=1}^{m} C_j > \frac{1}{2n} \varepsilon_0$$

（参阅引理 5.15.3 的证明）. 这就导致了 $I(\cdot,\cdot)$ 在张成的 m 维向量空间

$$\text{Span}\{\phi\nabla u_1,\cdots,\phi\nabla u_m\}$$

上是正定的. 由调和指标的定义, 我们立即得到

$$h(M)\geqslant m.$$

这明显地与 m 的选取（$m=h(M)+1$）矛盾. 因此, 我们完成了（1）的证明.

（2）由（1）知

$$e(M)\leqslant h(M)+1<+\infty,$$

故 M 有有限多个端. 如果 M 只有一个端,（2）必然是成立的. 假定 M 有多于一个端. 如上我们对每个 $E_j,1\leqslant j\leqslant e(M)$ 可以构造一个调和函数 u_j. 因为端的数目是有限的, 在构造 u_j 的过程中我们可以假定

$$M-D_1=\bigcup_{j=1}^{e(M)}\Sigma_j,$$

则 $u_{e(M)}^i$ 和 $1-\sum_{j=1}^{e(M)-1}u_j^i$ 满足相同的方程和 D_i 上相同的边界值条件. 根据唯一性, 有

$$u_{e(M)}^i=1-\sum_{j=1}^{e(M)-1}u_j^i.$$

令 $i\to+\infty$, 得到

$$\sum_{j=1}^{e(M)}u_j=1.$$

这就完成了（2）的证明. □

我们假定 M 有有限全数量曲率, 也就是

$$\int_M|A|^n<+\infty.$$

Anderson 证明了, 仅具有一个端的极小超曲面必须是超平面（参阅文献[132]）. 结合定理 5.15.1, 我们有下面的引理.

引理 5.15.8 $\mathbf{R}^{n+1},n\geqslant 3$ 中具有有限全数量曲率的定向完备调和稳定极小超曲面必为超平面.

在稳定的条件下, 上面的引理是文献[149]的主要定理, 那里的证明不同于这里.

一般地, M 不是调和稳定的, 但是, 我们证明它的调和指标是有限的和给出 $h(M)$ 的一个明显的估计. 我们的方法是基于文献[137]的. 事实上, 文献[137]涉及紧致流形的子流形, 但是那里的证明（做较小的修正）对 $\mathbf{R}^{n+1}$ 中的极小子流形也可进行. 为了完全性, 我们提供估计, 它的证明如下.

定理 5.15.2 对于 $\mathbf{R}^{n+1},n\geqslant 3$ 中定向完备极小超曲面的调和指标 $h(M)$ 的估计

$$h(M)\leqslant c(n)\cdot\int_M|A|^n.$$

是成立的,其中 $c(n)$ 是仅依赖于 n 的常数.

证明 设 D 为 M 上的紧致光滑区域,考虑 $L^2(TM|_D)$ 上的算子

$$L = \nabla^2 + |A|^2,$$

其中 ∇^2 为 Bochner-Laplace 算子. 用 β_D 记特征值问题

$$\begin{cases} LX + \lambda X = 0, \\ X|_{\partial D} = 0 \end{cases}$$

的非负特征值的数目. 设 $\varepsilon > 0$ 为正的实数. 用 β_ε 记算子 $\dfrac{1}{p}\nabla^2$ 的小于或等于 1 的特征值的数目,其中 $p = \max\{|A|^2, \varepsilon\}$. 容易看到 $\beta_D \leqslant \beta_\varepsilon$.

设 $H(x, y, t)$ 为算子 $\dfrac{1}{p}\Delta - \dfrac{\partial}{\partial t}$ 在 D 上满足 Dirichlet 边值条件的热核. 令 $\{\mu_i\}_{i=0}^{+\infty}$ 为对应的特征值的集合. 定义

$$h(t) = \sum_{i=0}^{\infty} e^{-2\mu_i t}.$$

下面的不等式:

$$\beta_\varepsilon \leqslant n \cdot e^{2t} \cdot h(t), \quad \forall t > 0$$

在文献 [137] 中被证明. 另一方面,根据 $h(t)$ 的定义和热核的性质,有

$$h(t) = \iint_D H^2(x, y, t) p(x) p(y) \mathrm{d}y \mathrm{d}x.$$

关于 t 微分得到

$$\frac{\mathrm{d}h}{\mathrm{d}t} = 2 \iint_D H(x, y, t) p(x) p(y) \frac{\partial H}{\partial t}(x, y, t) \mathrm{d}y \mathrm{d}x$$

$$= 2 \int_D p(x) \int_D H(x, y, t)(\Delta_y H(x, y, t)) \mathrm{d}y \mathrm{d}x$$

$$= -2 \int_D p(x) \int_D |\nabla_y H(x, y, t)|^2 \mathrm{d}y \mathrm{d}x.$$

这里用到了热核的定义和 Stokes 公式. 应用 Hölder 不等式,有

$$h(t) = \int_D p(x) \int_D H^2(x, y, t) p(y) \mathrm{d}y \mathrm{d}x$$

$$\leqslant \int_D p(x) \left(\int_D H^{\frac{2n}{2n-2}}(x, y, t) \mathrm{d}y \right)^{\frac{n-2}{n+2}} \cdot (H(x, y, t) p^{\frac{n+2}{4}}(y) \mathrm{d}y)^{\frac{4}{n+2}} \mathrm{d}x$$

$$\leqslant \left(\int_D p(x) \left(\int_D H^{\frac{2n}{2n-2}}(x, y, t) \mathrm{d}y \right)^{\frac{n-2}{n}} \mathrm{d}x \right)^{\frac{n}{n+2}}$$

$$\cdot \left(\int_D p(x) \left(\int_D H(x, y, t) p^{\frac{n+2}{4}}(y) \mathrm{d}y \right)^2 \mathrm{d}x \right)^{\frac{2}{n+2}}. \tag{5.15.2}$$

定义

$$P(x,t) = \int_D H(x,y,t) p^{\frac{n+2}{4}}(y)\mathrm{d}y,$$

则

$$\begin{cases} \left(\dfrac{1}{p}\Delta_x - \dfrac{\partial}{\partial t}\right)P(x,t) = 0, \\ P(x,0) = p^{\frac{n-2}{4}}(x). \end{cases}$$

因此,有

$$\frac{\mathrm{d}}{\mathrm{d}t}\int_D P^2(x,t)p(x)\mathrm{d}x = 2\int_D P(x,t)\frac{\partial P}{\partial t}(x,t)p(x)\mathrm{d}x = 2\int_D P(x,t)\Delta_x P(x,t)\mathrm{d}x$$

$$= -2\int_D |\nabla_x P(x,t)|^2\mathrm{d}x \leqslant 0,$$

于是

$$\int_D P^2(x,t)p(x)\mathrm{d}x \leqslant \int_D P^2(x,0)p(x)\mathrm{d}x = \int_D p^{\frac{n}{2}}\mathrm{d}x.$$

现在,式(5.15.2)可以重写为

$$h^{\frac{n+2}{n}}(t)\left(\int_D p^{\frac{n}{2}}(x)\mathrm{d}x\right)^{-\frac{2}{n}} \leqslant \int_D p(x)\left(\int_D H^{\frac{2n}{n-2}}(x,y,t)\mathrm{d}y\right)^{\frac{n-2}{n}}\mathrm{d}x.$$

根据 Sobolev 不等式

$$\left(\int_{D_i}\phi^p\right)^{\frac{2}{p}} \leqslant c(n) \cdot \int_{D_i}|\nabla\phi|^2,$$

有

$$h^{\frac{n+2}{n}}(t)\left(\int_D p^{\frac{n}{2}}(x)\mathrm{d}x\right)^{-\frac{2}{n}} \leqslant c(n)\int_D p(x) \cdot \int_D |\nabla_y H(x,y,t)|^2\mathrm{d}y\mathrm{d}x = -\frac{1}{2}c(n)\frac{\mathrm{d}h}{\mathrm{d}t}.$$

因为 $\lim\limits_{t\to 0} h(t) = \infty$,我们得到

$$h(t) \leqslant \left(\frac{nc(n)}{4t}\right)^{\frac{n}{2}} \cdot \int_D p^{\frac{n}{2}},$$

所以

$$\beta_D \leqslant \beta_\varepsilon \leqslant n \cdot \mathrm{e}^{2t} \cdot h(t) = n \cdot \mathrm{e}^{2t} \cdot \left(\frac{nc(n)}{4t}\right)^{\frac{n}{2}} \cdot \int_D p^{\frac{n}{2}}, \quad \forall\, t,\varepsilon > 0.$$

令 $\varepsilon \to 0^+$,得到下面的估计:

$$\beta_D \leqslant c(n) \cdot \int_D |A|^n \leqslant c(n) \cdot \int_M |A|^n.$$

由调和指标的定义,最后我们得到

$$h(M) \leqslant \sup_D \beta_D \leqslant c(n) \cdot \int_M |A|^n. \qquad \square$$

由定理 5.15.1 知, M 只有有限多个端, 记为 $E_1, \cdots, E_{e(M)}$. 这些端分别有调和代表 $u_1, \cdots, u_{e(M)}$. 为证明下面的定理 5.15.3, 我们需要一些准备. 首先, 需要关于曲率的点式估计. 这样的估计可以在文献[130]、[132]和[149]中找到. 下面命题的结果基本上取于文献[149], 这里的估计指在球外. 证明与文献[149]中是相同的.

引理 5.15.9 对固定的 $p_0 \in M$, 存在 $R_0 > 0$, 使得当 $\text{dist}(p, p_0) > R_0$ 时,

$$\text{dist}(p, p_0) \cdot |A|(p) < \varepsilon$$

成立, 其中 $\text{dist}(p, p_0)$ 为 p 和 p_0 之间的测地距离.

由引理 5.15.9, 我们可以推得下面的梯度估计.

引理 5.15.10(参阅文献[48]20 页) 对于固定的 $p_0 \in M$, 存在 $R_0 > 0$, 使得如果 $\text{dist}(p, p_0) > R_0$ 且 u 是在 $B\left(p; \dfrac{2}{3}\text{dist}(p, p_0)\right)$ 上的一个正的调和函数, 则

$$\max_{B\left(p; \frac{1}{2}\text{dist}(p, p_0)\right)} \frac{|\nabla u|}{u} \leqslant \frac{c(n)}{\text{dist}(p, p_0)},$$

其中 $B(p; r)$ 是中心为 p 点和半径为 r 的测地球, 而 $c(n)$ 是仅依赖于 n 的常数.

另一方面, 测地球的体积增长可以控制得很好.

引理 5.15.11 存在依赖于 r 和 p 的常数 C_1 和 C_2, 使得

$$C_1 \leqslant \frac{\text{vol } B(p; r)}{r^n} \leqslant C_2, \quad \forall r > 0.$$

证明 不等式的左边对具有

$$C_1 = \omega(n) = \text{vol } S^{n-1}$$

的任何极小超曲面成立(参阅文献[135]). 不等式的右边被 Anderson 证明(参阅文献[132]). □

现在, 我们有下面决定性的 Harnack 不等式.

引理 5.15.12 如引理 5.15.10 选择 p_0, R_0. 我们假定 R_0 可以足够大, 使得

$$M - B(p_0; R_0) = \bigcup_{j=1}^{e(M)} \Sigma_j,$$

其中 $\{\Sigma_j\}_{j=1}^{e(M)}$ 是对应于不同端的连通分支. 固定这样一个连通分支, 并记为 Σ. 假定 u 为

$$\Sigma \bigcap (B(p_0; R) - B(p_0; R_0))$$

上的一个正的调和函数, 则存在一个不依赖于 u 的常数 C, 使得当 $3R_0 < r \leqslant \dfrac{3R}{5}$ 时,

$$\sup_{\partial B(p_0; r) \cap \Sigma} u \leqslant C \cdot \inf_{\partial B(p_0; r) \cap \Sigma} u$$

成立.

证明 在 $\partial B(p_0; r)$ 上选择一个最大点集 $\{x_i\}_{i=1}^m$, 使得 $\left\{ B\left(x_i; \dfrac{r}{4}\right) \right\}$ 两两交集为

空且

$$\bigcup_{i=1}^{m} \operatorname{vol} B\left(x_i ; \frac{r}{2}\right) \supset \partial B(p_0 ; r).$$

显然

$$\bigcup_{i=1}^{m} B\left(x_i ; \frac{r}{4}\right) \supset B\left(p_0 ; \frac{5}{4} r\right).$$

因此

$$\sum_{i=1}^{m} \operatorname{vol} B\left(x_i ; \frac{r}{4}\right) \leqslant \operatorname{vol} B\left(p_0 ; \frac{5}{4} r\right).$$

由引理 5.15.11 知

$$m \cdot C_1 \cdot \left(\frac{r}{4}\right)^n \leqslant C_2 \cdot \left(\frac{5}{4} r\right)^n,$$

因此

$$m \leqslant \frac{C_2}{C_1} \cdot 5^n.$$

注意,如果 $x_i \in \Sigma, B\left(x_i ; \frac{r}{2}\right) \subset \Sigma$,则对 $\forall p, q \in \partial B(p_0 ; r) \bigcap \Sigma$,我们可以找到一条分段测地线 $\gamma = \overline{p_0 p_1} \bigcup \overline{p_1 p_2} \bigcup \cdots \bigcup \overline{p_{\widetilde{m}-1} p_{\widetilde{m}}}$,使得 $p_0 = p, p_{\widetilde{m}} = q, \widetilde{m} \leqslant 2m$,而 $\overline{p_i p_{i+1}}, 0 \leqslant i \leqslant \widetilde{m} - 1$ 为极小测地线,它的长度小于或等于 $\frac{r}{2}$,且包含于 $B\left(x_j ; \frac{r}{2}\right)$.由引理 5.15.10,有

$$\int_{\gamma} \frac{|\nabla u|}{u} \mathrm{d}s \leqslant \frac{c(n)}{r} \cdot \int_{\gamma} \mathrm{d}s \leqslant \frac{c(n)}{r} \cdot \widetilde{m} \cdot \frac{r}{2} \leqslant m \cdot c(n).$$

另一方面

$$\int_{\gamma} \frac{|\nabla u|}{u} \mathrm{d}s = \sum_{i=0}^{\widetilde{m}-1} \int_{\overline{p_i p_{i+1}}} \frac{|\nabla u|}{u} \mathrm{d}s \geqslant \sum_{i=0}^{\widetilde{m}-1} \left|\int_{\overline{p_i p_{i+1}}} \frac{\mathrm{d} \ln u}{\mathrm{d}s}\right|$$

$$= \sum_{i=0}^{\widetilde{m}-1} |\ln u(p_{i+1}) - \ln u(p_i)| \geqslant \ln \frac{u(q)}{u(p)}.$$

所以

$$u(q) \leqslant \mathrm{e}^{m \cdot c(n)} \cdot u(p).$$

因为 p, q 是任意的,所以

$$\sup_{\partial B(p_0 ; r) \bigcap \Sigma} u \leqslant C \cdot \inf_{\partial B(p_0 ; r) \bigcap \Sigma} u,$$

其中 C 为与 u 无关的常数. □

有了 Harnack 不等式,现在我们来研究调和函数在无穷远处的性质.

引理 5.15.13 设 u 为 M 上的有界调和函数,并假定 $\{\Sigma_j\}$ 如上,则对每个 j,

$$\lim_{\substack{p \in \Sigma_j \\ \text{dist}(p;p_0) \to +\infty}} u$$

存在且有限.

证明 记

$$a_j = \lim_{R \to +\infty} \inf_{\Sigma_j - B(p_0;R)} u.$$

因为 u 是有界的,故 a_j 是有限的. 对 $\forall \varepsilon > 0$,我们可以找到 $R_i \to +\infty$ 的序列,使得

$$\inf_{\Sigma_j - B(p_0;R_i)} u > a_j - \varepsilon$$

和

$$a_j + \varepsilon > \inf_{\partial B(p;R_i) \cap \Sigma_j} u.$$

在 $\Sigma_j - B(p_0;R_i)$ 上考虑正调和函数

$$f = u - (a_j - \varepsilon).$$

由引理 5.15.12 可以推得,存在 i_0 使得当 $i \geqslant i_0$ 时

$$\sup_{\partial B(p;R_i) \cap \Sigma_j} f \leqslant c(n) \cdot \inf_{\partial B(p;R_i) \cap \Sigma_j} f.$$

由它立即得到

$$\sup_{\partial B(p;R_i) \cap \Sigma_j} u \leqslant 2c(n)\varepsilon + a_j.$$

根据调和函数的极大原理,有

$$\lim_{R \to +\infty} \sup_{\Sigma_j - B(p_0;R)} u \leqslant 2c(n)\varepsilon + a_j.$$

再令 $\varepsilon \to 0^+$,由 a_j 的定义得到

$$\lim_{\substack{p \in \Sigma_j \\ \text{dist}(p,p_0) \to +\infty}} u = a_j. \qquad \square$$

对于 M 的每个端,如前所述我们可以构造有界调和函数 $\{u_j\}$,并有:

引理 5.15.14 等式

$$\lim_{\substack{p \in \Sigma_j \\ \text{dist}(p,p_0) \to +\infty}} u_i = \delta_{ij}, \quad 1 \leqslant i,j \leqslant e(M),$$

其中 δ_{ij} 为 Kronecker 符号.

证明 固定 $i \neq j$. 我们回顾 u_i 的构造. 固定 $r > R_0$,假定 $R > r+2$,并考虑下面的 Dirichlet 问题

$$\begin{cases} \Delta u_{i,R} \mid_{B(p_0;R)} = 0, \\ u_{i,R} \mid_{\partial B(p_0;R) \cap \Sigma_j} = \delta_{ij}. \end{cases}$$

通过选择子序列 $R_k \to +\infty$,有

$$\lim_{k \to +\infty} u_{i,R_k} = u_i.$$

考虑另一个 Dirichlet 问题

$$\begin{cases} \Delta u_R \big|_{\Sigma_j \cap (B(p_0;R)-B(p_0;r))} = 0, \\ u_R \big|_{\partial B(p_0;r) \cap \Sigma_j} = 1, \\ u_R \big|_{\partial B(p_0;R)} = 0. \end{cases}$$

因为调和函数将 Dirichlet 积分极小化,存在一个与 R 无关的常数 C,使得

$$\int_{\Sigma_j \cap (B(p_0;R)-B(p_0;r))} |\nabla u_R|^2 \leqslant C.$$

通过极大原理,我们也知道在

$$\Sigma_j \bigcap (B(p_0;R) - B(p_0;r))$$

上,有

$$0 \leqslant u_{i,R} \leqslant u_R \leqslant 1.$$

类似地,通过选择一个子序列(仍用 R_k 记之),我们得到 $\Sigma_j - B(p_0;r)$ 上的一个调和函数 u,使得在 $\Sigma_j - B(p_0;r)$ 上,有

$$u_{R_k} \to u, \quad u_i \leqslant u.$$

在 M 上选一个光滑函数 ϕ 使得 $0 \leqslant \phi \leqslant 1$,$\phi$ 在

$$\left(\bigcup_{k \neq j} \Sigma_k\right) \bigcup B(p_0;r+1)$$

上为 0,而在

$$\Sigma_j - B(p_0;r+2)$$

上为 1,则 $\phi \cdot u_R$ 在紧致区域

$$\Sigma_j \bigcap (B(p_0;R) - B(p_0;r+1))$$

的边界上为 0.因此,根据 Sobolev 不等式

$$\left(\int_{D_i} \phi^p\right)^{\frac{2}{p}} \leqslant c(n) \cdot \int_{D_i} |\nabla \phi|^2,$$

有

$$\left(\int_{\Sigma_j \cap (B(p_0;R)-B(p_0;r+1))} |\phi \cdot u_R|^{\frac{2n}{n-2}}\right)^{\frac{n-2}{n}}$$

$$\leqslant c(n) \int_{\Sigma_j \cap (B(p_0;R)-B(p_0;r+1))} |\nabla(\phi \cdot u_R)|^2$$

$$\leqslant 2c(n) \int_{\Sigma_j \cap (B(p_0;R)-B(p_0;r+1))} (|\nabla \phi|^2 + |\nabla u_R|^2)$$

$$\leqslant 2c(n) \cdot \left(\int_M |\nabla \phi|^2 + C\right).$$

所以

$$\int_{\Sigma_j \cap B(p_0;r+2)} |u_R|^{\frac{2n}{n-2}} \leqslant \widetilde{C}, \quad \int_{\Sigma_j - B(p_0;r+2)} |u|^{\frac{2n}{n-2}} \leqslant \widetilde{C}.$$

如在引理 5.15.13 的证明中,可以证明存在 $a \geqslant 0$ 使得

$$\lim_{\substack{p \in \Sigma_j \\ \operatorname{dist}(p, p_0) \to +\infty}} u = a.$$

我们得到 $a = 0$. 否则,由上面的积分不等式,有

$$\operatorname{vol} \Sigma_j < +\infty.$$

这与引理 5.15.11 矛盾. 因此

$$\lim_{\substack{p \in \Sigma_j \\ \operatorname{dist}(p, p_0) \to +\infty}} u_i \leqslant \lim_{\substack{p \in \Sigma_j \\ \operatorname{dist}(p, p_0) \to +\infty}} u = 0.$$

于是,对 $i \neq j$,有

$$\lim_{\substack{p \in \Sigma_j \\ \operatorname{dist}(p, p_0) \to +\infty}} u_i = 0.$$

另一方面,由

$$\sum_{i=1}^{e(M)} u_i = 1$$

立即有

$$\lim_{\substack{p \in \Sigma_i \\ \operatorname{dist}(p, p_0) \to +\infty}} u_i = 1.$$

这就完成了引理的证明. $\qquad\square$

定理 5.15.3 设 V 为 $\mathbf{R}^{n+1}, n \geqslant 3$ 中具有有限全数量曲率的定向完备极小超曲面 M 的有界调和函数的向量空间,则

$$\dim V = e(M)$$

且

$$V = \operatorname{Span}\{u_1, \cdots, u_{e(M)}\}.$$

证明 假设 $u \in V$,即 u 为一个有界调和函数. 由引理 5.15.13 知,对每个 j,极限

$$\lim_{\substack{p \in \Sigma_j \\ \operatorname{dist}(p, p_0) \to +\infty}} u$$

存在,并用 a_j 表示. 因此,根据引理 5.15.14,有

$$\lim_{\operatorname{dist}(p, p_0) \to +\infty} \left(u - \sum_{j=1}^{e(M)} a_j u_j \right) = 0.$$

由极大原理知

$$u - \sum_{j=1}^{e(M)} a_j u_j \equiv 0.$$

这就蕴涵着 $V \subset \operatorname{Span}\{u_1, \cdots, u_{e(M)}\}$. 因此,$V = \operatorname{Span}\{u_1, \cdots, u_{e(M)}\}$. 由引理 5.15.5 知

$$\dim V = e(M). \qquad\square$$

具有有限全数量曲率的极小子流形的研究一直在深入(参阅文献[129]、[131]、

[132]、[143]、[144]、[146]、[148]). 对于超曲面的调和指标, 我们得到了上述明显的估计.

上面的讨论对浸入子流形成立. 对于嵌入情形, 由文献[143]知, 可选 $\mathbf{R}^{n+1}$ 的坐标 $\{x_1, \cdots, x_{n+1}\}$, 使得当限制到 M 上时, x_{n+1} 是有界的. 因为 M 是极小的, 故 x_{n+1} 为有界调和函数. 由定理 5.15.3, 我们推得, 存在常数 $\{a_i\}$ 使得

$$x_{n+1} = \sum_{i=1}^{e(M)} a_i \cdot u_i.$$

由引理 5.15.14, 得

$$\lim_{\substack{p \in \Sigma_j \\ \text{dist}(p, p_0) \to +\infty}} x_{n+1} = a_j.$$

因此, Σ_j 的极限状态是超平面 $\{x_{n+1} = a_j\}$.

另一方面, 如果 M 只有一个端, 即 $e(M) = 1$, 则由 x_{n+1} 的上面表示可知, M 包含在超平面中, 因此它为超平面. 这对嵌入情形给出了引理 5.15.8 的另一种解释.

参 考 文 献

［1］Ambrose W. The Cartan structural equations in classical Riemannian geometry ［J］. Journal of the Indian Mathematical Society，1960，24：23 - 76(MR 23 ♯ A 1317).

［2］Artin E. Geometric algebra ［M］. New York：Interscience，1957.

［3］Berger M. Sur quelques varits riemanniennes suffisament pinces ［J］. Bulletin de la Société Mathématique de France，1960，88：57 - 71(MR 24 ♯ A 3606).

［4］Berger M. Les varits Riemanniennes 14 pinces ［J］. Annali della Scuola Normale Superiore di Pisa，1960，14：161 - 170 (MR 25 ♯ 3478).

［5］Berger M. On the characteristic of positively pinched Riemannian manifolds ［J］. Proceedings of the National Academy of Sciences of the United States of America，1962，48：1915 - 1917 (MR 26 ♯ 720).

［6］Berger M. Les variétés riemanniennes homogénes normales simplement connexes à courbure strictement positive ［J］. Annali della Scuola Normale Superiore di Pisa，1965，15：179 - 246 (MR24♯ A 2919).

［7］Brown M. A proof of the generalized Schoenfies theorem ［J］. Bulletin of the American Mathematical Society，1960，66：74 - 76.

［8］Chavel I. Eigenvalues in Riemann geometry ［M］. New York：Academic Press，1984.

［9］Cheeger J，Ebin D. Comparison theorem in Riemannian geometry ［M］. Amsterdam：North Holland Publishing Company，1975.

［10］Chern S S. Differentiable manifold ［M］. University of Chicago，Mimeographed Notes，1953.

［11］Chern S S. On curvature and characteristic classes of a Riemannian manifold ［J］. Abhandlungen aus dem Mathematischen Seminar der Universität Hamburg，1955，20：117 - 126 (MR 17，783).

［12］Chern S S，do Carmo M，Kobayashi S. Minimal submanifolds of a sphere with second fundamental form of constant length ［M］. New York：Springer-Verlag，

1970：59 - 75.

[13] Xu S L，Zhang H M. The isospectrum problem of compact submanifolds on sphere [J]. Journal of Mathematical Study，1996，29(4)：1 - 4.

[14] Gallot S，Hulin D，Lafontaine J. Riemannian geometry [M]. New York：Springer-Verlag，1987.

[15] Gromov M，Lawson H B. The classification of simply connected manifolds of scalar curvature [J]. Annals of Mathematics，1980，111：423 - 434.

[16] Gromoll D，Meyer W T. On complete open manifolds of positive curvature [J]. Annals of Mathematics，1969，90：75 - 90.

[17] Gromoll D. Differenzierbare strukturen und metriken positiver krümmung auf sphären [J]. Mathematische Annalen，1966，164：353 - 371 (MR 33，♯ 4940).

[18] Grove K，Shiohama K. A generalized sphere theorem [J]. Annals of Mathematics，1977，106：201 - 211.

[19] Itoh T. Addendum to my paper "On veronese manifolds" [J]. Journal of the Mathematical Society of Japan，1978，30：73 - 74.

[20] Klingenberg W. Contributions to Riemannian geometry in the large [J]. Annals of Mathematics，1959，69：654 - 666 (MR 21 ♯ 4445).

[21] Klingenberg W. Über Riemannsche mannigfaltigkeiten mit positiver krümmung [J]. Commentarii Mathematici Helvetici，1961，35：47 - 54 (MR 25 ♯ 2559).

[22] Klingenberg W. Über Riemannsche mannigfaltigkeiten mit nach oben beschränker krümmung [J]. Annali di Matematica Pura ed Applicata，1962，60：49 - 59 (MR 28 ♯ 556).

[23] Kervaire M A，Milnor J W. Groups of homotopy sphere I [J]. Annals of Mathematics，1963，77：504 - 537.

[22] Lu Zhiqin，Chen Zhihua. On the spectrum of the Laplacian on minimal hypersurface of a sphere [J]. Advances in Mathematics (China)，1992，21：259 - 269.

[25] Palais R S，Terng C L. Submanifold theory and critical point theory [M]. New York：Springer - Verlag，1988.

[26] Rauch H E. A contribution to differential geometry in the large [J]. Annals of Mathematics，1951，54：38 - 55 (MR 13，159).

[27] Spanier E H. Algebraic Topology [M]. New York：McGraw-Hill，Inc.，1966.

[28] Synge J L. The first and second variation of length in Riemannian Space [J].

Proceedings of the London Mathematical Society，1926，25：247 – 264.

[29] Schoen R，Yau S T. Existence of incompressible minimal surfaces and the topology of three dimensional manifolds with non-negative scalar curvature [J]. Annals of Mathematics，1979，110：127 – 142.

[30] Takahashi T. Minimal immersions of Riemannian manifolds [J]. Journal of the Mathematical Society of Japan，1966，18：380 – 385.

[31] Tsukamoto Y. On Riemannian manifolds with positive curvature [J]. Memoirs of the Faculty of Science，Kyushu University，Series A，1962，15：90 – 96.

[32] Tsukamoto Y. On a theorem of A. D. Alexandrov [J]. Memoirs of the Faculty of Science，Kyushu University，Series A，1962，15：83 – 89（MR 25 ♯ 2562）.

[33] Warner F W. Conjugate loci of constant order [J]. Annals of Mathematics，1967，86：192 – 212（MR 35 ♯ 4857）.

[34] Warner F W. Foundation of differentiable manifolds and Lie groups [M]. New York：Springer – Verlag，1983.

[35] Warner F W. Extensions of the Rauch comparison theorem to submanifolds [J]. Transactions of the American Mathematical Society，1966，122：341 – 356（MR 34 ♯ 735）.

[36] Yano K，Bochner S. Curvature and Betti number [M]. Princeton：Princeton University Press，1953.

[37] Zhong J Q，Yang H C. On the estimate of the first eigenvalue of a compact Riemannian manifold [J]. Science in China，1984，27A（12）：1265 – 1273.

[38] Yang H C. Estimate of first eigenvalue for a compact Riemannian manifold[J]. Science in China，1990，33A（1）：39 – 51.

[39] Li P，Yau S T. Estimate of eigenvalues of compact Riemannian manifold[J]. Proceedings of Symposia in Pure Mathematics，1980，36：203 – 239.

[40] Jia Fang. Estimate on the first eigenvalue of a compact Riemannian manifold [J]. Chinese Annals of Mathematics，1991，12A（4）：496 – 502.

[41] Zhao Di. Estimate of the first eigenvalue on compact Riemannian manifolds[J]. Science in China，1999，29A（3）：207 – 214.

[42] Chen M F，Wang F Y. General formula for lower bound of the first eigenvalue on Riemannian manifolds [J]. Science in China，1997，27A（1）：34 – 42.

[43] Xu S L，Pang H D. Estimate of the first eigenvalue on compact Riemannian manifolds [J]. Mathematica Applicata，2001，14(1)：116 – 119.

[44] Cheng S Y. Eigenfunctions and eigenvalues of Laplacian [J]. Proceedings of Symposia in Pure Mathematics, 1975, 27: 185 - 193.

[45] Hile G N, Protter M H. Inequalities for eigenvalues of the Laplacian [J]. Indiana University Mathematics Journal, 1980, 29(4): 523 - 538.

[46] Li P. Eigenvalue estimates on homogeneous manifolds [J]. Commentarii Mathematici Helvetici, 1980, 55: 347 - 363.

[47] Ashbaugh M S, Benguria R D. A sharp bound for the ratio of the first two eigenvalues of Dirichlet Laplacians and extensions [J]. Annals of Mathematics, 1992, 135: 601 - 628.

[48] Yau S T, Scheon R. Differential geometry (Chinese) [M]. Beijing: Scientific Publishing House, 1988.

[49] Choi H I, Wang A N. A first eigenvalue estimate for minimal hypersurfaces [J]. Journal of Differential Geometry, 1983, 18: 559 - 562.

[50] Yang P, Yau S T. Eigenvalue of the Laplacian of compact Riemann surfaces and minimal submanifolds [J]. Annali della Scuola Normale Superiore di Pisa, 1980, 7: 55 - 63.

[51] Ouyang Chongzhen. Notes on spectral isomorphic Riemann manifolds [J]. Scientific Bulletin, 1993, 38: 402 - 404.

[52] Ficken F A. The Riemannian and affine differential geometry of product spaces [J]. Annals of Mathematics, 1939, 40: 892 - 913.

[53] Patodi V K. Curvature and the fundamental solution of the heat operator [J]. Journal of Indian Mathematics Society, 1970, 34: 269 - 285.

[54] Lu Z Q, Chen Z H. The spectrum of Laplace operator on minimal hypersurface [J]. Advances in Mathematics, 1992, 3: 359 - 363.

[55] Zhou Z R. The spectral characterization of totally geodesic submanifold of a sphere [J]. Inventiones Mathematicae, 1989, 7: 253 - 268.

[56] Chen X P. Pseudo-umbalical submanifold in constant curved space [J]. Journal of East China Normal University, 1990, 1: 59 - 65.

[57] Lawson B. Local rigidity theorems for minimal hypersurfaces [J]. Annals of Mathematics, 1969, 89: 187 - 197.

[58] Goldberg S I, Gauchman H. Characterizing S^m by the spectrum of the Laplacian on 2 forms [J]. Proceedings of the American Mathematical Society, 1987, 99(4): 750 - 756.

[59] Wu J Y. On almost isospectral manifolds [J]. Indiana University Mathematics Journal, 1990, 39(4): 1373 - 1381.

[60] Xu Senlin, Xia Qinglan. On the spectrum of Clifford hypersurface M_{n_1, n_2} [J]. Journal of Mathematical Study, 1996, 29(4): 5 - 9.

[61] Kervaire M A. A manifold which does not admit any differentiable structure[J]. Commentarii Mathematici Helvetici, 1960, 34:257 - 270.

[62] Shukichi T. A characterization of the canonical spheres by spectrum [J]. Mathematische Zeitschrift, 1980, 175: 267 - 274.

[63] Sakai T. On eigenvalues of Laplacian and curvature of Riemannian manifold [J]. Tohoku Mathematical Journal, 1971, 23: 589 - 603.

[64] Alencar H, do Carmo M. Hypersurfaces with constant mean curvature in spheres [J]. Proceedings of the American Mathematical Society, 1994, 120: 1223 - 1229.

[65] Petersen P V. Comparison geometry problem, Riemannian geometry (Waterloo, On, 1993)[M]. Princeton: Priceton University Press, 1996: 87 - 115.

[66] Shen Z M. Complete manifolds with nonnegative Ricci curvature and large volume growth [J]. Inventiones Mathematicae, 1996, 125(3): 393 - 404.

[67] Cheeger J. Critical points of distance functions and applications to geometry [M]. New York: Springer-Verlag, 1991: 1 - 38.

[68] Dai X Z, Wei G F. A comparison-estimate of Toponogov type for Ricci curvature [J]. Mathematische Annalen, 1995, 303: 297 - 306.

[69] Xia C Y. Open manifolds with nonnegative Ricci curvature and large volume growth [J]. Commentarii Mathematici Helvetici, 1999, 74(3): 456 - 466.

[70] Sha J P, Shen Z M. Complete manifolds with nonnegative Ricci curvature and quadratically nonnegative curved infinity [J]. American Journal of Mathematics, 1997, 119: 1399 - 1404.

[71] Grove K. Critical point theory for distant-functions [J]. Proceedings of Symposia in Pure Mathematics, 1993: 357 - 386.

[72] Xia C Y. Open manifolds with sectional curvature bounded from below [J]. American Journal of Mathematics, 2000, 122: 745 - 755.

[73] Abresh U, Gromoll D. On complete manifolds with non-negative Ricci curvature [J]. Journal of the American Mathematical Society, 1990, 3: 355 - 374.

[74] Shen Z M. On complete manifolds of nonnegative kth-Ricci curvature [J].

Transactions of the American Mathematical Society, 1993, 338(1): 289 - 310.

[75] Do Carmo M, Xia C Y. Ricci curvature and the topology of open manifolds [J]. Mathematische Annalen, 2000, 316(2): 391 - 400.

[76] Machigashira Y. Complete open manifolds of nonnegative radial curvature [J]. Pacific Journal of Mathematics, 1994, 165(1): 153 - 160.

[77] Machigashire Y. Manifolds with pinched radial curvature [J]. Proceedings of the American Mathematical Society, 1993, 118(4): 979 - 985.

[78] Ordway D, Stephens B, Yang D G. Large volume growth and finite topological type [J]. Proceedings of the American Mathematical Society, 2000, 128(4): 1191 - 1196.

[79] Yang F Y, Xu S L. Wang Z Q. The topology of open manifolds with nonnegative Ricci curvature [J]. Journal of Mathematical Study, 2003, 36(1): 1 - 7.

[80] Cheeger J, Gromoll D. On the structure of complete manifolds of nonnegative curvature [J]. Annals of Mathematics, 1972, 96: 413 - 443.

[81] Hirsch M W. Differential topology [M]. New York: Springer-Verlag, 1976.

[82] Cheeger J, Gromoll D. The splitting theorems for manifolds of nonnegative Ricci curvature [J]. Journal of Differential Geometry, 1971, 6: 119 - 128.

[83] Gromov M. Curvature, diameter and Betti number [J]. Commentarii Mathematici Helvetici, 1981, 56: 53 - 78.

[84] Wu H, Shen S L, Yu Y L. An Introduction to Riemannian geometry [M]. Beijing: Peking University Press, 1988.

[85] De Carmo M, Xia C Y. Ricci curvature and the topology of open manifolds [J]. Mathematische Annalen, 2000, 316: 391 - 400.

[86] Shiohama T. On the excess of open manifolds [J]. Proceedings of Symposia in Mathematics, 1993, 54(3): 577 - 584.

[87] Xu S L, Wang Z Q, Yang F Y. Small excess and the topology of open manifolds [J]. Mathematica Applicata, 2002, 15(4): 7 - 12.

[88] Xia C Y. Large volume growth and the topology of open manifolds [J]. Mathematische Zeitschrift, 2002, 239: 515 - 526.

[89] Xia C Y. Ricci curvature, conjugate radius and large volume growth [J]. Manuscripta Mathematica, 2003, 110: 187 - 194.

[90] Wu H X, Chen W H. Topics of Riemann geometry [M]. Beijing: Peking

University Press，1993.

[91] Anderson M. On the topology of complete manifolds of nonnegative Ricci curvature [J]. Topology，1990，29：41－55.

[92] Anderson M，Rodriguez L. Minimal surfaces and 3-manifolds of nonnegative Ricci curvature [J]. Mathematische Annalen，1989，283：461－476.

[93] Gromov M. Metric structure of Riemannian and non-Riemannian spaces [M]. Boston：Birkhäuser，1999.

[94] Milnor J W. A note on curvature and fundamental group [J]. Journal of Differential Geometry，1968，2：1－7.

[95] Sormani C. Nonnegative Ricci curvature，small linear diameter and finite generation of fundamental groups [J]. Journal of Differential Geometry，2000，54：547－559.

[96] Sormani C，Wei G F. Hausdorff convergence and universal covers [J]. Transactions of the American Mathematical Society，2001，353：3585－3602.

[97] Schoen R，Yau S T. On complete three dimensional manifolds with positive Ricci curvature and scalar curvature [J]. Annals of Mathematics Studies，1982，102：209－228.

[98] Li P. Large time behavior of the heat equation on complete manifolds with nonnegative Ricci curvature [J]. Annals of Mathematics，1986，124：1－21.

[99] Xu S L，Wang Z Q，Yang F Y. On the fundamental group of open manifolds with nonnegative Ricci curvature [J]. Chinese Annals of Mathematics，2003，24B：469－474.

[100] Abresch U. Lower curvature bounds，Toponogov's theorem，and bounded topology，I [J]. Annales Scientifiques de l'École Normale Supérieure，1985，18：651－670.

[101] Abresch U. Lower curvature bounds，Toponogov's theorem，and bounded topology，II [J]. Annales Scientifiques de l'École Normale Supérieure，1987，20：475－502.

[102] Cheeger J，Gromov M，Taylor M. Finite propagation speed，kernel estimates for functions of the Laplace operator，and the geometry of complete Riemannian manifolds [J]. Journal of Differential Geometry，1982，17：15－53.

[103] Lott J，Shen Z. Manifolds with quadratic curvature decay and slow volume growth [J]. Annales Scientifiques de l'École Normale Supérieure，2000，33(4)：

275 - 290.

[104] Shen Z M, Wei G F. Volume growth and finite topological type [J]. Proceedings of Symposia in Pure Mathematics, 1993, 54: 539 - 549.

[105] Zhu S. A volume comparison theorem for manifolds with asymptotically nonnegative curvature and its applications [J]. American Journal of Mathematics, 1994, 116: 669 - 682.

[106] Goldberg S I. Curvature and homology [M]. New York and London: Academic Press, 1962.

[107] James I M. The suspension triad of a sphere [J]. Annals of Mathematics, 1956, 63(2): 407 - 429.

[108] James I M. Filtration of the homotopy groups of spheres [J]. Quarterly Journal of Mathematics, Oxford Series, 1958, 9(2): 301 - 309.

[109] Lawson Jr. H B. Stretching phenomena in mappings of spheres [J]. Proceedings of the American Mathematical Society, 1968, 19: 433 - 435.

[110] Milnor J W. Morse theory [M]. Princeton: Princeton University Press, 1963.

[111] Olivier R. Über die Dehnung von sphärenbbildungen [J]. Inventiones Mathematicae, 1966, 1: 380 - 390 (German).

[112] Roitberg J. Dilatation phenomena in the homotopy groups of spheres [J]. Advances in Mathematics, 1975, 15: 198 - 206.

[113] Roitberg J. The dilatation and filtration invariants in the homotopy of spheres [J]. Advances in Mathematics, 1976, 20(2): 280 - 284.

[114] Toda H. Composition methods in homotopy groups of spheres [M]. Princeton: Princeton University Press, 1962.

[115] Anderson M T. Short geodesics and gravitational instantons [J]. Journal of Differential Geometry, 1990, 31(1): 265 - 275.

[116] Aubry E. Finiteness of π_1 and geometric inequalities in almost positive Ricci curvature [J]. Annales Scientifiques de l'École Normale Supérieure, 2007, 40 (4): 675 - 695.

[117] Berger M. Une borne inferieure pour le volume dune variete Riemannienne en fonction du rayon dinjectivite [J]. Annales de l'Institut Fourier, Grenoble, 1980, 30: 259 - 265(MR 82b: 53047).

[118] Oguz C. Durumeric, Growth of fundamental groups and isoembolic volume and diameter [J]. Proceedings of the American Mathematical Society, 2002, 130

(2)：585 – 590.

[119] Gallot S. Inégalités isopérimétriques，courbure de Ricci et invariants géométriques ［J］. Comptes Rendus de l'Académie des Sciences-Series I-Mathematics，1983，296(7)：333 – 336.

[120] Petersen P. Riemannian geometry，volume 171 of Graduate texts in mathematics ［M］. New York：Springer-Verlag，1998.

[121] Petersen P V，Sprouse C. Integral curvature bounds，distance estimates and applications ［J］. Journal of Differential Geometry，1998，50(2)：269 – 298.

[122] Rosenberg S，Yang D. Bounds on the fundamental group of a manifold with almost nonnegative Ricci curvature ［J］. Journal of the Mathematical Society of Japan，1994，46(2)：267 – 287.

[123] Shen Z M，Sormani C. The topology of open manifolds with nonnegative Ricci curvature ［J］. Differential Geometry/0606774，preprint.

[124] Shen Z M，Wei G F. On Riemannian manifolds of almost nonnegative curvature ［J］. Indiana University Mathematics Journal，1991，40：551 – 565.

[125] Sprouse C. Integral curvature bounds and bounded diameter ［J］. Communications in Analysis and Geometry，2000，8(3)：531 – 543.

[126] Wei G F. On the fundamental groups of manifolds with almost nonnegative Ricci curvature ［J］. Proceedings of the American Mathematical Society，1990，110(1)：197 – 199.

[127] Wei G F. Manifolds with a lower Ricci curvature bound ［J］. Surveys in Differential Geometry Ⅺ，2007：201 – 226.

[128] Almgren Jr. F J. Some interior regularity theorems for minimal surfaces and an extension of Bernstein's theorem ［J］. Annals of Mathematics，1966，84(2)：277 – 292(MR 34：702).

[129] Anderson M T. Curvature estimates for minimal surfaces in 3-manifolds ［J］. Annales Scientifiques de l'École Normale Supérieure，1985，18(4)：89 – 105 (MR 87e：53098).

[130] Anderson M T. Local estimates for minimal submanifolds in dimensions greater than two ［C］//Geometric Measure Theory and the Calculus of Variations (Arcata，California，1984). Proceedings of Symposia in Pure Mathematics 44，American Mathematical Society，Providence，1986：131 – 137(MR 87i：53083).

[131] Anderson M T. Remarks on curvature integrals and minimal varieties [C]// Complex Differential Geometry and Nonlinear Differential Equations (Brunswick, Maine, 1984). Contemporary Mathematics 49, American Mathematical Society, Providence, 1986: 11 - 18(MR 87f: 53603).

[132] Anderson M T. The compactification of a minimal submanifold in Euclidean space by the Gauss map [J]. Publications Mathématiques de l'IHÉS. Preprint, 1984.

[133] Bernstein S. Sur un théorème de géométrie et ses application aux équations aux dérivées partielles du type elliptique [J]. Communications of the Kharkov Mathematical Society, 1915, 15(2): 38 - 45.

[134] Bombieri E, de Giorgi E, Giusti E. Minimal cones and the Bernstein problem [J]. Inventiones Mathematicae, 1969, 7: 243 - 268(MR 40: 3445).

[135] Cao H D, Shen Y, Zhu S. The structure of stable minimal hypersurfaces in $\mathbf{R}^{n+1}$[J]. Mathematical Research Letters, 1997, 4: 637 - 644(MR 99a: 53037).

[136] Do Carmo M, Peng C K. Stable complete minimal surfaces in $\mathbf{R}^3$ are planes [J]. Bulletin of the American Mathematical Society (New Series), 1979, 1: 903 - 906(MR 80j: 53012).

[137] Cheng S Y, Tysk J. Schrdinger operators and index bounds for minimal submanifolds [J]. Rocky Mountain Journal of Mathematics, 1994, 24: 977 - 996(MR 96h: 58166).

[138] De Giorgi E. Una estensione del teorema di Bernstein [J]. Annali della Scuola Normale Superiore di Pisa, 1965, 19(3): 79 - 85(MR 31: 2643).

[139] Fischer-Colbrie D, Schoen R. The structure of complete stable minimal surfaces in 3-manifolds of nonnegative scalar curvature [J]. Communications on Pure and Applied Mathematics, 1980, 33: 199 - 211(MR 81i: 53044).

[140] Fleming W. On the oriented plateau problem [J]. Rendiconti del Circolo Matematico di Palermo, 1962, 11(2): 69 - 90(MR 28: 499).

[141] Li P, Tam L F. Positive harmonic functions on complete manifolds with nonnegative curvature outside a compact set [J]. Annals of Mathematics, 1987, 125(2): 171 - 207(MR 88m: 58039).

[142] Michael J, Simon L M. Sobolev and mean-value inequalities on generalized submanifolds of $\mathbf{R}^n$ [J]. Communications on Pure and Applied Mathematics,

1973，26：361 – 379(MR 49：9717)．

[143] Moore H. Minimal submanifolds with finite total scalar curvature [J]. Indiana University Mathematics Journal，1996，45：1021 – 1043(MR 98e：58053)．

[144] Osserman R. Global properties of minimal surfaces in E^3 and E^n[J]. Annals of Mathematics，1964，80(2)：340 – 364(MR 31：3946)．

[145] Palmer B. Stability of minimal hypersurfaces [J]. Commentarii Mathematici Helvetici，1991，66：185 – 188(MR 92m：58023)．

[146] Pérez J，Ros A. The space of properly embedded minimal surfaces with finite total curvature [J]. Indiana University Mathematics Journal，1996，45：177 – 204(MR 97k：58034)．

[147] Pogorelov A V. On the stability of minimal surfaces (in Russian)[J]. Doklady Akademii Nauk SSSR，1981，260：293 – 295(MR 83b：49043)．

[148] Schoen R. Uniqueness，symmetry，and embeddedness of minimal surfaces [J]. Journal of Differential Geometry，1983，18：791 – 809(MR 85f：53011)．

[149] Shen Y B，Zhu X H. On stable complete minimal hypersurfaces in R^{n+1}[J]. American Journal of Mathematics，1998，120：103 – 116(MR 99c：58040)．

[150] Simons J. Minimal varieties in Riemannian manifolds [J]. Annals of Mathematics，1968，88(2)：62 – 105(MR 38：1617)．

[151] Yau S T. Some function-theoretic properties of complete Riemannian manifolds and their applications to geometry [J]. Indiana University Mathematics Journal，1976，25：659 – 670(MR 54：5502)．

[152] 陈木法.主特征值估计的新故事[J].数学进展,1999,10:385 – 392.

[153] 宣满友,蔡开仁.空间型 $S^{n+1}(c)$ 中紧致超曲面的第 1 特征值[J].工程数学学报，2001,18(1):19 – 23.

[154] 钟家庆,杨洪苍.紧致 Riemann 流形上 Laplace 算子第 1 特征值的估计[J].中国科学(A 辑),1983,9:812 – 820.

[155] 丘成桐,孙理察.微分几何[M].北京:科学出版社,1988.

[156] 夏道行,吴卓人,严绍宗,舒其昌.实变函数论与泛函分析:下册[M].北京:高等教育出版社,1985.

[157] 徐森林,薛春华.微分几何[M].合肥:中国科学技术大学出版社,1997.

[158] 徐森林,胡自胜,金亚东,薛春华.点集拓扑学[M].北京:高等教育出版社,2007.

[159] 马传渔.黎曼流形的谱[M].南京:南京大学出版社,1993.

［160］伍鸿熙,沈纯理,虞言林.黎曼几何初步［M］.北京:北京大学出版社,1989.

［161］卢克平.流形的热核和热核形式［M］.开封:河南大学出版社,1993.

［162］徐森林.流形和 Stokes 定理［M］.北京:高等教育出版社,1981.

［163］徐森林,薛春华.流形［M］.北京:高等教育出版社,1991.